中国国家标准汇编

538

GB 28496～28510

（2012年制定）

中国标准出版社　编

中国标准出版社

北　京

图书在版编目(CIP)数据

中国国家标准汇编:2012年制定.538:
GB 28496～28510/中国标准出版社编.—北京:
中国标准出版社,2013.9
ISBN 978-7-5066-7269-6

Ⅰ.①中… Ⅱ.①中… Ⅲ.①国家标准-
汇编-中国-2012 Ⅳ.①T-652.1

中国版本图书馆CIP数据核字(2013)第186348号

中国标准出版社出版发行
北京市朝阳区和平里西街甲2号(100013)
北京市西城区三里河北街16号(100045)

网址 www.spc.net.cn
总编室:(010)64275323 发行中心:(010)51780235
读者服务部:(010)68523946

中国标准出版社秦皇岛印刷厂印刷
各地新华书店经销

*

开本 880×1230 1/16 印张 36.25 字数 1 113 千字
2013年9月第一版 2013年9月第一次印刷

*

定价 220.00 元

出 版 说 明

1.《中国国家标准汇编》是一部大型综合性国家标准全集。自1983年起，按国家标准顺序号以精装本、平装本两种装帧形式陆续分册汇编出版。它在一定程度上反映了我国建国以来标准化事业发展的基本情况和主要成就，是各级标准化管理机构，工矿企事业单位，农林牧副渔系统，科研、设计、教学等部门必不可少的工具书。

2.《中国国家标准汇编》收入我国每年正式发布的全部国家标准，分为"制定"卷和"修订"卷两种编辑版本。

"制定"卷收入上一年度我国发布的、新制定的国家标准，顺延前年度标准编号分成若干分册，封面和书脊上注明"20××年制定"字样及分册号，分册号一直连续。各分册中的标准是按照标准编号顺序连续排列的，如有标准顺序号缺号的，除特殊情况注明外，暂为空号。

"修订"卷收入上一年度我国发布的、被修订的国家标准，视篇幅分设若干分册，但与"制定"卷分册号无关联，仅在封面和书脊上注明"20××年修订-1，-2，-3，……"字样。"修订"卷各分册中的标准，仍按标准编号顺序排列(但不连续)；如有遗漏的，均在当年最后一分册中补齐。需提请读者注意的是，个别非顺延前年度标准编号的新制定的国家标准没有收入在"制定"卷中，而是收入在"修订"卷中。

读者配套购买《中国国家标准汇编》"制定"卷和"修订"卷则可收齐由我社出版的上一年度我国制定和修订的全部国家标准。

3. 由于读者需求的变化，自1996年起，《中国国家标准汇编》仅出版精装本。

4. 2012年我国制修订国家标准共2 101项。本分册为"2012年制定"卷第538分册，收入国家标准GB 28496～28510的最新版本。

中国标准出版社

2013年8月

目　录

GB/Z 28496—2012　家用电器　消费者群体测试指南 ……………………………………… 1
GB/T 28497—2012　同步数字体系(SDH)上传送 IP 的 LAPS 技术要求 …………………… 11
GB/T 28498—2012　在同步数字体系(SDH)上传送以太网帧的技术要求 ………………… 37
GB/T 28499.1—2012　基于 IP 网络的视讯会议终端设备技术要求　第1部分:基于 ITU-T H.323 协议的终端 …………………………………………………………… 53
GB/T 28500—2012　900/1 800 MHz TDMA 数字蜂窝移动通信网 No.7 ISUP 信令技术要求……………………………………………………………………………… 81
GB/T 28501—2012　IP 电话路由协议(TRIP)技术要求 …………………………………… 205
GB/T 28502—2012　No.7 信令与 IP 互通的技术要求 ……………………………………… 247
GB/T 28503—2012　No.7 信令与 IP 互通适配层技术要求　消息传递部分(MTP)第二级用户适配层(M2UA) ……………………………………………………………… 287
GB/T 28504.1—2012　掺稀土光纤　第1部分:双包层掺镱光纤特性…………………………… 343
GB/T 28505—2012　国内 No.7 信令方式技术要求　2 Mbit/s 高速信令链路 ………………… 351
GB/T 28506—2012　国内 No.7 信令方式技术要求　GSM 移动电话用户部分(MTUP) ………… 373
GB/T 28507—2012　互联网文本语音展现通用描述规范 ……………………………………… 440
GB/T 28508—2012　基于公用电信网的宽带客户网络总体技术要求 ………………………… 451
GB/T 28509—2012　绝缘外径在 1 mm 以下的极细同轴电缆及组件 ………………………… 475
GB/T 28510—2012　流控制传送协议(SCTP)………………………………………………… 505

ICS 97.030
Y 60

中华人民共和国国家标准化指导性技术文件

GB/Z 28496—2012/IEC/TR 61592:2003

家用电器 消费者群体测试指南

Household electrical appliances—Guidelines for consumer panel testing

(IEC/TR 61592:2003,IDT)

2012-06-29 发布 2012-11-01 实施

中华人民共和国国家质量监督检验检疫总局
中国国家标准化管理委员会 发布

前　　言

本指导性技术文件按照 GB/T 1.1—2009 给出的规则起草。

本指导性技术文件使用翻译法等同采用 IEC/TR 61592:2003《家用电器　消费者群体测试指南》。

与本指导性技术文件中规范性引用的国际文件有一致性对应关系的我国文件如下：

——GB/T 16759—2008　消费品和有关服务的比较试验　总则(ISO/IEC Guide 46:1985,MOD)

——GB/T 20002.2—2008　标准中特定内容的起草　第 2 部分：老年人和残疾人的需求(ISO/IEC Guide 71:2001,IDT)

——GB/T 21737—2008　为消费者提供商品和服务的购买信息(ISO/IEC Guide 14:2003,MOD)

——QB/T 2532—2001　家用电动剃须刀性能测试方法(IEC 61254:1993,IDT)

请注意本文件的某些内容可能涉及专利。本文件的发布机构不承担识别这些专利的责任。

本指导性技术文件由中国轻工业联合会提出。

本指导性技术文件由全国家用电器标准化技术委员会(SAC/TC 46)归口。

本指导性技术文件起草单位：中国家用电器研究院、美的集团有限公司、四川长虹电器股份有限公司、九阳股份有限公司、厦门蒙发利科技(集团)股份有限公司、海信科龙电器股份有限公司、北京亚都科技股份有限公司、宁波奥克斯空调有限公司、广东康宝电器有限公司、博西华电器(江苏)有限公司、松下家电研究开发(杭州)有限公司、合肥荣事达三洋电器股份有限公司、上海领派机电科技有限公司、深圳市检验检疫科学研究院。

本指导性技术文件主要起草人：马德军、郭丽珍、邓奕威、谭军云、韩润、崔洪海、潘坚、陈卉、白韦、蔡星明、高益宏、贾春耕、糜屹东、吴舒、谢晋雄。

引　言

群体测试无论对产品进行整体评价或局部评价都是一个重要的工具，因为评估结果直接反映了用户关心的产品实际使用方面的内容。群体测试宜作为技术测试和物理测量的补充，毕竟，后两者对消费者来说往往更抽象。

通常，群体测试适用于以下几种情况：

——技术测试考虑得不够充分时；

——需要对总体性能进行评估时；

——必须对需要某种程度的人参与的特征进行评估时（例如，操作、清洗、人类工效学、使用说明等）。

本指导性技术文件的内容可作为检查清单，在决定何时和怎样进行群体测试，以及如何避免最明显的缺陷时使用。

群体测试通常在测试时给出信息。只有当采用了至少一个参考样本以及某种特定的方法时，才可以与以前的或类似的测试进行对比。

家用电器　消费者群体测试指南

1　范围

本指导性技术文件适用于家用和类似用途电器性能的群体测试。

注：本指导性技术文件的规定也可以用来评价其他类别的产品。

2　规范性引用文件

下列文件对于本文件的应用是必不可少的。凡是注日期的引用文件，仅注日期的版本适用于本文件。凡是不注日期的引用文件，其最新版本(包括所有的修改单)适用于本文件。

GB/T 20002.2　标准中特定内容的起草　第2部分：老年人和残疾人的需求

GB/T 2532　家用电动剃须刀性能测试方法

ISO/IEC Guide 14　为消费者提供商品和服务的购买信息(Product information for consumers)

ISO/IEC Guide 37　消费品使用说明(Instructions for use of products of consumer interest)

ISO/IEC Guide 46　消费品和有关服务的比较试验　总则(Comparative testing of consumer products and related services—General princiles)

3　术语和定义

下列术语和定义适用于本文件。

3.1

群体测试　panel testing

通过选择一群特定的人，让他们评价产品的选定部分或整体状况的方法。

注1：评价内容例如：功能、操作、噪声、清洗、使用说明。

注2：附录A列出了适用于群体测试评价的内容清单。

4　准则

4.1　群体测试的目的

当群体能够对比产品时，群体测试会更为容易。在开始群体测试之前，对即将进行的群体测试的目的(对比测试、单个型号产品评价、试验设计评价等)及使用的统计方法必须予以说明。

基于连续性考虑，为了能更好地对产品的改进进行评估，可参考前一个群体对产品的测试结果。

鉴于群体测试能够用来进行整体以及局部评价，仅当测试前确定了统计方法时，数据分析才可能具有显著性的结果。可以对群体的规模和成本进行优化。

统计方法要求先有假设，而后通过群体测试进行验证。

4.2　群体测试的领导者

群体测试的执行和测试结果的可靠性很大程度上取决于群体测试的领导者。

群体测试领导者应该确定测试方案。其应特别关注测试群体的人员构成和人员特征、人员培训(当需要时)以及测试结果评价系统。

群体测试应在具备下述资格的人员领导下,通过直接经验或需要时借助外部专家来进行。

——通晓群体测试的相关知识和统计方法,知道如何根据情况来使用它们。

——具备访谈的技巧,掌握不干扰群体成员的测试引导技巧。

——具备生理学、认知学和心理学的基本知识。

测试方案的设计应考虑所有的年龄层和这些年龄层的人类工效学特点,并在准备测试时咨询工效学家或其他专家的意见。

群体测试的领导者不应与被评估产品的设计、生产和营销有关。

4.3 群体特征

群体的组成和群体成员的数量应根据项目目标和结果的显著性水平确定。

选择群体成员时应考虑以下几个方面:

a) 群体的组成宜覆盖产品的目标用户和可能用户,考虑:

——年龄;

——性别;

——身体素质;

——残疾障碍的存在和类型;

——老年病(记忆力差、关节炎等);

——是否左撇子;

——知识、经验和能力;

——熟悉或者缺乏类似产品的知识;

——社会/经济上的类别;

——教育程度和语言能力,包括智力损伤。

b) 一般情况下群体成员宜是潜在用户,且他们的产品知识不应比有经验的用户丰富。

c) 如果涉及到感官的评估(如食品、食品加工器具或者咖啡机),经过训练的群体是必要的。

d) 评价某些特殊的性能/产品时,群体可以由具有某些特殊技能/特长的专家组成。

e) 对于测试的特性/功能,群体成员应有积极的态度。

f) 应有必要提前了解产品或其功能。

g) 一般情况下,测试群体不应从与被测产品相关的公司员工或类似特定人群中选出。否则,必须确保有广泛的用户代表参加,且必须注意避免出现倾向性结果。

5 测试原则

相关的测试条件(例如,环境、输入、负载、附件的安装调试)以及测试的地点是实验室还是家庭环境,必须由群体测试领导者提前确定。这些条件应被详细记录并与测试结果一起陈述。

为了防止过度疲劳和技能迁移,每个群体成员测试的样本数量应有限定。

如有必要,在实际测试之前,测试群体所有成员应有机会了解产品和相关说明材料。必须注意,所有群体成员都有均等的机会去熟悉每一款产品。每一位群体成员必须都能直接接触到产品和相关使用说明。

根据评估目标的不同,如果提供产品时附带说明书,群体测试领导者则必须确定群体成员是否只依赖于使用说明书,还是有必要提供更多的操作指引。

产品测试的条件应符合日常的使用情况或典型的操作,以避免人为刻意设置的状况。

6 问卷和评分系统

可以通过观察、访谈、问卷调查和其他适当的方式采集数据。问卷应谨慎措辞，以确保其中立性和可信度。

设计问卷时，建议：

——问题的措辞和语言应通俗易懂；

——问题的数量不宜太多，应简单明了；

——确保答案反映真实的使用情况(人们言行不总是一致)；

——确保准则之间有关联；

——如果可能，尽量将特征合并。

建议在测试之前，群体测试领导者先做预测试，以检查问卷的适合性。

对于评分系统，量表的级别应合适(一般为5～10级之间)，宜为奇数，以便提供一个中间点。级别可用文字评价来代替。

群体所有成员的总体评价以及他们对问卷中所有问题的答复都是有用的。

7 测试结果的评价和陈述

建议采用独立参数或已知的相互关联的参数评价产品性能。

产品之间的差异只有当具有统计上的显著性时才能成立。否则，应按照属于同一统计等级予以评价。

如果测试结果不适合进行统计分析，只有在给出特定的理由时，才能选择该偏离的结果。

在汇总时，必须给出本次测试一个具有代表性的评价结论，该评价结论必须公正、不断章取义和偏离事实。

陈述测试结果时，应包含下列内容：

——测试的目的；

——群体的规模和特征；

——统计方法、测试准则和评价程序；

——实验室或家庭环境使用；

——为群体测试成员提供了哪些书面和口头的说明；

——对每款产品和每个人的测试持续时间；

——整理结果的方法；

——关于测试的所有其他相关信息。

8 同现有相关标准或性能测试标准方法的关系

使用本指导性技术文件时，应将ISO/IEC Guide 37、ISO/IEC Guide 46、GB/T 20002.2、ISO/IEC Guide 14考虑在内：

在家电领域，以下情况可能应用这些标准：

——当现有的性能测试标准方法提及或者需要进行群体测试；

——当群体测试作为评估某产品或某类产品的适当的方法时；或

——如果现有的性能测试标准方法没有说明如何进行消费者群体测试，或者该产品不存在性能测试标准方法。

注：QB/T 2532 描述的是一种拓展的电动剃须刀性能群体测试评价方法。在很多情况下，并不需要这样的拓展的方法，但是 QB/T 2532 可作为一个借鉴。

9 群体测试道德规范

测试时应考虑下列道德规范：

——产品应被装配和控制在足够的安全水平上；

——原型样机或实验设施的工艺应符合良好的安全工程实践；

——问卷和群体测试结果的所有权属于调查委托人；

——应根据 ESOMAR 行为准则对采集的数据和消费者样本资料进行保密。

注：ESOMAR 是欧洲社会民意和市场研究组织。

10 群体测试的局限性

为了从群体测试中获取统计结果，应该满足使测试群体具有代表性的特定要求（例如，有代表性的样本和参与者的数量）。

某些给定的环境（如实验室）可能给群体测试成员的行为方式带来（负面的）影响。

测试环境特征的变化可能影响测试的结果（特征的变化可能与地区、季节等因素有关）。

值得注意的是，受群体测试固有性质的影响，群体测试很难测试出那些出于证明/验证目的的容忍度水平。

附　录　A
（资料性附录）
可以使用群体测试评价的例子

可以使用群体测试评价的例子如下：

——包装和开箱测试（需要考虑包装的处置对环境的影响）；
——产品及其附件的装配和安装；
——产品及其附件的存放；
——使用说明书；
——处理（运输、安装、操作、附件的使用等）；
——产品指示/说明书的易读性、可视性、可理解性；
——控制面板和程序的易用性（如果有）；
——产品的装载和卸载；
——产品使用的稳定性；
——产品使用过程中的声音/噪声；
——基本功能的操作；
——运行中内部的可视性（视觉清晰度）；
——清洁；
——用户维修保养；
——售后服务；
——使用期结束时产品的处置（考虑对环境的影响）；
——对产品的整体评价。

本清单可为群体测试领导者和标准化委员会以群体测试来评价产品性能时提供参考。它列出了常规的项目。群体测试领导者应仔细地确认每一项，在这些项目中需要对群体测试成员给予哪些指引，要问哪些问题，应将每一个评估的项目具体化，同时应将群体测试的目的考虑进来。

参 考 文 献

[1] IEC 指南109 环境问题——包含电子电气产品

ICS 33.040.40
M 32

中华人民共和国国家标准

GB/T 28497—2012

同步数字体系(SDH)上传送IP的LAPS技术要求

The specification of IP over SDH using LAPS
(ITU-T X.85/Y.1321,IP over SDH using LAPS,MOD)

2012-06-29 发布　　2012-10-01 实施

中华人民共和国国家质量监督检验检疫总局
中国国家标准化管理委员会　发布

前　言

本标准按照 GB/T 1.1—2009 给出的规则起草。

本标准修改采用 ITU-T X.85/Y.1321《同步数字体系(SDH)上传送 IP 的 LAPS 技术要求》。为了进一步体现标准的完整性，保证使用本标准的设备之间的互通性，将国际标准中的附件 A、B、C 放在正文第 8、9、10 章，将附录 I 放在正文第 11 章。为了区别与 PPP/HDLC 传送方式的不同，增加了资料性附录 A。为便于使用，本标准还删除了国际标准的前言。

本标准由中华人民共和国工业和信息化部提出。

本标准由中国通信标准化协会归口。

本标准起草单位：武汉邮电科学研究院。

本标准主要起草人：余少华、吉萌、董喜明、范其蓬。

同步数字体系(SDH)上传送 IP 的 LAPS 技术要求

1 范围

本标准规定了用于 IP over SDH 的简单 HDLC(高级数据链路规程)协议模型;通过服务访问点标识符(SAPI)规定了多逻辑链路,以封装 IPv6,IPv4,PPP 和其他上层协议的数据包;定义了在 IP over SDH 网中使用的各种物理接口和服务原语。但本标准并不规定从 LAPS 到 SDH 的映射,也不规定 LAN(局域网)如何接入"IP over SDH using LAPS"。

本标准适用于以 SDH 设备作为传输手段的公用电信网中的长途网、中继网和接入网,适用于以光纤光缆为基本的传输媒质,原则上也可以用于微波和卫星等。

2 规范性引用文件

下列文件对于本文件的应用是必不可少的。凡是注日期的引用文件,仅注日期的版本适用于本文件。凡是不注日期的引用文件,其最新版本(包括所有的修改单)适用于本文件。

ITU-T G.703 (1998) 同步数字接口的物理/电特性(Physical/electrical characteristics of hierarchical digital interfaces)

ITU-T G.707 (1996) 用于同步数字系列(SDH)的网络节点接口(Network node interface for the synchronous digital hierarchy (SDH))

ITU-T G.708 (1999) 用于同步数字系列(SDH)的 SubSTM-0 网络节点接口(Sub STM-0 network node interface for the synchronous digital hierarchy (SDH))

ITU-T G.957 (1995) 用于同步数字系列相关设备和系统上的光接口(Optical interfaces for equipments and systems relating to the synchronous digital hierarchy)

ITU-T X.211 (1995) | ISO/IEC 7498-1 (1996) 信息技术——开放系统互连——物理层定义(Information technology-Open systems interconnection—Physical service definition)

ITU-T X.212 (1995) | ISO 8886 (1996) 信息技术——开放系统互连——数据链路服务定义(Information technology-Open systems interconnection-Data Link service definition)

IETF RFC 791 (1981) 因特网协议(Internet Protocol)

IETF RFC 1662 (1994) 在与 HDLC 类似的组帧中的点到点协议(PPP in HDLC-like Framing)

IETF RFC 2460 (1998) 因特网协议,第六版(Internet Protocol,Version 6 (IPv6))

IETF RFC 2615 (1999) 在 SONET/SDH 上的 PPP (PPP over SONET/SDH)

3 术语和定义

下列术语和定义适用于本文件。

3.1

用 SDH 承载 IP　IP over SDH

一种将 IP 与 SDH 网络结合起来的数据通信体系结构。物理层、数据链路层和网络层分别定义为 SDH,LAPS 和基于 IP 的协议或 PPP 协议。

3.2

链路接入 SDH 规程　LAPS Link Access Procedure-SDH

HDLC 的一个子集，包括数据链路服务和协议规范，主要用于 IP over SDH 网络和以太网在 SDH 上运行。

3.3

UI 帧　UI frame

主要指在数据链路层，以不确认信息传送方式来传送包括第三层用户数据或其他协议的用户数据，包括基于 IPv4 的数据包(见 IETF RFC 791)、基于 IPv6 的数据包(见 RFC2460)或 PPP 帧。

4 缩略语

下列缩略语适用于本文件。

CRC	Cyclic Redundancy Check	循环冗余校验
DS	Differentiated Service	细分业务
FCS	Frame Check Sequence	帧校验序列
HDLC	High-level Data Link Control	高级数据链路控制规程
ICMP	Internet Control Message Protocol	因特网控制报文协议
IETF	Internet Engineering Task Force	Internet 工程任务组
IP over SDH	Internet Protocol over SDH	同步数字系列上的因特网协议
IPv4	Internet Protocol version 4	因特网协议(版本 4)
IPv6	Internet Protocol version 6	因特网协议(版本 6)
LAN	Local Area Network	局域网
LAPB	Link Access Procedure on Balanced	平衡链路接入规程
LAPS	Link Access Procedure-SDH	链路接入规程—SDH
LLC	Logical Link Control	逻辑链路控制
MAC	Medium Access Control	介质访问控制
MRU	Maximum Receive Unit	最大接收单元
PPP	Point to Point Protocol	点到点协议
PDU	Packet Data Unit	协议数据单元
RFC	Request for Comment	请求评论(IETF 标准代号)
SAP	Service Access Point	服务访问点
SAPI	Service Access Point Identifier	服务访问点标识符
SDH	Synchronous Digital Hierarchy	同步数字体系
sSTM	Sub STM	子类同步传输模式
STM	Synchronization Transport Module	同步传输模式
TCP	Transmission Control Protocol	传输控制协议
UDP	User Datagram Protocol	用户数据报
UI	Unacknowledged Information	无编号信息(一种数据链路帧，用于传送第三层用户数据)
UITS	Unacknowledged Information Transfer Service	不确认式信息传送服务
VC	Virtual Container	虚容器

5 IP over SDH using LAPS 的协议框架

LAPS、IP 和 SDH 物理层之间的关系以及相关的服务原语如图 1 所示。

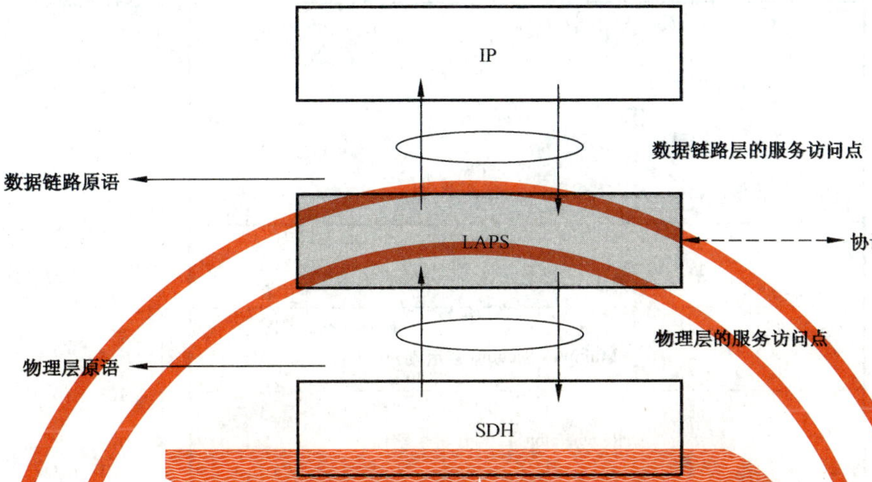

图 1 LAPS 和 IP 的关系以及 LAPS 和 SDH 的关系

IP over SDH using LAPS 是一种把 IP 协议或其他协议同 SDH 传输网络结合起来的一种数据通信体系结构。物理层、链路层和网络层或其他协议分别由 SDH、LAPS 和 IPv4/IPv6 类协议或 PPP 等协议来定义，IP over STM-N 的分层模型/协议栈如图 2 所示，IP over sSTM 的分层模型/协议栈如图 3 所示。图 4 和图 5 描述的是协议配置和相应的网络示例。

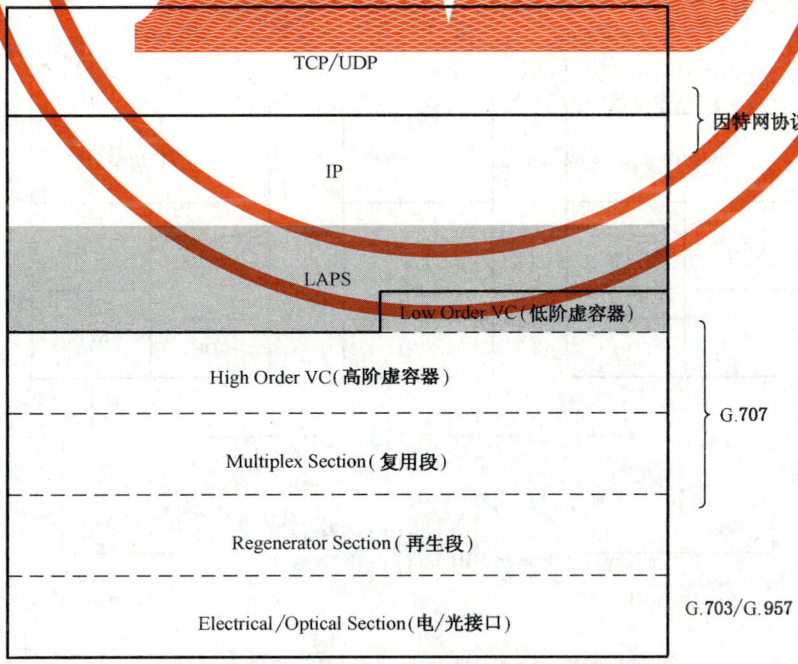

图 2 IP over STM-N using LAPS 的分层模型/协议栈

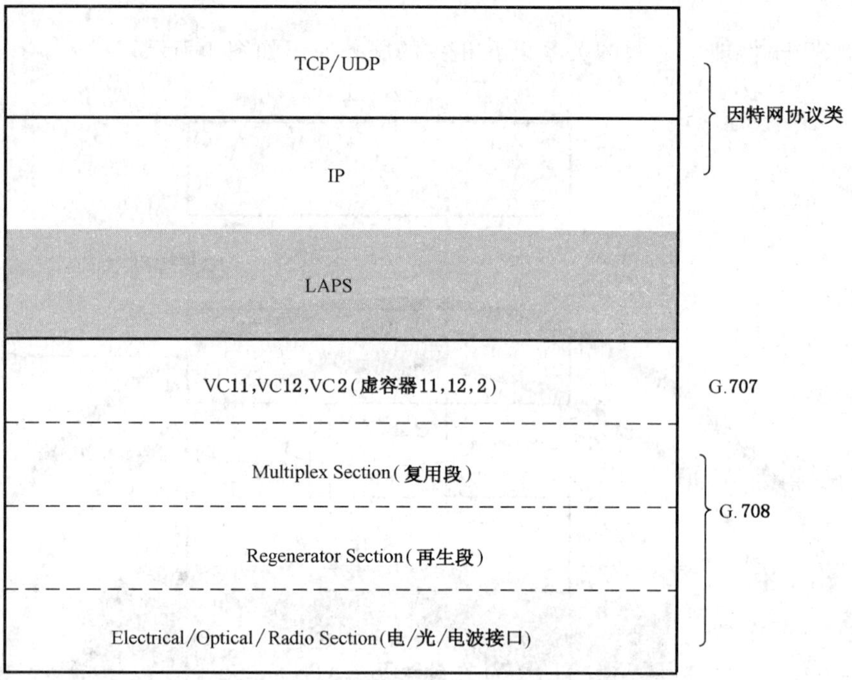

图 3 IP over sSTM using LAPS 的分层模型/协议栈

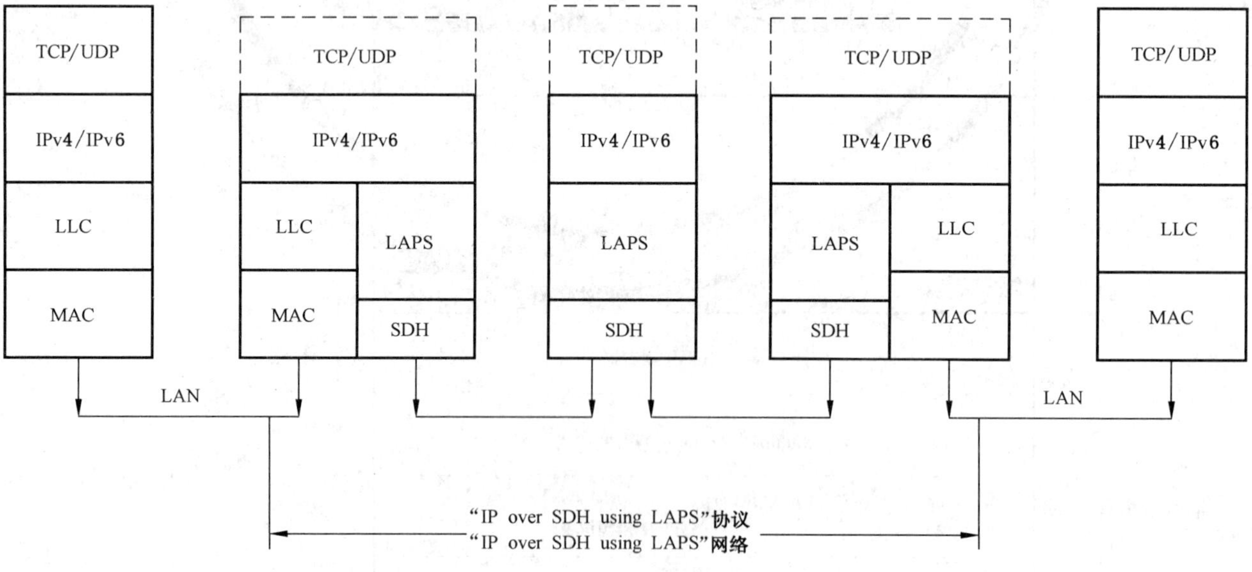

图 4 IP over SDH using LAPS 的协议配置

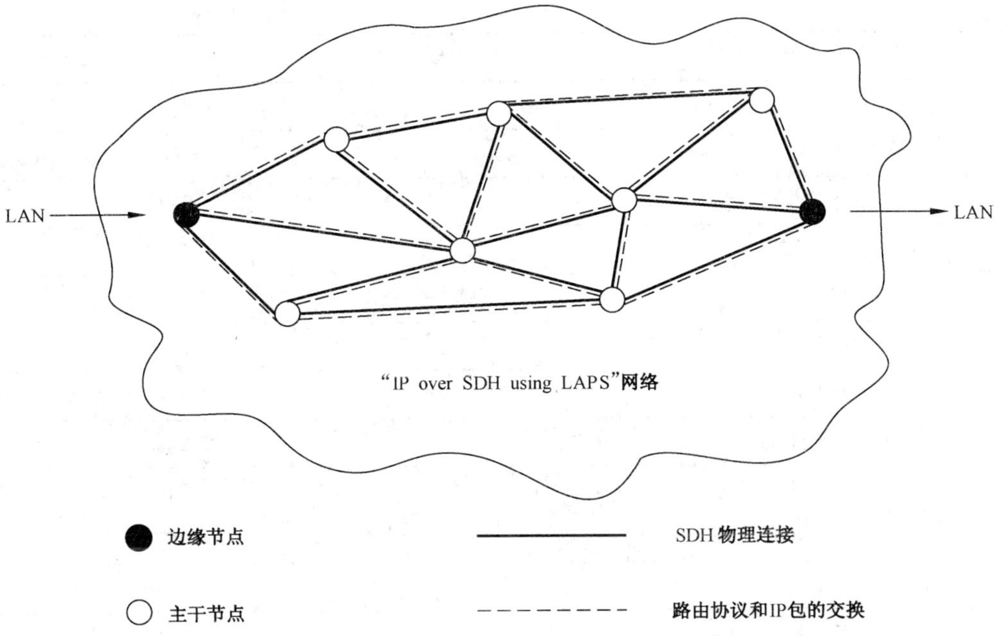

图 5 "IP over SDH using LAPS"的网络示例

6 物理层及其原语

本标准把 SDH 传输看成是面向八位组的同步点到点链路。同时，SDH 帧也是一种面向八位组的同步映射结构，该帧结构规定了一系列的标准速率、格式和映射方法。虚容器的传输带宽如表 1 所示，目前规定的同步传输模式如表 2 所示。在这里不要求使用物理层的控制信号。在从同步净荷包封中插入/提取码流时，要用到同步扰码和解扰(扰码函数为($x^{43}+1$)，见第 10 章)。本标准使用 ITU-T G.707 新版本所定义的虚容器的级联。数据链路层和物理层之间的通信服务设施是由 ITU-T X.211 定义的原语来完成的(见表 3)。表 3 的原语规定了数据链路层及物理层请求和提供服务的互操作。

表 1 虚容器带宽

虚容器类型	虚容器带宽/(kbit/s)	虚容器净负荷/(kbit/s)
VC-11	1 664	1 600
VC-12	2 240	2 176
VC-2	6 848	6 784
VC-3	48 960	48 384
VC-4	150 336	149 760
VC-4-4c	601 344	599 040
VC-4-16c	2 405 376	2 396 160
VC-4-64c[a]	9 621 504	9 584 640
[a] 表示留待以后研究		

表 2 同步传输模式接口速率

同步传输模式类型	同步传输模式比特率/(kbit/s)
sSTM-11	2 880
sSTM-12	5 184
sSTM-14	9 792
sSTM-18	19 792
sSTM-116	37 444
sSTM-21	7 488
sSTM-22	14 400
sSTM-24	28 224
STM-0	51 840
STM-1	155 052
STM-4	622 080
STM-16	2 488 320
STM-64	9 953 280

表 3 物理层原语

原语名称	原语类型
PH-DATA	请求指示

7 数据链路的服务设施及协议说明

数据链路协议是 LAPS,它提供在 SDH 虚容器及接口速率上的点到点传输。UITS(不确认式信息传送服务)是 LAPS 所支持的无连接模式服务。

数据链路层和网络层的通信是由 ITU-T X.212 定义的原语来完成的(见表 4)。

表 4 LAPS 向第三层提供的服务原语

原语名称	原语类型(参数)
DL-UNACK-DATA	请求(第三层用户数据,DS 码点) 指示(第三层用户数据)
注:原语的基本功能见 9。	

7.1 UITS 及其规范

UITS 遵循面向八位组的同步规程以及附录 A 中规定的不确认式信息传送规范。表 5 中定义了相关协议要素。UITS 服务设施通过服务访问点向网络层或其他上层协议提供的是 DL-UNACK-DATA 请求原语,它带有“用户数据”(主要是 IP 包)和“DS 码点”两个参数,或者向网络层式其他上层协议提供

DL-UNACK-DATA 指示原语，随之带有“用户数据”(主要是 IP 包)一个参数。

“用户数据”是指那些即将发出的或即将收到的 IP 数据包(IP 包头及其用户数据不做任何改动)。第二个参数是 6 比特的“DS 码点”，这个参数执行一些链路层功能以支持细分业务，它不用于任何组帧。

表 5 UITS 规范

a)	UI 帧总是采用命令帧的形式。
b)	服务访问点标识符(SAPI)值(十进制)：用“0057”表示 IPv6，用“0021”表示 IPv4。为与 IETF RFC 2615 兼容，当包装 PPP 协议时应用以下原则： 1) FCS-32 或 FCS-16 两种校验可以通过指配功能设置。FCS-32 可用于所有 SDH 速率。对于 STM-1C/VC4，推荐使用 FCS-32，但也可以采用 FCS-16。 2) 关于 SDH 通道的信号标签(C2 字节)，为了与 IETF RFC 2615 兼容，($x^{43}+1$)扰码的信号标签值应从 24(0x18)改为 22(0x16)。另外，LAPS 也提供信号标签值 207(0xcf)以指示不扰码的 PPP。 3) 这时数据链路层按 IETF RFC 2615 定义的方式操作，地址字段设置为“11111111”(二进制)，Padding 字段(如果使用)、LCP(链路控制协议)和 NCP(网路控制协议)应一并考虑使用。
c)	默认的最大帧长应能够支持 1 600 个八位组的信息字段的传送，对 IPv4 和 IPv6 包均应该能够适用。

8 LAPS 规范

8.1 概述

LAPS 规范规定了 LAPS 的帧结构、规程要素、字段格式和 LAPS 中面向八位组的同步操作规程。

8.2 对等通信的帧结构

8.2.1 概述

所有数据链路层对等通信都在图 6 所示的帧格式中进行。

8.2.2 标志序列

用标志序列来标识所有的帧的起始和结束。标志序列为 01111110 二进制。地址字段前的标志序列表示帧的开始，校验字段后的标志序列表示帧的结束，结束标志序列在某些应用中也可以表示下一帧的开始。所有接收方都能够接收一个或多个连续的标志序列。此外，在帧与帧的空载期间，可连续发送标志序列，以作填充之用。

8.2.3 地址字段

地址字段包含如图 6 所示的单个八位组。地址字段的值为 0x04(十六进制)。

8.2.4 控制字段和 SAPI 字段

控制字段由包含二进制序列 0x03(十六进制)的八位组构成。其他控制值的用法保留。含有单个八位组的控制字段的帧格式如图 6 所示。对于 SAPI 字段，见 8.3.3。

8.2.5 信息字段

如果信息字段存在，应该在 SAPI 字段和帧校验序列之间。信息字段可以传送多个八位组。

8.2.6 透明性

采用八位组填充过程。每一帧以标志 0x7E 开始和结束。数据链路层实体在传送过程中检查开始和结束标志序列间的字段(地址字段,控制字段,SAPI 字段,信息字段和帧校验序列字段)。如果在信息字段中出现了 0x7E,它将被转换为序列 0x7D 0x5E。如果出现 0x7D,它将被转换为 0x7D 0x5D。在接受方,删除插入的八位组,恢复原字段。

8.2.7 帧校验序列字段

为了和 IETF RFC 2615 兼容,32 位 FCS 和 16 位 FCS 的计算需要按照 IETF RFC 2615 进行。在 16 位 FCS 的情况下,FCS 的长度需要改成两个八位组(两个字节),如图 6 和图 9 所示。

8 7 6 5 4 3 2 1
标志:0x7E
地址:0x04
控制:0x03
SAPI
信息
帧校验序列(第一个八位组)
帧校验序列(第二个八位组)
帧校验序列(第三个八位组)
帧校验序列(第四个八位组)
标志:0x7E

图 6 帧格式

8.2.8 格式规范

8.2.8.1 编码规范

采用的格式规范在图 7 中说明。将比特位分成多个八位组,每个八位组按水平方向显示,从 1 到 8 编号。多个八位组垂直显示,从 1 到 N 编号。

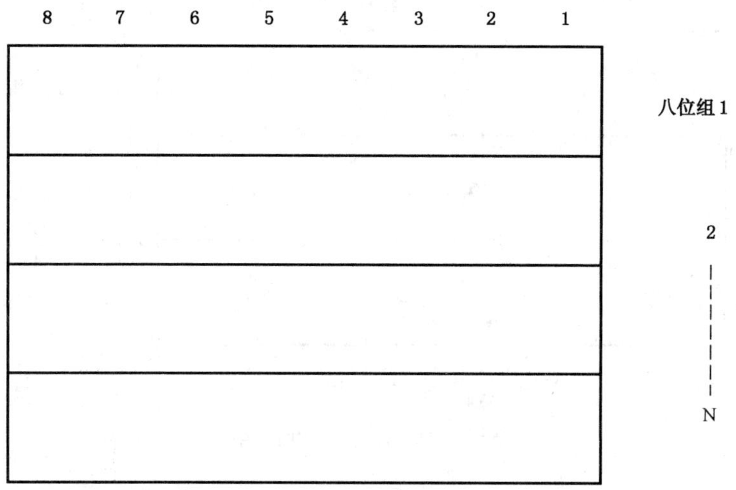

图 7　格式规范

8.2.8.2　比特发送顺序

八位组按编号升序发送;而在每一八位组中,比特 8 首先传送。

8.2.8.3　字段映射规范

当字段在单个八位组中时,字段的最低位比特代表最低阶数。当一个字段跨越多个八位组时,在每个八位组中,比特位的阶数随着八位组编号的增大而减小。该字段中的最低位代表最低阶数。

例如,比特位编号可表示为数值对(a,b),a 表示八位组的编号,b 表示该八位组中相关的位编号。图 8 表示从比特位(1,3)到比特位(2,7)的字段,该字段的高阶比特为(1,3),低阶比特为(2,7)。

数据链路层帧校验序列字段是上述情况的一个例外。它包含 4 个八位组。此时,第 1 个八位组(ISB,低阶八位组)的最低位首先送入 CRC 计算单元。为保证与 IETF RFC 2615 兼容,FCS 的计算方法与 RFC 2615 相同。

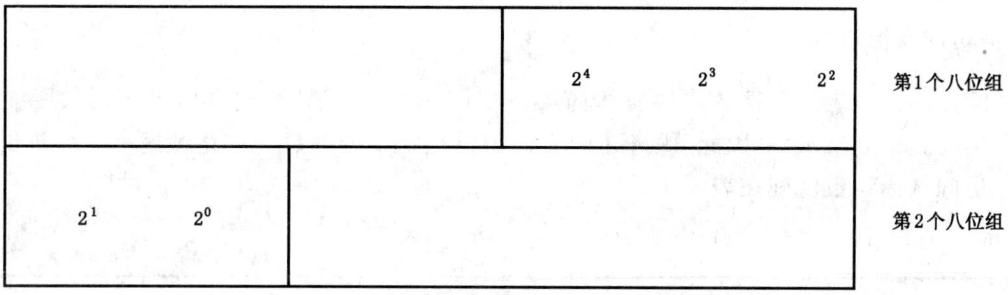

图 8　字段映射规范示例

2^7 2^0		第1个八位组
2^{15} 2^8		第2个八位组
2^{23} 2^{16}		第3个八位组
2^{31} 2^{24}		第4个八位组

图 9　32 位帧校验系列映射规范

8.2.9　无效帧

无效帧是指满足下列条件之一或多项的帧：

a)　没有以两个标志序列定界；

b)　标志序列之间的八位组数少于 8；

c)　包含有一个错误的帧校验序列；

d)　包含一个与接收者不匹配或不被其支持的服务访问点标识符；

e)　包含一个不可识别的控制字段值；

f)　无效帧可不必通知发送方而丢弃且不产生任何动作。

8.3　规程要素和链路层字段格式

8.3.1　概述

本条的规程要素定义了用在 SDH 虚容器和接口速率上的数据链路连接的命令。

本规程要素在 8.4 中描述。

8.3.2　地址字段

地址字段的值为 0x04。当需要与 RFC2615 兼容时，该字段的值可改变为 0xFF。

8.3.3　服务访问点标识符(SAPI)

服务访问点标识符表示数据链路层实体向第三层(例如 IP，ICMP)或其他上层协议提供数据链路服务的一个点(如图 10 所示)。因此，服务访问点标识符规定了处理数据链路帧的一个数据链路层实体类型。服务访问点标识数值列在表 6 中。

15　14　13　12　11　10　9　8　7　6　5　4　3　2　1

第4个八位组	第5个八位组

图 10　服务访问点标识符格式

表 6 服务访问点标识符值

服务访问点	协议名称
0001	Padding Protocol
0003	ROHC small-CID [RFC3095]
0005	ROHC large-CID [RFC3095]
0007 to 001f	reserved (transparency inefficient)
0021	Internet Protocol version 4
0023	OSI Network Layer
0025	Xerox NS IDP
0027	DECnet Phase IV
0029	Appletalk
002b	Novell IPX
002d	Van Jacobson Compressed TCP/IP
002f	Van Jacobson Uncompressed TCP/IP
0031	Bridging PDU
0033	Stream Protocol (ST-Ⅱ)
0035	Banyan Vines
0037	reserved
0039	AppleTalk EDDP
003b	AppleTalk SmartBuffered
003d	Multi-Link
003f	NETBIOS Framing
0041	Cisco Systems
0043	Ascom Timeplex
0045	Fujitsu Link Backup and Load Balancing (LBLB)
0047	DCA Remote Lan
0049	Serial Data Transport Protocol (PPP-SDTP)
004b	SNA over 802.2
004d	SNA
004f	IP6 Header Compression
0051	KNX Bridging Data [ianp]
0053	Encryption [Meyer]
0055	Individual Link Encryption [Meyer]
0057	Internet Protocol version 6
0059	PPP Muxing [RFC3153]
005b	Vendor-Specific Network Protocol (VSNP)[RFC3772]
0061	RTP IPHC Full Header [RFC3544]
0063	RTP IPHC Compressed TCP [RFC3544]

表 6（续）

服务访问点	协议名称
0065	RTP IPHC Compressed Non TCP [RFC3544]
0067	RTP IPHC Compressed UDP 8 [RFC3544]
0069	RTP IPHC Compressed RTP 8 [RFC3544]
006f	Stampede Bridging
0071	Reserved [Fox]
0073	MP+Protocol [Smith]
007d	reserved (Control Escape) [RFC1661]
007f	reserved (compression inefficient) [RFC1662]
0081	Reserved Until 20-Oct-2000 [IANA]
0083	Reserved Until 20-Oct-2000 [IANA]
00c1	NTCITS IPI [Ungar]
00cf	reserved (PPP NLPID)
00fb	compression on single link in multilink group
00fd	1st choice compression
00ff	reserved (compression inefficient)
02xx-1exx	(compression inefficient)
0201	802. 1d Hello Packets
0203	IBM Source Routing BPDU
0205	DEC LANBridge100 Spanning Tree
0207	Cisco Discovery Protocol [Sastry]
0209	Netcs Twin Routing [Korfmacher]
020b	STP-Scheduled Transfer Protocol [Segal]
020d	EDP-Extreme Discovery Protocol [Grosser]
0211	Optical Supervisory Channel Protocol (OSCP) [Prasad]
0213	Optical Supervisory Channel Protocol (OSCP) [Prasad]
0231	Luxcom
0233	Sigma Network Systems
0235	Apple Client Server Protocol [Ridenour]
0281	MPLS Unicast [RFC3032]
0283	MPLS Multicast [RFC3032]
0285	IEEE p1284. 4 standard-data packets [Batchelder]
0287	ETSI TETRA Network Protocol Type 1 [Nieminen]
0289	Multichannel Flow Treatment Protocol [McCann]
2063	RTP IPHC Compressed TCP No Delta [RFC3544]
2065	RTP IPHC Context State [RFC3544]
2067	RTP IPHC Compressed UDP 16 [RFC3544]

表 6（续）

服务访问点	协议名称
2069	RTP IPHC Compressed RTP 16 [RFC3544]
4001	Cray Communications Control Protocol [Stage]
4003	CDPD Mobile Network Registration Protocol [Quick]
4005	Expand accelerator protocol [Rachmani]
4007	ODSICP NCP [Arvind]
4009	DOCSIS DLL [Gaedtke]
400b	Cetacean Network Detection Protocol [Siller]
4021	Stacker LZS [Simpson]
4023	RefTek Protocol [Banfill]
4025	Fibre Channel [Rajagopal]
4027	EMIT Protocols [Eastham]
405b	Vendor-Specific Protocol (VSP) [RFC3772]
8001-801f	Not Used-reserved [RFC1661]
8021	Internet Protocol Control Protocol
8023	OSI Network Layer Control Protocol
8025	Xerox NS IDP Control Protocol
8027	DECnet Phase IV Control Protocol
8029	Appletalk Control Protocol
802b	Novell IPX Control Protocol
802d	reserved
802f	reserved
8031	Bridging NCP
8033	Stream Protocol Control Protocol
8035	Banyan Vines Control Protocol
8037	reserved
8039	reserved
803b	reserved
803d	Multi-Link Control Protocol
803f	NETBIOS Framing Control Protocol
807d	Not Used-reserved [RFC1661]
8041	Cisco Systems Control Protocol
8043	Ascom Timeplex
8045	Fujitsu LBLB Control Protocol
8047	DCA Remote Lan Network Control Protocol (RLNCP)
8049	Serial Data Control Protocol (PPP-SDCP)
804b	SNA over 802.2 Control Protocol

表 6（续）

服务访问点	协议名称
804d	SNA Control Protocol
804f	IP6 Header Compression Control Protocol
8051	KNX Bridging Control Protocol [ianp]
8053	Encryption Control Protocol [Meyer]
8055	Individual Link Encryption Control Protocol [Meyer]
8057	IPv6 Control Protocol [Hinden]
8059	PPP Muxing Control Protocol [RFC3153]
805b	Vendor-Specific Network Control Protocol (VSNCP)[RFC3772]
806f	Stampede Bridging Control Protocol
8071	Reserved [Fox]
8073	MP+Control Protocol [Smith]
807d	Not Used-reserved [RFC1661]
8081	Reserved Until 20-Oct-2000 [IANA]
8083	Reserved Until 20-Oct-2000 [IANA]
80c1	NTCITS IPI Control Protocol [Ungar]
80cf	Not Used-reserved [RFC1661]
80fb	compression on single link in multilink group control
80fd	Compression Control Protocol
80ff	Not Used-reserved [RFC1661]
8207	Cisco Discovery Protocol Control [Sastry]
8209	Netcs Twin Routing [Korfmacher]
820b	STP-Control Protocol [Segal]
820d	EDPCP-Extreme Discovery Protocol Ctrl Prtcl[Grosser]
8235	Apple Client Server Protocol Control [Ridenour]
8281	MPLSCP [RFC3032]
8285	IEEE p1284. 4 standard-Protocol Control [Batchelder]
8287	ETSI TETRA TNP1 Control Protocol [Nieminen]
8289	Multichannel Flow Treatment Protocol [McCann]
9021	DVB-ASI
c021	Link Control Protocol
c023	Password Authentication Protocol
c025	Link Quality Report
c027	Shiva Password Authentication Protocol
c029	CallBack Control Protocol (CBCP)
c02b	BACP Bandwidth Allocation Control Protocol [RFC2125]
c02d	BAP [RFC2125]

表 6（续）

服务访问点	协议名称
c05b	Vendor-Specific Authentication Protocol (VSAP)[RFC3772]
c081	Container Control Protocol [KEN]
c223	Challenge Handshake Authentication Protocol
c225	RSA Authentication Protocol [Narayana]
c227	Extensible Authentication Protocol [RFC2284]
c229	Mitsubishi Security Info Exch Ptcl (SIEP) [Seno]
c26f	Stampede Bridging Authorization Protocol
c281	Proprietary Authentication Protocol [KEN]
c283	Proprietary Authentication Protocol [Tackabury]
c481	Proprietary Node ID Authentication Protocol [KEN]
fe01	Ethernet
fe03	IEEE802.17,RPR
ff03	Fiber Channel FC-BBW
ff05	FICON
ff07	ESCON
ff09	Muitiple Access Protocol Over SDH
Other	Reserved for future extension

8.4 数据链路层对等层规程的定义

数据链路层采用不确认式信息传输方式进行链路之间的通信。

8.4.1 不确认式信息的传送

LAPS 的用户使用 DL-UNACK-DATA 请求原语将 SDU(服务数据单元)以不确认信息传送的方式传送到数据链路层。

注："UI 帧的传送"指的是 UI 帧从数据链路层到物理层的发送。

8.4.2 不确认信息的接收

一旦接收方收到所支持的含有 SAPI 的 UI 帧，信息字段将通过使用数据链路 DL-UNACK-DATA 指示原语传送到第三层或其他高层协议。否则，将该 UI 帧丢弃。

8.4.3 与连接管理实体有关的规程

连接管理实体提供一个可选功能来监视链路层实体接收链路帧的状态。对于这一功能的实现，不需要规定任何帧，它只是一个本地事件。

——链路实体在初始化完成后(T200 和 N200 的默认值分别设为 1 s 和 3 s)，链路实体进入正常的收发状态；

——如果在收到任何帧(包括信息帧和帧与帧之间的标志)之前定时器 T200 到期，链路实体将重新启始 T200 并把 N200 的值减 1；

——如果在收到任何帧之前定时器 T200 到期并且 N200 也被减到 0，链路实体将用 MDL-ERROR indication 原语把这一事件向连接管理实体和系统管理报告，重新启始 T200 并把 N200 的值恢复为默认值 3 s；

——T200 和 N200 的值可根据用户或网络的需要通过配置功能改变。T200 和 N200 可配置改变的最小单位分别为 100 ms 和 1 s。

9 网络层或其他高层协议与链路层以及物理层与链路层的服务原语

9.1 概述

本标准所规定的不同层间的通信是通过原语完成的。原语，抽象地说，就是表示数据链路层和网络层或其他协议层间信息和控制的逻辑交换。它们并不规定或限制具体实现的方法。

9.2 网络层或其他高层协议和数据链路层间的原语

DL-UNACK-DATA(请求和指示)原语用来请求和指示由数据链路层实体使用 UITS 传送或接收的网络层 IP 包(用户数据)或其他高层协议的用户数据。

9.3 物理层和数据链路层间的原语

PH-DATA 原语用来请求和指示对等层的物理层传送来的或将要传送到物理层去的数据链路帧。

9.4 连接管理实体与数据链路层之间的原语

MDL-ERROR 原语由链路实体向连接管理实体提供指示，指示在对等的链路通信实体之间有一个差错发生。

9.5 参数定义

参数与原语联系在一起，包含与服务相关的信息。在数据原语中，参数的数据值应包含服务数据单元(SDU)。这个服务数据单元允许其服务用户将协议数据单元传送到对等服务用户实体。例如，DL-UNACK-DATA 参数包含第三层信息或其他上层信息。PH-DATA 原语的参数包含数据链路层的帧。本标准规定了两个参数：用户数据和用于细分业务的 6 比特 DS 码点。

9.6 原语关系描述

原语规程确定了相邻层间的相互作用以便调用和提供服务。服务原语代表了规程要素。图 11 提供第三层和第二层，第二层和第一层间的原语关系。

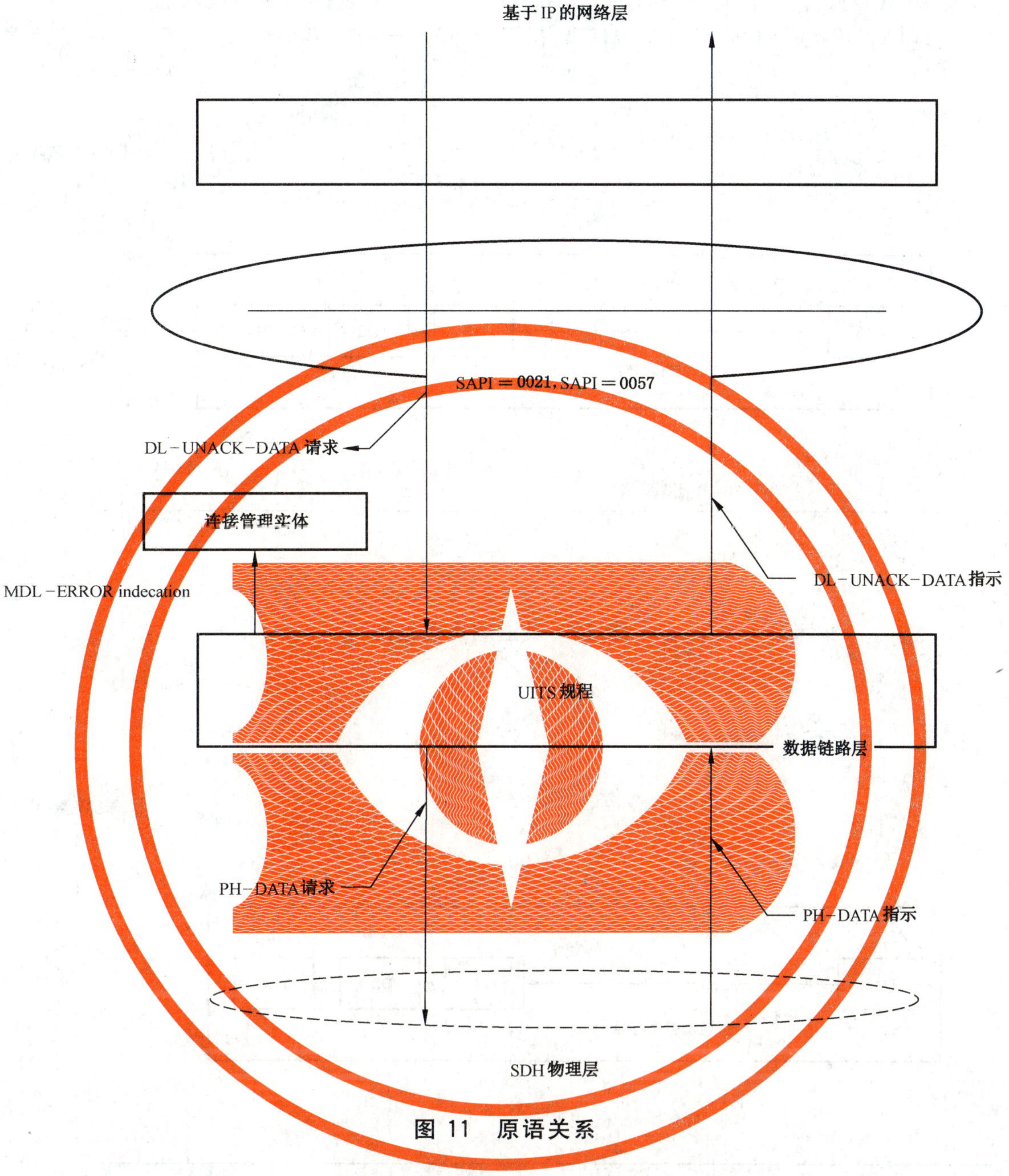

图 11 原语关系

10 自同步扰码/解扰($x^{43}+1$)功能描述

($x^{43}+1$)自同步扰码传送机和接收机的框图如图 12 和图 13 所示。XOR 是异或门功能。输出比特与原来的输入比特异或后产生发送比特位。在八位组中，比特发送的顺序是首先传送最高位。执行扰码/解扰功能是为了保证网络的正常运作。扰码/解扰码操作对 SDH 高阶 VC-n 是必须的。高阶通道信号标签(C2 字节)(见 ITU-TG.707 建议)可表征同步净负荷包封的内容。建议用“24”(十六进制为 0x18)来指示使用了($x^{43}+1$)扰码的 LAPS。当 LAPS 需要被设置为与 IETF RFC 2615 兼容时(即 LAPS 包装 PPP 以便与 IETF RFC 2615 兼容)，SDH 通道信号标签的值要求能采用配置功能从“24”(十六进制为 0x18)改变到“22”(十六进制为 0x16)，另外，LAPS 也能够提供信号标签的值“207”(十六进制为 0xCF)以指示不扰码的 PPP。低阶通道信号 V5 字节(SDH 信号标记)编码目前未定义(见

ITU-T G.707 建议）。对于低阶 VC-2，VC-12 和 VC-11，不要求使用扰码/解扰功能。

注： 上述的 V5（SDH 信号标记）编码的确定需要与 ITU-T SG15 一起进一步协商，待新的 ITU-T G.707 出台后，可分配该值。

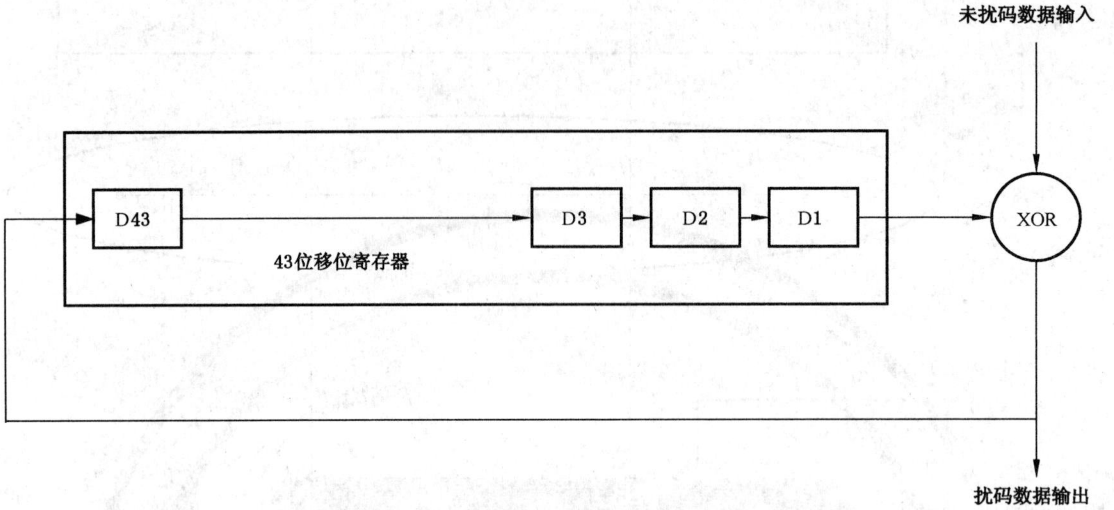

图 12　发送端扰码框图

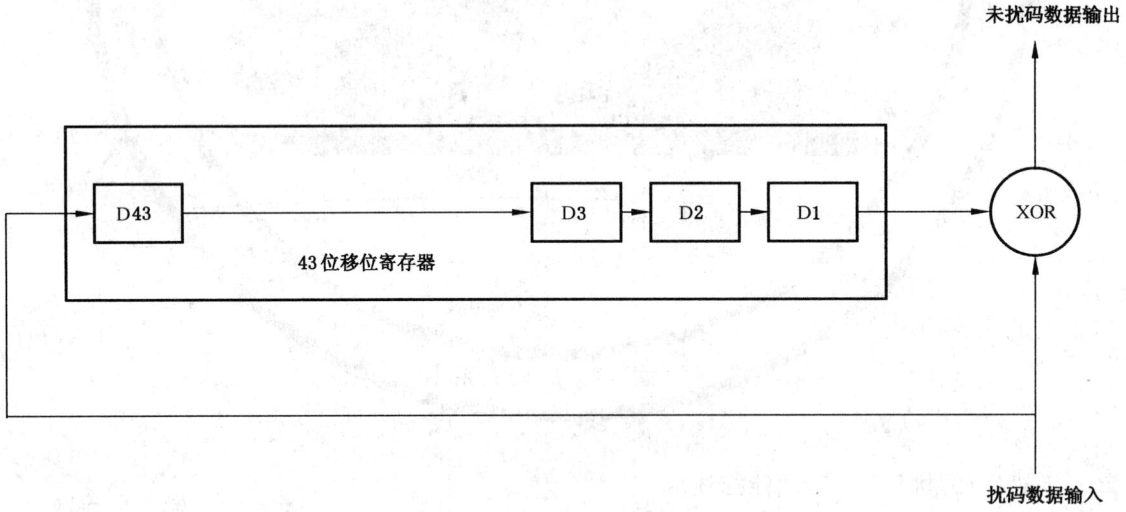

图 13　接受端扰码框图

11　面向比特的 LAPS 方法

利用面向比特的 LAPS 方法，可以使以太网帧、IPv4 和 IPv6 在 ITU-T G.703 定义的单个 PDH 通道上传输，如图 14 所示。如果采用 PPP 的封装方式，则需要将 PPP 帧的地址字段置成 0xFF，然后将 IPv4（封装方式在 RFC1332 中定义）、IPv6（封装方式在 RFC 2472 中定义）或以太网（封装方式在 RFC3518 中定义）适配到一个 PPP 帧，然后通过一个单独的 PDH 通道进行传输。

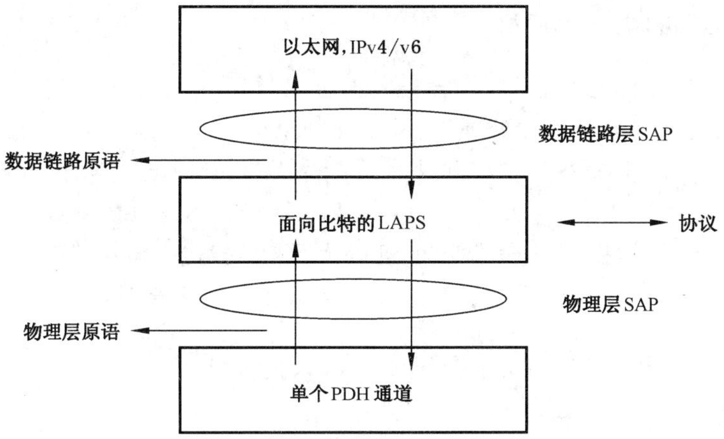

图 14 PDH 物理层、LAPS 数据链路层和上层间的关系

11.1 PDH 信道

推荐使用 ITU-T G.703 中定义的 E11/E12/E21/E22/E31/E32/E4/T12 接口。ITU-T G.703 指定的用于比特同步、比特率和编码的数字等级如下:

E11:1 544 kbit/s,编码:AMI or B8ZS;

E12:2 048 kbit/s,编码:HDB3;

E21:6 312 kbit/s,编码:B6ZS or B8ZS;

E22:8 448 kbit/s,编码:HDB3;

E31:34 368 kbit/s,编码:HDB3;

E32:44 736 kbit/s,编码:B3ZS;

E4:139 264 kbit/s,编码:CMI.

在面向比特情况下,LAPS 将 E11/E12/E21/E22/E31/E32/E4/T12 作为面向比特的同步全双工链路,且相关控制信号不用于物理层。

11.2 操作

除非另有说明,面向比特的操作与面向字节的操作相同。开始标志序列、地址字段、控制字段、SAPI 字段和 FCS 字段由 8.2 指定。

11.2.1 标志序列

对于二进制序列 01111110(十六进制数 0x7e),整个比特流是在逐个比特的基础上进行检验。

11.2.2 透明性

与面向字节情况不同,字节填充不再使用。而是在计算 FCS 后,传送端检验两个标志序列间的帧,在所有 5 个连续的"1"比特(包括 FCS 的最后 5 比特)之后插入一个"0"比特,确保标志序列不会出现在被传送的帧中。在接收端,计算 FCS 之前,任何直接跟在 5 个连续的"1"比特之后的"0"比特被丢弃。

11.2.3 无效帧

以超过 6 个连续"1"比特结束的帧将被丢弃,不当作 FCS 错误。

11.2.4 扰码

为与 HDLC 现有的面向比特的实现方法保持一致,不激活扰码。

11.2.5 Ethernet over PDH 的速率适配

如果在 LAPS 传送中需要速率适配，传送实体通过发送序列{0x7d，0xdd}的方式在帧中加入速率适配字节“0xdd”，这项功能在完成透明处理之后、添加结束标志之前执行。在接收方向，接收实体检测到序列{0x7d，0xdd}时，将从 LAPS 帧中移除速率适配字节“0xdd”，这项功能在透明处理之前、检测到结束标志之后完成。

与面向字节的情况不同，由于开销非常小且以太网数据流在 PDH 开销比特期间到达，所以对 Ethernet over PDH 速率适配功能不适用。标志序列必须在帧间填充时隙间传送。

11.3 LAPS 帧到 1 544 kbit/s 的映射

11.3.1 帧格式

采用 ITU-T G.704 中描述的 24-帧复帧结构，LAPS 帧被映射到 1 544 kbit/s 帧的比特 2 至 193（也就是 ITU-T G.704 描述的时隙 1 至 24），见图 15。

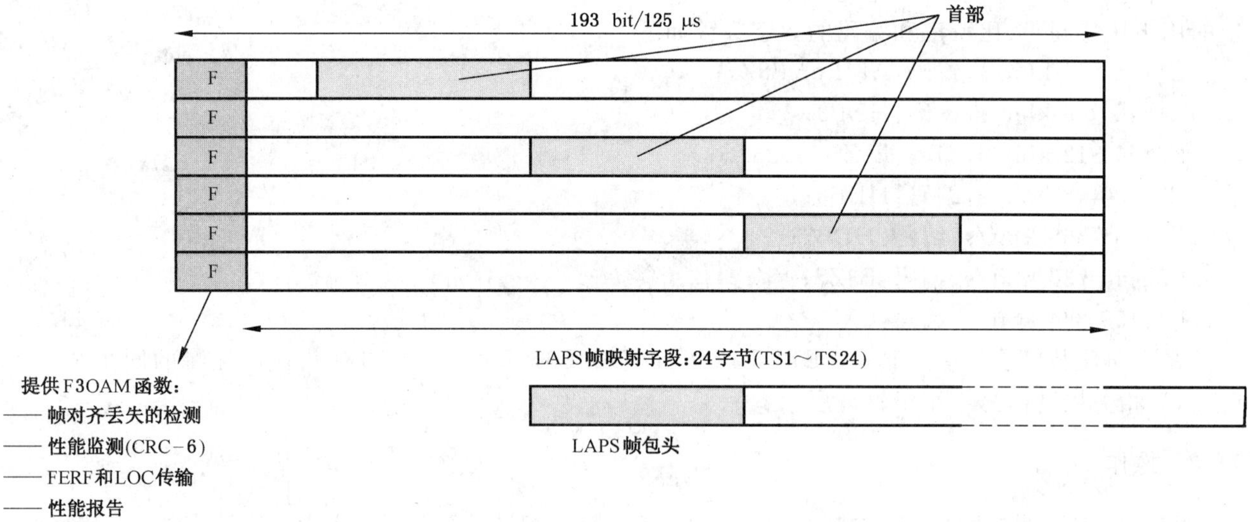

图 15 用来传送 LAPS 帧的 1 544 kbit/s 帧结构

11.4 LAPS 帧到 2 048 kbit/s 的映射

11.4.1 帧格式

采用 ITU-T G.704 中描述的传送速率为 2 048 kbit/s 的基本帧结构，LAPS 帧被映射到 2 048 kbit/s 帧的比特 9～128 和比特 137～256（也就是 ITU-T G.704 描述的时隙 1～15 和时隙 17～31），见图 16。

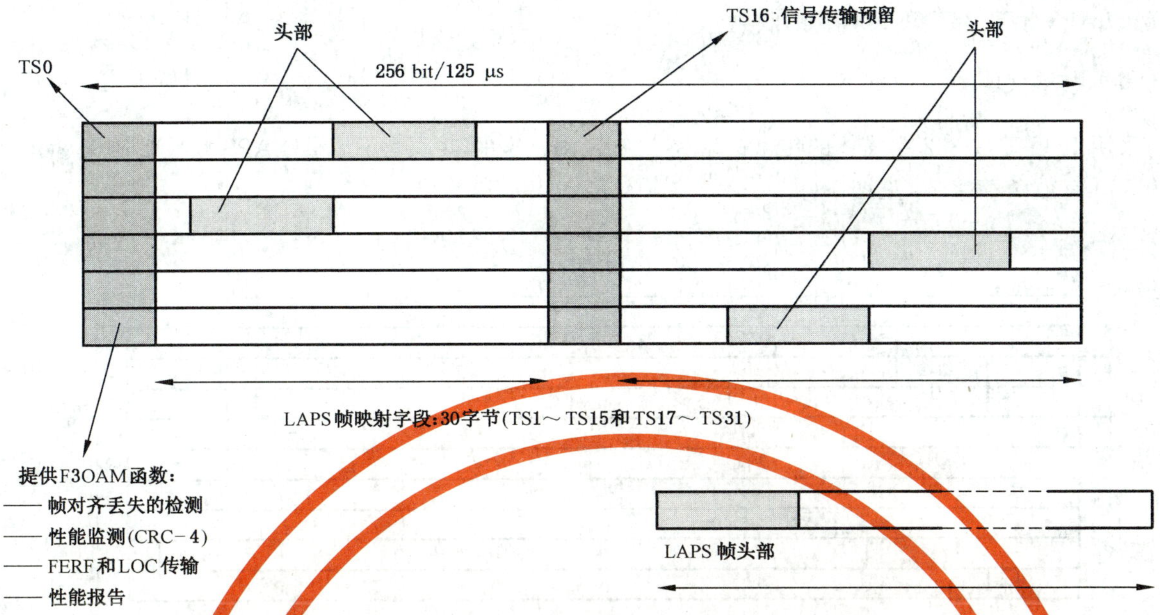

图 16 用来传送 LAPS 帧的 2 048 kbit/s 帧结构

11.5 LAPS 帧到 6 312 kbit/s 的映射

11.5.1 帧格式

采用 ITU-T G.704 中描述的传送速率为 6 312 kbit/s 的基本帧结构,将 LAPS 帧映射到 6 312 kbit/s 帧的比特 1～768(也就是 ITU-T G.704 描述的时隙 1～96)。比特 769～784(时隙 97 和 98)预留,用作用户通信信道,最后的 5 比特(F-bits)用于帧对齐和 OAM,见图 17。

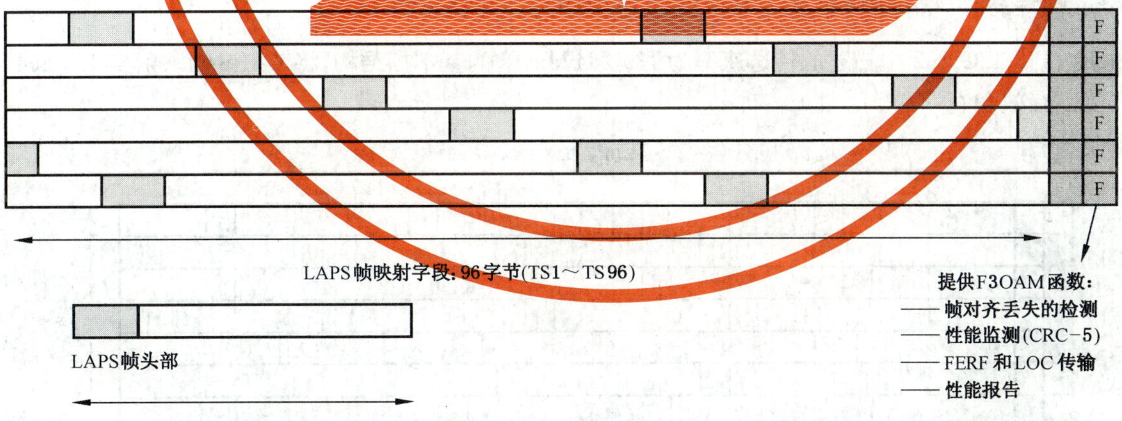

图 17 用来传送 LAPS 帧的 6 312 kbit/s 帧结构

11.6 LAPS 帧到 8 448 kbit/s 的映射

将进一步研究。

11.7 LAPS 帧到 44 736 kbit/s 的映射

将进一步研究。

11.8 LAPS 帧到 34 368 kbit/s 的映射

11.8.1 帧格式

采用 ITU-T G.832 中描述的传送速率为 34 368 kbit/s 的基本帧结构，将 LAPS 帧映射到 34 368 kbit/s 帧的 530 有效负荷字节，见图 18。

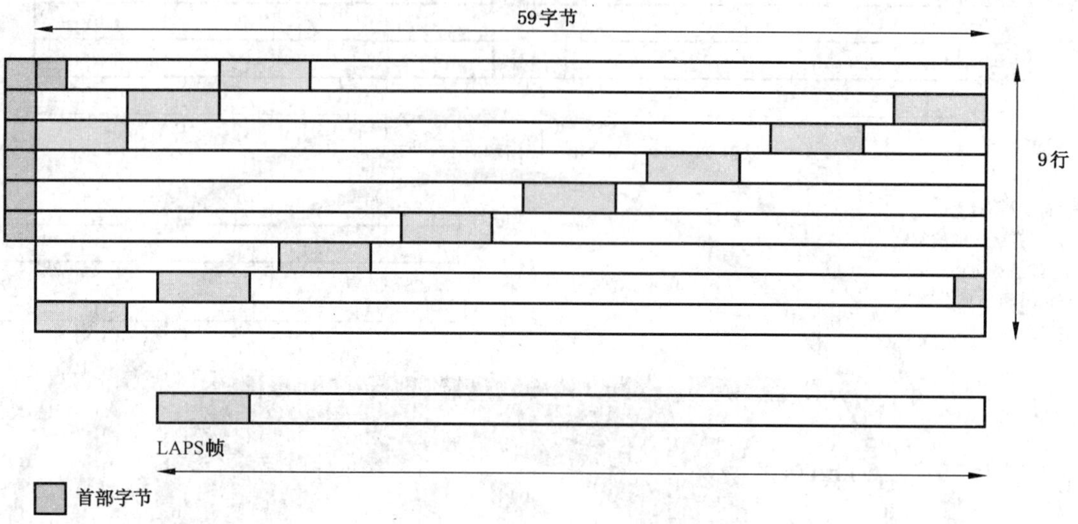

图 18 用来传送 LAPS 帧的 34 368 kbit/s 帧结构

11.9 LAPS 帧到 139 264 kbit/s 的映射

11.9.1 帧格式

采用 ITU-T G.832 中描述的传送速率为 139 264 kbit/s 的基本帧结构，将 LAPS 帧映射到 139 264 kbit/s 帧的 2 160 有效负荷字节，见图 19。

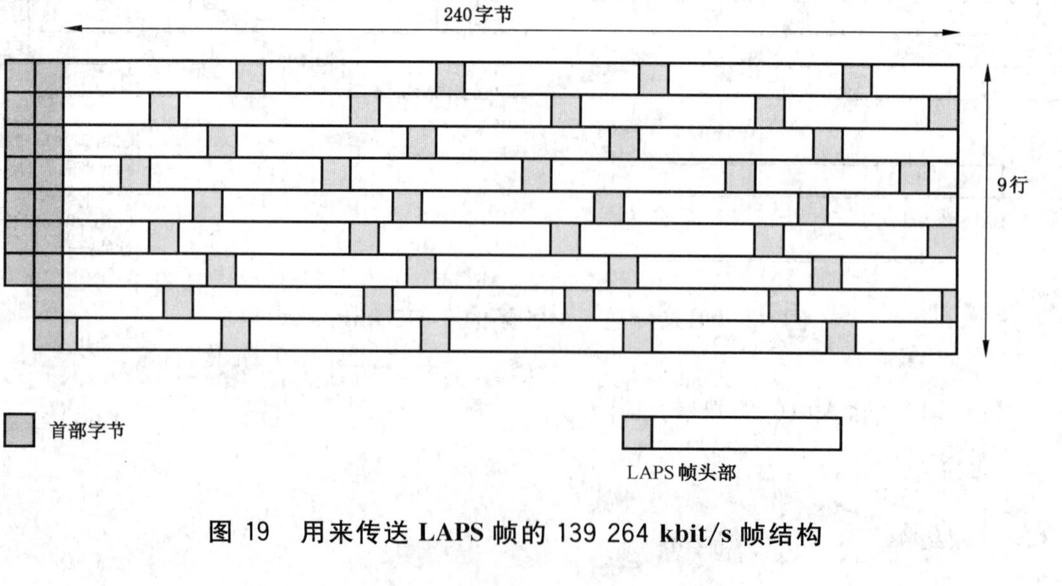

图 19 用来传送 LAPS 帧的 139 264 kbit/s 帧结构

附 录 A
（资料性附录）
LAPS与PPP/HDLC之间的主要差异

LAPS与PPP/HDLC的差异见表A.1和图A.1。

表A.1 LAPS与PPP/HDLC（RFC 1662）的差异

	LAPS	PPP/HDLC
多协议封装	使用一组服务访问点标识符(SAPI)	采用PPP协议
帧标志	0x7E	0x7E
帧的地址字段	单个八位组，当需要与IETF RFC 2615兼容时，全站地址是0xFF，单个地址已分配给IPv4和IPv6，具有不可识别地址的帧将被丢弃	单个八位组，全站地址是0xFF，单个地址不分配作它用，具有不可识别地址的帧将被丢弃
帧的控制字段	0x03	0x03
16/8比特协议字段	两个八位组作为SAPI	16/8比特协议字段
填充字段	不用	在发送时，信息字段可以被填充到任意数量的八位组，可到最大接收单元(MRU)，MRU的默认值是1 500
魔数和相关的配置设施	不用	这一配置选项提供一种方法检测链路环回和其他异常
链路起始控制	不用	采用
协议字段压缩	不用	IETF RFC 1619/IETF RFC 2615不用
地址和控制字段压缩	不用	IETF RFC 1619/ IETF RFC 2615不用
重启定时器	不用	采用，但到目前为止仍然没有规定。该值取决于不同SDH线路的往返时延
FCS字段长度	32比特	32或16或多比特，由指配功能确定
控制逃逸八位组	0x7E和0x7D	0x7E和0x7D
无效帧	定义为短于6个八位组的帧，或没有控制字段的帧，或帧标志违例的帧，或FCS差错的帧	定义为短于4个八位组的帧(采用16比特FCS)，或逃逸八位组后紧跟一帧结束标识，或帧标志违例的帧，或FCS差错的帧
八位组同步	采用	采用
帧间填充	采用	采用
净荷扰码	只用高阶通道采用扰码，分配的高阶通道标记(C2字节)为24(0x18)，低阶通道标记不需扰码功能，标记的分配待新的ITU-T G.707确定后既可确定	采用扰码和不扰码两种方式。采用扰码时，高阶通道标记(C2字节)为22(0x16)，关闭扰码功能时，高阶通道标记(C2字节)为207(0xCF)

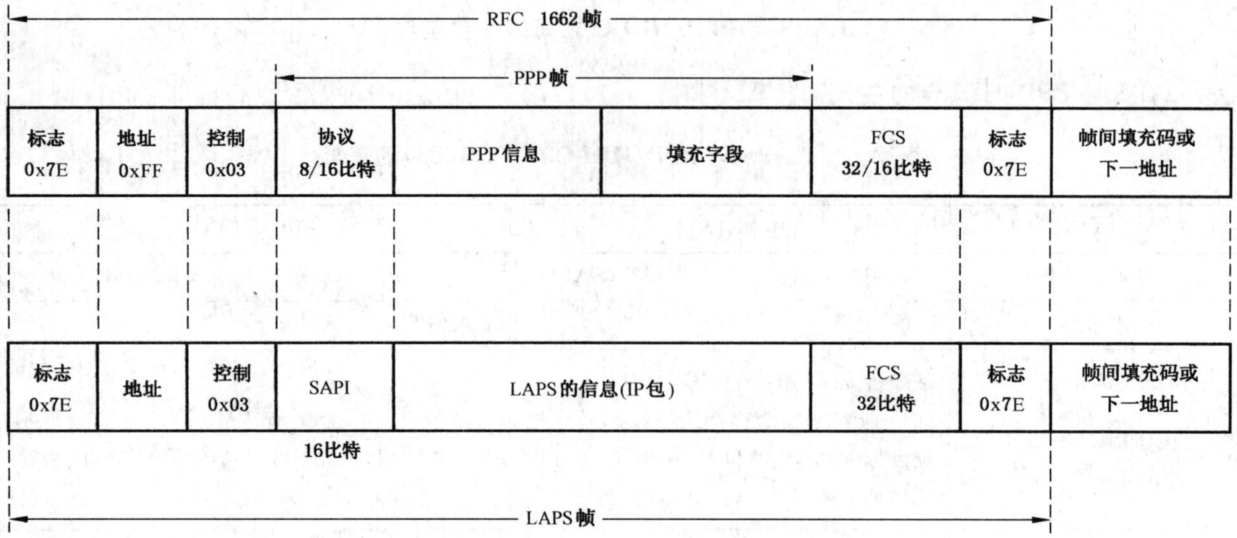

图 A.1 LAPS和RFC 1662的PPP/HDLC的帧格式的比较

ICS 33.040.40
M 32

中华人民共和国国家标准

GB/T 28498—2012

在同步数字体系(SDH)上传送以太网帧的技术要求

Technical requirements of ethernet over SDH

(ITU-T X.86/Y.1323, Ethernet over SDH, MOD)

2012-06-29 发布

2012-10-01 实施

中华人民共和国国家质量监督检验检疫总局
中国国家标准化管理委员会 发布

前　　言

本标准按照 GB/T 1.1—2009 给出的规则起草。

本标准修改采用 ITU-T X.86/Y.1323《在同步数字体系(SDH)上传送以太网帧的技术要求》,规范了基于 LAPS 的以太网传送技术要求。为了进一步体现标准的完整性,保证使用本标准的设备之间的互通性,将国际标准中的附录Ⅰ放在正文第 11 章。本标准保留国际标准的附录Ⅱ作为资料性附录 A,同时为了区别与其他标准在传送技术上的不同,增加了资料性附录 B。为便于使用,本标准还删除了国际标准的前言。

本标准由中华人民共和国工业和信息化部提出。

本标准由中国通信标准化协会归口。

本标准起草单位:武汉邮电科学研究院。

本标准的主要起草人:余少华、吉萌、董喜明、范其蓬。

在同步数字体系(SDH)上传送以太网帧的技术要求

1 范围

本标准规定了 Ethernet frame(由 IEEE 802.3 工作组定义)over SDH 协议栈。包括协议框架、物理层规范、链路层服务设施和规范，在技术上修改采用 ITU-T X.86 建议。标准中引入的 LAPS 协议和规范用来为以太网到 LAPS 提供适配。LAPS 描述了一种类似 HDLC 的成帧结构，用来封装 IEEE 802.3 以太网 MAC 帧，它提供了点到点全双工操作。

本标准适用于同步数字系列(ITU-T G.707)，但本标准不规定 LAPS 到 SDH 的具体映射方法，对所有基于以太网的协议(包括 IEEE 802.3 以太网)以及所有 SDH 标准不作任何改动。

注 1：采用 Ethernet over SDH 的方法是可以进行扩展或修改，以支持新型数据业务。

注 2：ITU-T X.86 标准中所采用的 LAPS 不会与 HDLC (ISO 3309 或 RFC 1662) LAPB/ITU-T X.25，LAPD/ITU-T Q.921 以及 LAPF/ITU-T Q.922 在同一物理链路中同时使用。

注 3：本标准可用于 SDH 子速率与 IEEE 802.3 以太网连接。

2 规范性引用文件

下列文件对于本文件的应用是必不可少的。凡是注日期的引用文件，仅注日期的版本适用于本文件。凡是不注日期的引用文件，其最新版本(包括所有的修改单)适用于本文件。

ITU-T G.703 (1998) 同步数字接口物理/电气特征(Physical/electrical characteristics of hierarchical digital interfaces)

ITU-T G.707 (1996) 同步数字系列(SDH)网络节点接口(Network node interface for the synchronous digital hierarchy (SDH))

ITU-T G.708 (1999) 同步数字系列(SDH)子类 STM-0 网络节点接口(Sub STM-0 network node interface for the synchronous digital hierarchy (SDH))

ITU-T G.957 (1995) 同步数字系列相关设备和系统光接口((Optical interfaces for equipments and systems relating to the synchronous digital hierarchy)

ITU-T X.85/Y.1321 基于使用 LAPS 的 SDH 的 IP 技术(IP over SDH using LAPS)

IEEE 802.3 (2001) CSMA/CD 存取方法和物理层规范(Carrier Sense Multiple Access with Collision Detection (CSMA/CD) Access Method and Physical Layer Specifications)

3 术语和定义

下列术语和定义适用于本文件。

3.1

以太网在 SDH 上的传送 Ethernet over SDH

以太网(IEEE 802.3)和 SDH 网络的混合数据通信结构。物理层定义为 SDH，第二层为 3 种单元的组合：LLC/MAC/LAPS。

3.2

链路接入规程　LAPS(Link Access Procedure-SDH)

HDLC 的另一种类型,定义了 IP over SDH 数据链路服务和协议规范。

3.3

LAPS 信息字段　LAPS information field

由 IEEE 802.3(2001)定义的目的地址、源地址、长度/类型、MAC 客户数据、PAD 字段(如果有)以及完整 MAC 帧的 FCS 字段。

3.4

以太网与 SDH 间的速率适配　rate adaptation between Ethernet and SDH

以太网 MAC MII 速率与 SDH VC 速率间的一种调整机制,用来解决 SDH 周期性和 MAC 的突发方式之间的适配问题。

4　缩略语

4.1　IEEE 802.3(2001)规范中的缩写词

LAN	Local Area Network	局域网
LLC	Logic Link Control	逻辑链路控制
MAC	Medium Access Control	介质访问控制
MII	Media Independent Interface	介质无关接口
GMII	Gigabit Media Independent Interface	千兆介质无关接口

4.2　ITU-T G.707 标准中的缩略语

SDH	Synchronous Digital Hierarchy	同步数字系列
STM	Synchronous Transport Module	同步传输模式
sSTM	Sub Synchronous Transport Module	子类同步传输模式
VC	Virtual Container	虚容器

4.3　其他标准缩略语

LAPS	Link Access Procedure-SDH	链路接入规程— SDH
SAPI	Service Access Point identifier	服务访问点标识符
UITS	Unacknowledged Information Transfer Service	不确认式信息传送服务模式

5　Ethernet over SDH 协议框架

LAPS、以太网和 SDH 物理层以及速率适配层之间的关系如图 1 所示,在协调子层上有流控功能。

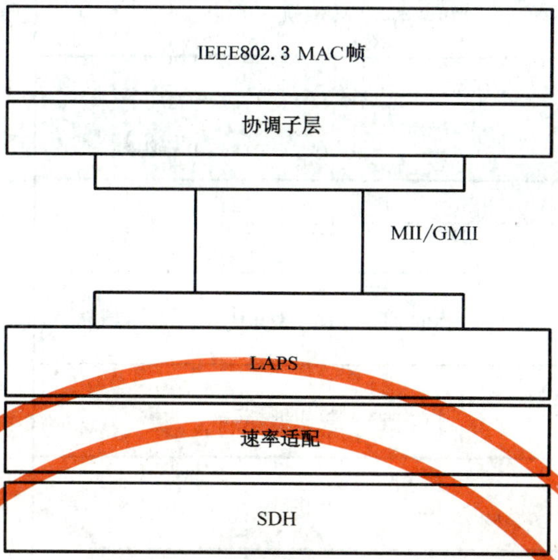

图 1 以太网帧、LAPS和SDH间的关系

STM-N以及sSTM-n中Ethernet over SDH的分层/协议栈模型分别如图2、图3所示，图4和图5分别为Ethernet over LAPS的协议配置和可能的网络示例。由于以太网和千兆以太网的速率与单个VC-12/VC-11/VC-2/VC-3/VC-4的速率有较大的差异，在具体实现中可采用相邻级联和虚级联（在ITU-T G.707中定义），达到速率适配的目的。例如，为了节省传输带宽，用两个VC3的虚级联适配快速以太网，用7个VC4的虚级联适配千兆以太网。

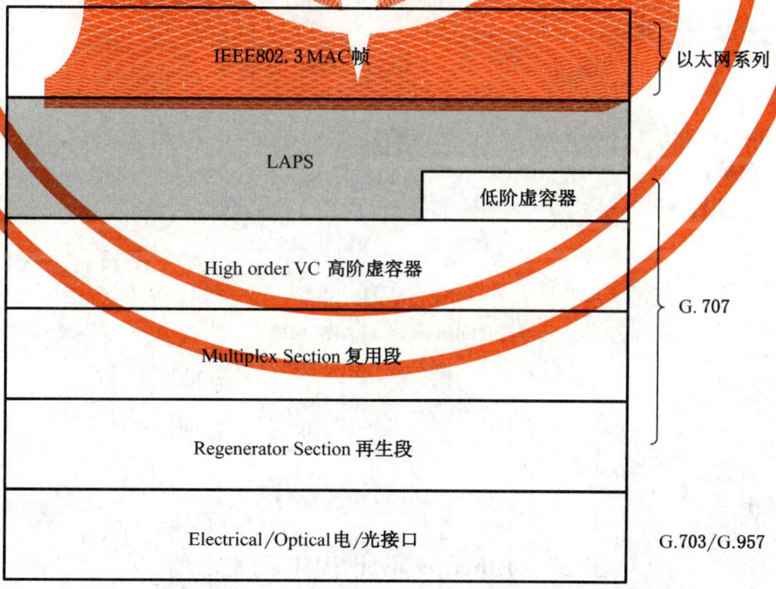

图 2 STM-N中Ethernet over SDH的分层/协议栈

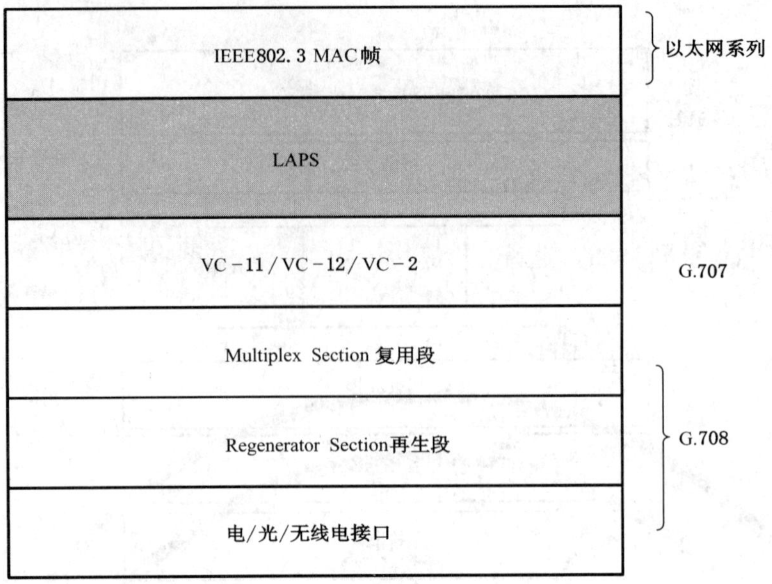

图 3　STM 中 Ethernet over SDH 的分层/协议栈

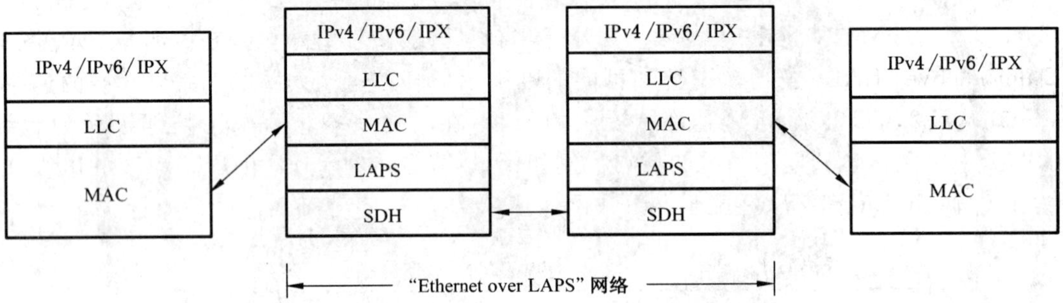

图 4　Ethernet over SDH 协议配置

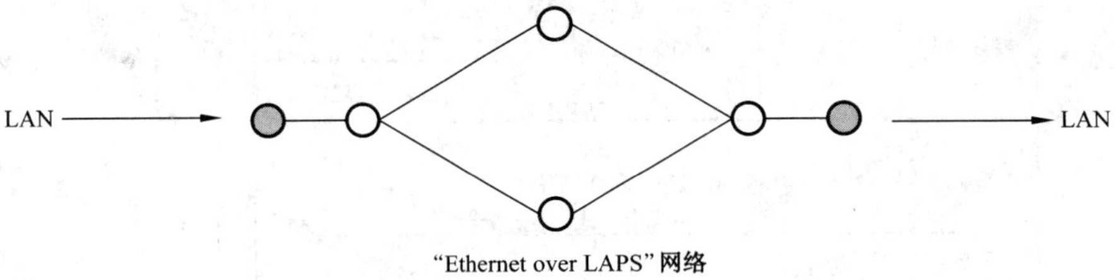

说明：

● 边缘节点；

○ SDH 传输设备；

———SDH 物理连接。

图 5　"Ethernet over SDH"网络示例

6　SDH 物理层

对 SDH 以面向八位组的同步点到点全双工链路进行处理，SDH 帧是一个面向八位组的同步复用映射结构，定义了一系列的标准速率、格式和映射方法。表 1 为 VC(虚容器)的带宽值，表 2 为目前规定的 STM 带宽值。不需使用控制信号，在向/从同步净荷包封中的插入/提取过程(见 ITU-T X.85/Y.1321 附录 C)中使用自同步扰码/解扰码函数($x^{43}+1$)。本标准使用新的 ITU-T G.707 中定义的虚容器的相临级联和虚级联。

表 1 虚容器带宽

虚容器类型	虚容器带宽/(kbit/s)	虚容器净荷/(kbit/s)
VC-11	1 664	1 600
VC-12	2 240	2 176
VC-2	6 848	6 784
VC-3	48 960	48 384
VC-4	150 336	149 760
VC-4-4c	601 344	599 040
VC-4-16c	2 405 376	2 396 160
VC-4-64c*	9 621 504	9 584 640
注：* 表示留待以后研究。		

表 2 STM 接口速率

同步传输模式类型	同步传输模式比特率/(kbit/s)
sSTM-11	2 880
sSTM-12	5 184
sSTM-14	9 792
sSTM-18	19 792
sSTM-116	37 444
sSTM-21	7 488
sSTM-22	14 400
sSTM-24	28 224
STM-0	51 840
STM-1	155 052
STM-4	622 080
STM-16	2 488 320
STM-64	9 953280

在本标准中 LAPS 可以等效为一种物理编码子层(PCS)，提供映射到 SDH 虚容器和接口速率的点到点传送。所支持的 UITS 是一种无连接模式的服务。一般情况下可在 LAPS 和 SDH 之间采用速率适配。它提供一种机制调节以太网 MAC MII 速率到 SDH VC 速率，以及由于 SDH 和 MAC 分别以周期和突发时钟运行，防止 MAC 帧进入 SDH VC 时被写入 SDH 开销中。

7 LAPS 服务功能和协议规范

Ethernet over SDH 中 LAPS 帧的默认最大值应能够支持1 600个八位组(至少)的信息字段。MAC 的 SAPI 值分配为 0xfe01(十六进制)。LAPS 的相关服务功能和协议规范在 ITU-T X.85/Y.1321 的附录 A 中定义。

注：在 ITU-T X.85/Y.1321 的附录 A 中的"3 层或网络层或基于 IP 的网络"、"IP 包"和"2 层或数据链层"应分别替换为"MAC 层"、"MAC 帧"和"LAPS"。

8 封装

LAPS 链路实体从 MAC 层通过协调子层和等价的 MII(介质无关接口)接收帧,这里不采用地址过滤功能。LAPS 信息字段定义在图 6 中的阴影区域中。图 7 表示封装 MAC 字段后的 LAPS 帧格式。图 7 中阴影区域的八位组和位顺序保持原以太网的顺序原封不动。LAPS 和 MAC 的帧校验序列的计算分别参考 ITU-T X.85/Y.1321 和 IEEE 802.3(2001)。Ethernet over SDH 功能单元转发除源链路端口外的所有输入 LAPS 信息字段到其对等链路中,并允许在转发前把一个或多个帧输入到缓冲区中。图 8 所示为协调子层/MII 和 LAPS/SDH 间的关系。

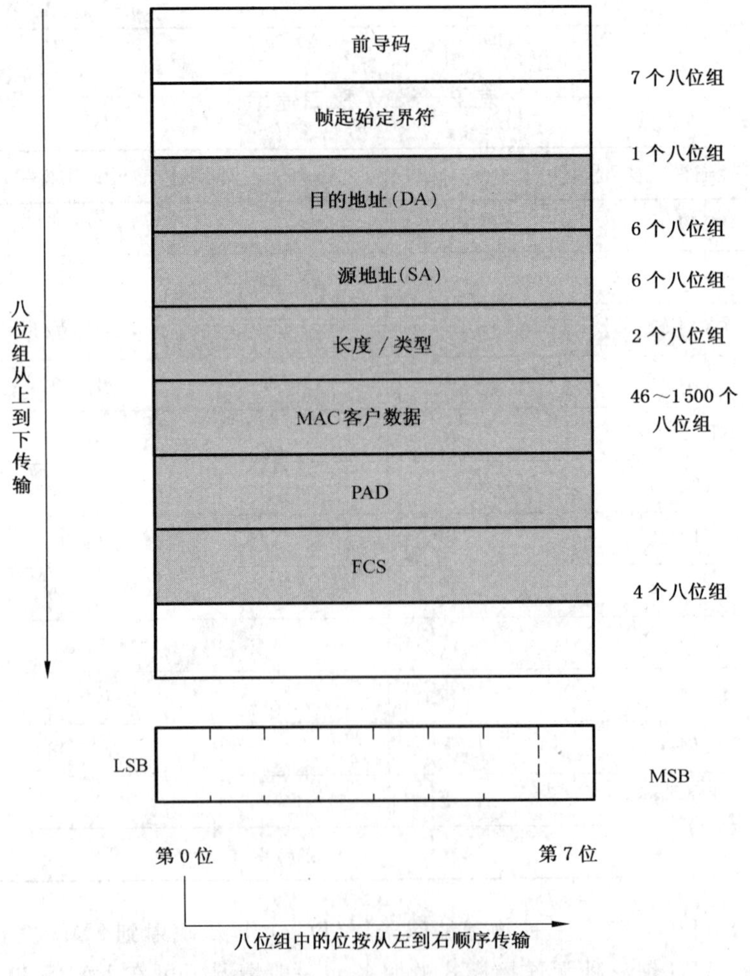

图 6 IEEE 802.3(2001)以太网 MAC 帧、LAPS 定义的信息字段格式位于阴影区域

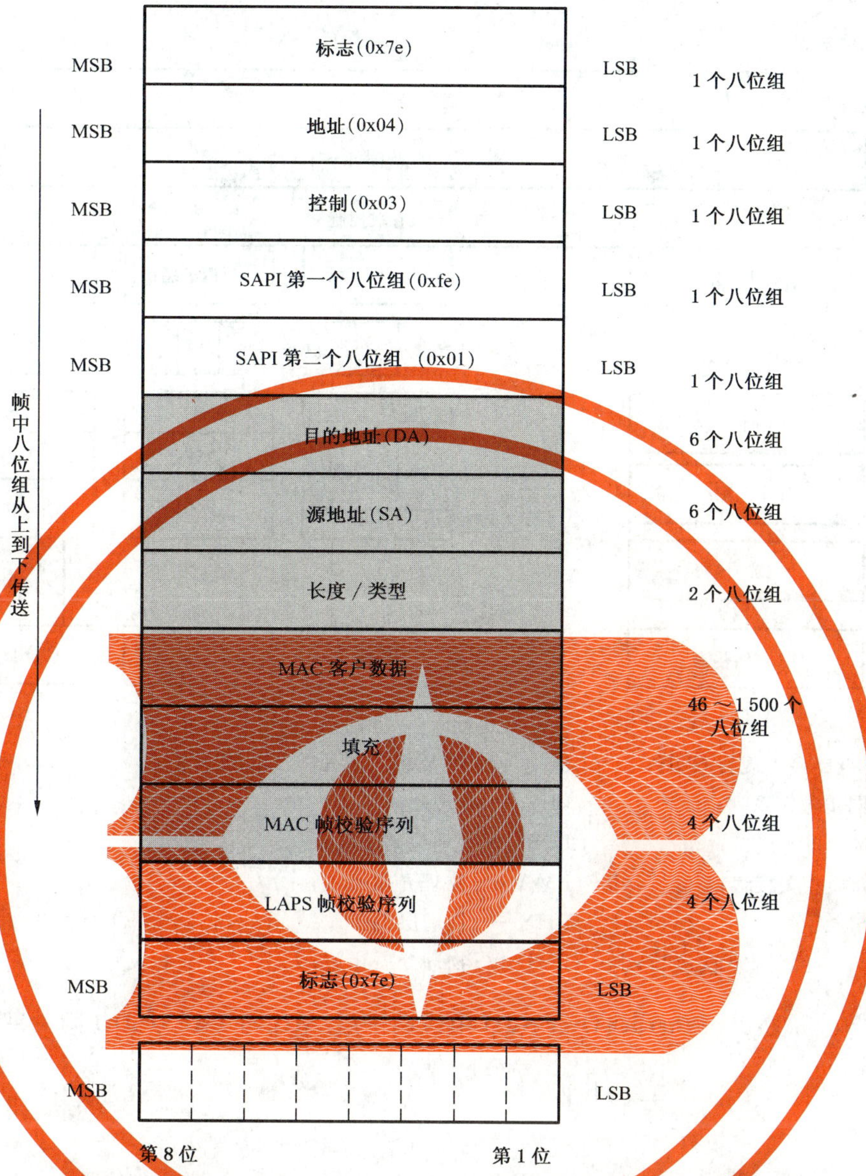

图7 封装MAC字段后的LAPS帧格式,其中阴影部分的比特顺序保持原以太网顺序原封不动

9 Gigabit Ethernet over LAPS 功能单元

Ethernet over SDH 应用到千兆以太网时只采用全双工模式。IEEE 802.3(2001)以太网和 LAPS/SDH 的功能单元如图8所示。

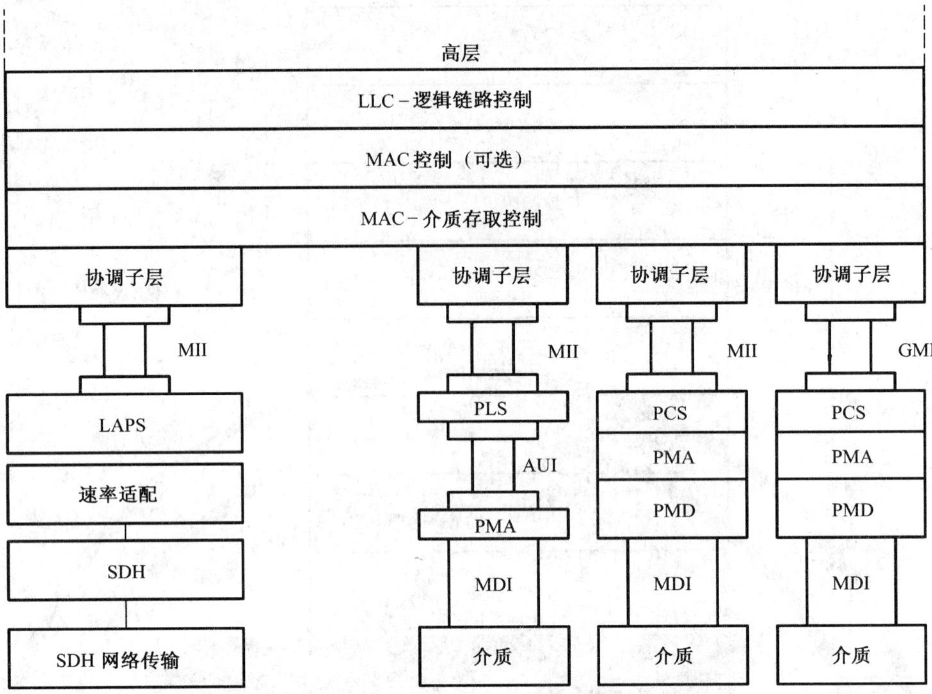

说明：

LAPS——链路接入规程-SDH；
SDH——同步数字系列；
AUI——接入单元接口；
MDI——介质相关接口；
MII——介质无关接口；
GMII——千兆位介质无关接口；
MAU——介质接入单元；
PLS——物理层信号；
PCS——物理编码子层；
PMA——物理介质接入；
PHY——物理层设备；
PMD——物理介质相关。

图 8　Ethernet Over SDH 中协调子层/MII 与 LAPS/SDH 间关系

10　速率适配

有两种情况需要速率适配。一种是 VC-4 的有效负荷速率超出以太网端口数据传输速率的情况，另一种情况是 SDH 有效负荷的传输速率低于以太网端口传输速率。

如果在 LAPS 传输过程中需要进行速率适配，发送实体通过在帧中发送序列{0x7d，0xdd}增加速率适配八位组“0xdd”。该项操作在透明性处理之后、添加结束标志之前进行。在接收方向，当接收实体在 LAPS 帧中检测到序列{0x7d，0xdd}时，移去速率适配字节“0xdd”。该项操作在透明性处理之前、检测到结束标志之后进行。

10.1　由以太网传输速率超过 SDH 有效负载速率引起的速率限制

Ethernet over LAPS 是一种将以太网帧直接映射到不同 SDH 传输速率的方法。但是当映射过程中如果出现速率不匹配，就需要进行调整。采用 ITU-T X.86 接口生成 IEEE 802.3x 流控“PAUSE”帧来控制以太网接口的传输速率，以适应 sub-VC-4 和其他低于标准以太网接口的传输有效负荷的速率适配。在 ITU-T X.86 中使用以太网流控可使传输线路上的 ADMs(分插复用器）和 LTEs(线端设备）的接口在 sub-VC-4 传输有效负荷上与 CPE 的以太网端口速率相匹配。ITU-T X.86 中使用以太网流控也可以预防过度使用的传输链路上的数据丢失。当超出指定的传输有效负荷速率时，这是一种更好的丢弃数据的“速率整形”处理方法。

10.2 暂停帧(PAUSE 帧)的产生

IEEE 802.3(2001)中,条款 31“MAC 控制”,附录 31A“MAC 控制字符分配”和附录 31B“MAC 控制 PAUSE 操作”中,涵盖了以太网接口功能的定义和暂停帧功能。为了让 ITU-T X.86 的接口具备此项功能,ITU-T X.86 的实体必须能够发送所需的暂停帧来补充以太网接口和子层的功能,从而防止 LAPS 封装映射到 SDH 净荷的速率过高。在发送所需暂停帧之时,需要得到在收到以太网帧并封装进 LAPS 之后所剩余的 SDH 净荷容量。SDH 净荷剩余的容量将被作为 SDH 净荷输入缓存区的大小。

以太网暂停帧将在 SDH 传输净荷输入缓存区中产生、并且被插入到数据流中,在 SDH 净荷接收缓存中取出,在 LAPS 子层被解封装。暂停帧在 SDH 净荷输入缓存区中产生,并且被加到任何还没有送到以太网协调子层之前的以太网帧解封装之后的队列前。对任何已经解封装、到达协调子层正在进行处理的以太网帧不进行中断。

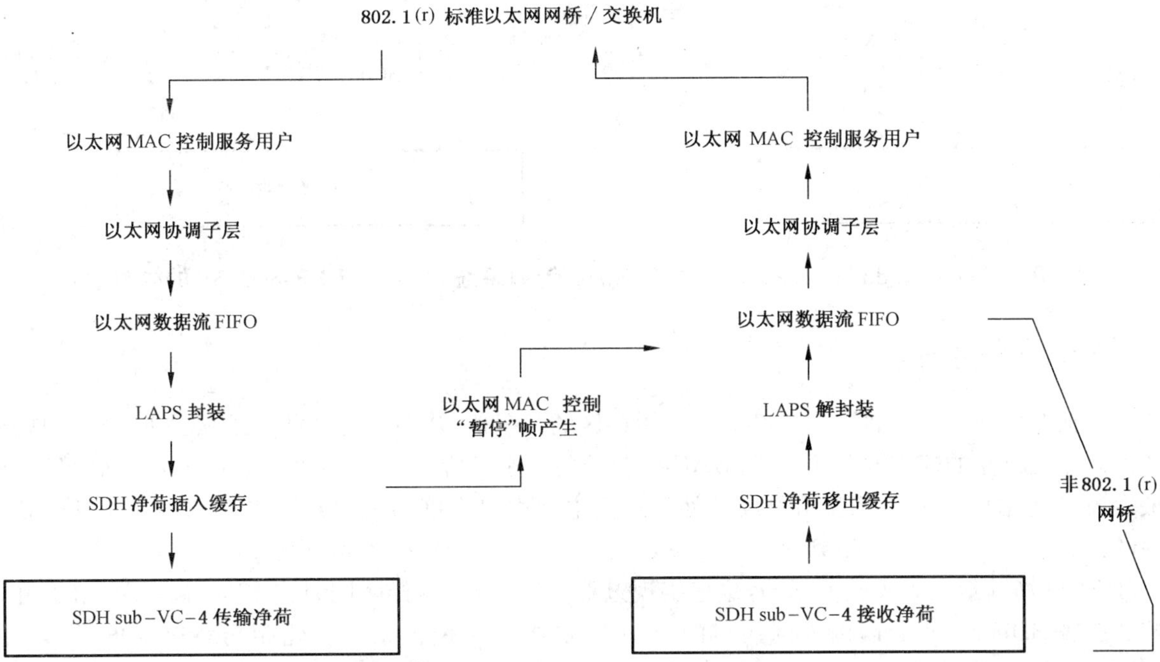

图 9 ITU-T X.86/Y.1323 在 ITU-T X.86 数据系统接口中 IEEE 802.3x 的处理流程

以太网交换机的 X.86 接口和传输节点的 ITU-T X.86 接口远离以太网传输接口的以太网暂停帧的产生有些区别。在 ITU-T X.86 接口和以太网交换机共存做互连设备之用时,只需要通过以太网协调子层直接将暂停帧传给 MAC 控制子层,图 9 给出了在以太网网桥和交换机的 ITU-T X.86 接口上产生和处理暂停帧的流程。MAC 控制子层将利用 ITU-T X.86 子层产生的控制帧作为反馈信号去降低传输速率。MAC 控制子层也会对通过传输链路的 ITU-T X.86 接口接收到的暂停帧作出反应。

当 ITU-T X.86 的接口在一个传输设备节点的远端时,暂停服务的处理必须通过传输设备和用户端的 CPE 以太网发送接口的以太网链路进行处理。图 10 给出了一个 AMD 传输设备上的 ITU-T X.86 接口的流量控制流程。ITU-T X.86 接口往以太网链路向 CPE 注入暂停帧,来提供 MAC 控制子层的流量后压反馈。当给以太网暂停帧配置恰当的阈值级别和正确的暂停时间操作码时,CPE 数据传输速率将会降低到传输系统的净荷速率以进行匹配。MAC 控制功能将会使连接用户的以太网端口和具有 ITU-T X.86 接口的传输设备 AMD 和终端设备之间的净荷速率匹配。

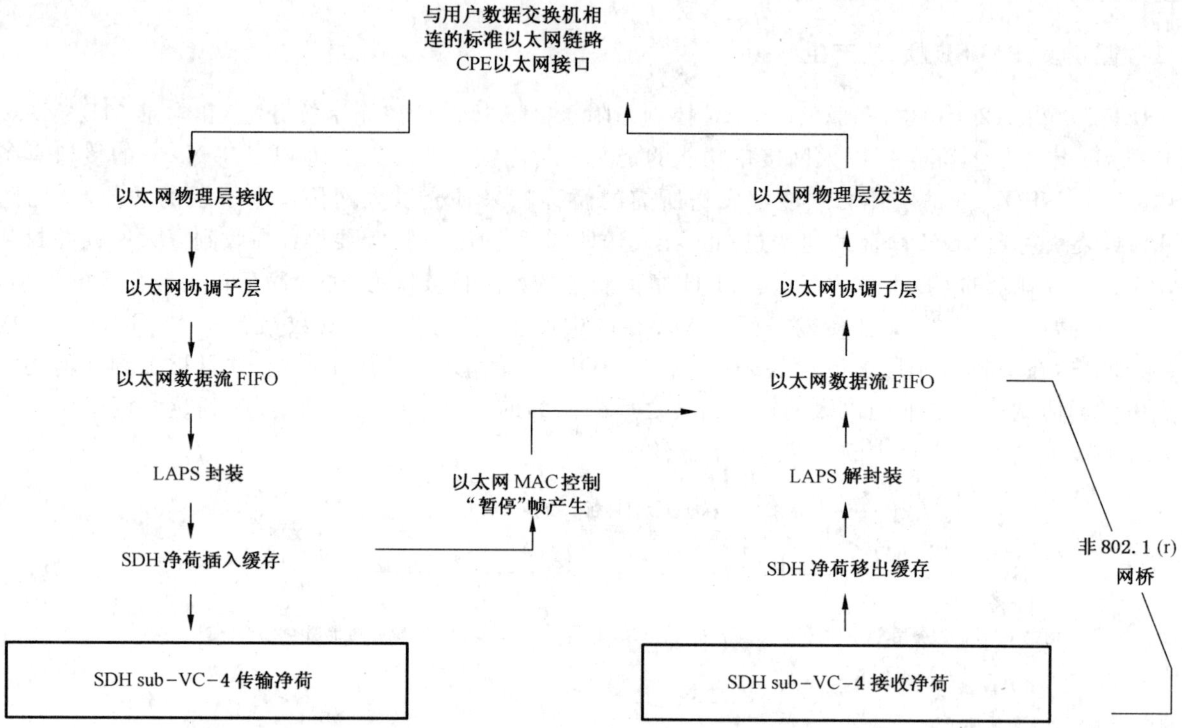

图 10　ITU-T X.86/Y.1323 在 ITU-T X.86 传输系统接口中 IEEE 802.3x 的处理流程

10.3　决定何时发出暂停帧

决定何时发送暂停帧将取决于净荷输入缓存区的门限值,从而避免过载和数据丢失,这个门限值必须考虑以太网链路的速度和到第一个 MAC 控制子层的距离所决定的延迟。潜在的以太网帧发送容量的最大窗口是在 CPE 以太网接口的发送处理过程中最大以太网帧窗口或从 ITU-T X.86 发送处理过程中的最大以太网帧窗口。LAPS 封装处理延迟也应计算在内,因为不同的 ITU-T X.86 LAPS 封装处理和 SDH 净荷插入处理技术不同,这些实现过程、延迟也不一样。同时当 ITU-T X.86 用于将以太网帧映射进 SDH 时,也会因以太网接口的类型不同时,以太网的最大传输距离和速度也不一样的情况。IEEE 802.3(2001)包含了 CPE 以太网接口发送端根据不同的接口速率进行暂停操作的时间考虑。这些考虑提供了一个净荷插入处理流程的门限值、从而产生初始化暂停帧。这个门限值用于决定暂停时间操作码中的暂停时间。同时 IEEE 802.3(2001)也包括了推荐的接口速率来考虑决定暂停时间操作码。暂停帧的数量和速率以及暂停的时间将取决于上述的时限考虑。其他的实现因素也可以用来确保暂停帧的更可靠。

10.4　从 ITU-T X.86 以太网接口发送暂停帧的图解

发送 MAC 控制"暂停"帧的图解(见图 11)为:

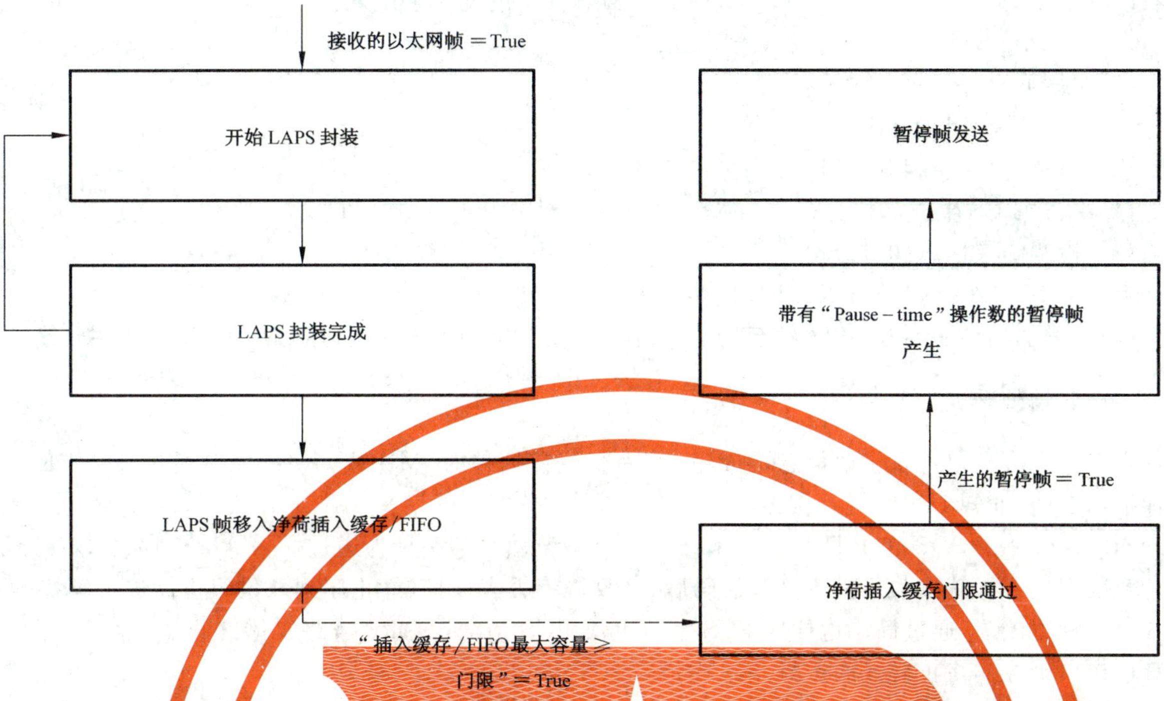

图 11 ITU-T X.86/Y.1323-发送暂停帧的图解

11 数据处理

11.1 LAPS 发送处理

1) 通过 MII 或 GMII 从 MAC/GMAC 处接收 MAC/GMAC 帧，检测 SFD(帧起始定界符)；

2) 同步到 SDH 时钟；

3) 增加 LAPS 帧起始标志(0x7e)；

4) 增加 SAPI、控制和地址字段到 LAPS 帧中；

5) 对地址、控制、SAPI 和 LAPS 信息字段(图 7 中的阴影部分)运算产生 FCS，但不包括标志、帧间隙、速率适配序列、中断 Abort 序列(0x7d7e，可选字节)八位组；

6) 在 LAPS 帧中进行透明性处理或八位组填充：

0x7e≥0x7d，0x5e；

0x7d≥0x7d，0x5d；

在传送速率适配序列、Abort 序列、标志序列时，不进行八位组填充。

7) 如果需要，通过发送序列{0x7d，0xdd}在 LAPS 帧中增加速率适配八位组"0xdd"；

8) LAPS 帧添加结束标志(0x7e)；

9) 如果需要，增加 IFG(帧间隙)填充八位组(0x7e)；

10) 发送到 SDH 净荷之前，对所有八位组进行扰码。

11.2 LAPS 接收处理

1) 在处理前，对所有八位组进行解扰码；

2) 如果需要，移去 IFG(帧间隙)填充八位组(0x7e)；

3) 检测 LAPS 帧的起始标志(0x7e)；

4） 当检测到序列(0x7d,0xdd)时，移去 LAPS 帧中的速率适配八位组“0xdd”；

5） 在 LAPS 帧中移去八位组(透明性处理)：

0x7d，0x5e ⩾0x7e；

0x7d，0x5d ⩾0x7d；

6） 检查地址、控制和 SAPI 字段的有效性；

7） 执行 FCS 生成和校验；

8） 检测结束标志(0x7e)；

9） 使 MAC 帧与 MII RX_CLK 同步；

10） 增加前导序列和 SFD(帧起始定界符)，通过 MII 或 GMII 发送到 MAC/GMAC 中。

11.3 错误帧处理

当某一个数据包包含错误信息，需终止或丢弃该数据包时，MII 或 GMII 接口通过 TX_ERR 提供一种指示功能，通知 LAPS 链路实体。

Ethernet over SDH 支持两种选择来终止一个错误帧。第一种为通过插入 Abort 序列 0x7d7e 来终止一个数据包。远端接收机接收到该代码后，接收机将丢弃该帧(终止序列八位组也需进行解扰码)。

第二种方法为，通过简单地插入 FCS 字节生成 FCS 错误，LAPS 链路实体终止错误数据包。可通过管理接口来控制终止模式的选择。

帧属于下列情况之一为无效帧：

1） 没有以两个标志序列定界；或者

2） 标志序列之间的八位组数少于 6；或者

3） 包含有一个错误的帧校验序列；或者

4） 包含一个与接收端不匹配的服务访问点标识符；或者

5） 包含一个不可识别的控制字段值。

无效帧将被丢弃而无需通知发送者。对该帧不进行任何处理。

附　录　A
（资料性附录）
本标准的应用领域

A.1　如图A.1所示，SDH专网连接2层交换机的10BASE-T、100BASE-T、1000BASE-X接口。

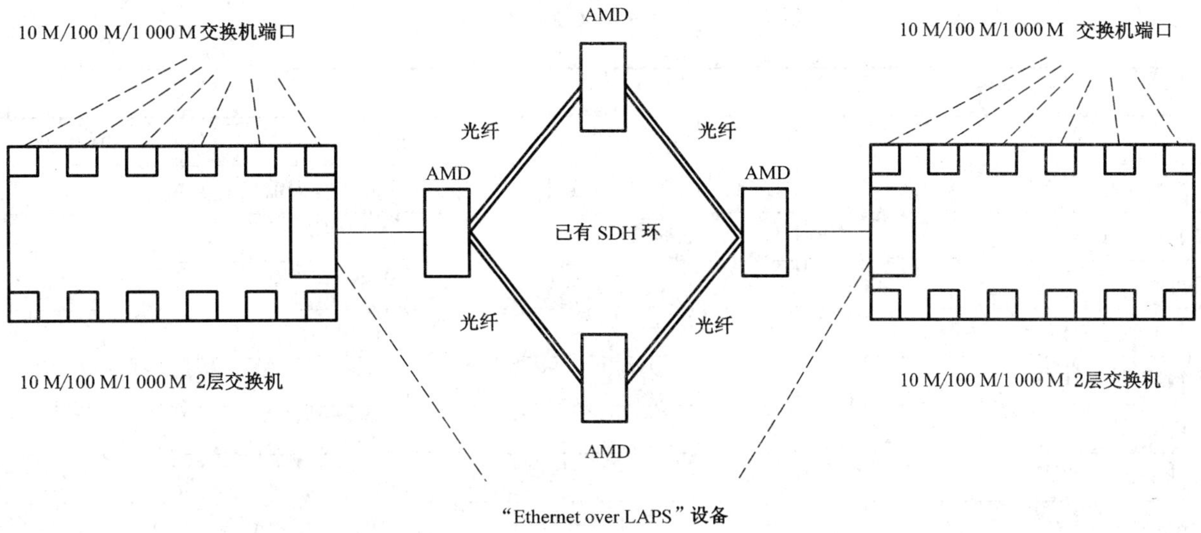

说明：
ADM——分插复用器。

图A.1　Ethernet over SDH的专网实例

A.2　SDH公网用IEEE 802.3(2001)以太网连接3层交换机或路由器(见图A.2)。

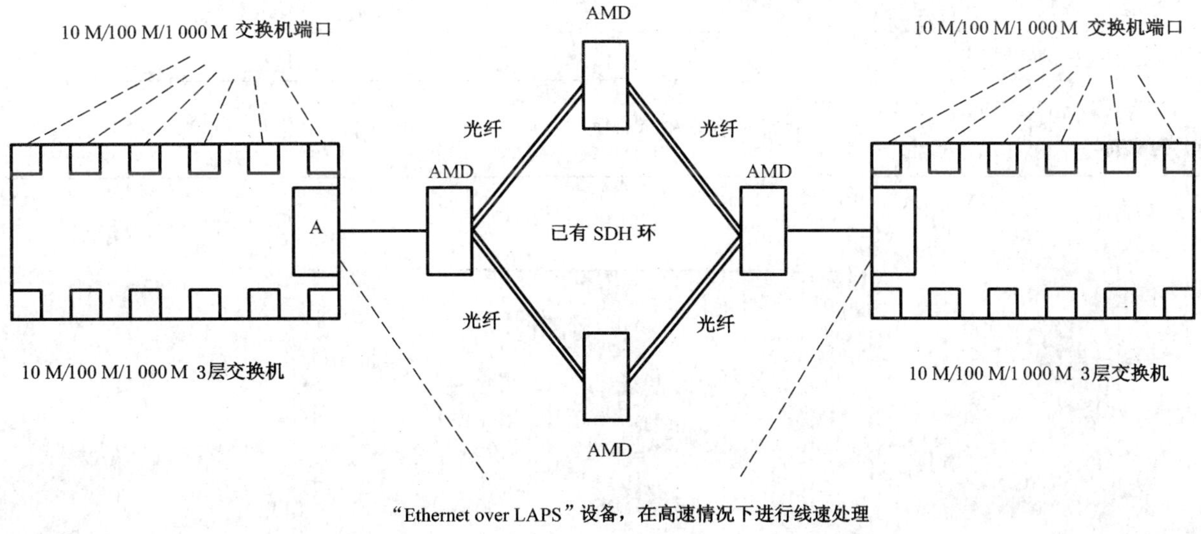

说明：
ADM——分插复用器。

图A.2　Ethernet over SDH公网实例

附　录　B
（资料性附录）
LAPS 与 GFP 的比较

LAPS 与 GFP 的比较如表 B.1 所示。

表 B.1　LAPS 与 GFP 进行比较

功　　能	LAPS	GFP
多协议封装能力	支持	支持
工作方式	L1 或 L2,无需建立连接	L1 或 L2,无需建立连接
帧定界方式	Escape Code	PLI
帧间填充	1 字节	4 字节
多个子通道的传送	不支持	支持
GPON	不支持	支持
存储域网络	不支持	支持
E1/E3/E4	支持	不支持
DS3	不支持	支持
近端和远端的流量控制功能	支持	不支持
速率适配功能	支持	不支持
传送效率	64 字节包高 8.9%，1 518字节包高 51%	可以
与老标准 PPP/HDLC 兼容性	兼容	不兼容
是否作为 RPR 的物理层	是	是
对 IPv6 Jumbo Payload（9 136 k 字节）的支持	面向字节和面向比特	面向字节和面向 nibble

ICS 33.040.40
M 32

中华人民共和国国家标准

GB/T 28499.1—2012

基于IP网络的视讯会议终端设备技术要求　第1部分：基于ITU-T H.323协议的终端

Technical requirement for IP video terminal equipment—
Part 1: terminal based on ITU-T H.323

2012-06-29 发布　　2012-10-01 实施

中华人民共和国国家质量监督检验检疫总局
中国国家标准化管理委员会　发布

前　言

GB/T 28499《基于IP网络的视讯会议终端设备技术要求》分为以下几个部分：

——第1部分：基于ITU-T H.323协议的终端；

——……

本部分为GB/T 28499的第1部分。

本部分按照GB/T 1.1—2009给出的规则起草。

本部分由中华人民共和国工业和信息化部提出。

本部分由中国通信标准化协会归口。

本部分起草单位：工业和信息化部电信研究院、中兴通讯股份有限公司、华为技术有限公司、上海贝尔股份有限公司。

本部分主要起草人：孙明俊、孙志斌、吴永明、张清、胡峻岭、杨崑。

基于IP网络的视讯会议终端设备技术要求 第1部分:基于ITU-T H.323协议的终端

1 范围

GB/T 28499 的本部分规定了基于 ITU-T H.323 协议的视讯会议终端在网络中的位置、主要功能、通信接口、协议、性能以及设备的一般性要求。

本部分适用于基于 ITU-T H.323 协议的视讯会议终端。

2 规范性引用文件

下列文件对于本文件的应用是必不可少的。凡是注日期的引用文件,仅注日期的版本适用于本文件。凡是不注日期的引用文件,其最新版本(包括所有的修改单)使用于本文件。

GB/T 2423.1—2008 电工电子产品环境试验 第2部分:试验方法 试验A:低温

GB/T 2423.2—2008 电工电子产品环境试验 第2部分:试验方法 试验B:高温

GB/T 2423.3—2006 电工电子产品环境试验 第2部分:试验方法 试验Cab:恒定湿热试验

GB/T 3873—1983 通信设备产品包装通用技术条件

YD/T 965—1998 电信终端设备的安全要求和试验方法

YD/T 968—2010 电信终端设备电磁兼容性要求及测量方法

YD/T 993—2006 电信终端设备防雷技术要求及试验方法

ITU-R BT.500(2002) 电视图象质量主观评价方法

ITU-T G.711 话音频率的脉冲编码调制(Pulse code modulation (PCM) of voice frequencies)

ITU-T G.722 64 kbit/s 之内的 7 kHz 音频编码(7 kHz audio-coding within 64 kbit/s)

ITU-T G.723.1 以 5.3 kbit/s 和 6.3 kbit/s 为速率的多媒体通信的双速语音编码器(Dual rate speech coder for multimedia communications transmitting at 5.3 and 6.3 kbit/s)

ITU-T G.728 采用线形预测激励的低时延码在 16 kbit/s 速率上的语音编码(Coding of speech at 16 kbit/s using low-delay code excited linear prediction)

ITU-T G.729 使用共轭结构代数代码激励线性预测(CS-CELP)的 8 kbit/s 语音编码(Coding of speech at 8 kbit/s using conjugate-structure algebraic-code-excited linear prediction (CS-ACELP)

ITU-T H.235 H 系列多媒体终端的安全和加密(Security and encryption for H-Series (H.323 and other H.245-based) multimedia terminals)

ITU-T H.239 H.300 系列终端的角色管理和附加媒体信道(Role management and additional media channels for H.300-series terminals)

ITU-T H.243 使用 1 920 kbit/s 以内的数字信道在 3 个或 3 个以上视听终端间用于建立通信的规程(Procedures for establishing communication between three or more audiovisual terminals using digital channels up to 1 920 kbit/s)

ITU-T H.245 多媒体通信控制协议(Control protocol for multimedia communication)

ITU-T H.261 P*64 kbit/s 视听服务的视频编码(Video codec for audiovisual services at p×64 kbit/s)

ITU-T H.263　低速率的视频编码(Video coding for low bit rate communication)

ITU-T H.281　使用 H.224 的电视会议的远端摄像机控制协议(A far end camera control protocol for videoconferences using H.224)

ITU-T H.282　多媒体通信远程设备控制协议(Remote device control protocol for multimedia applications)

ITU-T H.283　远程设备控制逻辑信道传输(Remote device control logical channel transport)

ITU-T H.323　基于数据包的多媒体通信系统(Packet-based multimedia communications systems)

3　术语和定义、缩略语

3.1　术语和定义

下列术语和定义适用于本文件。

3.1.1

视讯会议业务　video conference service

采用图像、语音压缩技术,利用视讯会议通信系统和数字传输电路,在两点或多点间实时传送活动图像、语音,应用数据(电子白板、图形)信息形式的通信业务。

3.1.2

IP 视讯会议业务　IP video conference service

基于 IP 网络的视讯会议系统为 IP 网上处于不同位置的多个用户提供实时通信,混合与会者的声音和运动图像,并传送多媒体信息。

3.1.3

IP 数据会议业务　IP data conferece service

基于 IP 网络的视讯会议系统为 IP 网上处于不同位置的多个用户在进行视讯会议的同时提供数据共享,数据会议方式有:文件传送、文件共享、电子白板等等。

3.1.4

网守　Gatekeeper

网络中的一个功能实体,提供地址翻译。网络的接入控制,带宽管理。会议资源调度。

3.1.5

多点控制器　multipoint controller

网络中的一个功能实体,提供参加多点会议的多个成员之间的控制。提供与所有终端间的能力协商,提供公共能力集,负责管理会议资源。

3.1.6

多点处理器　multipoint processor

网络中的一个功能实体,提供音频视频的集中处理(切换、混合)等。

3.1.7

视讯会议终端　video conference terminal

处于用户侧,用于完成用户视音频信息采集、处理和放,并同时完成相应其他控制功能的设备。本标准中的终端都假设是 IP 终端。

3.1.8

多点控制单元　multipoint control unit

网络中一个端点,它为 3 个或更多终端及网关参加一个多点会议服务。它也可以连接两个终端构成点对点会议,随后再扩展为多点会议。

3.2 缩略语

下列缩略语适用于本文件。

AAA	Access,Auchentication and Accounting	接入　认证和计费
APP	Application-Defined RTCP Packet	根据应用定义的 RTCP 报文
BYE	Goodbye RTCP Packet	RTCP 挂断报文
DHCP	Dynamic Host Configuration Protocol	动态主机配置协议
GK	Gatekeeper	网守
IPX	Internetwork Packet Exchange	互联网分组交换协议
MC	Multipoint controllor	多点控制器
MCU	Multipoint Control Unit	多点控制单元
MGCP	Media Gateway Control Protocol	媒体网关控制协议
MIB	Management Information Base	管理信息库
MOS	Mean Opinion Score	平均主观评分
MP	Multipoint Processor	多点处理器
NTP	Network Time Protocol	网络时间协议
RR	Receiver Report	接收报文
RTCP	Real Time Transport Control Protocol	实时传输控制协议
RTP	Real Time Transport Protocol	实时传输协议
SDES	Source description items	源描述项
SNMP	Simple Network Management Protocol	简单网络管理协议
SPX	Sequenced Packet Exchange	序列分组交换协议
SR	Sender Report	发送报文
TCP	Transmission Control Protocol	传输控制协议
TFTP	Trivial File Transfer Protocol	简单文件传输协议
UDP	User Data Protocol	用户数据报协议

4 基于 ITU-T H.323 协议的视讯会议终端在视讯会议业务网中的位置

基于 ITU-T H.323 协议的视讯会议终端在视讯会议网中的位置如图 1 所示，基于 ITU-T H.323 协议的视讯会议终端设备(如无特殊说明，以下终端均指基于 ITU-T H.323 协议的视讯会议终端设备)位于靠近最终用户的一端，处于接入层的边缘，受所在域的接入网守的控制。

图 1 的连线表示设备处于正常运行状态时的默认连接。终端间的点对点呼叫和多点会议召集都由网守负责，召集多点会议时需要使用 MC，使用 MP 进行媒体处理。会议的预约等操作可以由终端直接向网守预约，也可以经由应用服务器完成。

终端的管理和控制由接入网守负责。与终端无关的管理和控制流程不在本部分中规定。

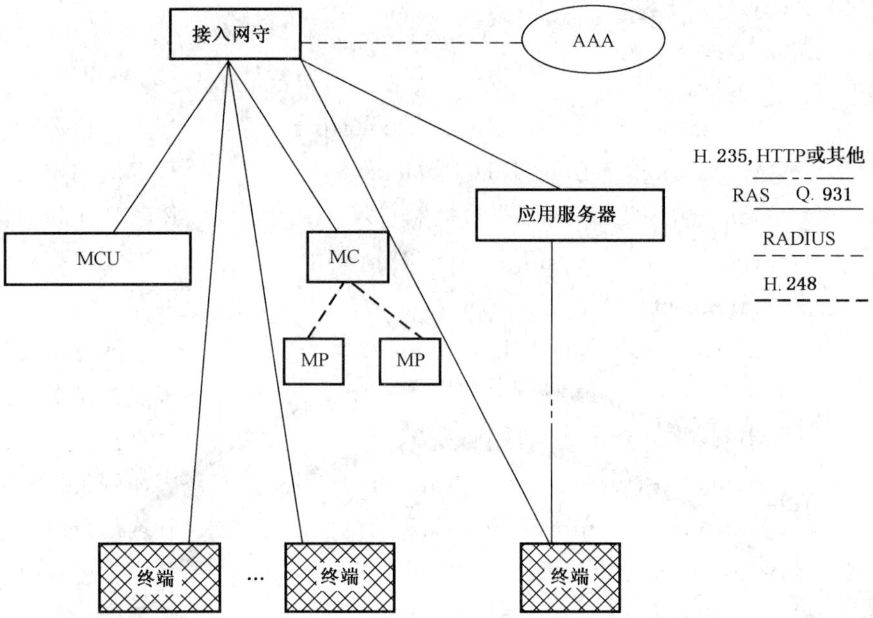

图1　基于ITU-T H.323协议的视讯会议终端在视讯会议业务网中的位置

5　业务要求

终端设备主要为最终用户提供基本的IP视讯会议业务。它在接入网守的控制下完成呼叫的建立与释放，接收对端发送来的视音频编码信号，并在必要时将近端的原始多媒体信号编码后经由视讯会议业务网进行交换。同时终端也可以支持IP数据会议业务。

6　终端类型

IP视讯会议业务可以应用到公司的私有会议室，可以在公共接入的会议室做临时出租，或者可以供个人使用。有多种IP会议终端来满足不同应用的需求：

——会议室型H.323视讯会议终端

会议室型终端具有独立的主机和丰富的视音频外设接口，具有较强的视音频信号处理能力和完善的会议控制及其辅助功能，显示设备一般为电视机、大屏幕投影仪，可以为用户提供高质量、专业级别的视音频效果，适合在标准会议室中应用，可以提供大、中型视讯会议服务。

——桌面型H.323视讯会议终端

桌面型终端具有独立的主机和较简单的视音频外设接口，视音频信号处理能力弱于会议室型终端，具有基本的会议控制功能，移动性好，可以放置在办公桌面和家庭中使用，既可以独立具有显示器件，也可以利用电视或显示器等设备进行显示，可以为个人用户和企业提供操作简单、接入便利的视讯会议服务。

——H.323视讯会议软终端

软终端没有主机，为计算机上的应用程序，通过电脑提供的通讯接口与简单的视音频外设连接，视音频信号处理能力较弱，具有基本的会议控制功能，显示设备使用电脑显示器，可以为广大个人用户和企业办公室提供操作简单、接入便利的视讯会议服务。

终端的基本功能要求在第7章中规定，会议室型终端、桌面型终端和软终端详细技术要求分别在第

8 章、第 9 章和第 10 章中规定。

7 基本功能要求

7.1 应用层协议

终端必须支持 ITU-T H.323 协议，提供在 ITU-T H.225.0 中规定的服务，对 ITU-T H.245 规定的控制信道、数据信道和呼叫信令信道，必须提供可靠的(如 TCP、SPX)端到端服务；对音频信道、视频信道和 RAS 信道，必须提供非可靠的(如 UDP、IPX)端到端服务。服务可以是双工或单工、单播或多播，取决于应用、终端能力和网络配置。

7.2 参加会议能力

终端应该具备预约会议的能力。能够进行点对点呼叫和多点视频/音频会议呼叫，能够实现自动或人工控制应答呼叫的功能。

7.3 语音编解码功能

终端必须支持 ITU-T G.711 规定的 A 律，可以根据需要支持 G.722、G.723.1、G.728、G.729 等编码格式，争取采用国内拥有知识产权的成熟、互通性好的压缩编码格式。

7.3.1 声音编码动态转换

终端可以根据会议需要在 MC 的控制下进行声音编码动态转换。即终端能够根据 MC 的要求，在较高速编码与较低速编码方式之间进行切换。当网络拥塞时，可将高码速编码方式转换为低码速编码方式，以便从媒体流的源端进行流量控制以缓解拥塞状况；当网络资源宽松时，可以将低速编码方式转为高速编码方式，以提高通信质量。

7.3.2 最大音频-视频传输偏离

终端应发送 h2250MaximumSkewIndication 消息来指示传输到网络传输层的音频和视频信号之间的最大偏离，以便终端适当设置其接收缓存的大小。对于每一对相关的音频和视频逻辑信道，必须发送 h2250MaximumSkewIndication，音频会议或混合会议则不需要。如果要求唇音同步，必须通过使用时戳来实现。

7.3.3 低比特率操作

在低比特率(＜56 kbit/s)链路或网段上的会议中，由于 ITU-T G.711 编码不能使用，终端端点应当具有 G.723.1 语音编解码能力。在每次呼叫开始时，端点通过能力交换指示其接收音频能力。在端到端连接包含一个或多个低比特率段时，没有低速率音频能力的端点可能不能工作。

端点也必须能够根据 ITU-T G.711 对语音进行编码和解码。但如果确定要通过低速率段进行通信，端点不需要指示该能力。如果端点不知道在点对点连接中存在有不足以支持 ITU-T G.711 音频的链路或网段，那么端点必须声明根据 ITU-T G.711 接收音频的能力。

7.4 回声抵消

由于在 IP 网上传输的时延较大，为避免回声对通话质量的影响，终端设备应该具有回声补偿功能。其回声补偿器的设计应符合 ITU-T G.716 的规定。

7.5 图像编解码功能

终端必须支持ITU-T H.261规定的QCIF,可以根据需要支持ITU-T H.261规定的CIF,ITU-T H.263规定的QCIF,ITU-T H.263规定的CIF等编码格式,争取采用国内拥有知识产权的成熟、互通性好的压缩编码格式。

7.5.1 图像编码动态转换

终端可以根据会议需要在MC的控制下进行图像编码动态转换。即终端能够根据MC的要求,在较高速编码与较低速编码方式之间进行切换。当网络拥塞时,可将高码速编码方式转换为低码速编码方式,以便从媒体流的源端进行流量控制以缓解拥塞状况;当网络资源宽松时,可以将低速编码方式转为高速编码方式,以提高通信质量。

7.5.2 图像分辨率和帧频

在不同的速率下,视讯会议终端应满足如下帧频:

小于384 kbps (CIF & QCIF):PAL为12.5 F/S,NTSC为15 F/s;

小于512 kbps (CIF & QCIF):PAL为25 F/S、NTSC为30 F/s;

大于等于1 Mbps (4CIF):PAL为25 F/S,NTSC为30 F/s。

7.5.3 多视频流显示

终端可以接收多于一个的视频信道。终端需要具备视频混合或切换的能力,以便向用户显示视频信号,包括将多个终端的视频显示给用户。终端应使用ITU-T H.245所规定的并发能力来指示它能够同时解码多少个视频流。一个终端的并发能力不应当限制一个会议中多播的视频流数目(该选项由MC选择)。

多视频流的传送依据ITU-T H.239的规定。

7.6 主席控制功能

如果终端具备主席功能,则在会议中可以通过申请成为主席,主席终端应具有以下会议控制功能:

a) 选看会场:主席终端可以在会议过程中浏览任意一个会场;
b) 广播会场:获得主席控制权的会场终端可以将某一会场的图像广播到其他会场;
c) 查询终端列表:主席终端可以看到会议中所有会场名称列表;
d) 申请发言:分会场可以申请发言,主席终端批准后,会场将自动切换为发言会场;
e) 释放主席令牌:主席终端可以释放主席控制权;
f) 结束会议:主席终端可以结束会议,此时各会场终端自动退出会议。

主席终端除支持基本会议控制功能以外,可以支持的扩展会议控制功能:

a) 添加和删除会场:在会议的进行过程中,获得主席控制权的会场终端可以通过呼叫一个终端号添加分会场,也可以删除一个分会场;
b) 声音控制:主席终端具有闭音和取消闭音、静音和取消静音等控制功能。主席终端可以设置语音激励会场:即发言声音最大的会场图像被广播到其他会场;
c) 点名发言:主席终端可以点名某个会场发言;
d) 延长会议:主席终端可以申请延长会议;
e) 摄像机远遥控制:主席具有对分会场的摄像机远程控制功能。

在会议的召开过程中,非主席终端具有以下功能:

a) 申请主席:非主席终端可以申请主席令牌。在会场中没有主席时获得主席控制权;

b) 查询终端列表:非主席终端可以看到会议中所有会场名称列表;

c) 申请发言:非主席终端可以申请发言,获得主席批准后,会场将自动切换为发言会场;

d) 退出会议:会议中视讯终端可以途退出会议。

7.7 数据会议功能

终端实现数据会议功能,包括电子白板、文件传输、应用共享和文本交谈数据会议功能。

7.8 网络协议

终端设备应该支持 TCP/IP 协议族,至少应能支持 TCP/UDP 协议。

为保证信息经过终端设备在 IP 网上传输,终端应该支持 RTP 协议,建议支持 RTCP 协议。

为提供多种接入方式,应支持 PPPoE 协议。

为方便系统版本更新,可以支持 TFTP 协议或 FTP 协议。

为动态获取 IP 地址,可以支持 DHCP 协议。

为提供时钟相关的附加功能,可以支持 NTP 协议。

为提供远程网管能力,可以支持 SNMP 协议。

7.9 维护管理

7.9.1 控制和连通性保证

终端设备可向接入网守报告由于重起、故障、设备恢复或维护管理而造成终端自身状态的改变,终端自动将状态变化报告给接入网守。

终端能接受接入网守的命令,按照命令要求回送资源状态信息,使接入网守保存的资源状态与自己保持一致。

终端能检测到与接入网守之间失去联系的各种情况,例如通信链路故障/拥塞,终端代理故障等,并能针对不同情况进行处理,尽量减少通信的损失。

在接入网守发生故障的情况下,在终端中处于运行态的媒体流应能够继续维持至本次呼叫结束。

7.9.2 故障处理

当终端设备较接入网守先检测到媒体连接中断或已被释放,则其应能向接入网守报告原因并请求拆除该连接。

7.9.3 环回

终端应能通过环回测试进行资源维护和故障定位,包括本地视频环回、本地音频环回,本地音频环回还可以分为硬件环回和软件环回。根据需要还可以包括远端视频环回、远端音频环回等功能。

7.9.4 远程维护管理

终端可以支持 Telnet 或 WEB 方式远程管理,终端实现的 MIB 为可选项,包括 H323 Terminal,H225 CallSignaling,H245,RTP,RAS,Ehernet 和接口组。

8 安全要求

8.1 概述

终端设备应提供安全性管理功能。终端设备的安全性包括设备安全和接入认证安全两个方面。

8.2 设备安全

8.2.1 用户数据保护

终端设备和网守设备之间呼叫控制协议的内容应提供措施进行有效的保护，使其不被监视。终端设备还应对呼叫信令提供完整性保护，使其在收发途中不被非法篡改。

8.2.2 安全审计

终端应对连续多次注册未能通过认证的情况进行安全审计，并提供日志记录。

8.2.2.1 分级管理

终端应支持分级管理功能。

8.2.2.2 口令管理

口令长度宜不少于8个字符，并且由数字、字符或特殊符号组成。

8.2.3 系统访问

8.2.3.1 Telnet 访问

Telnet 协议用于通过网络对设备进行远程登录。在终端设备中，如果对用户提供 Telnet 服务，则宜满足下列约定：

- 用户应提供用户名/口令才能进行后续的操作，用户地址和操作应记入日志；
- 应限制同时访问的用户数目；
- 在设定的时间内不进行交互，用户应自动被注销。

8.2.3.2 串口访问

如果终端设备支持串口访问功能，用户应提供用户名/口令才能进行后续的操作，用户名和操作应记入日志。

8.2.3.3 Web 管理

Web 管理基于 HTTP 协议，终端可以支持 Web 管理，宜满足下列约定：

- 用户应提供用户名/口令才能进行后续的操作，用户地址和操作应记入日志；
- 应支持 SSL/TLS；
- 必要时可关闭 HTTP 服务。

8.2.3.4 DHCP 扩展管理

设备制造者可以在 DHCP 协议的基础上进行扩展，从而提供其特有的设备管理功能。

8.2.3.5 SNMP 的安全性

SNMP 是一种应用非常广泛的网络管理协议，主要用于设备的监控和配置的更改等，目前使用的 SNMP 协议有3个版本，分别是 SNMPv1、SNMPv2 和 SNMPv3。终端设备如果支持 SNMP 协议，则宜支持安全性较好的 SNMPv3 作为网管协议。

此外，宜限定用户通过指定 IP 地址使用 SNMP 对设备进行访问。

8.2.3.6 软件升级

终端设备一般使用 FTP/TFTP 协议实现软件升级，软件升级包括软件版本、设备配置等的更新，有本地和远程两种途径。软件升级通过建立 FTP 服务器和终端设备的 FTP 连接来实现，FTP 协议应支持口令认证功能。

对于远程软件升级，宜支持 SSHv2，实现文件的安全传送。升级方式也可选采用 HTTPS 协议实现。

8.3 接入认证的安全

网守应支持基于 RAS 协议的用户认证方式，见图 2。

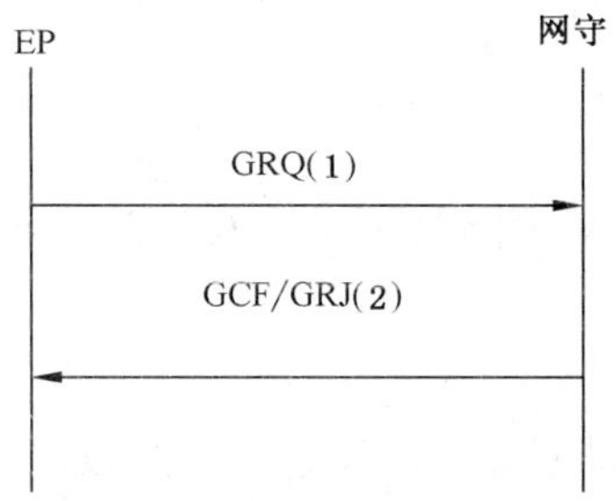

图 2 基于 RAS 协议的用户认证方式

8.3.1 安全认证能力协商过程

终端的安全认证主要是支持身份认证和消息完整性检查。通过 GRQ/GCF 消息完成 ITU-T H.235 中的安全机制能力的协商。如果 GK 设置需要进行身份认证，收到 GRQ 消息中没有身份认证能力的描述，则 GK 回应 GRJ 拒绝。

GRQ，GCF 这 2 个消息本身不用认证。安全能力的表达遵循 ITU-T H.235 附录 D 的规定。

GRQ 消息中的内容如下：

```
GatekeeperRequest::=SEQUENCE—(GRQ)
{
---省略不相关的字段
    tokens                     SEQUENCE OF ClearToken OPTIONAL,
    cryptoTokens               SEQUENCE OF CryptoH323Token OPTIONAL,--不使用
    authenticationCapability   SEQUENCE OF AuthenticationMechanism OPTIONAL,
    algorithmOIDs              SEQUENCE OF OBJECT IDENTIFIER OPTIONAL,
---省略不相关的字段
}
```

在 tokens 字段中，用来填写设备支持的 H235 基线，ClearToken 中的 TokenOID 如下：

OID 引用名	OID 值	描 述
"T"	{itu-t (0) recommendation (0) h (8) 235 version (0) 2 5}	指示 HASH 运算中的 CLEARTOKEN 用法，这里指按 ANNEX-D 规定的方式处理

authenticationCapability 包含 pwdHash 认证机制。

algorithmOIDs 包含 HMAC-SHA1-96 的 OID。

GCF 消息中的内容如下：

```
GatekeeperConfirm::=SEQUENCE --(GCF)
{
---省略无关字段
    authenticationMode       AuthenticationMechanism OPTIONAL,
    tokens                   SEQUENCE OF ClearToken OPTIONAL,
    cryptoTokens             SEQUENCE OF CryptoH323Token OPTIONAL,
    algorithmOID             OBJECT IDENTIFIER OPTIONAL,
---省略无关字段
}
```

只需要填 tokens，填写的方法同 GRQ。

8.3.2 RAS 过程安全

RAS 的安全过程通过对时间戳、终端标识符、网守标识符，预设密码参数 HASH 运算来实现认证和完整性检查，见图 3。

a) 终端将 RAS 消息 HASH 后，发送消息给 GK。

b) GK 收到 xRQ 消息后，利用消息中的 xRQ→cryptoTokens 内容进行认证和完整性检查，如果检查通过，则根据一般的 xRQ 处理规则进一步处理。如果检查不通过，则响应 xRJ 消息。同样地，GK 发出的消息也要进行 HASH 运算，其处理方式同 a)。

c) 终端收到 GK 来的响应消息，利用消息中的 xCF/xRJ→cryptoTokens 内容进行认证和完整性检查，如果检查通过，则根据一般的 xCF/xRJ 处理规则进一步处理。如果检查不通过，则丢弃这个消息。

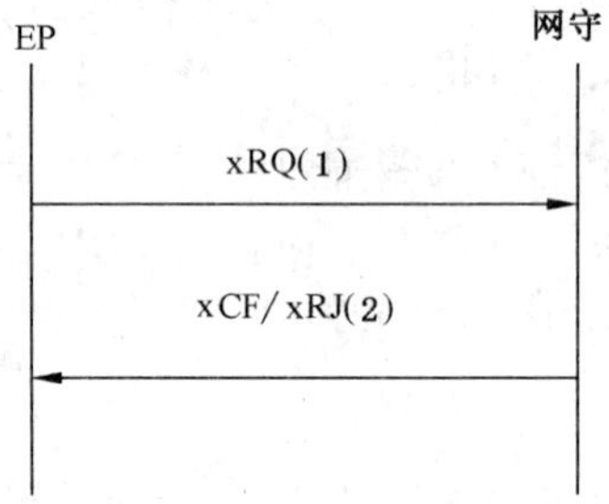

图 3 RAS 的安全过程

xRQ 消息的和安全相关内容如下：

xRQ→cryptoTokens 为 SEQUENCE OF CryptoH323Token 类型。

CryptoH323Token 是一个 CHOICE 类型结构，选择 nestedcryptoToken。

nestedcryptoToken 为 CryptoToken 类型，CryptoToken 也是一个 CHOICE 类型的数据结构，选择 cryptoHashedToken，cryptoHashedToken 是 SEQUENCE 类型结构。

```
cryptoHashedToken SEQUENCE
{
        tokenOID            OBJECT IDENTIFIER,
        hashedVals          ClearToken,
        token               HASHED { EncodedGeneralToken }
}
```

1) tokenOID

tokenOID 取"A"或者"B"(A,B 是 OID 的引用名,真实值参考前面的 OID 表)。A 表示认证加消息完整性检查,B 表示只进行认证。

OID 引用名	OID 值	描　　述
"A"	{itu-t (0) recommendation (0) h (8) 235 version (0) 2 1} {itu-t (0) recommendation (0) h (8) 235 version (0) 1 1}	用于 CryptoToken-tokenOID,指示是非对整个消息进行 HASH 运算,即进行消息完整性检查
"B"	{itu-t (0) recommendation (0) h (8) 235 version (0) 3 2} {itu-t (0) recommendation (0) h (8) 235 version (0) 2 2} {itu-t (0) recommendation (0) h (8) 235 version (0) 1 2}	用于 CryptoToken-tokenOID 指示只对消息的部分字段进行 HASH 运算,即不进行消息完整性检查

2) hashedVals

hashedVals 用来保存明文,类型为 ClearToken。如果要对消息进行完整性检查,那么 HASH 运算将作用到整个消息;如果只进行认证,那么 HASH 运算只针对 hashedVals 包含的信息进行即可。

```
ClearToken          ::=SEQUENCE
{
    tokenOID        OBJECT IDENTIFIER,                  设置为"T",引用名,真实值参考前
                                                        面的 OID 表
    timeStamp       TimeStamp OPTIONAL,                 必须使用,消息时间标签
    password        Password OPTIONAL,                  不用
    dhkey           DHset OPTIONAL,                     不用
    challenge       ChallengeString OPTIONAL,           不用
    random          RandomVal OPTIONAL,                 必须使用,按加 1 递增。
    certificate     TypedCertificate OPTIONAL,          不用
    generalID       Identifier OPTIONAL,                必须使用
    nonStandard     NonStandardParameter OPTIONAL,      不用
    ...,
    eckasdhkey      ECKASDH OPTIONAL,                   不用
    sendersID       Identifier OPTIONAL,                对于 RRQ 消息,不用,因为终端 ID
                                                        由 GK 在 RCF 消息中分配,
    h235Key         H235Key OPTIONAL                    不用
}
```

3) token

token 用来描述 HASH 算法的结果,token 为 HASHED{ EncodedGeneralToken } 类型。

HASHED 定义如下:

```
HASHED { ToBeHashed }          ::=SEQUENCE
{
```

```
    algorithmOID        OBJECT IDENTIFIER,   ---HASH算法ID,OID参考值为"U",
                                                表示用HMAC-SHA1-96算法
    paramS              Params,              ---运行时参数,设置为NULL
    hash                BIT STRING           ---HASH运算结果
} ( CONSTRAINED BY { -- Hash -- ToBeHashed } )
EncodedGeneralToken::=TYPE-IDENTIFIER.&Type (ClearToken -- general usage token -- )
```

9 会议室型基于ITU-T H.323协议的视讯会议终端

9.1 功能要求

会议室型终端必须具备第7章除7.7外内容,7.7的内容为可选。

9.2 特定要求

9.2.1 人机接口

会议室型终端应具备人机接口,可以是红外线遥控器或计算机。通过人机接口,实现终端功能。

9.2.2 远程设备控制功能

终端设备支持的远程设备控制功能包括:摄像机远程控制,话筒远程控制,图像播放远程控制,幻灯片播放远程控制等。

用户终端应支持ITU-T H.281的规定,具体实现方式遵循ITU-T H.323 AnnexQ的规定,支持的本地和远程镜头控制功能有:

a) 终端能上下左右调节本地镜头,能放大、缩小和自动聚焦;

b) 终端具有远程控制各分会场摄像机功能。

终端设备也可以通过ITU-T H.282所规定的协议支持远程设备控制。在ITU-T H.245规定的逻辑信道中必须支持ITU-T H.282所规定的协议(按照ITU-T H.283的规定)。

注:ITU-T H.283规定了在基于ITU-T H.323协议视讯会议中针对ITU-T H.282所规定协议的逻辑信道传输。

9.3 接口要求

9.3.1 以太网接口

终端设备应该具备以太网接口。接口可以是10 M/100 M/1 000 M的电接口或光接口,所有类型的接口都应符合IEEE 802.3—2002的要求。如果需要,终端也可选支持无线接口。

以太网接口也用于本地或远程维护。

9.3.2 视频接口

会议室型终端必须支持如下视频输入:复合视频输入、S-VIDEO输入、可选VGA输入。

必须支持如下视频输出:复合视频输出,S-VIDEO输出、VGA输出。

9.3.3 音频接口

会议室型终端必须支持如下音频输入:话筒输入、LINE输入。

必须支持如下音频输出:LINE音频输出。

10 桌面型基于 ITU-T H.323 协议的视讯会议终端

10.1 功能要求

桌面型终端必须具备第 7 章除 7.7 以外的基本功能要求的内容,7.7 数据会议的内容为可选。

10.2 特定要求

内置视音频输入输出设备;内置控制键盘。

10.3 接口要求

终端设备应该具备以太网接口。接口可以是 10 M/100 M 电接口,所有类型的接口都应符合 IEEE 802.3—2002 的要求。如果需要,终端也可选支持无线接口。

以太网接口也用于本地或远程维护。

可选视频输出和音频输出接口。

11 基于 ITU-T H.323 协议的视讯会议软终端

11.1 功能要求

桌面型终端必须具备第 7 章除 7.9.4 以外的内容。

11.2 特定要求

必需支持 USB 摄像头。

11.3 接口要求

无特定外部接口。

12 通信的协议流程

终端参与的典型呼叫流程如图 4 所示。

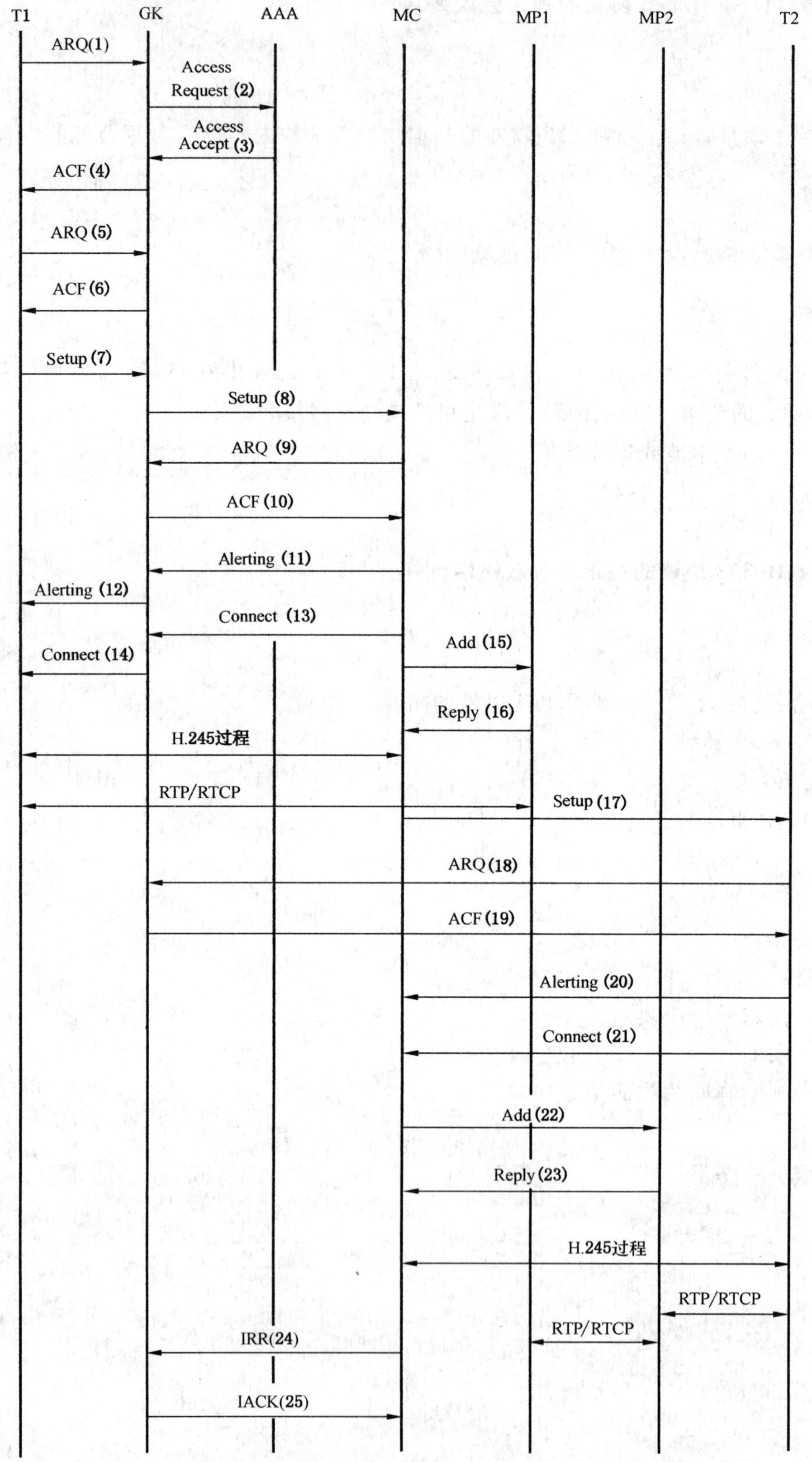
T1
GK
AAA
MC
MP1
MP2
T2
ARQ(1)
Access Request (2)
Access Accept (3)
ACF (4)
ARQ (5)
ACF (6)
Setup (7)
Setup (8)
ARQ (9)
ACF (10)
Alerting (11)
Alerting (12)
Connect (13)
Connect (14)
Add (15)
Reply (16)
H.245过程
RTP/RTCP
Setup (17)
ARQ (18)
ACF (19)
Alerting (20)
Connect (21)
Add (22)
Reply (23)
H.245过程
RTP/RTCP
RTP/RTCP
IRR(24)
IACK(25)

图 4 会议召集流程

流程说明：

1） 召集人终端发起会议申请，向 GK 发送带有预约会议号和密码的 ARQ 消息；

2） 驻地网守收到 ARQ 消息认证通过后，向其后台的 AAA 服务器发送 Access Request 消息，开始对会议进行计费；

3） AAA 服务器向网守回送 Access Accept 消息；

4） 网守向终端回送 ACF 消息；

5） 预约终端在通过认证后，向网守发送 ARQ 消息，消息中包含会议召集者标识、受邀请的会议成员的情况和标识等；

6） 驻地网守收到 ARQ 消息后，调度相应的资源供会议使用，并回送 ACF 消息；

7） 召集人终端向驻地网守发送 Setup 消息，建立与其他终端的连接；

8） GK 向 MC 发邀请会议成员的 Setup 消息，请求 MC 邀请其他与会终端；

9） MC 向网守送 ARQ 消息，请求会议认证；

10） 网守回 ACF 确认；

11） MC 确认收到消息后，向 GK 送 Alerting 消息；

12） 驻地网守确认收到消息后，向召集人终端送 Alerting 消息；

13） MC 向驻地网守送 Connect 消息；

14） 驻地网守确认收到消息后，向召集人终端送 Connect 消息；建立召集人终端与 MC 之间的 H.245 通道；

15） MC 向 MP1 发送 Add 消息，指示其加入召集人终端；（此处假定召集人终端使用 MP1）

16） MP1 回送 Reply；

17） MC 向终端 T2 发起 Setup 请求；

18） 终端 T2 向网守送 ARQ 消息，请求认证；

19） 网守回 ACF 确认；

20） 终端 T2 向 MC 回送 Alerting 消息；

21） 终端 T2 向 MC 送 Connect 消息；

22） MC 向 MP2 发送 Add 消息，指示其加入召集人终端；（此处假定终端 2 使用 MP2）

23） MP2 回送 Reply；

24） MC 在会议进行中定期发送相应的资源报告到 GK；

25） GK 向 MC 回送相应的确认消息和指示。

13 消息

13.1 H.225.0 的消息

应符合 ITU-T H.225.0 的规定。

13.2 H.245 的消息

会议的建立、控制和管理过程应符合 ITU-T H.243，利用表 1～表 5 所列的消息进行传送。

13.2.1 逻辑信道建立相关消息(见表 1)

表 1 逻辑信道建立相关消息

序号	消息名称	描述
1	MasterSlaveDeterminationRequest	主从判决请求
2	MasterSlaveDeterminationAck	主从判决认可
3	MasterSlaveDeterminationReject	主从判决拒绝
4	terminalCapabilitySet	终端发送自己的处理能力
5	terminalCapabilitySetAck	终端处理能力被接受
6	terminalCapabilitySetReject	终端处理能力被拒绝
7	openLogicalChannel	请求打开逻辑信道
8	openLogicalChannelAck	逻辑信道打开请求被接受
9	openLogicalChannelReject	逻辑信道打开请求被拒绝
10	closeLogicalChannel	请求对方关闭逻辑信道
11	closeLogicalChannelAck	对方接受关闭逻辑信道请求
12	requestChannelClose	请求关闭逻辑信道
13	requestChannelCloseAck	逻辑信道关闭请求被接受
14	requestChannelCloseReject	逻辑信道关闭请被被拒绝

13.2.2 会议请求和响应消息(见表 2)

表 2 H.245 会议请求和响应消息

序号	消息名称	描述
1	Terminal List Request	由一个终端或 MCU 发送给另一个 MCU,请求已连接终端的最新列表
2	Terminal List Response	来传送有关被分配终端号的信息,相当于 H.230 定义的 terminalNumbers 序列
3	Make Me Chair	由终端或 MCU 发出,指定主席控制令牌
4	Cancel Make Me Chair	主席终端释放主席令牌请求
5	Make Me Chair Response	由 MCU 发出,通过主席控制令牌的申请,或者是收回/拒绝已分配的主席控制令牌
6	Drop Terminal	由一个主席控制终端发送给 MCU,强制某一终端退出,相当于 H.230 定义 CCD
7	Terminal Drop Reject	当 MCU 不能遵从 Drop Terminal 命令时发送此命令
8	RequestTerminal ID	终端向 MCU 请求提供指定终端的标识,MCU 用 TIP 回应,相当于 H.230 定义的 TCP
9	MC Terminal ID Response	对 RequestTerminal ID 的响应,相当于 H.230 定义的 TIP

表 2（续）

序号	消息名称	描　述
10	Enter H.243 Password Request	由 MCU 发送给一个直连终端或终端发送给 MCU，要求输入密码。相当于 H.230 定义的 TCS1
11	Password Response	对 Enter H.243 Password Request 的响应，相当于 H.230 定义的 IIS
12	Enter H.243 Terminal ID Request	由 MCU 发送给一个直连终端或终端发送给 MCU，请求个人/终端的标识号，相当于 H.230 定义的 TCS2/TCI
13	Terminal ID Response	对 Enter H.243 Terminal ID Request 的响应，相当于 H.230 定义的 IIS
14	Enter H.243 Conference ID Request	由 MCU 发送给一个直连终端或终端发送给 MCU，请求会议标识号，相当于 H.230 定义的 TCS3
15	Conference ID Response	对 Enter H.243 Conference ID Request 的响应，相当于 H.230 IIS
16	Video Command Reject	MCU 消息，不能遵从 Make Terminal Broadcaster 或 Send This Source 命令，相当于 H.230 VCR
17	Enter Extension Address Request	由 MCU 发送给一个直连终端或终端发送给 MCU，请求输入扩展地址名，相当于 H.230 TCS4
18	Extension Address Response	对 Extension Address Response 的响应，相当于 H.230 IIS
19	Request Chair Control Token Owner	终端向 MCU 请求所有持有令牌的终端编号，相当于 H.230 TCA
20	Chair Token Owner Response	MCU 对终端 Request Chair Control Token Owner 的响应，相当于 H.230TIR
21	Request Terminal Certificate	请求终端证书
22	Terminal Certificate Response	对 Request Terminal Certificate 的响应
23	Broadcast My Logical Channel	广播逻辑信道
24	Broadcast My Logical Channel Response	对 BroadcastMyLogicalChannel 请求的响应
25	Make Terminal Broadcaster	主席终端或 MC 发送给另一 MCU，请求广播某一终端的视频，该命令必须有回应消息，相当于 H.230 VCB
26	Make Terminal Broadcaster Response	对 MakeTerminalBroadcaster 请求做出确认或拒绝的响应。
27	Send This Source	由终端发送给 MCU，请求传送终端视频，终端号由 Send This Source 参数确定，该请求不能与 Make Terminal Broadcaster 冲突，必须有响应消息，相当于 H.230 VCS

表 2（续）

序号	消息名称	描述
28	SendThis Source Response	对 MakeTerminalBroadcaster 请求做出确认或拒绝的响应。
29	Request All Terminals Ids	终端发送给 MCU，请求与所有会终端的标识和 ID。
30	Request All Terminal Ids Response	对 Request All Terminals Ids 的响应，包含由与会终端的标识和 ID 组成的列表
31	RemoteMC Request	由处于激活状态的 MCU 发送给另一 MCU 对其激活/去激活
32	RemoteMC Response	对 RemoteMC Request 的响应

13.2.3 会议命令（见表 3）

表 3　H.245 会议命令

序号	消息名称	描述
1	BroadcastMyLogicalChannel	广播逻辑信道，相当于 H.230VCB
2	CancelBroadcastMyLogicalChannel	相当于 H.230 Cancel-MCV，但只在一个单独的逻辑信道情况下适用
3	MakeTerminalBroadcaster	主席控制终端或 MCU 发送给另一 MCU，广播终端视频，相当于 H.230VCB
4	CancelMakeTerminalBroadcaster	相当于 H.230 Cancel-VCB
5	SendThisSource	终端请求 MCU 传送终端视频，不能与 MakeTerminal-Broadcaster 冲突，相当于 H.230VCS
6	CancelSendThisSource	相当于 H.230 Cancel-VCS
7	DropConference	主席控制终端发送给 MCU，使终端从会议中退出
8	Substitute CID Command	活动 MCU 改变会议标识（CID），收到此命令后应使用新的 CID

13.2.4 杂项指示（见表 4）

表 4　H.245 杂项指示消息

序号	消息名称	描述
1	LogicalChannelInactive	逻辑信道非激活，静音或静像时，媒体发送方送给接收方
2	logicalChannelActive	逻辑信道激活
3	MultipointZeroComm，cancelMultipointZero-Comm	MCU 消息，发送给终端，指示现在会议中无其他终端

表 4（续）

序号	消息名称	描　　述
4	multipointSecondaryStatus, and cancelMultipointSecondaryStatus	MCU 消息，发送给终端，指示如果无更高能力集的终端加入会议中，该终端可以不必接收来自其他终端的信号。
5	multipointConference	MCU 消息，发送给终端，该终端收到消息后，必须使它的输出比特率与输入比特率相同，音频输出比特率与音频输入比特率相同。
6	VideoIndicateReadyToActivate	终端消息，如果接收不到其他终端的视频，该终端用户将不发送它的视频

13.2.5　会议指示（见表 5）

表 5　H.245 会议指示消息

序号	消息名称	描　　述
1	TerminalNumberAssign	MCU 消息，把已分配号码传给另一个 MCU 或终端，参数中有 TIA. terminalJoinedConference --用来传送有关被分配终端号的信息，相当于 H.230TIN.
2	TerminalLeftConference	用来传送不再有效的终端的信息，相当于 H.230TID
3	SeenByAtLeastOneOther	MCU 消息，指示终端其视频信号正在被至少一个其他终端观看(MIV)
4	CancelSeenByAtLeastOneOther	不再被其他终端观看。cancel-MIV
5	SeenByAll	MCU 消息，指示终端其视频信号正在被至少一个其他终端观看(MIV)
6	CancelSeenByall	由一个 MCU 发送，指示一个终端它的视频信号正被至少一个其他终端看
7	terminalYouAreSeeing	MCU 消息，指示所传信号的视频源 VIN
8	requestForFloor	请求发言，相当于 H.230TIF
9	WithdrawChairToken	CCR，MCU 消息，收回主席控制令牌或拒绝主席控制令牌的分配
10	FloorRequested	请求发言
11	terminalYouAreSeeingInSubPictureNumber	MCU 消息，指示加入多画面的终端号，<N>是来自 2-4/H.243. 中的子图片号，相当于 H.230VIN2
12	videoIndicateCompose	VIC--这个命令通知终端已经开始组合图片，<M>是一个来自 Table 4/H.243. 的一个数字，指示何种图片组合方法正在使用中

13.3 RTP/RTCP 的消息

13.3.1 RTP 报头格式

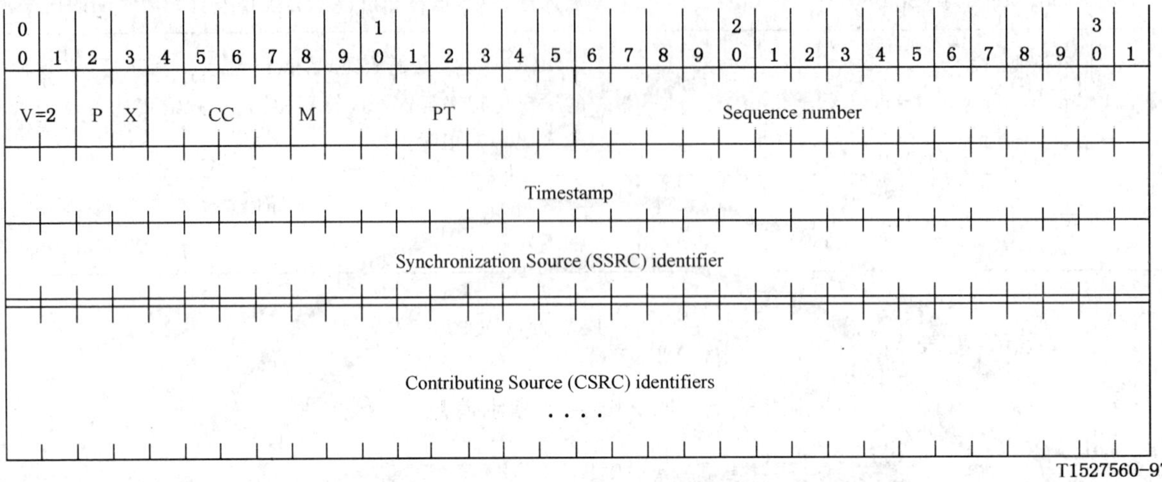

T1527560-97

各 Field 值确定：

V(Version)：2 bit 版本号置 2；

P(padding)：1 bit 填充位置 0；

X(extension)：1 bit 扩展位置 0；

CC(CSRC count)：4 bit CSRC 标识的数量，此字段填充为 0，本部分不使用 CSRC。

M(Marker)：1 bit 标志位，该标志在静音后的第一个语音包时置位。而静音包仅发送一个，不连续发送。

PT(Payload Type)：7 bit	ITU-T G. 723. 1	4
	ITU-T G. 729	18
	ITU-T G. 711 μ 律	0
	ITU-T G. 711 A 律	8
	舒适噪声	13

Sequence number：16 bit 序列号，初始值为一随机数，此后以 1 递增；收端以此判定包丢失及恢复包顺序。

Time stamp：32 bit 时戳。用于标识 RTP 数据包中第一个字节采样时的时刻，其起始值为一随机值，以 8 000 次/s 的速率递增。

Synchronization Source (SSRC) identifiers：32 bit，用来标识 RTP 包的数据源。

Contributing Source (CSRC) identifiers：每个 CSRC 32 bit，(0～15)个 CSRC 序列，本部分不包含该字段。

13.3.2 RTCP 协议

RTCP 报文共有 5 类：RR SR SDES BYE APP。本部分只对 SR 和 RR 报文提出要求。

SR(发送报文)的格式如下：

```
0                   1                   2                   3
 0 1 2 3 4 5 6 7 8 9 0 1 2 3 4 5 6 7 8 9 0 1 2 3 4 5 6 7 8 9 0 1
+-+-+-+-+-+-+-+-+-+-+-+-+-+-+-+-+-+-+-+-+-+-+-+-+-+-+-+-+-+-+-+-+
| V=2 |P |     RC |   PT=SR=200   |          长度                 | header
+-+-+-+-+-+-+-+-+-+-+-+-+-+-+-+-+-+-+-+-+-+-+-+-+-+-+-+-+-+-+-+-+
|                         发送者的SSRC                           |
+=+=+=+=+=+=+=+=+=+=+=+=+=+=+=+=+=+=+=+=+=+=+=+=+=+=+=+=+=+=+=+=+
|              NTP 时戳,高字节                                   | sender
+-+-+-+-+-+-+-+-+-+-+-+-+-+-+-+-+-+-+-+-+-+-+-+-+-+-+-+-+-+-+-+-+ info


|                        NTP时戳,低字节                          |
+-+-+-+-+-+-+-+-+-+-+-+-+-+-+-+-+-+-+-+-+-+-+-+-+-+-+-+-+-+-+-+-+
|                          RTP 时戳                              |
+-+-+-+-+-+-+-+-+-+-+-+-+-+-+-+-+-+-+-+-+-+-+-+-+-+-+-+-+-+-+-+-+
|                        发送的报文数                            |
+-+-+-+-+-+-+-+-+-+-+-+-+-+-+-+-+-+-+-+-+-+-+-+-+-+-+-+-+-+-+-+-+
|                        发送的字节数                            |
+=+=+=+=+=+=+=+=
+=+=+=+=+=+=+=+=+=+=+=+=+=+=+=+=+=+=+=+=+=+=+=+=+
|                 SSRC_1(第一个源的SSRC)                         | report
+-+-+-+-+-+-+-+-+-+-+-+-+-+-+-+-+-+-+-+-+-+-+-+-+-+-+-+-+-+-+-+-+ block
| 丢包率        |              累计包丢失数                      | 1
-+-+-+-+-+-+-+-+-+-+-+-+-+-+-+-+-+-+-+-+-+-+-+-+-+-+-+-+-+-+-+-+
|                  接收到的扩展的最高序列号                      |
+-+-+-+-+-+-+-+-+-+-+-+-+-+-+-+-+-+-+-+-+-+-+-+-+-+-+-+-+-+-+-+-+
|                       到达间隔抖动                             |
+-+-+-+-+-+-+-+-+-+-+-+-+-+-+-+-+-+-+-+-+-+-+-+-+-+-+-+-+-+-+-+-+
|                  上一SR 报文(LSR)                              |
+-+-+-+-+-+-+-+-+-+-+-+-+-+-+-+-+-+-+-+-+-+-+-+-+-+-+-+-+-+-+-+-+
|                  自上一 SR 的时间(DLSR)                        |
+=+=+=+=+=+=+=+=+=+=+=+=+=+=+=+=+=+=+=+=+=+=+=+=+=+=+=+=+=+=+=+=+
|                 SSRC_2(第二个源的SSRC)                         | report
+-+-+-+-+-+-+-+-+-+-+-+-+-+-+-+-+-+-+-+-+-+-+-+-+-+-+-+-+-+-+-+-+ block
:                              ...                              :  2
+=+=+=+=+=+=+=+=+=+=+=+=+=+=+=+=+=+=+=+=+=+=+=+=+=+=+=+=+=+=+=+=+
|                   特定协议扩展                                 |
+-+-+-+-+-+-+-+-+-+-+-+-+-+-+-+-+-+-+-+-+-+-+-+-+-+-+-+-+-+-+-+-+
```

其中的各项内容定义如下：

Version (V):2 bits 协议鉴别，在本部分中规定为 2。

Padding (P):1 bit 在本部分中规定为 0。

reception report count (RC):5 bits

在SR中包含的RR的数目,在本部分中规定不得大于1。

packet type (PT):8 bits

报文类型,以2进制表示。其中十进制的200代表SR。

length:16 bits

报文长度,指在其后的报文长度,所以有可能为0。

SSRC:32 bits

源同步码,用以标识此次通话。

NTP timestamp:64 bits

绝对时戳。在测量环路时延时可在对方的RR报文中带回;如果发送方不具有绝对时钟的能力,则可以用通话开始时间作为时钟0点或将此域置0。(在NTP格式中,64位的前32位是从1900年1月1日0时开始到现在的以秒为单位的整数部分,后32位是此时间的小数部分)。

RTP timestamp:32 bits

以RTP的timestamp为基准。

sender's packet count:32 bits

从通话开始后发送方总共发送的RTP报文的数目。

sender's octet count:32 bits

从通话开始后发送方总共发送的有效载荷的数目(以字节记)。

随后描述的是一个或多个RR报文块,在本部分中规定在SR报文中最多只能有一个RR报文块。

SSRC_n (source identifier):32 bits

源同步码,用以标识此RR块所从属的通话。

fraction lost:8 bits

从上一个SR或RR报文发送后的丢包率,表现为接收方在此段时间内期待的RTP报文与所收到的RTP包数目的差值和它所期待的RTP报文的数目的比值,若为负值,置为0。详见RFC3550。

cumulative number of packets lost:24 bits

累计的包丢失数。

extended highest sequence number received:32 bits

其低16位是其收到的RTP包中的sequence number的最新值。其高16位标识其收到的RTP报文的sequence number的循环的次数。

interarrival jitter:32 bits

时延抖动。每两个RTP包的抖动可以用其RTP包中的RTP timestamp和接收的时刻进行计算,计算公式如下:设

Rj代表第j个包的到达时刻,Sj代表第j个包的RTP timestamp值,则第i个RTP报文与第j个RTP报文间的抖动为D(i,j):

$$D(i,j)=(Rj-Ri)-(Sj-Si)=(Rj-Sj)-(Ri-Si)$$

在生成RTCP报文时,其应当传送的时延抖动的值可用如下公式进行递推计算:

$$J=J+(\ |D(I-1,I)|-J)\ /\ 16$$

其中,J为要传送的时延抖动值。对后一项除以16是为了消除连带噪声。

last SR timestamp (LSR):32 bits

收到的最近一个SR报文的NTP timestamp的中间32位。

delay since last SR (DLSR):32 bits

在收到上一个SR报文与此次发送的报文之间的时间。以1/65 536s记。如果还没有收到任何SR报文,此值置0。

RR 报文的格式如下：

```
 0                   1                   2                   3
 0 1 2 3 4 5 6 7 8 9 0 1 2 3 4 5 6 7 8 9 0 1 2 3 4 5 6 7 8 9 0 1
+-+-+-+-+-+-+-+-+-+-+-+-+-+-+-+-+-+-+-+-+-+-+-+-+-+-+-+-+-+-+-+-+
|V=2|P|    RC   |   PT=RR=201   |             长度              | header
+-+-+-+-+-+-+-+-+-+-+-+-+-+-+-+-+-+-+-+-+-+-+-+-+-+-+-+-+-+-+-+-+
|                     报文发送者的SSRC                          |
+=+=+=+=+=+=+=+=+=+=+=+=+=+=+=+=+=+=+=+=+=+=+=+=+=+=+=+=+=+=+=+=+
|                 SSRC_1(第一个源的SSRC)                        | report
+-+-+-+-+-+-+-+-+-+-+-+-+-+-+-+-+-+-+-+-+-+-+-+-+-+-+-+-+-+-+-+-+ block
| 丢包率        |               累计包丢失数                    |   1
+-+-+-+-+-+-+-+-+-+-+-+-+-+-+-+-+-+-+-+-+-+-+-+-+-+-+-+-+-+-+-+-+
|                 接收到的扩展的最高序列号                      |
+-+-+-+-+-+-+-+-+-+-+-+-+-+-+-+-+-+-+-+-+-+-+-+-+-+-+-+-+-+-+-+-+
|                      到达间隔抖动                             |
+-+-+-+-+-+-+-+-+-+-+-+-+-+-+-+-+-+-+-+-+-+-+-+-+-+-+-+-+-+-+-+-+
|                      上一 SR (LSR)                            |
+-+-+-+-+-+-+-+-+-+-+-+-+-+-+-+-+-+-+-+-+-+-+-+-+-+-+-+-+-+-+-+-+
|                  自上一 SR的时间(DLSR)                        |
+=+=+=+=+=+=+=+=+=+=+=+=+=+=+=+=+=+=+=+=+=+=+=+=+=+=+=+=+=+=+=+=+
|                 SSRC_2(第二个源的SSRC)                        | report
+-+-+-+-+-+-+-+-+-+-+-+-+-+-+-+-+-+-+-+-+-+-+-+-+-+-+-+-+-+-+-+-+ block
:                              ...                              :   2
+=+=+=+=+=+=+=+=+=+=+=+=+=+=+=+=+=+=+=+=+=+=+=+=+=+=+=+=+=+=+=+=+
|                      特定协议扩展                             |
+-+-+-+-+-+-+-+-+-+-+-+-+-+-+-+-+-+-+-+-+-+-+-+-+-+-+-+-+-+-+-+-+
```

其中各项的功能与形式如 SR 中的说明。若未收到任何 RTP 报文，则可发送一个空的 RR，即 RC=0。

RTCP 包发送机制：在两次 RTCP 报文之间，若端点没有发出任何 RTP 报文，则端点此次发送 RR（接收报文），否则，端点发送 SR（发送报文）。设备可以发送 RTCP 报文，每固定时长发送一次，也可以不发送 RTCP 报文。设备接收不到 RTCP 报文时，不应判定媒体流断开而拆除连接。设备接收到 RTCP 报文时，不应该因不能识别而做出错误反应。

14 与其他类型终端的互通

14.1 与 IP 语音终端的互通

终端应支持与基于 ITU-T H.323 的 IP 语音终端实现互通。

14.2 与支持其他协议的互通

基于 ITU-T H.323 的视讯会议终端通过网关，可以与 H.320 终端、V.35 终端、PSTN 终端等实现互通。

15 性能指标要求

15.1 影响语音质量的基本指标

影响语音质量的基本指标有:设备的时延,语音编码动态切换时间,编码率,语音间断率,编码过程中的前后沿滑动。

设备时延由编解码时延和为防止时延抖动设定缓冲区引起的时延两部分组成。在背对背连接情况下终端设备的时延应满足如下要求:采用 ITU-T G.723.1 的编码算法的总时延不大于 200 ms;采用 ITU-T G.729 的编码算法时的总时延不大于 150 ms。

终端设备可以在终端代理的命令下从一种语音编码切换到另一种,和在同一种语音编码的不同速率间切换,其动态切换时间要求不大于 60 ms。

在编码过程中,可以进行静音检测(VAD)和静音压缩,由此会带来语音前沿和后沿的滑动,在通常情况下,要求前沿滑动不大于 15 ms,后沿滑动不大于 10 ms。

15.2 语音质量的主观评价

整个视讯会议系统的语音质量不仅与终端设备有关,也与 IP 承载网络有关。在网络条件好的情况下(网络无丢包和时延损伤)MOS 评分应达到 4.0 分以上;在网络条件一般的情况下(网络有 1%丢包,时延在 100 ms 的基础上有 20 ms 抖动)MOS 评分应达到 3.5 分以上;在网络条件较差的情况下(网络有 5%丢包,时延在 400 ms 的基础上有 60 ms 抖动)MOS 评分应达到 3.0 分以上。

15.3 语音质量的客观评价

见 ITU-T G.711、ITU-T G.722、ITU-T G.723、ITU-T G.729 中对音频客观指标的要求。

15.4 图像质量的主观评价

图像主观评价的测试环境和方法见 ITU-R BT.500 中的 5.1。评价采用 DSCQS 方法。

15.5 图像质量的客观评价

国内外目前都没有完善的评价方法,目前主要采用主观评价,客观评价方法有待于继续研究。

15.6 网络 QoS 适应能力

当网络 QoS 满足下述条件:

a) 端到端延迟<200 ms;

b) 丢包率<1%;

c) 网络抖动<50 ms。

时,终端所提供的视讯服务质量不应该受到影响。

当网络 QoS 质量出现瞬间恶化,但端到端延迟不超过 400 ms,丢包率不超过 10%,网络抖动不大于 100 ms 的时候,终端所提供的视讯服务质量不应受到永久性影响。

15.7 可靠性要求

终端的平均无故障工作时间(MTBF)为 7 000 h 以上。

16 供电要求

终端设备应该支持本地供电方式。在本地供电方式下,要求电压范围 220(1±0.1)V,频率 50(1±

0.1)Hz。

17 环境要求

17.1 低温试验

应符合 GB/T 2423.1—2008 的要求。

17.2 高温试验

应符合 GB/T 2423.2—2008 的要求。

17.3 恒定湿热试验

应符合 GB/T 2423.3—2006 的要求。

18 包装与存储

应符合 GB/T 3873—1983 的要求。

19 电气安全

应符合 YD/T 965—1998 的要求。

20 防雷

应符合 YD/T 993—2006 的要求。

21 电磁兼容

应符合 YD/T 968—2002 的要求。

ICS 33.040.30
M 12

中华人民共和国国家标准

GB/T 28500—2012

900/1 800 MHz TDMA 数字蜂窝移动通信网 No. 7 ISUP 信令技术要求

Technical requirements of 900/1 800 MHz TDMA digital cellular mobile network signaling system No. 7 ISUP

2012-06-29 发布　　　　2012-10-01 实施

中华人民共和国国家质量监督检验检疫总局
中国国家标准化管理委员会　发布

前　言

本标准按照 GB/T 1.1—2009 给出的规则起草。

本标准由中华人民共和国工业和信息化部提出。

本标准由中国通信标准化协会归口。

本标准起草单位:工业和信息化部电信研究院。

本标准主要起草人:吕军、吴立贞、王立言、李海花、王妮娜。

900/1 800 MHz TDMA 数字蜂窝移动通信网 No.7 ISUP 信令技术要求

1 范围

本标准规定了在 900/1 800 MHz TDMA 数字蜂窝移动通信网中应用 ISUP 协议时的消息参数的格式和编码，ISUP 呼叫流程，ISUP 补充业务呼叫流程，以及同其他信令方式配合的信令流程。

本标准适用于 900/1 800 MHz TDMA 数字蜂窝移动通信系统中支持 No.7 公共信道信令系统综合业务数字网用户部分(ISUP)的设备。

2 规范性引用文件

下列文件对于本文件的应用是必不可少的。凡是注日期的引用文件，仅注日期的版本适用于本文件。凡是不注日期的引用文件，其最新版本(包括所有的修改单)适用于本文件。

GF 001—9001 中国国内电话网 No.7 信号方式技术规范

YDN 038—1997 国内 No.7 信号方式技术规范综合业务数字网用户部分(ISUP)

YD/T 910.3 900/1 800 MHz TDMA 数字蜂窝移动通信网移动业务交换中心与基站子系统间接口第二阶段技术规范

YD/T 913 1 号数字用户信令系统(DSS1) 用于 ISDN 电信业务的 DSS1 业务指示编码

ITU-T Q.118 异常情况 特殊释放安排(Abnormal conditions—Special release arrangements)

ITU-T Q.703 No.7 信令系统交换和信令规范 消息传送部分(MTP)信令链路(Switching and signalling specifications of signalling system No.7—Message transfer part (MTP) signalling link)

ITU-T Q.704 No.7 信令系统交换和信令规范 消息传送部分 信令网功能和消息(Switching and signalling specifications of Signalling System No.7—Message transfer part (MTP)Signalling network functions and messages)

ITU-T Q.730 ISDN 用户部分补充业务(ISDN User Part supplementary services)

ITU-T Q.761 No.7 信令系统 ISDN 用户部分功能描述(Signalling System No.7—ISDN User Part functional description)

ITU-T Q.763 No.7 信令系统 ISDN 用户部分格式和编码(Signalling System No.7—ISDN User Part formats and codes)

ITU-T Q.764 No.7 信令系统 ISDN 用户部分信令程序(Signalling System No.7—ISDN User Part signalling procedures)

ITU-T Q.850 No.1 数字用户信令系统(DSS1)和 No.7 信令系统 ISDN 用户部分(ISUP)中原因和位置的使用(Usage of cause and location in the Digital Subscriber Signalling System No.1 and the Signalling System No.7 ISDN user part)

3 缩略语

CCSS	Common Channel Signaling System	公共信道信令系统

DNIC	Data Network Identification Code	数据网识别码
GSM	Global System for Mobile communications	全球移动通讯系统
GMSC	Gateway Mobile Switching Centre	关口移动业务交换中心
ISDN	Intergrated Services Digital Network	综合业务数字网
ISUP	ISDN User Part	综合业务数字网用户部分
MNIC	Mobile Network Identification Code	移动网识别码
MSC	Mobile Switching Centre	移动业务交换中心
MTP	Message Transfer Part	消息传递部分
PLMN	Public Land Mobile Network	公用陆地移动网
PSTN	Public Switched Telephone Network	公用电话交换网
SCCP	Signaling Connection Control Part	信令连接控制部分
TDMA	Time Division Multiple Address	时分多址

4 消息和信号的一般功能

ISUP 是 No.7 公共信道信令系统的用户部分(UP)中的一种,它为支持综合业务数字网中的话音和非话音用途的基本承载业务和补充业务提供所需的信号功能。ISUP 与 MTP 的功能接口详见 ITU-T 建议 Q.761 中 3.2。

ISUP 协议所用的信令信息的各部分和它们的功能说明如下:

4.1 信令消息

4.1.1 地址全消息(ACM)

后向发送的消息,表明已收到为该呼叫选路到被叫用户所需的所有地址信号。

4.1.2 应答消息(ANM)

后向发送的消息,表明呼叫已应答。在 GSM 移动网中,这个消息用以启动计费设备开始向主叫用户计费。

4.1.3 闭塞消息(BLO)

只是为了维护目的,向电路另一端的交换局发送的消息,以便使这条电路对该交换局的后续出局呼叫呈现占用状态。除非对该工作的双向电路也发送了闭塞消息,否则该电路应能接收发送闭塞消息的交换局的来话呼叫。

4.1.4 闭塞证实消息(BLA)

响应闭塞消息而发送的消息,表明该电路已闭塞。

4.1.5 呼叫进展消息(CPG)

在呼叫建立节点或激活阶段,任一方向发送的消息,表明某一具有意义的事件出现,应把它转送给始发接入或终端接入。在 GSM 移动网中,CPG 消息的使用有两个用途,一个是对于那些采用 Early ACM 方式的移动交换局使用,一个是在呼叫前转过程中使用 CPG 消息。

4.1.6 电路群闭塞消息(CGB)

向所识别的电路群的另一端的交换局发送的消息,以便使该电路群对该交换局的后续出局呼叫呈现占用状态，除非对该工作的双向电路群也发送了闭塞消息，否则该电路群应能接收发送电路群闭塞消息的交换局的来话呼叫。

4.1.7 电路群闭塞证实消息(CGBA)

响应电路群闭塞消息而发送的消息，表明对所请求的电路群已经闭塞。

4.1.8 电路群复原消息(GRS)

由于存储器故障或其他原因，要释放已识别的电路而发送的消息。如果在接收端某条电路处于远端闭塞状态，在收到这个消息后应使闭塞状态清除。

4.1.9 电路群复原证实消息(GRA)

为响应电路群复原消息而发送的消息，表明所请求的电路群已经复原，该消息也指示了媒体电路的维护闭塞状态。

4.1.10 电路群解除闭塞消息(CGU)

向所在识别的电路群的另一端的交换局发送的消息，以便在该电路群中撤销先前由闭塞消息或电路群闭塞消息所请求的占用状态。

4.1.11 电路群解除闭塞证实消息(CGUA)

响应电路群解除闭塞消息而发送的消息，用以指示所请求的电路群已解除闭塞。

4.1.12 电路群询问消息(CQM)

为了要求远端交换局在指定的范围内给出所有电路的状态，日常或根据需要而发送的消息。

4.1.13 电路群询问响应消息(CQR)

响应电路群询问消息而发送的消息，用以指示在指定范围内所有电路的状态。

4.1.14 混乱消息(CFN)

如果交换局未识别出消息或检出消息的某一部分(与未识别一样)时，则响应任何消息(除混乱消息外)而发送的消息。

4.1.15 连接消息(CON)

后向发送的消息，表明已收到将呼叫选路到被叫用户所需的全部地址信号且已应答。

4.1.16 导通消息(COT)

前向发送的消息，表明在前面的电路上是否有导通，以及随后的交换局表明所选好的电路，包括检查跨局通道的可靠性是否在规定的范围内。

4.1.17 导通检验请求消息(CCR)

为了完成对某条电路的导通检验，某交换局向该电路的另一端的交换局发送的消息，请求连接导通检验设备。

4.1.18 性能请求消息(FAR)

某一交换局向另一交换局发送的消息，以便请求性能激活。

4.1.19 性能拒绝消息(FRJ)

响应性能请求消息而发送的消息,表明性能请求被拒绝。

4.1.20 信息消息(INF)

为了传送与某呼叫有关的信息而发送的消息,在信息请求消息中可以请求该信息。

4.1.21 信息请求消息(INR)

交换局为了请求与某呼叫有关的信息而发送的消息。

4.1.22 初始地址消息(IAM)

前向发送的消息,以便开始占用出局电路并同时发送号码及其他与选路和处理呼叫有关的信息。

4.1.23 网络资源管理消息(NRM)

为了修改与某呼叫有关的网络资源而发送的消息。该消息可以在呼叫的任何阶段,在任一方向上沿着已建立的通道发送。

4.1.24 释放消息(REL)

在任一方向上发送的消息,表明电路根据所提供的原因正在释放,当收到释放完成消息时,则电路转移到空闲状态。如果呼叫要前向转移或者要重新选路,则在该消息中传送相应的表示语和改发的地址。

4.1.25 释放完成消息(RLC)

在任一方向上发送的消息,用以响应收到的释放消息,或在当电路已变成空闲状态时响应电路复原消息。

4.1.26 电路复原消息(RSC)

由于存储器故障或其他原因,为释放电路而发送的消息。

4.1.27 恢复消息(RES)

在任一方向上发送的消息,表明主叫用户或被叫用户在暂停后又重新连接。

4.1.28 后续地址消息(SAM)

在初始地址消息后前向发送的消息,用来传送附加的被叫用户码信息。

4.1.29 暂停消息(SUS)

在任一方向上发送的消息,表明主叫用户或被叫用户暂时断开。

4.1.30 解除闭塞消息(UBL)

在电路另一端的交换局为撤销先前因发送闭塞消息或电路群闭塞消息导致的电路占用状态而发送的消息。

4.1.31 解除闭塞证实消息(UBA)

响应解除闭塞消息而发送的消息,表明该电路已解除闭塞。

4.1.32 用户部分可用消息(UPA)

任一方向发送的消息,作为对用户部分测试消息的响应,以便表明该用户部分可用。

4.1.33 用户部分测试消息(UPT)

任一方向发送的消息,以便对某个信令点测试标为不可用的用户部分的状态。

4.2 信令信息

4.2.1 接入转送

在呼叫的接入侧产生的信息并在本地始发局和终端局之间的任一方向透明传送。对用户和本地局两者来说,该信息是有意义的。

4.2.2 地址提供限制表示语

在任一方向上发送的信息,表明地址信息不向用户提供,但可以传送到另外的网络中,它也可以用来表明地址不能确定。

4.2.3 地址信号

网号中信息的组成部分。地址信号可以表示数字 0 到 9,编码 11 和编码 12,并预留了一个地址信号(ST)来表示主叫用户号码结束。

4.2.4 二进制编码

分配给某闭合用户群的编码由特定的 ISDN 或数据网进行管理。

4.2.5 呼叫变更信息

后向发送的信息,表明改发的原因并向改发的用户通知该预订任选项目。

4.2.6 呼叫变更可能发生表示语

后向发送的信息,表明呼叫变更可以根据收到的被叫用户的响应而出现。

4.2.7 呼叫历史信息

后向发送的信息,表明某连接的累积传播时延。

4.2.8 被叫用户号码

识别被叫用户的信息。

4.2.9 被叫用户类别表示语

后向发送的信息,表明被叫用户的类别,如:普通用户或付费电话。

4.2.10 被叫用户状态表示语

后向发送的信息,表明被叫用户的状态,如:用户空闲等。

4.2.11 主叫用户号码

前向发送的信息,用来识别主叫用户。

4.2.12 主叫用户地址请求表示语

后向发送的信息，表明请求主叫用户地址。

4.2.13 主叫用户地址响应表示语

响应请求主叫用户地址而发送的信息，表明所请求的地址是否包括、不包括、不可得到或号码不全。

4.2.14 主叫用户号码不全表示语

前向发送的信息，表明未包括完整的主叫用户号码。

4.2.15 主叫用户类别

前向发送的信息，表明主叫用户的类别，或者是在半自动呼叫时话务员的语言。

4.2.16 主叫用户类别请求表示语

后向发送的信息，表明请求回送主叫用户类别。

4.2.17 主叫用户类别响应表示语

响应请求主叫用户类别而发送的信息，表明在该响应中是否包括所请求的信息。

4.2.18 原因值

在任一方向上发送的信息，表明发送该消息(如：释放消息)的原因。每个原因值都定义在建议Q.850中。

4.2.19 计费表示语

后向发送的消息，表明呼叫是否可计费。

4.2.20 计费信息请求表示语

在任一方向上发送的信息，请求回送计费信息。

4.2.21 计费信息响应表示语

响应计费信息请求而发送的信息，表明是否包括所请求的信息。

4.2.22 电路群监视消息类型表示语

在电路群闭塞消息和电路群解除闭塞消息中发送的信息表明闭塞(解除闭塞)是面向维护的或面向硬件的。

4.2.23 电路识别码

表明识别一对交换局间的物理通道。

4.2.24 电路状态表示语

表明某电路状态的信息，随始发局不同而不同。

4.2.25 闭合用户群呼叫表示语

表明该呼叫是否可以作为闭合用户群呼叫建立，以及是否允许有出接入。

4.2.26 闭合用户群连锁编码

统一识别网中的闭合用户群信息。

4.2.27 编码标准

与某参数(例如:原因表示语)一起发送的信息,识别说明参数格式的标准。

4.2.28 被连接线标识请求表示语

前向发送的信息,表明请求回送被连接方的号码。

4.2.29 被连接的号码

后向发送的信息,识别所连接的用户。

4.2.30 导通检验表示语

前向发送的信息,表明在该电路上是否完成了导通检验,或者已在该连接的前一电路上完成了导通检验。

4.2.31 导通表示语

前向发送的信息,表明在出电路上的导通检验是否成功。导通检验成功的指示也意味着前面的电路导通且成功地验证局内通道有指定级别的可靠性。

4.2.32 诊断

与原因值一起发送的信息,它提供关于发送该消息的原因的补充信息。

4.2.33 舍弃消息表示语

由于兼容性原因通知另一节点舍弃有关消息而发送的信息。

4.2.34 舍弃参数表示语

由于兼容性原因通知另一节点舍弃有关参数而发送的信息。

4.2.35 回声控制装置表示语

表明在该连接中是否包括半回声控制装置的信息。

4.2.36 编码方案

为表明数字信息的编码类型而发送的信息(例如:BCD 编码)。

4.2.37 任选参数结束

任选参数字段的结束表明在该消息中不再有任选参数。

4.2.38 端到端信息表示语

在任一方向上发送的信息,表明已发送的交换局是否有进一步用端到端传输的呼叫信息。在前向,端到端信息可用的指示将意味着目的地局在提示被叫用户之前可以得到该信息。

4.2.39 端到端方式表示语

在任一方向发送的信息，表明可用于端到端传递信息的方式(如果有的话)。

4.2.40 事件表示语

后向发送的信息，表明引起向始发本地局发送呼叫进展消息的事件类型。

4.2.41 事件提供限制表示语

后向发送的信息，表明该事件不应向主叫用户提供。

4.2.42 扩充表示语

在有可变长多个八位位组的参数字段的每一八位位组中所发送的信息，表明该八位位组是否是最后一个八位位组或者其后面是否跟有另一个八位位组。

4.2.43 性能表示语

在性能有关的消息中发送的信息，识别与该消息有关的性能。

4.2.44 通用通知

在任一方向上打算向用户提供补充业务通知而发送的信息。

4.2.45 通用号码

在任一方向上为增强网络操作或补充业务而发送的号码信息。

4.2.46 填充码

用来完成填满八位位组长度所用的几个比特。

4.2.47 保持表示语

后向发送的信息，表明请求保持该连接。

4.2.48 保持提供表示语

前向发送的信息，表明主叫用户或被叫用户试图释放后将保持该连接。

4.2.49 带内信息表示语

后向发送的信息，表明带内信息或适当的码型现在可用。

4.2.50 来话半回声控制装置请求表示语

为请求激活或去活来话半回声控制装置而发送的信息。

4.2.51 来话半回声控制装置响应表示语

为通知释放包括来话半回声控制装置而发送的信息。

4.2.52 指导表示语

表明如果收到未识别的消息或未识别的参数而重新采取措施的信息。

4.2.53 内部网号

作为特定号码向目的地交换局发送的信息，例如漫游号码，表明在该参数中所包括的号码是否是由网产生。

4.2.54 互通表示语

在任一方向上发送的信息，表明 No.7 信令系统是否用于网络连接的所有部分。

4.2.55 ISDN 接入表示语

在任一方向上发送的信息，表明接入信令协议是否是 ISDN。

4.2.56 ISDN 用户部分表示语

在任一方向上发送的信息，表明 ISDN 用户部分用于网络连接的前面的所有部分。当在后向发送时，前面的部分是朝向被叫用户的那些部分。

4.2.57 ISDN 用户部分优选表示语

前向发送的信息，表明在网络连接的所有部分是否请求或优选 ISDN 用户部分。

4.2.58 网络识别的长度

在网络指定性能参数中发送的信息，以表明网络识别的八位位组长度。

4.2.59 位置

在任一方向发送的信息，表明事件(例如：释放)产生的地点。

4.2.60 位置号码

根据 E.164 号码，为表明用户的位置而发送的信息。

4.2.61 恶意呼叫识别响应表示语

前向发送的信息，表明是否已提供恶意呼叫识别。

4.2.62 消息兼容性信息参数

在任一方向发送的信息，表明如果这个消息未被识别，则交换局应如何行动。

4.2.63 MLPP 业务范围

前向发送的信息，区分由主叫用户所预定的指定 MLPP 业务范围。

4.2.64 MLPP 用户表示语

后向发送的信息，表明被叫用户是一个 MLPP 用户。

4.2.65 多指导表示语

为了加强指导表示语而留作将来使用的八位位组。

4.2.66 国内/国际呼叫表示语

前向发送的信息，表明在国内目的地网中，呼叫是作为国际呼叫处理还是作为国内呼叫处理。

4.2.67 地址性质表示语

与地址一起发送的信息表明，该地址的性质，例如 ISDN 国际号码，ISDN 国内有效号码，或 ISDN 用户号码。

4.2.68 网络舍弃表示语

这个表示语表明在呼叫控制消息中所包括的用户—用户信息已被网络舍弃。

4.2.69 网络识别计划

为区分网络的识别计划而发送的信息，例如：X.121（或 DNIC）号码或 E.121（或 MNIC）号码。

4.2.70 网络识别

为区分某一网络而发送的信息。

4.2.71 网络标识

为区分管理补充业务的网而发送的信息。

4.2.72 网络专用性能

与业务有关的信息，它在本地局和签约该业务的被识别网之间的任一方向上透明传送，这个信息对用户和被识别的网是有意义的。

4.2.73 通知表示语

在任一方向上打算向用户提供补充业务通知而发送的信息。

4.2.74 通知预定任选

后向发送的信息，表明可以向主叫用户提供带或不带改发号码的变更。

4.2.75 号码不全表示语

在通用号码参数中发送的信息，表明所传送的号码完全或不完全。

4.2.76 编号计划表示语

与号码一起发送的信息，表明该号码所用的编码计划，例如：ISDN 号码、用户电报号码等。

4.2.77 号码限定表示语

与通用号码一起发送的信息，限度被转移的号码，例如网络指定的号码或与某指定补充业务有关的号码。

4.2.78 奇/偶表示语

与地址一起发送的信息，表明在本地址中所包括的地址信号的数量是奇数还是偶数。

4.2.79 原被叫号码

前向发送的信息，当呼叫要进行一次以上的改发时，该信息识别原被叫用户。

4.2.80 **原改发原因**

在任一方向上发送的信息，表明呼叫最初改发的原因。

4.2.81 **去话回声控制装置表示语**

为请求激活或去活去话半回声控制装置而发送的信息。

4.2.82 **去话半回声控制装置表示语**

为通知是否已包括去话半回声控制装置而发送的信息。

4.2.83 **参数兼容性信息参数**

在任一方向发送的信息，表明当未识别出该参数时，交换局应又如何动作。

4.2.84 **传递不可能表示语**

如果由于兼容性原因请求传递，但由于与早期的ISUP信令配合形成传递不可能时，则要通知另一节点采取什么动作而发送的信息。

4.2.85 **传播时延计数器**

前向发送的信息，表明某连接的传播时延。当该参数通过网转移时，这个信息是累积的。传播时延信息用一个计数器表示，它按1 ms的整数倍进行计数。

4.2.86 **协议控制表示语**

该信息由端到端方式表示语、互通表示语、端到端信息表示语、SCCP方式表示语和ISDN用户部分表示语组成。协议控制表示语包括在前向和后向呼叫表示语参数字段中，且说明网络连接中信号能力。

4.2.87 **范围**

在电路群监视消息中发送的信息(例如：电路群闭塞)，表明该消息中通过该动作而使电路受到影响的范围。

4.2.88 **改发表示语**

任一方向上发送的信息，表明该呼叫是否进行前向转移或重选路由，以及是否限制向主叫用户提供改发信息。

4.2.89 **改发的号码**

前向发送的信息，表明呼叫最后被改发的号码。

4.2.90 **改发原因**

在任一方向上发送的信息，表明在呼叫经过多次改发时，呼叫改发的原因。

4.2.91 **改发计数**

在任一方向上发送的信息，表明在一次呼叫中发生改发的次数。

4.2.92　改发表示语

为表明呼叫是否已进行变更或重新选路而发送的信息。它也包括有关提供限制的信息。

4.2.93　改发信息

在任一方向上发送的信息,它给出了有关呼叫改发或呼叫重新选路的信息。

4.2.94　改发号码

后向发送的信息,表明呼叫应重选路由到达的号码或前向转移的号码。

4.2.95　改发号码限制

后向发送的信息,表明被变更到的用户是否允许提供他的号码。

4.2.96　改发原因

在呼叫变更信息参数和改发信息参数中所发送的信息,以表明改发的原因。

4.2.97　释放呼叫表示语

通知另一节点释放呼叫或由于兼容性原因不能识别有关消息或参数而不能释放该呼叫所发送的信息。

4.2.98　选路标记

为了消息选路,向消息传递部分提供的信息。

4.2.99　卫星表示语

前向发送的信息,表明连接中卫星电路的段数。

4.2.100　SCCP 方式表示语

在任一方向上发送的信息,表明为了端到端传递信息(如果有的话)可利用 SCCP 方式。

4.2.101　鉴别表示语

在任一方向上发送的信息,表明地址是由用户提供或由网络提供。

4.2.102　发送通知表示语

由于兼容性原因,如果未识别出有关的消息或参数,则为了通知另一节点发送通知而发送的信息。

4.2.103　信令点编码

在释放消息中发送的信息,表明在这信令点呼叫失败。

4.2.104　信息请求表示语

在信息消息中发送的信息,表明该消息是否响应信息请求消息。

4.2.105　状态

在电路群监视消息中发送的信息(例如在电路群闭塞消息中)表明指定的电路(在该消息中指明的

电路范围)受到该消息中指定动作的影响情况。

4.2.106 暂停/恢复表示语

在暂停和恢复消息中所发送的信息,表明是由 ISDN 用户或由网启动暂停或恢复。

4.2.107 在中间局转接表示语

如果未识别出有关的消息和参数,在为了通知转接节点(B类),它是否将影响指导表示语的剩余部分而发送的信息。

4.2.108 转接网选择

在初始地址消息中发送的信息,表明所请求的网在该呼叫中使用。

4.2.109 传输媒介请求

前向发送的信息,表示在降质情况时的降质连接类型。

4.2.110 类型表示语

为表明电路群监视消息的启动者而发送的信息,例如面向维护或面向硬件故障。

4.2.111 网络识别类型

为了通知某网的识别是借助于 CCITT 标准识别或者国内网络识别而发送的信息。

4.2.112 用户业务信息

前向发送的信息,表明主叫用户所请求的承载能力。

4.2.113 用户终端业务信息

在初始地址消息中发送的信息,表明主叫用户所请求的高层兼容性信息。

4.2.114 用户到用户表示语

与请求(或响应请求)用户到用户信令补充业务一起发送的信息,出于互通的目的,在 GSM 移动端口局中应能识别该信息,但在 GSM 移动网中不传送该表示语。

4.2.115 用户到用户信息

由用户产生的信息,并且在本地始发局和终端局之间透明传递。在 GSM 网中,移动用户不能产生该信息。出于互通的目的,在 GSM 移动端口局中应能识别该信息,并且在 GSM 移动网中不传送该信息。

4.2.116 CCSS

在 IAM 消息中发送的信息,用来指示这是一个 CCBS 补充业务定义的 CCBS 呼叫。

4.2.117 CCSS 呼叫指示语

CCBS 呼叫建立时前向发送的信息,用来在目的地交换机把 CCBS 呼叫同普通呼叫区分开。

5 格式和编码

5.1 概述

5.1.1 消息格式

ISUP 消息借助于信号单元在信号链路上传送，其格式见 ITU-TQ.703 中 2.2。

业务信息八位位组所用的格式和编码见 ITU-TQ.704 中第 14 章。ISUP 的业务表示语的业务表示语为 1010。

每个消息信号单元的信号信息字段由八位位组的整数倍组成，而且包括以下几部分(见图 1)：

a) 路由标记；

b) 电路识别码；

c) 消息类型编码；

d) 必备固定部分；

e) 必备可变部分；

f) 任选部分，它可能包括固定长度和可变长度参数字段。

路由标记
电路识别码
消息类型编码
必备固定部分
必备可变部分
任选部分

图 1 ISUP 消息

5.1.2 路由标记

路由标记的格式和编码见 YDN 038—1997 中 3.4.1。

5.1.3 电路识别码(CIC)

电路识别码的格式如图 2 所示：

	8	7	6	5	4	3	2	1
1	电路识别码(最低有效位)							
2	备用				电路识别码 (最高有效位)			

图 2 电路识别码字段

对于 2 048 Kb/s 数字通道，CIC 的最低的 5 比特是通信通道所分配的时隙号码，其余的 7 比特表示目的地点和起源点之间 PCM 系统的号码。

5.1.4 消息类型编码

消息类型编码由一个八位位组字段组成，且对所有的消息都是必备的。消息类型编码统一规定了每种 ISUP 消息的国内和格式(见表 1)。

表 1 消息类型编码

消息类型	参考表	编码
地址全	表 3	0000 0110
应答	表 4	0000 1001
闭塞	表 19	0001 0011
闭塞证实	表 19	0001 0101
呼叫进展	表 5	0010 1100
电路群闭塞	表 20	0001 1000
电路群闭塞证实	表 20	0001 1010
电路群询问	表 21	0010 1010
电路群询问响应	表 6	0010 1011
电路群复原	表 21	0001 0111
电路群复原证实	表 7	0010 1001
电路群解除闭塞	表 20	0001 1001
电路群解除闭塞证实	表 20	0001 1011
混乱	表 8	0010 1111
连接	表 9	0000 0111
导通	表 10	0000 0101
导通检验请求	表 19	0001 0001
性能拒绝	表 11	0010 0001
性能请求	表 22	0001 1111
信息	表 12	0000 0100
信息请求	表 13	0000 0011
初始地址	表 14	0000 0001
网络资源管理	表 24	0011 0010
释放	表 15	0000 1100
释放完成	表 16	0001 0000
电路复原	表 19	0001 0010
恢复	表 18	0000 1110
后续地址	表 17	0000 0010
暂停	表 18	0000 1101
解除闭塞	表 19	0001 0100
解除闭塞证实	表 19	0001 0110
用户部分可用	表 23	0011 0101
用户部分测试	表 23	0011 0100

5.1.5 构成原则

每种消息由若干个参数组成。每个参数有一个名字,按八位位组编码(见表 2)。参数的长度可以是固定的,也可以是可变的,每个参数可包括一个长度表示语,长度为一个八位位组。

表 2 参数名编码

参数名	参考节	编码
接入转送	5.3.2	0000 0011
后向呼叫表示语	5.3.3	0001 0001
呼叫变更信息	5.3.4	0011 0110
呼叫历史信息	5.3.5	0010 1101
被叫用户号码	5.3.6	0000 0100
主叫用户号码	5.3.7	0000 1010
主叫用户类别	5.3.8	0000 1001
原因表示语	5.3.9	0001 0010
电路群监视消息类型表示语	5.3.10	0001 0101
电路状态表示语	5.3.11	0010 0110
闭合用户群连锁编码	5.3.12	0001 1010
被连接的号码	5.3.13	0010 0001
导通表示语	5.3.14	0001 0000
回声控制信息	5.3.15	0011 0111
任选参数结束	5.3.16	0000 0000
事件信息	5.3.17	0010 0100
性能表示语	5.3.18	0001 1000
前向呼叫表示语	5.3.19	0000 0111
通用通知	5.3.20	0010 1100
通用号码	5.3.21	1100 0000
信息表示语	5.3.22	0000 1111
信息请求表示语	5.3.23	0000 1110
位置号码	5.3.24	0011 1111
消息兼容性信息	5.3.25	0011 1000
MLPP 优先	5.3.26	0011 1010
连接性质表示语	5.3.27	0000 0110
网络专用性能	5.3.28	0010 1111
任选后向呼叫表示语	5.3.29	0010 1001
任选前向呼叫表示语	5.3.30	0000 1000
原被叫用户号码	5.3.31	0010 1000
参数兼容性信息	5.3.32	0011 1001

表 2（续）

参数名	参考节	编码
传播时延计数器	5.3.33	0011 0001
范围和状态	5.3.34	0001 0110
改发的号码	5.3.35	0000 1011
改发信息	5.3.36	0001 0011
改发号码	5.3.37	0000 1100
改发号码限制	5.3.38	0100 0000
信令点编码	5.3.39	0001 1110
后续号码	5.3.40	0000 0101
暂停/恢复表示语	5.3.41	0010 0010
转接网选择	5.3.42	0010 0011
传输媒介请求	5.3.43	0000 0010
用户业务信息	5.3.44	0001 1101
用户终端业务信息	5.3.45	0011 0100
用户至用户表示语	5.3.46	0010 1010
用户至用户信息	5.3.47	0010 0000
CCSS	5.3.48	0100 1011
呼叫改向处理表示语	附录 B.1.1	0110 1110
被叫 IN 号码	附录 B.1.2	0110 1111
呼叫提供处理表示语	附录 B.1.3	0111 0000
计费用户 ID	附录 B.1.4	0111 0001
会议处理表示语	附录 B.1.5	0111 0010
相关 ID	附录 B.1.6	0110 0101
显示信息参数	附录 B.1.7	0111 0011
SCF ID 参数	附录 B.1.8	0110 0110
UID 动作表示语	附录 B.1.9	0111 0100
UID 能力表示语	附录 B.1.10	0111 0101

5.1.6 必备固定部分

对于一个指定的消息类型，必备且有固定长度的那些参数包括在必备固定部分。参数的位置，长度和顺序统一由消息类型规定，因此，在该消息中不包括该参数的名字和长度表示语。

5.1.7 必备可变部分

长度可变的必备参数将包括在必备可变部分。指针用来表明每个参数的开始。每个指针按照一个八位位组表明。每个参数的名字和指针的发送顺序隐含在消息类型中，参数的数目和指针的数目统一由消息类型规定。

指针也用来表示任选部分的开始。如果消息类型表明不允许有任选部分,则这个指针将不存在。如果消息类型表明可能有任选部分,但在这个特定的消息中又不包括任选部分,则指针字段为全0。

所有的指针在必备可变参数的开始连续发送。每个参数包括参数长度表示语和参数内容。

5.1.8 任选部分

任选部分由参数组成,这些形式在任何指定的消息类型中可能出现也可能不出现。参数有固定长度和可变长度两种。任选参数可按任何顺序发送。每一任选参数应包括参数名(一个八位位组),长度表示语(一个八位位组)和参数内容。

如果有任选参数,则在所有的任选参数发送以后,将发送“任选参数结束”八位位组,该八位位组为全0。

由于所有的字段由八位位组的整数倍组成,所以格式作为八位位组的堆栈出现。首先发送的八位位组是顶部的,而最后发送的是底部的八位位组。

除非另有说明,一般应从最低的有效位开始发送(在每个八位位组和字段中)。

备用比特表明为0,除非另有说明。

5.2 参数格式和编码

5.2.1 消息类型的编码

消息类型的编码见表1。

5.2.2 长度表示语的编码

长度表示语字段是二进制编码,表明参数内容字段中八位位组的数目。长度表示语不包括参数名八位位组或长度表示语八位位组。

5.2.3 指针的编码

指针的数值(二进制表示)给出了与该指针有关的参数的指针本身(包括)和第一个八位位组(不包括)之间的八位位组的数目。

指针数值为全0用来表示不存在任选参数。

5.3 ISUP 参数

5.3.1 参数名

参数名编码见表2。

5.3.2 接入转送

接入转送参数字段的格式如图3所示。

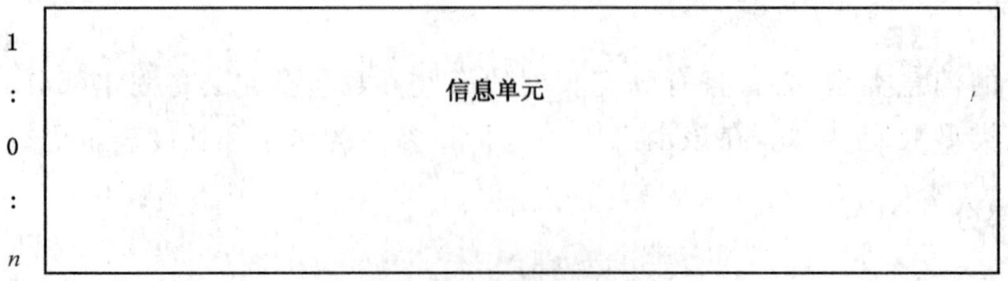

图3 接入转送参数字段

5.3.3 后向呼叫表示语

后向呼叫表示语参数字段的格式如图 4 所示。

	8	7	6	5	4	3	2	1
1	H	G	F	E	D	C	B	A
2	P	O	N	M	L	K	J	I

图 4 后向呼叫表示语参数字段

在后向呼叫表示语参数字段中使用以下编码：

比特BA：计费表示语。

00 无指示；

01 不计费；

10 计费；

11 备用。

比特DC：被叫用户状态表示语。

00 无指示；

01 用户空闲；

10 空时连接；

11 备用。

比特FE：被叫用户类别表示语。

00 无指示；

01 普通用户；

10 付费电话；

11 备用。

比特HG：端到端方式表示语(注)。

00 端到端方式不可用(只有逐段转发方式可用)；

01 传递方式可用；

10 SCCP 方式可用；

11 传递方式和 SCCP 方式可用。

比特I：互通表示语(注)。

0 未遇到互通；

1 遇到互通。

比特J：端到端信息表示语(注)。

0 无端到端信息可用；

1 端到端信息可用。

比特K：ISUP 表示语(注)。

0 不是所有方向都使用 ISUP；

1 所有方向都使用 ISUP。

比特L：保持表示语。

0 未请求保持；

1 请求保持。

比特M：ISDN 接入表示语。

0 终端接入非 ISDN；

1 终端接入 ISDN。

比特N：回声控制装置表示语。

0 未包括来话半回声控制装置；

1 包括来话半回声控制装置。

比特PO：SCCP 方式表示语。

00 无指示；

01 无连接方式可用；

10 面向连接方式可用；

11 无连接和面向连接方式可用。

注：比特 G-K 和 O-P 组成协议控制表示语。

5.3.4 呼叫变更信息

呼叫变更信息参数字段的格式如图 5 所示。

8	7	6	5	4	3	2	1
H	G	F	E	D	C	B	A

图 5 呼叫变更信息参数字段

在呼叫变更信息参数字段中使用以下编码：

a) 通知预定任选。

比特CBA：

000 未知；

001 提供不允许；

010 提供允许，带有改发号码；

011 提供允许，不带有改发号码；

100

至 备用。

111

b) 改发原因。

比特GFED：

0000 未知；

0001 用户忙；

0010 无应答；

0011 无条件；

0110 移动用户不可及；

0111

至 备用。

1111

比特 H：备用。

5.3.5 呼叫历史信息

呼叫历史信息参数字段的格式如图 34 所示。

呼叫历史信息参数用纯二进制代表某呼叫的传输时延值(ms)。

5.3.6 被叫用户号码

被叫用户号码参数字段的格式如图 6 所示。

	8	7	6	5	4	3	2	1
1	奇/偶	地址性质表示语						
2	INN 表示语	编号计划			备用			
3	第 2 个地址信号				第 1 个地址信号			
:	:							
n	填充码(如果需要)				第 n 个地址信号			

图 6　被叫用户号码参数字段

在被叫用户号码字段中,各子字段使用以下编码:

a) 奇偶表示语。

0　地址信号为偶数;

1　地址信号为奇数。

b) 地址性质表示语。

0000000　备用;

0000001　用户号码;

0000010　未知;

0000011　国内(有效)号码;

0000100　国际号码;

其余编码备用。

c) 内部网号表示语(INN 表示语)。

0　允许选路到内部网号码;

1　不允许选路到内部网号码。

d) 编号计划表示语。

000　备用;

001　ISDN(电话)编号计划;

010　备用;

011　数据编号计划;

100　用户电报编号计划;

101　国内备用;

110　国内备用;

111　备用。

e) 地址信号。

0000　数字 0;

0001　数字 1;

0010　数字 2;

0011　数字 3;

0100　数字 4;

0101　数字 5;

0110　数字 6；
0111　数字 7；
1000　数字 8；
1001　数字 9；
1010
至　备用。
1111

f）填充码。

如果地址信号为奇数，则在最后一个地址信号后插入填充码(0000)。

5.3.7　主叫用户号码

主叫用户号码参数字段的格式如图 7 所示。

	8	7	6	5	4	3	2	1
1	奇/偶	地址性质表示语						
2	号码不全	编号计划表示语			提供表示语		鉴别表示语	
3	第 2 个地址信号				第 1 个地址信号			
:	:							
n	填充码(如果需要)				第 n 个地址信号			

图 7　主叫用户号码参数字段

在主叫用户号码字段中，各子字段使用以下编码：

a）奇偶表示语。
见 5.3.6a)。

b）地址性质表示语。
0000000　备用；
0000001　用户号码；
0000010　未知；
0000011　国内(有效)号码；
0000100　国际号码；
其余编码备用。

c）主叫用户号码不全表示语。
0　号码全；
1　号码不全。

d）编号计划表示语。
见 5.3.6d)。

e）地址提供限制表示语。
00　允许提供；
01　限制提供；
10　地址不可用；
11　备用。

当地址不可用时，a)，b)，c)和 d)项中的子字段编码为 0。

f）鉴别表示语。

00　备用；

01　用户提供，核实和通过；

10　备用；

11　网络提供。

编码 00 和 10 分别留作"用户提供，不核实"和"用户提供，核实和失败"。

g)　地址信号。

0000　数字 0；

0001　数字 1；

0010　数字 2；

0011　数字 3；

0100　数字 4；

0101　数字 5；

0110　数字 6；

0111　数字 7；

1000　数字 8；

1001　数字 9；

1010
至　备用；
1110

1111　ST。

h)　填充码。

见 5.3.6 f)。

5.3.8　主叫用户类别

主叫用户类别参数字段的格式如图 8 所示。

8	7	6	5	4	3	2	1
主叫用户类别							

图 8　主叫用户类别参数字段

在主叫用户类别参数字段中使用以下编码：

0000 0000　此时主叫用户类别未知；

0000 1010　普通用户，在 MSC—MSC 和 MSC—LS/TM 间使用；
在长(国际)—长，长(国际)—市局间使用；

0000 1011　优先用户，在 MSC—MSC 和 MSC—LS/TM 间使用；
在长(国际)—长，长(国际)—市，市—市局间使用；

0000 1100　数据呼叫(话带数据)；

0000 1101　测试呼叫；

1111 0000　普通免费，在市—长(国际)局间使用；

1111 0001　普通定期，在 MSC—TS(INTS)局间使用；
在市—长(国际)局间使用；

1111 0010　普通用户表立即，在市—长(国际)局间使用；

1111 0011　普通打印机立即，在市—长(国际)局间使用；

1111 0100　优先免费，在市—长(国际)局间使用；

1111 0101　优先定期，在 MSC—TS(INTS)局间使用；
　　　　　　在市—长(国际)局间使用；

1111 1000　普通用户，在市—市局间使用；

其他编码备用。

5.3.9　原因表示语

原因表示语参数字段的格式如图 9 所示。

	8	7	6	5	4	3	2	1
1	扩充表示语	编码标准		备用	位置			
2	扩充表示语	原因值						
3 : 3n	诊断(如果有的话)							

注：八位位组 3 到 3n 可以删去或重复。

图 9　原因表示语参数字段

在原因表示语参数字段中，各子字段使用以下编码：

a)　扩充表示语(ext)。

　0　八位位组延续到下一个八位位组(例如八位位组 1 到 1a)；

　1　最后的八位位组。

b)　编码标准。

　00　ITU-T 标准编码；

　01　ISO/IEC 标准(注)；

　10　国内标准(注)；

　11　专用于所识别的位置的标准(注)。

注：只有当所期望的原因值不能用 ITU-T 标准编码表达时才使用。

c)　位置。

　0000　用户(U)；

　0001　为本地用户服务的专用网(LPN)；

　0010　为本地用户服务的公用网(LN)；

　0011　转接网(TN)；

　0100　为远端用户服务的公用网(RLN)；

　0101　为远端用户服务的专用网(RPN)；

　0111　国际网(INTL)；

　1010　超出互通点的服务(BI)；

　其他的数值全部留作备用。

d)　原因值。

原因值分成两个字段，类别(比特 5 到 7)和某类中的值(比特 1 到 4)。

类别000 和 001，一般事件类：

　000 0001(1)　未分配的号码；

000 0010(2)　无路由到指定的转接网；
000 0011(3)　无路由到目的地；
000 0100(4)　发送专用信息音；
001 0000(16)　正常的呼叫拆线；
001 0001(17)　用户忙；
001 0010(18)　用户未响应；
001 0011(19)　用户未应答；
001 0100(20)　用户缺席；
001 0101(21)　呼叫拒收；
001 0110(22)　号码改变；
001 1011(27)　目的地不可达；
001 1100(28)　无效的号码格式(地址不全)；
001 1101(29)　性能拒绝；
001 1111(31)　正常—未指定。

类别010,资源不可用类：

001 0010(34)　无电路/通路可用；
001 1010(42)　交换设备拥塞。

类别011,业务或任选不可用类：

011 0011(50)　所请求的性能未预定；
011 0101(53)　CUG 中限制去呼叫；
011 0111(55)　CUG 中限制来呼叫；
011 1001(57)　承载能力无权；
011 1010(58)　承载能力目前不可用。

类别101,业务或任选未实现类：

101 0001(65)　承载能力未实现；
101 0101(69)　所请求的性能未实现。

类别101,无效的消息(例如参数超出范围)类：

101 0111(87)　被叫用户不是 CUG 的成员；
101 1000(88)　不兼容的目的地；
101 1010(90)　不存在的 CUG；
101 1011(91)　无效的转接网选择；
101 1111(95)　无效的消息,未指定。

类别110,协议错误(例如未知的消息)类：

110 0001(97)　消息类型不存在或未实现；
110 0011(99)　参数不存在或未实现；
110 0110(102)　定时器终了时恢复；

注：本标准中涉及到的定时器及相关取值见附录 A。

110 0101(103)　参数不存在或未实现—传递；
110 1110(110)　消息带有未被识别的参数—舍弃；
110 1111(111)　协议错误,未指定。

类别 111,互通类：

111 1111(127)　互通,未指定。

e)　诊断

诊断字段的格式和是否存在取决于原因含义和产生的未知。带有由公用网产生的原因,可能包括以下诊断:

原因	诊断	格式
1	情况	见本项中 2);
2	转接网标识	见 5.3.34(该诊断应包括参数名和长度表示语);
3	情况	见本项中 2);
16	情况	见本项中 2);
17	CCBS 指示	见本项中 2);
21	情况	见本项中 2);
22	被叫用户号码(新)	见 5.3.7(该诊断应包括参数名和长度表示语);
29	拒绝的参数	(该诊断应包含参数名和长度表示语);
50	拒绝的参数	(该诊断应包含参数名和长度表示语);
57	属性标识	见本项中 1);
58	属性标识	见本项中 1);
65	属性标识	见本项中 1);
69	拒绝的参数	(该诊断应包含参数名和长度表示语);
97	消息类型	见表 1;
99	参数名	见表 2;
103	参数名	见表 2。

1) 属性标识

诊断字段的格式如图 10 所示。

	8	7	6	5	4	3	2	1
3	扩充表示语	属性号码						
3a	扩充表示语	拒绝的属性						
3b	扩充表示语	可用的属性						

图 10 属性标识的诊断字段

属性标识字段按如下编码识别所拒绝的属性:

011 0001　信息传递能力;

011 0010　信息传递方式;

011 0011　信息传递速率;

011 0100　结构;

011 0101　配置;

011 0110　建立;

011 0111　对称性;

011 1000　信息传递速率(目的地到源);

011 1001　层识别和相应的用户信息。

拒绝的属性和可用的属性子字段的编码与用户业务信息参数字段的相应八位位组一样(见

5.3.36)，该字段包括有关的属性。与所拒绝的属性无关的比特编码为 0。如果拒绝的承载能力属性多于一个，则诊断字段可以重复。

扩充比特编码为 0 时，表明这个诊断延续到下一个八位位组(例如 3a 到 3b)。包括可用的属性字段是任选的。

2) 情况

情况诊断字段是一个八位位组，包括扩充比特(第八比特)和比特 1 到 2 中以下编码之一：

00 未知；

01 永久；

10 暂停；

11 备用。

情况诊断比特 3 到 7 作为备用。

3) CCBS 指示

CCBS 指示的编码如下：

比特 8—1：

00000000 备用；

00000001 CCBS 可能；

00000010 CCBS 不可能；

00000011
⋮ 备用；
01111111

10000000
⋮ 国内备用；
11111110

11111111 用于扩展。

5.3.10 电路群监视消息类型表示语

电路群监视消息类型表示语参数字段的格式如图 11 所示。

8	7	6	5	4	3	2	1
H	G	F	E	D	C	B	A

图 11 电路群监视消息类型表示语参数字段

在电路群监视消息类型表示语参数字段中使用以下编码：

比特BA：类型表示语。

00 面向维护；

01 面向硬件故障；

10 留作国内用；

11 备用。

5.3.11 电路状态表示语

电路状态表示语参数字段的格式如图 12 所示。

	8	7	6	5	4	3	2	1
1	H	G	F	E	D	C	B	A
:								
n	H	G	F	E	D	C	B	A

图 12　电路状态表示语参数字段

电路状态表示语参数字段中的八位位组的数目等于指定的范围＋1。每个电路状态表示语八位位组与电路识别码的相应关系为 $m+n-1$，式中 m 为消息中所包括的电路识别码。

在每个电路状态表示语八位位组中使用以下编码：

a）　对于比特 DC＝00。

比特BA：

00　瞬态；

01　备用；

10　备用；

11　未配备；

比特 E—H：备用。

b）　对于比特 DC　00。

比特BA：维护闭塞状态。

00　未闭塞；

01　本地闭塞；

10　远端闭塞；

11　本地和远端都闭塞。

比特DC：呼叫进行状态。

01　入电路忙；

10　出电路忙；

11　空闲。

比特FE：硬件闭塞状态。

00　未闭塞（工作）；

01　本地闭塞；

10　远端闭塞；

11　本地和远端都闭塞；

比特 G—F：备用。

如果比特 FE 编码不是 00，则比特 DC 编码应为 11。

5.3.12　闭合用户群连锁编码

闭合用户群连锁编码参数字段的格式如图 13 所示。

	8	7	6	5	4	3	2	1
1	第 1 个网络标识数字				第 2 个网络标识数字			
2	第 3 个网络标识数字				第 4 个网络标识数字			
3	二进制编码							
4								

图 13 闭合用户群连锁编码

在闭合用户群连锁编码参数指定中使用以下编码：

a) 网络标识(NT)(第一个和第二个八位位组)

每位数字按二进制编码，表示从 0 到 9 的十进数。

如果这个指定的第一位数字编码为 0 或 9，则在第 2 个到第 4 个 NI 数字中接着是 TCC(电话国家编码)。(最有效的 TCC 数字在第 2 个 NI 数字)。如果 TCC 长为一个数字或者两个数字，则当需要时，剩余的数字可用 RPOA 或网识别码插入。如果不需要第 2 个八位位组，则编码为全 0。

第一位数字的编码不包括 1 或 8。

如果第一位数字不是 0、9、1 或 8，则这个字段包括 DNIC(数据网识别码)或 X. 121 号码。

b) 二进制编码(第 3 和第 4 八位位组)

分配给闭合用户群的编码，由指定的 ISDN 或数据网管理。第 3 个八位位组的第 8 比特和第 4 个八位位组的第 1 比特分别是最高有效位和最低有效位。

5.3.13 被连接的号码

被连接的号码参数字段的格式如图 14 所示。

	8	7	6	5	4	3	2	1
1	奇/偶	地址性质表示语						
2	备用	编号计划表示语			提供表示语		鉴别表示语	
3	第 2 个地址信号				第 1 个地址信号			
:	:							
n	填充码(如果需要)				第 n 个地址信号			

图 14 被连接的号码参数字段

被连接的号码参数字段的子字段使用如下编码：

a) 奇偶表示语：

见 5. 3. 6a)。

b) 地址性质表示语：

见 5. 3. 6b)。

c) 编号计划表示语：

见 5. 3. 6d)。

d) 地址提供限制表示语：

00 允许提供；

01 限制提供；

10 地址不可用；

11 备用。

当地址不可用时，a)、b)和 c)项中的子字段编码为 0。

e) 鉴别表示语：

见 5.3.7f)。

f) 地址信号：

见 5.3.6e)。在实际应用中，地址信号中应当包含长途区号，不带有 ST 信号。

g) 填充码：

见 5.3.6f)。

5.3.14 导通表示语

导通表示语参数字段的格式如图 15 所示。

8	7	6	5	4	3	2	1
H	G	F	E	D	C	B	A

图 15 导通表示语参数字段

在导通表示语参数字段中使用以下编码：

比特A：导通表示语。

0 导通检验失败；

1 导通检验成功。

比特 B—H：备用。

5.3.15 回声控制信息

回声控制信息参数字段的格式如图 16 所示。

8	7	6	5	4	3	2	1
H	G	F	E	D	C	B	A

图 16 回声控制信息参数字段

a) 去话半回声控制装置响应表示语。

比特BA：

00 无信息；

01 未包括去话半回声控制装置；

10 包括去话半回声控制装置；

11 去话回声控制设备未包括但可获得。

b) 来话半回声控制装置响应表示语。

比特DC：

00 无信息；

01 未包括来话半回声控制装置；

10 包括来话半回声控制装置；

11 来话回声控制设备未包括但可获得。

c) 去话半回声控制装置请求表示语。

比特FE：

00 无信息；

01 去话半回声控制装置激活请求；

10 去话半回声控制装置去活请求；

11　备用。

d) 来话半回声控制装置请求表示语。

比特HG：

00　无信息；

01　来话半回声控制装置激活请求；

10　来话半回声控制装置去活请求；

11　备用。

5.3.16 任选参数结束表示语

某一消息最终的任选参数字段后跟随任选参数结束表示语字段，它占用一个包括全0的八位位组。

5.3.17 事件信息

事件信息参数字段的格式如图17所示。

8	7	6	5	4	3	2	1
H	G	F	E	D	C	B	A

图17　事件信息参数字段

在事件信息参数字段中使用以下编码：

比特GFE DCBA：事件表示语。

000 0000　备用；

000 0001　提示；

000 0010　进展；

000 0011　带内信息或适当码型现在可用；

000 0100　遇忙呼叫前转；

000 0101　无应答呼叫前转；

000 0110　无条件呼叫前转；

000 0111
至　备用。
111 1111

比特H：事件提供限制表示语。

0：无指示；

1：提供限制。

5.3.18 性能表示语

性能表示语参数字段的格式如图18所示。

8	7	6	5	4	3	2	1
性能表示语							

图18　性能表示语参数字段

在性能表示语参数字段中使用以下编码：

00000000　备用；

00000001　备用；

00000010 用户至用户业务；

其他编码备用。

5.3.19 前向呼叫表示语

前向呼叫表示语参数字段的格式如图19所示。

	8	7	6	5	4	3	2	1
1	H	G	F	E	D	C	B	A
2	P	O	N	M	L	K	J	I

图19 前向呼叫表示语参数字段

在前向呼叫表示语参数字段中使用以下编码：

比特A：国内/国际呼叫表示语。

0 呼叫按国内呼叫处理；

1 呼叫按国际呼叫处理。

在始发国，这个比特可以置成任何值。在国际网，不校验这个比特。在目的地国，来自国际网的呼叫应使这个比特置成1。

比特CB：端到端表示语(注)。

00 无端到端方式可用(只有逐段转发方式可用)；

01 传递方式可用；

10 SCCP方式可用；

11 传递方式和SCCP方式可用。

比特D：互通表示语(注)。

0 未遇到互通(所有方向都是No.7信号)；

1 遇到互通。

比特E：端到端信息表示语(注)。

0 无端到端信息可用；

1 端到端信息可用。

比特F：ISUP表示语(注)。

0 不是所有方向都使用ISUP；

1 所有方向都使用ISUP。

比特HG：ISUP优选表示语。

00 所有方向都优选ISUP；

01 不是所有方向都需要ISUP；

10 所有方向都需要ISUP；

11 备用。

比特I：ISDN接入表示语。

0 始发接入非ISDN；

1 始发接入ISDN。

比特KJ：SCCP方式表示语。

00 无指示；

01　无连接方式可用；

10　面向连接方式可用；

11　无连接和面向连接方式可用。

比特 L：备用。

比特 P—M 留作国内用。

注：比特 B—F 和 J—K 构成协议控制表示语。

5.3.20　通用通知表示语

通用通知表示语参数字段的格式如图 20 所示。

8	7	6	5	4	3	2	1
H	G	F	E	D	C	B	A

图 20　通用通知表示语参数字段

在通用通知表示语参数字段中使用以下编码：

a）扩充表示语：

0　信息在下一个八位位组中继续；

1　最后的八位位组。

b）通知表示语。

000 0000　用户暂停；

000 0001　用户恢复；

000 0010　承载业务改变；

100 0010　会议建立；

100 0011　会议断开；

100 0100　增加他方；

100 0101　隔离；

100 0110　重新连接；

100 1000　他方隔离；

100 1001　他方分离；

100 1010　他方断开；

100 1011　会议浮动；

110 0000　呼叫是一个等待呼叫；

111 1001　远端保持；

111 1010　远端恢复；

111 1011　呼叫正在变更；

所有其他值目前暂不用。

5.3.21　通用号码

通用号码参数字段的格式如图 21 所示。

	8	7	6	5	4	3	2	1
1	号码修饰符表示语							
2	奇/偶	地址性质表示语						
3	NI表示语	编号计划表示语			提供表示语		鉴别表示语	
:	第 2 个地址信号				第 1 个地址信号			
:	:							
n	填充码(如果需要)				第 n 个地址信号			

图 21　通用号码参数字段

在通用号码参数字段中使用以下编码：

a）号码修饰符表示语：

0000 0000　备用(拨叫号码)；
0000 0001　附加的被叫号码；
0000 0010　备用(补充用户提供的主叫号码—失败,网络鉴别)；
0000 0011　备用(补充用户提供的主叫号码—未鉴别)；
0000 0100　备用(改发的终端号码)；
0000 0101　附加的被连接号码；
0000 0110　附加的主叫号码；
0000 0111　为附加的原被叫号码预留；
0000 1000　为附加的改发号码预留；
0000 1001　为附加的改发到的号码预留；
0000 1010　备用；
0000 1011 到 0111 1111　空闲；
1000 0000 到 1111 1101　为国内应用预留；
1111 1110　智能网业务号码；
1111 1111　为扩展预留。

b）奇/偶表示语：见 5.3.6a)。

c）地址性质表示语：

000 0000　备用；
000 0001　用户号码；
000 0010　未知；
000 0011　国内(有效)号码；
000 0100　国际号码；
111 1110　智能网业务号码；
其他值目前不用。

d）号码不全表示语：

0　号码全；

1　号码不全。

e）编号计划表示语：

000　备用；

001　ISDN(电话)编号计划(建议采用 E.164 格式)；

010　备用；

011　数据编号计划(建议采用 X.21 格式)；

100　用户电报编号计划(建议采用 F.69 格式)；

101　专用编号计划；

110　留作国内用；

111　备用。

f）地址提供限制表示语：

00　提供允许；

01　提供限制；

10　地址不可用；

11　备用。

g）鉴别表示语：

00　用户提供,未核实；

01　用户提供,核实和通过；

10　用户提供,核实和失败；

11　网络提供。

h）地址信号：

0000　数字 0；

0001　数字 1；

0010　数字 2；

0011　数字 3；

0100　数字 4；

0101　数字 5；

0110　数字 6；

0111　数字 7；

1000　数字 8；

1001　数字 9；

其他值备用。

i）填充码:见 5.3.6f)。

5.3.22　信息表示语

信息表示语参数字段的格式如图 22 所示。

	8	7	6	5	4	3	2	1
1	H	G	F	E	D	C	B	A
2	P	O	N	M	L	K	J	I

图 22　信息表示语参数字段

在信息表示语参数字段中使用以下编码：

比特BA:主叫用户地址响应表示语。

00 未包括主叫用户地址;

01 主叫用户地址不可用;

10 备用;

11 包括主叫用户地址。

比特C:提供保持表示语。

0 不提供保持;

1 提供保持。

比特 ED:备用。

比特F:主叫用户类别响应表示语。

0 不包括主叫用户类别;

1 包括主叫用户类别。

比特G:计费信息响应表示语。

0 不包括计费信息;

1 包括计费信息。

比特H:请求信息表示语。

0 请求;

1 未请求。

比特 I—P:备用。

5.3.23 信息请求表示语

信息请求表示语参数字段的格式如图 23 所示。

	8	7	6	5	4	3	2	1
1	H	G	F	E	D	C	B	A
2	P	O	N	M	L	K	J	I

图 23 信息请求表示语参数字段

在信息请求表示语参数字段中使用以下编码:

比特A:主叫用户地址请求表示语。

0 未请求主叫用户地址;

1 请求主叫用户地址。

比特B:保持表示语。

0 未请求保持;

1 请求保持。

比特 C:备用。

比特D:主叫用户类别请求表示语。

0 未请求主叫用户类别;

1 请求主叫用户类别。

比特E:计费信息请求表示语。

0 未请求计费信息;

1 请求计费信息。

比特 GF:备用。

比特H:恶意呼叫识别请求表示语。

0　未请求恶意呼叫识别;

1　请求恶意呼叫识别。

比特 I—P:备用。

5.3.24　位置号码

位置号码参数字段的格式如图 24 所示。

<table>
<tr><td></td><td>8</td><td>7</td><td>6</td><td>5</td><td>4</td><td>3</td><td>2</td><td>1</td></tr>
<tr><td>1</td><td>奇/偶</td><td colspan="7">地址性质表示语</td></tr>
<tr><td>2</td><td>INN 表示语</td><td colspan="3">编号计划表示语</td><td colspan="2">提供表示语</td><td colspan="2">鉴别表示语</td></tr>
<tr><td>3</td><td colspan="4">第 2 个地址信号</td><td colspan="4">第 1 个地址信号</td></tr>
<tr><td>:</td><td colspan="8">:</td></tr>
<tr><td>n</td><td colspan="4">填充码(如果需要)</td><td colspan="4">第 n 个地址信号</td></tr>
</table>

图 24　位置号码参数字段

在位置号码参数字段中使用以下编码:

a)　奇/偶表示语:见 5.3.6a)。

b)　地址性质表示语:

0000000　备用;

0000001　用户号码;

0000010　未知;

0000011　国内(有效)号码;

0000100　国际号码。

其他值目前不用。

c)　内部网号表示语(INN)。

0　允许选路到内部网号;

1　不允许选路到内部网号。

缺省值为 1。

d)　编号计划表示语:

000　备用;

001　ISDN(电话)编号计划(建议 E.164);

010　备用;

011　数据编号计划(建议 X.21);

100　用户电报编号计划(建议 F.69);

101　专用编号计划;

110　留作国内用;

111　备用。

缺省值置成 001。

e)　地址提供限制表示语:

00　提供允许;

01　提供限制;

10 地址不可用；

11 备用。

缺省值置成01。

f) 鉴别表示语：

00 备用；

01 用户提供，核实和通过；

10 备用；

11 网络提供。

缺省值置成11。

g) 地址信号：

见5.3.20h)。

h) 填充码：见5.3.6f)。

5.3.25 消息兼容性信息

消息兼容性信息参数字段的格式如图25所示。

8	7	6	5	4	3	2	1
指导表示语							

图25 消息兼容性信息参数字段

在消息兼容性信息参数字段中使用以下编码：

a) 指导表示语：

指导表示语子字段的格式如图26所示。

	8	7	6	5	4	3	2	1
2	扩充/1	G	F	E	D	C	B	A
2a	扩充/1	多指导表示语(如果需要)						
2*n*	扩充/1	多指导表示语(如果需要)						

图26 指导表示语子字段

在指导表示语子字段中使用以下编码：

比特A：在中间交换局转接表示语。

0 转接译释；

1 终端节点译释。

比特B：释放呼叫表示语。

0 不释放呼叫；

1 释放呼叫。

比特C：发送通知表示语(注)。

0 不发送通知；

1 发送通知。

注：由混乱消息通知。

比特D：舍弃消息表示语。

0 不舍弃消息(传送)(注)；

1 舍弃消息。

注：如果置成传送(比特 D=0)但不可能，则检查比特 C 和 E。

比特E：传送不可能表示语。

0 释放呼叫；

1 舍弃信息。

比特 G—F：备用。

b) 扩充表示语：

0 下一个八位位组存在；

1 最后一个八位位组。

c) 多指导表示语。

这些比特当需要时规定。

5.3.26 MLPP 优先

MLPP 优先参数字段的格式如图 27 所示。

	8	7	6	5	4	3	2	1
1	备用	LFB		备用	优先级			
2	第一位 NI 数字				第二位 NI 数字			
3	第三位 NI 数字				第四位 NI 数字			
4	MLPP 业务区							
5								
6								

图 27 MLPP 优先参数字段

a) LFB(Look For Busy)：

00 LFB 允许；

01 通道保留；

10 LFB 不允许；

11 备用。

b) 优先级：

0000 最优先；

0001 特急；

0010 立即；

0011 优先；

0101 常规。

其他值目前暂不使用。

c) 网络标识 NI(第 2 和第 3 个八位位组)。

每位数字按二进制编码，代表从 0 到 9 的十进制数字。这个字段的第一位数字编码为 0。TCC(电话国家码)在第 2 个到第 4 个 NI 数字中，最高位的 TCC 数字位于第 2 个 NI 数字中。如果 TCC 长度为一个或两个数字，则多出的数字用 RPOA 或网络识别码进行插入。如果不需要第 2 个八位位组，则其编码为全 0。

d) MLPP 业务区(第 4、5 和 6 个八位位组)

MLPP 业务区是一个纯二进制编码，分配给 MLPP 业务区，其中最高有效位为第 4 个八位位组的比特 8,最低有效位为第 6 个八位位组的比特 1。

5.3.27 连接性质表示语

连接性质表示语参数字段的格式如图 28 所示。

8	7	6	5	4	3	2	1
H	G	F	E	D	C	B	A

图 28 连接性质表示语参数字段

在连接性质表示语参数字段中使用以下编码:

比特BA:卫星表示语。

00 连接中无卫星电路;

01 连接中有一段卫星电路;

10 连接中有两段卫星电路;

11 备用。

比特DC:导通检验表示语。

00 不需要导通检验;

01 在该电路上需要导通检验;

10 在前一电路上完成了导通检验;

11 备用。

比特E:回声控制装置表示语。

0 未包括去话半回声控制装置;

1 包括去话半回声控制装置。

比特 F—H:备用。

5.3.28 网络专用性能

网络专用性能参数字段的格式如图 29 所示。

<table>
<tr><th></th><th>8</th><th>7</th><th>6</th><th>5</th><th>4</th><th>3</th><th>2</th><th>1</th></tr>
<tr><td>1</td><td colspan="8">网络识别的长度</td></tr>
<tr><td>1a</td><td>1 扩充</td><td colspan="3">网络识别的类型</td><td colspan="4">网络识别计划</td></tr>
<tr><td>1b</td><td rowspan="2">0 备用</td><td colspan="7" rowspan="3">网络识别</td></tr>
<tr><td>:</td></tr>
<tr><td>1m</td><td>0</td></tr>
<tr><td>2</td><td colspan="8" rowspan="3">网络专用性能</td></tr>
<tr><td>:</td></tr>
<tr><td>n</td></tr>
</table>

图 29 网络专用性能参数字段

在网络专用性能参数字段中使用以下编码:

a) 网络识别的长度

该字段包括在 1a,1b—1m 八位位组中出现的网络识别的长度(以八位位组表示)。如果该值为 00000000,则八位位组 1a—1m 可以略去。

b) 网络识别的类型

在网络识别子字段的类型中使用以下编码：

比特765：

010 国内网识别；

011 留作国际网识别。

其他值备用。

如果网络识别的类型编码为010“国内网识别”，则网络识别计划和网络识别为国内编码。

c) 网络识别计划

d) 网络识别

e) 网络专用性能

该字段根据由被识别的网所规定的原则进行编码。

5.3.29 任选后向呼叫表示语

任选后向呼叫表示语参数字段的格式如图30所示。

8	7	6	5	4	3	2	1
H	G	F	E	D	C	B	A

图30 任选后向呼叫表示语参数字段

在任选后向呼叫表示语参数字段中使用以下编码：

比特A：带内信息表示语。

0 无指示；

1 带内信息或适当码型目前可用。

比特B：呼叫变更可能发生表示语。

0 无指示；

1 呼叫变更可能发生。

比特C：简单分段表示语。

0 将不发送附加的信息；

1 将在分段消息中发送附加的信息。

比特D：MLPP用户表示语。

0 无指示；

1 MLPP用户。

其他比特目前暂不用。

5.3.30 任选前向呼叫表示语

任选前向呼叫表示语参数字段的格式如图31所示。

8	7	6	5	4	3	2	1
H	G	F	E	D	C	B	A

图31 任选前向呼叫表示语参数字段

在任选前向呼叫表示语参数字段中使用以下编码：

比特BA：闭合用户群呼叫表示语。

00 非CUG呼叫；

01 备用；

10 闭合用户群呼叫,允许出接入;

11 闭合用户群呼叫,不允许出接入。

比特C:简单分段表示语。

0 将不发送附加的信息;

1 将在分段消息中发送附加的信息。

比特 D—G 备用。

比特H:被连接线识别请求表示语。

0 未请求;

1 请求。

5.3.31 原被叫用户号码

原被叫用户号码参数字段的格式如图 32 所示。

	8	7	6	5	4	3	2	1
1	奇/偶	地址性质表示语						
2	备用	编号计划表示语			提供表示语		鉴别表示语	
3	第 2 个地址信号				第 1 个地址信号			
:	:							
n	填充码(如果需要)				第 *n* 个地址信号			

图 32 原被叫用户号码参数字段

在原被叫用户号码字段中,各子字段使用以下编码:

a) 奇偶表示语:见 5.3.6a);

b) 地址性质表示语:见 5.3.6b);

c) 编号计划表示语:见 5.3.6d);

d) 地址提供限制表示语:见 5.3.7e);

e) 地址信号:见 5.3.6e);

f) 填充码:见 5.3.6f)。

5.3.32 参数兼容性信息

参数兼容性信息参数字段的格式如图 33 所示。

	8	7	6	5	4	3	2	1
2	扩充/1	G	F	E	D	C	B	A
2a	扩充/1	多指导表示语(如果需要)						
2*n*	扩充/1	多指导表示语(如果需要)						

图 33 参数兼容性信息参数字段

在参数兼容性信息参数字段中使用以下编码:

a) 第 *n* 个改进的参数名

这个字段包括根据表 2 改进的第 *n* 个参数的参数名。

b) 指导表示语

指导表示语子字段的格式如图 26 所示,在指导表示语子字段中使用以下编码:

比特A：在中间交换局转接表示语。

0　转接译释；

1　终端节点译释。

比特B：释放呼叫表示语。

0　不释放呼叫；

1　释放呼叫。

比特C：发送通知表示语(注)。

0　不发送通知；

1　发送通知。

注：由混乱消息或释放完成消息进行通知。

比特D：舍弃消息表示语。

0　不舍弃消息(传送)(注)；

1　舍弃消息。

注：如果置成传送(比特 D=0)但不可能，则检查比特 C,F 和 G。

比特E：舍弃参数表示语。

0　不舍弃参数(传递)(注)；

1　舍弃参数。

注：如果置成传送(比特 E=0)但不可能，则检查比特 C,F 和 G。

比特GF：传送不可能表示语。

00　释放呼叫；

01　舍弃消息；

10　舍弃参数；

11　备用。

c)　扩充表示语

0　下一个八位位组存在；

1　最后一个八位位组。

d)　多指导表示语

这些比特当需要时规定。

5.3.33　传播时延计数器

传播时延计数器参数字段的格式如图 34 所示。

	8	7	6	5	4	3	2	1
1	传播时延值							
2								

图 34　传播时延计数器参数字段

传播时延计数器参数用二进制表示在呼叫建立期间累计的传播时延值(ms)。

5.3.34　范围和状态

范围和状态参数字段的格式如图 35 所示。

	8	7	6	5	4	3	2	1
1	范围							
2 : *n*	状态							

图 35　范围和状态参数字段

a)　范围

用纯二进制表示的数量范围从 0～255。范围编码 0 表示不存在状态字段。由非 0 范围编码＋1 所表示的数量表明受消息影响的电路范围。

b)　状态

状态子字段包括从 1～256 状态比特，编号从 0～255。状态比特 0 位于第一个状态子字段八位位组的第一个比特的位置。其他的状态比特按照编号顺序后随。在给定的状态子字段中有关的状态比特的号码等于范围＋1。

每一状态比特与电路识别码的相应关系是状态比特 n 相应于电路识别码 $m+n$，式中 m 是消息中所包含的电路识别码。

状态比特编码如下：

——在电路群闭塞消息中：

0　无指示；

1　闭塞。

——在电路群闭塞证实消息中：

0　无指示；

1　闭塞证实。

——在电路群解除闭塞消息中：

0　无指示；

1　解除闭塞。

——在电路群解除闭塞证实消息中：

0　无指示；

1　解除闭塞证实。

——在电路群复原证实消息中：

0　由于维护原因未闭塞；

1　由于维护原因而闭塞。

由群监视消息影响的电路数限制到 32 以下。对于群复原和电路群询问消息，范围值需为 31 以下。对于群闭塞和闭塞证实消息，范围值可到 255，而状态比特置成 1 的电路数应为 32 以下。

对于群闭塞，解除闭塞和复原消息，范围编码保持 0。

5.3.35　改发的号码(redirecting number)

改发的号码参数字段的格式如图 32 所示。

在改发的号码参数字段中，各子字段使用以下编码：

a)　奇偶表示语：见 5.3.6a)；

b)　地址性质表示语：见 5.3.6b)；

c)　编号计划表示语：见 5.3.6d)；

d)　地址提供限制表示语：见 5.3.7e)；

e) 地址信号:见 5.3.6e);

f) 填充码:见 5.3.6f)。

5.3.36 改发信息

改发信息参数字段的格式如图 36 所示。

	8	7	6	5	4	3	2	1
1	H	G	F	E	D	C	B	A
2	P	O	N	M	L	K	J	I

图 36 改发信息参数字段

在改发信息参数字段中使用以下编码:

比特CBA:改发表示语。

000 无改发;

001 呼叫重新选路;

010 呼叫重新选路,所有的改发信息提供限制;

011 呼叫变更;

100 呼叫变更,所有的改发信息提供限制;

110 呼叫变更,改发号码提供限制;

其他值目前暂不用。

比特 D:备用。

比特HGFE:原改发原因(目前设置为 0)。

0000 未知/不可用;

0001 用户忙;

0010 无应答;

0011 无条件;

其他值备用。

比特KJI:改发计数器。

呼叫经过改发的次数用 1 和 5 之间的二进制数表示。

比特 L:备用。

比特PONM:改发原因。

0000 未知/不可用;

0001 用户忙;

0010 无应答;

0011 无条件;

0110 移动用户不可及;

其他值备用。

5.3.37 改发号码(redirction number)

改发号码参数字段的格式如图 6 所示。

在改发号码参数字段中,各子字段使用以下编码:

a) 奇偶表示语:见 5.3.6a);

b) 地址性质表示语:见 5.3.6b);

c) 内部网号表示语:见 5.3.6c);

d) 编号计划表示语:见 5.3.6d);

e) 地址信号:见 5.3.6e);

f) 填充码:见 5.3.6f)。

5.3.38 改发号码限制

改发号码限制参数字段的格式如图 37 所示。

8	7	6	5	4	3	2	1
H	G	F	E	D	C	B	A

图 37 改发号码限制参数字段

在改发号码限制参数字段中使用以下编码:

比特BA:提供限制表示语。

00 提供允许;

01 提供限制;

10 备用;

11 备用;

比特 C—H:备用。

5.3.39 信令点编码

信令点编码参数字段的格式如图 38 所示。

	8	7	6	5	4	3	2	1
1	信令点编码							
2								
3								

图 38 信令点编码参数字段

信令点编码是用纯二进制表示的信号网中的节点所分配的编码。

5.3.40 后续号码

后续号码参数字段的格式如图 39 所示。

	8	7	6	5	4	3	2	1
1	奇/偶	备用						
2	第 2 个地址信号				第 1 个地址信号			
:	:							
n	填充码(如果需要)				第 n 个地址信号			

图 39 后续号码参数字段

在后续号码字段中,各子字段使用以下编码:

a) 奇偶表示语:见 5.3.6a);

b) 地址信号:见 5.3.6e);

c) 填充码:见 5.3.6f)。

5.3.41 暂停/恢复表示语

暂停/恢复表示语参数字段的格式如图 40 所示。

8	7	6	5	4	3	2	1
H	G	F	E	D	C	B	A

图 40 暂停/恢复表示语参数字段

在暂停/恢复表示语参数字段中使用以下编码：

比特A：暂停/恢复表示语。

0 ISDN 用户启动；

1 网络启动。

比特 B—H：备用。

5.3.42 转接网选择

转接网选择参数字段的格式如图 41 所示。

	8	7	6	5	4	3	2	1
1	奇/偶	网络识别的类型			网络识别计划			
2 : *n*	网络识别							

图 41 转接网选择参数字段

在转接网选择参数中使用以下编码：

a) 奇/偶表示语：

0 偶数；

1 奇数。

b) 网络识别的类型：

000 ITU-T 标准化的识别；

010 国内网识别。

其他备用。

c) 网络识别计划：

1) 对于 CCITT 标准化的识别：

0000 未知；

0011 公众数据网识别码，

(即 DNIC 或 X.121 号码)；

0110 公众陆地移动网识别码，

(即 MNIC 或 E.212 号码)。

2) 对于国内网识别：

这个信息按国内规范进行编码。

d) 网络识别：

根据网络识别计划和编码原则(见 5.3.6 的 e)来安排这个信息。

5.3.43 传输媒介请求

传输媒介请求参数字段的格式如图 42 所示。

8	7	6	5	4	3	2	1
传输媒介请求 (TMR)							

图 42 传输媒介请求参数字段

在传输媒介请求参数字段中使用以下编码：

00000000　语音；

00000001　备用；

00000010　64 kb/s 不受限；

00000011　3.1 kHz 音频。

其他目前暂不使用。

5.3.44 用户业务信息

用户业务信息参数字段的格式如图 43 所示。

	8	7	6	5	4	3	2	1
1	扩充表示语	编码标准		信息传递能力				
2	扩充表示语	传递方式		信息传递速率				
2a	扩充表示语	结构			配置		建立	
2b	扩充表示语	对称性	信息传递速率（目的地到源）					
3	扩充表示语	层识别	用户信息第一层协议					
4	扩充表示语	层识别	用户信息第二层协议					
5	扩充表示语	层识别	用户信息第三层协议					

注 1：如果协商值适用于八位位组 2a 和 2b 的所有字段，则八位位组 2a 可以删去。

注 2：如果协商值适用于八位位组 2b 的所有字段，则八位位组 2b 可以删去。

注 3：八位位组 3,4,5 或这些八位位组的任意组合可以删去。八位位组 3 可以按 YD/T 910.3 中的说明进行扩充。

图 43 用户业务信息参数字段

在用户业务信息参数字段中所用的编码在 YD/T 910.3 承载能力信息单元中规定。

5.3.45 用户终端业务信息

用户终端业务信息参数字段的格式如图 44 所示。这个格式与 A 接口的高层兼容性信息单元相同。

	8	7	6	5	4	3	2	1
1		编码标准		翻译			提供	
2	0/1扩充	高层特性识别						
2a	0/1扩充	扩充的高层特性识别						

图 44 用户终端业务信息参数字段

在用户终端业务信息参数字段中使用的编码在 A 接口的高层兼容性信息单元中规定。

5.3.46 用户至用户表示语

用户至用户表示语参数字段的格式如图 45 所示。

8	7	6	5	4	3	2	1
H	G	F	E	D	C	B	A

图 45 用户至用户表示语参数字段

在用户至用户表示语参数字段中使用以下编码：

比特A：类型。

0 请求；

1 响应。

如果比特 A 等于 0(请求)：

比特CB：业务 1。

00 无信息；

01 备用；

10 请求，非必须；

11 请求，必须。

比特ED：业务 2。

00 无信息；

01 备用；

10 请求，非必须；

11 请求，必须。

比特GF：业务 3。

00 无信息；

01 备用；

10 请求，非必须；

11 请求，必须。

比特 H：备用。

如果比特 A 等于 1(响应)：

比特CB：业务 1。

00 无信息；

01 不提供；

10 提供；

11 备用。

比特ED：业务 2。

00　无信息；

01　不提供；

10　提供；

11　备用。

比特GF:业务 3。

00　无信息；

01　不提供；

10　提供；

11　备用。

比特H:网络舍弃表示语。

0　无信息；

1　网络舍弃用户至用户信息。

5.3.47　用户至用户信息

用户至用户信息参数字段的格式如图 46 所示。

	8	7	6	5	4	3	2	1
⋮ N	用户至用户信息							

图 46　用户至用户信息参数字段

用户至用户信息参数字段的格式编码见建议 Q.931 中 4.5.29。

5.3.48　CCSS(公共信道信令系统)参数

CCSS 参数字段的格式如图 47 所示。

8	7	6	5	4	3	2	1
H	G	F	E	D	C	B	A

图 47　CCSS 参数字段

CCSS 参数的编码字段如下所示：

比特A:CCSS 呼叫表示语。

0　无指示；

1　CCSS 呼叫。

比特 H—B:备用。

5.4　ISUP 消息格式和编码

对每个消息，用表格的形式给出了有关的参数。以下的各表中使用以下类型：

F＝长度固定的必备参数；

V＝长度可变的必备参数；

O＝长度固定和长度可变的任选参数。

? 表示参数长度为一变量，该值应大于最小的八位位组，又不超出 MTP 对整 ISUP 消息为 272 个八位位组的限制。

表 3 消息类型:地址全

参数	参考节	类型	长度(八位位组)
消息类型	5.1.4	F	1
后向呼叫表示语	5.3.3	F	2
任选后向呼叫表示语	5.3.29	O	3
原因表示语	5.3.9	O	3～?(呼叫不成功时应包含)
用户至用户表示语	5.3.46	O	3
用户至用户信息	5.3.47	O	3～131
接入转送	5.3.2	O	3～?
通用通知表示语(注)	5.3.20	O	3
回声控制信息	5.3.15	O	3
改发号码	5.3.37	O	5～12
参数兼容性信息	5.3.32	O	4～?
呼叫变更信息	5.3.4	O	3
网络专用性能	5.3.28	O	4～?
改发号码限制	5.3.38	O	3
任选参数结束	5.3.16	O	1
注:这个参数可以重复。			

表 4 消息类型:应答

参数	参考节	类型	长度(八位位组)
消息类型	5.1.4	F	1
后向呼叫表示语	5.3.3	O	2(应包含)
任选后向呼叫表示语	5.3.29	O	3
用户至用户表示语	5.3.46	O	3
用户至用户信息	5.3.47	O	3～131
接入转送	5.3.2	O	3～?
通用通知表示语(注)	5.3.20	O	3
参数兼容性信息	5.3.32	O	4～?
呼叫历史信息	5.3.5	O	4
通用号码(注)	5.3.21	O	5～13
网络专用性能	5.3.28	O	4～?
改发号码	5.3.37	O	5～12
回声控制信息	5.3.15	O	3
改发号码限制	5.3.38	O	3
任选参数结束	5.3.16	O	1
注:这个参数可以重复。			

表 5 消息类型:呼叫进展

参数	参考节	类型	长度(八位位组)
消息类型	5.1.4	F	1
事件信息	5.3.17	F	1
原因表示语	5.3.9	O	3～?
后向呼叫表示语	5.3.3	O	2
任选后向呼叫表示语	5.3.29	O	3
接入转送	5.3.2	O	3～?
用户至用户表示语	5.3.46	O	3
改发号码	5.3.37	O	5～12
用户至用户信息	5.3.47	O	3～131
通用通知表示语(注)	5.3.20	O	3
网络专用性能	5.3.28	O	4～?
参数兼容性信息	5.3.32	O	4
呼叫变更信息	5.3.4	O	3
改发号码限制	5.3.38	O	3
任选参数结束	5.3.16	O	1
注：这个参数可以重复。			

表 6 消息类型:电路群询问响应

参数	参考节	类型	长度(八位位组)
消息类型	5.1.4	F	1
范围和状态(注)	5.3.34	V	2
电路状态表示语	5.3.11	V	3～33
注：状态字段不存在。			

表 7 消息类型:电路群复原证实

参数	参考节	类型	长度(八位位组)
消息类型	5.1.4	F	1
范围和状态	5.3.34	V	3～34

表 8 消息类型:混乱

参数	参考节	类型	长度(八位位组)
消息类型	5.1.4	F	1
原因表示语	5.3.9	V	3～?

表 9　消息类型:连接

参数	参考节	类型	长度(八位位组)
消息类型	5.1.4	F	1
后向呼叫表示语	5.3.3	F	2
任选后向呼叫表示语	5.3.29	O	3
用户至用户表示语	5.3.46	O	3
用户至用户信息	5.3.47	O	3～131
接入转送	5.3.2	O	3～?
网络专用性能	5.3.28	O	4～?
通用通知表示语(注)	5.3.20	O	3
回声控制信息	5.3.15	O	3
呼叫历史信息	5.3.5	O	4
参数兼容性信息	5.3.32	O	4～?
改发号码	5.3.37	O	5～12
通用号码(注)	5.3.21	O	5～13
改发号码限制	5.3.38	O	3
任选参数结束	5.3.16	O	1
注：这个参数可以重复。			

表 10　消息类型:导通

参数	参考节	类型	长度(八位位组)
消息类型	5.1.4	F	1
导通表示语	5.3.14	F	1

表 11　消息类型:性能拒绝

参数	参考节	类型	长度(八位位组)
消息类型	5.1.4	F	1
性能表示语	5.3.18	F	1
原因表示语	5.3.9	V	3～?
用户至用户表示语	5.3.46	O	3
任选参数结束	5.3.16	O	1

表 12 消息类型:信息

参数	参考节	类型	长度(八位位组)
消息类型	5.1.4	F	1
信息表示语	5.3.22	F	2
主叫用户类别	5.3.8	O	3
主叫用户号码	5.3.7	O	4～12
参数兼容性信息	5.3.32	O	4～?
网络专用性能	5.3.28	O	4～?
任选参数结束	5.3.16	O	1

表 13 消息类型:信息请求

参数	参考节	类型	长度(八位位组)
消息类型	5.1.4	F	1
信息请求表示语	5.3.23	F	2
网络专用性能	5.3.28	O	4～?
参数兼容性信息	5.3.32	O	4～?
任选参数结束	5.3.16	O	1

表 14 消息类型:初始地址

参数	参考节	类型	长度(八位位组)
消息类型	5.1.4	F	1
连接性质表示语	5.3.27	F	1
前向呼叫表示语	5.3.19	F	2
主叫用户类别	5.3.8	F	1
传输媒介请求	5.3.43	F	1
被叫用户号码	5.3.6	V	4～11
回声控制信息	5.3.15	O	3
转接网选择	5.3.42	O	4～?
主叫用户号码	5.3.7	O	4～12
任选前向呼叫表示语	5.3.30	O	3
改发的号码	5.3.35	O	4～12
改发信息	5.3.36	O	3～4
闭合用户群连锁编码	5.3.12	O	6
原被叫用户号码	5.3.31	O	4～12
用户至用户信息	5.3.47	O	3～131

表 14（续）

参数	参考节	类型	长度(八位位组)
接入转送	5.3.2	O	3～?
用户业务信息	5.3.44	O	4～13
用户至用户表示语	5.3.46	O	3
通用号码(注 2)	5.3.21	O	5～13
传播时延计数器	5.3.33	O	4
网络专用性能	5.3.28	O	4～?
用户终端业务信息	5.3.45	O	7
参数兼容性信息	5.3.32	O	4～?
通用通知(注 1)	5.3.20	O	3
MLPP 优先	5.3.26	O	6
位置号码	5.3.24	O	4～12
CCSS	5.3.48	O	3
任选参数结束	5.3.16	O	1

注 1：这个参数可以重复。

注 2：待研究。

表 15 消息类型：释放

参数	参考节	类型	长度(八位位组)
消息类型	5.1.4	F	1
原因表示语	5.3.9	V	3～?
改发信息	5.3.36	O	3～4
改发号码	5.3.37	O	5～12
接入转送	5.3.2	O	3～?
信令点编码	5.3.39	O	5
用户至用户信息	5.3.47	O	3～131
网络专用性能	5.3.28	O	4～?
参数兼容性信息	5.3.32	O	4—?
改发号码限制	5.3.38	O	3
用户至用户表示语	5.3.46	O	3
任选参数结束	5.3.16	O	1

表 16　消息类型:释放完成

参数	参考节	类型	长度(八位位组)
消息类型	5.1.4	F	1
原因表示语	5.3.9	O	4～?
任选参数结束	5.3.16	O	1

表 17　消息类型:后续地址

参数	参考节	类型	长度(八位位组)
消息类型	5.1.4	F	1
后续号码	5.3.40	O	3～10
任选参数结束	5.3.16	O	1
注:在后续地址消息中不允许新的任选参数。			

表 18　消息类型:暂停/恢复

参数	参考节	类型	长度(八位位组)
消息类型	5.1.4	F	1
暂停/恢复表示语	5.3.41	F	1
任选参数结束	5.3.16	O	1

表 19　消息类型:闭塞、闭塞证实、导通检验请求、电路复原、解除闭塞、解除闭塞证实

参数	参考节	类型	长度(八位位组)
消息类型	5.1.4	F	1

表 20　消息类型:电路群闭塞、电路群闭塞证实、电路群解除闭塞、电路群解除闭塞证实

参数	参考节	类型	长度(八位位组)
消息类型	5.1.4	F	1
电路群监视消息类型表示语	5.3.10	F	1
范围和状态	5.3.34	V	3～34

表 21 消息类型:电路群复原、电路群询问(注)

参数	参考节	类型	长度(八位位组)
消息类型	5.1.4	F	1
范围和状态(注)	5.3.34	V	2
注:状态子字段不存在。			

表 22 消息类型:性能请求

参数	参考节	类型	长度(八位位组)
消息类型	5.1.4	F	1
性能表示语	5.3.18	F	1
用户至用户表示语	5.3.46	O	3
参数兼容性信息	5.3.32	O	4～?
任选参数结束	5.3.16	O	1

表 23 消息类型:用户部分测试、用户部分可用

参数	参考节	类型	长度(八位位组)
消息类型	5.1.4	F	1
参数兼容性信息	5.3.32	O	4～?
任选参数结束	5.3.16	O	1

表 24 消息类型:网络资源管理

参数	参考节	类型	长度(八位位组)
消息类型	5.1.4	F	1
消息兼容性信息	5.3.25	O	4
参数兼容性信息	5.3.32	O	4～?
回声控制信息	5.3.15	O	3
任选参数结束	5.3.16	O	1

6 信号程序(基本的呼叫控制)

6.1 成功的呼叫建立

6.1.1 前向地址信号——成组工作方式

a) 发端局所需的操作

1) 电路选择

当发端局收到来自主叫用户的完成选择的消息，且确定该呼叫要选路到另一交换局时，则选择一条合适的、空闲的局间电路并且向后续的交换局发送初始地址消息(IAM)。

路由的选择将根据被叫用户号码，所要求的连接类型和网络信号能力进行。

所允许的连接类型如下：

——语音；

——3.1 kHz音频；

——64 kb/s不受限。

所允许的网络信令能力如下：

——ISDN UP优选；

——需要ISDN UP；

——不需要ISDN UP(任何信号系统)。

交换局用来确定呼叫路由的信息应包括在初始地址消息中(作为传输媒介要求和前向呼叫表示语)。初始地址消息传送明确表示电路占用。

如果收到来自主叫接入的子地址，则这个信息不改变地传送到目的地交换局(在初始地址消息的接入转送参数中)。

2) 地址信息发送顺序

在国内连接中，地址信息可能是本地号码，或国内(有效)号码。

3) 初始地址消息(IAM)

初始地址消息原则上包括选路到目的地交换局并把呼叫连接到被叫用户所需的全部信息。

初始地址消息应包括协议控制表示语(前向呼叫表示语参数中)和传输媒介要求参数。

初始地址消息还可包括Ⅰ)呼叫参考(包括发端局信号点编码；以便使目的地交换局建立端到端连接)。Ⅱ)主叫用户号码；如果呼叫是来自国际话务员，则主叫用户号码可包括编码11或12。Ⅲ)SCCP连接请求参数。Ⅳ)与补充服务和网络利用有关的其他信息。Ⅴ)接入转送参数。

4) 完成传输通道

发端局发送初始地址消息后立即在后向完成传输通道的直连(当收到连接消息或应答消息时前向完成传输通道的连接)。

在语音或3.1 kHz音频呼叫时，在发送初始地址消息后立即在双向完成传输通道的连接。

5) 网络保护定时器

当发端局或主控局发送初始地址消息后，启动等待地址全定时器(T_7=20 s～30 s)。如果定时器(T_7)终了，则释放该连接并且向主叫用户回送一个指示。

b) 中间交换局所需要的操作

1) 电路选择

中间交换局收到初始地址消息时应分析被叫用户号码和其他的选路信息，以便确定呼叫的路由。如果中间交换局使用传输媒介要求参数中所规定的连接类型可以对呼叫进行选路，则占用一条空闲的局间电路，并向后续交换局发送初始地址消息。如果不行，则中间交换局还可以检查包括承载能力信息的用户业务信息和/或包括高层能力信息的用户终端业务信息。这时，传输媒介要求参数中的连接类型按照新的连接类型进行修改。

2) 在初始地址消息中的参数

中间交换局可以根据在出局路由上所使用的能力修改从前面的交换局收到的信令信息。可以改变的信令信息是连接性质表示语和传播时延计数器，其他信号信息如接入转送参数，用户业务信息等是透明传送的。

如果所选择的去话电路是卫星电路，则在连接性质参数中要增加卫星表示语。

3） 完成传输通道

中间交换局在发送初始地址消息后立即双向完成传输通道的连接。

c） 目的地交换局所需的操作

目的地交换局收到初始地址消息后将分析被叫用户号码，以便确定呼叫应连接到哪一个用户。同时还应检查被叫用户的情况以及完成核实是否允许连接。如果允许连接，则目的地交换局将把连接建立到被叫用户。

6.1.2 前向地址信号——重叠工作

a） 发端局所需的操作

1） 电路选择

见 6.1.1 的 a)1)。

2） 地址发送顺序

见 6.1.1 的 a)2)。

3） 初始地址消息和后续地址消息的内容

初始地址消息的内容见 6.1.1a)3)。

呼叫选路所需的所有数字在初始地址消息中发送。剩余的数字在后续地址消息中发送。

4） 完成传输通道

见 6.1.1 的 a)4)。

5） 网络保护定时器

见 6.1.1 的 a)5)。

b） 中间交换局所需的操作

1） 电路选择

见 6.1.1 的 b)1)。

2） 初始地址消息中的参数

见 6.1.1 的 b)2)。

3） 完成传输通道

见 6.1.1 的 b)3)。

c） 目的地交换局所需的动作

目的地交换局根据收到的初始地址消息和后续地址消息分析被叫用户号码，以便确定呼叫应连接到哪一个用户。同时还应检查被叫用户的情况以及完成核实是否允许连接。如果允许连接，则目的地交换局将把连接建立到被叫用户。

6.1.3 主叫用户号码

主叫用户号码总是包括在初始地址消息中。

6.1.4 地址全消息或连接消息

a） 目的地局回送地址全消息

只要目的地局收全被叫用户号码，或收到被叫用户指示：带内音已连接，就发送地址全消息。如果完成了导通检验，但收到成功的指示之前，则拒绝发送地址全消息。

1） 如果在目的地交换局确定被叫用户号码收全之前，从 ISDN 接入收到地址全或无状态指示的指示，则地址全消息中的表示语应置成如下指示：

——被叫用户状态＝“无指示”；

——ISDN 接入表示语＝“ISDN”。

2） 目的地交换局收到来自ISDN接入的指示时结束收全被叫用户号码。这时，地址全消息中的表示语应置成如下指示：

——被叫用户状态＝“用户空闲”；

——I SDN接入表示语＝“ISDN”。

b） 目的地交换局回送连接消息

目的地交换局回送连接消息意味着地址收全且应答。

如果目的地交换局从ISDN接入收到连接指示，则在下列情况发送连接消息：

——从ISDN接入未收到提示指示；

——地址全消息尚未发送。

连接消息中的表示语将指示：

——被叫用户状态＝“用户空闲”；

——ISDN接入表示语＝“ISDN”。

目的地交换局在发送连接消息前完成连接。在连接消息中包括呼叫历史信息。

c） 中间交换局收到地址全消息或连接消息

当中间交换局收到地址全消息时应向前面的交换局发送相应的地址全消息，如果中间交换局收到连接消息而不是地址全消息，则应向前面的交换局发送连接消息。

d） 发端交换局收到地址全消息或连接消息

1） 当收到带有被叫用户状态表示语为“用户空闲”的 地址全消息时，向主叫用户传送提示指示(如果可能的话)。

2） 当收到地址全消息时，停止等待地址全定时器(T_7)，启动等待应答定时器(T_9 按 Q.118 中规定的间隔)。如果 T_9 终了，则释放该连接，并向主叫用户发送一指示。

3） 如果收到连接消息，则停止等待地址全定时器(T_7)。

e） 在目的地交换局直通连接和等待应答指示。

目的地交换局根据呼叫的类型发送等待应答指示(例如回铃音)。对语音和3.1 kHz呼叫以及呼叫模拟被叫用户，目的地交换局收到被叫用户的提示指示时，经由传输通道向主叫用户发送等待应答指示。

目的地交换局收到被叫用户的连接指示后，在向前一交换局发送应答/连接消息之前完成连接，与是否提供信号音无关。

如果目的地局由于目的地用户能发送音信号而未发送等待应答指示时，则目的地交换局收到进展指示时后向完成传输通道的连接。

f） 带有其他信息的地址全消息

地址全消息中可包括附加信息(例如回声控制信息)。

No.7信令交换局应产生并发送地址全消息。

g） 接入移交指示

如果目的地局移交ISDN接入的任何呼叫建立信息，则将在第一个后向消息(地址全，连接或释放)的接入移交表示语中指示，只有目的地交换局才能产生接入移交表示语。

6.1.5 呼叫进展(基本呼叫)

呼叫进展消息是交换局后向发送(只在地址全消息后)的消息，表明在呼叫建立期间某事件已出现，应传送给主叫用户。

a） 从目的地交换局回送呼叫进展消息

目的地交换局在下列情况下发送呼叫进展消息：

——如果发送地址全消息后，又收到提示被叫用户的指示；

呼叫进展消息包括置成“提示”的事件表示语；

——如果发送地址全消息后，又收到被叫用户的进展指示；

呼叫进展消息包括置成“进展”的事件表示语。

b) 中间交换局的操作

中间交换局收到呼叫进展消息时，向前一交换局发送相应的呼叫进展消息。

c) 发端局的操作

发端局收到呼叫进展消息时未发现状态变化（即未停止等待地址全定时器或等待应答定时器），则向主叫用户发送适当的指示。如果呼叫进展消息包括在接入转送参数中所传送的信息，则不改变地转成向主叫用户回送的指示。

6.1.6 信息消息

a) 请求信息

在呼叫建立期间，发送（接收）初始地址消息后直到选路完成之前，按呼叫前向（向后）建立方向向任何交换局发送信息请求消息。

b) 发送所要求的信息

当发送信息请求消息时，启动定时器（T_{33}）。在收到响应信息消息之前，在同一方向不可发送第二个信息请求消息。定时器（T_{33}）的数值为 12 s～15 s。

c) 接收所要求的信息

当收到信息消息时，定时器 T_{33} 停止。

当收到未包括所请求的信息或所请求的信息不可得到的指示的信息消息时，应根据呼叫是否可继续进行来采取行动。舍弃任何未请求的信息。

6.1.7 应答消息

a) 目的地交换局回送应答消息

被叫用户应答时，目的地交换局连接传输通道且切断振铃音。应答消息向前一交换局发送。如果目的地交换局控制计费，则开始计费。

b) 中间交换局接收应答消息

当中间交换局收到应答消息时，就向前一交换局发送相应的应答消息，如果该局控制计费，则可开始计费且停止定时器（T_9）。

c) 发端局接收应答消息

当发端局收到表示所请求的连接已经完成的应答消息时，则在前向完成传输通道的连接。停止等待应答定时器（T_9）。如果发端局控制计费，则计费可开始，并通知主叫用户可进行通话。

d) 自动终端回送应答

当连接建立到有自动应答性能的终端时，则不从被叫接收提示指示。如果目的地交换局收到应答指示且地址全消息已发送，则发送应答消息，否则发送连接消息。

6.1.8 导通检验

见 GF 001—9001 中 4.4.7。

6.1.9 计费程序

当控制计费的交换局从网收到应答消息或连接消息时，开始计费。

6.1.10 转接网选择

如果转接网选择信息包括在来自主叫用户的建立信息中，或者在预订时提供，那么这个信息在转接网选择参数中提供，且用来选择呼叫的路由，例如到某指定的承载者。

6.2 不成功的呼叫建立

如果在呼叫建立期间的任何时间，不能完成连接时，则该交换局将：

a） 向主叫用户回送一个指示（带内或带外）；

b） 或试图重新选择路由建立该呼叫；

c） 或向前一交换局或后一交换局启动释放程序。

6.2.1 在发送释放消息的交换局的操作

发送释放消息的交换局立即开始释放已建立的通道。该局向前一和/或后一交换局发送释放消息，且启动定时器（T_1 和 T_5），以保证在时间 T_1 或 T_5 内从前一和/或后一交换局收到释放完成消息。

6.2.2 在中间交换局的操作

当从后续局收到释放消息时，中间交换局将：

a） 立即开始释放已建立的通道：当电路可重新进行选择时，发送释放完成消息；

b） 在释放通道的同时，向前一或后一交换局发送释放消息，启动定时器 T_1 和 T_5，以保证在时间 T_1 和 T_5 内从前一或后一交换局收到释放完成消息。

6.2.3 在主控局（即控制呼叫的交换局）的操作

当从前一或后一交换局收到释放消息时，主控交换局开始释放已建立的通道。

此外，主控局还将：

a） 向主叫用户回送指示；

b） 试图重新选择呼叫建立的路由；或

c） 启动到前一或后一交换局的释放程序。

当主控局准备重新选择电路时，向前一或后一交换局发送释放完成消息。

6.3 正常的释放程序

释放程序建立在两种消息（释放、释放完成）的基础上。

6.3.1 由主叫用户启动的释放

a） 在发端交换局的操作

当收到主叫用户请求释放呼叫时，发端交换局立即开始释放已建立的通道，向后续交换局发送释放消息并启动定时器（T_1 和 T_5），以便保证在 T_1 和 T_5 内从后续交换局收到释放完成消息。

b） 在中间交换局的操作

当从前一交换局收到释放消息时，中间交换局将：

1） 立即开始释放已建立的通道；当电路可重新选择时，向前一交换局发送释放完成消息；

2） 在开始释放已建立的通道的同时，向后续交换局发送释放消息，启动定时器（T_1 和 T_5）以保证在 T_1 和 T_5 时间内从后续交换局收到释放完成消息。

c） 在目的地局的操作

当从前一交换局收到释放消息时，目的地交换局将开始释放已建立的通道，当电路可重新选择时，向前一交换局回送释放完成消息。

d） 计费

当在计费的交换局收到释放消息，或者当计费的交换局是发端本地局时，收到主叫用户释放呼叫的请求就停止计费。

6.3.2 由被叫用户启动释放

见6.3.1。

6.3.3 由网启动释放

见6.3.1。

6.4 暂停、恢复

6.4.1 暂停

暂停消息表示不释放呼叫而暂时停止通信。暂停消息由网产生以响应互通节点的后向拆线指示。

a) 在互通局的操作

当互通局收到后向拆线信号时，该交换局可以向前一交换局发送暂停(网启动)消息。

b) 在中间局的操作

当收到暂停消息时，该局将向前一交换局发送暂停消息。

c) 在主控局的操作

当收到暂停消息时，主控交换局根据从ACM中收到后向呼叫表示语和暂停消息表示语来决定是否启动定时器(T_2)，如果后向呼叫表示语的比特K和M均为1，且暂停消息表示语为用户启动，则启动定时器T_2，以便保证收到恢复消息或释放消息。否则主控交换局应启动释放程序，REL消息中的原因值为16。

6.4.2 恢复

恢复消息表示请求重新开始通信。收到来自主叫用户释放该呼叫的请求将超越暂停/恢复程序。

如果前面已经发送了暂停消息，为了响应来自互通节点的再应答指示，则由网络启动恢复消息。

a) 在互通局的操作

当在互通局收到再应答指示，如果前面已经发送了暂停消息，则该局可以向前一交换局发送恢复消息。

b) 在中间局的操作

当收到恢复消息，该局将向前一交换局发送恢复消息。

c) 当收到释放消息或恢复消息时，主控局停止定时器(T_2)。

6.4.3 定时器T_2或T_{38}终了

如果在定时器T_2或T_{38}内未收到重新连接的请求或恢复消息，则已启动该定时器的交换局将在两侧启动释放程序。在释放消息中使用原因值#102。

6.5 传播时延确定程序

该程序提供了确定某连接总传播时延的方法。

传播时延信息在呼叫建立期间前向进行累积。其结果在呼叫激活阶段之前作为呼叫历史信息在后向发送。

6.5.1 在始发局的操作

始发局是启动该程序的交换局，一般为发端本地局。

6.5.1.1 有关传播时延计数器的操作

始发局总是应把传播时延计数器放任初始地址消息，该计数器开始值置成 0 ms，或者如果可得到接入时延值，则把它置成那个时延值。

发端局根据所选的到后向交换局的路由情况使该计数器增加到表示适当时延值的一个值（在发送初始地址消息之前完成）。

每条电路的时延值应在每个交换局中得到。

如果所选的电路包括卫星链路，则还应设置卫星表示语。

6.5.1.2 有关呼叫历史信息的操作

当在应答消息或连接消息中收到呼叫历史信息时，始发局应存贮所收到的时延值，直到释放该呼叫。

6.5.2 在中间局的操作

6.5.2.1 有关传播时延计数器的操作

当收到初始地址消息时，中间局分析路由信息，以便选择一条到后续交换局的合适的电路。

在选择了一条电路以后，传播时延计数器应该增加响应的时延值。

每条电路的时延值应在每个交换局中得到。

包括传播时延计数器新值的初始地址消息送到后续交换局。

6.5.2.2 有关呼叫历史信息的操作

中间局应传递所收到的应答消息或连接消息，包括呼叫历史信息参数。

6.5.3 在终端局的操作

终端局是结束该程序的交换局，一般情况是本地目的地交换局。

6.5.3.1 有关传播时延计数器的操作

当收到包括传播时延计数器的初始地址消息时，目的地局应该使该值增加终端接入的时延值并且存贮该时延值，直到释放该呼叫。

6.5.3.2 有关呼叫历史信息的操作

在向前一交换局发送应答消息或连接消息之前，应在该消息中包括呼叫历史信息参数。

呼叫历史信息参数的数值应根据所存贮的传播时延计数器值来设定。

6.6 回声控制程序

回声控制程序是在每个呼叫的基础上使用，以便在交换节点之间传送有关插入半回声控制装置的需要和能力，在 GSM 网络内，不需要使用回声控制程序，因此回声控制程序发生在同 PSTN 网互通的关口局。

当呼叫在需要回声控制的连接上选路发送时或者当呼叫遇到的累积时延超过允许值时，则启动该程序。GSM 网同 PSTN 网互通时，如果固定网的发端局，中间局或在目的地局未启动该程序，则该程序应能在 GSM 移动网的关口局启动。

回声控制程序使用传播时延确定程序。详见 ITU-T Q.764 中 2.7。

6.7 网的性能

6.7.1 自动重复试呼

自动重复试呼在下列情况下出现：

a) 当检出双向同抢时(在非主控局)；

b) 当在发送初始地址消息后和在收到任何后向消息之前收到闭塞消息；

c) 当在发送初始地址消息后和在收到某后向消息之前收到电路复原消息；

d) 当导通检验失败；

e) 当在呼叫建立期间收到不合理的消息。

6.7.2 电路和电路群的闭塞和解除闭塞

电路和电路群的闭塞和解除闭塞是用来当电路或电路群的远端由于故障或测试，而需要使交换设备或维护系统退出服务或恢复服务。

由于ISDN用户部分所服务的电路有双向能力，所以电路和电路群闭塞和解除闭塞消息可以由任一交换局产生。

电路和电路群的闭塞和解除闭塞消息都要求证实消息，且分别使用电路闭塞证实消息，电路解除闭塞证实消息，电路群闭塞证实消息，电路群解除闭塞证实消息。

6.7.3 电路群询问

a) 电路群询问测试允许交换局检查电路的状态(根据要求或例行)。

电路群询问消息的范围字段的 N 值表示要测试的范围，$N=0$ 是单条电路，$N=31$ 是最大值。如果超过此值，则舍弃电路群询问消息。

b) 电路状态的说明。

电路状态主要分成以下四种：

1) 未配备和瞬态；

2) 呼叫处理状态；

3) 维护闭塞状态；

4) 硬件闭塞状态。

如果电路不可用于ISDN用户部分，则电路是未配备状态。瞬态指的是任何短暂的呼叫处理状态或维护状态。

呼叫处理状态包括：

1) 空闲；

2) 电路来话忙；

3) 电路去话忙。

维护闭塞状态包括：

1) 未闭塞；

2) 远端闭塞；

3) 本地闭塞；

4) 本地和远端闭塞。

硬件闭塞状态包括：

1) 未闭塞；

2) 远端闭塞；

3） 本地闭塞；

4） 本地和远端闭塞。

6.8 不正常情况

6.8.1 同抢

a） 防止措施

因为No.7信令系统电路有双向工作的能力，因此，两个局可能几乎同一时间试图占用同一条电路。

为了减少同抢的机会，在选择电路时可以采用两种不同的方法：

方法1：双向电路群的每个交换局采用反向选择。

方法2：双向电路群的每个交换局优先接入它是主控的电路群。在这个群中选择释放最长的电路（先入先出）。另外，如果主控群中的所有电路全忙，无优先权接入该电路群的每个交换局应选择最后释放的电路（后入先出）。

b） 检出同抢后的措施

每个交换局应控制双向电路群中的一半电路。当检出同抢时，控制局将完成那条电路上所处理的呼叫，非主控局将进行重复试呼。

为解决在双向电路上的同抢，信号点编码大的交换局将控制所有偶数编号的电路，另一交换局控制所有奇数编号的电路。

6.8.2 局间数字电路的传输告警处理

当两个交换局之间全部提供数字电路时，如果检出传输系统有故障，则交换系统应禁止选择该电路。

6.8.3 电路和电路群的复原

由于把电路状态保存在存贮器中的交换局不知道电路是否处于空闲，出局忙，入局忙闭塞等，所以应对受影响的电路发送电路复原消息或电路群复原消息。

6.8.4 闭塞/解除闭塞程序中的故障

当在10 s～15 s内交换局未收到闭塞/解除闭塞消息的证实消息时，应重复发送闭塞（解除闭塞）消息或电路群闭塞（解除闭塞）消息。

如果在开始发送闭塞（解除闭塞）消息或群闭塞（解除闭塞）消息后5 s～15 min内未收到相应的证实消息，则应提示维护系统，并以1 min的间隔继续发送闭塞（解除闭塞）消息或电路群闭塞（解除闭塞）消息直到维护人员进行干预使电路退出服务。

6.8.5 收到不合理的和不能识别出的信令信息消息

信令系统的消息传递部分由于可靠性高可以避免消息的重复或顺序错误，但是由于信号链路级未检出的差错和交换机故障可能会产生不合理的或意义不明确的信令信息消息。

6.8.5.1 处理不期望的消息

不期望的消息是所识别的有效消息之一，只不过是在呼叫的不正确的阶段收到。

为了解决电路状态中可能出现的意义不明确的问题，当收到不期望的消息时采用以下办法：

a） 如果收到有关空闲电路的释放消息，应用释放完成消息进行证实。

b) 如果收到有关空闲电路的释放完成消息，则应舍弃。

c) 如果收到有关忙电路(未发送释放消息)的释放完成消息，则应释放该电路且发送释放消息。

d) 如果收到其他不合理的信令信息，则采取以下措施：

——如果电路空闲，则发送电路复原消息。

——如果电路已被某呼叫占用，则在收到呼叫建立所需的后向消息后，舍弃该不合理的信号消息。

——如果电路已被某呼叫占用，则在收到呼叫建立所需的后向消息之前，发送电路复原消息。如果电路被来话呼叫占用，则应释放该呼叫。如果电路被去话呼叫占用，则在另一条电路上提供自动重复试呼。

6.8.5.2 当收到不能识别的信令信息消息和参数时的一般要求

通常交换局知道到它相邻的交换局所使用的信令系统或信令系统的类型。但是，在某些环境(如更改网中的信令系统)中，可能发生交换局收到不能识别的信息，即消息或参数或参数值。在这些情况下，要启动以下的兼容性程序。

当收到不能识别的信息时所用的程序应使用：

——混乱消息；

——释放消息；

——释放完成消息；

——性能拒绝消息；

——兼容性信息；

——原因表示语参数，使用以下原因值：(97)，(99)，(103)，(110)。

6.8.5.3 处理不能识别的消息或参数的程序

作为对收到的混乱，性能拒绝，释放或释放完成消息的响应，不发送混乱消息。在混乱，性能拒绝或释放完成消息中收到的任何不能识别的参数将被舍弃。在混乱或性能拒绝消息中所收到的任何不能识别的必备参数值将导致该消息被舍弃。

a) 不能识别的消息

1) 收到兼容性参数

根据在“消息兼容性信息参数”中收到的指导，收到不能识别的消息的交换局将：

——透明转移该消息；

——舍弃该消息；

——舍弃该消息和发送混乱；或

——释放该呼叫。

释放消息和混乱消息应包括原因值＃97“消息类型不存在或未实现——舍弃”和包括消息类型编码的诊断字段。

2) 未收到的兼容性参数

如果收到的不能识别的消息没有“消息兼容性信息参数”，则舍弃该消息且回送混乱消息。混乱消息应包括原因值＃97“消息类型不存在或未实现——舍弃”和包括消息类型编码的诊断字段。

b) 不能识别的参数

收到不能识别的参数只是指任选参数，因为必备参数总是由它们在消息中的位置来识别。

不期望的参数如同不能识别的参数一样来处理。

c) 不能识别的参数值

任何标有"备用"的参数值可看成为不能识别的参数值。

1） 不能识别的必备参数值

如果交换局收到并检出了不能识别的必备参数值，则不同类型交换局中所采取的措施将取决于 ITU-T Q.763 表 A.1 和表 A.2。

2） 不能识别的任选参数值

使用不能识别的参数所指出的程序。

6.8.6 未收到"释放完成"消息——定时器 T_1 和 T_5

如果在定时器(T_1)终了之前交换局未收到响应释放消息的释放完成消息，则应重新发送释放消息。

在发送初始的释放消息时，启动 5 min～15 min 的定时器(T_5)。如果在 T_5 终了未收到释放完成消息，则该交换局应该：

a） 发送电路复原消息；

b） 提示维护系统；

c） 使电路退出服务；

d） 在进行维护操作前，每隔 5 min～15 min 继续发送电路复原消息。

6.8.7 未收到对信息请求消息的响应

如果在定时器 T_{33} 终了前未收到对信息请求消息的响应，则该交换局应释放连接，并通知维护系统。

6.8.8 其他故障情况

a） 在响应释放消息时不能释放

如果交换局不能使电路回到空闲状态以响应释放消息，则该局应立即使电路退出服务，提示维护系统和发送闭塞消息。

当收到闭塞证实消息时，应发送释放完成消息，以证实释放消息。

b） 呼叫失败

每当试呼失败和其他指定的原因值未用时，应在释放消息汇总发送呼叫失败指示(原因值 31)。在任何 No.7 信令系统交换局收到释放消息应向前一交换局发送释放消息，如果该信令系统不允许发送释放消息，则向前一交换局发送适当的信号音或通知。

c） 不正常的释放情况

1） 去话局：

——在发送最新的地址消息后 20 s～30 s 之前地址信息和选路信息不满足正常释放的条件，释放所有设备和连接；

——在收到地址全消息后 T_9(Q.118 规定 2 min～4 min)时间内未收到应答消息时，释放所有设备和连接。

2） 来话局：

来话局应释放所有设备和连接并在下列情况下回送释放消息：

——如果在收到初始地址消息后 10 s～15 s(T_8)之前未收到导通检验消息；或

——在收到最新的地址消息后 20 s～30 s(T_7)之前未收到后向信号；或

——在产生地址全消息后收到释放消息；或

——在收到最新的地址消息后 15 s～20 s(T_{35})之前和收到最小固定位数之前未收到地址消息。

3) 转接局

转接局应释放所有设备和连接,并在下列情况下回送释放消息:

——如果在收到初始地址消息后 10 s～15 s 前未收到导通检验消息;或

——在发送最小的地址消息后 20 s～30 s 之前不满足正常释放的条件;

——在收到最小的地址消息后 15 s～20 s(T_{35})之前和收到最小固定位数之前未收到地址消息。

6.9 ISDN 用户部分信令拥塞控制

当 ISDN 用户部分收到第一个拥塞指示原语时,业务负荷将分几步减少。与此同时,启动两个定时器 T_{29} 和 T_{30}。在 T_{29} 期间,为了不使业务减少得太快,对同一方向收到的所有拥塞指示原语不予理睬。在 T_{29} 终了但还在 T_{30} 期间所收到的拥塞指示原语将按附加的步骤减少业务负荷并重新启动 T_{29} 和 T_{30}。这个分步减少 ISDN UP 信令业务继续到通过到达最后一步而得到最大的减少。如果 T_{30} 终了(即在 T_{30} 期间未收到拥塞指示原语),则业务应逐步增加且重新启动 T_{30},除非完全恢复业务负荷。定时器 T_{29} = 300 ms～600 ms,T_{30} = 5 s～10 s。

6.10 自动拥塞控制

当交换机处于过负荷状态时,使用自动拥塞控制,拥塞分为两级:轻度拥塞门限(拥塞级 1)和严重拥塞门限(拥塞级 2)。

如果达到两个拥塞门限中的一个,则在交换机产生的所有释放消息中要增加自动拥塞级参数。这个参数向邻近的交换局表明拥塞的级别(拥塞级 1 或 2)。邻近的交换局收到包括自动拥塞级参数的释放消息时,应减少到过负荷交换局的业务负荷。

如果过负荷交换局回到正常的业务负荷,则它应停止在释放消息中包括自动拥塞级参数。

那么邻近的交换局在预订的时间后自动回到正常状态。

6.11 ISDN 用户部分可用性控制

6.11.1 概述

当收到带有原因"用户部分不可用—不可接入远端用户"的 MTP—STATUS 原语时,ISDN 用户部分应把该用户部分标为不可用且开始可用性测试程序。

当收到带有原因"用户部分不可用—未配备远端用户"的 MTP—STATUS 原语时,ISDN 用户部分应通知管理系统。

6.11.2 程序

当收到带有原语"用户部分不可用—不可接入远端用户"的 MTP—STATUS 原语时,应通知网络管理/过负荷控制功能。

该用户部分应向远端用户发送用户部分测试消息(使用在两个局中已配置的电路识别码)并启动定时器 T_4,T_4 监视接收对用户部分测试消息的应答。

作为对用户部分测试消息的响应,远端 ISDN 用户部分发送用户部分可用消息(如果该用户部分再次可用)。

如果用户部分测试消息不能为远端用户部分所识别,则作为响应要发送带有原因值 97(消息类型不存在或未实现－舍弃)的混乱消息。

当定时器 T_4 正运行时，所有收到的带有原因“用户部分可用—不可接入远端用户”的 MTP—STATUS 原语不予理睬。

当收到用户部分可用消息或任何其他消息时，定时器 T_4 停止，该用户部分再次标为可用且重新启动业务。

当定时器 T_4 终了时，重新启动该程序。

当收到带有原因“用户部分不可用—未配备的远端用户”的 MTP—STATUS 原语时，应通过管理系统进一步限制业务。在这种情况下，ISDN 用户部分不应启动可用性测试程序。

7 ISUP 所支持的补充业务

7.1 概述

本节规定了在我国 900/1800MHz TDMA 数字蜂窝移动通信网中需要由综合业务数字网用户部分(ISUP)所支持的补充业务。

目前，根据网络技术的发展情况，在 TDMA 数字蜂窝移动通信网中需要使用 ISUP 协议提供以下补充业务：

——主叫线识别提供(CLIP)；

——主叫线识别限制(CLIR)；

——被连接线识别提供(COLP)；

——被连接线识别限制(COLR)；

——无条件呼叫前转(CFU)；

——遇忙呼叫前转(CFB)；

——移动用户不可及的呼叫前转；

——无应答呼叫前转(CFNR)；

——呼叫等待(CW)；

——呼叫保持(Call Hold)；

——三方呼叫(Three Party)；

——闭合用户群(CUG)；

——多级优先接入和占用(MLPP)；

——遇忙呼叫完成(CCBS)。

由于闭合用户群(CUG)、多级优先接入和占用(MLPP)和遇忙呼叫完成(CCBS)补充业务在呼叫流程上与基本业务的呼叫流程完全相同，只是在 ISUP 信令消息中携带的参数有所不同，关于这三个补充业务的信令流程未在本章描述。

7.2 主叫线识别提供(CLIP，Calling Line Identification Presentation)

7.2.1 定义

主叫线识别提供业务能够向被叫用户提供主叫用户的 ISDN 号码，若有可能，还包括子地址信息。该业务是一种向被叫用户提供的补充业务。

7.2.2 信令流程

发端本地交换局和终端本地交换局主叫线识别提供信令流程分别如图 48 和图 49 所示。

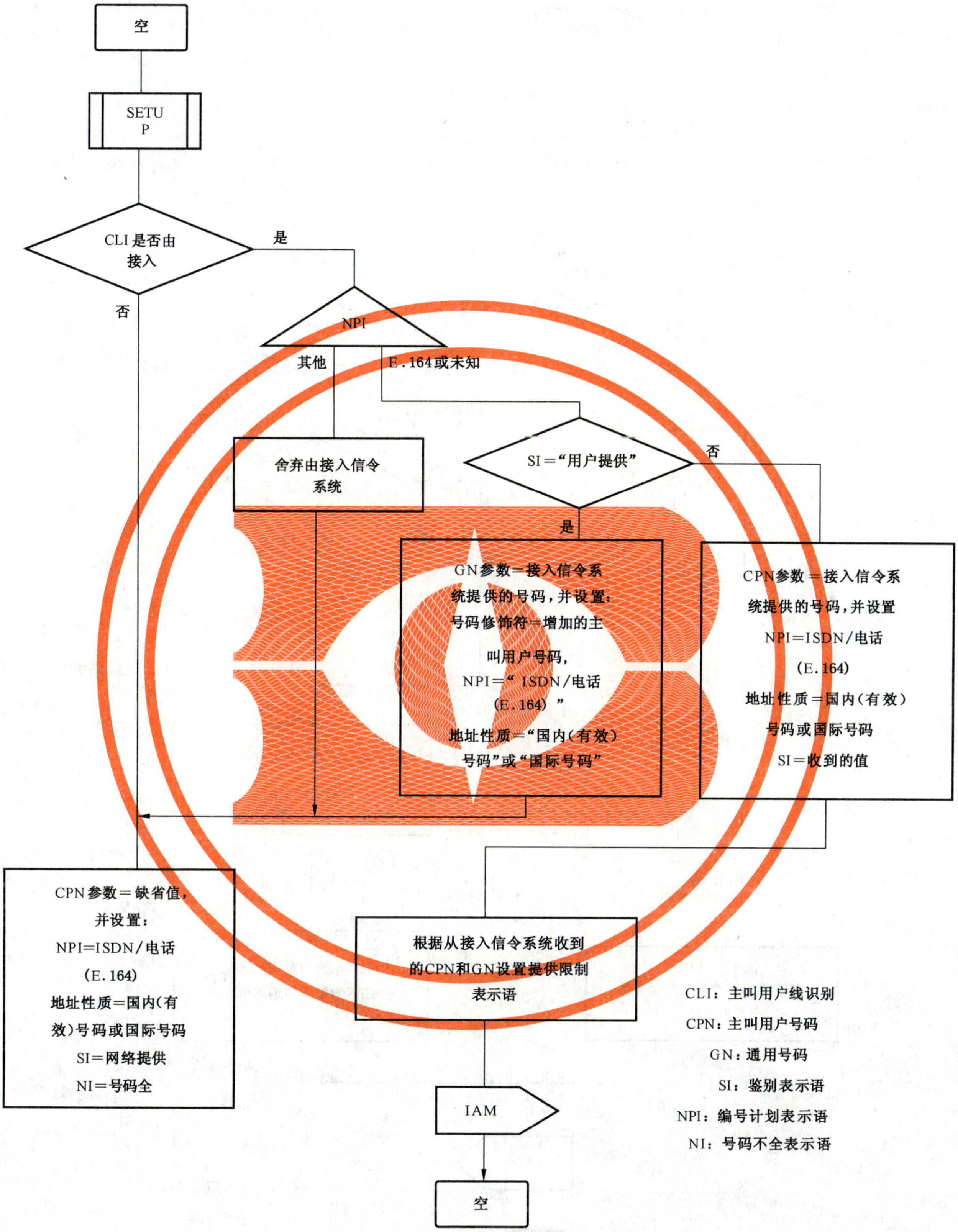

图 48　主叫线识别提供—在发端本地交换局侧

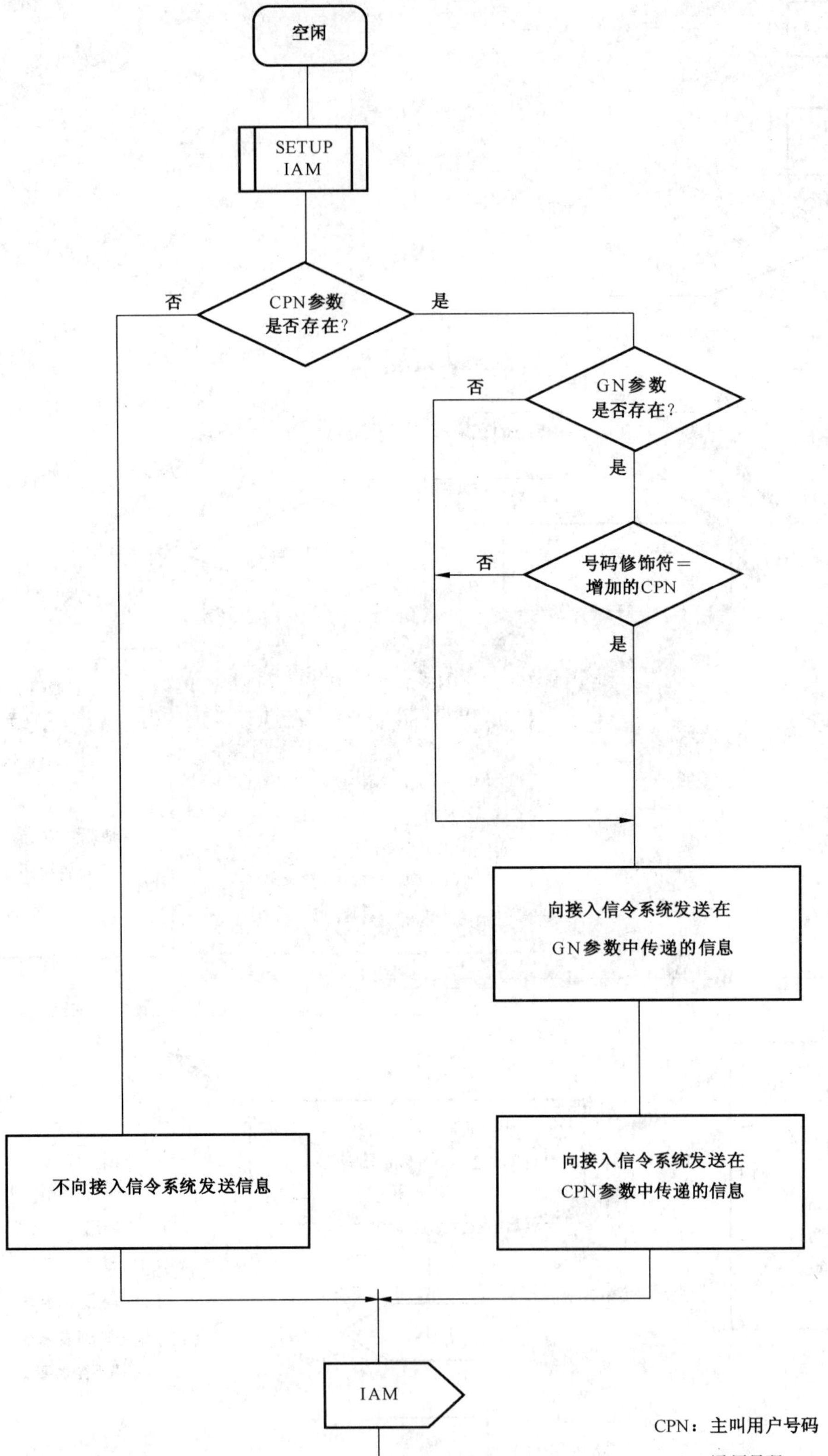

图 49　主叫线识别提供—在终端本地交换局侧

7.3 主叫线识别限制(CLIR,Calling Line Identification Restriction)

7.3.1 定义

主叫线识别限制业务是限制将主叫方的ISDN号码和子地址提供给被叫用户,该业务是一种向主叫用户提供的补充业务。

7.3.2 信令流程

同CLIP。

7.4 被接线识别提供(COLP,Connected Line Identification Presentation)

7.4.1 定义

被接线识别提供业务能够提供给主叫用户被接用户的ISDN号码,若有可能,还包括其子地址信息。该业务是一种向主叫用户提供的补充业务。

7.4.2 信令流程

被接线识别提供信令流程如图50所示。

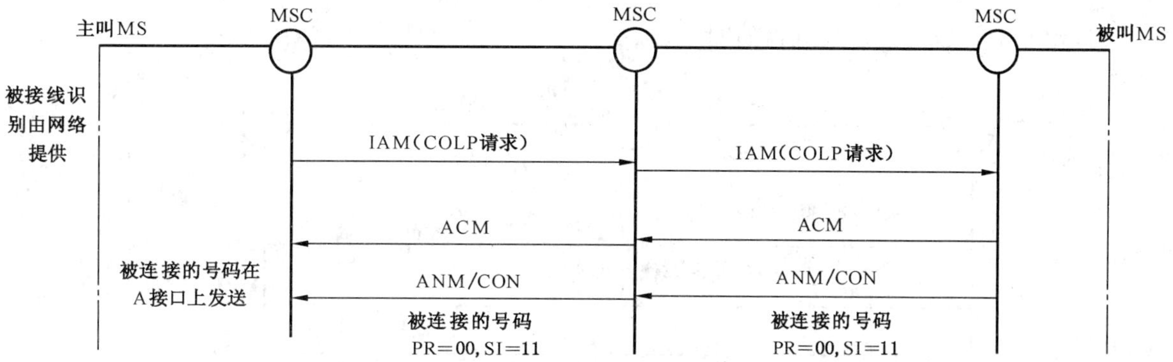

图50 被接线识别提供

7.5 被接线识别限制(COLR,Connected Line Identification Restriction)

7.5.1 定义

被接线识别限制业务是限制将被叫用户的ISDN号码和子地址提供给主叫用户。该业务是一种向被叫用户提供的补充业务。

7.5.2 信令流程

被接线识别限制信令流程如图51所示。

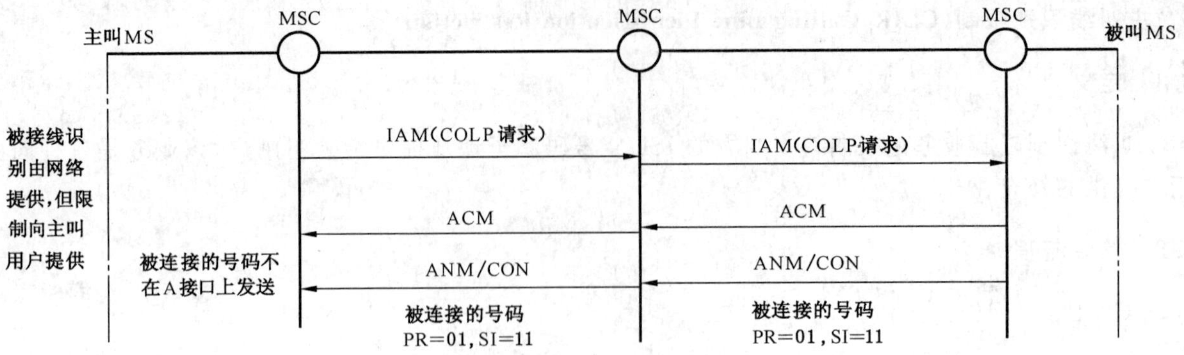

图 51　被接线识别限制

7.6　无条件呼叫前转(CFU,The Call Forwarding Unconditional)

7.6.1　定义

无条件呼叫前转业务允许被服务用户能够由网络将所有对其 ISDN 号码的入呼叫发送到另一个号码,被服务用户的始发业务不受影响。

7.6.2　信令流程

无条件呼叫前转成功的信令流程如图 52 所示。

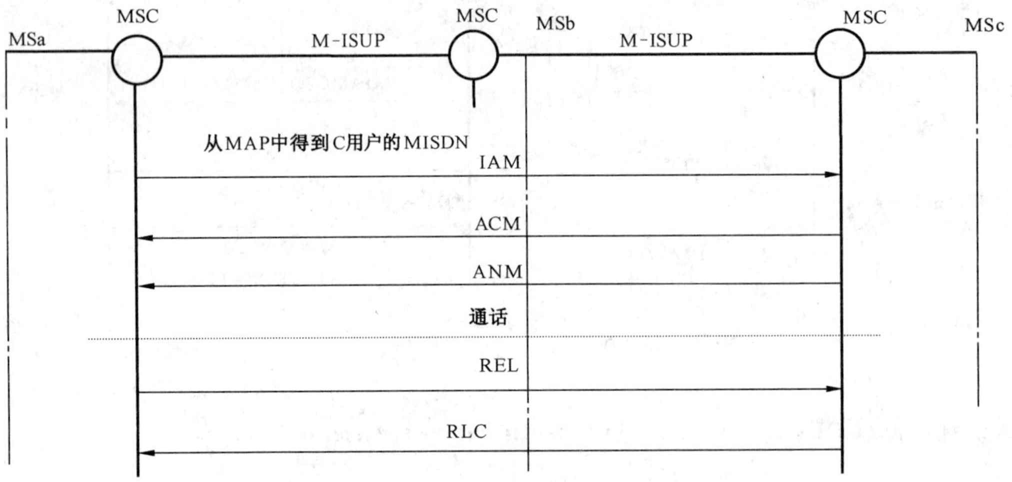

图 52　无条件呼叫前转—成功的情况

无条件呼叫前转不成功的信令流程如图 53 所示。

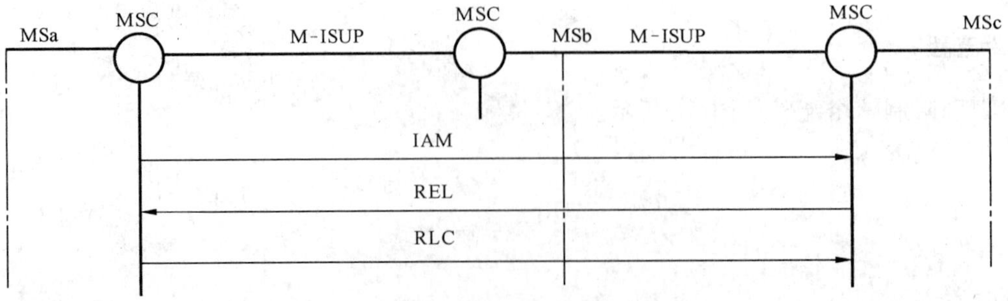

图 53　无条件呼叫前转—不成功的情况

7.7 遇忙呼叫前转(CFB,Call Forwarding Busy)(包括用户确定忙和优化路由两种情况)

7.7.1 定义

遇忙呼叫前转业务允许被服务用户在它的ISDN号码忙时,能够由网络将所有对被服务用户ISDN号码(或只是与特定基本业务相关)的入呼叫发送到另一个ISDN号码,而不影响被服务用户的始发业务。

7.7.2 信令流程

遇忙呼叫前转发生在始发MSC上的成功的信令流程如图54所示。

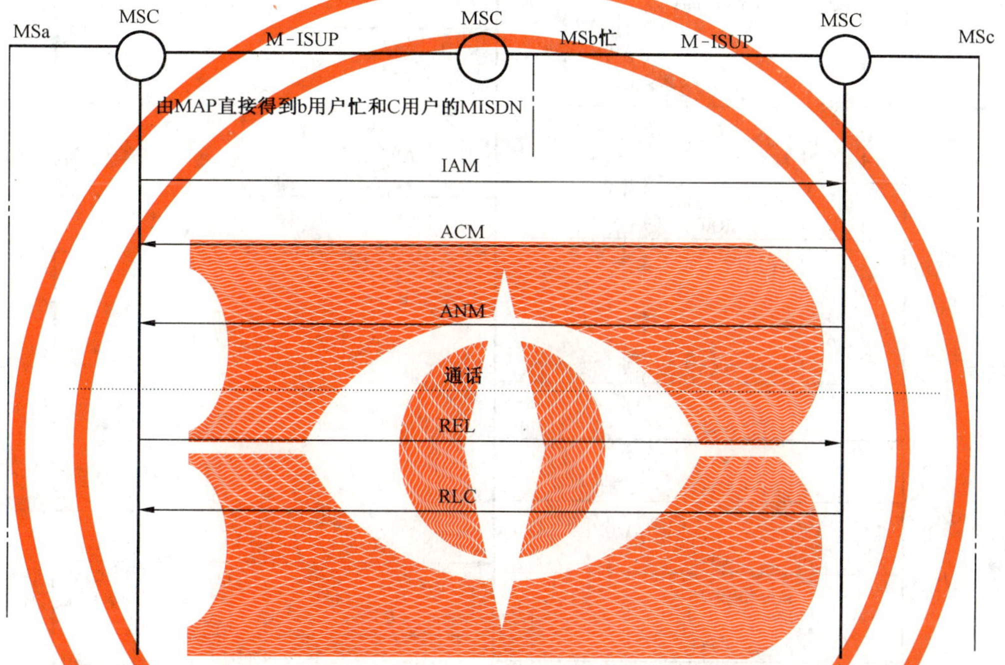

图54 遇忙呼叫前转(优化路由)—成功的情况(前转在始发MSC发生)

遇忙呼叫前转发生在始发MSC上不成功的信令流程如图55所示。

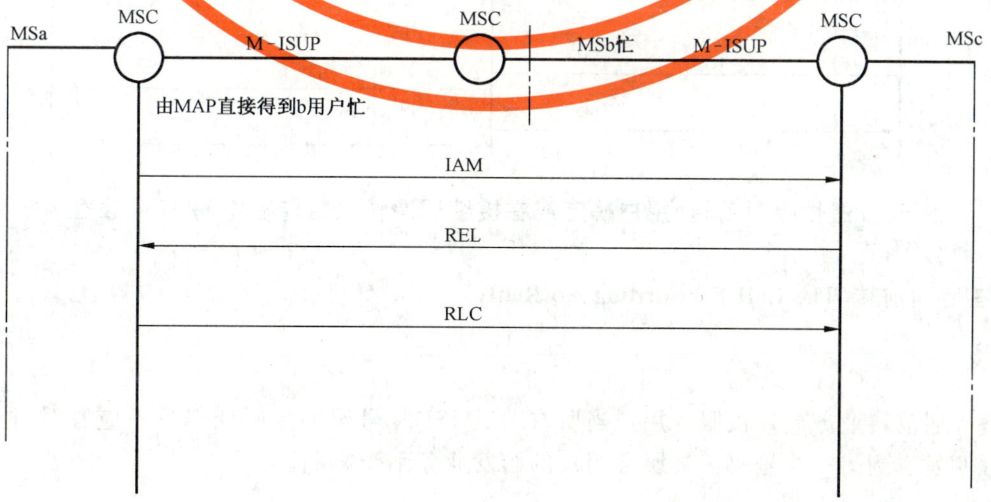

图55 遇忙呼叫前转(优化路由)—不成功的情况(前转在始发MSC发生)

遇忙呼叫前传发生在中间 MSC(如被叫用户振铃过程中确定前转)时的信令流程如图 56 所示。

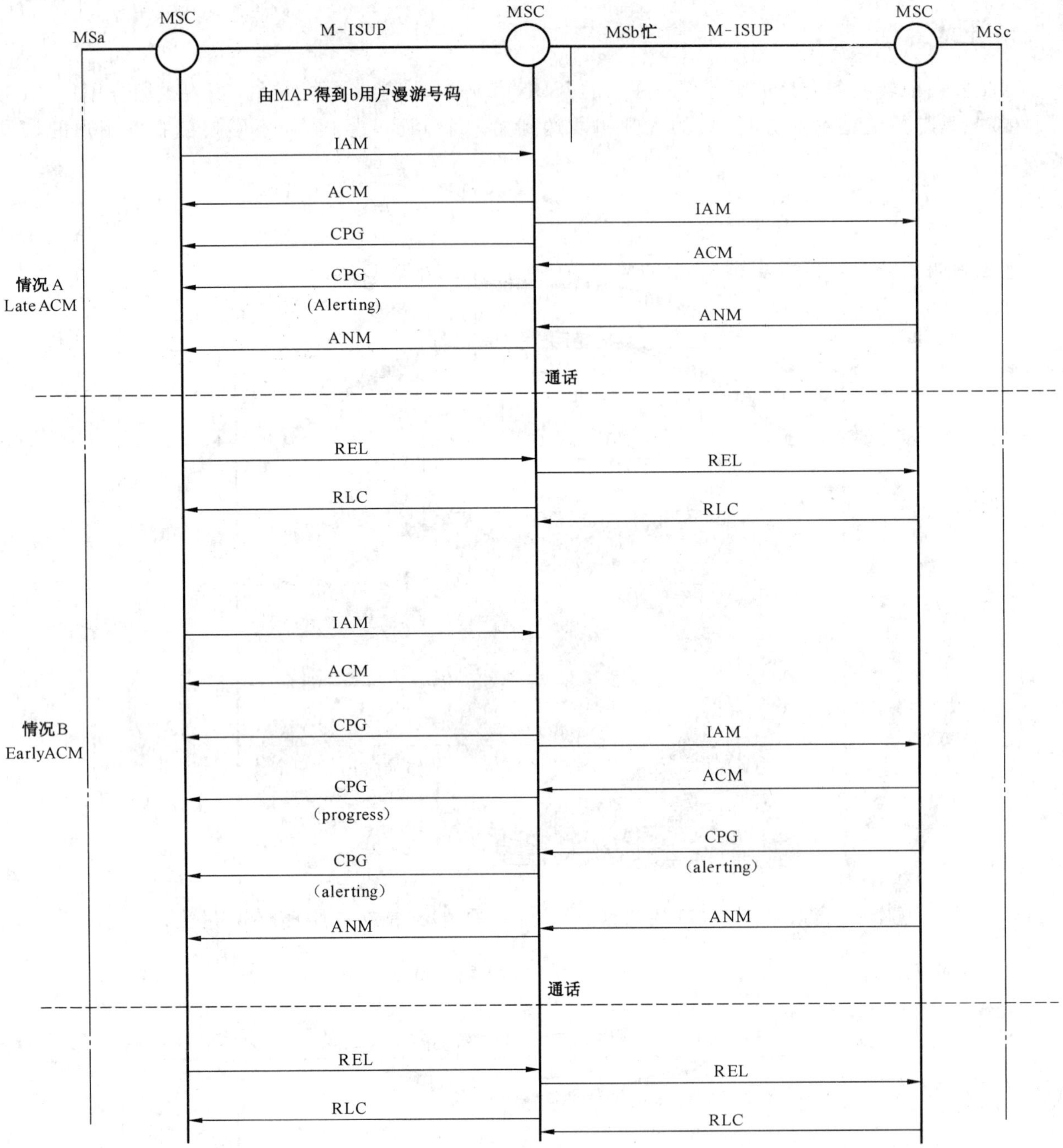

图 56 遇忙呼叫前转(用户确定或在接续后遇忙)(前转在中间 MSC 发生)

7.8 无应答呼叫前转(The Call Forwarding No Reply)

7.8.1 定义

无应答呼叫前转业务允许被服务用户当所有对其 ISDN 号码的入呼叫遇到不应答时，能够由网络将这些入呼叫发送到另一个号码。被服务用户的始发业务不受影响。

7.8.2 信令流程

无应答呼叫前转成功的信令流程如图 57 所示。

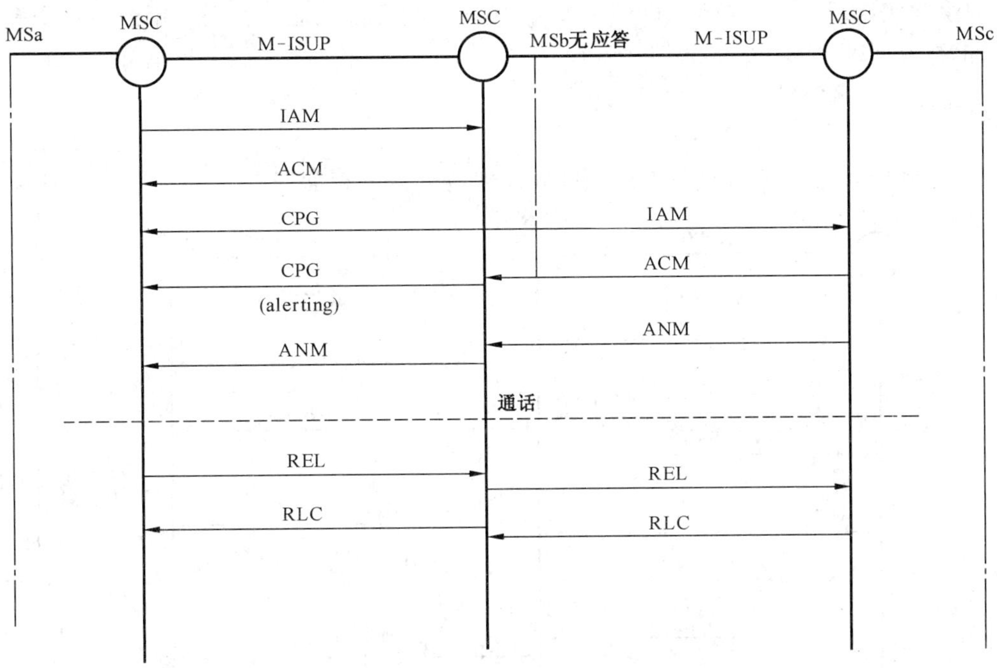

图 57 无应答呼叫前转—成功的情况

无应答呼叫前转不成功的信令流程如图 58 所示。

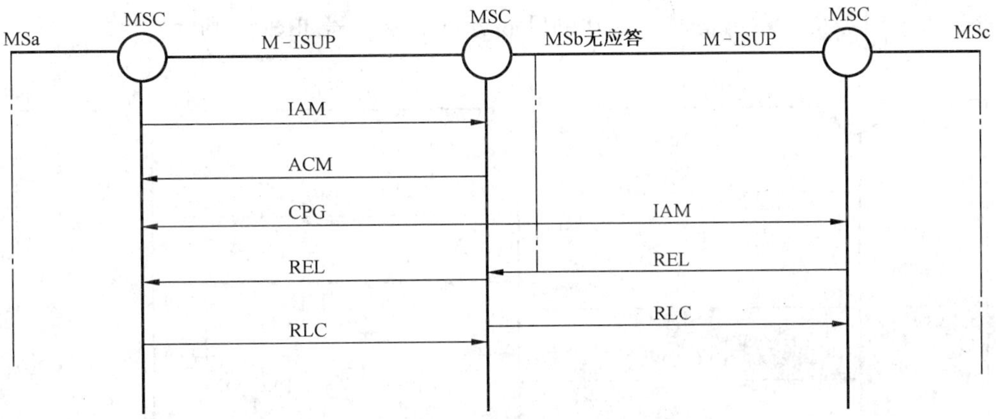

图 58 无应答呼叫前转—不成功的情况

7.9 移动用户不可及呼叫前转(Call Forwarding for Mobile subscriber Unreachable)

7.9.1 定义

移动用户不可及呼叫前转业务允许被服务用户当所有对其 ISDN 号码的入呼叫遇到寻呼无响应时,能够由网络将这些入呼叫发送到另一个号码。被服务用户的始发业务不受影响。

7.9.2 信令流程

该信令流程的情况可无条件呼叫前转、遇忙呼叫前转和无应答呼叫前转的流程。

7.10 呼叫等待(CW,Call Waiting)

7.10.1 定义

呼叫等待业务允许某个用户被通知:有入呼叫,接口无空闲信息通路可用。用户对这个等待的呼叫可选择接收、拒绝或不理睬。

7.10.2 信令流程

ACM 中包含呼叫等待表示语情况下成功的呼叫等待信令流程如图 59 所示。

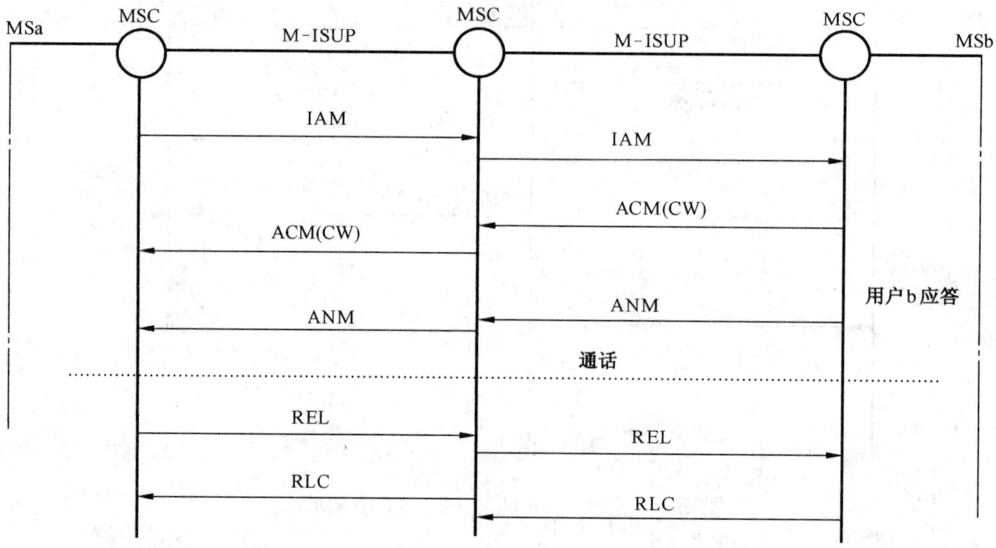

图 59 成功的呼叫等待—ACM 中包含呼叫等待表示语(Late ACM 方式)

CPG 中包含呼叫等待表示语情况下成功的呼叫等待信令流程如图 60 所示。

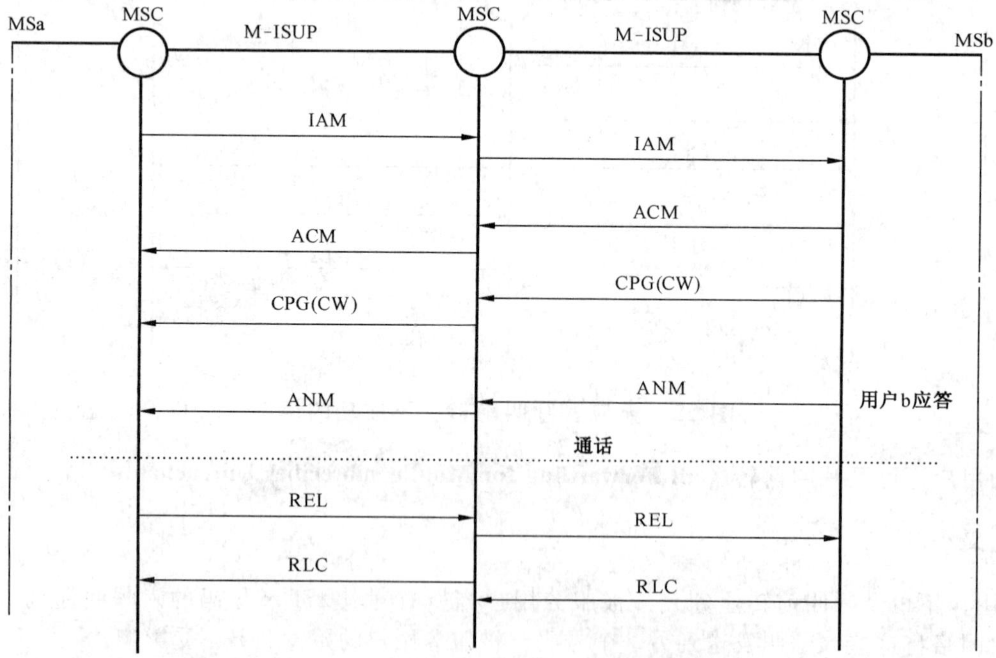

图 60 成功的呼叫等待—CPG 中包含呼叫等待表示语(early ACM 方式)

用户拒绝情况下呼叫等待的信令流程如图 61 所示。

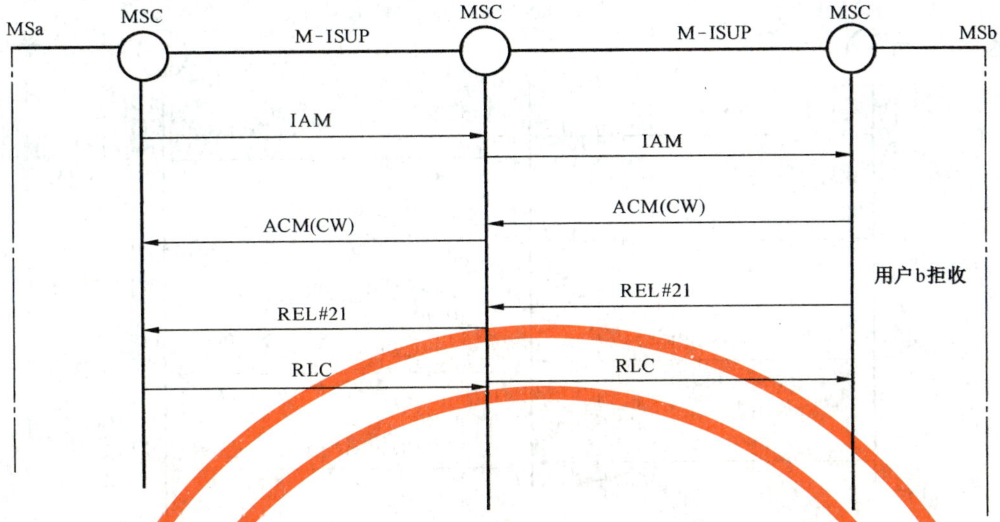

图 61 呼叫等待—用户拒收

用户未响应情况下呼叫等待信令流程如图 62 所示。

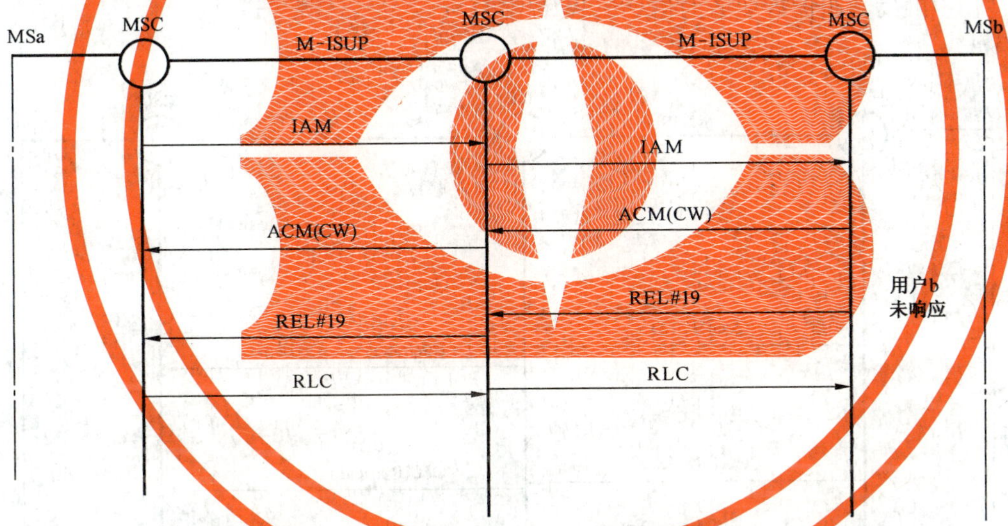

图 62 呼叫等待—用户未响应

7.11 呼叫保持(HOLD,Call Hold)

7.11.1 定义

呼叫保持业务允许用户在现有的呼叫/连接上中断通信,而在随后需要时可重新建立该通信。

7.11.2 信令流程

呼叫建立过程中等待 ANM 时触发呼叫保持业务的信令流程如图 63 所示,暂不要求支持在这种情况下触发呼叫保持业务。

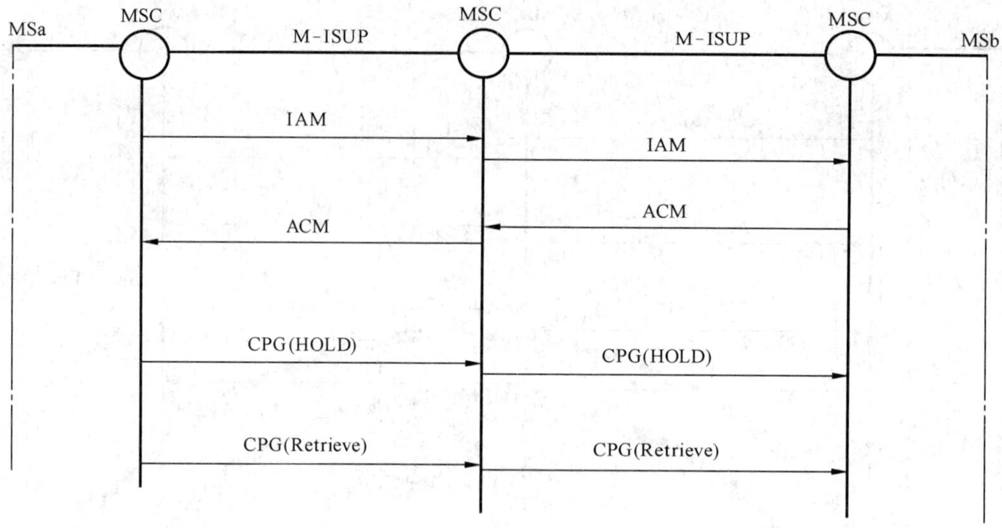

图 63 呼叫保持—等待 ANM 时(暂不使用)

通话过程中触发呼叫保持业务的信令流程如图 64 所示。

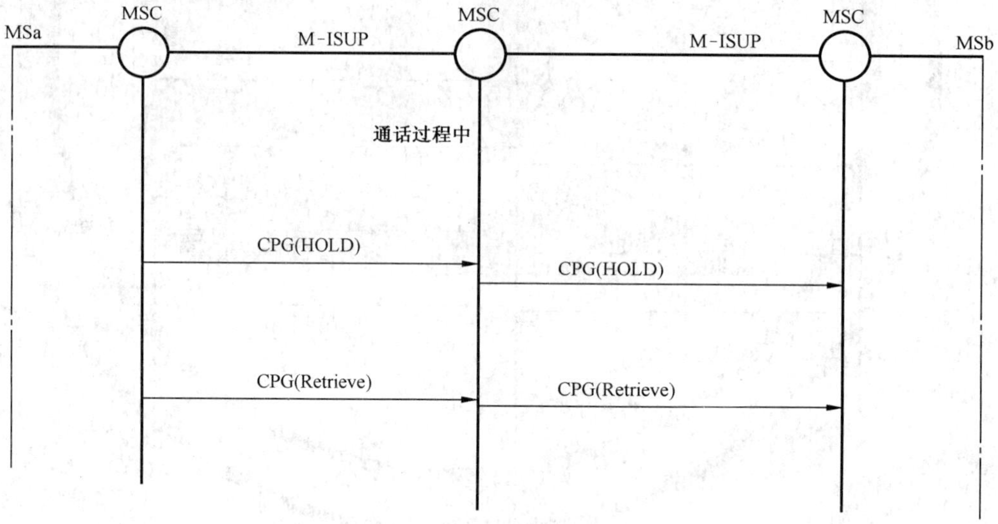

图 64 呼叫保持—通话过程中

7.12 三方业务(3PTY,Three Party)

7.12.1 定义

三方业务可以使正在进行通信的用户保持该呼叫,并向第三方发起呼叫。

7.12.2 信令流程

三方业务建立的信令流程如图 65 所示。

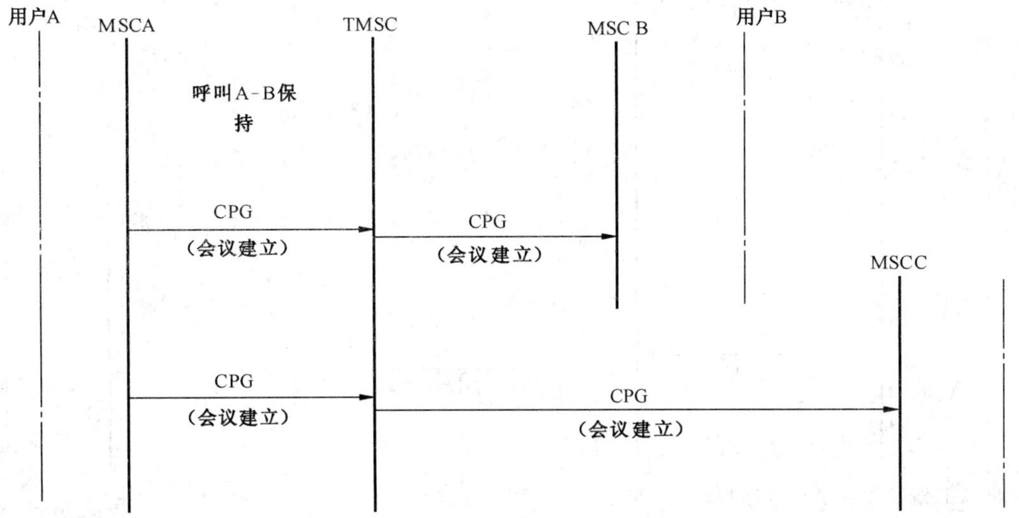

图 65　三方业务的请求

三方业务分离的信令流程如图 66 所示。

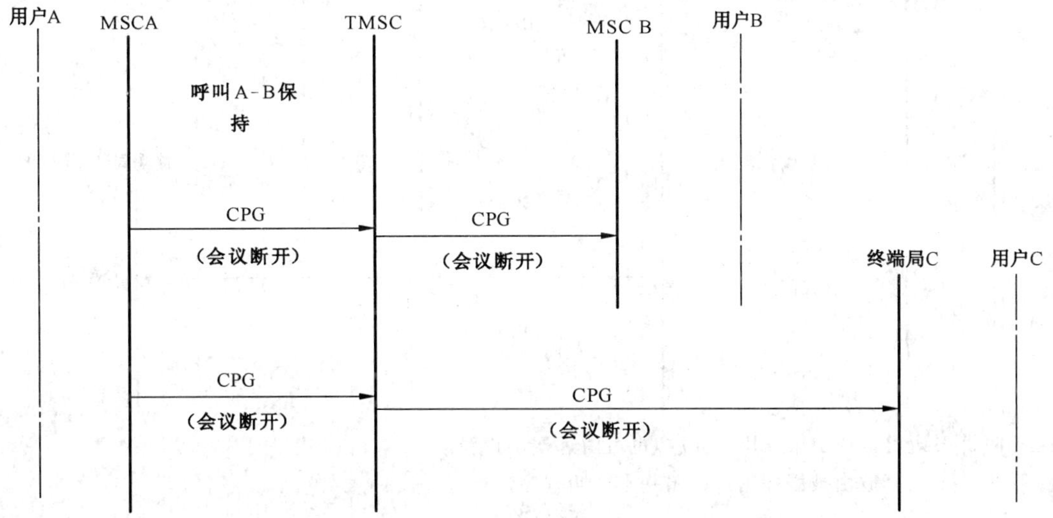

图 66　三方业务的分离

三方业务中一方用户断开的信令流程如图 67 所示。

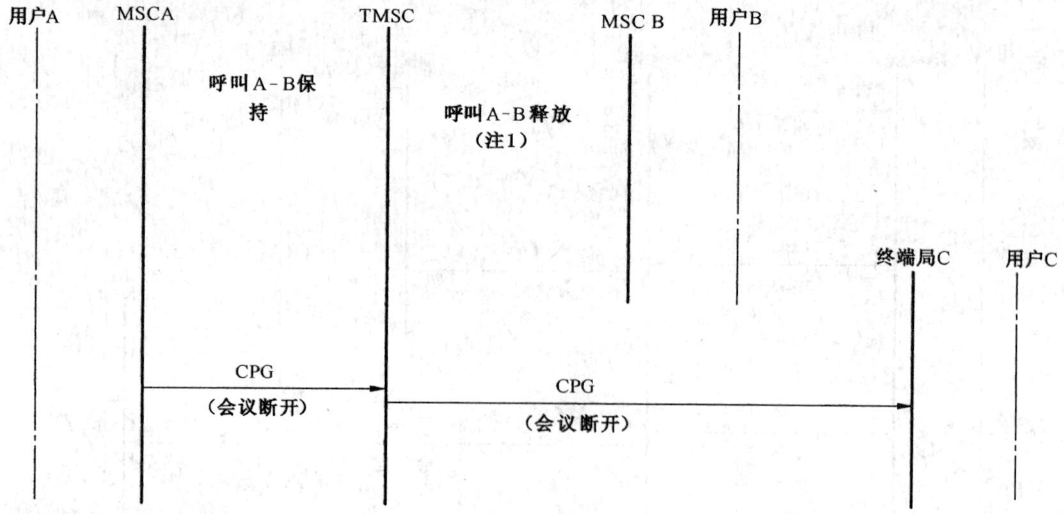

注：呼叫 A-B 既可以由被服务用户释放，也可由远端用户释放。

图 67　一方远端用户的断开

三方业务断开的信令流程如图 68 所示。

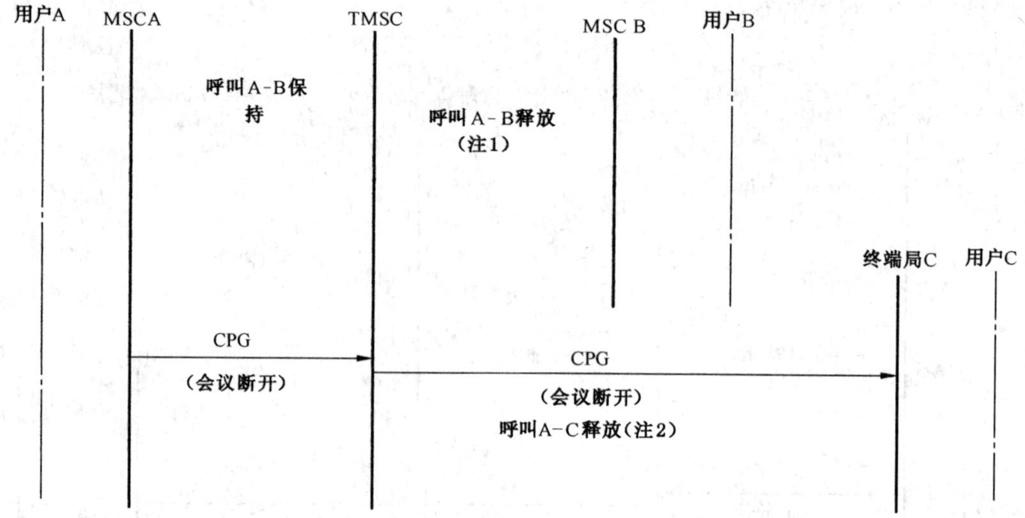

注 1：呼叫 A-B 既可以由被服务用户释放，也可由远端用户释放。

注 2：呼叫 A-C 的释放由被服务用户按照基本呼叫程序进行。

图 68　三方业务的断开

8　信令配合

8.1　PLMN 网内的信令配合流程(MISUP-MTUP)

8.1.1　M-ISUP 至 MTUP 的信令配合

1）　成功的接续

成功的 PLMN 网内接续(M-ISUP 至 MTUP)主叫挂机下的信令流程如图 69 所示。

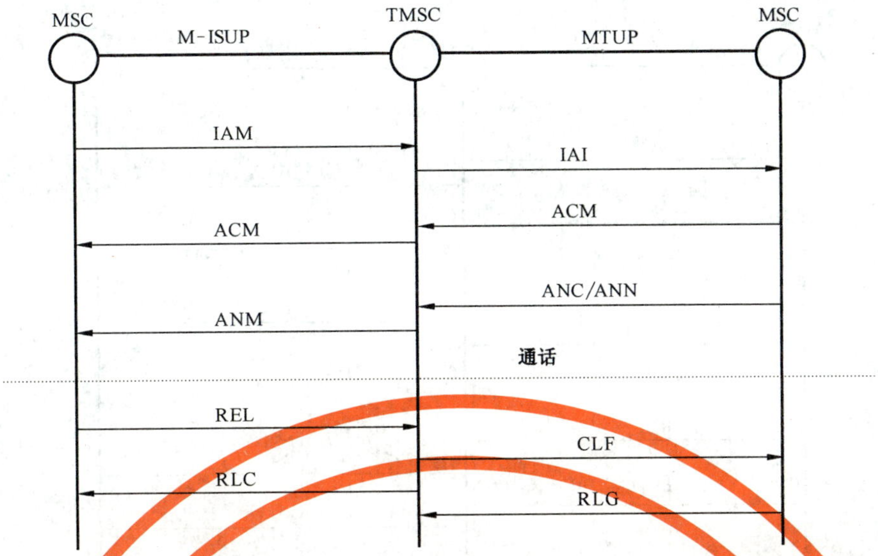

图 69 成功的 PLMN 网内接续(MISUP-MTUP)-主叫挂机

MISUP 的 IAM 消息与 MTUP IAI 消息之间主叫用户类别的转换见表 25。

成功的 PLMN 网内接续(M-ISUP 至 MTUP)被叫挂机下的信令流程如图 70 所示。

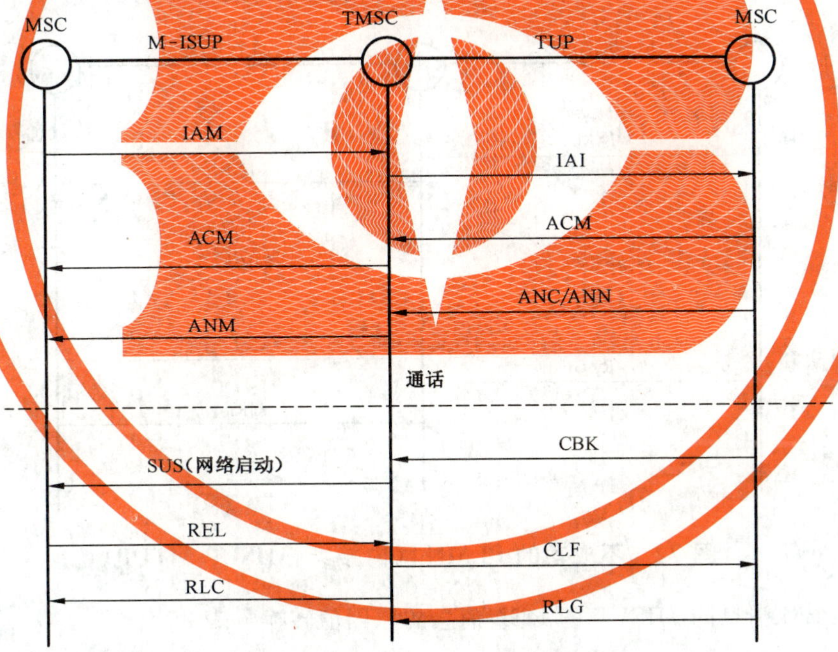

图 70 成功的 PLMN 网内接续(MISUP-MTUP)-被叫先挂机

表 25 MISUP 和 MTUP 主叫用户类别的转换表

M-ISUP IAM		MTUP IAI 或 IAM	
0000 1010	普通用户	00 1010	普通、免费
0000 1011	优先用户	00 1011	优先、定期

成功的 PLMN 网内接续(M-ISUP 至 MTUP)呼叫建立过程中发送有 CPG 消息的信令流程如图 71所示。

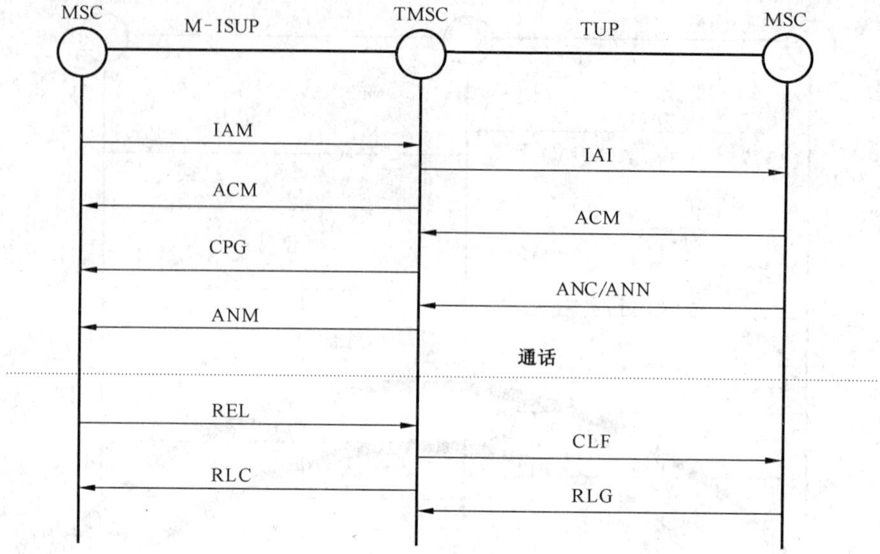

图 71 成功的 PLMN 网内接续(MISUP-MTUP)-发送 CPG

2) 不成功的接续

不成功的 PLMN 网内接续(M-ISUP 至 MTUP)信令流程如图 72 所示。

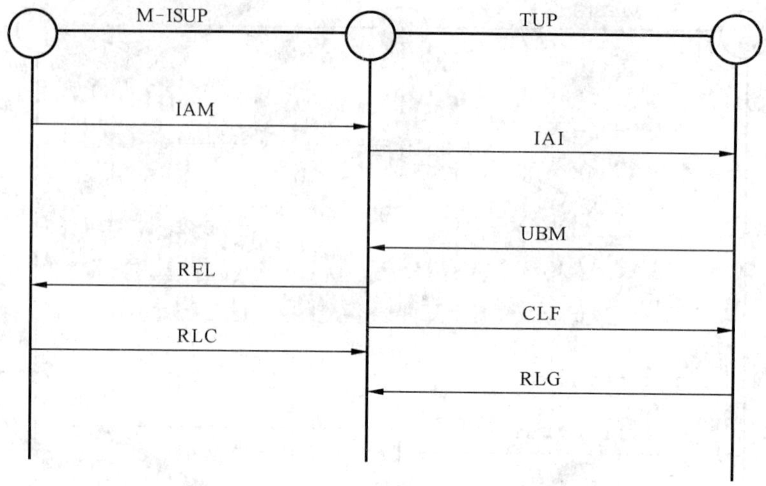

图 72 不成功的 PLMN 网内接续(MISUP-MTUP)

MTUP 的 UBM 消息同 MISUP 的 REL 消息的原因值转换见表 26

表 26 MTUP UBM 消息同 MISUP 的 REL 原因值的对应表

UBM 消息	REL 中的原因值	含义
STB	17	用户忙
LOS	27	目的地不可及
CFL	31	正常—未指定
CGC	34	无电路/通路可用
SEC	42	交换设备(TM/LS)拥塞
DPN	65	承载能力未实现

3） 用户久叫不应

PLMN 网内接续(M-ISUP 至 MTUP)用户久叫不应情况下的信令流程如图 73 所示。

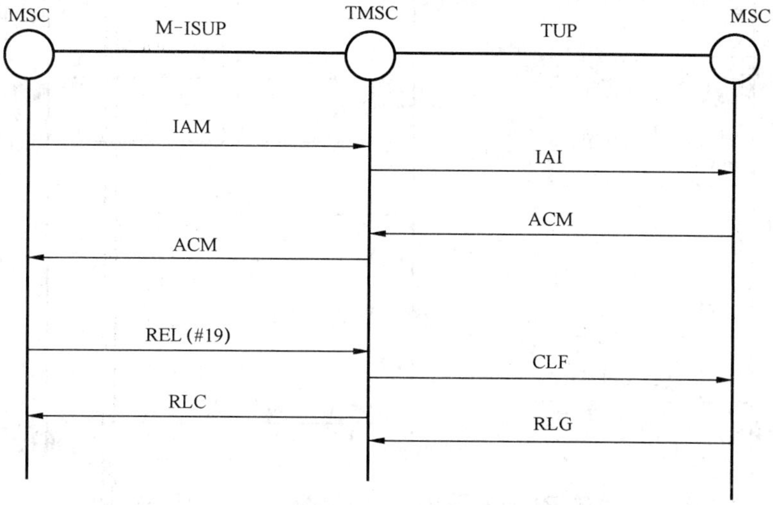

图 73 不成功的 PLMN 网内接续-用户久叫不应

4） 终端局发送录音通知

PLMN 网内接续(M-ISUP 至 MTUP)由终端局发送录音通知的信令流程如图 74 所示。

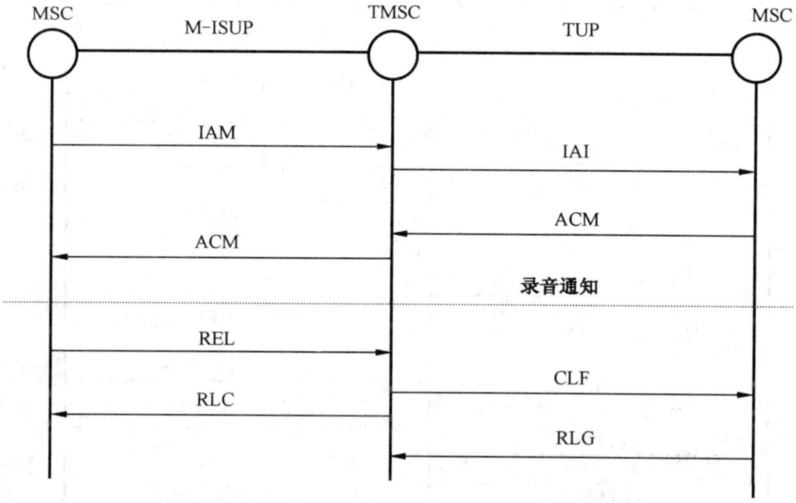

图 74 不成功的 PLMN 网内接续-终端局发送录音通知

8.1.2 MTUP 至 MISUP 的信令配合

1） 成功的接续

成功的 PLMN 网内接续(MTUP 至 M-ISUP)主叫挂机情况下的信令流程如图 75 所示。

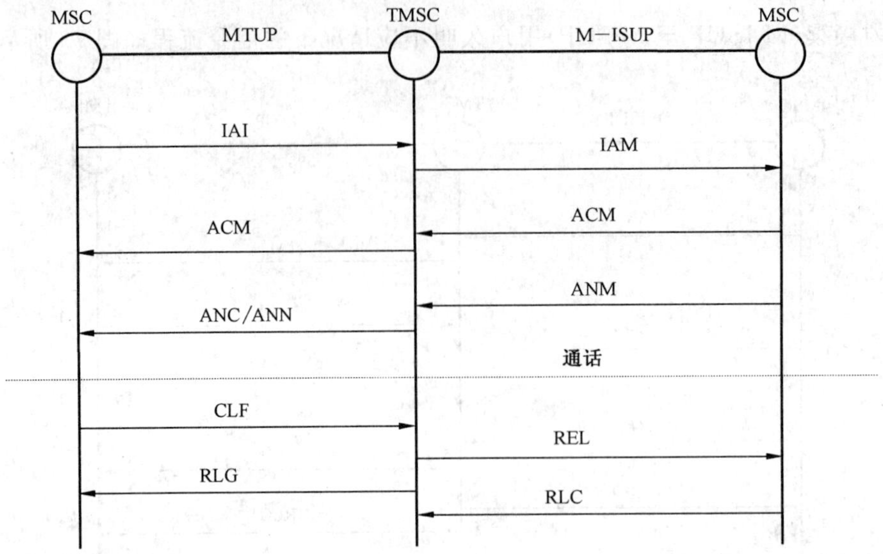

图 75 成功的 PLMN 网内接续(MTUP-MISUP)-主叫挂机

MTUP IAI 消息与 MISUP 的 IAM 消息之间主叫用户类别的转换见表 27。

成功的 PLMN 网内接续(MTUP 至 M-ISUP)被叫挂机情况下的信令流程如图 76 所示。

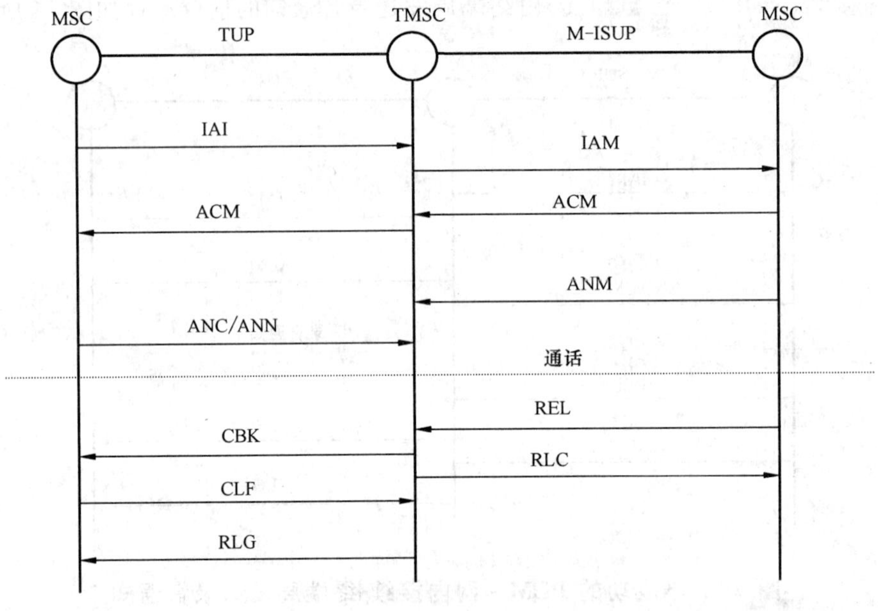

图 76 成功的 PLMN 网内接续(MTUP-MISUP)-被叫挂机

表 27 固定长途 TUP 呼叫移动 MISUP 时主叫用户类别的转换表

PSTN TUP IAI 或 IAM		M-ISUP IAM	
00 1010	普通、免费	0000 1010	普通用户
00 1011	优先、定期	0000 1011	优先用户

2) 不成功的接续

不成功的 PLMN 网内接续(MTUP 至 M-ISUP)信令流程如图 77 所示。

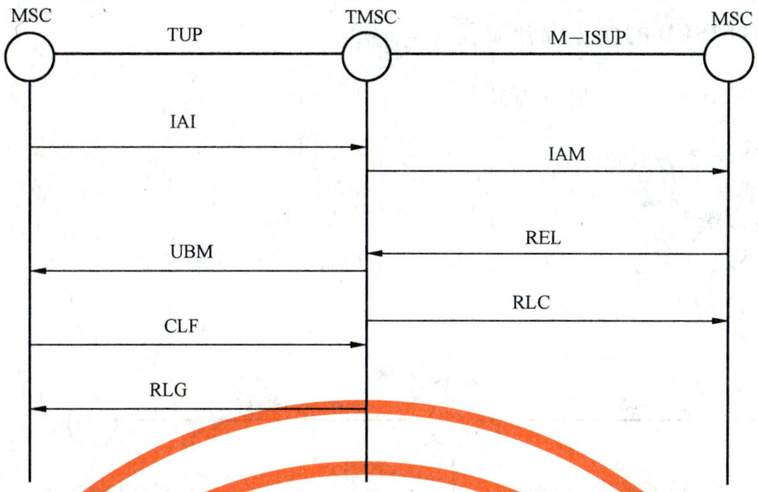

图 77 不成功的 PLMN 网内接续(MTUP-MISUP)

MISUP 的 REL 消息的原因值同 MTUP 的 UBM 消息转换见表 28

表 28 MISUP REL 原因值同 MTUP UBM 消息的对应表

REL 中的原因值	含义	UBM 消息
17	用户忙	STB
27	目的地不可及	LOS
31	正常—未指定	CFL
34	无电路/通路可用	
42	交换设备(TM/LS)拥塞	SEC
65	承载能力未实现	DPN

3) 终端局发送录音通知

不成功的 PLMN 网内接续(MTUP 至 M-ISUP)情况下由终端局发送录音通知的信令流程如图 78 所示。

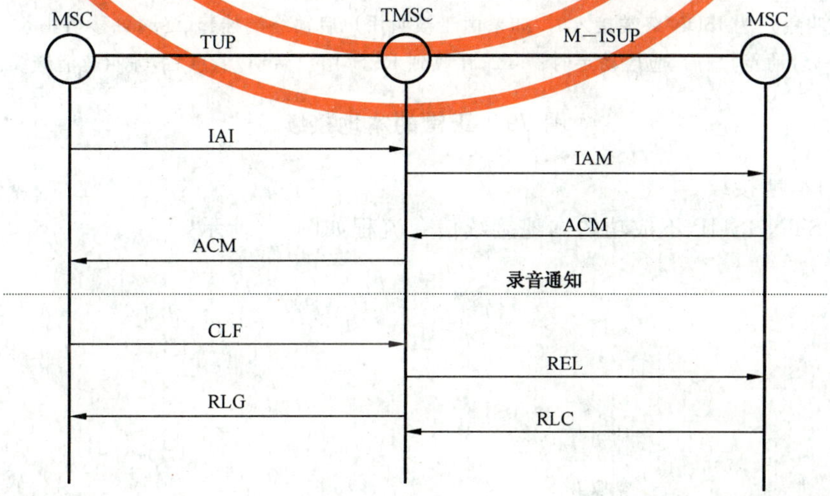

图 78 不成功的 PLMN 网内接续(MTUP -MISUP)-终端局发送录音通知

8.2 M-ISUP 同 PSTN ISUP 的信令配合流程

8.2.1 M-ISUP 至 PSTN ISUP 的信令方式

8.2.1.1 本地接续的信令方式

1) 成功的本地接续

M-ISUP 至 PSTN ISUP 成功的本地接续信令流程如图 79 所示。

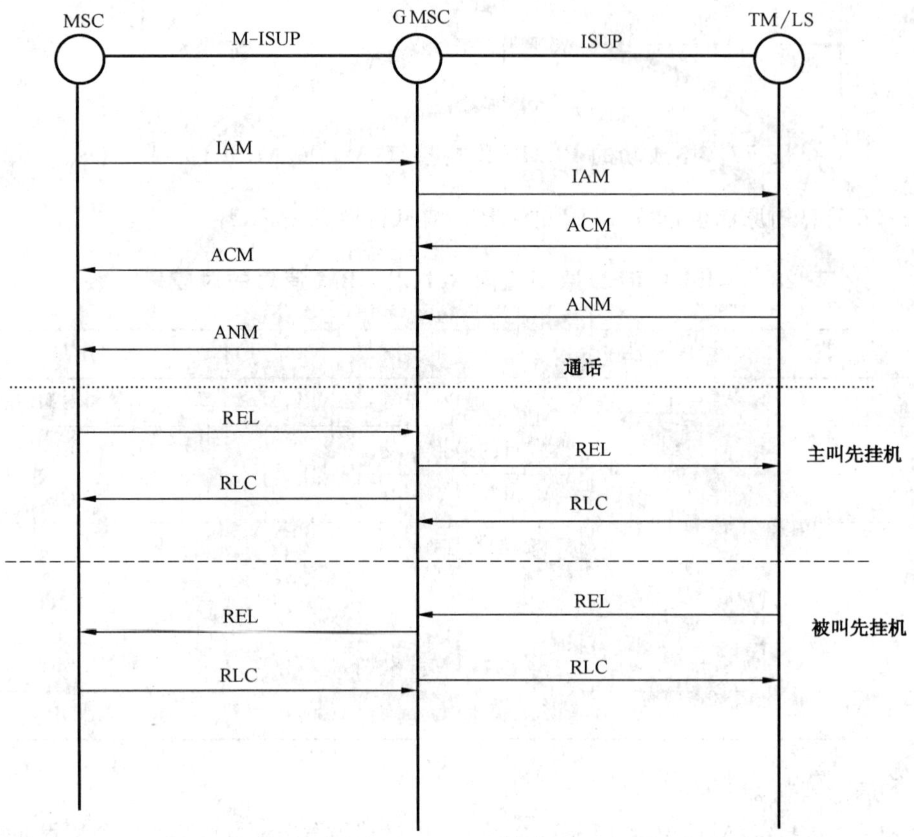

注：当呼叫的被叫用户为 ISDN 终端接入时，如果由于被叫用户启动终端挂起(终端可移动业务)，则主叫 MSC 在收到 SUS(用户启动)消息后，应启动定时器 T2，在收到 RES(用户启动)消息后，呼叫应能继续。

图 79 正常的本地接续

2) 不成功的本地接续

M-ISUP 至 PSTN ISUP 不成功的本地接续信令流程如图 80 所示。

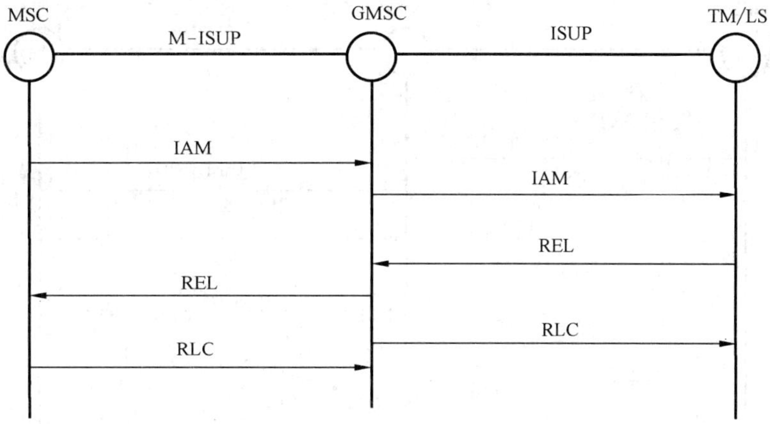

图 80　不成功的本地接续

3）　恶意呼叫程序

当被叫为非 ISDN 接入时，主叫挂机 30 s 内拨“3”以上的数字或按 R 键，应能打印出主叫用户号码，被叫用户号码、日前和时间。

带有恶意呼叫追查的成功的本地接续信令流程如图 81 所示。

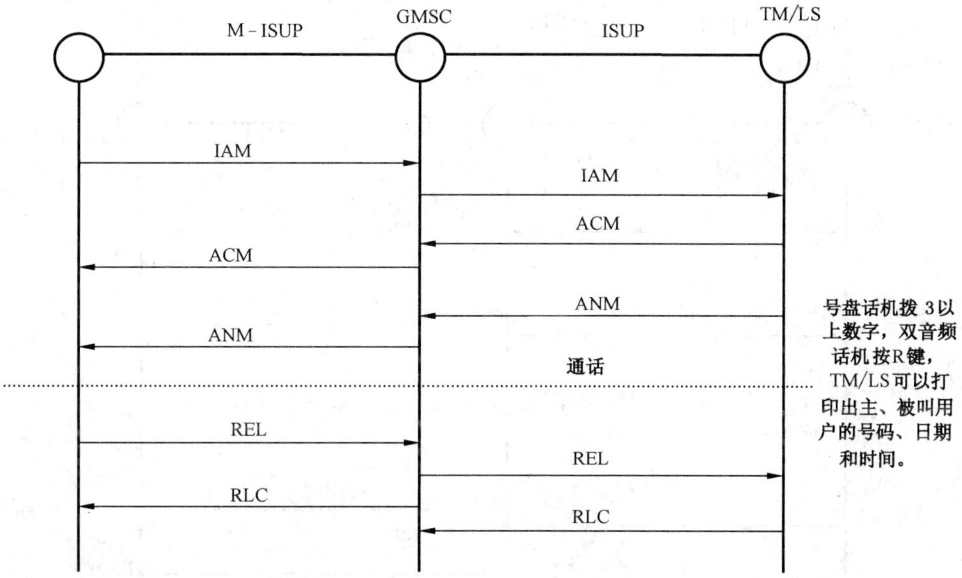

图 81　带有恶意呼叫追查的成功的本地接续

4）　至特服台的本地接续

至服务台的本地接续信令流程如图 82 所示。

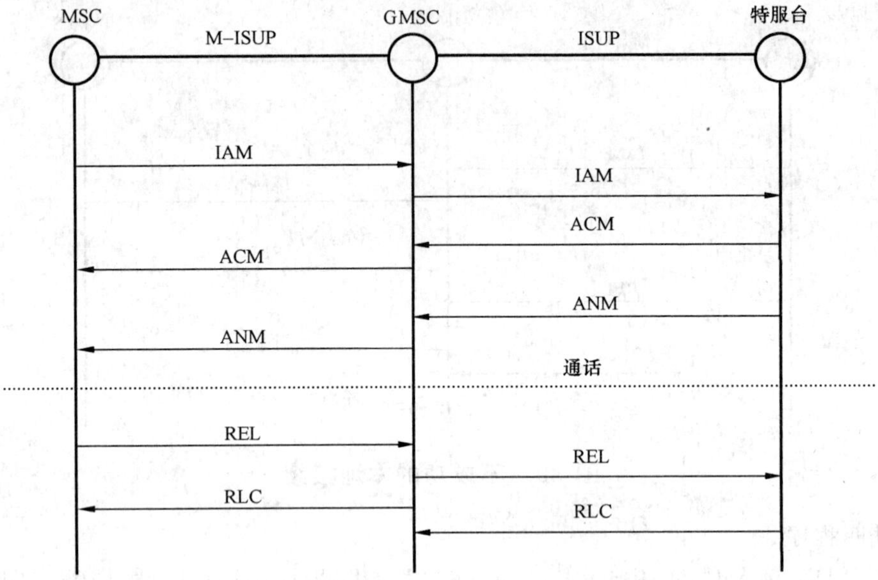

图 82　至特服台的成功本地接续

5)　录音通知的发送

由终端局发送通知情况下的信令流程如图 83 所示。

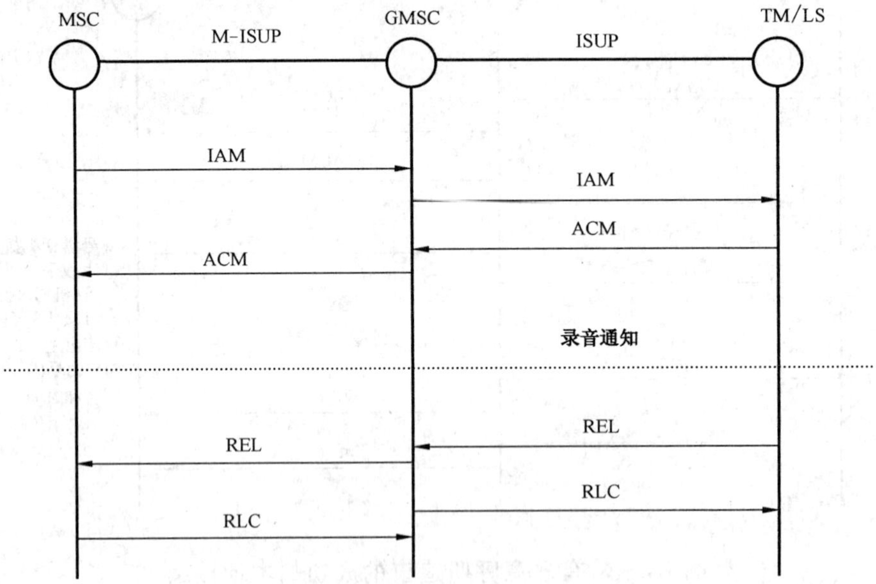

图 83　录音通知的发送(终端局发送录音通知)

由发端局发送录音通知的信令流程如图 84 所示。

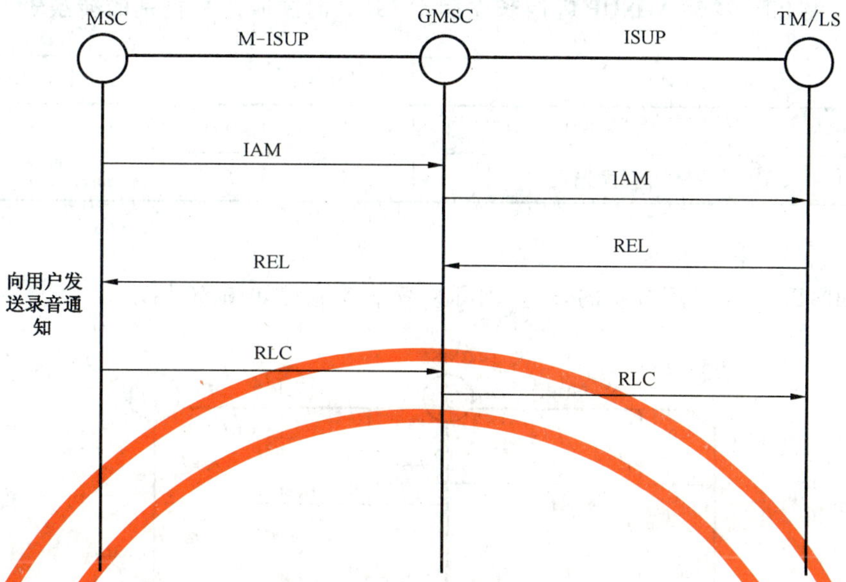

图 84　录音通知的发送(发端局发送录音通知)

8.2.1.2　长途/国际接续

1)　成功的长途/国际接续

M-ISUP 至 PSTN ISUP 成功的长途/国际接续信令流程如图 85 所示。

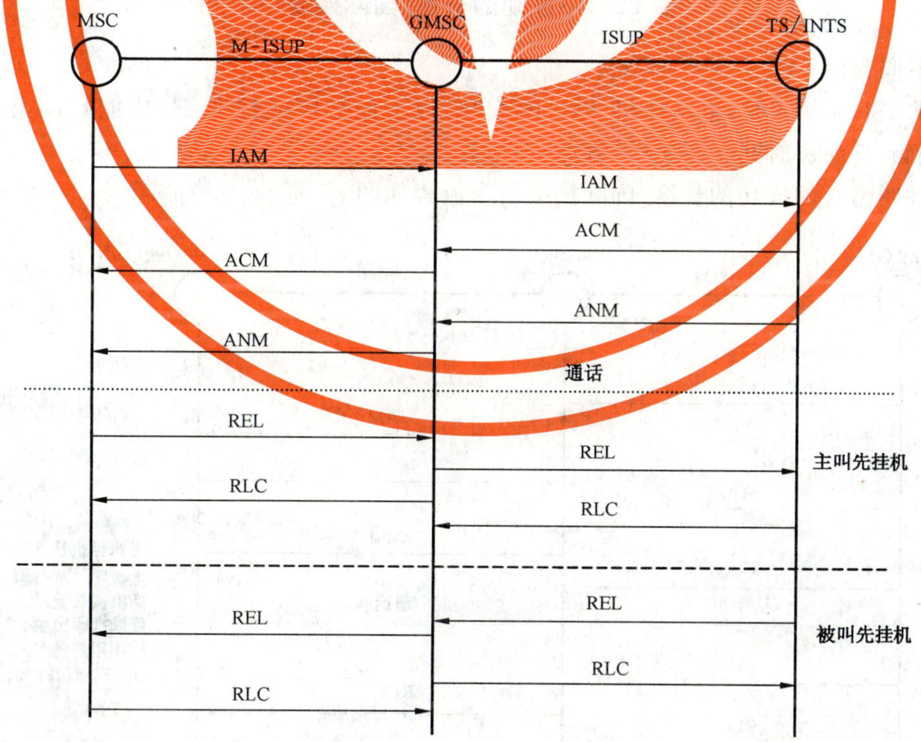

图 85　成功的长途/国际接续

IAM 消息的主叫用户类别的转换见表 29。

表 29　移动 MISUP 呼叫长途固定 ISUP 时主叫用户类别的转换表

M-ISUP IAM		PSTN　ISUP IAM	
0000 1010	普通用户	1111 0001	普通、定期
0000 1011	优先用户	1111 0101	优先、定期

2)　不成功的长途/国际接续

M-ISUP 至 PSTN ISUP 不成功的长途/国际接续信令流程如图 86 所示。

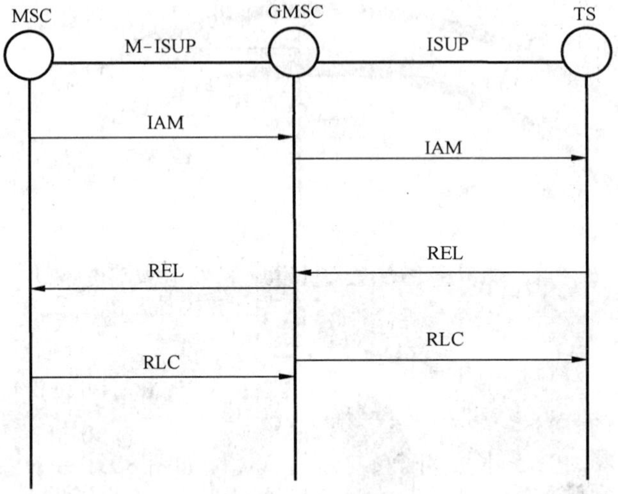

图 86　不成功的长途/国际接续

3)　恶意呼叫程序

当被叫为非 ISDN 接入时,主叫挂机 30 s 内拨“3”以上的数字或按 R 键,应能打印出主叫用户号码,被叫用户号码、日前和时间。

带有恶意呼叫追查的成功的长途/国际接续信令流程如图 87 所示。

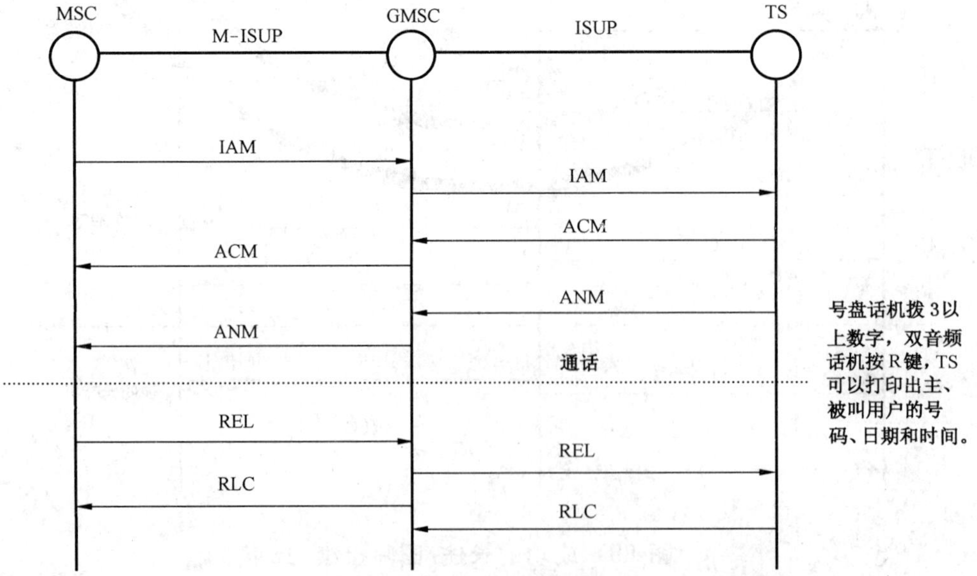

图 87　带有恶意呼叫追查的成功的长途/国际接续

4） 录音通知的发送

由终端局发送录音通知的信令流程如图 88 所示。

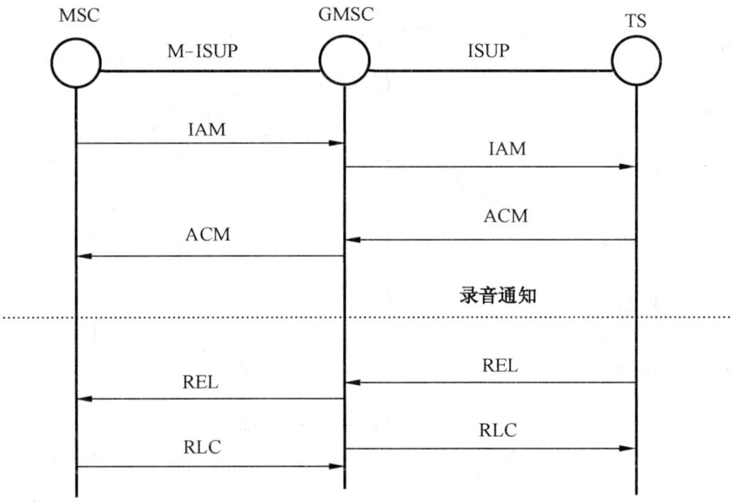

图 88 录音通知的发送(终端局发送录音通知)

由发端局发送录音通知的信令流程如图 89 所示。

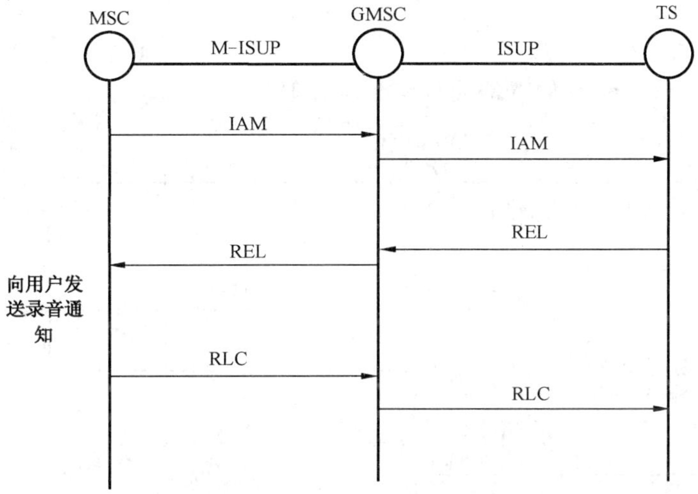

图 89 录音通知的发送(发端局发送录音通知)

8.2.1.3 智能业务呼叫

M-ISUP 至 PSTN ISUP 的智能业务呼叫信令流程如图 90 所示。

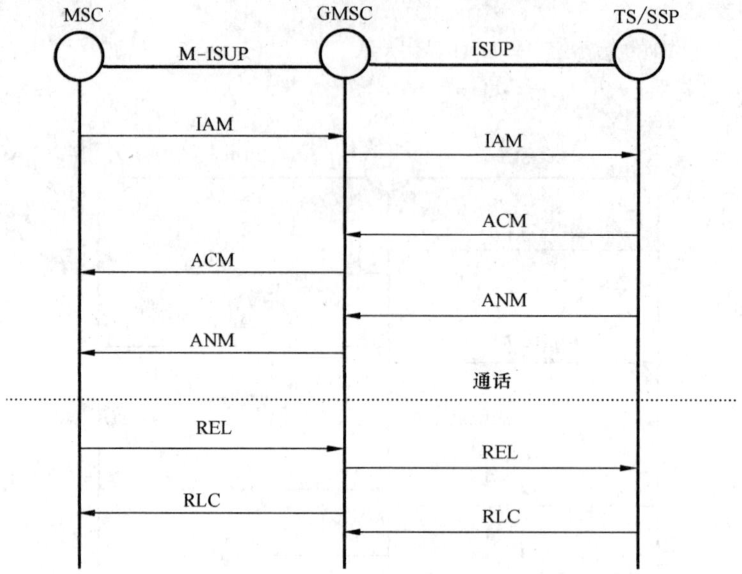

图 90 智能业务呼叫

8.2.2 PSTN ISUP 至 M-ISUP 的信令方式

8.2.2.1 本地接续的信令方式

1) 成功的本地接续

PSTN ISUP 至 M-ISUP 成功的本地接续信令流程如图 91 所示。

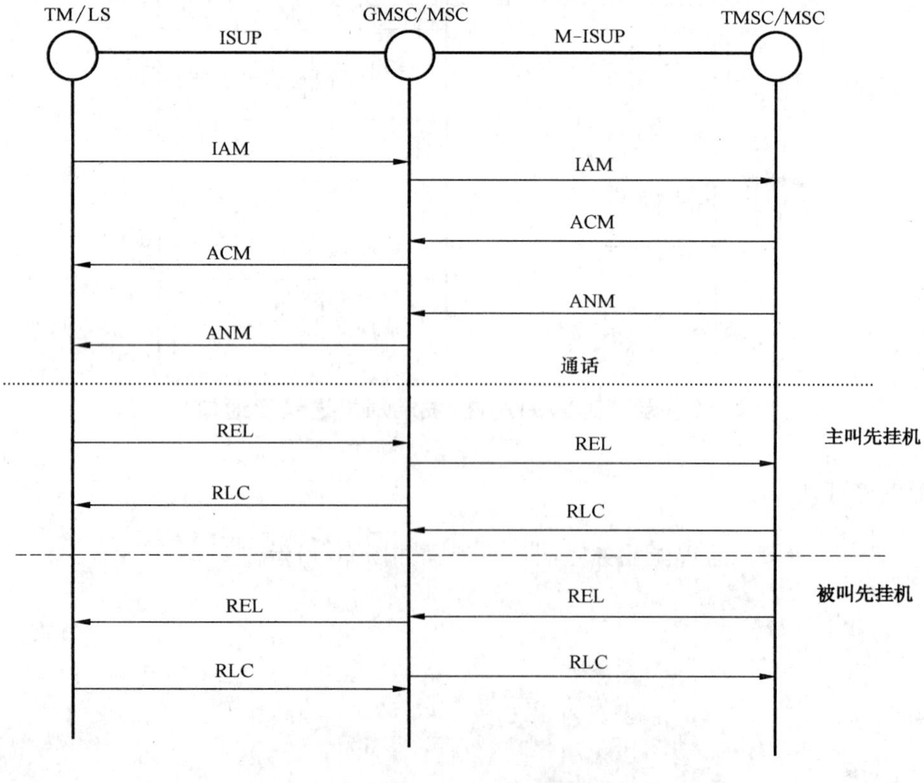

图 91 成功的本地接续

IAM 消息中主叫用户类别的转换见表 30。

表 30　固定 ISUP 呼叫本地移动 MISUP 时主叫用户类别的转换表

PSTN　ISUP IAM		M-ISUP IAM	
1111 0000	普通、免费	0000 1010	普通用户
1111 0001	普通、定期	0000 1010	普通用户
1111 0010	普通用户表立即	0000 1010	普通用户
1111 0010	普通打印机立即	0000 1010	普通用户
0000 0100	优先、免费	0000 1011	优先用户
0000 0101	优先、定期	0000 1011	优先用户
1111 1000	普通用户(市—市)	0000 1010	普通用户

当主叫用户为 ISDN 终端时，如果由主叫用户启动终端挂起(终端可移动业务)，则被叫 MSC 在收到 SUS(用户启动)消息后，应启动定时器 T_2，在收到 RES(用户启动)消息后，呼叫应能继续。

2)　不成功的本地接续

PSTN ISUP 至 M-ISUP 不成功的本地接续信令流程如图 92 所示。

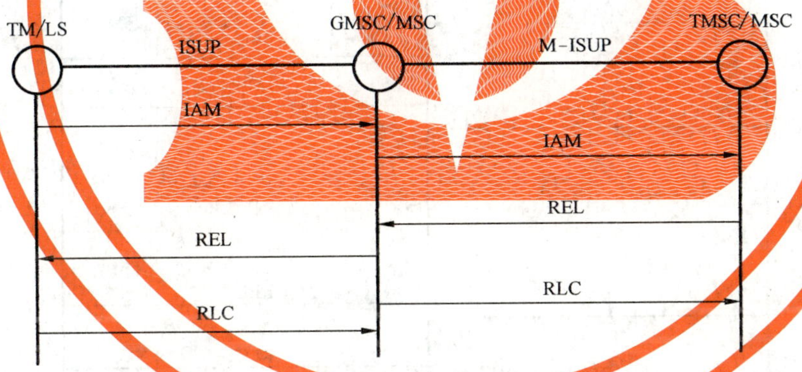

图 92　不成功的本地接续

3)　用户久叫不应

PSTN ISUP 至 M-ISUP 用户久叫不应情况下的信令流程如图 93 所示。

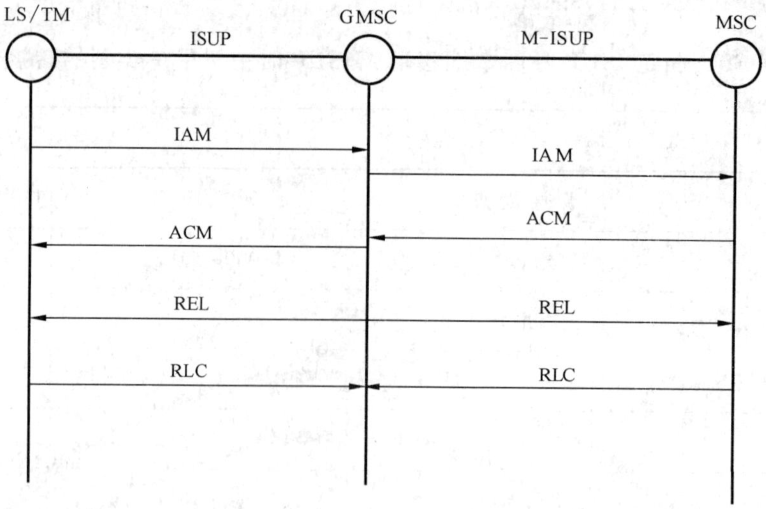

图 93 用户久叫不应

4） 录音通知的发送

由终端局发送录音通知的信令流程如图 94 所示。

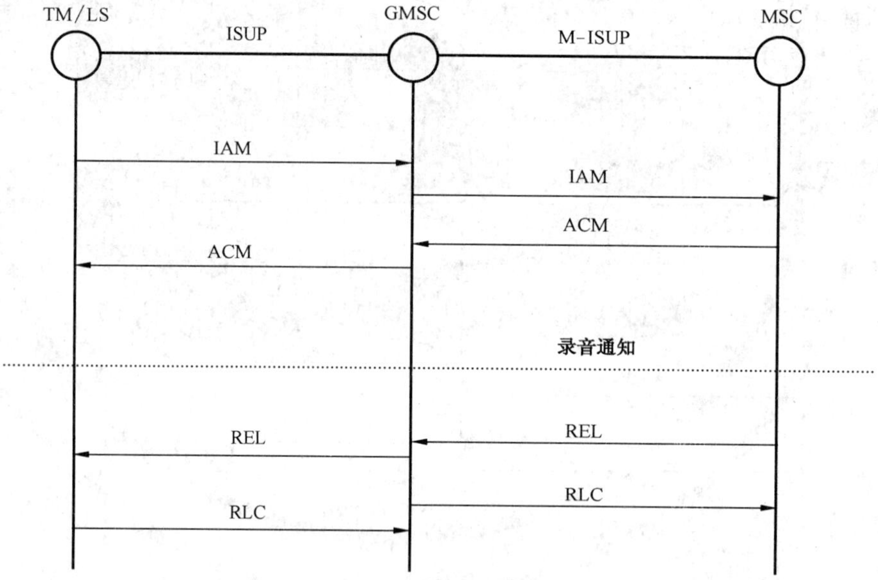

图 94 录音通知的发送(终端局发送录音通知)

移动关口局发送录音通知的信令流程如图 95 所示。

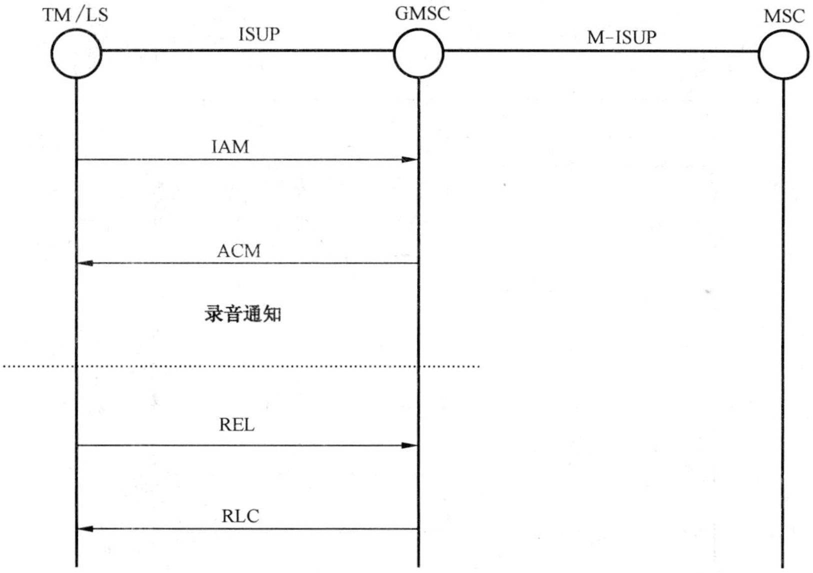

图 95　录音通知的发送(移动关口局发送录音通知)

发端局发送录音通知的信令流程如图 96 所示。

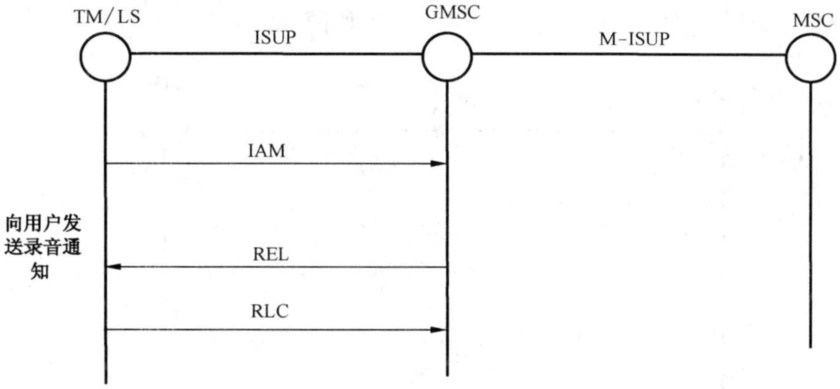

图 96　录音通知的发送(发端局发送录音通知)

8.2.2.2　长途接续的信令方式

1)　成功的长途接续

PSTN ISUP 至 M-ISUP 成功的长途接续信令流程如图 97 所示。

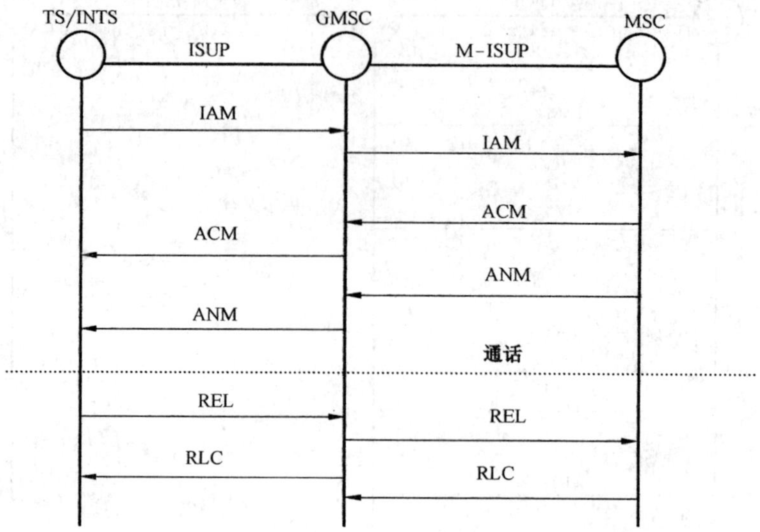

图 97　成功的长途接续

2）　不成功的长途接续

PSTN ISUP 至 M-ISUP 不成功的长途接续信令流程如图 98 所示。

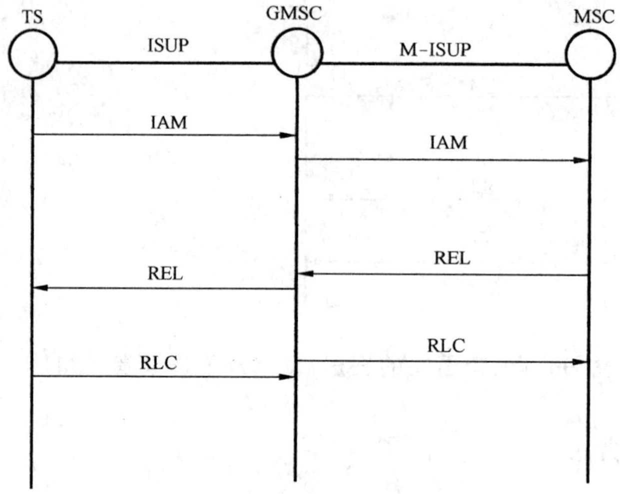

图 98　不成功的长途接续

3）　录音通知的发送

终端局发送录音通知信令流程如图 99 所示。

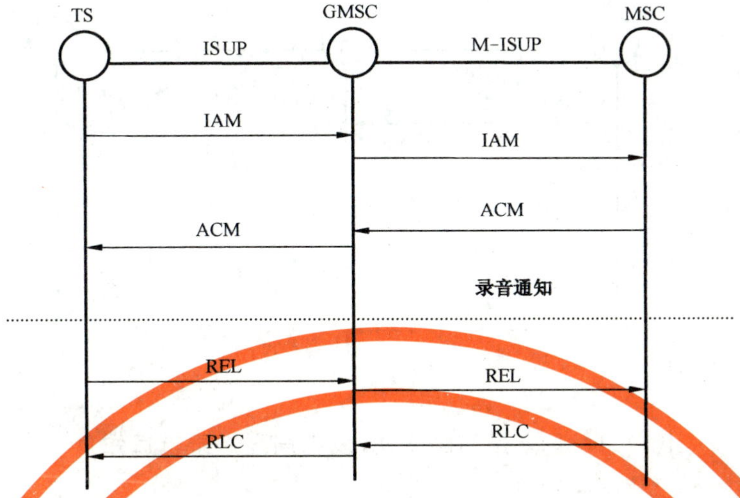

图 99　录音通知的发送(终端局发送录音通知)

移动关口局发送录音通知信令流程如图 100 所示。

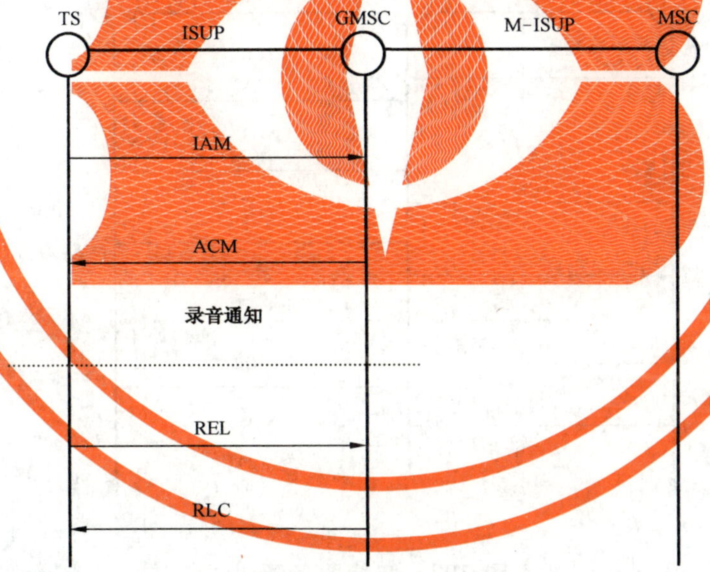

图 100　录音通知的发送(移动关口局发送录音通知)

发端局发送录音通知信令流程如图 101 所示。

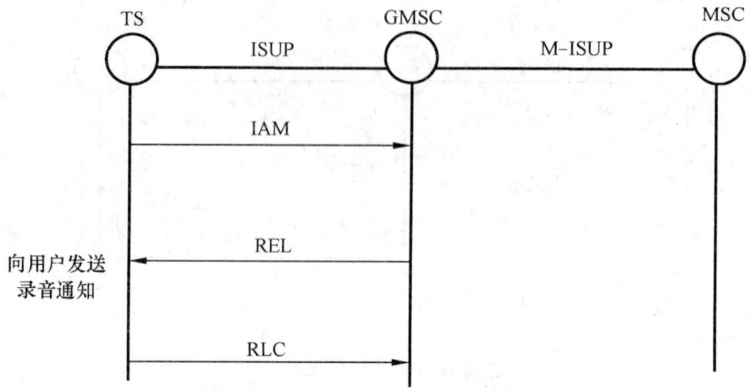

图 101 录音通知的发送(发端局发送录音通知)

8.2.2.3 智能业务呼叫

智能业务呼叫的信令流程如图 102 所示。

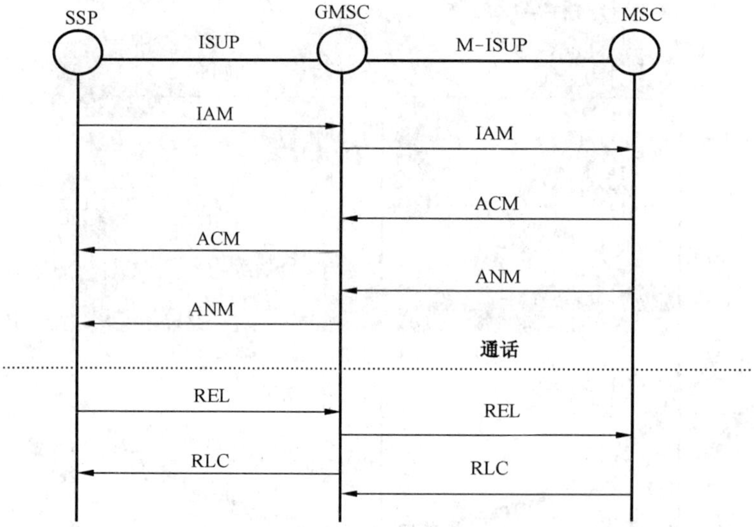

图 102 智能业务呼叫

8.3 M-ISUP 同 PSTN TUP 的信令配合流程

8.3.1 M-ISUP 至 PSTN TUP 的信令配合

8.3.1.1 本地接续的信令流程

1) 成功的本地接续

M-ISUP 至 PSTN TUP 成功的本地接续信令流程如图 103 所示。

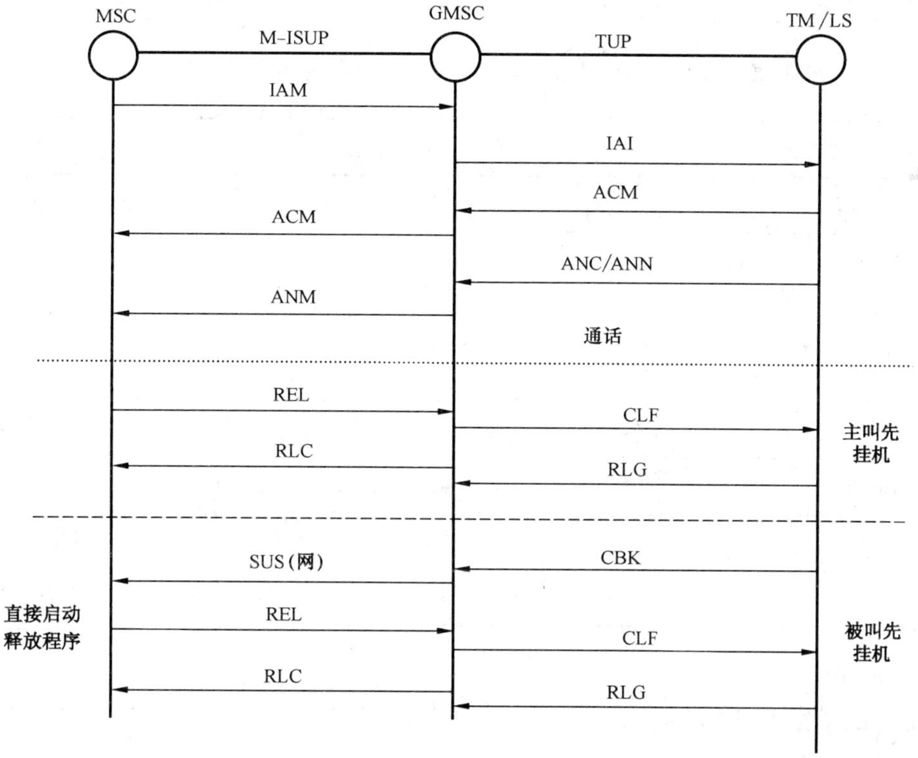

图 103　成功的本地接续

ISUP IAM 消息与 TUP IAI 消息中主叫用户类别的转换见表 31。

表 31　移动 MISUP 呼叫本地固定 TUP 时主叫用户类别的转换表

M-ISUP IAM		PSTN　TUP IAI 或 IAM	
0000 1010	普通用户	00 1010	普通用户
0000 1011	优先用户	00 1011	优先用户
0000 1100	数据用户	00 1100	数据用户

2）　不成功的本地接续

M-ISUP 至 PSTN TUP 不成功的本地接续信令流程如图 104 所示。

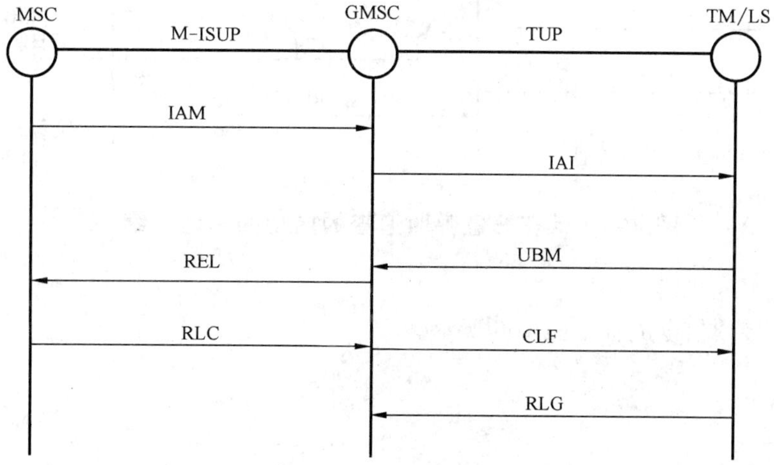

图 104　不成功的本地接续

TUP UBM 消息同 ISUP REL 原因值的对应值见表 32。

表 32 TUP UBM 消息同 REL 原因值的对应表

UBM 消息	REL 中的原因值	含义
STB/SLB	17	用户忙
LOS	27	目的地不可及
ADI	28	号码不全
CFL	31	正常—未指定
CGC	34	无电路/通路可用
SEC	42	交换设备(TM/LS)拥塞
DPN	65	承载能力未实现
ACB	88	不兼容的目的地

3) 恶意呼叫程序

当被叫为非 ISDN 接入时,主叫挂机 30 s 内拨“3”以上的数字或按 R 键,应能打印出主叫用户号码,被叫用户号码、日前和时间。

带有恶意呼叫追查的成功的本地接续信令流程如图 105 所示。

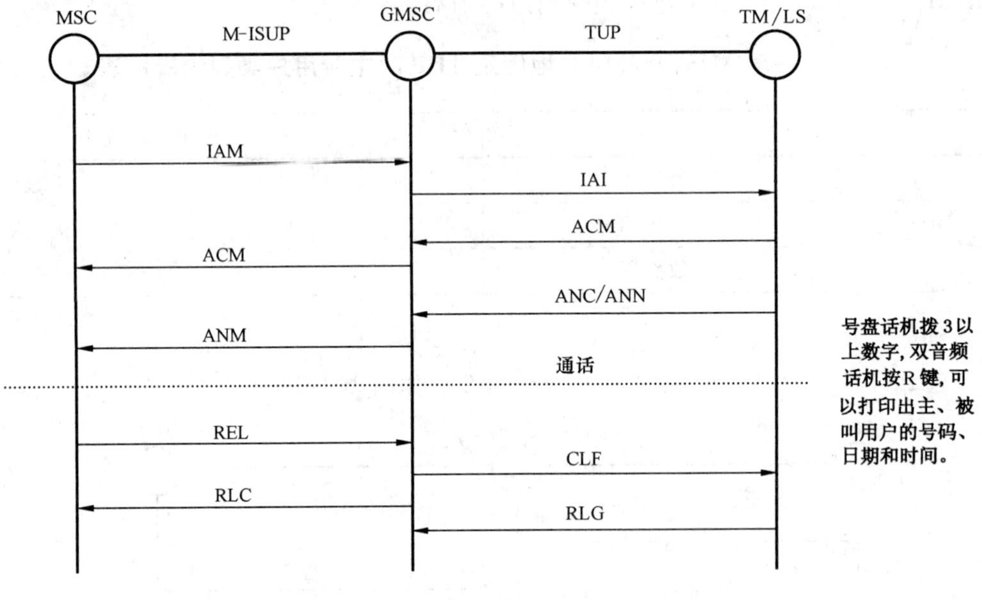

图 105 带有恶意呼叫追查的成功的本地接续

4) 至特服台的本地接续

至服务台的本地接续信令流程如图 106 所示。

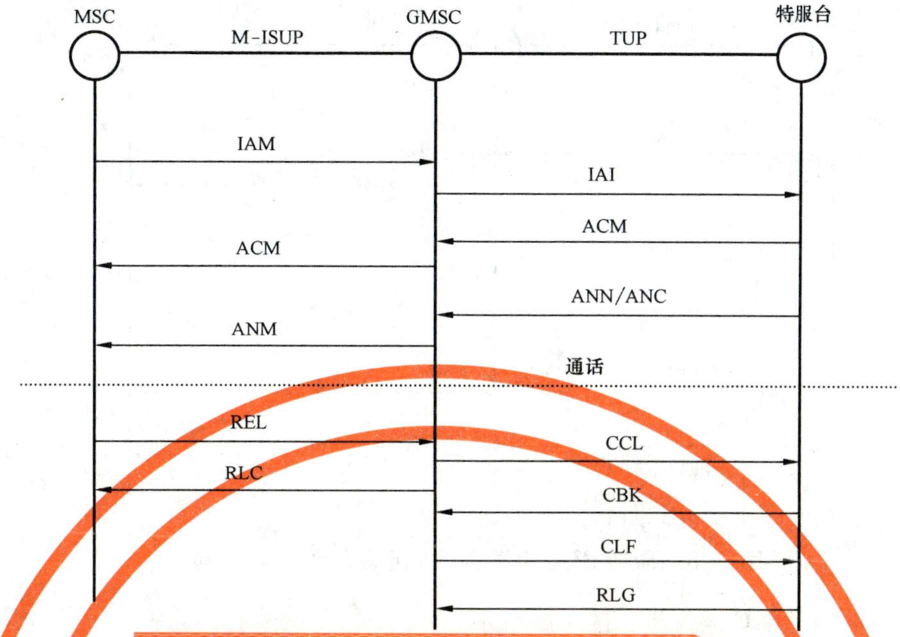

图 106 至特服台的成功本地接续

5) 用户久叫不应

用户久叫不应得信令流程如图 107 所示。

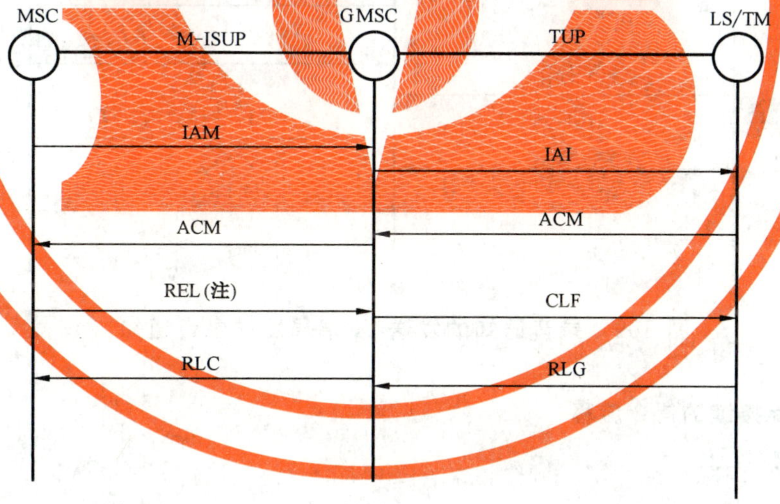

注：REL 也可能由 GMSC 发送。

图 107 用户久叫不应

6) 录音通知的发送

终端局发送录音通知的流程如图 108 所示。

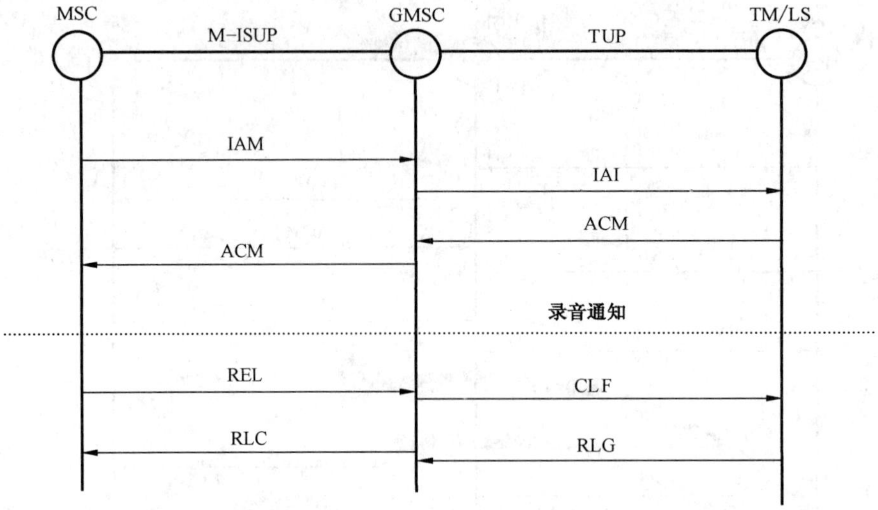

图 108　录音通知的发送(终端局发送录音通知)

发端局发送录音通知的信令流程如图 109 所示。

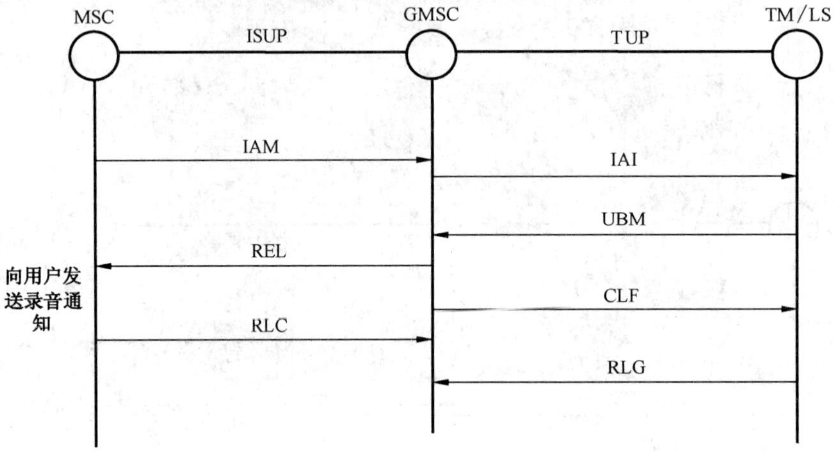

图 109　录音通知的发送(发端局发送录音通知)

8.3.1.2　长途/国际接续的信令流程

1)　成功的长途/国际接续

M-ISUP 至 PSTN TUP 成功的长途/国际接续信令流程如图 110 所示。

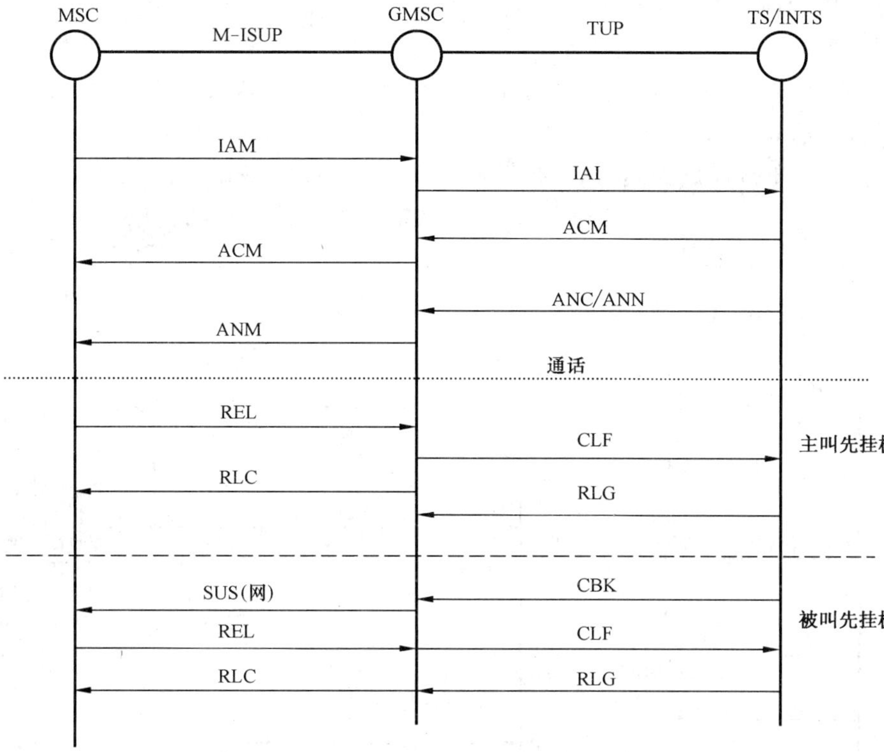

图 110 成功的长途/国际接续

ISUP IAM 消息与 TUP IAI 消息中主叫用户类别的转换见表 33。

表 33 移动 MISUP 呼叫长途固定 TUP 时主叫用户类别的转换表

M-ISUP IAM		PSTN TUP IAI 或 IAM	
0000 1010	普通用户	01 0001	普通、定期
0000 1011	优先用户	01 0101	优先、定期

2) 不成功的长途/国际接续

M-ISUP 至 PSTN TUP 不成功的长途/国际接续信令流程如图 111 所示。

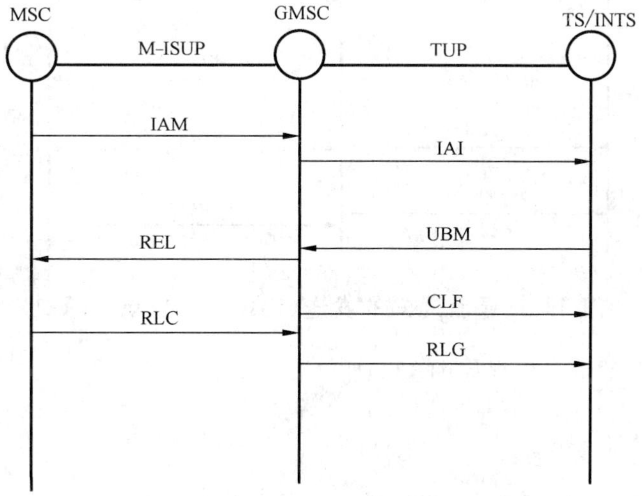

图 111 不成功的长途/国际接续

UBM 与 REL 原因值的对应可见表 32。

3） 恶意呼叫程序

当被叫为非 ISDN 接入时，主叫挂机 30 s 内拨“3”以上的数字或按 R 键，应能打印出主叫用户号码，被叫用户号码、日前和时间。

带有恶意呼叫追查的成功的长途/国际接续信令流程如图 112 所示。

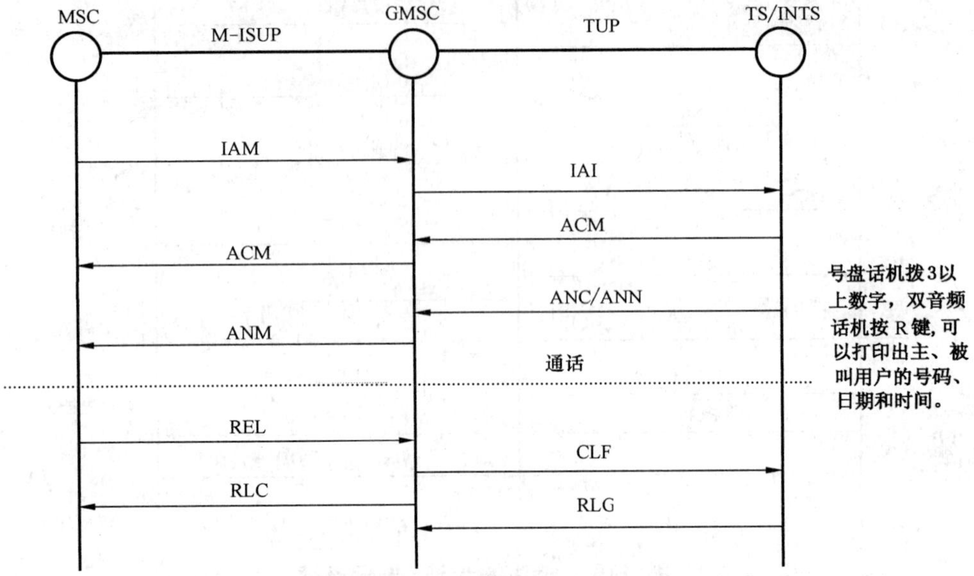

图 112　带有恶意呼叫追查的成功的长途/国际接续

4） 录音通知的发送

终端局发送录音通知的信令流程如图 113 所示。

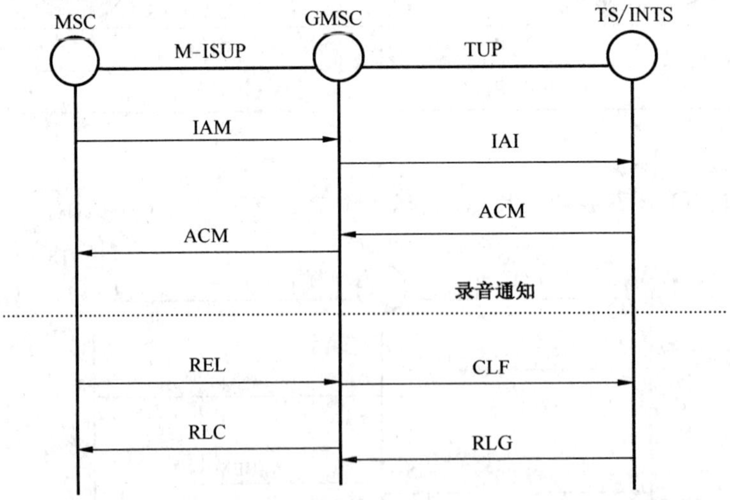

图 113　录音通知的发送（终端局发送录音通知）

发端局发送录音通知的信令流程如图 114 所示。

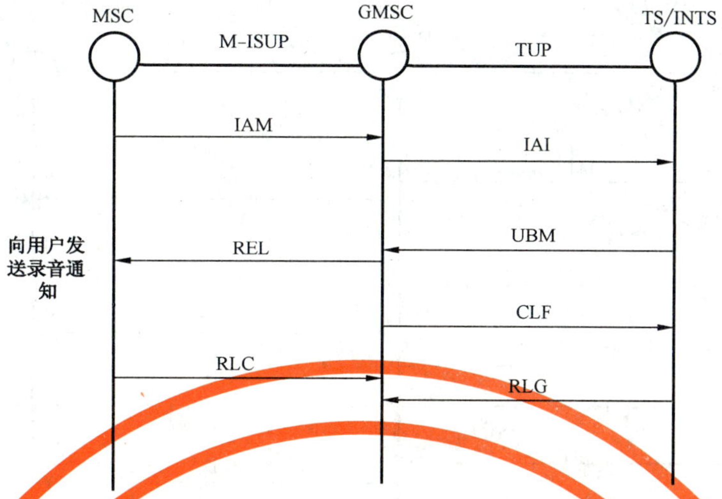

图 114　录音通知的发送(发端局发送录音通知)

8.3.1.3　智能业务呼叫

智能业务呼叫流程如图 115 所示。

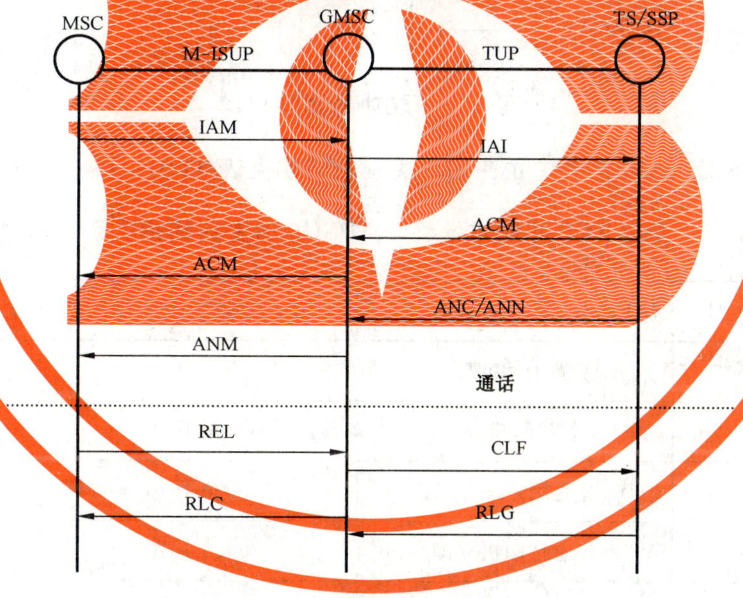

图 115　智能业务呼叫

8.3.2　PSTN TUP 至 M-ISUP 的信令方式

8.3.2.1　本地接续的信令方式

1)　成功的本地接续

PSTN TUP 至 M-ISUP 成功的本地接续信令流程如图 116 所示。

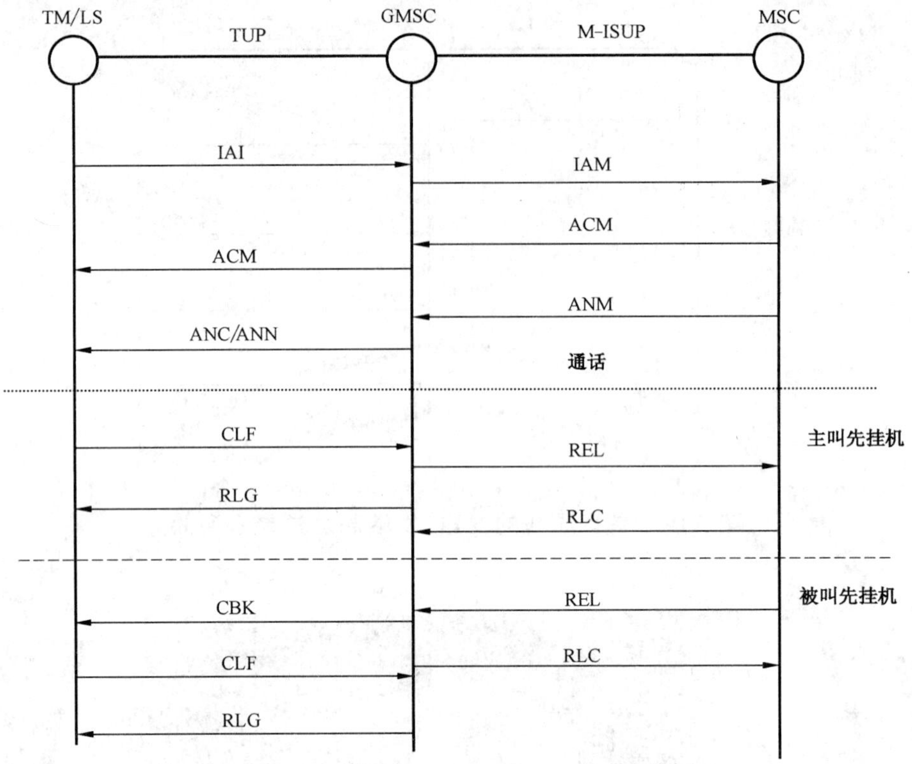

图 116　成功的本地接续

TUP IAI 和 MISUP IAM 消息中主叫用户类别的转换见表 34。

表 34　固定 TUP 呼叫本地移动 MISUP 时主叫用户类别的转换表

PSTN　TUP IAI 或 IAM		M-ISUP IAM	
01 0000	普通、免费	0000 1010	普通用户
01 0001	普通、定期	0000 1010	普通用户
01 0010	普通用户表立即	0000 1010	普通用户
01 0010	普通打印机立即	0000 1010	普通用户
01 0100	优先、免费	0000 1011	优先用户
01 0101	优先、定期	0000 1011	优先用户
01 1000	普通用户	0000 1010	普通用户

2)　不成功的本地接续

PSTN TUP 至 M-ISUP 不成功的本地接续信令流程如图 117 所示。

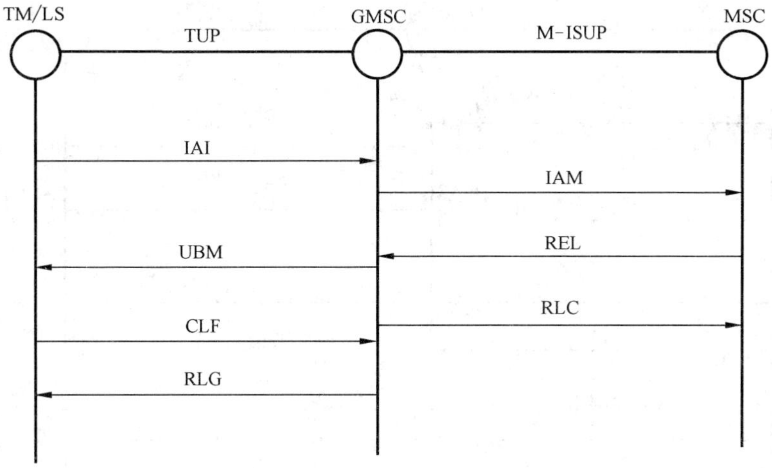

图 117 不成功的本地接续

M-ISUP REL 的原因值与 TUP UBM 的对应见表 35。

表 35 REL 原因值同 TUP UBM 消息的对应表

REL 中的原因值	含义	UBM 消息
17	用户忙	STB
27	目的地不可及	LOS
28	号码不全	ADI
31	正常—未指定	CFL
34	无电路/通路可用	CGC
42	交换设备(TM/LS)拥塞	SEC
65	承载能力未实现	DPN
88	不兼容的目的地	ACB

3) 用户久叫不应

用户久叫不应的信令流程如图 118 所示。

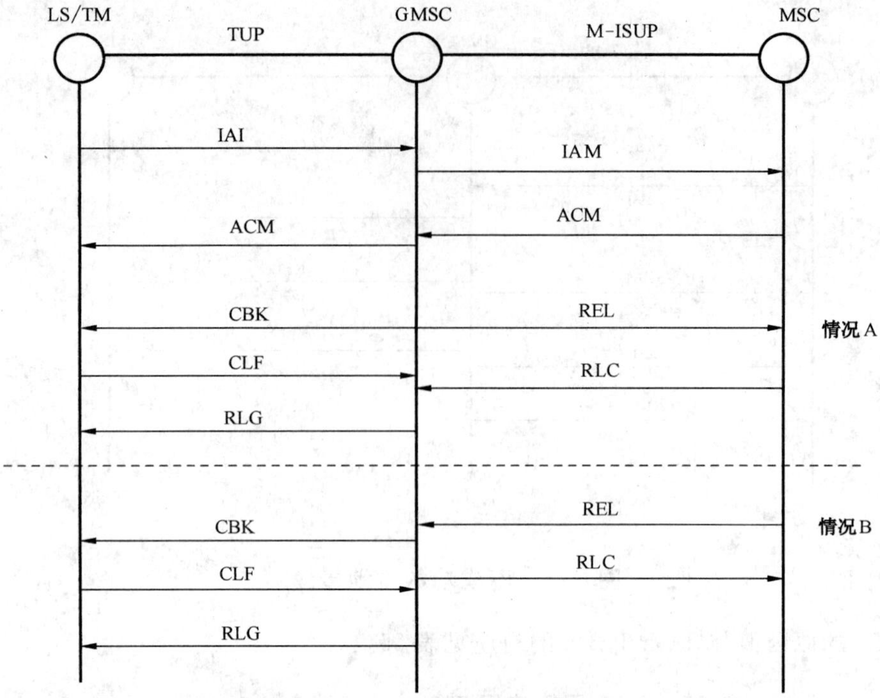

注：由于 GMSC 和端局 MSC 用于监视久叫不应的定时器的设置值不同，因此连接释放可能出现两种情况。

图 118 用户久叫不应

4） 录音通知的发送

终端局发送录音通知的信令流程如图 119 所示。

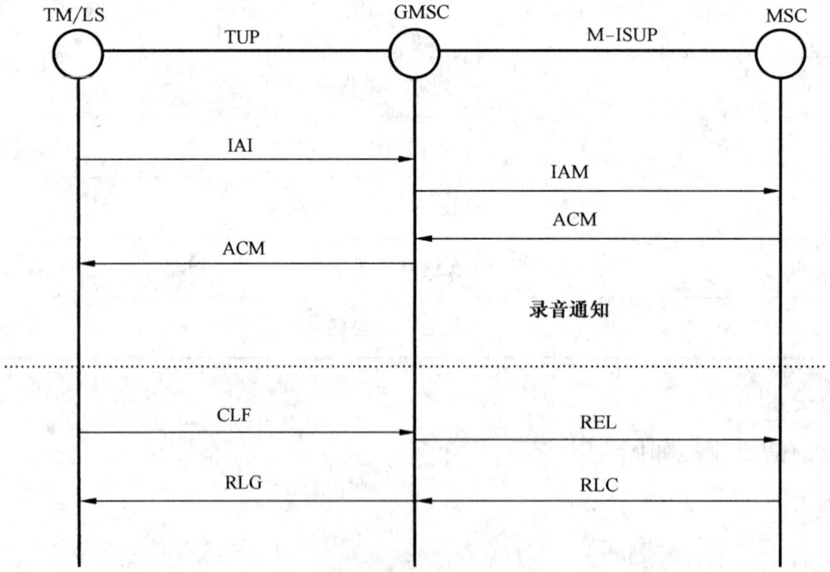

图 119 录音通知的发送（终端局发送录音通知）

发端局发送录音通知的流程如图 120 所示。

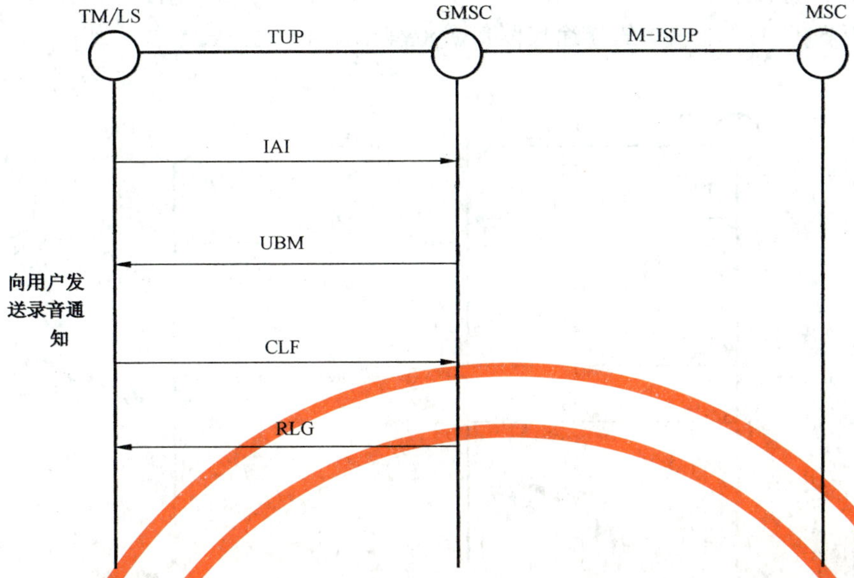

图 120　录音通知的发送(发端局发送录音通知)

8.3.2.2　长途接续的信令方式

1)　成功的长途接续

PSTN TUP 至 M-ISUP 成功的长途接续信令流程如图 121 所示。

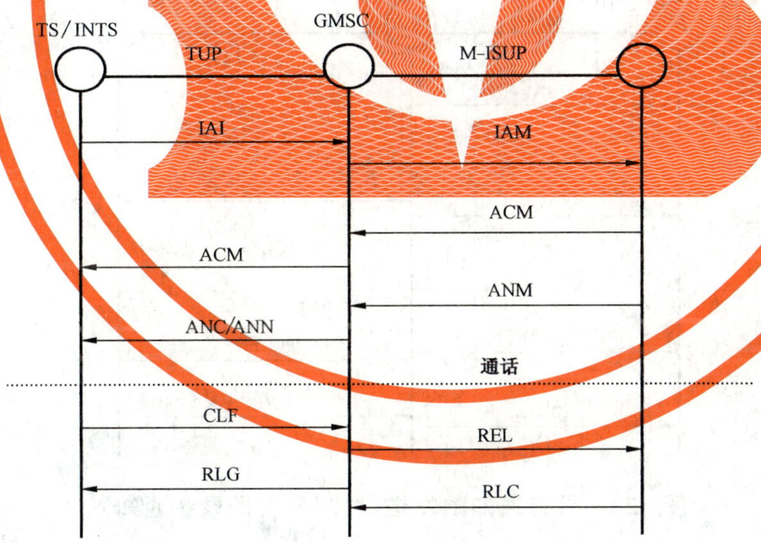

图 121　成功的长途接续

TUP IAI 和 MISUP IAM 消息中主叫用户类别的转换见表 36。

表 36　固定长途 TUP 呼叫移动 MISUP 时主叫用户类别的转换表

PSTN　TUP IAI 或 IAM		M-ISUP IAM	
00 1010	普通、免费	0000 1010	普通用户
00 1011	优先、定期	0000 1011	优先用户

2） 不成功的长途接续

PSTN TUP 至 M-ISUP 不成功的长途接续信令流程如图 122 所示。

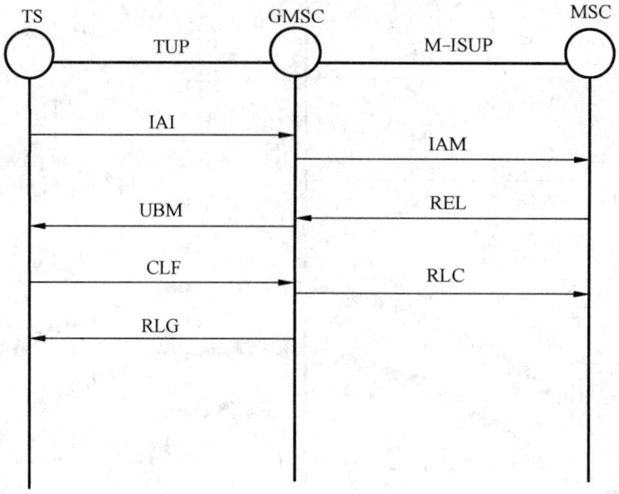

图 122　不成功的长途接续

M-ISUP REL 的原因值与 TUP UBM 的对应见表 35。

3） 录音通知的发送

终端局发送录音通知的信令流程如图 123 所示。

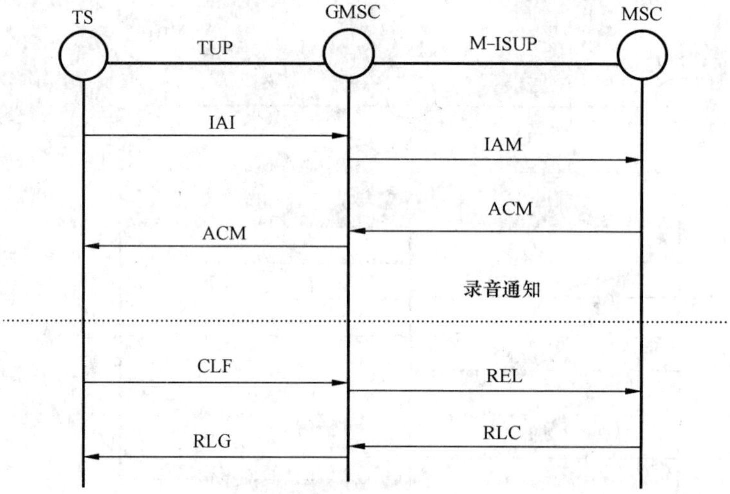

图 123　录音通知的发送(终端局发送录音通知)

发端局发送录音通知的信令流程如图 124 所示。

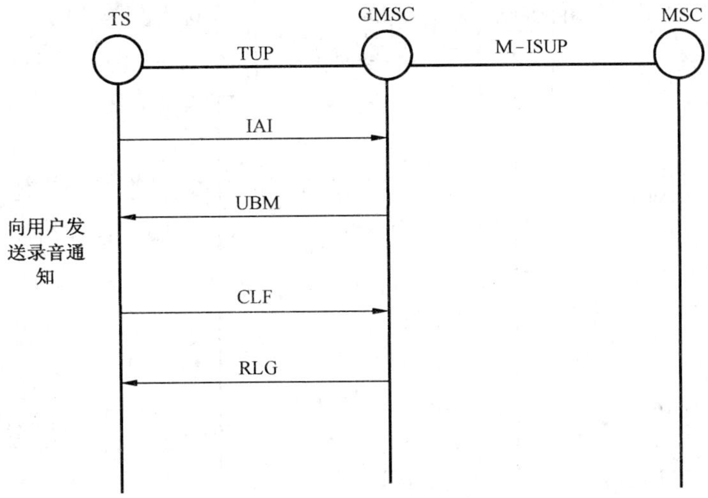

图 124　录音通知的发送(发端局发送录音通知)

8.3.2.3　智能业务呼叫

智能业务呼叫的信令流程如图 125 所示。

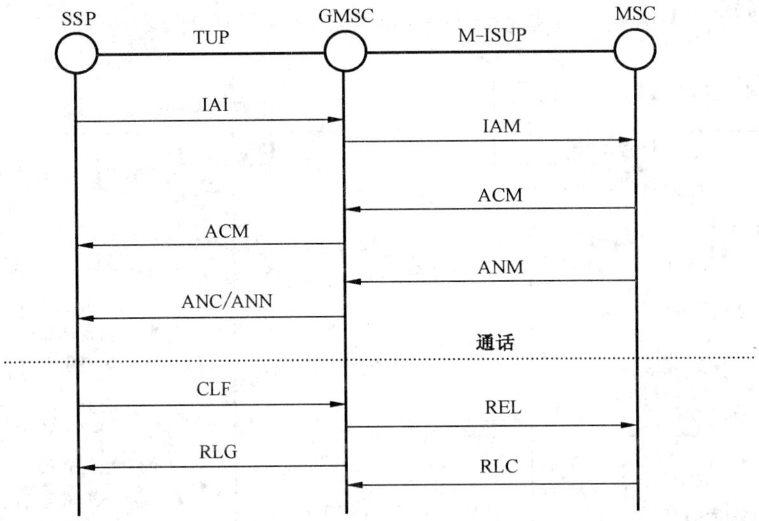

图 125　智能业务呼叫

8.4　与 PSTN 网配合时的回声控制程序流程

由于 GSM 手机中提供了消音设备,因此对于 GSM 移动网内的呼叫,不需要使用回声控制程序。在 GSM 和 PSTN 互通时,由于两个网络互通的造成的时延是未知的,因此需要使用呼叫历史信息,来启动增强的回声控制程序。

PSTN 网能够提供来话回声控制设备时的回声控制流程如图 126 所示。

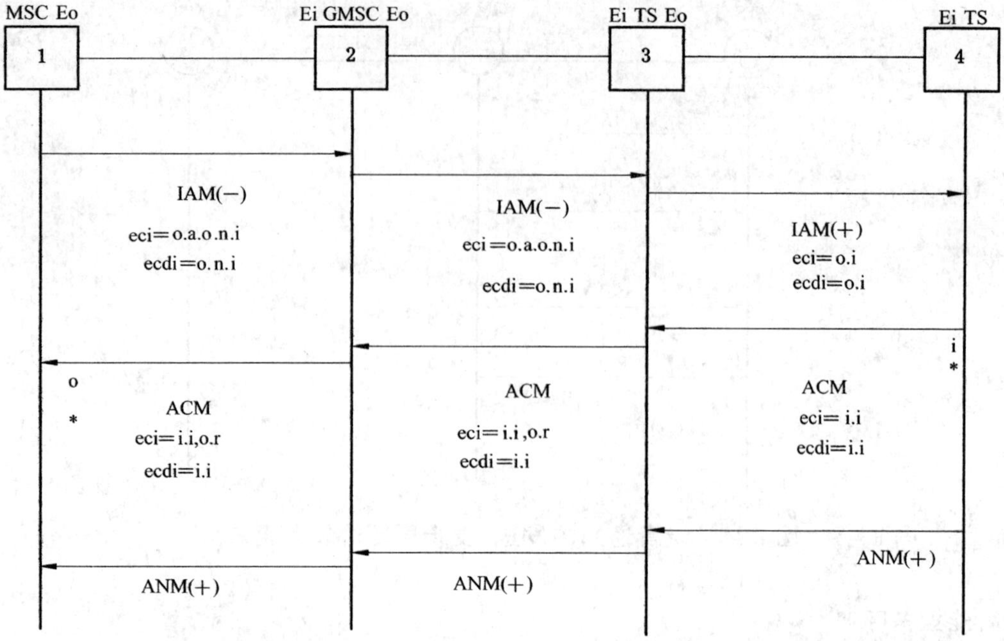

图 126 PSTN 网能够提供来话回声控制设备时的流程(所有设备都能提供回声控制设备)

PSTN 网不能够提供来话回声控制设备时的回声控制流程如图 127 所示。

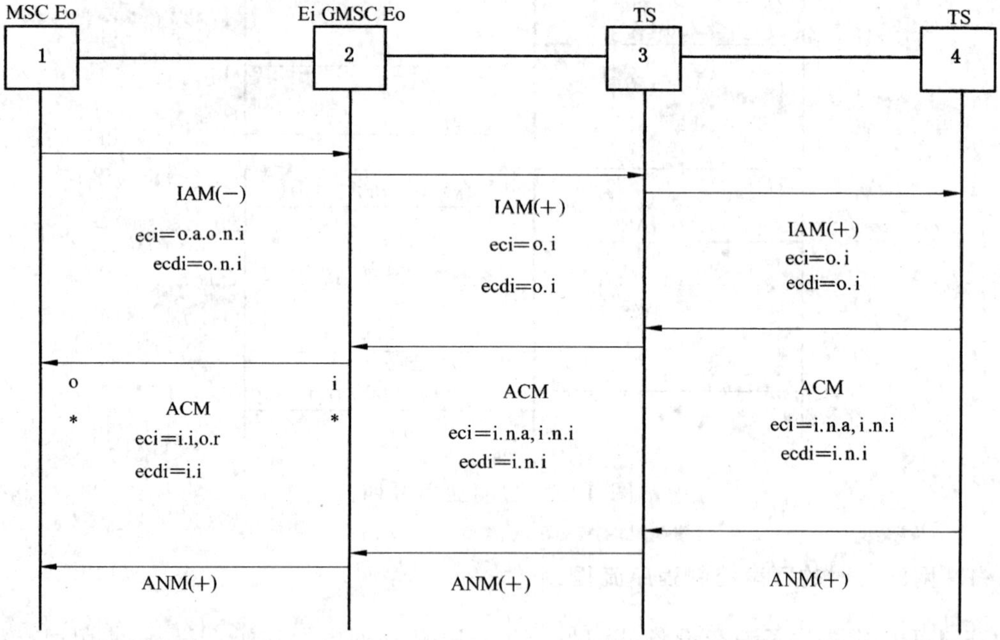

图 127 PSTN 网不能够提供来话回声控制设备时，由 GMSC 提供回声控制设备时的流程

附 录 A
（规范性附录）
ISUP 协议中的定时器取值

T_1 =15 s	T_2 =3 min	T_3 =2 min
T_4 =5 min	T_5 =1 min	T_6 在 Q.118 中规定
T_7 = 20 s～30 s	T_8 =10 s～15 s	T_9 在 Q.118 中规定
T_{10} = 4 s～6 s	T_{11} =15 s～20 s	T_{12} =15 s
T_{13} =1 min	T_{14} =15 s	T_{15} =1 min
T_{16} =15 s	T_{17} =1 min	T_{18} =15 s
T_{19} =1 min	T_{20} =15 s	T_{21} =1 min
T_{22} =15 s	T_{23} =1 min	$T_{24} <$ 2 s
T_{25} =1 s～10 s	T_{26} =1 min～3 min	T_{27} =4 min
T_{28} =10 s	T_{29} =300 ms～600 ms	T_{30} =5 s～10 s
$T_{31} >$ 6 min	T_{32} =3 s～5 s	T_{33} =12 s～15 s
T_{34} =2 s～4 s	T_{35} =15 s～20 s	T_{36} =10 s～15 s
T_{37} =2 s～4 s	T_{38} 在 Q.118 中规定	T_{39} 在 Q.730 中规定

附　录　B
（规范性附录）
为了支持智能业务，在 GSM ISUP 中增加的参数

B.1　ISUP 中需要增加的参数

为了在 GSM 网中支持 IN 业务，因此需要增加如下参数：

B.1.1　呼叫改向处理表示语参数

B.1.1.1　呼叫被改向表示语

该参数在前向消息中传送指出是否允许呼叫被改向。

B.1.1.2　编码

呼叫改向处理表示语参数字段的格式如图 B.1 所示。

	8	7	6	5	4	3	2	1
1	ext.	G	F	E	D	C	B	A

图 B.1　呼叫改向处理表示语参数字段

呼叫改向处理表示语参数字段的编码如下：

a）扩展指示语（ext.）
　　0　有下一个字节
　　1　最后一个字节

b）呼叫改向处理表示语
　　bit　BA：呼叫被改向表示语
　　00　无指示
　　01　允许呼叫改向
　　10　不允许呼叫改向
　　11　备用
　　bit　C-G：备用

呼叫改向处理表示语参数的编码为 0110 1110。

B.1.2　被叫 IN 号码参数

B.1.2.1　被叫 IN 号码

该参数在 IAM 消息中传送，用来指示 SSP 收到的号码作为 IAM 和 SAM 消息中的被叫用户号码。

B.1.2.2　编码

被叫 IN 号码参数的格式和编码同原被叫用户号码参数（见 5.3.31）。

被叫 IN 号码参数的编码为 0110 1111。

B.1.3 呼叫提供处理表示语参数

B.1.3.1 呼叫提供处理表示语

该参数在前向消息中发送,用来指出呼叫是否能提供给被标记为呼叫提供限制的接入。

B.1.3.2 编码

呼叫提供处理表示语参数字段的格式如图 B.2 所示。

	8	7	6	5	4	3	2	1
1	ext.	G	F	E	D	C	B	A

图 B.2 呼叫提供处理表示语参数字段

呼叫提供处理表示语参数字段的编码如下:

a) 扩展指示语(ext.)
  0 有下一个字节
  1 最后一个字节

b) 呼叫提供处理表示语
  bit BA:呼叫提供表示语
    00 无指示
    01 不允许呼叫提供
    10 允许呼叫提供
    11 备用
  bit C-G:备用

呼叫提供处理表示语参数的编码为 0111 0000。

B.1.4 计费用户 ID 参数

B.1.4.1 计费用户 ID

此信息在 IRS 消息中传送,用于标识计费用户,例如账号。

B.1.4.2 编码

此参数的格式与 INAP 中提供计费信息参数操作中的参数格式相同。该参数的长度为 IN 参数的相应长度加 2。

计费用户 ID 参数的编码为 0111 0001。

B.1.5 会议处理表示语参数

B.1.5.1 会议处理表示语

该参数可以在前向或后向的消息中发送,用于指出是否有多方呼叫请求,即是否接受会议或多用户的呼叫。

B.1.5.2 编码

会议处理表示语参数的格式如图 B.3 所示。

	8	7	6	5	4	3	2	1
1	ext.	G	F	E	D	C	B	A

图 B.3　会议处理表示语参数字段

会议处理表示语参数字段的编码如下：

a)　扩展指示语(ext.)

　0　有下一个字节

　1　最后一个字节

b)　会议处理表示语

　bit　BA:会议接受表示语（注）

　　00　无指示

　　01　接受会议请求

　　10　拒绝会议请求

　　11　备用

注:应用于三方通话补充业务。

　bits C-G:备用

会议处理表示语参数的编码为 0111 0010。

B.1.6　相关 ID 参数

B.1.6.1　相关 ID

此信息在 IAM 消息中发送,用于 SCF 与前一个呼叫相关联。

B.1.6.2　编码

相关 ID 参数字段的格式如图 B.4 所示。

	8	7	6	5	4	3	2	1
1								
:								
:				相关id				
:								
n								

图 B.4　相关 id 参数字段

相关 ID 的编码同 INAP,此参数的长度为 INAP 相应参数的长度加 2。

相关 ID 参数的编码为 0110 0101。

B.1.7 显示信息参数

B.1.7.1 显示信息

该字段可以在前向或后向消息中发送，用于指示向用户发送一个文本串。

B.1.7.2 编码

显示信息参数字段的格式如图 B.5 所示。

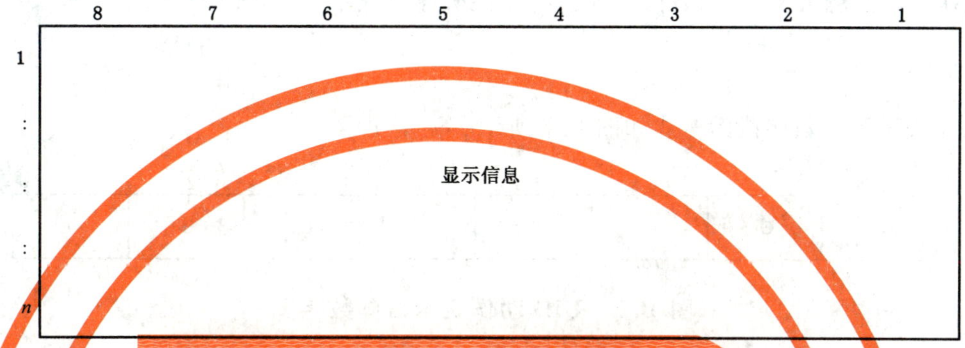

图 B.5 显示信息参数字段

显示信息的编码见 YD/T 913 DSS1 协议中的显示信息参数，此参数的长度为 DSS1 协议中相应参数的长度加 2。

显示信息的编码为 0111 0011。

B.1.8 SCF ID 参数

B.1.8.1 SCF ID

该参数在 IAM 消息中传送，用来指示 SCFID。

B.1.8.2 编码

SCF ID 参数字段的格式如图 B.6 所示。

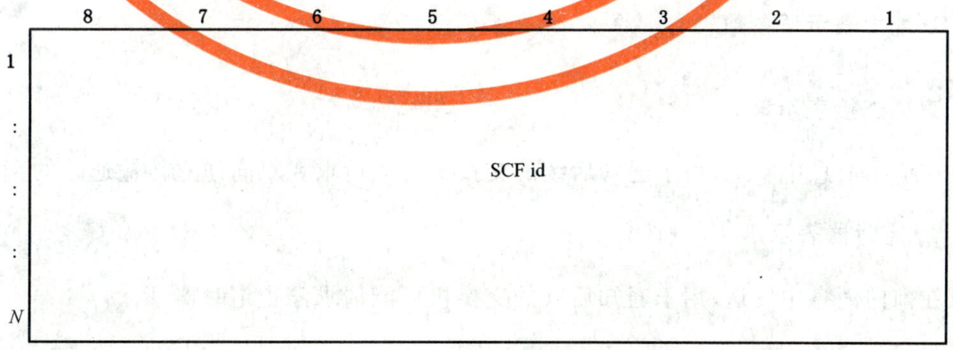

图 B.6 SCF ID 参数字段

SCF ID 的编码与 INAP 中定义的 SCFID 参数相同 。此参数的最小和最大长度为 INAP 相应长度加 2。

SCF ID 参数的编码为 0110 0110。

B.1.9 UID 动作表示语参数

B.1.9.1 通路连接指示表示语

此信息在后向消息中发送，用于指示前面的交换机在双向建立通路连接。

B.1.9.2 T_9 定时器指示表示语

此信息在后向消息中发送，用于指示前面的交换机停止或不开始定时器 T_9。

B.1.9.3 编码

UID 动作表示语参数字段的格式如图 B.7 所示。

	8	7	6	5	4	3	2	1
1	ext.	G	F	E	D	C	B	A

图 B.7 UID 动作表示语参数字段

UID 动作表示语参数字段使用的编码如下：

a) 扩展指示语(ext.)

0 有下一个字节

1 最后一个字节

b) UID 动作表示语

bit A：直通连接指示表示语

0 无指示

1 双向的直通连接

bit B：T_9 定时器指示表示语

0 无指示

1 停止或不开始 T_9

bits C-G：备用

UID 动作表示语参数的编码为 0111 0100。

B.1.10 UID 能力表示语参数

B.1.10.1 直通连接表示语

此信息在前向消息中发送，用于通知后续的交换机可能请求在双向建立传输通路的直通连接。

B.1.10.2 T_9 定时器表示语

此信息在前向消息中发送，用于通知后续的交换机可能请求停止定时器 T_9。

B.1.10.3 编码

UID 能力表示语参数字段的格式如图 B.8 所示。

	8	7	6	5	4	3	2	1
1	ext.	G	F	E	D	C	B	A

图 B.8 UID 能力表示语参数字段

UID 能力表示语参数字段使用如下的编码：

a） 扩展指示语(ext.)

0 有下一个字节

1 最后一个字节

b） UID 能力表示语

bit A：直通连接表示语

0 无指示

1 直通连接可能修改

bit B：T_9 定时器表示语

0 无指示

1 可能停止定时器

bit C-G：备用

UID 能力表示语参数的编码为 0111 0101。

参 考 文 献

[1] ITU-T Q.731.3 《主叫线识别提供(CLIP)》
[2] ITU-T Q.731.4 《主叫线识别限制(CLIR)》
[3] ITU-T Q.731.5 《被连接线识别提供(COLP)》
[4] ITU-T Q.731.6 《被连接线识别限制(COLR)》
[5] ITU-T Q.732.2 《呼叫前转类业务》
[6] ITU-T Q.733.1 《呼叫等待(CW)》
[7] ITU-T Q.733.2 《呼叫保持(Call Hold)》
[8] ITU-T Q.733.3 《遇忙呼叫完成(CCBS)》
[9] ITU-T Q.734.2 《三方呼叫(Three Party)》
[10] ITU-T Q.735.1 《闭合用户群(CUG)》
[11] ITU-T Q.735.3 《多级优先接入和占用(MLPP)》
[12] ITU-T Q.762(1997) 《No.7 信令系统——ISDN 用户部分消息和信号的通用功能》
[13] YDN 016—1997 《900MHz TDMA 数字蜂窝移动通信网移动交换中心与 PSTN 的接口要求》
[14] YDN 043—1997 《数字蜂窝移动通信网 No.7 ISUP 信令技术规范》
[15] YD/T 1038—2000 《900/1800MHz TDMA 数字蜂窝移动通信网移动应用部分(Phase 2+)技术规范》

ICS 33.040.40
M 32

中华人民共和国国家标准

GB/T 28501—2012

IP电话路由协议(TRIP)技术要求

Technical requirements of telephony routing over IP(TRIP)

(IETF RFC 3219:2002,Telephony Routing over IP(TRIP),MOD)

2012-06-29 发布 2012-10-01 实施

中华人民共和国国家质量监督检验检疫总局
中国国家标准化管理委员会 发布

前言

本标准按照 GB/T 1.1—2009 给出的规则起草。

本标准使用重新起草法修改采用 IETF RFC 3219《IP 电话路由协议(TRIP)》,其主要差异如下:

——按照汉语习惯对一些编排格式进行了修改;

——将一些适用于国际标准的表述改为适用于我国标准的表述;

——根据 GB/T 1 系列的要求,增加了第 1 章、第 2 章和第 3 章,其中 3.1 在技术上与 IETF RFC 3219 保持一致;

——本标准的第 4 章在技术内容上与 IETF RFC 3219 的第 2 章保持一致,只是考虑到我国使用习惯重新进行了描述;

——本标准的第 5 章、第 6 章、第 7 章、第 8 章、第 9 章、第 10 章、第 11 章、第 12 章、第 13 章、第 14 章分别与 IETF RFC 3219 的第 3 章、第 4 章、第 5 章、第 6 章、第 7 章、第 9 章、第 10 章、第 11 章、第 12 章、第 14 章保持一致;

——本标准的附录 A、附录 B 分别对应 IETF RFC 3219 的 Appendix 1 和 Appendix 2;

——本标准的第 10 章和附录 A 都是对"TRIP 有限状态机"作出规定,为了标准的通畅性,将 IETF RFC 3219 的 Appendix 1 中的表移至本标准的第 10 章,同时为了便于理解在第 10 章中增加了图 15。

本标准由中华人民共和国工业和信息化部提出。

本标准由中国通信标准化协会归口。

本标准起草单位:工业和信息化部电信研究院、上海贝尔股份有限公司。

本标准主要起草人:马军锋、蒋晓琳、顾方方。

IP 电话路由协议(TRIP)技术要求

1 范围

本标准规定了IP电话路由协议(TRIP)的技术要求,包括协议基本操作、协议消息格式、协议字段属性、协议报文处理和协议有限状态机等方面。

本标准适用于支持TRIP路由协议的位置服务的相关产品。

2 规范性引用文件

下列文件对于本文件的应用是必不可少的。凡是注日期的引用文件,仅注日期的版本适用于本文件。凡是不注日期的引用文件,其最新版本(包括所有的修改单)使用于本文件。

IETF RFC 1129 因特网时间同步:网络时间协议(Internet time synchronization: The Network Time Protocol)

IETF RFC 2373 IPv6寻址体系结构(IP Version 6 Addressing Architecture)

3 术语和定义、缩略语

3.1 术语和定义

下列术语和定义适用于本文件。

3.1.1

位置服务器 location server

一个具有IP连接的设备,它知道哪些网关可以用于终结对PSTN的呼叫。它是参与TRIP功能的主要功能实体,负责完成终端用户与电话网络之间的呼叫,并且向其他位置服务器传播网关信息。

3.1.2

电话路由信息库 telephony routing information base

由LS建立并维护的用于保存TRIP协议交互的路由信息数据库。

3.1.3

IP 电话管理域 IP telephony administrative domain

在单一管理授权控制域下的资源集合,如网关、位置服务器等。终端用户是ITAD的客户。

3.1.4

聚合 aggregation

聚合就是将多条路由合并成一条包含相同目的地址集的路由,来减少电话路由信息库的大小和发送TRIP路由信息的数量。

3.1.5

粗略路由和精确路由

对于两条路由X和Y,如果通过路由Y可达的每个目的地也可以通过路由X到达,并且X和Y不相同,那么就表明路由Y比路由X更精确。

3.1.6

对等体 peers

两个LS共享同一个逻辑关联(传输层连接),如果位于相同的ITAD域,那么就是内部对等体,否则是外部对等体。两个LS之间的逻辑关联被称之为一个对等会话。

3.1.7

IP电话路由协议 telephony routing over IP(TRIP)

TRIP协议是不同管理域之间进行IP电话网关路由信息交换的一个专用协议,它是独立于任何信令协议的一种协议,其主要的功能如下:建立和维护路由信息提供者之间的对等关系;交换和同步提供者之间的电话网关路由信息;防止路由环路;以及时的和可扩展的方式广播已知的网关路由信息;定义和描述电路网关路由数据的语法、语义和路由信息传送的规则。

3.1.8

TRIP目的地 TRIP destination

TRIP协议可以用于管理多协议路由表(如SIP,H.323)。在TRIP协议中目的地址是地址集(给定的地址集和地址前缀)和应用协议(如SIP,H.323)的集合。

3.2 缩略语

下列缩略语适用于本文件。

BGP	Border Gateway Protocol	边界网关协议
BGP4	Border Gateway Protocol v4	边界网关协议版本4
IANA	Internet Assigned Numbers Authority	互联网号码分配中心
IP	Internet protocol	互联网协议
ITAD	IP Telephony Administrative Domain	IP电话管理域
LS	Location server	位置服务器
PSTN	Public Switched Telephone Network	公众电话交换网
RAS	Registration Admission Status	注册、许可、状态
SIP	Session Initiation Protocol	会话初始化协议
TCP	Transmission Control Protocol	传输控制协议
TLV	Type Length Value	类型、长度、域值
TRIB	Telephony Routing Information Base	电话路由信息库
TRIP	Telephony Routing over IP	IP电话路由协议
UDP	User datagram protocol	用户数据报协议

4 TRIP协议概述

当分组域内的IP用户向电路域内的用户发起一个呼叫时,需要使用网关设备来完成分组域和电路域之间的信令和媒体流转换。随着IP电话网关使用数量的增加,管理和维护这些设备变得越来越复杂,其中一个最棘手的问题就是网关的定位问题,即在管理域之间的网关选择和路由问题。TRIP协议是在不同管理域之间进行IP电话网关路由信息交换的一个专用协议,实质上是解决一个地址映射问题,即给定一个电话号码,根据一定的规则决定完成该呼叫的电话网关地址,该协议主要完成以下功能:

a) 建立和维护不同运营商之间的对等关系;

b) 在不同运营商之间交换和同步电话网关路由信息;

c) 防止由于引入IP电话信令协议可能导致的稳定路由的环路;

d) 以及时和可扩展的方式扩散和学习其他运营商的网关路由信息;

e) 定义和描述电话网关路由数据的语法和语义。

TRIP 路由协议是策略驱动的域间管理域协议，用于在位置服务器之间通告电话目的地的可达性信息，该协议是独立于电话信令协议的，因此可以服务于任何信令协议，如 H.323、SIP 等。

TRIP 协议类似于 BGP4 路由协议。TRIP 协议使用 BGP 域间传输机制，BGP 有限状态机和 BGP 类似的格式与属性，与 BGP 协议不同的是 TRIP 协议不要求内部或者是外部对等体在物理上邻接。电话管理域内位置服务器的对等体拓扑独立于网络的物理拓扑，而且电话管理域的域边界独立于路由域自治系统的边界。

TRIP 协议允许路由聚合。TRIP 协议没有定义一个具体的路由选择算法。

TRIP 协议运行在可靠的传输层协议之上，无需实现分片、重传、确认和排序。

5 TRIP 协议的基本操作

5.1 建立/维护对等体的会话

两个对等的位置服务器间建立 TCP 连接，它们之间通过交换消息建立连接，确认连接参数，协商位置服务器的能力，以及协商在该连接上通告的信息类型等。

周期性发送 KeepAlive 消息以保证对等体间的可操作性。出错/例外时发 Notification 消息，如果连接出错，发送 Notification 消息并关闭连接。

5.2 数据交换

一旦建立连接，对等体之间必须交换相关的路由信息，这可以采用增量更新的方式。TRIP 协议不要求周期性的路由刷新，这就要求所有的位置服务器必须保持所有路由表项的当前最新版本。

如果存在一个包含多个位置服务器的 IP 电话管理域(ITAD)域，并且该域能够为其他 ITAD 域提供转发服务，那么必须在该域内实现一个一致的路由视图。

5.3 内部/外部同步

TRIP 区分内部和外部对等体。ITAD 域内 TRIP 使用链路状态机制进行基于内部任意拓扑结构的洪泛式数据库更新。外部 TRIP 利用点对点对等关系交换数据库信息。

为了实现同步，ITAD 域内的位置服务器之间被配置有内部的对等连接，能够保证拓扑的连通性和冗余。要求所有的内部对等体构成一个全互连拓扑，这样不利于网络的扩展。当从一个内部对等体收到路由时，需要同数据库中现有的进行比较，只有新的路由才会向同一区域内的其他对等体扩散。

5.4 通告 TRIP 路由

TRIP 路由是由目的地址(地址集和地址前缀)和应用协议(如 SIP，H323)两部分组成。通常每条路由都有一些附加的属性(如下一跳服务器)。TRIP 通过 Update 消息来通告路由信息，目的地址包含在 ReachableRoute 属性中。

位置服务器在向对等体通告 TRIP 路由时，可能会增加或修改路由属性。TRIP 通过三种方式来向对等体通告先前通告的路由信息不再可用。

——在 UPDATE 消息中包含 WithdrawnRoute 属性，标识不可达的目的地址；

——在 ReachableRoute 属性中，通告一条具有相同的目的地址替代路由；

——对于外部对等体，关闭位置服务器之间的连接就隐含的删除了通过此连接相互通告的路由信息；对于内部对等体，如果确定位置服务器不可用，那么必须删除由此位置服务器产生的路由，并且重新执行决策过程。

5.5 电话路由信息库

TRIP 协议交换的路由信息由外部路由(External routes)、内部路由(Internal routes)和本地路由(Local routes)三种类型组成：

——外部路由是通过外部对等的 LS 接收的；

——内部路由是通过相同的 ITAD 域的内部对等接收的；

——本地路由是通过配置或者是其他协议的路由重分布注入到 TRIP 中。

TRIP 协议从路由选择的角度把 LS 中的 TRIB 分成以下四个构成部分，这四个部分实际上是由以上三种类型的路由内容构成：

——Adj-TRIBs-In：称为临近可选 TRIB，其内容是从 UPDATE 消息中获取的域内、域外位置服务器上的路由信息，这些路由信息是当前路由选择中的可以使用的输入路由信息。对于来自域内和域外位置服务器的路由信息要分别保存在各自的数据库中。在一个管理域内对于每个位置服务器都要有一个 Adj-TRIBs-In 数据库，即使它们不是直接相连的对等体。

——Ext-TRIB：称为外部 TRIB，其内容是位置服务器根据一定的路由选择运算法则，从外部路由(存储在外部位置服务器的 Adj-TRIBs-In 中)和本地路由(存储在本地位置服务器的 Adj-TRIBs-In 中)数据库中，为一个给定目的地址选择的最佳路由，每个位置服务器只有一个 Ext-TRIB。

——Loc-TRIB：称为本地 TRIB，其内容是位置服务器运用其内部策略从内部位置服务器的 Adj-TRIBs-In 和 Ext-TRIB 中选择出来的 TRIP 路由信息。

——Adj-TRIBs-Out：称为临近输出 TRIB，其内容是位置服务器准备通告给外部位置服务器的路由信息，它的内容将携带在 UPDATE 消息中对外广播。

5.6 TRIP 路由

在 TRIP 路由信息中通过号码前缀来指定号码范围，通过一条路由不能自动表示任意号码范围，可以通过在 ReachableRoute 属性中使用多个前缀。

TRIP 的一条路由通过前缀指定一个号段。任意号段不能由 TRIP 一条路由原子化表示。前缀范围是原子化支持的唯一范围类型。任意范围可以通过在 ReachableRoutes 属性中使用多前缀来达到，如：222-xxxx 到 999-xxxx 可由 ReachableRoutes 包含如下前缀 222，223，224，…，23，24，…，3，4，…，9 表示。

5.7 聚合

聚合是位置服务器用来减少必须与对等体同步的路由数目规模化增长的方法。如果位置服务器 TRIB 中存在一组路由{R1，R2，…}使得更粗略的路由 R 中的每个有效目的地址也是{R1，R2，…}的有效目的地址，以及{R1，R2，…}中的每个有效目的地址也是 R 中的有效目的地址，位置服务器可以进行聚合操作。

注：TRIP 中没有机制沟通特定的地址族内某个地址前缀没被使用或有效，因此聚合可能跳过这些地址。位置服务器可以使用 TRIP 之外的方法了解无效的，可以在聚合中被忽略的前缀。

不要求位置服务器强制进行聚合，但是如需要维护较小的 TRIB 则推荐执行该操作。位置服务器依据本地策略决定是否将一组路由聚合成单个聚合路由。

如果位置服务器聚合了多条下一跳服务器(NextHopServer)不同的路由，则聚合路由的 NextHopServer 必须设为该位置服务器域内的信令服务器。

如果位置服务器重置了任意路由的 NextHopServer(可能由于汇聚或其他原因造成)，就会在沿着到达这些目的地址的信令路径上增加另一个信令服务器。

6 消息格式

6.1 消息报头格式

TRIP 协议消息报文的发送是建立在可靠的传输层连接之上的,每个报文的处理必须是在完全接收后进行。TRIP 协议报文的最大长度是 4 096 字节,任何实现都必须能够支持这个长度,最小报文仅 3 个字节,也就是 TRIP 协议的报头不包含数据。

每个 TRIP 消息都有一个固定大小的报头,根据报文类型的不同,可以在报头后包含数据部分,或者不包含任何数据。图 1 描述了 TRIP 协议报头格式。

0 15	16 23
Length	Type

图 1 TRIP 报头

长度域:2 字节无符号整型,指示整个报文的长度(包含报头);可以根据该域值确定传输层数据流中下一消息的起始位置;该域的取值范围是从 3 到 4 096,可能不同的报文会有更进一步的约束。由于消息中不允许填充数据,因此域值必须是整个报文可能的最小值。

类型域:1 字节无符号整型,指示消息的类别,在 TRIP 协议中定义了下述四种消息:OPEN,UPDATE,NOTIFICATION,KEEPALIVE。

6.2 OPEN 消息格式

传输层连接建立以后,会话双方发送的第一个消息就是 OPEN 消息,如果 OPEN 消息被接收,那么就发送 KEEPALIVE 消息以证实接收的 OPEN 消息。一旦 OPEN 消息被证实,那么将会继续交互 UPDATE,KEEPALIVE 以及 NOTIFICATION 消息。

OPEN 消息的最小长度是 17 字节(包括消息头),不符合该长度要求的 OPEN 消息将会按照 8.2 所述进行处理。

除了固定的报头,OPEN 消息还包含图 2 中所描述的域。

0 7	8 15	16 31
Version	Reserved	Hold Time
My ITAD		
TRIP Identifier		
Optional Parameter Len		Optional Parameter(variable)

图 2 TRIP OPEN 消息头

版本(Version):1 字节无符号整型,指示协议的版本,目前 TRIP 协议的版本号是 1。

保持时间(Hold Time):2 字节无符号整型,表示发送者建议的保持时间间隔。一旦接受 OPEN 消息,LS 必须根据自己配置的 Hold Time 值和接收的 OPEN 消息中的 Hold Time 值计算出保持时间。保持时间间隔的取值要么是 0,要么至少是 3 s。这个值的含义是指在成功接收对端 KEEPALIVE 或者 UPDATE 消息所能等待的时间间隔。

My ITAD:4 字节无符号整型,指示发送者的 IP 电话网管理域号。该值在相互通信的 LS 管理域内必须是唯一的。

ITAD 号是由 IANA 分配的,从 1 到 255 用于私有用途,具体分配值可以见“IANA 协议号与指派服务网页”。

注：IANA 管理互联网运行所必须的许多特殊参数和协议值，包括特殊端口号的指派和字符集的注册，下面我们称这些特殊参数和协议值为特殊号码。过去，IANA 通过系列 RFC 文档发布这些特殊号码，最后的文档 RFC 1700 也已经过时，现在，IANA 将这些特殊号码的最新集合列在名为 IANA 协议值与指定服务(Protocol Numbers and Assignment Services)的网页上供查阅，网址是 http://www.iana.org/numbers.html，并在批准新的特殊号码和指定服务时随时更新这个网页的内容。

TRIP 标识：4 字节无符号整型，指示发送者的 TRIP 标识。在一个 ITAD 域内，该标识必须能够唯一的标识一个位置服务器；其值可以是分配给位置服务器的一个 IPv4 地址，该值在位置服务器启动时就被确定，而且必须对所有对等体的连接保持一致。当比较两个 TRIP 标识时，该值可以作为两个 4 字节的无符号整型数字进行处理。

可选参数：该域包含了一个可选的参数列表，可以按照 TLV(＜参数类型，参数长度，参数值＞)的格式表示，如图 3 所示。

0 … 15	16 … 31
Parameter Type	Parameter Length
Parameter Value(variable)	

图 3　可选参数编码

参数类型：2 字节，标识参数类型。

参数长度：2 字节，包含参数值域的长度。

参数值：这是一个可变长度域，根据参数类型域来进行解析。

6.2.1　OPEN 消息的可选参数

本标准定义了下述 OPEN 消息的可选参数类型。

6.2.1.1　功能信息

该可选参数的类型编码是 1，用于位置服务器向对端对等体通告自己所能支持的功能。功能协商部分在第 9 章描述。

该参数包含一个或多个 3 元组＜功能码，长度，域值＞，每个三元组按照图 4 的格式表述。

0 … 15	16 … 31
Capability Code	Capability Length
Capability Value(variable)	

图 4　功能可选参数

功能码(Capability Code)：2 字节，明确的标识一个功能。

长度(Capability Length)：2 字节，包含域值的长度。

域值(Capability Value)：可变长度域，其值按照功能码进行解析。

任何一个特定的功能都可以在可选参数域中出现多次。

本标准预留 32 768～65 535 之间的功能码编号给特定的厂家，预留编码 0。功能编码是由 IANA 分配的，具体分配值可以见"IANA 协议号与指派服务网页"。

本标准定义下述两个功能编码：编码 1，支持的路由类型；编码 2，发送接收功能。

6.2.1.1.1　支持的路由类型

该可选参数列出了发送方位置服务器在当前会话中所能支持的路由类型。在任何一个特定的会话中，位置服务器一定不能使用对端位置服务器不支持的路由类型。如果对等体所支持的路由类型不能满足要求，那么位置服务器应当中断该会话。路由类型的格式如图 5 描述。

0　　　　　　　　　　15	16　　　　　　　　　　31
Address Family	Application Protocol

图 5　支持的路由类型

地址族和应用协议在 7.1.1 中描述。地址族域给出了可以被路由的地址集(在 ReachableRoutes 属性中使用)，应用协议域列出应用协议，例如 TRIP 的路由类型可以是＜E.164，SIP＞，指示 SIP 协议的 E.164 号码集。该参数的值域中可以包含多个路由类型。

6.2.1.1.2　发送接收功能

该功能指定了位置服务器与特定对等体的交互模式，包括：发送模式、接收模式和发送接收模式，缺省的是发送接收模式。

在发送模式下，位置服务器给对等体发送 UPDATE 消息，但是对等体不会发送 UPDATE 消息给该位置服务器。如果在发送模式下，位置服务器收到对等体发送的 UPDATE 消息，那么它必须丢弃且不作任何进一步的处理。

在发送模式下，只要拓扑发生变化，位置服务器发送给域内对等体的 UPDATE 消息中必须包含 ITAD 拓扑属性。发送模式的一个实际应用就是具有外部对等体的位置服务器能够使得网关完成注册服务。

如果一个服务提供商只终结到它所拥有的网关的呼叫，而自身不发起呼叫，那么它可以设置位置服务器的运行模式为发送模式，因为它只需要生成 UPDATE 消息，而不用接收 UPDATE 消息。如果一个发送模式下的位置服务器有一个相同模式的对等体，那么位置服务器必须设置它的路由分发策略，告知它无需向对等体发送 UPDATE 消息。

接收模式，位置服务器充当一个被动的 TRIP 收听者。它接收和处理来自对等体的 UPDATE 消息，但是一定不能向对等体发送任何 UPDATE 消息。这种模式对于那些收集拓扑信息的管理站点是很有用的。

发送接收功能域是一个 4 字节的无符号数值，可能的取值有以下三种：

a)　发送接收模式(Send Receive mode)

b)　发送模式 (Send only mode)

c)　接收模式 (Receive only mode)

在两个均为发送模式或者是两个均为接收模式的位置服务器之间一定不能建立会话。如果位置服务器在处理 OPEN 消息时检测到功能不匹配，那么它必须响应 NOTIFICATION 消息，同时关闭会话，NOTIFICATION 消息中的错误码必须置成“功能不匹配”。位置服务器必须为与它建立会话的所有对等体配置相同的发送接收模式。

6.3　UPDATE 消息格式

UPDPDATE 消息用于在对等体之间传送路由信息，通过该信息可以构造出一副拓扑图来描述不同 ITAD 域之间的关系，同时应用相关规则可以避免路由环路等一些异常情况。

除了 TRIP 报头，UPDATE 消息包含图 6 所描述的路由属性列表，在路由属性之间没有填充域。UPDATE 报文的最小长度是 3 字节(即没有强制的 TRIP 路由属性)。

0　　　　　　　　　　15	16　　　　　　　　　　31
First Route Attribute	Second Route Attribute

图 6　TRIP UPDATE 消息格式

6.3.1 路由属性

每个 UPDATE 消息都包含一个可变长度的路由属性序列，每个属性都是一个可变长度的三元组，其格式为＜属性类型(attribute type)，长度(attribute length)，属性值(attribute value)＞，如图 7 所示。

0	15	16 31
Attr.Flags	Attr.Type Code	Attr.Length
Attrbute Value(variable)		

图 7 路由属性格式

属性类型域：2 字节域，由属性标志和属性类型编码两部分构成。属性类型编码定义了属性的类型。在 UPDATE 消息中属性必须按照类型编码的数字顺序出现，而且只能出现一次。属性标志用于对不知道类型的属性的处理，关于它的具体定义见 6.3.2。

本标准预留 224～255 的属性编码给特定厂家的应用。属性编码是由 IANA 分配，具体分配值可以见“IANA 协议号与指派服务网页”。

长度域：2 字节，包括属性值域的长度。

属性值域：可变长度，对它的处理可以依据属性标志和属性类型编码域。

6.3.2 属性标志

由于 TRIP 属性集是随着时间不断扩充的，所以提供一种能够处理不能识别的属性的机制是必要的。对于不能识别的属性处理是基于属性的标志位，而对于可以识别的属性则依据它们特定的定义。

本标准定义了下述比特标志位：

Bit	Flag
0	公认标志位
1	传递(Transitive Flag)
2	依赖(Dependent Flag)
3	部分(Partial Flag)
4	链路状态封装(Link-State Encapsulation Flag)

属性标志位最高比特位标识该属性是公认(置 0)还是不是公认的(置 1)，在实现中不要求支持非公认的属性，但是公认的属性必须支持。

属性标志比特位 1 是传递比特，标识是否传递一个非公认的属性，如果置 1 传递，否则置 0。对于公认的属性，发送时该比特必须置 0，接收时忽略该比特。

属性标志比特位 2 是依赖比特，标识传递属性是否具有依赖性，如果置 1 具有依赖性，否则置 0。对于公认属性和非传递属性，依赖比特是不相关的，在发送方必须置 0，接收方忽略。

属性标志比特位 3 是部分比特，标识包含在一个非公认的传递属性信息是部分还是完整的，如果置 1 是部分的，否则是完整的。对于公认属性和非传递属性在发送方该比特必须置 0，接收方忽略。

属性标志比特位 4 是链路状态封装比特，这个比特仅用于如可达路由(ReachableRoutes)和撤销路由(WithdrawnRoutes)之类的属性，决定这些属性中的路由封装。如果该比特置位，在属性中使用链路状态封装，否则使用标准的封装。链路封装技术在 6.3.2.4 描述。这个标志位仅对属性 ReachableRoutes 和 WithdrawnRoutes 有效，对于其他的所有属性，在发送方必须清 0，接收方忽略。

属性标志位的其他比特位尚未使用，在发送方必须置 0，接收方忽略。

6.3.2.1 属性标志和路由选择

任何可识别的属性都能够被作为路由选择过程的输入。

6.3.2.2 属性标志和路由分发

由于中间的位置服务器在转发路由时不需要修改 NextHopServer，所以 TRIP 协议提供了两类变化的传递属性。属性可以是非传递的，依赖传递，或者是独立传递。同一个属性不能既是依赖传递又是独立传递。

不可识别的独立传递属性能够被中间的任何一个位置服务器传播；不可识别的依赖传递属性只能够被不修改 NextHopServer 的位置服务器传播。传递性的变化允许一些不可识别的属性在端到端之间携带（独立传递），一些在邻接的 next-hop 服务器之间携带，其他的则严格限定在对等的位置服务器之间携带（非传递）。

当位置服务器向对等体传递一个不可识别的传递属性时必须要设置该属性的 Partial 标志位。在路径上的任何一个位置服务器都可以向路由插入一个传递属性。如果任何一个位置服务器（初始 LS 除外）向路由插入一个新的独立传递属性，它必须设置该属性的 Partial 标志位。如果任何一个位置服务器（修改 NextHopServer 的 LS 除外）向路由插入一个新的依赖传递属性，它必须设置该属性的 Partial 标志位。Partial 标志表明不是该相关路径上的每一个位置服务器都已经处理并能够理解该属性。对于独立传递属性，该路径由 AdvertisementPath 属性确定；对于依赖传递属性，该路径是由自最后一次 NextHopServer 被修改以来所经过的那些区域构成。在独立传递属性中的 Partial 标志一定不能将路径中的其他位置服务器弄乱；在依赖传递属性中的 Partial 标志，一旦 NexthopServer 被修改，必须重新赋值，但是一定不能被该路径上没有修改 NextHopServer 的位置服务器弄乱。

对于新增的非传递属性的管理规则将会根据每个属性单独制定。任何一个属性都能够被该路径上的一个位置服务器更新。

6.3.2.3 属性标志和路由汇聚

每个属性都定义了在路由聚合时该如何进行处理。

对于不可识别的属性其处理规则依据属性标志。在聚合过程中丢弃不可识别的传递属性。在聚合过程中不应当存在不可识别的非传递属性。

6.3.2.4 属性标志和封装

通常属性都有一个在 6.3.1 描述的简单格式，如果链路状态封装标志置位，那么需要在属性头后增加两个附加的域，如图 8 所示。

0	15 16	31
Attr.Flags	Attr.Type Code	Attr.Length
Originator TRIP Identifier		
Sequence Number		
Attrbute Value(variable)		

图 8 链路状态封装

初始的 TRIP ID 和序列号被用于控制路由更新在服务器域内的扩散，这两个字段用于检测重复和过时的路由信息，该字段的使用见 11.1。

6.3.3 强制属性

在 TRIP 协议中没有强制属性，只有条件强制属性。条件强制属性是指如果某些属性包含在 UPDATE 消息中，那么它们也必须被包含。例如，如果 UPDATE 消息中包含 ReachableRoutes 属性，那么也必须包含 AdvertisementPath 属性。

TRIP 协议的 3 个基本属性:WithdrawnRoutes,ReachableRoutes,ITAD 拓扑。它们在 UPDATE 消息中出现是可选的,而且与其他属性没有依赖关系。

6.3.4 TRIP UPDATE 属性

本节规定在 UPDATE 消息中携带的属性,属性必须按照属性类型编码的递增顺序出现在 UPDATE 报文中。

6.3.4.1 撤销路由

该属性列出了将被从服务中撤销的路由信息。由发送 LS 决定哪些路由信息不再向对等体通告。

6.3.4.2 可达路由

该属性列出了向服务中新增加的路由信息。这些路由很有可能会被接收位置服务器加入到 Adj-TRIBs-IN 数据库中,并且应用到路由选择过程。

6.3.4.3 下一跳服务器(NextHopServer)

该属性给出沿路径转发消息的实体标识。通常是将主机域名或者 IP 地址作为下一跳服务器的标识,当然也可以选择 UDP/TCP 端口做为下一跳信令服务器的标识,如果没有指定,那么使用缺省端口。NextHopServer 与在 ReachableRoutes 属性中描述的地址集和应用协议相关,但是需要注意的是它的值并不是必须是用于转发媒体的地址,只是应用于在属性 ReachableRoutes 中给定的协议。

6.3.4.4 通告路径(AdvertisementPath)

该属性记录了路由通告经过的区域顺序。该属性用于检测路由环路,但是它并不反映消息转发的实际路径,因为不是每一个位置服务器都需要修改下一跳信息,到目的地的实际路径可能不需要穿越 AdvertisementPath 中描述的每一个区域。

6.3.4.5 路由路径(RoutedPath)

该属性与 AdvertisementPath 属性类似,只是它记录的是到目的地的实际路径。与 AdvertisementPath 不同,RoutedPath 属性只在 NextHopServer 属性更改时才被修改,而 AdvertisementPath 属性每次路由被传播时都被修改。因此 RoutedPath 记录的是 AdvertisementPath 的一个子集,信令消息在该特定的路由上被传送。

6.3.4.6 原子聚合(AtomicAggregate)

该属性表明一条路由实际上可以包含那些没有在 RoutedPath 属性描述的区域。如果一个位置服务器从对等的位置服务器收到重叠路由,并且选择了一条次具体路由,那么位置服务器必须在该路由中包含 AtomicAggregate 属性。位置服务器收到具有该属性的路由,一定不能向其他位置服务器通告更具体的路由。

6.3.4.7 本地优先级(LocalPreference)

该属性是区域内属性,用于向其他位置服务器通告给定路由的本地位置服务器优先级。路由的优先级在区域的入口计算,并且做为路由的属性在整个区域内传递。在相同 ITAD 域内的位置服务器在路由选择过程中使用该属性。该属性在两个区域之间是没有意义的。

6.3.4.8 多出口(MultiExitDisc)

当相邻的区域存在多个位置服务器对等关系时,位置服务器使用该属性来描述域间不同链路的优先级。该属性的使用是由本地策略控制的。

6.3.4.9 团体(Communities)

该属性不是一个公认的属性,使用它是为了方便简化对路由信息的控制,将目的地聚合成一个地址集。

6.3.4.10 ITAD 拓扑

该属性是一个域内属性,用于向域内其他的位置服务器通告域内的拓扑。

6.3.4.11 转换路由

该属性表明中间位置服务器更改了路由的应用协议。

6.4 KEEPALIVE 消息格式

TRIP 协议没有使用任何一种基于传输的 KEEPALIVE 机制来判定是否对等体可达。相反,由于对等体之间交互 KEEPALIVE 消息足够频繁,所以不会导致保持计时器超时。KEEPALIVE 消息间隔的最大合理值应当是保持计时器周期的三分之一。在每个 3 s 周期内,KEEPALIVE 消息一定不能发送超过 1 次。在实现时应当可以调整发送 KEEPALIVE 消息的速率,做为保持计时器周期协商的一个功能。

如果保持计时器协商的值为 0,那么一定不能周期性地发送 KEEPALIVE 消息。

KEEPALIVE 消息仅由 3 字节的报头构成。

6.5 NOTIFICATION 消息格式

一旦检测到错误情况 TRIP 协议就发送 NOTIFICATION 消息,并且立即关闭传输层的连接。

除了固定的 TRIP 报头,NOTIFICATION 消息还包含图 9 所示的域。

0	15 16	31
Error Code	Error Subcode	Data(Variable)

图 9 TRIP NOTIFICATION 消息格式

错误码:1 字节的无符号整型,指示 NOTIFICATION 的类型,本标准定义了下述错误码:

错误子码:1 字节的无符号整型,提供更具体的通报错误的特征信息。每一个错误码都有一个或多个错误子码与之关联,如果没有定义相应的错误子码,那么该域值为 0。

消息头的错误子码:

1——错误的消息长度;

2——错误的消息类型。

OPEN 消息的错误子码:

1——不支持的版本号;

2——错误的对等 ITAD 域;

3——错误的 TRIP 标识;

4——不支持的选项参数;

5——无法接受的 Hold Time;

6——不支持的功能；

7——功能不匹配。

UPDATE 消息的错误子码：

1——不正确的属性列表；

2——不识别的公认属性；

3——遗漏的公认强制属性；

4——属性标识错误；

5——属性长度错误；

6——无效的属性。

数据域：可变长度域，用于诊断 NOTIFICATION 的原因，该域的内容由错误码和错误子码决定。

需要注意的是数据长度能够按照下述公式根据消息的长度计算得到：

数据长度 ＝ 消息长度－5；

NOTIFICATION 消息的最小长度是 5 个字节（包括消息的报头）。

7 属性

本章定义了 UPDATE 属性的详细语法。

7.1 撤销路由

条件强制：为假

必要标志：公开

潜在标志：链路状态封装（泛洪法时）

TRIP 类型码：1

WithdrawnRoutes 属性指定了一个路由集，该路由集将从接收位置服务器中删除。该路由集也可以是由一个零长度的字段所指定的一个空集。

7.1.1 WithdrawnRoutes 的语法

WithdrawnRoutes 属性的 value 字段中会包括一个路由序列，关于单个路由的格式见 7.1.1.1。WithdrawnRoutes 属性中将单个的路由按序排列，并不带任何填充字段（如图 10 所示）。每个路由都应包括一个长度字段，从而使该属性中的所有单个的路由都可以被实现。

0　　　　　　　　7	8　　　　　　　　15
WithdrawnRoute1	WithdrawnRoute2

图 10　WithdrawnRoutes 格式

7.1.1.1 通用的 TRIP 路由格式

TRIP 路由的通用格式如图 11 所示。

0　　　　　　　　15	16　　　　　　　　31
Address Family	Application Protocol
Length	Address(variable)

图 11　通用的 TRIP 路由格式

地址族(Address Family):该字段用来指定该路由的地址类型。

本标准定义了三种路由地址类型:

代码	地址族
1	十进制路由号码
2	十五进制路由号码
3	E.164 号码

本标准规定,地址族中编码为 0 作为保留编码;保留编码 32 768 到 65 535 用于厂商指定自己的应用。地址族编码的分配受控于 IANA,具体分配值可以见"IANA 协议号与指派服务网页"。

应用协议(Application Protocol):该字段用于指定维护路由表的协议。

本标准定义的应用协议包括:

代码	协议
1	SIP
2	H.323-H.225.0-Q.931
3	H.323-H.225.0-RAS

长度:地址字段中的长度单位为字节。

地址:该字段为由 Address Family 指定的族类型的地址前缀。该地址由路由的长度字段来指定并可变。

7.1.1.2 十进制的路由号码

十进制路由号码地址族是所有 E164 号码,国家码,本地码和私有号码的合集。也可被用来表示和某些国家和地区的号码移动性一起使用的十进制路由号码。十进制路由号码前缀指定一组电话号码。它由一串数位表示,每位按 ASCII 字符编码。该路由对象包括了以该前缀打头的所有电话号码。十进制路由号码的前缀为:

```
Decimal-routing-number   = * decimal-digit
decimal-digit            = DECIMAL-DIGIT
DECIMAL-DIGIT            = "0"|"1"|"2"|"3"|"4"|"5"|"6"|"7"|"8"|"9"
```

该十进制路由号码前缀不和长度绑定。格式类似于 SIP 中定义的全局电话号码但没有分隔符,并且国际号码也没有"+"号。该格式增强了使用 TRIP 路由 SIP/H323 信令的比较效率,这两种协议都使用基于字符的号码表示法。前缀长度取决于路由的域长度。能从前缀的开头几位数字去掉十进制路由号码类型(专用号码,本地,国内,国际)。

7.1.1.3 十五进制路由号码

本地址族用来表示在某些国家/地区和号码移动性相关所使用的十五进制路由号码。十五进制路由号码用一串数字表示,每位用 ASCII 字符表示。这一路由对象包含了以该前缀打头的所有路由号码。十五进制路由号码前缀语法是:

```
PentaDecimal-routing-number   = * pentadecimal-digit
PentaDecimal-routing-digit    = PENTADECIMAL-DIGIT
PENTADECIMAL-DIGIT            = "0"|"1"|"2"|"3"|"4"|"5"|"6"|"7"|
                                "8"|"9"|"A"|"B"|"C"|"D"|"E"
```

注 1:十进制和十五进制路由号码字母间的差异。十五进制路由号码不和长度绑定。

注 2:符合特定国家/地区的地址族依赖于该国家/地区路由号码所使用的字母表。例如,所用的北美路由码必须使用十进制路由号码地址族,因为其字母表局限于数字 0 到 9;而多数欧洲国家路由号码使用数字 0 到 9 以及"A"到"E",因此这些国家必须使用十五进制路由号码地址族。

7.1.1.4 E.164 号码

E.164 号码专用于完全符合的 E.164 号码。E.164 前缀表示一组电话号码。E.164 前缀由一串数字表示，每个数位用 ASCII 字符编码。该路由对象包括所有以这一前缀打头的电话号码，其语法如下：

E164-number = *e164-digit

E164-digit = E164-DIGIT

E164-DIGIT = "0"|"1"|"2"|"3"|"4"|"5"|"6"|"7"|"8"|"9"

使用该格式可以有效的利于 TRIP 协议路由 SIP 或者 H.323 的消息，因为 SIP 和 H.323 消息都是基于电话号码传送。E.164 前缀的长度由路由的长度字段来决定。

该格式增强了使用 TRIP 路由 SIP/H323 信令的比较效率，这两种协议都使用基于字符的电话号码表示法。前缀长度取决于路由的域长度。

E.164 号码地址族及十进制路由号码地址族具有相同的字母表。如果可能的话，必须使用十进制路由地址族。在专用号码/应用不想通告完全扩展的，完全符合的电话号码场合下十进制路由码地址族也可以使用。如果采用十进制路由码通告不完全符合的前缀，前缀可能需要在 ITAD 的边界处做类似扩展的处理。

7.2 可达路由

条件强制：为假

必要标志：公开

潜在标志：链路状态封装（泛洪法时）

TRIP 类型码：2

可达路由属性指定一组将会加入到接收位置服务器的路由。路由可以为空，只需将长度域设为零。

7.2.1 ReachableRoutes 语法

ReachableRoutes 属性的语法与 WithdrawnRoutes 属性相同，见 7.1.1。

7.2.2 路由初始化和 ReachableRoutes

TRIP 中路由注入的方式不在本标准范围内。相关的方法包括前端协议、域内路由协议和静态配置。

7.2.3 路由选择和可达路由

ReachableRoutes 是路由选择所必需的。

7.2.4 聚合和可达路由

TRIP 路由协议并没有规定不能使用某类特定的地址前缀，因此在路由汇聚时可以忽略此类路由。在路由汇聚时，LS 可以使用 TRIP 以外的方式来学习可能被忽略的无效前缀。

如果某个 LS 广播一个汇聚路由，它就必须包含原子聚合属性。

7.2.5 路由分发和可达路由

除使用泛洪法的位置服务器外（域内）每个位置服务器重新计算可达路由属性。因此在向外部对等体通告之前位置服务器可能会更改路由的应用协议域。

如果位置服务器更改了它要通告路由的应用协议，它必须在 UPDATE 消息中包含转换路由属性。

7.2.6 十进制路由码,E.164 码和十五进制路由码聚合细节

如果位置服务器要路由在特定前缀中的所有有效号码,它就必须将该前缀作为 ReachableRoutes 来进行广播,尽管某些特定的前缀在 PSTN 中并不存在。通常,将长为 n 的前缀聚合为 n-1,10 进制/E.164 占 10 个前缀,十五进制需要 15 个。但是,如果位置服务器知道某个前缀为一个非法前缀,则该位置服务器可能会略过该前缀进行汇聚。表示一个无效的 PSTN 目标集的前缀有时为一个“黑洞”。位置服务器如何发现该黑洞的机制不在本标准的范围之内,但是如果位置服务器有这个功能,它就可以在路由汇聚的时候使用该功能。

7.3 下一跳服务器

条件强制:为真(如果可达路由和/或取消路由属性出现)

必要标志:公开

潜在标志:无

TRIP 类型码:3

假设一条路由的应用协议为 A,目的地为 D,则 NextHopServer 指定这个协议为 A,目的地为 D 的消息应该被发送的下一跳地址。这个地址不一定是该消息的最终地址。

7.3.1 下一跳服务器语法

一般的,下一跳服务器的地址可以是多种类型(域名、IPv4 或 IPv6 等)。NextHopServer 属性包含下一跳服务的 ITAD 号码、长度字段和下一跳的地址或者名字。

NextHopServer 的语法结构如图 12 所示。

图 12 NextHopServer 语法

Next-Hop ITAD 指定下一跳的域。

Length 字段指定 Server 字段的字节数。

Server 字段包含下一跳服务器的名字或者地址,该字段以一个 ASCII 码的字符串表示,定义如下:

Server = host [":" port]

其中:主机是一个有效的互联网主机域名;或者是按照 IETF RFC 1129 2.1 中的规范,使用文本形式表述的一个 IPv4 地址;或者是按照 IETF RFC2373 2.2 中的规范,使用文本形式表述的一个 IPv6 地址,IPv6 地址必须使用符号“[”和“]”括起来。

port = * DIGIT

如果 port 为空或者未定值,则该值为缺省值。

7.3.2 路由初始化和 NextHopServer

在 TRIP 中,当 LS 初始化一个路由目的地时,必须在域中包含一个 NextHopServer。NextHopServer 可以是某个出口网关或者信令代理的地址。

7.3.3 路由选择和 NextHopServer

LS 策略更倾向于选择某个特定的下一跳地址或者下一跳域。

7.3.4 汇聚和 NextHopServer

当将多条路由目的汇聚为单个路由目的时，除非所有汇聚的路由都有着相同的下一跳，否则 LS 必须在本域中加入一个新的信令服务器作为新的 NextHopServer。

7.3.5 路由分发和 NextHopServer

LS 在将路由目的传送给对端时，它可以在本域中加入一个信令代理作为新的下一跳服务器，或者将下一跳保持不变。如果加入新的下一跳，则信令消息就会被传送到该地址上，因而使得信令链路更容易控制。如果保持下一跳不变，则会出现很多高效的信令链路。

7.4 通告路径

条件强制：为真(如果可达路由和/或取消路由属性出现)

必要标志：公开

潜在标志：无

TRIP 类型码：4

本属性定义了广播消息中的路由经过的 ITAD 域。AdvertisementPath 属性与 BGP 中的 AS_PATH 属性类似，但是 AdvertisementPath 属性中也包括了到达目的的路径。本标准规定，并不是所有的域都需要修改下一跳地址，所以 AdvertisementPath 可以包含更多的跳数。关于到达目的的准确的信令路径见 7.5 关于 RoutedPath 属性的定义。

7.4.1 AdvertisementPath 语法

AdvertisementPath 是一个可变长度的属性，它由一个 ITAD 的路径段序列所组成。每个 ITAD 路径段都以一个类型-长度-值的三元组来表示。

路径段类型为一个字节长度的字段，其值定义如下：

Value	Segment Type
1	AP_SET
2	AP_SEQUENCE

路径段的长度为一个字节长度的字段，包括在该路径段值字段中的 ITAD 的数目。

路径段值字段包含一个/多个 ITAD 号，每个按 4 字节长字段编码。ITAD 号唯一标识因特网电话管理域。

7.4.2 路由初始化和 AdvertisementPath

当位置服务器生成路由后：

——生成路由的位置服务器在向邻居 ITAD 的位置服务器发通告时将在通告路径属性中包括自己的 ITAD 号。在这种情况下，源位置服务器 ITAD 号将是通告路径属性中的唯一入口。

——源位置服务器在向本 ITAD 位置服务器通告时将包含空的通告路径属性。空通告路径属性是长度字段值为零的属性。

7.4.3 路由选择和路径通告

通告路径也可以用于路由选择，可遵循的标准为：路径中的跳数和某个特定的 ITAD 是否在该路径上出现。

关于 AdvertisementPath 属性如何用于防止路由环回见第 11 章。如果 LS 收到一个 AdvertisementPath 属性中带有它自己的 ITAD 的路由消息，该路由消息必须被丢弃。

7.4.4 路由汇聚和路径通告

聚合通告路径属性的规则在下面章节中给出，其中 7.4.4.1 和 7.4.4.2 用到的“路径”术语是指通告路径。

7.4.4.1 相同路径的路由汇聚

如果所有要聚合的路由有相同的路径属性，那么被聚合的路由具有和单个路由相同的路径属性。

7.4.4.2 聚合不同路径的路由

为了进行路由汇聚，路径中的每个 ITAD 都被定义成为一个<类型，值>二元组，其中，“类型”定义路径段(AP_SEQUENCE 或 AP_SET)的类型；“值”定义了 ITAD 号码。如果两个 ITAD 的<类型，值>相同，则它们相等。

如果聚合路径有不同的路径属性，被聚合的路径属性将满足所有以下条件：

——被聚合路径上的所有 AP_SEQUENCE 类型对必须出现在将被聚合的所有路径上。

——被聚合路径上的所有 AP_SET 对必须出现在初始集合中(它们可以作为 AP_SET/ AP_SEQUENCE 类型出现)至少 1 条路径上。

——对聚合路径上任何优先于二元组 Y 的 AP_SEQUENCE 类型的二元组 X，X 在包含 Y 的初始集合里的每条路径上均优先 Y，不管 Y 的类型是什么。

——没有一对具有相同值的二元组在聚合路径上的出现次数多于一次，不管二元组类型是什么。

具体实现可以选择任何符合这些规则的算法。至少能符合要求的实现必须能够执行满足上述条件的如下算法：

——确定所有被聚合路径路由共有的最长的最重要的二元组序列(如上定义)。使该序列成为聚合路径的主导序列。

——设置将被聚合路由路径的其他二元组类型为 AP_SET，并将其附在聚合路径之后。

——如果聚合路径有多个二元组具有相同的值(不管类型)，通过从聚合路径中删掉所有类型为 AP_SET 的二元组，只保留一个这样的二元组。

选择提供路径聚合算法但仍保持大量路径信息的实现方法可能希望使用 7.4.4.3 的实现方法。

7.4.4.3 路径聚合算法示例

聚合两条路径的示例算法按如下流程工作：

——识别出两条路径属性中具有同样关系顺序的 ITAD(在 7.4.1 中定义)。两个 ITAD 域 X 和 Y，如果 X 在两条路径中均在 Y 之前/Y 在两条路径中均在 X 之前，则说 X 和 Y 具有相同的顺序。

——聚合的路径由按照上面方法标识出的 ITAD 组成，并按照它们在将被聚合的路径上几乎相同的顺序出现。如果按照上述方法标识的两个连续 ITAD 在两条将被聚合的路径上没有直接相邻，那么两个属性中间的 ITAD(指具有相同顺序的两个连续 ITAD 之间的 ITAD)将被组合成 AP_SET 路径段，该段包括两条路径上的中间 ITAD；接着，该段被放于标识出的 2 个连续 ITAD 之间。如果 2 个连续 ITAD 在 1 个属性中紧密相邻，但在另 1 个没有，那么后 1 种情况的中间 ITAD 将被包含进 AP_SET 路径段；接着该段被放进聚合路径上的两个连续 ITAD 之间。如果按照上述过程执行得到的结果 ITAD 号在聚合路径中出现的次数多于 1 次，那么除最后的 ITAD 实例外(最右面出现的)所有的 ITAD 必须从聚合路径中删掉。

7.4.5 路由分发和聚合路径

如果位置服务器分发它从其他位置服务器学习到的路由，它将基于路由分发目的地的位置服务器的位置而修改路由的 AdvertisementPath 的属性。

——如果位置服务器通告路由到本 ITAD 内的其他位置服务器，作通告的位置服务器一定不能修改路由的 AdvertisementPath 属性。

——如果位置服务器通告路由到相邻 ITAD 内的位置服务器，作通告的位置服务器必须按如下规则更新 AdvertisementPath 属性：

- 如果 AdvertisementPath 的第 1 个路径段类型为 AP_SEQUENCE，本地系统需预先准备自己的 ITAD 号作为序列中的最后 1 个元素（放在最左边位置）。
- 如果 AdvertisementPath 的第 1 个路径段类型为 AP_SET，本地系统需预先准备类型为 AP_SEQUENCE 的新路径段作为 AdvertisementPath，包括该段内它自身的 ITAD。

7.5 可路由路径

条件强制：为真

必要标志：公开

潜在标志：无

TRIP 类型码：5

该属性定义了消息发送路径上的 ITAD。该路径中的 ITAD 是 AdvertisementPath 中的路径子集。

7.5.1 路由路径语法

RoutedPath 属性的语法与 AdvertisementPath 属性的语法相同，见 7.4.1。

7.5.2 路由初始化和路由路径

当 LS 初始化一条路由，该消息中必须包括 RoutedPath 字段。

初始 LS 应该在所有发送到临近域中 LS 的广播消息的 RoutedPath 属性中加入字节的 ITAD 号码。这样初始 LS 的 ITAD 号码就是 RoutedPath 的唯一入口。

初始 LS 应该在发送到字节 ITAD 中的 LS 广播消息中加入一个空的 RoutedPath 属性。空属性的长度字段为 0。

7.5.3 路由选择和路由路径

RoutedPath 可以用于路由选择。相应的准则可以为：路径的跳数和某个特定的 ITAD 是否在路径中出现。

7.5.4 汇聚和路由路径

RoutedPath 属性的汇聚见 7.4.4.1 和 7.4.4.2。

7.5.5 路由分发和路由路径

当 LS 传送一条从其他 LS 学到的路由时，它根据消息发送的目的 LS 来修改该路由的 RoutedPath 属性。

当 LS 向一个位于自己的 ITAD 中的 LS 广播路由时，它不可以修改与路由相关的 RoutedPath 属性。如果 LS 没有改变 NextHopServer 的属性，则它也不能改变 RoutedPath 的属性。否则 LS 改变 NextHopServer 属性，并且向位于其他 ITAD 的 LS 广播该路由，该 LS 就必须按如下规则更新 RoutedPath 属性：

——如果 RoutedPath 的第一个路径段的类型为 AP_SEQUENCE，本地系统就应该将其自己的 ITAD 号码预设为该序列中的最后一个元素。

——如果 RoutedPath 的第一个路径段的类型为 AP_SET,则本地系统应该在 RoutedPath 中加入一个新的类型为 AP_SEQUENCE 的路径段,该路径段中包括它自己的 ITAD 号码。

7.6 原子聚合

条件强制:为假

必要标志:公开

潜在标志:无

TRIP 类型码:6

原子聚合属性表明路由可以穿越未在 RoutedPath 中列出的域。当碰到来自对等位置服务器的一组重叠的路由,如果位置服务器选择了较抽象的路由而没有选择较详细的路由,那么位置服务器包括带路由对象的原子聚合属性。

7.6.1 原子聚合语法

该属性长度为 0,值为空。

7.6.2 路由初始化与原子聚合

初始路由不可包含原子聚合属性。

7.6.3 路由选择和原子聚合

原子聚合属性可以用于路由选择,它指出 RoutedPath 可能不完整。

7.6.4 汇聚和原子聚合

如果任何聚合路由具有原子聚合属性,那么最终聚合的结果也必须这样。

7.6.5 路由分发和原子聚合

当遇到来自对等位置服务器的一组重叠路由,如果位置服务器选择较抽象路由而没有选择较详细的路由,那么位置服务器必须包括带路由对象(如果它未出现的话)的原子聚合属性。

在向其他位置服务器通告时,接收原子聚合属性路由对象的位置服务器一定不能使目的集合较详细,一定不能在向对等位置服务器通告时删除该属性。

7.7 本地优先

条件强制:为假

必要标志:公开

潜在标志:无

TRIP 类型码:7

本地优先属性只在域内使用,它指出本地位置服务器对本域内其他位置服务器的路由对象的优先考虑。当同域外位置服务器通信时一定不能使用本属性,域内链接上必须使用该属性。

7.7.1 本地优先语法

LocalPreference 属性是一个 4 字节的无符号数。其值越高,优先级越高。

7.7.2 路由初始化和本地优先

域间路由的初始化不应包括该属性,但是域内路由的初始化必须包含 LocalPreference 属性。

7.7.3 路由选择和本地优先

使用 LocalPreference 属性可以使域内的某个 LS 计算路由的优先值,并且使用该优先值和域内其他的 LS 通信。

7.7.4 汇聚和本地优先

本地优先属性不受聚合影响。

7.7.5 路由分发和本地优先

LS 与本域的 LS 通信时,必须使用 LocalPreference 属性。与其他域中的 LS 通信时不可以使用该属性。如果从其他域的 LS 上收到的消息中含有该属性,则该属性必须被忽略。

7.8 多出口规则

条件强制:为假
必要标志:公开
潜在标志:无
TRIP 类型码:8

当两个 ITAD 之间通信双方不止一对时,此时可以使用 MultiExitDisc 属性来指定在这些链路上收到的路由的优先级。MultiExitDisc 参数只用于路由选择。

7.8.1 MultiExitDisc 语法

MultiExitDisc 属性带有一个 4 字节的无符号数。其值越高,优先级就越高。

7.8.2 路由初始化和 MultiExitDisc

域内路由的初始化不可以使用 MultiExitDisc 属性。当域间的路由初始时,可以使用 MultiExitDisc 属性。

7.8.3 路由选择和 MultiExitDisc

当在两个域中有多条链路相连时,可以使用 MultiExitDisc 属性来表示路由优先级。如果其他条件相等,则带有高 MultiExitDisc 属性值的路由就享有优先权。

7.8.4 汇聚和 MultiExitDisc

带有不同的 MultiExitDisc 属性值的路由不可以被汇聚。MultiExitDisc 属性值相同的路由可以被汇聚,并且该值将被附在最终路由上。

7.8.5 路由汇聚和 MultiExitDisc

如果 LS 从域外的 LS 上收到的消息中包括该属性,则它可以向本域内其他的 LS 发送该属性。MultiExitDisc 属性不可以发送到其他的域内的 LS 上。

LS 在向其他域的 LS 发送路由目的时,可以使用 MultiExitDisc 属性。

7.9 团体

条件强制:为假
必要标志:不公开,独立传递的

潜在标志：无

TRIP 类型码：9

团体是一个有着共同属性的目标集合。

该属性用于将目标分组，从而可以基于这种分组来进行路由决策。使用 Communities 可以通过定义管理汇聚单元来简化路由信息的分布。

每个 ITAD 管理者可以定义路由应该归属于哪个团体。缺省的，所有路由都属于总的 IP 电话团体。

7.9.1 团体的语法

Communities 属性值为可变长度。它由包括一系列的 8 字节长度的值。每个值都定义一个团体。如图 13 所示，前 4 个字节是 Community ITAD 号码，后 4 个字节是 Community ID。

0   15 16   31
Community ITAD Number 1
Community ID 1

图 13 Communities 语法

为了便于管理分配，可以做如下假设：

Communities 属性值由 Community ITAD 0x00000000(保留)号码开始。

下列团体有着全局重要性，每个知道 Communities 属性的 TRIP LS 必须对它们进行处理。

——NO_EXPORT(Community ITAD Number = 0x00000000 ,Community ID= 0xFFFFFF01)：任何收到的团体属性值包含 NO_EXPORT 值的路由一定不能够被通告至接收路由的 TRIP ITAD 域外。其他团体值必须使用 ITAD 号码进行编码，并放于最重要的四个字节中。最后的四个字节可以用 ITAD 来定义。

7.9.2 路由汇聚和团体

Communities 属性不是很常用。如果路由包括一个有关的 Communities 属性，则 LS 在其广播消息中必包括该属性。

7.9.3 路由选择和团体

Communities 属性可以用于路由选择。某个路由如果属于某个团体，则它的优先级高于非该团体的路由。类似的，如果路由没有一个特定团体标志则可能不予考虑。

7.9.4 路由汇聚和团体

如果某路由集要进行汇聚并且合成汇聚中不带有 Atomic_Aggregate 属性，则应该包括一个 Communities 属性，该属性中包含被汇聚的路由的团体的集合。

7.9.5 路由分发和团体

LS 在向对端分发路由前可以修改 Communities 属性。这种修改可以包括增加团体、删除团体、加入 Communities 属性和删除 Communities 属性等。

7.10 ITAD 拓扑

条件强制：为假

必要标志:公开,链路状态封装

潜在标志:无

TRIP 类型码:10

ITAD 域内的每个位置服务器必须知道其他位置服务器的状态,因而位置服务器的失败可以被检测到。为达此目标,每个位置服务器向域内其他位置服务器通告内部拓扑结构。如果位置服务器检测到其他的位置服务器不再活跃,由该位置服务器产生的信息可被删掉(该对等体的 Adj-TRIB-In 可被清除)。ITAD 拓扑属性被用来和域内其他位置服务器沟通这类信息。

位置服务器每次检测到内部对等体集合变化必须发送拓扑更新信息。拓扑更新可在它的 UPDATE 消息中发送,或者由包含 ReachableRoute 和/或 WithdrawnRoute 信息的 UPDATE 消息携带。

当 LS 收到另一个内部 LS 的拓扑更新消息时,它必须通过连接算法来重新计算该 ITAD 中哪个 LS 是处于激活状态的。

7.10.1 ITAD 拓扑语法

ITAD 拓扑属性指定本 LS 的对端的 LS。该属性包括一个 TRIP 标识的列表,格式如图 14 所示。该属性必须使用链路状态封装(见 6.3.2.4)。

0　　　　15 16　　　　31
TRIP Identifier 1
TRIP Identifier 2

图 14 ITAD Topology 语法

7.10.2 路由初始化和 ITAD 拓扑

ITAD 拓扑属性独立于 UPDATE 消息中的任何路由。只要本 LS 的对端 LS 变化,它都要生成一个带有 ITAD 拓扑属性的 UPDATE 消息。当对等操作建立之后,LS 必须在发往对端的第一个 UPDATE 消息中包含该属性。

7.10.3 路由选择和 ITAD 拓扑

ITAD 拓扑属性独立于 UPDATE 消息中的任何路由。当 LS 收到带有 ITAD 拓扑的 UPDATE 消息,它必须通过在初始 ITAD 拓扑中给出的连接上进行测试来计算当前处于激活状态的 LS 集。LS 必须本地清除域内任何不在激活状态的 LS 的 Adj-TRIB-In。LS 不可以向其他的 LS 发送该清除信息。

7.10.4 聚合和 ITAD 拓扑

该信息不被聚合。

7.10.5 路由汇聚和 ITAD 拓扑

如果从其他域收到的消息中包含该属性,则 LS 必须将其忽略。LS 不可以将该属性发送到其他域的对端。

7.11 转换路由

条件强制:为假

必要标志:公开

潜在标志:无

TRIP 类型码:12

转换路由属性指明中间的位置服务器通过更改路由的应用协议已经修改了路由。例如,如果位置服务器收到应用协议是 X 的路由并在向外部对等体通告路由信息前将应用协议改为 Y,位置服务器必须包含 Y 转换路由属性。属性表明通告的路由协议不再被端到端使用了,或者说本路由通告的信息不再完整。

7.11.1 转换路由语法

该属性长度为 0,属性值字段为空。

7.11.2 路由初始化和转换路由

路由初始化时不可以包含该属性。

7.11.3 路由选择和转换路由

ConvertedRoute 可以用于路由选择,它指出广播路由信息的不完整。

7.11.4 汇聚和转换路由

如果被汇聚的路由包括该属性,则为合成汇聚。

7.11.5 路由分发和转换路由

如果 LS 在向域外的对端 LS 广播路由之前改变了 Application Protocol 属性,则此时必须使用 ConvertedRoute 属性。

7.12 定义新 TRIP 属性的建议

任何定义新的 TRIP 属性都应明确以下内容:

——该属性的应用;

——该属性的标志;

——该属性的语法;

——路由初始化时该属性的作用;

——路由汇聚时该属性的作用;

——路由分发时该属性的作用;

——该属性的应用范围;

——IANA 负责 TRIP 新的属性类型的分配。

8 TRIP 协议错误检测和处理

本标准中所描述的任何一种情况被检测到,TRIP 协议都必须发送 NOTIFICATION 消息(包含错误码,错误子码,数据域),并且关闭连接。如果没有定义错误子码,那么该域值必须置 0。

关闭 TRIP 连接就意味着传输层的连接也被关闭,而且与此连接相关的资源将被释放。如果该连接是域间的,那么与远端对等体相关的路由表项必须被标记为无效;如果是一个内部连接被中断,那么路由表项一定不能标记为无效。路由被标记为无效的事实在这些路由从系统中被删除以前,就被通告给其他的 TRIP 对等体。

除非明确指定,否则 NOTIFICATION 消息的数据域为空。

8.1 消息头的错误检测和处理

在处理消息报头时检测出的所有错误都通过发送错误码为消息头错的NOTIFICATION消息来通告，错误子码描述了错误的具体特征。LS必须对收到的每个消息做这部分的错误检查。

如果消息报头长度域的值小于3或者是大于4 096，或者OPEN消息的长度域值小于OPEN消息的最小长度，或者UPDATE消息的长度域值小于UPDATE消息的最小长度，或者是NOTIFICATION消息的长度域值小于该消息的最小长度，那么错误子码必须被置成错误的消息长度，数据域包含不正确的长度值。

如果消息报头的类型域不能被识别，那么错误子码必须被置成错误的消息类型，数据域包含不正确的类型码。

8.2 OPEN消息的错误检测和处理

在处理OPEN消息检测到的所有错误通过发送错误码为OPEN消息错的NOTIFICATION消息来通告，错误子码描述了错误的具体特征。LS必须对收到的每个OPEN消息做这部分的错误检查。

如果不支持收到的OPEN消息版本域中的版本号，那么错误子码必须被置成不支持的版本号，数据域是1字节的无符号整数，指示本地所支持的最大版本号，这个值小于远端TRIP对等体通告的版本。

如果OPEN消息中的ITAD域不能接受，那么错误子码必须被置成错误的对等ITAD。决定ITAD号是否能够接受超出了本协议讨论的范围。

如果OPEN消息的Hold Time域不能接受，那么错误子码必须被置成不可接受的Hold Time。在具体实现时必须拒绝Hold Time值为1 s或2 s，也可以拒绝建议的任何Hold Time，如果接受Hold Time，必须使用协商的值。

如果OPEN消息的TRIP标识域无效，那么错误子码必须置成错误的TRIP标识。TRIP标识是4个字节，可以取任意值。如果LS与在相同的ITAD区域内，具有相同TRIP标识的另一个LS建立了连接，那么它认为该TRIP标识无效。

在同一个ITAD域内不能有两个LS具有相等TRIP标识值。这个约束对于不同的ITAD域不适用，因为目的是使用TRIP标识和ITAD域号唯一的区分LS。

如果OPEN消息的可选参数不能识别，那么错误子码必须被置成不支持的可选参数。

如果OPEN消息的可选参数包含一个不支持的功能信息(不支持类型或值)，那么错误子码必须被置成不支持的功能，并且在NOTIFICATION消息的数据域完整的列出不支持的功能。

如果OPEN消息的可选参数包含与接收LS功能不匹配的功能，那么错误子码必须被置成功能不匹配，并且在NOTIFICATION消息的数据域列出不匹配的功能。

8.3 UPDATE消息的错误检测和处理

在处理UPDATE消息时检测到的所有错误都通过发送错误码为UPDATE消息错的NOTIFICATION消息通告，错误子码描述了错误的具体特征。LS对接收的每一个UPDATE消息都要做这部分的错误检查，而且该检查必须在扩散过程之前进行。

如果可识别的属性标志位与属性类型编码冲突，那么错误子码必须置成属性标志错误，数据域填写错误的属性信息(类型，长度，值)。

如果可识别属性的长度与期待的长度(该长度基于属性的类型)冲突，那么错误子码必须被置成属性长度错误，数据域填写错误属性信息(类型，长度，值)。

如果任一强制的公认属性没有出现(在UPDATE消息中包含条件强制属性以及相关条件)，那么错误子码必须置成遗漏公认的强制属性，数据域填写遗漏的公认强制属性类型编码。

如果不能识别公认的属性，那么错误子码必须置成不识别的公认属性，数据域填写不识别的属性(类型，长度，值)。

如果属性有一个不正确的(按照语句构成)或者未定义的值,那么错误子码被置成无效的属性,数据域填写不正确的属性(类型,长度,值)。例如,收到一个具有无效地址的 NextHopServer 属性,那么此类 NOTIFICATION 消息将会被发送。

在 AdvertisementPath 域携带的属性用于 ITAD 环路的检测。ITAD 环路的检测是通过扫描所有的 AdvertisementPath,查看本地的 ITAD 号是否已出现在 AdvertisementPath 中。如果本地 ITAD 号出现在 AdvertisementPath 中,那么路由可能已保存在 Adj-TRIB-In 数据库中。然而,除非 LS 被配置成能够接收具有本地 ITAD 号的路由时,该路由信息才能被传递给 TRIP 决策过程。关于此类 LS 操作的描述超出了本标准的范围。

如果从内部对等体收到的 UPDATE 消息中 WithdrawnRoutes,ReachableRoutes 或者 ITAD 拓扑属性的链路状态封装标志没有置位,那么错误子码被置成无效的属性,数据域填写该属性。同样的,从外部对等体收到链路状态封装标志置位的属性也是无效的。

如果任一属性在 UPDATE 消息中出现多次,那么错误子码被置成不正确的属性列表。

8.4 NOTIFICATION 消息错误检测和处理

如果对等体发送的 NOTIFICATION 消息中没有错误信息,那么不会使用另一个 NOTIFICATION 消息来通告该错误。应当特别注意不能识别的错误码和错误子码的错误消息,并且在本地做日志。这部分超出本标准的范围。

8.5 Hold Time 计时器超时的错误处理

如果系统在协商的 Hold Time 特定周期内没有收到消息,那么必须发送错误码为 Hold Time 计时器超时的 NOTIFICATION 消息,并且关闭 TRIP 连接。

8.6 有限状态机的错误处理

如果检测到 TRIP 有限状态机错误(例如收到未期待的事件),必须发送错误码为有限状态机错误的 NOTIFICATION 消息,并且关闭 TRIP 连接。

8.7 停止

如果没有重大错误 TRIP 可以选择错误码为停止的 NOTIFICATION 消息关闭 TRIP 连接,但是如果存在重大错误,那么此类消息一定不能使用。

8.8 连接冲突检测

所谓的连接冲突是指一对 LS 同时建立传输层连接,这样就有可能建立两条并行连接,显然,其中一条连接必须被关闭。

为此建立了一种规则根据 TRIP 标识值来决策当冲突发生时应当保留哪个 TRIP 连接。该规则通过比较对等体的 TRIP 标识,保留标识值较大的 LS 发起的连接。

一收到 OPEN 消息,本地 LS 必须检查状态处于 OpenConfirm 的所有连接,当然如果已经知道了对端 TRIP 标识也可以检查状态处于 OpenSent 的连接。如果在这些连接中存在一个 TRIP 标识与 OPEN 消息中标识相同的连接,那么本地 LS 必须执行如下的冲突解决过程:

本地 LS 与远端 LS 比较 TRIP 标识和 ITAD,TRIP 标识按照 4 字节无符号整数进行比较。

如果本地 LS 的 TRIP 标识小于远端 LS 的 TRIP 标识,或者 TRIP 标识相同但是本地 ITAD 域号小于远端 ITAD 域号,那么本地 LS 必须关闭已经存在的连接(处于 OpenConfirm 状态),接受远端 LS 发起的 TRIP 连接:

a) 否则本地 LS 关闭新建的 TRIP 连接,继续使用现存的连接(处于 OpenConfirm 状态)。
b) 如果与已经建立的处于 Establised 状态的连接冲突,LS 必须无条件关闭新建的连接。需要指出的是处于 Idle,Connect 或者 Active 状态时,不能检测到连接冲突。
c) 为关闭 TRIP 连接,LS 必须发送错误码为停止的 NOTIFICATION 消息。

9 TRIP 版本协商

LS 可以在 OPEN 消息中包含功能选项向对端的 LS 通告自己所能支持的功能。在与对等体通信时,LS 一定不能使用未在 OPEN 消息的功能选项中列出的功能。

10 TRIP 协议有限状态机

为保证整个 ITAD 域内和域间获得相同的网络路由信息,每个 LS 上都维护着一个 TRIP 有限状态机,包含下述 6 个状态:IDLE,CONNECT,ACTIVE,OPENSENT,OPENCONFIRM,ESTABLISHE,如图 15 所示。

IE(输入事件)	描述
1	TRIP Start
2	TRIP Stop
3	TRIP Transport connection open
4	TRIP Transport connection closed
5	TRIP Transport connection open failed
6	TRIP Transport fatal error
7	ConnectRetry timer expired
8	Hold Timer expired
9	KeepAlive timer expired
10	Receive OPEN message
11	Receive KEEPALIVE message
12	Receive UPDATE messages
13	Receive NOTIFICATION message

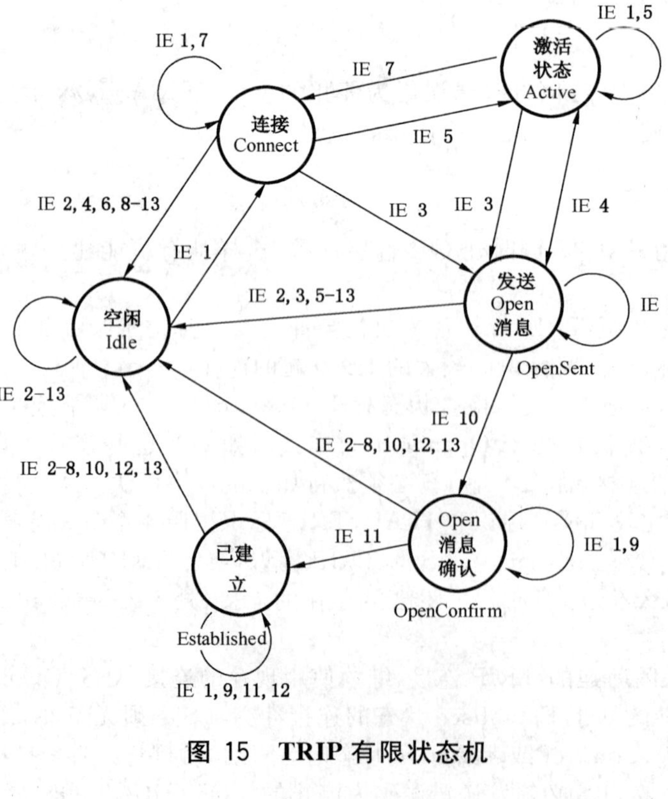

图 15 TRIP 有限状态机

由于路由信息交互不允许在连接状态下出错，所以首先要保证LS之间的TRIP连接是可靠的。另外，由于路由信息交互频繁，故要求其能快速建立连接，因而在状态机中设置三个定时器：ConnectRetry、KEEPALIVE和Hold Time。其中，ConnectRetry用于初始TCP连接，KEEPALIVE与TCP连接激活状态相关，Hold Time则为一次TRIP连接的时限。

首先，有限状态机处于初始IDLE状态；收到初始化事件时，状态机被触发进入CONNECT状态；然后本地LS主动发起一个端到端的TCP连接请求，并侦听远端LS连接请求。一旦TCP连接建立成功，则进入OPENSENT状态。若连接失败，本地LS进入ACTIVE状态，继续侦听来自远端LS的连接请求，直至ConnectRetry超时，返回CONNECT状态。进入OPENSENT状态后，本地LS可以向对端发送OPEN消息，为后续路由消息交互建立TRIP通道。本地LS若收到TCP连接断开指示，便再次进入ACTIVE状态。如果对端LS收到了OPEN消息，并返回正确的OPEN确认，本地状态机就进入OPENCONFIRM状态，在此状态下设置KEEPALIVE和Hold Time定时器，并发送KEEPALIVE消息。若本地LS陆续收到对端的KEEPALIVE消息，状态机进入ESTABLISHED状态，并启动UPDATE交互过程。

附录A中规定了TRIP有限状态机的事件和状态迁移，以及触发事件和相应动作。

协议状态：

——空闲(Idle)

TRIP初始处于空闲状态(IDLE)，在这个状态下系统不分配任何资源，也不接收来自对等体任何入建立请求。当接收到Start事件，本地系统初始化所有的TRIP资源，包括启动ConnectRetry计时器，发起一个到对等体的传输层连接，监听来自远端TRIP对等体的连接建立请求，同时将状态迁移到连接状态(Connect)。

ConnectRetry计时器的缺省值是120 s。

当LS检测到错误时，就会关闭传输层的连接，将状态迁移到空闲(IDLE)。在空闲状态下，只有Start事件才能够引起状态的迁移，所以如果自动生成该事件，那么可能会由于TRIP的错误而导致LS设备在不同状态间的持续抖动。因此，在由于发生错误才使得状态迁移到空闲时，不能够立即产生一个新的Start事件，而是按照指数规则在两个连续的Start事件之间等待一段时间间隔，原则上时间间隔至少应当是连续两次连接建立请求间隔的两倍，初始值为60 s。

——连接(Connect)

在这个状态下，LS等待与对端对等体传输层连接的建立，同时监听来自对等体的入连接请求。

如果传输层连接建立成功(包括本地发起和对等体发起连接建立)，那么本地LS清除ConnectRetry计时器，完成初始化，向对等体发送OPEN消息，Hold Time计时器赋一个值(建议为240 s)，同时状态迁移到OpenSent。

如果传输层连接建立失败(如重传计时器超时)，本地LS重新启动ConnectRetry计时器，继监听来自远端的连接建立请求，同时将状态迁移到激活(Active)。

当ConnectRetry计时器超时事件触发，本地LS取消向对等体发送的任何传输层连接建立请求，重新启动ConnectRetry计时器，向远端对等体发起传输层连接请求，继续监听来自对等体的连接请求，状态不发生迁移。

LS检测到试图建立连接的远端对等体的IP地址不是所期待的，就会拒绝该请求，继续监听，状态不发生迁移。

在该状态下忽略Start事件。

对于任何其他事件，本地系统将释放所有与该连接相关的TRIP资源，同时状态迁移到空闲。

——激活(Active)

在此状态下，本地LS只监听对端对等体发起的入连接建立请求，而不向对等体发起一个连接请求。

如果传输层协议入连接建立成功，LS 将清除 ConnectRetry 计时器，完成初始化，向对等体发送 OPEN 消息，Hold Time 计时器赋一个值(建议为 240 s)，同时状态迁移到 OpenSent。

当 ConnectRetry 计时器超时事件触发，本地 LS 重新启动 ConnectRetry 计时器，向远端对等体发起传输层连接请求，继续监听来自远端对等体的连接请求，状态迁移到 Connect。

当 LS 检测到试图建立连接的远端对等体的 IP 地址不是所期待的，就会拒绝该请求，继续监听，状态不发生迁移。

在该状态下忽略 Start 事件。

对于任何其他事件，本地系统将释放所有与该连接相关的 TRIP 资源，同时状态迁移到空闲。

——Open 消息发送(OpenSent)

在这个状态，本地 LS 已经向对等体发出 OPEN 消息，正在等待接收来自对等体的 OPEN 消息。当接收到 OPEN 消息时，需要检查每个域的正确性，如果 TRIP 消息头或 OPEN 消息头出错，或者连接发生冲突，那么 LS 会发送 NOTIFICATION 消息，同时回到初始空闲状态。

如果 OPEN 消息中没有错误，那么 TRIP 发送 KEEPALIVE 消息并且置 KeepAlive 计时器，Hold Time 计时器的值被重置为协商后的值。如果协商后 Hold Time 值为 0，那么就不启动 Hold Time 和 KeepAlive 计时器，此外，如果 ITAD 域值与本地 ITAD 编号相同，则为域内连接，否则为域间连接，状态最终迁移到 OpenConfirm。

当 LS 检测到试图建立连接的远端对等体的 IP 地址不是所期待的，就会拒绝该请求，继续监听，状态不发生迁移。

如果收到传输层拆除连接的指示，LS 就会关闭传输层连接，重新启动 ConnectRetrt 计时器，继续监听由远端对等体发起的连接请求，状态迁移到 Active。

如果 Hold Time 计时器超时，LS 将发送错误码为“Hold Timer Expired”的 NOTIFICATION 消息，同时迁移到空闲状态。

如果触发 Stop 事件，LS 发送错误码为“Cease”的 NOTIFICATION 消息，状态迁移到空闲。

在该状态下，忽略 Start 事件。

对于其他的任何事件，LS 发送错误码为“Finite State Machine Error”的 NOTIFICATION 消息，同时状态迁移到空闲。

一旦 TRIP 从状态 OpenSent 迁移到 Idle，它将关闭传输层的连接，并且释放与该连接相关的所有资源。

——Open 消息证实(OpenConfirm)

在这个状态下，LS 已经发送了 OPEN 消息，并且发送 KEEPALIVE 消息应答收到的对等体的 OPEN 消息，同时等待对等体发送 KEEPALIVE 消息或是 NOTIFICATION 消息应答它发送的 OPEN 消息。

如果 LS 收到 KEEPALIVE 消息，其状态迁移到 Established。

如果在收到 KEEPALIVE 消息之前，Hold Time 计时器超时，LS 将发送错误码为“Hold Timer Expired”的 NOTIFICATION 消息，状态迁移到空闲。

如果 LS 收到 NOTIFICATION 消息，状态迁移到空闲。

如果从传输层协议收到拆除连接指示，LS 将会关闭传输层的连接，并且重新启动 ConnectRetry 计时器，继续监听来自远端 TRIP 对等体的连接请求，同时迁移到激活状态(Active)。

一旦 Stop 事件被触发，LS 会发送错误码为“Cease”的 NOTIFICATION 消息，同时迁移为空闲状态。

在此状态下，Start 事件被忽略。

对于任何其他事件，LS 将会发送错误码为“Finite State Machine Error”的 NOTIFICATION 消息，同时迁移状态到空闲。

一旦 TRIP 状态从 OpenSent 迁移到空闲，它就会关闭传输层的连接，同时释放与连接相关的所有资源。

——会话建立(Established)

在此状态下,LS在TRIP对等体之间交换UPDATE,NOTIFICATION以及KEEPALIVE消息。

如果Hold Timer计时器的协商值为0,那么不需要KEEPALIVE消息来维护TRIP对等体之间的会话,否则需要周期性的发送KEEPALIVE消息。如果Hold Time计时器超时,LS发送错误码为“Hold Timer expired”的NOTIFICATION消息,状态迁移到空闲;如果KEEPALIVE计时器超时,LS发送KEEPALIVE消息,重新启动KEEPALIVE计时器;如果LS收到UPDATE和KEEPALIVE消息,那么重新启动Hold Time计时器;每次发送UPDATE或是KEEPALIVE消息,LS都会重新启动KeepAlive计时器。

如果收到NOTIFICATION消息,状态迁移到空闲。

如果收到UPDATE消息并且检测出存在错误,LS将会发送NOTIFICATION消息,同时状态迁移到空闲。

如果收到传输层拆除连接的指示,状态迁移到空闲。

一旦Stop事件被触发,LS发送错误码为“Cease”的NOTIFICATION消息,状态迁移到空闲。

对于任何其他事件,LS将会发送错误码为“Finite State Machine Error”的NOTIFICATION消息,同时迁移状态到空闲。

在此状态下,Start事件被忽略。

一旦TRIP状态从Established迁移到空闲,它就会关闭传输层的连接,同时释放与连接相关的所有资源。此外,如果是外部对等体,LS会删除所有通过此连接学习到的路由信息。

11 UPDATE消息的处理

只有在Established状态下,LS才可以接收UPDATE消息;一旦收到UPDATE消息,要对每个相关字段进行合法性检查。

在一个域内,通过扩散过程来保证区域内的所有LS拥有一个相同的本地路由信息库(Loc-TRIB)。某些包含在UPDATE消息中的路由信息,在扩散的过程会被标识为老或是重复,从而在UPDATE消息的处理过程中被忽略。

如果在UPDATE消息中包含有撤销路由信息,那么这些先前通告的路由信息会被从Adj-TRIB-In库中删除,同时LS必须重新运行决策过程,选出新的路由。

UPDATE消息中包含的路由信息必须被加入到适当的Adj-TRIB-In路由信息库中,同时按照下述规则进行处理:

a) 如果目的地址与当前保存在Adj-TRIB-In库中的完全相同,那么必须用这条新的路由替代库中旧的路由,同时LS必须重新运行路由决策过程,选出新的路由;

b) 如果新的路由比保存在Adj-TRIB-In库中的路由更具体,同时具有相同的属性,那么不需要进行任何其他处理;

c) 如果新的路由比保存在Adj-TRIB-In库中的路由更具体,但不具有相同的属性,那么LS必须运行路由决策过程,选出新的路由;

d) 如果新路由的目的地址在当前的Adj-TRIB-In库中不存在,那么LS必须运行路由决策过程;

e) 如果新路由不如当前保存在Adj-TRIB-In库中的路由具体,那么LS必须按照新路由的目的地址运行路由决策过程。

11.1 路由信息的扩散过程

当LS从内部对等体收到UPDATE更新消息时,它就会将消息中包含的新的路由信息通告给所有的内部对等体。扩散过程能够在不需要对区域内的拓扑结构做任何约束的前提下，有效地实现拓扑内LS路由信息的同步。实质上，这种扩散过程是受控的广播机制。

11.1.1 数据库信息

对于Adj-TRIB-In数据库中的每条链路状态的封装属性，LS必须维护序列号和生成TRIP的标识，这些值包含在ReachableRoutes，WithdrawRoutes路由信息以及ITAD的拓扑属性中。TRIP标识描述的是ITAD区域内产生此条路由的LS，序列号描述的是此条路由的版本。

11.1.2 判定新旧路由

对于包含在ReachaleRoutes和WithdrawnRoutes字段内的每一条路由信息，LS需要判定路由的新旧，这是通过比较UPDATE消息和保存在Adj-TRIBs-In数据库中路由信息的序列号来实现的。如果UPDATE消息中包含的路由在Adj-TRIBs-In数据库中不存在，或者是序列号大于Adj-TRIBs-In数据库中现存的路由序列号，那么这条路由就是新的；否则，路由是过时的。这种判定规则需要独立地应用到UPDATE消息中每一条链路状态的封装属性。

11.1.3 扩散

对于ReachableRoutes和WithdrawnRoutes字段内的每一条路由，按照路由新旧的判定规则，如果UPDATE消息中的路由是过时的，那么就丢弃，否则如果是新的，需要在ITAD区域内扩散。

如果路由被撤销，那么LS必须向它所有的内部对等体扩散撤销路由，必须标记路由，同时在数据库中维护被标记路由一个MaxPurgeTime时间间隔。

如果路由被更新，那么LS必须用该路由更新它的Adj-TRIBs-In数据库，同时向所有的内部对等体扩散该路由。如果上述过程导致Adj-TRIBs-In数据库的变化，那么需要按照本地路由的处理规则进行处理。

在实现上，建议采用下述方式：单个UPDATE消息中包含的所有新路由被封装在一个UPDATE消息中向其他内部对等体扩散。也可以有其他一些变化，但必须保证LS将收到的每一条新路由转发给其他的内部对等体。

11.1.4 序列号

序列号用于判定一条路由的新旧，值越大表明路由越新。序列号的值是在LS向本地ITAD区域内生成路由时分配的，它是一个4子节的整数，范围从1到($2^{32}-1$)。当LS产生第一条路由时(包括LS的重起)，序列号赋值为MinSequenceNum，后继的路由序列号递增。

当序列号的值递增到MaxSequenceNum减1时，LS的TRIP模块必须中止一个TripDisableTime时间间隔，以便将该LS产生的大序列号路由从数据库中删除。

11.1.5 在ITAD区域内清除一条路由

如果LS要在ITAD区域内撤销一条路由，那么它就将该路由包含在UPDATE消息的WithdrawnRoutes字段中，而且序列号必须要大于数据库中有效路由。LS可以选择MaxSequenceNum作为撤销路由的序列号，但是并不建议这样做。

在撤销路由后，LS必须在数据库中标识此路由，并将其在数据库中保留一个MaxPurgeTime的时间间隔。如果LS需要重新生成已经被撤销但仍存在于数据库中的路由，它可以采取以下两种方式：要么使用一个比当前路由序列号大的序列号，立即生成一条新的路由；或者是等到MaxPurgeNum计时器超时。

11.1.6 收到自己生成的路由

通过扩散过程 LS 可能会在 ITAD 区域内收到自己生成的 UPDATE 路由更新信息，如果收到的路由更新的序列号大于当前数据库中的路由序列号，那么必须进行如下的处理：a）如果 LS 还要通告该路由，那么重新生成一个序列号大于接收路由序列号的新路由，然后在 ITAD 区域内扩散；否则，如果 LS 不再通告该路由，那么就将该路由从数据库中清除。

11.1.7 删除撤销的路由

当 MaxPurgeTime 计时器超时以后，LS 应当确保被标记为撤销的路由及时的从数据库中删除，这可以通过定期的扫描数据库，从中删除那些时间间隔大于 MaxPurgeTime 的表项。

11.2 决策过程

通过应用本地策略信息库中的策略到 Adj-TRIBs-In 数据库中的路由集，LS 选则出那些需要在 ITAD 区域内向其他所有对等体扩散的路由，并将它们保存在 Adj-TRIBs-Out 数据库中。

通过定义一个函数而使得选择过程形式化，这个函数将给定路由的属性作为参数，返回一个非负的整数来指示路由的优先等级。计算给定路由优先等级的函数在下述情况下不会设置它的输入参数：存在其他路由，不存在其他路由，其他路由的属性。路由选择由两部分构成：路由优先级等级函数，最高路由优先级等级的选举。

ITAD 区域内的所有 LS 必须运行决策过程，执行相同的判定标准，否则不可能实现 Loc-TRIBs 数据库的同步。

对于保存在 Adj-TRIBs-In 数据库中的路由，决策过程完成下述职能：

——选出向内部对等体通告的路由；

——选出向外部对等体通告的路由；

——路由汇聚和路由信息的简化。

决策过程发生在 3 个不同的阶段，每个阶段都由不同的事件触发：

阶段 1 负责计算从外部对等体收到的路由的优先等级；

阶段 2 负责从所有有效路由中选出最佳路由，并且加入到 Loc-TRIB 数据库中；它是在阶段 1 完成后被激活。

阶段 3 负责向外部对等体分发 Loc_TRIB 数据库中的路由，依据本地策略数据库中的策略；此外路由汇聚和路由信息的简化也可以在该阶段来完成；它是在 Loc-TRIB 数据库被修改后触发的。

11.2.1 阶段 1：优先级等级计算

每当 LS 从对等体收到包含新路由、替代路由或者是撤销路由的 UPDATE 消息时，阶段 1 的决策函数都要被调用，它是一个独立完成的过程。在对 Loc-TRIB 数据库中路由处理前，决策函数要加锁 Loc-TRIB 数据库，直到对每一条新路由或是替代路由进行处理之后才解锁。

LS 必须确定接收的每一条新路由和替代路由的优先级等级，如果路由是从内部对等体学习到的，那么 LocalPreference 属性值必须作为优先级等级；如果路由是从外部对等体学习到的，那么优先级等级必须根据预先配置的策略信息和在 TRIP 通告的内部区域内设置的 LocalPreference 来计算。

优先级等级决策过程的输出是路由的本地优先级，本地 LS 计算从外部对等体学习到的或者是自己生成的路由的优先级，而从内部对等体学习到的路由其优先级直接从 LocalPreference 属性值获得。

11.2.2 阶段 2：路由选择

阶段 2 是一个完全独立的过程，它由两个分过程组成，两个过程采用相同的路由选择函数，但是输入不同,前一个过程将所有的外部路由和本地路由作为输入,输出加入到 Ext-TRIB 数据库中,而后一个过程是在前一个过程的基础之上,将 Ext-TRIB 数据库中的路由和 Adj-TRIBs-In 数据库中的内部路由作为输入,输出加入到 Loc-TRIB。

当第三阶段的决策函数在运行时,第二阶段的决策函数必须被禁止运行;在第二阶段的函数运行时,必须锁住所有的 Adj-TRIB-In 和 Ext-TRIB 数据库,当计算完成时释放锁。

如果 LS 断定路由中 NextHopServer 不可达,那么该路由从阶段 2 的决策函数中删除。

如果到同一目的地存在多条路由,那么 LS 路由选择函数必须选出如下路由:

——最高优先级等级;

——符合同优先级等级路由选举规则;

——撤销的路由必须从 Loc-TRIB,Ext-TRIB 和 Adj-TRIBs-In 数据库中删除。

如果在数据库 Ext-TRIB 和 Loc-TRIB 中包含有到达同一目的地的多条具有相同优先级等级的路由时,本地 LS 路由选择函数按照如下算法最终只选择其中一条:

a) 如果本地 LS 配置使用 MultiExitDisc 属性,从相同邻居 ITAD 域收到的候选路由其 MultiExitDisc 值不同,那么选择数值较大的一个;

b) 如果至少有一条路由是由内部 LS 生成的,那么选择 TRIP ID 值最小的 LS 生成的路由;

c) 否则,选择由 ITAD 编号最小的邻居域通告的路由。

11.2.3 阶段 3:路由分发

如果阶段 2 导致 Loc-TRIB 数据库的改变或者是新建了一个 LS-LS 会话,阶段 3 必须被调用。阶段 3 是一个相对独立的过程,而且在阶段 2 运行时,阶段 3 必须被禁止。

数据库 Loc-TRIB 的所有路由经处理后加入到 Adj-TRIBs-Out 库中相应的表项。路由汇聚和路由信息简化技术可以作为可选。

当 Adj-TRIBs-Out 数据库的更新完成,LS 必须执行外部更新过程。

11.2.4 路由重叠

如果在 Adj-TRIB-In 数据库中存在重叠路由,那么按照路由描述的目的地址具体程度排序:从具体到次具体,当具体路由被撤销时,次具体的路由被选用。

如果 LS 收到重叠路由,决策过程必须考虑重叠路由的语义。特别是,如果 LS 接收来自同一对等体的次具体路由而丢弃具体路由,那么重叠路由描述的目的地址可能无法沿着路由属性 AdvertisementPath 罗列的域转发,因此,LS 有以下选择:

a) 同时加入具体和次具体路由;

b) 只加入具体路由;

c) 只加入次具体路由的非重叠部分(意味着去除路由汇聚);

d) 加入汇聚后的路由;

e) 只加入次具体路由;

f) 不加入任何一条路由。

如果 LS 选择 5,那么应当增加路由的自动汇聚(AtomicAggregate)属性;一旦路由具有 AtomicAggregate 属性,那么一定不能解除汇聚,沿着这条路由转发也无法确保只穿越在路由 RoutedPath 属性中罗列的区域;如果 LS 选择 1,没有更具体路由它不能通告次具体路由。

11.3 发送 UPDATE 过程

Update-Send 过程负责向所有的对等体通告 Update 消息,例如,它向同一 ITAD 域内和相邻 ITAD 域内的 LS 分发由决策过程选出的路由。在向对等体转发路由之前,LS 必须决定路由的相关属性。如果非公认不可传递的属性无法识别，那么该属性被忽略；如果非公认传递依赖属性无法识别，而且 NextHopServer 属性被 LS 修改，那么该属性被忽略；如果非公认传递依赖属性无法识别，NextHopServer 属性被 LS 修改，属性标识位的部分比特位置 1，那么在向其他 TRIP 实体通告时保留路由属性；类似的，如果非公认传递独立属性无法识别，属性标识位的部分比特置 1，那么在向其他 TRIP 实体通告时保留路由属性。如果一个非公认属性能够识别，并且有一个有效值，那么在向其他 TRIP 实体通告时依据属性的类型进行修改。

11.3.1 内部更新

内部更新过程与路由信息在内部对等体之间的分发相关。

当 LS 从同一 ITAD 域内的 LS 收到 Update 消息时，需要进行扩散过程。当 LS 从相邻 ITAD LS 收到一条新路由，或者是一条本地路由注入到 TRIP，LS 都会决定路由的优先级。如果到给定的目的地，新路由与所有外部路由和本地路由相比具有最高的优先级，那么 LS 必须将该路由加入到 Ext-TRIB 数据库中，同时通过 Update 消息向同一 ITAD 区域内的 LS 通告该路由。在 ITAD 区域内，LS 将自己作为该路由的生成者。

当 LS 从外部对等体收到一个 WithdrawnRoutes 属性非空的 Update 报文，或者本地路由被 TRIP 撤销，LS 必须从 Adj-TRIB-In 数据库中删除那些路由；如果撤销的路由已经被添加到 Ext-TRIB 数据库中，那么必须采取下述步骤：

如果到相同目的地的新路由被选出，那么 LS 必须将替代路由加入到 Ext-TRIB 数据库中，同时向内部对等体扩散；

如果替代路由不能用于通告，那么 LS 必须在 Update 消息的 WithdrawnRoutes 属性中包含路由的目的地址，同时向每一个内部对等体发送此消息，并且从 Ext-TRIB 数据库中删除撤销的路由。

11.3.1.1 从外部对等体接收路由

如果 LS 与多个外部对等体相连，那么就存在多个 Adj-TRIB-In 数据库与对等体相关联，就可能存在多条到同一目的地优先级相同的路由，那么本地 LS 必须按照下述规则选择路由：

如果 LS 配置了 MultiExitDisc 属性，并且备选路由的 MultiExitDisc 属性值不同，选择其值最小的路由；否则选择具有 TRIP 标识最小的 LS 通告的路由。

11.3.2 外部更新

外部更新过程与向外部对等提分发路由信息相关，作为路由选择过程阶段 3 的一部分，LS 已经更新了 Adj-TRIB-Out 数据库，所有新增的和不可用的路由必须通过 Update 消息通告给外部对等体。

在 Loc-TRIB 数据库中被标记撤销的路由必须被删除，在 ITAD 域内可达目的地的变化也要通过 Update 消息通告。

11.3.3 控制路由流量过载

为减少 Update 消息占用的链路带宽以及降低决策过程需要的处理能力，TRIP 协议限制路由流量。

11.3.3.1 路由通告的频度

参数 MinRouteAdvertisementInterval 规定了从 LS 连续发送到特定目的地路由通告必须等待的时间间隔，这个速率限定过程是基于每个目的地的，MinRouteAdvertisementInterval 值的设置基于 LS 对等体。

因为在 ITAD 域内需要快速收敛，所以速率限定过程不能够应用到从内部对等体接收的以及被广播的路由上，此外为避免长时间的路由黑洞，这个过程也不能够应用在被显示删除的路由上。

这个过程不能限制路由选择的速率而仅仅是路由通告的速率。如果在 MinAdvertisementInterval 时间间隔内多次选择出新路由，那么通告最后选择的路由。

11.3.3.2 路由产生的频度

参数 MinITADOriginationInterval 规定了连续发送通告本 ITAD 域内路由变化的 Update 消息必须等待的时间间隔。

11.3.3.3 抖动

为减少 LS TRIP 消息分布达到峰值的可能性，采用抖动与 MinRouteAdvertisementInterval、KeepAlive 以及 MinITADOriginationInterval 计时器一同应用。

11.3.4 路由信息的有效组织

TRIP 实体可以使用多种有效的方式来组织将要通告的路由信息。

11.3.4.1 信息简化

信息简化可能意味着在策略控制粒度方面的简化，在信息时效后，相同的策略可以应用到所有等价的目的地和路径上。决策过程可以有选择地减少信息地数量，按照下述方法将信息加入到 Adj-TRIBs-Out 数据库中：

可达路由：通常一组目的地能够通过压缩的格式表示，例如 E.164 格式的电话号码，可以采用 E.164 前缀的压缩格式来表示。

通告路径：通告路径信息通常可以按照有序的 AP_SEQUENCEs 或者是无序的 AP_SETs 来表示，其中 AP_SETs 被用于路由汇聚算法。在路由信息中 ITAD 编号只罗列一次，而不论它在多个通告中被包含多少次。

AP_SETs 意味着在 Update 消息中通告的目的地沿着穿越若干相关 ITAD 域的路径是能够到达的，并且提供了充足的信息用于避免路由环路，然而它的使用可能会裁剪掉可用路径，因为这些路径不再按照 AP_SEQUENCEs 格式单独列举。事实上，这也不是一个问题，因为一旦一个呼叫到一组 ITAD 域的边缘，在这一点上 LS 可能会有详细的路径信息建立到目的地的单独路径。

11.3.4.2 汇聚路由信息

汇聚是为了减小加入到 Ext-TRIB 数据库中路由信息的数量，通过将多个不同路由的特性结合到一起，然后用一条路由来通告。

汇聚减少了一个 LS 存储和与其他 LS 交换的路由信息。

具有下述属性的路由不能够汇聚，除非属性值完全一致：MultiExitDisc，NextHopServer。

相同类型码的属性可以聚合，但是不同类型码的属性不能聚合。聚合属性的原则必须和属性的定义一同提供。对于 TRIP 基本属性 ReachableRoutes 和 AdvertisementPath 的汇聚原则在 7.4.4 规定。

11.4 路由选择标准

一般来讲，比较多个备选路由的额外规则超出了该协议规范本身，但是下面两种情况例外：

如果在新路由的 AdvertisementPath 属性中出现了本地 ITAD 编号，那么该条路由不优于其他路由，而且如果使用该路由，可能导致路由环路；

为实现路由的成功散发，只选择稳定的路由。因此，ITAD 必须避免使用不稳定的路由，而且不能随意的改变选择的路由。

LS可以通过注入由其他途径(如域内路由协议、手工配置或者是动态的注册机制)获得路由信息到TRIP中生成本地路由。通过决策过程,LS给本地路由分配一个优先级等级。对于TRIP协议来说,本地路由和外地路由是一致的,都要符合两阶段的路由选择机制;添加到Ext-TRIB数据库的路由必须向所有内部对等体通告;是否在ITAD区域内通过TRIP分发非TRIP方式学习到的路由应该通过配置控制。

11.5 生成TRIP路由

LS通过向TRIP注入通过别的途径学习到的路由信息生成本地的路由。LS会给产生的TRIP路由根据决策过程分配一个优先等级。对于TRIP而言,本地路由和外部路由是一样的,都必须遵守两阶段路由选择机制的约束。加入到Ext-TRIB数据库的本地路由必须向所有的内部LS通告。至于是否通过TRIP在ITAD域内通告非TRIP协议学习到的或者与ITAD环境无关的(如域内路由协议)路由信息,应当通过配置来控制。

12 TRIP传输

本标准规定使用TCP作为TRIP协议传输层,TRIP协议使用TCP6069端口。

13 ITAD拓扑

对于域内的LS拓扑没有严格的限定,例如,ITAD域内的LS可以配置成全互联,星型或者其他连通拓扑结构。类似的,对于ITAD的拓扑结构也没有严格的限定,例如,ITAD可以按照平面或者是多层次组织结构,或者其他的拓扑结构。

TRIP ITAD域边界可以位于两个LS之间的链路或者是单个LS上。对于后一种情况下,LS可能属于多个ITAD域,对所属的每个ITAD域都是一个内部的LS。

14 安全考虑

这部分包括TRIP LS和在IP环境下运行于TCP之上的TRIP协议安全两部分内容。

显然,需要一个安全机制来防止未授权的实体应用TRIP协议与其他LS建立一个未授权的连接,或者是防碍授权会话的正常通信。在IP网络中基于TCP传输的安全机制就是IPsec,IPsec使用认证头(Authentication Header)和安全载荷封装(Encapsulating Security Payload)两个协议来确保流量的安全。

认证头在对等LS之间提供了数据源认证,无连接完整性和重攻击防护,安全载荷封装提供源认证,无连接完整性,重攻击防护和消息加密。

IKE的实现应该允许支持多个可选密钥,并且支持RSA签名和RSA公开密钥加密认证。

安全联盟是一个为承载数据流提供安全服务单一连接。安全联盟通过使用AH或者是ESP来提供安全服务,定义了两种模式:传输模式和隧道模式。传输模式是两个主机之间的安全关联,适用于保护对等LS之间的TRIP会话。

附录B中提供一些实现时的参考建议。

附 录 A
（规范性附录）
TRIP 有限状态机

本附录规定了 TRIP 有限状态机的事件和状态迁移。

TRIP 状态：

1——空闲(Idle)；

2——连接(Connect)；

3——激活(Active)；

4——Open 发送(OpenSent)；

5——Open 证实(OpenConfirm)；

6——建立(Established)。

TRIP 事件：

1——TRIP 启动；

2——TRIP 停止；

3——打开 TRIP 传输层连接；

4——关闭 TRIP 传输层连接；

5——打开 TRIP 传输层连接失败；

6——TRIP 传输层错误；

7——连接重试计时器超时；

8——连接保持计时器超时；

9——KeepAlive 计时器超时；

10——收到 OPEN 消息；

11——收到 KEEPALIVE 消息；

12——收到 UPDATE 消息；

13——收到 NOTIFICATION 消息。

TRIP 有限状态机状态迁移及触发事件和相应动作：

事件	动作	发送消息	下一个状态
当前状态:Idle (1)			
1	初始化资源	无	2
	启动连接尝试计时器		
	初始化一个传输层连接		
其他状态	无	无	1
当前状态:Connect(2)			
1	无	无	2
3	完成初始化,清除连接尝试计时器	OPEN	4
5	重新启动连接重试计时器	无	3
7	重新启动连接尝试计时器,初始化传输层连接	无	2
其他状态	释放资源	无	1

事件	动作	发送消息	下一个状态
当前状态:Active(3)			
1	无	无	3
3	完成初始化,清除连接尝试计时器	OPEN	4
5	关闭连接,重新启动连接尝试计时器		3
7	重新启动连接尝试计时器,初始化传输层连接	无	2
其他状态	释放资源	无	1
当前状态:OpenSent(4)			
1	无	无	4
4	关闭传输层连接,重新启动连接尝试计时器	无	3
6	释放资源	无	1
10	处理 OPEN 消息成功 处理 OPEN 消息失败	KEEPALIVE NOTIFICATION	5 1
其他状态	关闭传输层连接,释放资源	NOTIFICATION	1
当前状态:OpenConfirm(5)			
1	无	无	5
4	释放资源	无	1
6	释放资源	无	1
9	重启 KeepAlive 计时器	KEEPALIVE	5
11	完成初始化,重启保持计时器	无	6
13	关闭传输层连接,释放资源		1
其他状态	关闭传输层连接,释放资源	NOTIFICATION	1
当前状态:Established(6)			
1	无	无	6
4	释放资源	无	1
6	释放资源	无	1
9	重启 KeepAlive 计时器	KEEPALIVE	6
11	重启 KeepAlive 计时器	KEEPALIVE	6
12	处理 OPEN 消息成功 处理 OPEN 消息失败	KEEPALIVE NOTIFICATION	6 1
13	关闭传输层连接,释放资源		1
其他状态	关闭传输层连接,释放资源	NOTIFICATION	1

附 录 B
（资料性附录）
实 现 建 议

本附录提供一些实现时的参考建议。

B.1 每个消息多个网络

TRIP 协议允许在一个消息中指定多个具有相同通告路径和下一跳服务器的地址前缀，强烈建议使用该功能。每个消息携带一个地址前缀会严重增加接收者的负荷，而且为更新检索路由表也会导致负荷的成倍增加。从未按照通告路径形式组织的路由表中构造包含具有相同通告路径和下一跳的多个地址前缀消息的方法就是通过扫描路由表构造多个消息。处理每个地址前缀，构造一个消息来描述与该地址前缀相关的通告路径和下一跳信息，如果该地址前缀不存在，那么增加新的地址前缀；如果该消息已存在，只需要增加地址前缀。如果消息没有足够的字节空间来包含该地址前缀，那么需要构造一个新的消息，加入该地址前缀。当扫描完整个路由表，发送创建的消息并且释放它们的资源。如果地址前缀共享相同的下一跳服务器和公共属性，那么就可以实现最大比例的压缩，实现在一个 4 096 字节的消息中发送多个地址前缀。

如果 TRIP 没有实现将多个地址前缀压缩到一个消息，那么必须采取下述步骤来减轻由于网络拓扑变化而引起的数据扩散造成的负荷。一种方法是限制更新的速度，这将减少重复扫描路由表为 TRIP 对等体提供短暂更新，但是这种方法的一个缺陷就是会增加路由信息传播的时延。通过选择一个小的刷新间隔（小于处理多个消息的时间）可以减少时延。一个较好的方法是在发送更新之前读所有接收的消息。

B.2 处理流协议消息

TRIP 协议使用 TCP 作为传输层机制。因为 TCP 数据流的特性是不要求接收消息的数据同时到达，所以将这些数据作为一个消息处理很困难，特别是对于那些无法决定已经接收了多少数据还有多少尚未处理的系统而言。

在这种情况下，可以首先处理消息头。对于 Keepalive 消息而言，这就是一个完整消息；对于其他消息类型，首先验证消息头，特别是长度。如果验证通过，处理后继的数据（减去报头的数据）。一种实现是在接收对等体数据时挂起路由信息的处理，同时为每一个对等体建立一个消息缓冲区，直到接收到一个完整消息，该缓冲区内容才有效。

B.3 减少路由的抖动

为了避免过多的路由抖动，如果 LS 要撤销一条路由，发送一条更优或者是次优路由时，应当在一个 UPDATE 消息中通告。

B.4 TRIP 计时器

TRIP 协议应用 7 个计时器：ConnectRetry，Hold Time，KeepAlive，MaxPurgeTime，TripDisableTime，MinITADOriginationInterval，MinRouteAdvertisementInterval。ConnecRetry 计时器的建议值

是 120 s，Hold Time 计时器的建议值是 90 s，KeepAlive 计时器建议值是 30 s，MaxPurgeTime 计时器的建议值是 10 s，TripDisableTime 计时器的建议值是 180 s，MinITADOriginationInterval 计时器的建议值是 30 s，MinRouteAdvertisementInterval 计时器的建议值是 30 s。

B.5 AP_SET 排序

可以通过对 ITAD 编号进行排序来简化在 AP_SET 中的检索，当然这个优化完全是可选的。

ICS 33.040.30
M 12

中华人民共和国国家标准

GB/T 28502—2012

No.7 信令与 IP 互通的技术要求

Technical requirement of interworking between No.7 signalling and IP

(IETF RFC 2719:1999,Framework architecture for signalling transport,NEQ)

2012-06-29 发布　　2012-10-01 实施

中华人民共和国国家质量监督检验检疫总局
中国国家标准化管理委员会　发布

前　言

本标准按照 GB/T 1.1—2009 给出的规则起草。

本标准使用重新起草法参考 IETF RFC 2719:1999《信令传送的框架结构》编制。

本标准与 IETF RFC 2719 的一致性程度为非等效。

本标准由中华人民共和国工业和信息化部提出。

本标准由中国通信标准化协会归口。

本标准起草单位:工业和信息化部电信研究院、华为技术有限公司、上海贝尔股份有限公司。

本标准主要起草人:吕军、续合元、吴宏建、王立言、王卫东、张宏彬、秦奋、陈力军、郑兰芳。

No.7 信令与 IP 互通的技术要求

1 范围

本标准规定了在 IP 网络上传送基于消息的信令协议的体系框架以及信令传送中各功能实体和物理实体之间的关系，规定了在我国现阶段适宜采用的 No.7 与 IP 的互通模型，并以互通模型为基础，对信令网关设备的功能和性能提出了相应的要求。

本标准适用于 No.7 信令网与 IP 网的互通。

2 规范性引用文件

下列文件对于本文件的应用是必不可少的。凡是注日期的引用文件，仅注日期的版本适用于本文件。凡是不注日期的引用文件，其最新版本(包括所有的修改单)适用于本文件。

GB/T 28510 流控制传送协议(SCTP)

GB/T 28503 No.7 信令与 IP 互通适配层技术要求 消息传递部分(MTP)第二级用户适配层(M2UA)

IEEE 802.2 IEEE 关于信息技术的标准 系统间的通信和信息交换 局域网和城域网 特定需求 第 2 部分：逻辑链路控制(IEEE Standard for Information technology—Telecommunications and information exchange between systems—Local and metropolitan area networks—Specific requirements—Part 2：Logical link control)

IEEE 802.3 IEEE 关于信息技术的标准 系统间的通信和信息交换 局域网和城域网 特定需求 第 3 部分：载波监听多路访问/冲突检测(CSMA/CD)接入方法和物理层规范(IEEE Standard for Information technology-Specific requirements—Part 3：Carrier Sense Multiple Access with Collision Detection (CSMA/CD) access method and physical layer specifications)

IETF RFC 791 网际互联协议(Internet Protocol)

IETF RFC 1661 点到点协议(The Point-to-Point Protocol (PPP))

IETF RFC 3868 信令连接控制部分用户适配层(SUA)(Signalling connection control part User Adaptation layer (SUA))

IETF RFC 4165 No.7 信令与 IP 互通适配层技术要求 消息传递部分(MTP)第二级对等适配层(M2PA)

IETF RFC 4666 No.7 信令与 IP 互通适配层技术要求 消息传递部分(MTP)第三级用户适配层(M3UA)

3 术语和定义、缩略语

3.1 术语和定义

下列术语和定义适用于本文件。

3.1.1

信令传送 SIGTRAN

IP 网络中传递电路交换网(SCN)中信令协议的堆栈。它支持的标准原语接口不需要对现有的

SCN 信令应用进行任何修改，从而保证已有的 SCN 信令应用可以不必修改而直接使用。信令传送利用标准的 IP 传送协议作为低层传送，并通过增加自身的功能来满足 SCN 信令传送的要求。

3.1.2

信令网关　signalling gateway

No.7 信令网与 IP 网的边缘接收和发送信令消息的信令代理。信令网关的功能用在 No.7 信令网与 IP 网的关口，对信令消息进行中继、翻译或终结处理，信令网关功能也可以与媒体网关功能集成为一个物理实体。

3.1.3

媒体网关功能　media gateway function

用来终结 SCN 的媒体流的功能，它把媒体数据打包后然后把分组业务量传送到 IP 网；反过来把从 IP 网收到的分组业务量还原成到 SCN 的媒体数据。

3.1.4

媒体网关控制功能　media gateway control function

用来处理在 MGF 的资源注册和管理的功能，MGCF 可以根据本地的策略对资源授权使用。从信令传送的角度看，MGC 是 SCN 应用协议的终结点和起源点。

3.1.5

电路交换网　switching circuit network

使用预定义带宽的信道来承载业务的网络。如：PSTN（公共电话交换网）和 PLMN（公共陆地移动网），其中的信令协议的例子包括：No.7 信令的 MTP 第三层和 No.7 信令的应用或用户部分。

3.1.6

媒体网关单元　media gateway unit

MGU 是一个物理实体，包含了 MG 的功能。它还可能包含其他功能，如处理与设备相关的信令的 SG 功能。

3.1.7

媒体网关控制单元　media gateway control unit

包含媒体网关控制功能的物理实体。

3.1.8

信令网关单元　signalling gateway unit

包含信令网关功能的物理实体。

3.1.9

信令点　signalling point

No.7 信令网中的一个节点，用来发起或终结信令消息。在 No.7 信令网中也用 SP 来表示。例如，局用交换机、SCP 或数据库等。

3.1.10

信令转接点　signalling transfer point

No.7 信令网中的一个节点，它根据信令消息中的目的点码（DPC）来为信令消息选路。

3.1.11

应用服务器　application server

执行特定选路关键字的逻辑的实体。AS 可以是在唯一范围的 PSTN 中继上处理所有呼叫进程的虚拟交换单元，它可以由 DPC/OPC/CIC 范围来标识；AS 也可以是一个虚拟的数据库单元，处理对特定 DPC/OPC/SCCP_SSN 组合的事务处理。AS 在 SG 的模型中是由一个或多个相关应用服务器进程组成的有序队列，AS 通常由一个或多个相关应用服务器进程组成，这些应用服务器进程只有在激活后才用来处理业务。

3.1.12

应用服务器进程　application server process

应用服务器的进程实例。应用服务器进程是主用的或备份的应用服务器的实例(例如,分布式的虚拟交换或数据库的部分单元)。ASP 可以是 MGC、IP SCP 或 IP HLR 的进程或者是进程实例。一个 ASP 应当包括一个 SCTP 端点,并被可以被配置在一个或多个应用服务器中处理信令业务。

3.1.13

IP 信令点　IP signalling point

具有 IP 连接的传统的 No.7 信令点。在 IP SP 上,传统的 No.7 信令点的功能是通过 IP 网络完成的,而不是通过 No.7 信令链路完成的。

3.2 缩略语

下列缩略语适用于本文件。

AS	Application Server	应用服务器
ASP	Application Server Process	应用服务器进程
CIC	Circuit Identification Code	电路识别码
DPC	Destination Point Code	目的信令点编码
GT	Global Title	全局码
INAP	Intelligent Network Application Part	智能网应用部分
IP SP	IP Signalling Point	IP 信令点
IP SCP	IP Service Control Point	IP 业务控制点
ISDN	Integrated Service Digital Network	综合业务数据网
ISUP	ISDN User Part	ISDN 用户部分
M2PA	MTP2 peer-to-peer Adaptation layer	MTP 第二级用户对等层间的适配层
M2UA	MTP2 User Adaptation layer	MTP 第二级用户适配层
M3UA	MTP3 User Adaptation layer	MTP 第三级用户适配层
MAP	Mobile Application Part	移动应用部分
MG	Media Gateway	媒体网关
MGC	Media Gateway Control	媒体网关控制器
MGCU	Media Gateway Control Unit	媒体网关控制器单元
MGU	Media Gateway Unit	媒体网关单元
MTP	Message Transfer Part	消息传递部分
NAS	Network Access Server	网络接入服务器
NIF	Node Interworking Function	节点互通功能
No.7 AP	No.7 Application Part	No.7 应用部分,代表了 SCCP 的用户部分
No.7 UP	No.7 User Part	No.7 用户部分,代表了 MTP-3 的用户部分
OPC	Original Point Code	源信令点编码
PSTN	Public Switched Telephone Network	公共电话交换网
SCCP	Signalling Connection Control Part	信令接续控制部分
SCN	Swiching Circuit Network	电路交换网
SCP	Service Control Point	业务控制点
SCTP	Stream Control Transport Protocol	流控制传送协议
SG	Signalling Gateway	信令网关

SGU	Signalling Gateway Unit	信令网关单元
SIGTRAN	Signaling Transport	信令传送
SP	Signalling Point	信令点
STP	Signalling Transfer Point	信令转接点
SUA	SCCP User Adaptation Layer	SCCP 用户适配层
TCAP	Transaction Capabilities Application Part	事务处理应用部分
TUP	Telephone User Part	电话用户部分

4 No.7 信令与 IP 网互通的基本框架体系

4.1 概述

在 IP 网络上传送基于消息的信令协议时的基本框架体系包括：对消息的封装方法、端到端的协议机制、以及如何使用 IP 的已有能力来满足信令传送(SIGTRAN)的功能和性能要求。

此外，No.7 信令与 IP 网互通的基本框架体系中还描述了信令传送中的各功能实体和物理实体之间的对应关系，包括：网关间的控制结构，以及其他可能需要使用信令传送(SIGTRAN)的场合。

4.2 信令传送协议的功能模型

图 1 定义了一个通用的功能模型，它将网关分离为 SG、MGC 和 MG。该模型的实现方法可以是多样的，既可以采用分离的设备实现这些功能，也可以集成到一个设备中实现。

如果功能实体位于不同的物理设备之上，信令传送就应当能够支持在实体之间对 SCN 信令的传送，并满足预定的功能和性能要求。

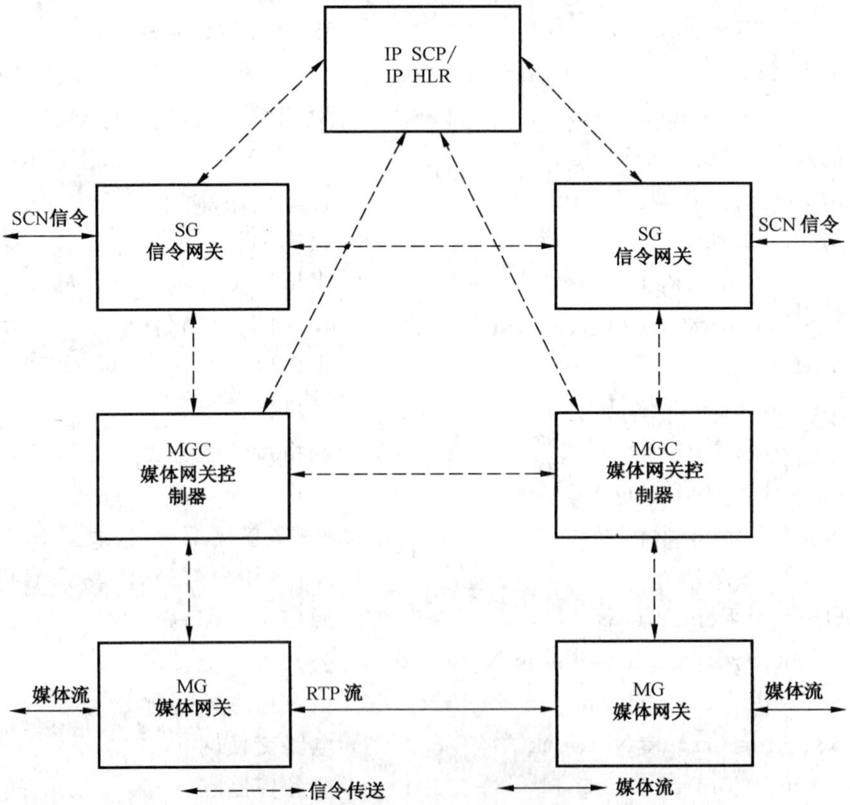

图 1 信令传送的功能模型

如图1所示，目前支持SIGTRAN的接口主要应用于SG-MGC、SG-SG，和SG-IP SCP/HLR之间。但在MGC-MGC、MG-MGC之间也可以使用SIGTRAN。

4.3 与支持连接控制的No.7信令的互通

图2中给出了这些功能实体在物理实体中的具体实现，这些物理实体用来最终完成No.7-IP互通，提供VOIP、VOATM和NAS等业务应用。

为了实现与No.7信令网的互通，SG首先需要终接No.7信令链路，然后利用SIGTRAN将信令消息的内容传递给MGC进行处理。MG只负责终接局间中继，并且按照来自MGC的控制指令的指示来控制中继。在图2的a)中，SG、MGC和MG分别实现在不同的物理实体上；在b)中，MGC和MG则实现在同一个物理实体上。在图2的c)中，终接No.7信令链路的物理设备与终接局间中继的设备是同一设备(例如，MGU)。在这种实现中，SG功能与MG功能共存于同一设备，SG功能使用回程(backhaul)方式将信令内容传递给MGCU。

No.7信令链路也可能直接终接于MGCU，当然这需要通过物理层的交叉连接实现，或者是直接接入到MGCU，或者通过MGU中继后接到MGCU。

在某些实现中，出于升级、信令网管理和寻址方面的考虑，可以将SG功能在多个物理实体上实现。这种情况下，SIGTRAN既能够用于SG之间，也能够用于SG-MGC之间。

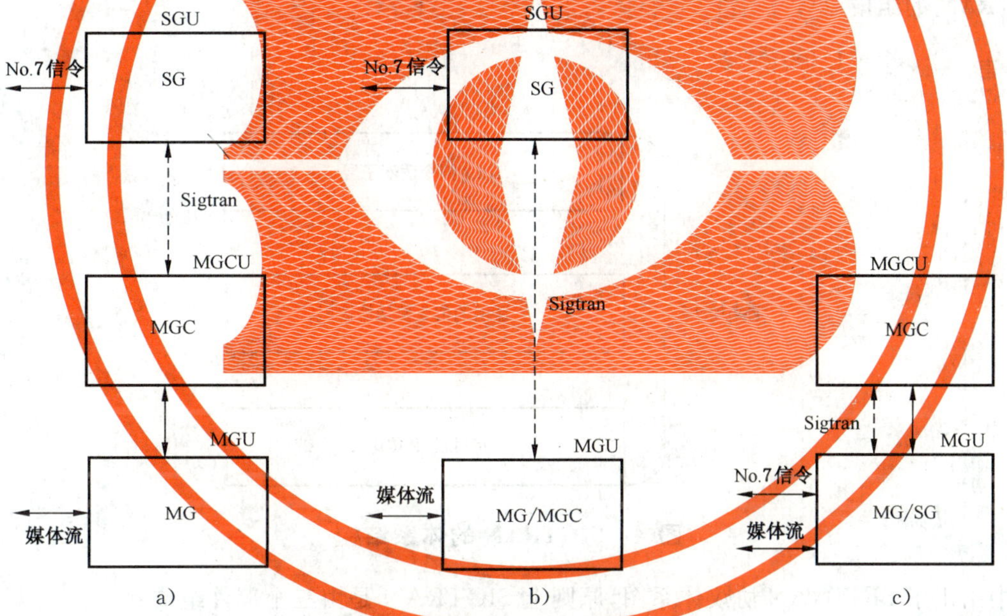

图2 支持连接控制的Sigtran功能实体的实现

4.4 与支持数据库访问的No.7信令的互通

TCAP是No.7信令的应用部分，为与电路无关的信令消息使用。IP网络中引入TCAP主要是为了解决No.7信令网中和IP网中的实体要互相跨域访问的需要，例如：

——从一个No.7网络实体去访问IP网络中的一个SCP、HLR或MGC；

——从IP网络中的MGC、SCP或HLR访问一个No.7网络实体。

使用TCAP的No.7与IP互通基本功能模型如图3所示。

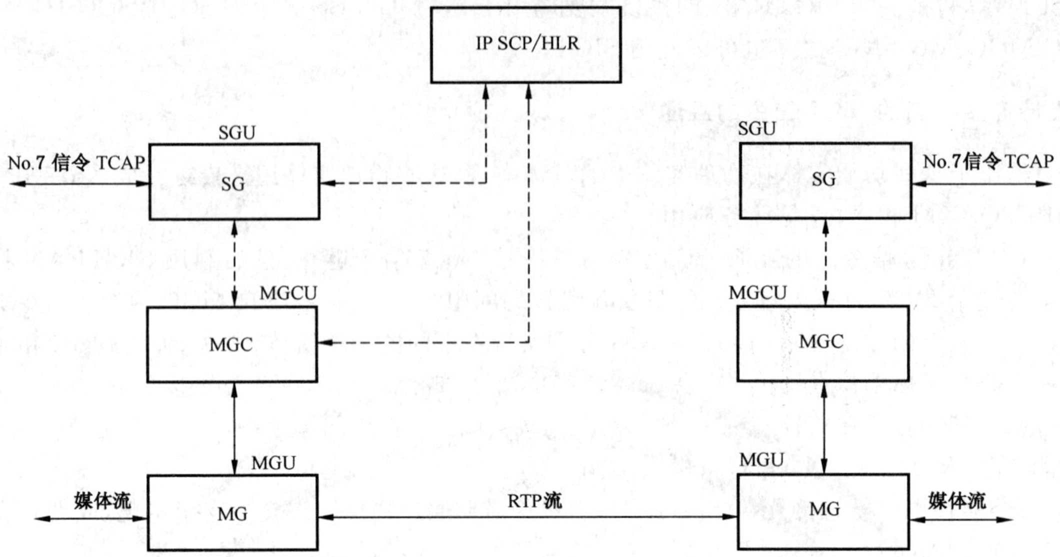

图 3　支持访问数据库的 SIGTRAN 功能实体的实现

4.5　SIGTRAN 的组成

4.5.1　导言

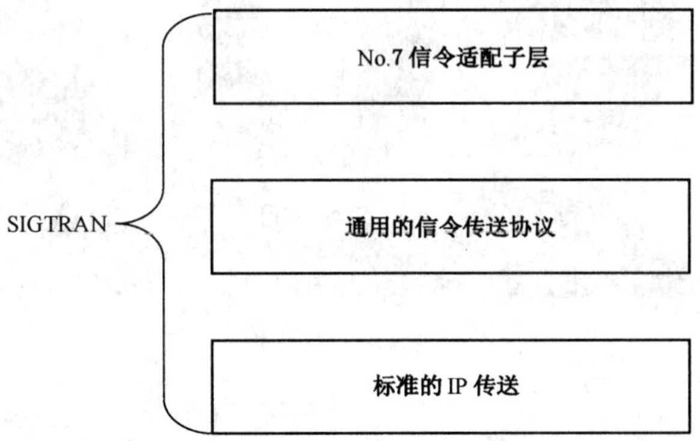

图 4　SIGTRAN 的体系结构

图 4 中给出了 SIGTRAN 协议体系图，原则上 SIGTRAN 是由三个部件组成：

a)　No.7 信令适配子层：支持特定的原语，例如，管理指示。这些原语是一个特定的 SCN 信令协议所必需的；

b)　通用的信令传送协议，支持信令传送所需的通用且可靠的传送功能；

c)　标准的 IP 传送协议。

4.5.2　No.7 信令网节点通过 SG 访问 MGC 时 SIGTRAN 的框架体系

No.7 信令网的节点通过 SG 访问 MGC 时，可以在 SG 使用不同的适配子层，因此对于 No.7 信令网访问 MGC 时应用的 SIGTRAN 实例有以下三种方式，如图 5、图 6 和图 7 所示。

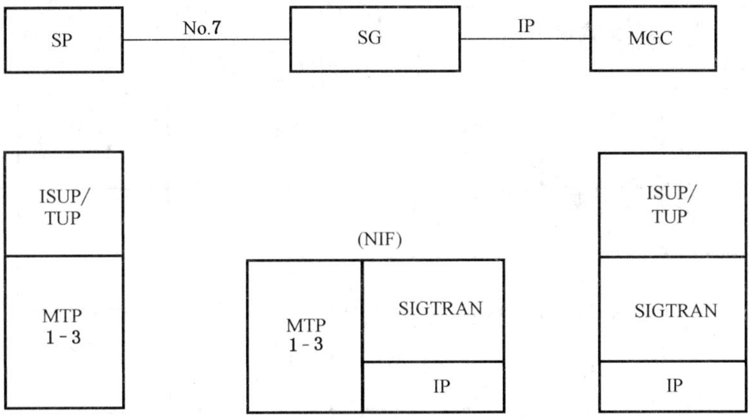

图 5　No.7 信令网访问 MGC 应用的 SIGTRAN 实例(使用 M3UA)

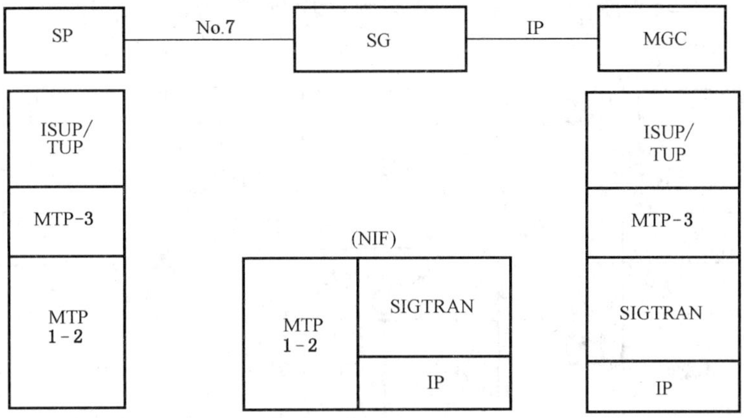

图 6　No.7 信令网访问 MGC 应用的 SIGTRAN 实例(使用 M2UA)

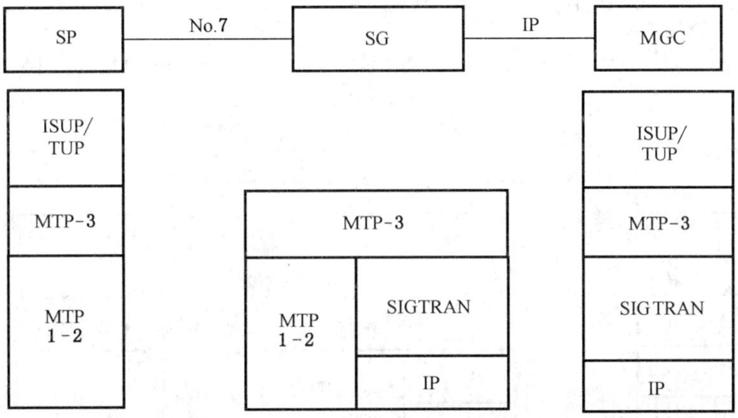

图 7　No.7 信令网访问 MGC 应用的 SIGTRAN 实例(使用 M2PA)

4.5.3　No.7 信令网节点通过 SG 访问 IP SCP 时 SIGTRAN 的框架体系

本条给出了支持数据库访问的 SIGTRAN 的框架体系,在示意图中,No.7 应用部分代表了所有的应用部分(例如:MAP、INAP 等)。根据需要传送的应用协议,应用部分可以包括或不包括 TCAP。因此 No.7 信令应用部分向下的协议接口可以是 TC 用户接口,或者是 SCCP 用户接口。

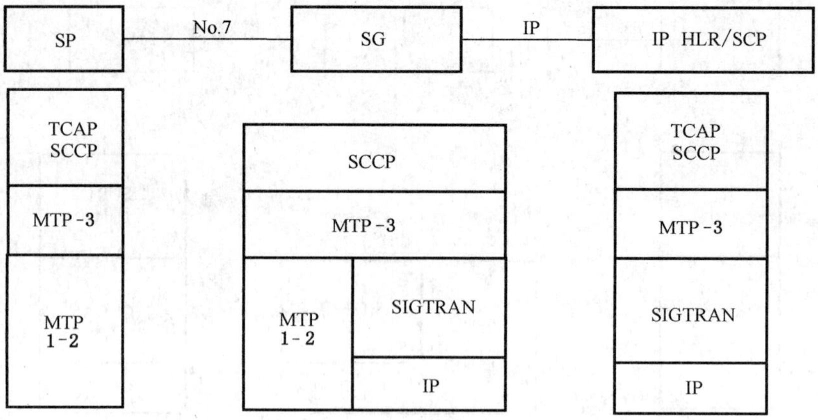

图 8 No.7 信令网访问 IP 节点的 SIGTRAN 实例(使用 M2PA)

图 8 中给出了使用 M2PA 来访问 IP 节点的实例,图 8 中 SG 完成的功能与传统信令网中信令转接点的功能基本相同,只是还额外完成了 MTP 与 IP 地址之间的翻译功能

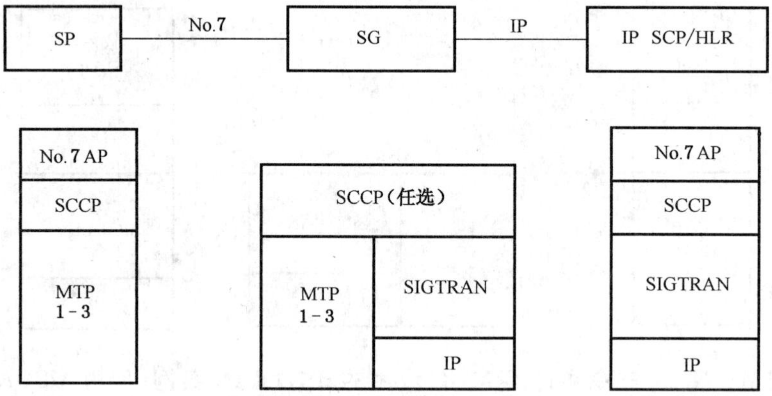

图 9 No.7 节点访问 IP 节点-传送 SCCP 消息(使用 M3UA)

图 9 的示例是把 SCCP 作为 SG 与 IP 信令点(IP SP)之间被传送的协议,其中 IP 信令点支持部分 No.7 应用协议。

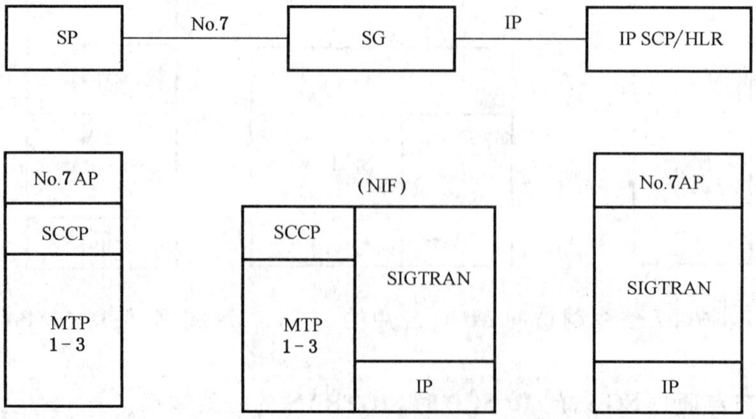

图 10 No.7 访问 IP 节点-传送 No.7 AP(使用 SUA)

图 10 的示例中 No.7 AP 作为 SG 与 IP 信令点(IP SP)之间被传送的协议。由于 No.7 AP 中可能包括 TCAP,也可能不包括 TCAP,因此 SIGTRAN 应能够同时支持 TC 用户接口和 SCCP 用户接口。

4.5.4 在 SG 间进行信令传送的框架体系

本条提供了用于支持两个 SG 之间直接进行信令传送的框架体系。

图 11 的示例中两个 SG 具有不同功能级别的协议体系。其中 No.7 用户部分代表了 MTP 的用户部分，例如，ISUP 和 TUP 等。

这种情况给出了 SIGTRAN 的两种不同用法：一种就是传送 MTP-3 信令，另一种就是传送用户部分的信令。

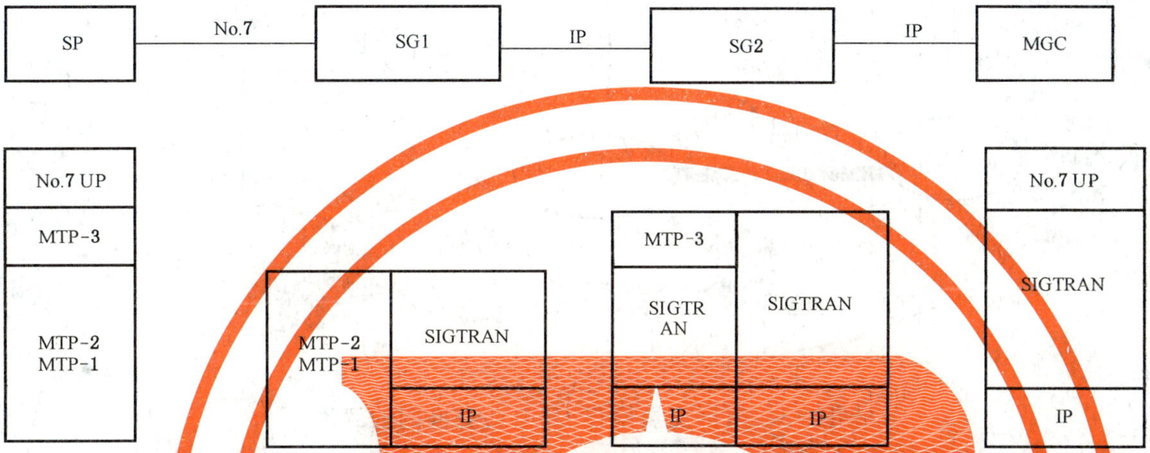

图 11 两个 SG 具有不同功能级别时的信令传送

图 12 也给出了一种在两个 SG 间传送信令的应用示例，信令的起源点和目的地点都是 No.7 信令点(SP)。两个 SG 具有相同的功能级别。

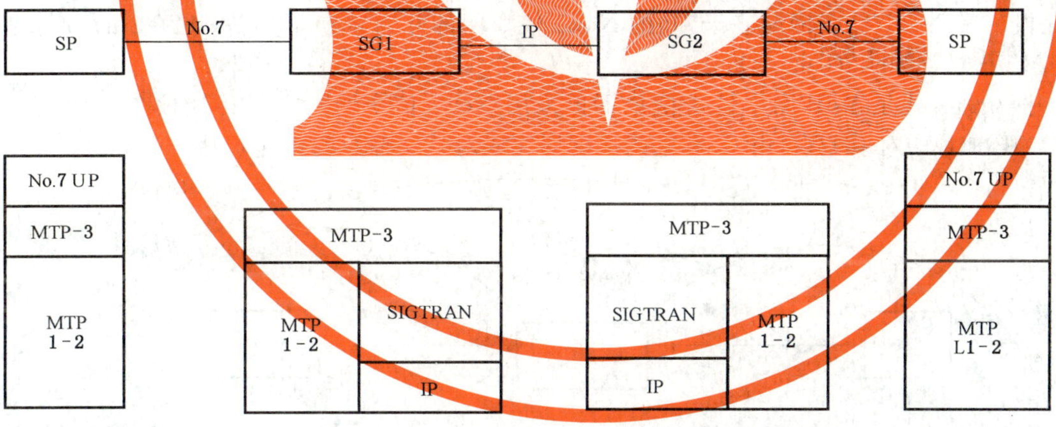

图 12 两个 SG 具有相同功能级别时的信令传送，其中起源和目的地点均为 SP

5 我国 No.7 信令网同 IP 的互通方式

5.1 概述

随着 Internet 网络的发展，不仅要在传统的窄带电路交换网络(SCN)中提供电话业务、智能网业务，而且也需要在 IP 网中提供这些业务。正是由于这种业务发展需求，则要求电路交换网和支持电话业务的 Internet 进行互通。为了实现 SCN 与 IP 网的互通，因此用于支持 SCN 的 No.7 信令网也需要与 IP 进行互通，如图 13 所示。

图 13 中的 SG、MGC 和 MG 是相对独立的功能实体，从物理上他们可以在分开几个的物理实体中，也可以在一个合并的物理实体。其中 SG 功能负责 No.7 信令网与 IP 网信令消息的传递转换。

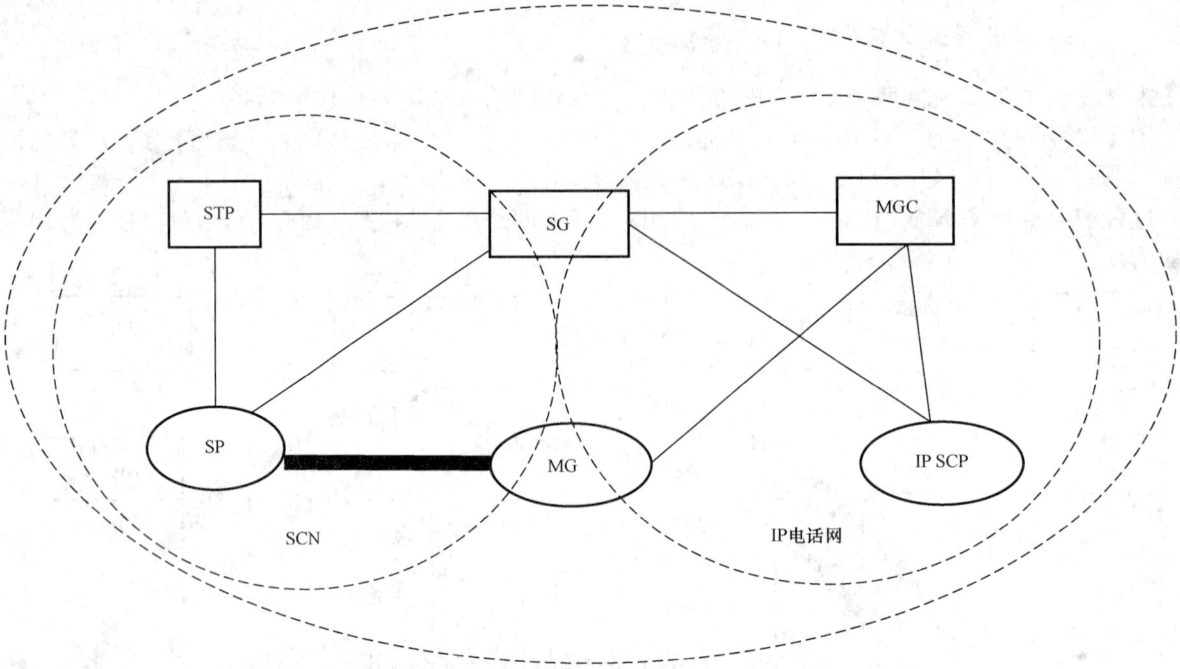

图 13　电话交换网与 IP 电话交换网的互通

No.7 信令与 IP 互通有两种方式：

第一种互通方式是把 IP 网中节点机作为 No.7 信令网的一个节点，应为每个节点分配 No.7 信令点编码，只是 No.7 信令链路层与窄带 No.7 信令链路层不同，采用的是基于 IP 的链路层，如图 14 所示。窄带 No.7 信令网与基于 IP 的 No.7 信令网的互通是通过 SG 来完成的。而 SG 又有两种实现方式可以完成窄带 No.7 信令网与基于 IP 的 No.7 信令网的互通：(1)不具备 MTP-3 的 SG，见 5.2.1；(2)具有 MTP-3 功能的 SG，见 5.2.2。

第二种互通方式是在 IP 网中传送信令不再采用 No.7 信令网的方式传递信令，而是在 SG 完成 MTP-3 与 IP 地址的对应关系，由 IP 和它的适配层完成对高层信令的传递，如图 15 所示。

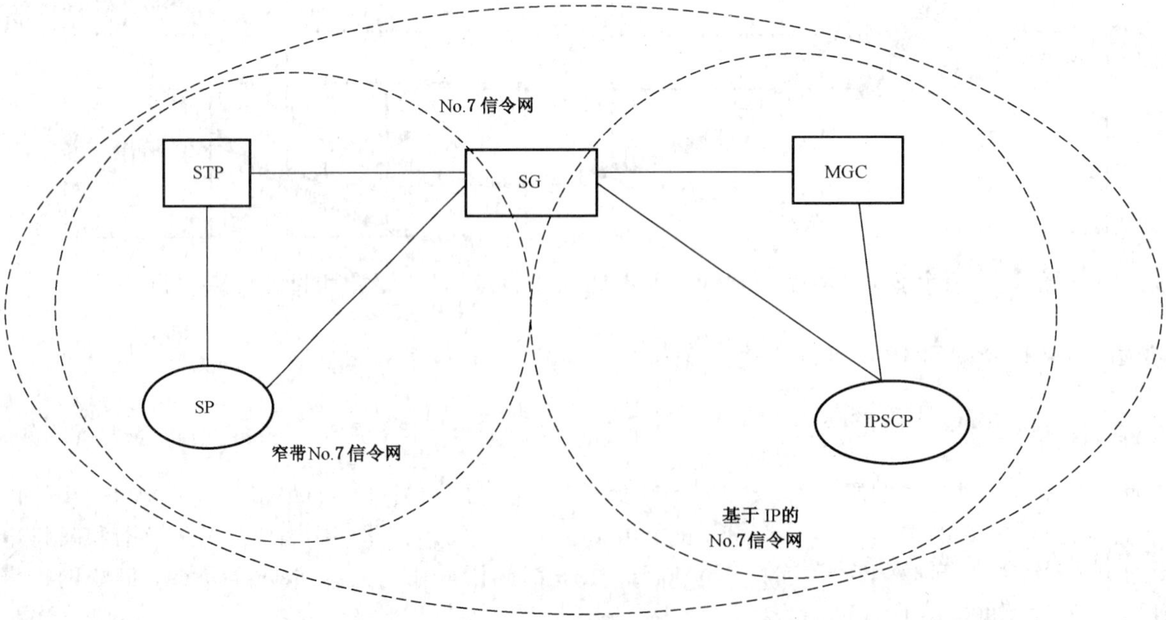

图 14　No.7 信令网方式的信令互通

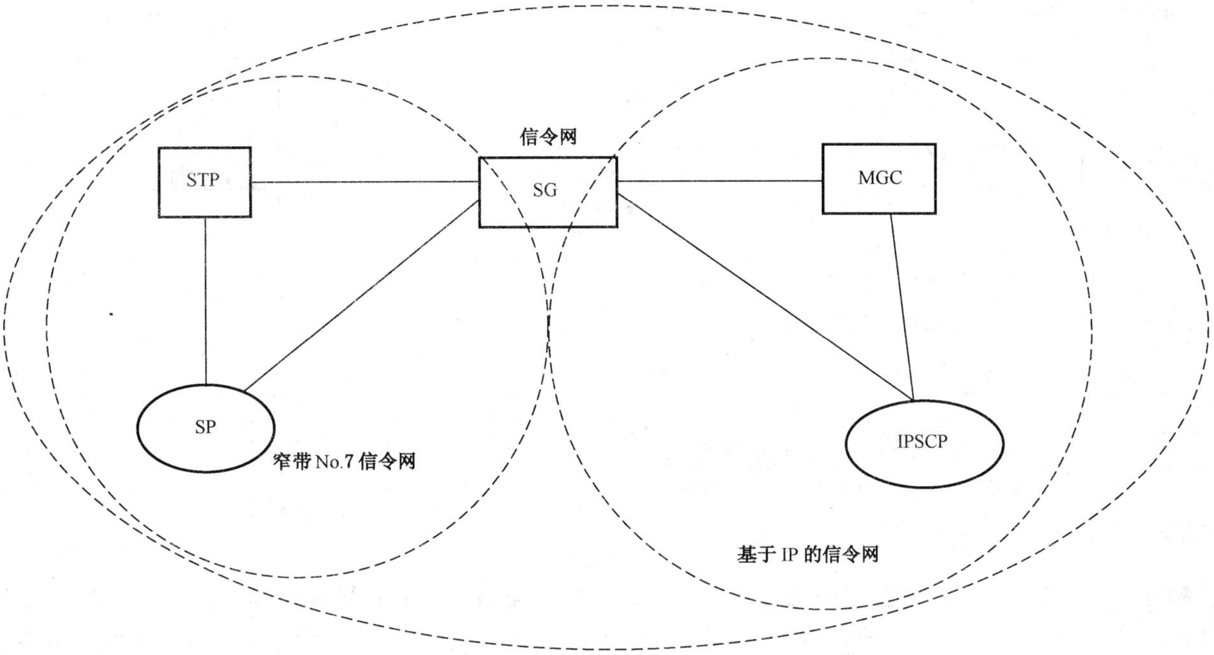

图 15　No.7 信令网与 IP 网的互通

在第二种互通的方式中，不必为每个 IP 网中的信令节点分信令点编码，即可以用 SG 的信令点编码来代表 IP 域中的所代理的信令节点，并由 SG 根据相关的路由关键字来完成对消息的选路，这也表明，在 SG 应能完成对一些相关路由关键字信息的配置，例如通过数据配置，SG 应能确定具有某个 DPC/OPC/CIC 取值组合的 TUP 或 ISUP 消息需要到达的 MGC 功能实体，或者是根据 SCCP 消息中的 DPC/OPC/SSN＋GT 信息来选取 IP SCP。

在这种互通方式下，SG 终结窄带 No.7 信令网或 IP 网的信令消息，然后由 SG 把 MTP-3 消息转换为 IP 网中的 M3UA 消息，或把 M3UA 消息转换为 MTP-3 消息，高层消息内容不变。目前，SG 有三种方式完成窄带 No.7 信令网与 IP 信令网的互通功能：

a）不具备 SCCP 功能的 SG，见 5.3.1；

b）具备 SCCP 功能的 SG，见 5.3.2；

c）No.7 信令与 IP 网在应用层的互通（使用 SUA），见 5.3.3。

5.2　No.7 信令网方式的信令互通

5.2.1　不具备 MTP-3 功能的 SG

在信令网关（SG），使用 No.7 信令消息传递部分（MTP），在标准的 No.7 信令终端上发送和接收 No.7 信令消息，提供从/向 No.7 信令点（SP）或信令转接点（STP）传递 No.7 信令消息。换句话，SG 作为信令链路终端（SLT）。为了传递 MTP 消息到存在 MTP-3 协议的对等 MGC 或 IP/SCP，则 SG 提供传递功能与 IP 信令传送的互通。

SG 不具备 MTP-3 功能，因此 SG 不属于 No.7 信令网的节点，它只完成窄带 No.7 信令链路与 IP No.7 信令网链路的转换，图 16 是 SG 传送信令消息到 MGC/IP SCP 的示意图，其中可以传递与电路相关的呼叫连接控制的信令消息和与电路无关的信令消息。

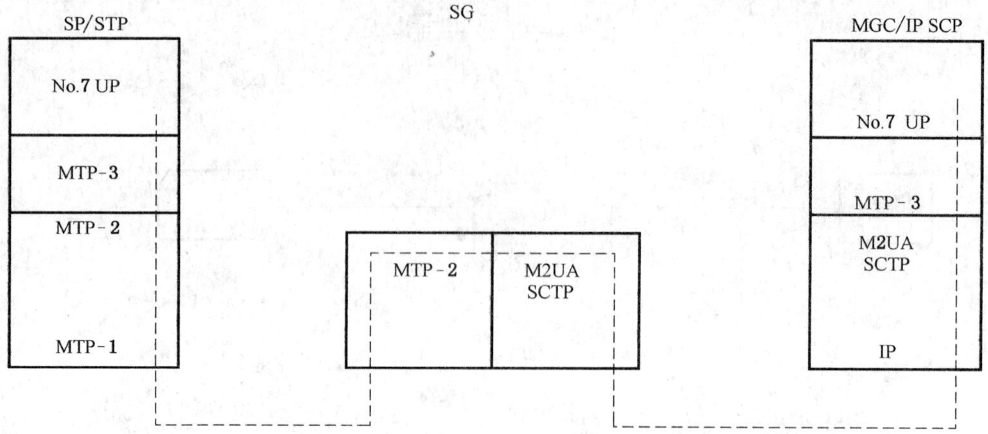

图 16 SG 无 MTP-3 功能时,No.7 信令方式的互通(使用 M2UA)

5.2.2 具备 MTP-3 功能的 SG

当 SG 具备 MTP-3 功能,此时的 SG 则不再是一个纯粹的信令链路终端,它应是一个 No.7 信令网的节点,并具有 No.7 信令点编码,它不再是把 No.7 信令链路直接对应到 IP 链路上,而是作为信令连接上的一个转接点,可以具备转接 MTP 消息的能力或中继高层消息的能力,甚至可以认为此 SG 是 No.7 信令网与 IP 信令网中的一个信令转接点,图 17 给出了 SG 传送信令消息到 MGC/IP SCP 的示意图,其中 SG 既可以传递与电路相关的呼叫连接控制的信令消息,也可以传送与电路无关的信令消息。

在这种情况下,SCN 网络中的节点一方面要知道 MGC/IP SCP 信令点编码,同时也应了解作为信令转接点的 SG 的信令点编码。

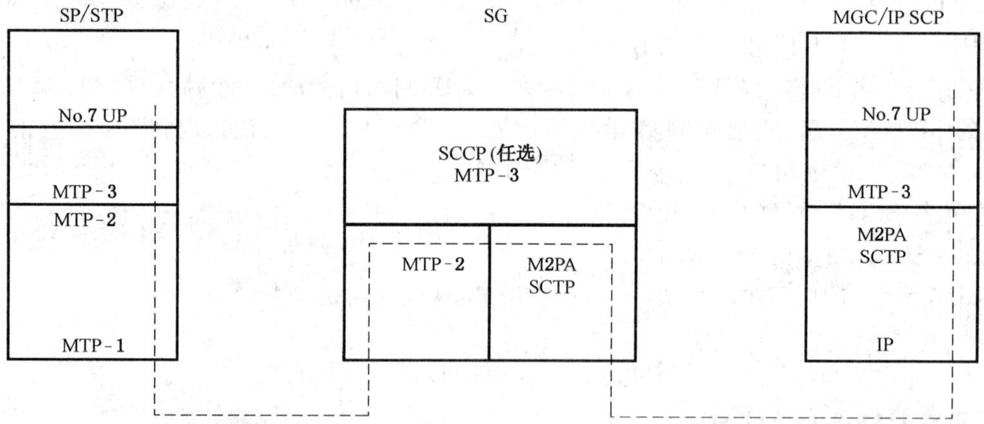

图 17 SG 具备 MTP-3 功能时,No.7 信令方式的互通(使用 M2PA)

5.3 No.7 信令与基于 IP 信令的互通

5.3.1 不具备 SCCP 功能的 SG

SG 从窄带 No.7 信令网或 IP 网接收到信令消息后,传递到 MTP-3 或 M3UA,然后 SG 根据 DPC 或 IP 地址等,由节点互通功能 (NIF)完成信令消息的传递。图 18 给出了这种互通场景示意图。

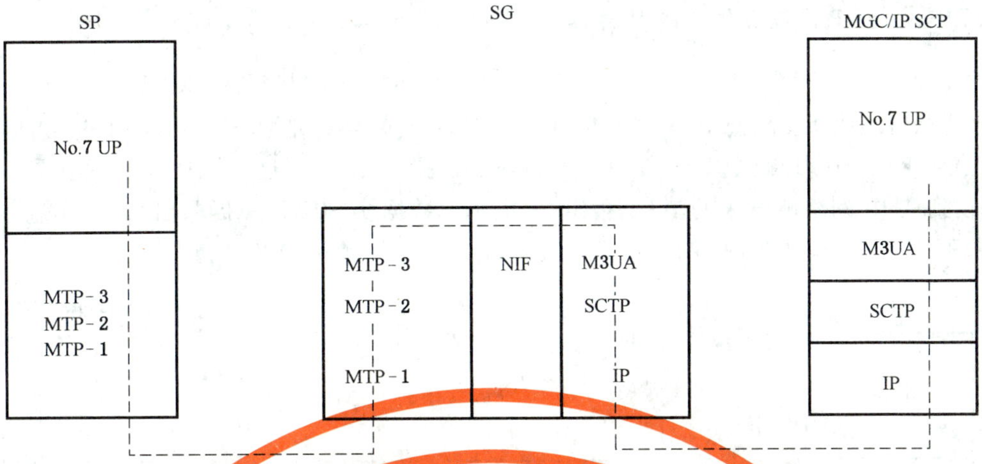

图 18　SG 不具备 SCCP 功能时，No. 7 信令与 IP 网的互通(使用 M3UA)

5.3.2　具备 SCCP 功能的 SG

SG 从窄带 No. 7 信令网或 IP 网接收到信令消息后，传递到信令连接控制部分(SCCP)，SCCP 地址翻译完成后，把消息传递到 MTP-3 或 M3UA，然后 SG 根据 DPC 或 DPC/OPC/ NI /CIC/(SCCP_SSN)由节点互通功能(NIF)完成信令消息的传递。图 19 给出了这种互通场景示意图。

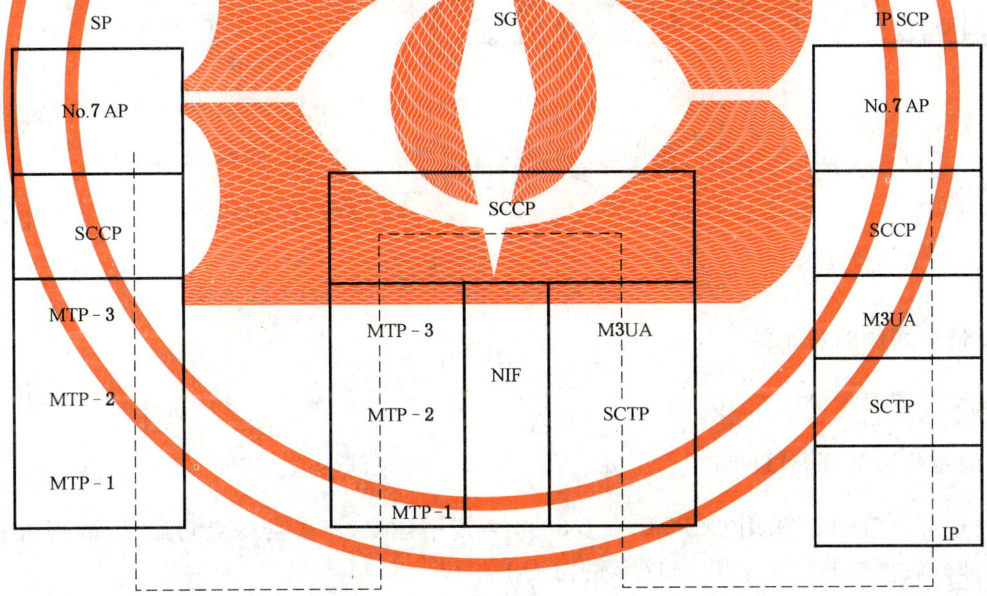

图 19　SG 具备 SCCP 功能时，No. 7 信令与 IP 网的互通(使用 M3UA)

SG 包含能完成 GT 翻译(GTT)功能的 SCCP 协议层。如果消息来自 No. 7 信令网，消息选路到 SG 的 SCCP 层，对消息的 SCCP 地址 GT 进行翻译，GT 的翻译结果 DPC 或 DPC/SSN 指向 IP 域，为了向目的地 IP 域选路，向本地 M3UA 网络地址翻译和映射功能发送 MTP-Transfer 请求原语。

同样，如果消息来自 IP 域，消息选路到 SG 的 SCCP 层，对消息的 SCCP 地址 GT 进行翻译，GT 的翻译结果 DPC 或 DPC/SSN 指向 No. 7 信令网，为了向目的地 No. 7 信令网选路，向本地 MTP-3 发送 MTP-Transfer 请求原语。

5.3.3 No.7 信令与 IP 网在应用层的互通(使用 SUA)

SG 从窄带 No.7 信令网接收到信令消息后,传递到信令连接控制部分(SCCP),SCCP 分析地址后,通过 NIF 把消息传递到 SUA,然后 SG 中的 SUA 根据 GT 翻译或地址表解析出目的地的 IP 地址,并把相应的信息封装在 SCTP 帧中发送到 SCTP 偶联上。图 20 给出了这种互通场景示意图。

当 SG 收到从 IP 网络侧发来的消息后,SUA 把用户数据从 SCTP 中提取出来,并通过 NIF 功能把数据传递到 SG 的 SCCP,再由 SG 的 SCCP 进行对应的 GT 翻译和 DPC 映射。

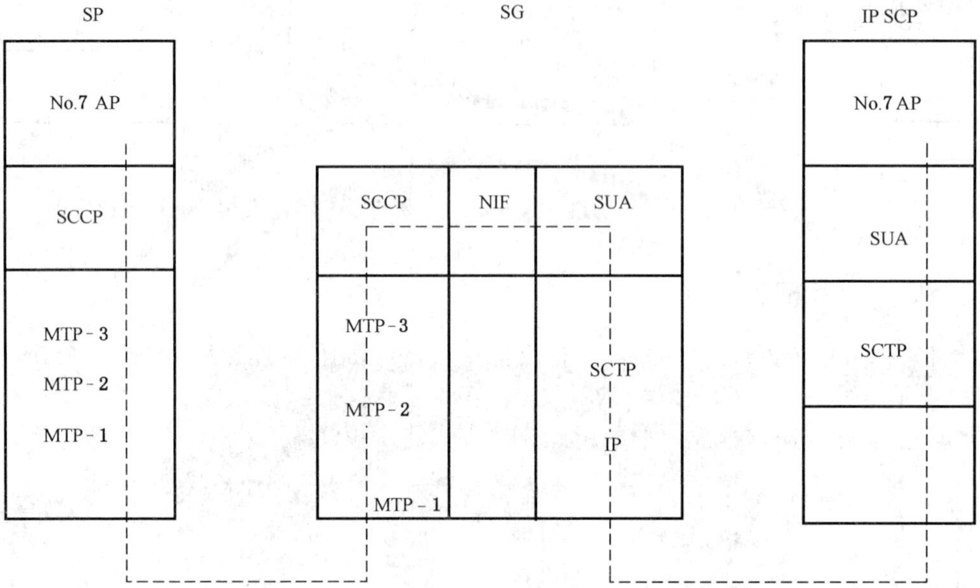

图 20 No.7 信令与 IP 网在应用层的互通(SG 使用 SUA)

6 信令网网关的功能要求

6.1 No.7 信令网侧的功能要求

6.1.1 SG 支持的信令协议

6.1.1.1 消息传递部分(MTP)

消息传递部分(MTP)采用 CCITT 的 1988 年兰皮书建议,有关信令点再启动、处理机故障处理和 MTP 用户部分流量控制程序采用 1992 年的白皮书建议。

MTP 分为 3 个功能级。

第一功能级(信令数据链路功能)规定了信令数据链路的物理特性、电气特性和功能特点。

第二功能级(信令链路功能)规定了在一条信令链路上传递可变长的信令消息所需的程序。它包括信号单元定界、信号单元定位、差错检测、差错校正、起始定位、信令链路差错监视和流量控制程序。

第三功能级(信令网功能)规定了在任何两个信令点之间可靠传递消息的功能和程序,甚至在信令链路和信令转接点故障或拥塞的情况下仍要保证可靠地传送信令消息。第三功能级包括信令消息处理和信令网管理两部分。

6.1.1.2 信令连接控制部分(SCCP)

信令连接控制部分(SCCP),它为消息传递部分(MTP)提供附加功能,以便通过 No.7 信令网,在电信网的交换局和交换局、交换局和专用中心之间传递电路相关和非电路相关的信息。

信令连接控制部分是根据 ITU-T 的 1993 年白皮书 No.7 信令方式的建议制定的。

6.1.2 SG 的 MTP 屏蔽功能

在 No.7 信令网的节点之间传递各种数据时,MTP 提供一种可靠的传递方法。MTP 的屏蔽是依靠 MTP 消息中所携带的信令点编码(DPC 和 OPC)、链路组和其他信息参数或这些参数的组合来防止未经授权的消息越权通过 SG。

6.1.3 SG 的 SCCP 消息的屏蔽

SCCP 消息的屏蔽是采用应用特定路由信息,以提供一种网络层的安全性。No.7 信令协议的 SCCP 的功能是在 MTP 选路的基础上,允许消息接入至一个节点的一种特定应用。其应用的寻址是依照全局码(GT),将 GT 翻译为 DPC 和 SSN(GTT)。SCCP 将根据上述地址以及它们的组合来防止未经授权的消息越权通过 SG。

6.1.4 计费和结算

6.1.4.1 计费方式

目前 SG 可以采用以下两种方式进行计费:

a) 按照月租的方式进行计费;

b) 按照消息量进行计费,这种计费方式又可以分为按消息总量和消息分类量进行计费。消息分类可以根据信令消息中的 SI 信息、SCCP 的协议类别等信息进行划分,此时对不同的消息类别应当可以采用不同的费率。

6.1.4.2 SG 设备的计费要求

SG 设备应能采用上述两种方式进行计费。当采用按照消息量进行计费时,SG 除了提供消息量的计费数据外,还应可以提供用于计费的证实数据。计费的证实数据功能是对发送消息的计费确认和证实,以核对下一个节点对本节点的计费。计费的证实数据功能在目前可以是任选的功能。

6.2 IP 网侧的功能要求

6.2.1 概述

SG 要支持下列协议:链路层协议、IP 协议、MTP 适配层协议、SCCP 适配层协议、MTP-3 和 SCCP 协议。

其中,链路层协议可以是 PPP 协议和 LAN 数据链路层协议,其它的链路层协议待定。

6.2.2 链路层协议

6.2.2.1 PPP 协议

PPP 协议提供点到点链路上传递、封装网络层数据包的一种数据链路层协议。PPP 定义了一整套的协议包括链路控制协议(LCP)、网络层控制协议(NCP)和验证协议(PAP 和 CHAP)。图 21 是 PPP 的上下层接口。

NI
PPP
ISL

图 21 PPP 链路层接口

PPP 有两种消息:控制消息和数据消息。控制消息用于上下层之间的控制/与 MIB 之间的数据交换;数据消息用于上下层数据的传送。控制消息的主要作用为:相对于网络层,取 NI 层发送队列数据送往相应的物理端口;对应物理层接收物理端口送往本端的数据报文并根据协议类型进行相应的处理。具体内容见 IETF RFC 1661。

6.2.2.2 LAN 数据链路层

6.2.2.2.1 逻辑链路控制(LLC)子层

LLC 的功能是屏蔽 MAC 子层不同的介质访问方法向上层提供统一的接口,并为面向连接的访问提供流控和差错控制。LLC 子层界面服务规范 IEEE 802.2 规定了 3 个界面服务规范:

a) 网络层/LLC 子层界面服务规范

网络层/LLC 子层提供两种服务方式:

——不确认无连接服务:不确认无连接数据传送服务提供没有数据链路级连接的建立而网络层实体能交换链路服务数据单元的手段。数据传送方式可以是点-点式、多点式或广播式。这是一种数据报服务;

——面向连接服务:这个服务提供了建立、使用。复位以及中止数据链路层连接的手段。这种连接是 LSAP 之间点-点式的连接,它提供了数据链路层的定序、流控和错误恢复,这是一种虚电路服务。

各种服务由相应的服务原语来完成。

b) LLC/MAC 子层界面服务规范

LLC/MAC 子层规定逻辑链路控制(LLC)子层对介质访问控制(MAC)子层的服务要求,以便使本地 LLC 子层实体与对等 LLC 子层实体间交换 LLC 数据单元。

c) LLC/LLC 子层管理功能的界面服务规范

待定。

6.2.2.2.2 LLC 协议数据单元(PDU)的结构

LLC PDU 的格式如图 22 所示。

DSAP 地址	SSAP 地址	控制字段	信息字段
8 比特	8 比特	8 比特,16 比特	8M 比特

DSAP 地址:目的地服务访问地址字段;

SSAP 地址:起源访问访问点的地址字段;

控制字段:16 比特为包含序列号的格式,8 比特为不包含序列号的格式;

信息字段:长度为 8 的 M 倍,M 的上限取决于介质访问控制方法。

图 22 LLC PDU 格式

6.2.2.2.3 介质访问控制(MAC)子层

可以采用多种介质访问控制方式,如CSMA/CD、标记总线、标记环和时间片分割环。以太网采用CSMA/CD的介质访问控制方式。带碰撞的载波监听多路访问(CSMA/CD)实际上是一种“先听后讲”的技术,它解决了总线型结构的网络站点间的通信问题。

一个站点要发送消息,要对媒体进行监听,并遵守下列规则:

a) 若媒体空闲,则发送消息,否则进入步骤b);

b) 若媒体忙,则继续侦听,一旦发现媒体空闲,就立即发送;

c) 若发生碰撞,则等待一段随机时间,再重复步骤a)。

CSMA/CD的MAC帧结构如图23所示。

前导码	SFD	DA	SA	长度	LLC	PAD	FCS

前导码字段包含7个字节,基本结构为10101010,它用于使PLS电路和收到的帧定时达到稳态同步。帧起始定界符(SFD)字段10101011序列紧跟在前导码后,表示一帧的开始。

DA和SA分别为2或6字节的目的地地址和起源地址字段。

PAD:填充字段。

FCS:帧校验序列,采用CRC冗余校验。具体内容见IEEE 802.2和IEEE 802.3。

图23 CSMA/CD的MAC帧结构

6.2.3 IP协议

具体内容见IETF RFC 791。

6.2.4 SCTP协议

信令传送中应用的SCTP协议主要用来在IP网上传送PSTN信令消息,该协议用来在IP网上提供可靠的数据传送协议。SCTP具有如下功能:

——在接收证实机制保证下,无差错、无重复传送用户数据;

——根据通路的MTU的限制,进行用户数据的分段;

——在多个流上保证用户消息的顺序递交;

——可以将用户消息复用到SCTP的数据块中;

——利用偶联的机制来减少网络故障对偶联所带来的影响,从而确保偶联的高可用度。

SCTP的具体内容见GB/T 28510。

6.2.5 No.7信令适配层协议

具体内容见第7章。附录A给出了M2UA、M2PA、M3UA和SUA四种信令适配层协议所使用的协议单元。

7 No.7信令适配层

7.1 SG进行信令传送使用的M2UA协议

7.1.1 概述

基于IP的SCN信令传送的框架结构使用了多个成分,包括公共信令传送协议和适配模块。在这个框架结构中,定义了适于传送 No.7 MTP-2 用户消息的 SCN 适配模块。No.7 MTP-2 的唯一的用户是 MTP-3。M2UA 使用 SCTP 提供的业务作为下层可靠的信令公共传送协议。

M2UA 用来提供在信令网关(SG)与媒介控制网关(MGC)或 IP 信令点(IPSP)间传递 SCN 信令协议的传送机制。这种传送机制应满足以下原则:

——支持 MTP 第二层/MTP 第三层间的边界接口;

——支持 SG 和 MGC 中层管理模块间的通信;

——支持对 SG 和 MGC 间活动的偶联的管理。

信令网关将把 MTP 三层消息传递给媒介网关控制器或 IP 信令点。在信令网关中,使用标准的 No.7 网络接口与 PSTN 发送和接收 No.7 MTP-2 的用户信令,信令网关使用 MTP-1 和 MTP-2 为来自/到 No.7 信令点或信令转接点的 MTP-3 的信令消息提供可靠传送。为了能在信令网关与 MTP-2 用户协议层所在的应用服务器进程间传送 MTP-2 用户信令消息(即 MTP-3 信令消息),信令网关需要提供信令传送功能。

信令网关支持把从 No.7 网收到的信令业务传递到一个或多个分布的 ASP(例如:MGC)。M2UA 协议本身不能满足这种传递本身需要的性能和可靠性要求,因此还需要物理网络结构以及涉及物理节点的可用性和传递性能的信息交换。所以 M2UA 协议应足够灵活以支持对大量物理配置的操作和管理,通过这些配置使得网络足对性能和可靠性要求。

为了满足运营网络对 No.7 信令的可靠性和性能的要求,网络应当保证 No.7 节点与 IP ASP 间的端到端网络结构中的信令点不会故障。这种可靠性的要求可以通过 SG 和 ASP 功能单元的可靠性,分散 SG 间的链路组的链路,为 SCTP 端点间的 SCTP 偶联提供冗余的带有 QOS 限制的 IP 网络通道,以及设置冗余的主机来获得。在可用的主机中的 ASP 的分布对于可靠性而言也是必要的。对于特定的应用服务器,相关的 ASP 至少应在两个主机间分布。为了保证可靠性在 IP 网络中与承载有关的物理网络结构应采如图 24 所示的结构。对于承载网络,应当保证在特定 ASP 故障或被隔离的情况下,能够稳定处理呼叫,或者是事务处理不会丢失。这意味着 ASP 间需要彼此共享呼叫/事务状态,并且在 ASP 进行呼叫处理时,要与相关的媒体网关间协调地传送对特定中继的 MGC 控制。

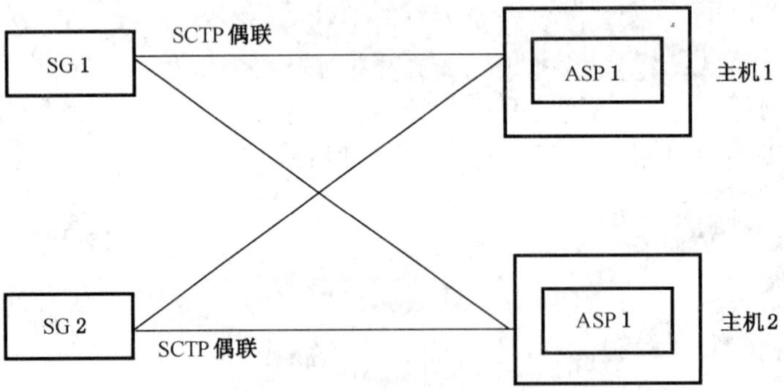

图 24 物理模型举例

为了提高呼叫可用性和事务处理能力,M2UA 提供了故障转移的(FAIL-OVER)功能。fail-over 支持 $n+k$ 的冗余备份,其中 n 为处理业务需要冗余 ASP 的最小数量,k 个 ASP 是可用来代替故障或不可用 ASP 的 ASP 数量。

M2UA 的具体内容见 GB/T 28503。

7.1.2 M2UA 适配层提供的业务

IP 网中的终端点仍然保留 No.7 的 MTP-3/MTP-2(MTP-2 用户)间的接口,因此,要求 M2UA 向它的用户提供的业务集与 MTP-2 向 MTP-3 提供的业务相同。

M2UA 提供的业务如下：

a） 对 MTP-2/MTP-3 接口边界的支持

这种支持使得 No.7 网络和 IP 域中的 MTP-2 用户对等实体的操作是无缝衔接的。这包括：

数据传送：提供传送 MTP-2 用户信息的能力。

链路建立：提供请求 MTP-2 使 No.7 链路进入工作状态的能力。

链路释放：提供请求 MTP-2 使 No.7 链路退出工作的能力。也提供一种机制使 MTP-2 指出 No.7 链路处于不工作状态。

链路指定：提供按链路来改变状态或信息的能力。比如强制本地处理器故障或清除缓冲器。

链路状态：提供向上层（MTP-3）异步地报告链路状态变化的方法。例如报告远端处理机故障事件。

数据恢复：提供在 No.7 链路故障时执行链路倒换的机制。

b） 支持 SG 和 MGC 的层管理模块间的通信

M2UA 应该提供某些消息以方便 SG 和 MGC 中的层管理模块间的通信。为报告 MTP-3 级产生的错误，定义了 M-ERROR 原语。

M-ERROR 原语用于指出收到的 M2UA 消息的错误（例如，SG 未知的接口识别符值）。

c） 支持对 SG 和 MGC 间的活动偶联的管理

M2UA 层保持与它相关的各种 ASP 状态。为了帮助层管理对 SG 和 MGC 间活动偶联的管理，在 M2UA 层和层管理间定义以下一组原语：

M-SCTP ESTABLISH：M-SCTP ESTABLISH 原语用于请求，指示和确认到对等 M2UA 节点的 SCTP 偶联的建立。

由于 M2UA 层需要向层管理通知 SCTP 偶联的状态。因此定义了 M-SCTP STATUS 原语该原语用于请求指示下层 SCTP 偶联的状态。

层管理需要通知 M2UA 用户状态（即故障、激活等），因此，消息可以在 M2UA 层对等实体间交换以停止到本地 M2UA 用户的业务量。这可以通过使用 M-ASP STATUS 原语实现。层管理使用 M-ASP STATUS 原语向 M2UA 层指出本地 M2UA 用户的状态。

7.1.3 M2UA 层提供的功能

7.1.3.1 映射功能

M2UA 层应包括接口 ID 与 SG 物理接口间的映射表。物理接口可以是 V.35 电路，E1 电路/时隙等。M2UA 层还应包括接口 ID 与 SCTP 偶联和偶联中相关流的映射表。

7.1.3.2 流量控制/拥塞

IP 的网络拥塞可以采用任何方式通知给 M2UA（即来自于 SCTP 的指示）。如果 M2UA 层收到这个指示，所采取的操作取决于实施。

7.1.3.3 SCTP 流管理

SCTP 允许用户在初始阶段规定被打开的流的数量。M2UA 层的责任是确保对这些流进行正确的管理。SCTP 流提供避免队列头发生拥塞的方式。由此原因，终接于 SG 的每条 No.7 信令链路都应使用一个流。No.7 信令链路可以用 M2UA 特定消息头中的任选的接口 ID 来识别。

7.1.3.4 无缝的 No.7 网络管理互通

如果 SG 失去了到 MGC 的偶联，它将遵循 MTP-2 处理器的故障程序。

7.1.3.5 管理阻断/解除阻断

ASP或SG的本地管理为了临时中断与业务的联系,或者执行测试和维护行为而希望停止通过SCTP偶联的业务量。这种功能可用于控制新近可用的SCTP偶联的业务量的开始。

7.1.3.6 激活的偶联控制

在SG,应用服务器列表可以包括激活的和非激活的ASP,用支持ASP负荷分担和故障转移(fail over)程序。例如,当主用的和备用的ASP都可用时,则要求M2UA对等协议控制那个当前是激活ASP。在SG中的逻辑应用服务器中的有序的ASP列表不断刷新用以反映活动的应用服务器进程。

7.2 SG进行信令传送使用的M2PA协议

7.2.1 概述

使用M2PA协议的信令传送机制允许在任何两个承载在IP网络上的No.7信令点之间处理MTP-3的消息和提供MTP信令网网管功能。使用M2PA传送机制应满足以下原则:

——支持与MTP-3协议在IP网连接上的无缝操作;

——支持MTP-2和MTP-3的接口边界;

——支持对SCTP偶联和业务量的管理;

——支持向管理异步报告状态变化。

使用M2PA的信令传送结构仍旧使用IP传送协议和流控制传输协议做为信令传送的低层协议,M2PA协议主要是用来传送No.7信令中的MTP-3消息,它使用MTP第二级用户对等层间的适配层(M2PA),把MTP-3的消息适配到SCTP层上,M2PA支持所有的MTP-3和MTP-2之间的原语。在这里SCTP偶联充当了IPSP到SG间的信令链路。

一个IP SP的MTP-3层之上可以包含SCCP协议,也可以包含ISUP/TUP等应用协议,但这些应用协议对M2PA而言是透明的。在这里使用M2PA的信令网关完成了了一个STP的功能。它可以被看作是一个IP SP和具有传统No.7链路SP/STP的组合。使用M2PA的信令网关(SG)应当包含MTP-3协议,至于是否需要SCCP协议则是任选的。与M2UA不同的是,这里的SG是作为一个独立的信令点存在的,它有单独的信令点编码。而不象使用M2UA的SG,只充当了一个No.7信令链路与IP连接之间的一个交叉连接设备。

M2PA的具体内容见IETF RFC 4165。

7.2.2 M2PA提供的业务

每个IP SP上都需要包含No.7的MTP-3与M2PA边界的接口,M2PA协议层用来为MTP-3提供与MTP-2所提供的等效的业务功能。

M2PA提供的业务如下:

a) 支持MTP-2和MTP-3之间的接口边界

在这个接口的描述与传统的No.7信令定义的接口边界相同,只不过所能支持的消息序号要比传统的No.7信令的序号要大,这是因为SCTP使用的消息序号(16比特)要比MTP所使用的序号要长,因此所对应的倒换过程中,需要使用修改后的倒换消息和倒换证实消息。在该接口上M2PA支持如下程序:

——发送和接收消息:MTP-3需要M2PA传送消息时,M2PA把M2PA的消息头增加到消息中,然后使用SEND原语发送到SCTP流上。当M2PA收到从SCTP发来的原语后,去掉M2PA消息头后,把消息发送到MTP-3;

——链路的激活与恢复:M2PA 在收到 MTP-3 发来的启动命令后,启动链路定位程序;

——链路的去激活:M2PA 在收到 MTP-3 发来的停止命令后,通过 ABORT 原语去激活该链路;

——缓冲区清除:当出现处理机故障时,应清除本地缓冲;

——信令链路拥塞:用来向 MTP-3 通知本地拥塞;

——倒换程序:用来保证信令业务在无丢失、失序和重复的情况下,从一个故障的链路上转移到一条正常的链路上。

b) 支持对等层间的通信

在 No.7 信令中,MTP-2 发送三种类型的消息信号单元,分别是 MSU、LSSU 和 FISU,其中 MSU 是由高层产生的。同样,M2PA 也把从 MTP-3/MTP-2 的接口收到的消息作为数据发送到 SCTP,并通过 IP 网传送,在 M2PA 中称为用户数据(USER DATA)消息。

LSSU 允许两个对等的 MTP-2 交换状态信息,因此在 M2PA 中也需要同样的消息来交换状态信息,在 M2PA 中这种消息称为链路状态(Link Status)消息。由于 M2PA 是和 SCTP 共同完成原来 MTP-2 的能,因此 M2PA 不需要使用与 FISU 类似的消息,而是利用 SCTP 本身提供的心跳消息(Heart Beat)来完成 FISU 的功能。M2PA 支持以下与 MTP-2 类似的功能:

——消息的格式、定界和接受:利用 SCTP 来实现;

——链路定位:通过调用启动建立 SCTP 偶联,来启动链路的定位过程,并用来建立 SLC 与 SCTP 偶联的对应表;

——处理机故障:通过发送链路状态消息,来交换处理机故障状态,并采取相应程序;

——二层的流量控制:接收拥塞后向 MTP-3 通知;

——差错监视:用来监视 SCTP 偶联的情况,来决定链路是否能继续使用;

——发送优先级:链路状态消息比用户数据消息具有更高优先级。

7.2.3 M2PA 提供的功能

7.2.3.1 映射

对每条 IP 链路,M2PA 层应维护一张 No.7 信令链路同 SCTP 以及对应 IP 目的地标识的映射表。

7.2.3.2 SCTP 流管理

SCTP 允许在初始化时开放由用户指定的流号,这主要是为了让 M2PA 保证能对每个偶联中的流进行正确的管理。

7.2.3.3 在 No.7 信令网中保持 MTP-3 的功能

M2PA 允许在 IPSP 上能象 No.7 信令节点那样,由 MTP-3 执行所有的消息处理功能和网络管理功能。

7.3 SG 进行信令传送使用的 M3UA 协议

7.3.1 概述

本节定义了适合传送 ISUP、SCCP 或 TUP 消息的 MTP-3 用户适配模块,对于 TCAP 或 RANAP 消息是作为 SCCP 的净荷由 M3UA 透明传送,他们可以看作是 SCCP 的用户协议,M3UA 使用 SCTP 协议作为低层可靠的信令传送协议。

M3UA 的具体内容见 IETF RFC 4666。

7.3.2 M3UA 在 SG 中的应用方式

在 SG 应用 M3UA 有如下三种方式：

a) SG 调用 M3UA 传送用户信令

在 SG 中，从 MTP-3 高层接口收到的 MTP-TRANSFER 指示原语发送到本地 M3UA 内部进行网络地址的翻译和映射，并选路到最终 IP 目的地。从本地 M3UA 网络地址翻译和映射功能收到的 MTP-TRANSFER 原语作为 MTP-TRANSFER request 原语发送到 MTP-3 高层接口，并选路到 No.7 SP。

对于内部 SG 模型，它可以同使用 SG 内的依赖于实施的节点互通功能用来在 SG 的 MTP-3 和 M3UA 之间传送消息。这种节点互通功能对于 ASP 和 SP 的对等层协议而言是不可见的。

b) SG 调用 M3UA 进行 SCCP 信令传送(SG 有 SCCP 功能)

在这类 SG 中，它可以包含 SCCP 协议层的功能，即对消息中指出的 SG 本地 SCCP 地址进行 SCCP 全局码翻译(GTT)功能，如果 SCCP 消息的 GTT 的结果是产生了一个 IP 域中的 SCCP 对等层的 No.7 的 DPC 或 DPC/SSN 地址，生成的 MTP-TRANSFER request 原语将发送到本地 M3UA 的网络地址翻译和映射功能，并选路到最终的 IP 目的地。

同样的 SCCP 实例也可以为从 IP 域中的 SCCP 对等层收到的指示为本地 SCCP 地址的消息进行 GT 译码，这种情况下 MTP-TRANSFER 消息从本地 M3UA 的网络地址翻译和映射功能发送到 SCCP 进行 GT 译码，如果 GT 译码的结果是产生了一个 No.7 网络中的一个对等 SCCP 层的地址，则 MTP-TRANSFER request 原语将交给 MTP-3 用来传递到 No.7 网络中的节点。

当然也存在这种可能，对从 IP 域收到的 SCCP 消息在 SG 进行翻译后，翻译的结果仍旧是 IP 域中的对等 SCCP 地址，这样 MTP-TRANSFER 原语将发送回 M3UA 用来传送到 IP 网的目的地。

对于内部 SG 模型，它可以同使用 SG 内的节点互通功能，根据 No.7 DPC 或 DPC/SSN 地址，有效地在 SCCP 层之下把 MTP-TRANSFER 消息在 MTP-3 和 M3UA 之间传送。这种节点互通功能对于 ASP 和 SP 的对等层协议而言是不可见的。

注：这个实例中 M3UA 提供的接口和业务与示例 1 中的 M3UA 是相同的，发生在 SCCP 实体中的功能对于 M3UA 是透明的，SCCP 协议功能在 M3UA 中不重复产生。

c) MTP-3 管理消息的传送

对于 MTP-3 管理消息，它要求 ASP 的 MTP-3 用户协议也应当象 No.7 SP 节点一样，能接收到 No.7 信令点可用性、No.7 网络拥塞和用户部分可用性的指示。为了完成这个功能，在 SG 的 MTP-3 的高层接口上收到 MTP-PAUSE 、MTP-RESUME 和 MTP-STATUS 指示原语应当对于 ASP 的远端 MTP-3 用户低层接口是可用的。

注：这些指示原语对于在 SG 中的本地 MTP-3 用户也是可用的，例如 SCCP。

对于内部 SG 模型，它可以同使用 SG 内的节点互通功能，根据 No.7 DPC 或 DPC/SSN 地址，有效地把从 MTP-3 接口收到的 MTP-PAUSE, MTP-RESUME and MTP-STATUS 指示原语传递到 M3UA 的管理。这种节点互通功能对于 ASP 和 SP 的对等层协议而言是不可见的。

分清从 No.7 网络收到的 MTP-3 的管理消息，不必封装也不需要盲目地发送到 ASP。现存的 MTP-3 管理过程都继续执行，并在 No.7 网内重新计算 MTP-3 的路由组状态并启动路由组测试过程，只有当路由组状态变化时才调用 MTP-PAUSE 或 MTP-RESUME 原语 ，当本地 No.7 链路组状态故障导致录音状态发生变化时，这些原语也可以调用。

7.3.3 信令网结构

信令网关支持把从 No.7 网络收到的 MTP-3 用户信令业务传送到多个分布的 ASP(例如 MGC 或 IP 数据库)。M3UA 协议描述不能满足这种传送所要求的性能和可靠性，这时就要求物理网的网络结构,在特定的信息交换中带有数据可用性和物理节点的传送性能。M3UA 协议应足够灵活从而允许其在不同的物理配置上操作和管理,进而满足网络运营者的性能和可靠性要求。

为了满足在不同承载等级网中对 No.7 信令可靠性和性能的严格要求,网络运营者应当保证不会在 No.7 和 IP ASP 的端到端的网络结构中出现一个单点故障,当然这还需要 SG 和 ASP 功能实体的可靠性来保证,它可以通过设置冗余的 SG 或者是为在 SCTP 端点和冗余主机之间的 SCTP 偶联设置冗余的且有 QOS 保证的 IP 网络通路来实现。ASP 在可用主机上的分布也十分必要。对于特定的应用服务器,相关的 ASP 应当分布在至少两个主机上,图 25 中给出了在 IP 网络域中与承载等级操作物理网络结构。

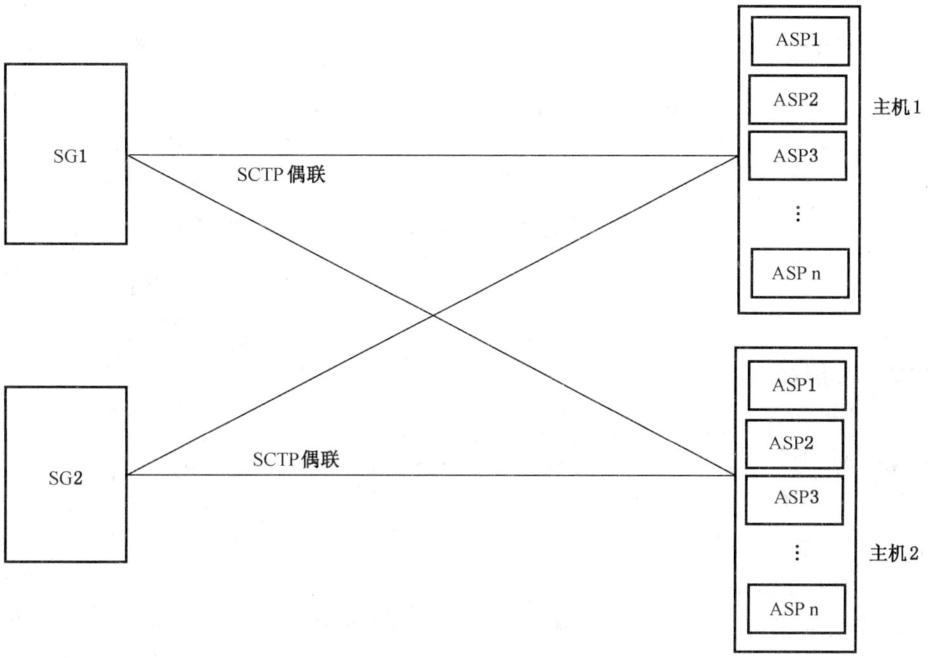

图 25　为了保证可靠性所采用的物理模型

对于承载网络,运营者可以保证在特定 ASP 故障或隔离后,稳定的呼叫或事务处理不会丢失,这意味着在某些情况下 ASP 需要共享呼叫和事务处理的状态或者是能够在每个 ASP 之间传递呼叫和事务处理的状态,同样的,在某些情况下 ASP 执行呼叫处理时,需要同相关的媒体网关进行配合,传递对于特定中继终端的 MGC 控制。

7.3.4　No.7 点码表示

在 No.7 网络中,信令网关用来代表 IP 域中的一组节点用来选路到 No.7 网络。SG 本身,作为 No.7 网络的一个物理节点,为了管理的目的,SG 应用 No.7 信令点码来表示,SG 的点码也可以用来指示 SG 的本地 MTP-3 用户,例如 SG 内部的 SCCP 功能。

SG 可以被逻辑的分区,在多个 No.7 网络中操作,在每个不同的网络中出现时,SG 应用点码设置地址,并且表示为进入每个 No.7 网络中的 IP 域的一组节点。

M3UA 对于 No.7 点码表示的 ASP 没有任何限制,ASP 可以表示为与 SG 的相同点码,或者是单独的点码,或者与其他 ASP 使用一个点码。如果需要,可以用单个点码来表示 SG 和所有的 ASP。

如果单个 ASP 或成组的 ASP 通过多于一个的 SG 与 No.7 网络相连,则每个 ASP 都应有自己的点码。ASP 可以用与 SG 不同的点码来表示。这允许 SG 被看作是 No.7 网络中的一个 STP,如图 26 所示。在故障情况下,一个 ASP 到这些 SG 中的某一个的路由变为不可用时,这种方法允许在 SG 和 No.7 网间使用 MTP-3 路由管理消息,通过简单的路由重选功能,将业务量重新选路到另外一个 SG,

而不需要变更 No.7 业务量的目的地 ASP 的 DPC。

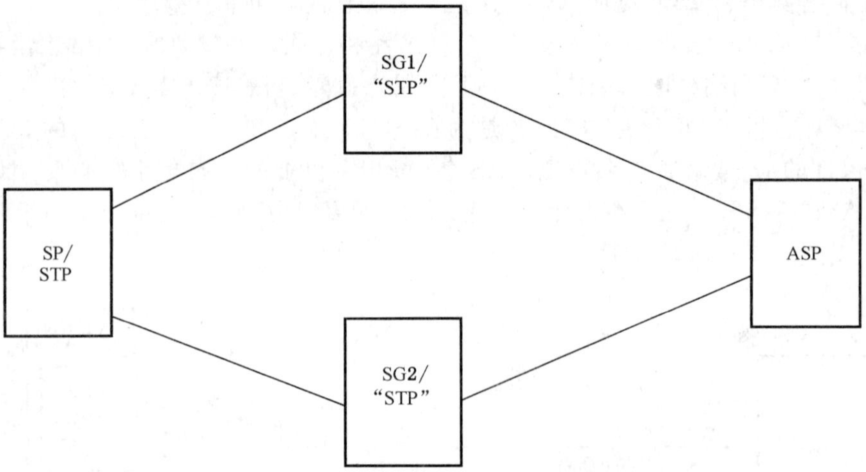

图 26　通过两个 SG 接入 ASP 的示例

7.3.5　由 M3UA 层提供的业务

ASP 的 M3UA 层向高层的 MTP-3 用户提供与在 SP 由 MTP-3 向高层用户提供的相同原语集。这种方式下，ASP 的 ISUP 和/或 SCCP 层则不知道其所期望的 MTP-3 业务是由 SG 的远端 MTP-3 提供，而不是本地的 MTP-3 层提供，M3UA 有效的扩展接入 MTP-3 层业务到远端 ASP，M3UA 层则不需要提供 MTP-3 业务和重复 MTP-3 过程。

M3UA 层提供的业务有：

a)　支持传送 MTP-3 用户消息

M3UA 层传送 MTP-TRANSFER 原语。MTP-TRANSFER 原语被编码为带有 MTP-3 路由标记的 MTP-3 用户消息。和 ISUP 和 SCCP 建议的消息格式一样，在这种方式下从 No.7 网络收到的 SCCP 和 ISUP 消息不需要被重新编码就可以传送到 ASP。所有要求的 MTP-3 路由标记信息（OPC，DPC，SIO）在 ASP 可用，和由 MTP-3 用户协议层所期待的一样。

M3UA 层并不受 MTP-3 定义的 272 个八位位组信息块的限制。在 SG 与 No.7 网互通时，如果 No.7 网的最终目的地不支持超过 272 个八位位组的信息块，则应遵循 MTP 对 272 个八位位组的限制；但如果 No.7 网络使用 MTP-3b，则信息块的大小限制则可以超过 272 个八位位组。

b)　本地管理功能

在收到错误或不合适的 M3UA 消息室，M3UA 层应具有指示和通知本地管理和/或对方 M3UA 层的能力。

c)　同 MTP-3 网管功能的互通

在 SG，M3UA 层应提供同 MTP-3 网管功能的互通，从而保证用户信令消息能够在 No.7 和 IP 域中进行无缝操作，这些功能包括：

——向 ASP 的 MTP-3 用户提供 No.7 网中的远端目的地不可及的指示；

——向 ASP 的 MTP-3 用户提供 No.7 网中的远端目的地可及的指示；

——向 ASP 的 MTP-3 用户提供发送到 No.7 网中特定目的地的消息遇到了拥塞的指示；

——向 ASP 的 MTP-3 用户提供 No.7 网中的远端特定路由受限的指示；

——向 ASP 的 MTP-3 用户提供对等 MTP-3 用户不可用的指示。

ASP 的 M3UA 层可以启动对远端 No.7 目的点的可用性和拥塞状态的查询，这些信息是由 SG 的 M3UA 层来发起请求。ASP 的 M3UA 层也可以向 SG 指示本端 M3UA 层、ASP、ASP 的主机的拥塞状态。

d) 支持对 SG 和 ASP 间 SCTP 偶联的管理

SG 的 M3UA 层维持所有配置的远端 ASP 的可用性状态，为了管理 SG 和 ASP 之间的 SCTP 偶联和业务，同样远端 ASP 的激活/未激活状态也由 SG 来维持，激活的 ASP 是那些正在从 SG 接收业务的 ASP。

本地管理可以命令 SG 或 ASP 的 M3UA 层建立到对等 M3UA 节点的 SCTP 偶联。它可以通过使用 M-SCTP ESTABLISH 请求、指示和证实原语来建立到对等 M3UA 节点的 SCTP 偶联。为了避免重复建立偶联，最好指定由一方发起偶联的建立。

M3UA 层也可以使用 M-SCTP STATUS 请求和指示原语向本地层管理通知低层 SCTP 偶联的状态，例如：M3UA 可以向本地管理通知 SCTP 偶联释放的原因，确定是由本地 M3UA 层还是有 SCTP 释放的。

M3UA 层也可以向本地管理通知 ASP 可用性状态的变化，它通过使用 M-ASP STATUS 原语改变和指示 ASP 的状态。

e) 支持连接多个 SGP 的管理

当一个 ASP 可以连接到多个 SG 时，意味着 ASP 可经过多个 SG 到达 No.7 网内。由于 MTP 用户只维护目的地的状态，而不维护到目的地的路由，所以 M3UA 层应维护每条路由的状态(可用、受限、拥塞)，并能从路由中导出目的地的状态。当这些状态发生变化时，应该通知 MTP-3 用户。

7.3.6 M3UA 的内部功能

7.3.6.1 SG 的 M3UA 的网络地址翻译和映射功能

为了能直接把从 No.7 网络收到的消息直接传递到期望的 IP 目的地，则 SG 的 M3UA 应利用从 MTP-3 用户消息中收到的信息执行地址翻译和映射功能。

为了支持这种映射，SG 应维持一个网络地址翻译表，把入局 No.7 消息的信息映射到一个 AS 服务的特定应用和业务范围，它通过对入局 No.7 消息中的一组信息同定义的路由关键字的比较来确定为特定业务范围服务的应用服务器。

可能的 No.7 地址/路由信息中可以包含路由关键字条目，如 OPC，DPC，SIO，ISUP CIC 范围或 SCCP 子系统，SG 的 M3UA 路由关键字中使用的特定信息是由应用和网络决定的。

AS 中包含用于处理业务的一个或多个 ASP 的列表，这个列表应当是动态的，考虑所有表中每个 ASP 的可用性状态、配置变化，以及可能的故障转移机制。

M3UA 协议包含的用来传送每个单独 ASP 的可用性状态消息，作为故障转移机制的输入。通常来讲，AS 中的一个或多个 ASP 是激活的(即处理业务)，但在某些故障或转移的情况下，可能没有激活并且可用的 ASP。故障转移机制应当支持负荷分担和主备用方式。

当入局的 No.7 消息不能与路由关键字匹配时，则应规定缺省的处理方法。可能的解决方法是在 SG 提供一个缺省的 AS，并把这些未分配的业务传递到一个(一组)ASP，或者是舍弃这些消息，并向管理产生通知。

7.3.6.2 SG 的冗余

ASP 可以把信令消息通过多于一个 SG 选路到 No.7 网络，当到主用 SG 的 SCTP 偶联不可用，或者是从主用 SG 到 No.7 目的点不可用时，则可能出现主/备用倒换的情况，这就需要把受影响的业务重新选路到下一个有效的 SG。当信令消息在两个 SG 间负荷分担时，也应把业务转移到正常的 SG 上。

从 ASP 的观点来看，它假定如果到 SG 的 SCTP 偶联可用的话，则 SG 能够处理到 No.7 目的地的业务量，SG 也收到了 ASP 正在激活处理业务的指示，且 SG 没有指示 No.7 目的地不可用。当 ASP 被配置为用两个或多个 SG 把话务分担到 No.7 网络时，为了有效的支持业务的重新选路/负荷分担，ASP 应了解当前 SG 处理到目的地业务的能力。ASP 也可以使用从 SG 收到的关于到连接目的地的拥塞信息。

7.3.6.3 SCTP 流映射

SG 和 ASP 的 M3UA 也支持把信令业务分配到 SCTP 的流中，对于有顺序要求的信令业务应分配到相同的流中，为了满足这个要求，MTP-3 用户业务可以针对 MTP 路由标记中的 SLS 或者是 ISUP 的 CIC 分配单独的流，但应当小于低层 SCTP 偶联支持的最大流的数量。

7.3.6.4 拥塞控制

通过依赖于实施的功能向 M3UA 层通知本地和 IP 网络拥塞(例如：依赖于实施从 SCTP 和 IP 网络拥塞的指示)，当 SG 确定到信令点管理簇(SPMC)的信令消息的传送遇到拥塞时，SG 可以任选的触发 No.7 的 MTP-3 受控传递管理消息到起源 No.7 节点，从 No.7 触发的 MTP-3 受控传递管理消息是依赖于实施的功能，在 ASP，拥塞是通过指示拥塞的 MTP-Status 原语向本地 MTP-3 用户指示的，并调用适当的高层响应。

7.3.6.5 无缝的网管互通

为了能够在两个域中提供无缝的互通，SG 的 M3UA 应了解 No.7 节点和信令点管理簇(SPMC)的在各自域中状态，例如 SG 的 M3UA 了解 SPMC 和 No.7 节点可用性和/或拥塞状态应被维持并且在各自的网络内发布，这样对于 No.7 节点和 ASP 间的通信 SCN 协议对等层而言，这种端到端的操作是透明的。

当 SG 的 M3UA 确定传送到 SPMC 的 No.7 消息遇到拥塞，SG 可以任选的通知 MTP-3 路由管理功能。这个信息由 MTP-3 使用，标记到被影响目的地信令点的路由为拥塞，并且触发 MTP 的 TFC 消息到其他生成到该拥塞 DPC 话务的 SP，作为当前的 MTP-3 程序。

当 SG 的 M3UA 确定到一个特定 SPMC 的所有 ASP 的消息传送全部中断，则 SG 的 M3UA 可以同样任选的通知 MTP-3 的路由管理功能，这个信息由 MTP-3 使用，标记到被影响目的地信令点的路由为不可用，并且触发 MTP 的 TFP 消息到其他生成到该不可用 DPC 话务的 SP，作为当前的 MTP-3 程序。如果 SG 认为是部分的 SPMC，MTP 的 TFP 消息不必被发送到 No.7 网络，因为 No.7 的程序不支持由 No.7 节点发送指示其自身不可用的 TFP。

当 SG 的 M3UA 确定到一个特定 SPMC 的所有 ASP 的消息传送全部恢复时，则 SG 的 M3UA 可以同样任选的通知 MTP-3 的路由管理功能，这个信息由 MTP-3 使用，标记到被影响目的地信令点的路由为可用，并且触发 MTP 的 TFA 消息到邻近的 No.7 节点，作为当前的 MTP-3 程序。

7.3.6.6 管理阻断/和解除阻断

为了暂时使 SCTP 偶联退出服务，或者是进行测试和维护动作，ASP 和 SG 的本地管理可以停止在某个 SCTP 偶联上的业务，这个功能可以用来控制在一个新的可用 SCTP 偶联上启动业务。

7.3.6.7 激活偶联控制

在 SG，AS 列表可以包含激活和未激活的 ASP，用来支持负荷分担和故障转移程序，例如当主用和备份的 ASP 都可用时，M3UA 对等层协议要求控制当前激活的 ASP。在一个逻辑 AS 中的 ASP 的顺序列表一直在 SG 中刷新，用来反映激活的 ASP。

7.4 SG进行信令传送使用的SUA协议

7.4.1 概述

SUA定义了如何在两个信令点间通过IP来传送SCCP用户的消息或者是第三代网络协议消息。这个协议不仅可以通过SG实现No.7信令与IP的互通，还可以实现在IP网内对两个IP SP的互通。

SUA使用的传递机制应是如下要求：

——支持对SCCP用户部分(TCAP、RANAP)的消息的传送；

——支持SCCP无连接业务；

——支持SCCP面向连接的业务；

——支持SCCP用户协议的对等层间的无缝操作；

——支持对SCTP传送偶联的管理；

——支持分布式的基于IP的信令节点；

——支持异步地向管理发送对状态变化的报告。

SUA协议是一个模块化的协议，它可以根据需要支持的不同环境而允许不同的实施，并根据高层支持的协议由SUA来支持SCCP无连接、SCCP面向连接的业务。

SUA的具体内容见IETF RFC 3868。

7.4.2 SUA在SG中的应用方式

作为与No.7信令互通的方式，SUA在SG中有以下一种使用方式。即：在SG调用SUA传送SCCP用户消息。

在这种方式下，在SG中只有SUA到SCCP的接口，这就需要在SCCP和SUA之间进行互通，以提供对用户消息的传送，当然也应包括对管理消息的传送，并由SUA来处理No.7信令地址同IP地址的转换和映射。

在SG的SUA，收到从SG的SCCP发来的消息后首先进行网络地址的翻译和映射，并通过SCTP偶联选路到最终IP目的地。SUA从IP网中收到需要选路到No.7信令网的SCCP消息后 在SUA执行网络地址翻译和映射功，并把该消息发送到SG的SCCP，并选路到No.7 SP。

对于内部SG模型，它可以同使用SG内的依赖于实施的节点互通功能用来在SG的SCCP和SUA之间传送消息。这种节点互通功能对于ASP和SP的对等层协议而言是不可见的

信令网关支持把从No.7网络收到的SCCP用户信令业务传送到多个分布的ASP(例如：IP数据库)。SUA协议不能满足这种传送所要求的性能和可靠性，这时就要求物理网的网络结构，在特定的信息交换中带有数据可用性和物理节点的传送性能。一个信令网关可以被看作是带有与No.7信令网接口的一组应用服务器。SUA协议应足够灵活从而允许其在不同的物理配置上操作和管理，进而满足网络运营者的性能和可靠性要求。

为了满足在不同承载等级网中对No.7信令可靠性和性能的严格要求，网络运营者应当保证不会在No.7和IP ASP的端到端的网络结构中出现一个单点故障，当然这还需要SG和ASP功能实体的可靠性来保证，它可以通过设置冗余的SG或者是为在SCTP端点和冗余主机之间的SCTP偶联设置冗余的且有QOS保证的IP网络通路来实现。ASP在可用主机上的分布也十分必要。对于特定的应用服务器，相关的ASP应当分布在至少两个主机上(其结构也可参加图25)。

对于承载网络，运营者可以保证在特定ASP故障或隔离后，稳定的事务处理不会丢失，这意味着在某些情况下ASP需要事务处理的状态或者是能够在每个ASP之间传递事务处理的状态。

为了提高呼叫可用性和事务处理能力，SUA提供了故障转移的(FAIL-OVER)功能。fail-over支持$n+k$的冗余备份，其中n为处理业务需要冗余ASP的最小数量，k个ASP是可用来代替故障或不可

用 ASP 的 ASP 数量。

7.4.3 由 SUA 层提供的业务

7.4.3.1 支持对 SCCP 用户消息的传送

SUA 需要支持对 SCCP 用户消息的传送,SG 的 SUA 层应当保证对 SCCP 用户消息的透明传送。

7.4.3.2 支持 SCCP 的协议类

根据 SCCP 所支持的用户,SUA 层应当透明地支持 4 类 SCCP 协议类型,SCCP 的 4 种协议类型定义如下:

——类型 0:在无连接方式上对 SCCP 用户消息提供无顺序要求的传递;

——类型 1:在无连接方式上允许 SCCP 用户选择顺序传送 SCCP 用户消息;

——类型 2:通过建立临时或固定的信令连接来双向传递 SCCP 用户消息;

——类型 3:在类型 2 的基础上增加流量控制,检查消息的丢失和错序。

协议类型 0 和类型 1 用来支持 SCCP 无连接业务;类型 2 和类型 3 用来支持 SCCP 面向连接的业务。

7.4.3.3 管理功能

SUA 层提供对低层 SCTP 的管理,用来保证对由 SCCP 用户应用确定的消息的传送的可用性。

SUA 层提供了用来指示 SUA 协议消息出错的能力,并能根据需要向本地和远端管理发送通知。

7.4.3.4 与 SCCP 管理的互通功能

SUA 层应当支持以下 SCCP 管理功能:

Coord (Request、Indication、Response、Confirm)

State (Request、Indication)

Pcstate (Indication)

7.4.3.5 支持 SG 和 ASP 之间的管理

SUA 层应当提供同 SG 的 SCCP 管理功能的互通,用来实现 SCN 和 IP 网络的无缝的操作,它应:

——能向 ASP 的 SCCP 用户提供远端 No.7 信令点/或对等层不可达的指示;

——能向 ASP 的 SCCP 用户提供远端 No.7 信令点/或对等层可达的指示;

——能向 ASP 的 SCCP 用户提供拥塞指示;

——能在 SG 启动对远端 No.7 信令点的查询。

7.4.4 SUA 层提供的内部功能

7.4.4.1 在 SG 完成地址翻译和映射

SCCP 用户可以使用以下地址选项表示其对等端点或 ASP:

——全局码;

——DPC + SSN;

——主机名;

——IP 地址。

全局码是地址中一个最有用的选项,目前 ITU 不支持把 GT 翻译成 IP 地址,但是 IP 地址也是一个全局范围的,目前也存在着把 No.7 信令翻译成 IP 地址的多种方案。目前 IETF 正在作关于 E.164

地址同主机地址之间翻译的研究。

在许多情况下网络运营者可以控制在 SUA 常传送的 SCCP 用户协议,如果有可能的话,高层协议可以用主机名或 IP 地址来表示,这样就可以直接传送到 SCCP。

7.4.4.2 对 SCTP 流的映射

SUA 支持 SCTP 的流。SG 或者是 AS 需要维护一组 SCTP 同 SUA 用户的对应关系,SCCP 用户需要在支持顺序传送的流中顺序的传送消息。

8 信令网网关性能要求

8.1 SG 的能力

8.1.1 SG 的信令链路数

64 kbit/s 信令链路的最大数量应不小于 512;

2 Mb/s 信令链路最大的数量应不小于 128。

8.1.2 SG 处理的消息数

最大的信令处理能力应不小于 160 000 MSU/s。

8.1.3 SG 的 GTT 能力

GTT 的能力由总的 GTT 译码的最大数量和每秒处理的 GTT 的最大数量两个参数表示。

要求 GTT 译码的最大数量应不小于 200 000,每秒处理的 GTT 的最大数量应不小于 4 000 GTT/s。

8.1.4 SG 的 IP 侧能力

最大 IP 接口吞吐量应不小于 160 M。

8.2 No.7 信令链路负荷

SG 在处理短的消息时,No.7 信令链路的正常负荷为 0.2Erl;处理长消息时,链路的正常负荷为 0.4Erl。

8.3 时延要求

8.3.1 总则

下述的性能要求是针对 MTP-3 的网络管理消息的传送而定义的。本标准仅适用于这种情况:所有的 MTP-3 消息都通过 IP 网络进行传送。

8.3.2 消息端到端响应时延

MTP-3 端到端过程要求的响应时延在 500 ms～1 200 ms,包括消息的来回传输时间和远端的处理时间。如果不能满足,则可能导致特定定时器的错误过程被启动。例如,ITU-T Q.704 定义中的 T4 定时器。

8.3.3 消息传送时延

8.3.3.1 M3UA模型的SG时延

SG采用M3UA模型时的时延有两种：一种是MTP消息经SG适配到IP网中传送，称其为MTP转接时延；另一种是被叫地址为GT的SCCP经SG中继转送到IP网中传送，称其为SCCP中继时延。

MTP转接时延的要求见表1。SCCP中继时延要求见表2。其中，表2给出的要求是SCCP层采用面向无连接的时延要求。

表1 M3UA模型的SG转接时延要求

负荷情况	50%	95%
正常负荷	小于40 ms	小于80 ms
超过正常负荷15%	小于80 ms	小于160 ms
超过正常负荷30%	小于200 ms	小于400 ms

表2 M3UA模型的SG无连接中继时延要求

翻译功能的业务负荷	中继时延/ms	
	50%	95%
标称	70～175	140～350
+15%	140～273	280～545
+30%	350～488	700～975

8.3.3.2 M2PA模型的SG时延

SG采用M2PA模型时的时延有两种：一种是MTP消息经SG适配到IP网中传送，称其为MTP转接时延；另一种是被叫地址为GT的SCCP经SG中继转送到IP网中传送，称其为SCCP中继时延。

MTP转接时延的要求见表3。SCCP中继时延要求见表4。其中，表4给出的要求是SCCP层采用面向无连接的时延要求。

表3 M2PA模型的SG转接时延要求

负荷情况	50%	95%
正常负荷	小于40 ms	小于80 ms
超过正常负荷15%	小于80 ms	小于160 ms
超过正常负荷30%	小于200 ms	小于400 ms

表4 M2PA模型的SG中继时延要求

翻译功能的业务负荷	中继时延/ms	
	50%	95%
标称	70～175	140～350
+15%	140～273	280～545
+30%	350～488	700～975

8.3.4 No.7 用户部分要求

8.3.4.1 ISUP 消息时延——协议定时器要求

ISUP 定时器要求的一个例子就是导通检验过程，它要求从发送端生成的信号音应在发送带有导通检验指示的 IAM 之后的 2 s 内从接收端返回，并为发送端所检测。这意味着单向的信令消息的传输，加上相关的节点功能应在 2 s 之内完成。

8.3.4.2 ISUP 消息时延——端到端要求

ISUP 中端到端呼叫建立的时延要求就是在发送 IAM 后的 20 s～30 s 之内收到端到端的响应消息。注意：这是协议的监视定时器值，用户通常期望更快的响应时间。

8.3.4.3 TCAP 要求——时延要求

TCAP 本身并没定义时延要求，它的时延要求需要参考其上应用的时延要求。

8.4 SG 对 MTP-3 准确度的要求

下述的性能要求是针对 MTP-3 的用户部分消息的传送而定义的。

消息丢失：小于 10^{-7} 的消息因为传输故障而丢失；

消息顺序错误：小于 10^{-10} 的消息因为传输故障而错序(包括重复消息)；

消息错误：小于 10^{-10} 的消息包含传输协议不可识别的错误。

8.5 SG 可用性

SG 的可用性是大于或等于 99.999 8%，就是不可用时间是小于或等于 10 min/年。

9 网络管理

9.1 网络管理功能

SG 要能提供配置管理、性能管理、故障管理、安全管理和业务管理。

9.2 网络管理协议

网络管理协议建议采用简单网络管理协议 V1.0 (SNMP v1.0)及其以上的版本。

附 录 A
（资料性附录）
信令传送适配层边界和使用的协议单元

A.1 M2UA 边界和使用的消息

A.1.1 M2UA 边界的定义

A.1.1.1 M2UA/MTP 3 层边界的定义

M2UA 和 MTP 第三功能级之间定义了如下原语：

——DATA；

——ESTABLISH；

——RELEASE；

——STATE；

——STATUS；

——RETRIEVAL；

——DATA RETRIEVAL；

——DATA RETRIEVAL COMPLETE。

A.1.1.2 M2UA / MTP 2 层边界的定义

M2UA 和 MTP 第二功能级之间定义了如下原语：

——DATA；

——ESTABLISH；

——RELEASE；

——STATE；

——STATUS；

——RETRIEVAL；

——DATA RETRIEVAL；

——DATA RETRIEVAL COMPLETE。

A.1.1.3 M2UA 和 SCTP 间的边界定义

M2UA 和 SCTP 之间的原语定义见 SCTP 协议。

A.1.1.4 层管理 / M2UA 边界的定义

层管理和 M2UA 之间定义了如下原语：

——M-ERROR；

——M-SCTP ESTABLISH；

——M-SCTP RELEASE；

——M-SCTP STATUS；

——M-ASP STATUS；

——M-AS STATUS。

A.1.2 M2UA 支持的协议单元

M2UA 针对不同的通信对象(与对等的 M2UA 的通信、与应用服务器进程的通信和层管理),共定义了三种有效的消息类型,如表 A.1～表 A.3 所示,每个消息中都可以包含 0 个或多个参数。

表 A.1 MTP-2 用户适配层消息

消 息 名	消息编码(Hex)
数据(Data)	0601
建立请求(Establish Request)	0602
建立确认(Establish Confirm)	0603
释放请求(Release Request)	0604
释放确认(Release Confirm)	0605
释放指示(Release Indication)	0606
状态请求(State Request)	0607
状态确认(State Confirm)	0608
状态指示(State Indication)	0609
数据恢复请求(Data Retrieval Request)	060a
数据恢复确认(Data Retrieval Confirm)	060b
数据恢复指示(Data Retrieval Indication)	060c
数据恢复完成指示(Data Retrieval Complete Indication)	060d

表 A.2 应用服务器进程维护(ASPM)消息

消息名	消息编码(Hex)
ASP 启动(ASPUP)	0301
ASP 宕机(ASPDN)	0302
ASP 激活(ASPAC)	0401
ASP 未激活(ASPIA)	0402

表 A.3 管理(MGMT)消息

消息名	消息编码(Hex)
Error	0000
Notify	0001

A.2 M2PA 的边界和使用的协议单元

A.2.1 M2PA 边界的定义

a) M2PA 与 MTP-3 边界的定义

由 M2PA 向上层边界提供的原语与 MTP-2 向 MTP-3 提供的原语相同。

b) M2PA 和 SCTP 间的低层边界

M2PA 和 SCTP 之间的原语定义参见 SCTP 协议。

A.2.2 M2PA 支持的协议单元

M2PA 支持的消息类型有两种,消息类型如表 A.4 所示

表 A.4 MTP 第二级用户对等层间的适配层的消息

消息类型名	消息内容
用户数据(USER Data)	包括 LI 和 SIF
链路状态(Link State)	进入业务、处理机故障和处理机故障结束

A.3 M3UA 的边界和使用的协议单元

A.3.1 M3UA 边界定义

a) M3UA 同 MTP-3 用户的边界原语定义

M3UA 同 MTP-3 用户边界定义的原语与 MTP-3 同上层用户定义的原语集相同。

——MTP-TRANSFER request;

——MTP-TRANSFER indication;

——MTP-PAUSE indication;

——MTP-RESUME indication;

——MTP-STATUS indication。

b) M3UA 和 SCTP 的边界定义

SCTP 提供的上层边界原语见 SCTP 的协议。

A.3.2 M3UA 协议单元

表 A.5 中列出 M3UA 支持的消息类型。

表 A.5 M3UA 消息类型

消 息 类	消息名
传送消息	DATA
No.7 信令网管理消息 (SSNM)	目的地不可用(DUNA)
	目的地可用(DAVA)
	目的状态查询(DAUD)
	No.7 网络拥塞状态(SCON)
	目的地用户部分不可用(DUPU)
应用服务器处理维护消息 (ASPM)	ASP Up
	ASP Down
	Heartbeat
	ASP Active
	ASP Inactive
管理消息(MGMT)	Error
	Notify

A.4 SUA 边界和使用的协议单元

A.4.1 上层边界的定义

SCCP 用户和 SUA 之间使用以下原语：

Unit Data (Request、Inducation)原语；

Notice Indication 原语；

Connect (Request、Indication、Responding、Confirm)原语；

Data (Request、Indication)原语；

Expedited Data (Request、Indication)原语；

Disconnect (Request、Indication)原语；

Reset (Request Indication Response Confirm)原语；

A.4.2 低层边界的定义

低层边界上的原语定义在 SCTP 建议中。

A.4.3 SUA 支持的协议单元

表 A.6 中给出了 SUA 支持的消息类型，包括无连接业务的消息、面向连接业务的消息、基本协议消息、SUA 管理消息和 No.7 信令网管理的消息。

表 A.6 SUA 支持的消息类型与 SCCP 消息的对应表

消息类	消息名	与 SCCP 消息的对应
无连接消息	无连接数据传送(CLDT)	UDT/XUDT/LUDT
	无连接数据确认(CLDA)	UDTS/XUDTS/LUDTS
面向连接消息	连接请求(CORE)	CR
	连接确认(COAK)	CC/CREF
	释放请求(RELRE)	RLSD
	释放确认(RELAK)	RLC
	复原证实(RESCO)	RSC
	复原请求(RESRE)	RSR
	面向连接数据传送(CODT)	DT1/DT2/ET
	面向连接数据确认(CODA)	AK/EA
通用协议消息	差错(ERR)	ERR
	查询 (AUD)	IT
	厂商特定的消息 (VEN)	—

表 A.6（续）

消息类	消息名	与 SCCP 消息的对应
SUA 管理消息	ASP 启动（ASPUP）	—
	ASP 宕机（ASPDN）	—
	心跳消息(BEAT)	—
	ASP 激活（ASPAC）	—
	ASP 未激活（ASPIA）	—
	通知(NTFY)	—
No.7 信令网管理消息	目的地不可用(DUNA)	SSP
	目的地可用（DAVA）	SSA
	目的地状态查询（DAUD）	SST
	信令网拥塞状态(SCON)	—
	SCCP 管理消息（SCMG）	SOR、SOG

参 考 文 献

[1] GF013—1995 国内 No.7 信令网信令转接点(STP)设备技术规范
[2] YDN068—1997 国内 No.7 信令方式技术规范 消息传递部分
[3] ITU-T Q.703 建议 No.7 信令系统技术规范 信令链路
[4] ITU-T Q.704 建议 No.7 信令系统技术规范 信令网功能和消息
[5] IETF RFC 2719 信令传送的框架结构

ICS 33.040.30
M 12

中华人民共和国国家标准

GB/T 28503—2012

No.7 信令与 IP 互通适配层技术要求 消息传递部分(MTP)第二级用户适配层 (M2UA)

Technical requirements of adaptation layer of No.7 signalling interworking with IP MTP2 user adaptation layer

(IETF RFC 3331:2002,Signaling system 7 (SS7) message transfer part 2 (MTP2)-user adaptation layer,NEQ)

2012-06-29 发布 2012-10-01 实施

中华人民共和国国家质量监督检验检疫总局
中国国家标准化管理委员会 发布

前　言

本标准按照 GB/T 1.1—2009 给出的规则起草。

本标准使用重新起草法参考 IETF RFC 3331:2002《7 号信令系统消息传递部分 2（MTP2）用户适配层(M2UA)协议》编制，与 IETF RFC 3331 的一致性程度为非等效。

本标准由中华人民共和国工业和信息化部提出。

本标准由中国通信标准化协会归口。

本标准起草单位：工业和信息化部电信研究院、上海贝尔股份有限公司、中兴通讯股份有限公司、华为技术有限公司。

本标准主要起草人：吕军、续合元、吴宏建、林铭、连超、高毅、黄少军。

No. 7 信令与 IP 互通适配层技术要求 消息传递部分(MTP)第二级用户适配层 (M2UA)

1 范围

本标准规定了 No. 7 信令消息传递部分第二级用户适配层(M2UA)协议的功能、消息参数、格式和程序。

本标准适用于采用 M2UA 协议作为信令传送适配协议的软交换、信令网关等设备。

2 规范性引用文件

下列文件对于本文件的应用是必不可少的。凡是注日期的引用文件,仅注日期的版本适用于本文件。凡是不注日期的引用文件,其最新版本(包括所有的修改单)适用于本文件。

GB/T 28510 流控制传送协议(SCTP)

ITU-T Q. 703 No. 7 信令系统交换和信令规范 消息传送部分(MTP)信令链路(Switching and signalling specifications of signalling system No. 7—Message transfer part (MTP) signalling link)

3 术语和定义、缩略语

3.1 术语和定义

下列术语和定义适用于本文件。

3.1.1

应用服务器 spplication server

执行特定应用实例的逻辑实体。软交换或 MGC 就可以被看做是一个应用服务器,它用来处理 MTP 第三层消息和终接于 No. 7 信令链路上的呼叫处理。通常来讲,SG 通常把 AS 看做是一个或多个相关应用服务器进程(ASP)组成的有序队列(例如首选、次选等)。

3.1.2

应用服务器进程 application server process

应用服务器的处理实例。如主用的或备份的 MGC 通常可以看做是应用服务器进程。

3.1.3

偶联 association

本标准中提到的偶联都是指 SCTP 偶联,偶联可以用来在一个或多个接口上传递协议数据单元。

3.1.4

故障倒换、倒回 fail-over/fail-back

在当前使用的应用服务器进程故障或不可用的情况下,信令业务可以重新选路到替换服务器的其他 ASP 上的能力。当先前不可用的应用服务器进程(ASP)恢复后,故障倒回能力可以把原来该 ASP 承担的业务量重新送到该 ASP。

3.1.5

接口标识符 interface identifier

用来识别在 SG 上的物理接口,它用来表示接收或发送的信令消息的接口。接口标识符参数可以是文本的,也可以是整数,该参数值的分配由网络运营者决定。该参数值只在本地有效,该值的分配由 SG 和 ASP 之间协调。

3.1.6

层管理 layer management

SG 或 ASP 中的节点功能,它用来处理 M2UA 层和本地管理实体之间输入和输出。

3.1.7

链路关键字 link key

一个本地唯一(在 SG 和 ASP 之间)的值,用这个参数可以识别一个特定的信令数据链路和信令链路终端对之间的注册请求。

3.1.8

MTP-2 message transfer part layer 2

消息传递部分第二层,No.7 信令协议栈中的信令数据链路层。

3.1.9

MTP-3 message transfer part layer 3

消息传递部分第三层,No.7 信令协议栈中的网络层。

3.1.10

MTP-2 用户 MTP-2 user

使用消息传递部分第二层所提供的服务的协议(即 MTP-3)。

3.1.11

信令数据链路 signalling data link

连接在两个信令链路终端的一组特定的通信功能。

3.1.12

流 stream

本标准中提到的流是指 SCTP 流,它是从一个 SCTP 端点到另一相关 SCTP 端点建立的单向逻辑通路。所有用户消息在流中按序传递,除非提交的是无序传递业务。

3.1.13

M2UA 通路 M2UA path

使用 M2UA 协议的 SG 和 ASP 及其之间的 SCTP 偶联。

3.2 缩略语

下列缩略语适用于本文件。

AS	Application Server	应用服务器
ASP	Application Server Process	应用服务器进程
M2UA	MTP2 User Adaptation layer	MTP 第二级用户适配层
MGC	Media Gateway Controller	媒体网关控制器
MTP	Message Transfer Part	消息传递部分
NIF	Node Interworking Function	节点互通功能
SCTP	Stream Control Transport Protocol	流控制传送协议
SG	Signalling Gateway	信令网关
SIGTRAN	Signaling Transport	信令传送
SP	Signalling Point	信令点

4 综述

4.1 M2UA 的结构

4.1.1 通则

本标准中定义的 M2UA 适配协议用于传送 No.7 信令协议中的 MTP-2 的用户消息，即 MTP-3 消息，目前 MTP-3 是 7 号信令 MTP-2 的唯一的用户，M2UA 利用流控制传输协议来提供可靠的低层传送。

信令网关使用标准的 7 号信令链路接口与 PSTN 网相连，在 7 号信令接口上使用 MTP 协议来保证 MTP-2 消息可以可靠地向(从)信令点或信令转接点发送(接收)；同时 SG 还提供与 IP 网的互通功能，把 MTP-2 用户消息传送到对应的应用服务器进程。

4.1.2 使用 M2UA 协议时，信令网关与软交换(或 MGC)的关系

信令网关可以通过标准的 No. 7 信令链路终端接收 No. 7 信令消息，并使用 MTP 功能提供对 MTP-2 用户信令消息传递。此时信令网关只完成信令链路终端(SLT)的功能，向软交换(或 MGC)传送 MTP-3 消息。使用 M2UA 协议的信令网关提供的信令传送功能如图 1 所示：

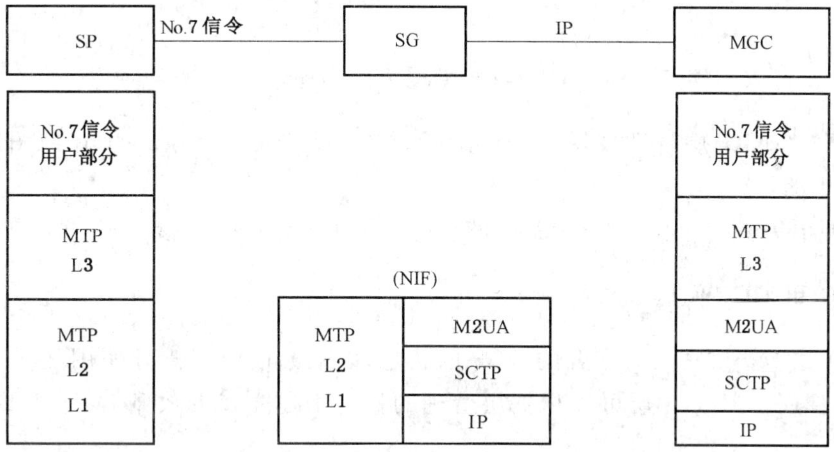

注：信令点和信令网关之间的 No. 7 信令通路上可以包括 STP。

图 1 SG 和 MGC 中应用 M2UA 协议的结构图

对于使用 M2UA 作为适配协议的信令传送功能必须要使用流控制传输协议(SCTP)作为低层的传送协议，SCTP 用以提供以下功能：

——明确的面向分组的递交；
——多个流中的用户消息的顺序递交，也可以提供对单个用户消息的按消息到达顺序进行递交；
——把多个用户消息复用到一个 SCTP 分组中；
——在偶联的两端使用多归属机置，来增加网络层的可靠性；
——避免泛播和其他的攻击；
——根据通路 MTU 的情况对用户数据进行分段；

在公共的传输层之下不需要提供另外的冗余性保证。

4.1.3 ASP 故障倒换的概念

为了提供更高的呼叫可用性和事务处理能力，M2UA 提供了故障倒换、倒回功能。从 No.7 信令网进入 SG 的所有 MTP-2 用户消息，根据消息的接口标识符被分配到一个唯一的应用服务器。

M2UA 协议支持 n+k 的冗余配置模型(包括：主备用、负荷分担)，其中 n 是指处理业务所必需的最少的 ASP 数量，k 则是可用来代替故障或不可用 ASP 的 ASP 数量。

4.1.4 客户机/服务器模型

SG 和 ASP 都可以支持服务器和客户机的操作，如果在两个端点上使用了 M2UA 协议，则配置原则如下：即一端总是配置为服务器的客户机，另外一端则配置为服务器，通常的情况 SG 被配置为服务器端，ASP 被配置为客户端。在这种情况下，应当由 ASP 来发起到 SG 的 SCTP 偶联建立，其中 M2UA 协议使用的 SCTP 的端口号为 2904。

4.2 M2UA 适配层提供的业务

4.2.1 支持 MTP-2/MTP-3 间的接口

M2UA 必须要支持 MTP-2/MTP-3 间的接口，从而保证 No.7 信令网络中和 IP 域中的 MTP-2 对等用户实体间的操作可以是无缝的。M2UA 协议也是利用与 MTP-2 类似的原语来支持 MTP-2/MTP-3 间的接口。

4.2.2 支持 M2UA 协议的端点(SG、MGC)与层管理之间的通信

为了方便与 SG(MGC)层管理模块之间的通信，M2UA 定义了 M-ERROR 原语来报告由于承载 MTP-3 协议时产生的错误：

M-ERROR 原语用来指示收到的 M2UA 消息中出现了差错(例如，接口 ID 值未知或不存在)。

4.2.3 支持对 SG 和 MGC 间偶联的管理

SG 的 M2UA 层应当维护所有配置的 ASP 的状态，以下原语由层管理使用，来管理 SG 和软交换(或 MGC)之间的偶联。M2UA 层可以根据层管理的指示来建立或释放到对端 M2UA 端点的 SCTP 的偶联。

M-SCTP_ESTABLISH 原语用来请求、指示和证实到对端 M2UA 节点的 SCTP 的偶联建立。

M-SCTP_RELEASE 原语用来请求、指示和证实到对端 M2UA 节点的 SCTP 的偶联释放。

M2UA 层使用 M-SCTP_STATUS 原语向层管理通知当前 SCTP 偶联的状态。

4.2.4 支持对 AS 和 ASP 的状态管理

层管理可以向 M2UA 层通知 AS/ASP 的状态(例如激活、故障等)，通过在两个对等的 M2UA 层之间交换一些消息，来停止或恢复到本地 M2UA 用户的业务。这一功能是通过以下原语实现的。

M-ASP_STATUS 原语：该原语由层管理调用，向 M2UA 层请求应用服务器进程的状态，该原语也可用来指示 ASP 的状态。

M-ASP_MODIFY 原语：该原语由层管理调用，修改 ASP 的状态，即：ASP 侧的层管理可以使用该原语启动 ASPM 程序。

M-AS_STATUS 原语：该原语由层管理调用，向 M2UA 层请求应用服务器的状态，这个原语也可用来指示 AS 的状态。

4.3 M2UA层提供的功能

4.3.1 映射功能

在M2UA层必须要维护一张用于接口ID与SG物理接口之间映射的表,物理接口可以是E1电路/时隙等,同时M2UA层还必须维护一张用于接口ID与SCTP偶联和相关流进行映射的表,从而完成物理接口到SCTP流之间的映射关系。

只有当ASP针对某个特定的接口标识符发送了ASP Active消息后,SG才可以把接口标识符映射成SCTP的偶联和流。由于ASP的状态会发生变化,因此这种映射关系是可以动态变化的。SG必须要知道AS/ASP的状态,并且在进行消息选路时参考AS/ASP的当前状态。

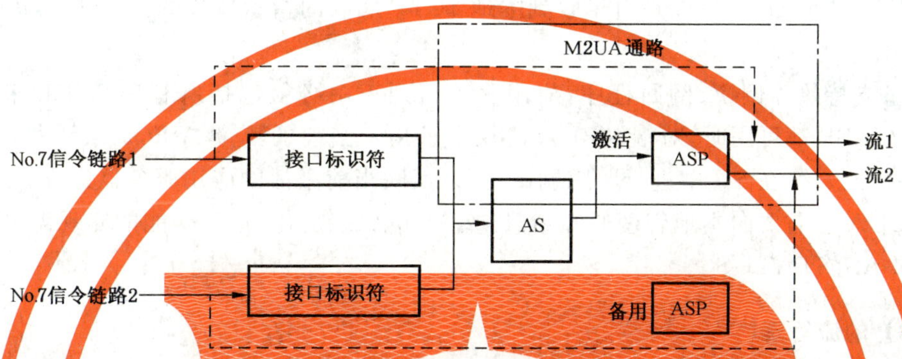

图2　主备用方式下No.7信令链路、接口标识符与流之间的关系

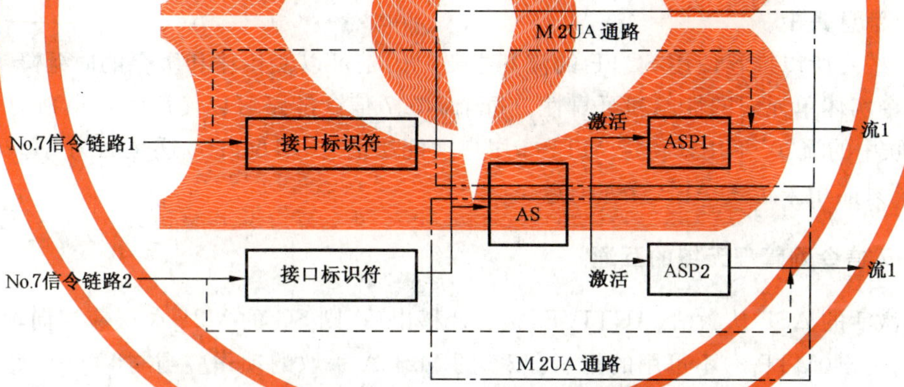

图3　负荷分担方式下No.7信令链路、接口标识符与流之间的关系

图2和图3中给出了在SG中的No.7信令链路、接口标识符、AS和ASP之间的关系。其中一个SG可以支持多个AS,一个AS可以支持多个接口标识符。

一个接口标识符标识的是一条No.7信令链路,M2UA通路用于承载一个(或多个)No.7信令链路的业务。在通常的应用中,一条No.7信令链路映射到M2UA通路中的一个流,但一条No.7信令链路上的消息不能映射到M2UA通路的多个流中。

4.3.2 支持对SG和ASP之间SCTP偶联的管理

为了管理SCTP偶联以及SG与MGC之间的业务量,SG的M2UA层必须来维护所有已配置的ASP的可用性状态,包括远端ASP的激活或去激活状态。所谓激活的ASP就是当前可以接收SG发的送业务量的ASP。

M2UA层可以根据本地层管理的指令,建立到对端M2UA节点的SCTP偶联,这个建立过程可以通过调用 M-SCTP_ESTABLISH 原语来实现。

同样的,M2UA 层也可以使用 M-SCTP_STATUS 向本地层管理通知底层 SCTP 的状态。M2UA 可以利用这个原语向本地管理报告本地 SCTP 偶联释放的原因,确定释放是由本地 M2UA 发起的,还是由 SCTP 发起的。

此外,M2UA 层还可以使用 M-ASP STATUS 或 M-AS_STATUS 原语向本地管理报告 ASP 或 AS 的状态变化。

4.3.3 SG 上对 ASP 的状态管理

SG 的 M2UA 层必须要维护它支持的 ASP 的状态,ASP 的状态变化可以是由于收到对等层间的消息(ASPM 消息)造成的,也可以是由于收到本地 SCTP 偶联的指示造成的。ASP 的状态迁移程序见 6.4.2。

在 SG,为了支持故障倒换、倒回程序,应用服务器列表中必须包括所有激活的和未激活的 ASP。当首选和备用的 ASP 都可用时,对端 M2UA 协议要求指定当前的哪个 ASP 是激活的。一个逻辑 AS 中的 ASP 排序情况始终在 SG 中进行跟踪刷新,用以反映当前激活的应用服务器进程。

同样的 M2UA 也需要向本地管理通知 ASP 或 AS 的状态变化,这个功能的实现需要使用 M-ASP_STATUS 或 M-AS_STATUS

4.3.4 对 SCTP 的流管理

SCTP 允许用户在偶联最初建立时规定可以使用的流的数量,从而保证 M2UA 可以正确地管理这些流,由于 SCTP 的流具有单向特性,因此 M2UA 并不知道对端 M2UA 层的流信息。同时接口标识符应当在 M2UA 消息头中。

在 M2UA 中之所以推荐使用 SCTP 的流其主要原因是可以使传输和缓存的时延降到最小,从而可以全面改善信令实体单元间的性能和可靠性。每个 No.7 信令链路可以使用一个单独的 SCTP 流。

SCTP 偶联中的流"0"不用来传送 MTP-2 用户适配层消息(MAUP),这是因为 M2UA 要求 SCTP 偶联中的流"0"只能用来传送 ASP 管理消息。

4.3.5 与 No.7 信令网管理无缝的互通

如果当前激活的 ASP 从激活(ACTIVE)状态迁移出后,则 SG 的 M2UA 层应当向本地层管理传送关于 M2UA 的用户(MTP-3)不可用的指示。SG 的 M2UA 采取的动作应当与 ITU-T Q.703 建议规定的 MTP-2 协议的动作一致。

4.3.6 流量控制和拥塞控制

M2UA 可以采用不同实施的方式,通知 IP 网络拥塞门限触发和消除(即:来自于 SCTP 的指示)。M2UA 层对收到的这个拥塞指示的处理取决于不同的实施。但是 SG 采取的动作应当与 MTP 规范规定的动作一致,并可以保证 No.7 信令链路的流量控制功能可以正确的进行。

当 SG 的 SCTP 检测到拥塞时,应向 M2UA 发送拥塞指示。当 SG 的 M2UA 在收到 SCTP 发送的拥塞指示时,M2UA 向 MTP2 发送拥塞指示,信令网关在相应的 No.7 信令链路上发送 SIB (SIB 的发送处理程序应符合 ITU-T Q.703 建议中规定的程序),以便通知对端的 MTP2 在收到 SIB 消息后减少或停止发送信令消息。

在 SG 侧,当 M2UA 收到 SCTP 上报的网络拥塞消除指示时,M2UA 向 MTP2 发送拥塞消除指示,SG 应停止在相关的 No.7 信令链路上发送 SIB 消息(其处理程序应符合 ITU-T Q.703 建议中规定的程序)。

4.3.7 查询 No.7 信令链路状态

当从一个 ASP 故障倒换到另一个 ASP 后，可能需要 ASP 上的 M2UA 去查询当前 No.7 信令链路的状态，以保证其状态的一致性，SG 的 M2UA 可以在查询请求的响应中包含当前 No.7 信令链路的状态的信息(即：进入业务、退出服务、拥塞状态或 LPO/RPO 状态)。

4.4 M2UA 边界原语的定义

4.4.1 M2UA 和 MTP-3 之间的原语

M2UA 和 MTP 第三功能级之间使用如下原语，使用这些原语后，对于 MTP-3 来讲，M2UA 与 MTP-2 是相同的：

——DATA；

——ESTABLISH；

——RELEASE；

——STATE；

——DATA RETRIEVAL；

——DATA RETRIEVAL COMPLETE。

4.4.2 M2UA 和 MTP-2 之间的原语

M2UA 和 MTP-2 之间定义了如下原语，这部分原语主要是用于提供 SG 功能的 M2UA 端点上：

——DATA；

——ESTABLISH；

——RELEASE；

——STATE；

——DATA RETRIEVAL；

——DATA RETRIEVAL COMPLETE。

4.4.3 M2UA 和 SCTP 之间的原语

M2UA 和 SCTP 之间的原语见 GB/T 28510 流控制传送协议(SCTP)。

4.4.4 M2UA 和层管理之间的原语

M2UA 协议和 M2UA 端点的层管理定义了如下原语：

M-SCTP ESTABLISH request 原语：

方向：LM→M2UA

作用：LM 请求 ASP 与 SG 建立 SCTP 偶联。

M-STCP ESTABLISH confirm 原语：

方向：M2UA→LM

作用：ASP 向 LM 确认它已经与 SG 建立了 SCTP。

M-SCTP ESTABLISH indication 原语：

方向：M2UA→LM

作用：SG 通知层管理 ASP 已经建立了 SCTP 偶联。

M-SCTP RELEASE request 原语：
方向：LM→M2UA
作用：LM 请求 ASP 释放与 SG 的 SCTP 偶联。

M-SCTP RELEASE confirm 原语：
方向：M2UA→LM
作用：ASP 向层管理确认它已经释放了与 SG 的 SCTP 偶联。

M-SCTP RELEASE indication 原语：
方向：M2UA→LM
作用：SG 通知层管理 ASP 已经释放了 SCTP 偶联。

M-SCTP_RESTART indication 原语：
方向：M2UA→LM
作用：M2UA 通知层管理收到了 SCTP 再启动指示。

M-SCTP STATUS request 原语：
方向：LM→M2UA
作用：LM 请求 M2UA 报告 SCTP 偶联的状态。

M-SCTP STATUS confirm 原语：
方向：M2UA→LM
作用：M2UA 报告 SCTP 偶联的状态。

M-ASP STATUS request 原语：
方向：LM→M2UA
作用：LM 请求 SG 报告远端 ASP 的状态。

M-ASP STATUS confirm 原语：
方向：M2UA→LM
作用：SG 报告远端 ASP 的状态。

M-AS STATUS request 原语：
方向：LM→M2UA
作用：LM 请求 SG 报告 AS 的状态。

M-AS_STATUS indication 原语：
方向：M2UA→LM
作用：SG 报告远端 AS 的状态。

M-NOTIFY indication 原语：
方向：M2UA→LM
作用：ASP 用来报告已经收到对端的 NOTIFY 消息。

M-ERROR indication 原语:
方向:M2UA→LM
作用:ASP 或 SG 用来报告已经收到对端的 ERR 消息。

M-ASP_UP request 原语:
方向:LM→M2UA
作用:LM 请求 ASP 启动运行并向对端 SG 发送 ASP UP 消息。

M-ASP_UP confirm 原语:
方向:M2UA→LM
作用:ASP 向层管理报告它已经从对端 SG 收到了 ASP UP Acknowledgement 消息。

M-ASP_DOWN request 原语:
方向:LM→M2UA
作用:LM 请求 ASP 停止运行并向对端 SG 发送 ASP DOWN 消息。

M-ASP_DOWN confirm 原语:
方向:M2UA→LM
作用:ASP 向层管理报告它已经从对端 SG 收到了 ASP DOWN Acknowledgement 消息。

M-ASP_ACTIVE request 原语:
方向:LM→M2UA
作用:LM 请求 ASP 向对端 SG 发送 ASP ACTIVE 消息。

M-ASP_ACTIVE confirm 原语:
方向:M2UA→LM
作用:ASP 向层管理报告它已经从对端 SG 收到了 ASP ACTIVE Acknowledgement 消息。

M-ASP_INACTIVE request 原语:
方向:LM→M2UA
作用:LM 请求 ASP 向对端 SGP 发送 ASP INACTIVE 消息

M-ASP_INACTIVE confirm 原语:
方向:M2UA→LM
作用:ASP 向层管理报告它已经从对端 SG 收到了 ASP INACTIVE Acknowledgement 消息。

M-LINK_KEY_REG Request 原语:
方向:LM→M2UA
作用:LM 请求 ASP 用 REG REQ 消息向 SG 注册链路关键字。

M-LINK_KEY_REG Confirm 原语:
方向:M2UA→LM

作用:ASP 向层管理报告已经从 SG 成功的收到了 REG RSP 消息。

M-LINK_KEY_REG Indication 原语:

方向:M2UA→LM

作用:SG 向层管理报告已经成功处理了一个来自 ASP 的 REG RSP 消息。

M-LINK_KEY_DEREG Request 原语:

方向:LM→M2UA

作用:LM 请求 ASP 通过向 SG 发送 DEREG REQ 消息注销一个已经注册的链路关键字。

M-LINK_KEY_DEREG Confirm 原语:

方向:M2UA→LM

作用:ASP 向层管理报告它已经成功的从 SG 收到了 DEREG RSP 消息。

M-LINK_KEY_DEREG Indication 原语:

方向:M2UA→LM

作用:SG 向层管理报告它已经成功的处理了一个从 ASP 收到的 DEREG REQ 消息。

5 M2UA 协议单元格式

5.1 公共消息头

5.1.1 通则

MTP-2 用户适配层协议消息中必须包括版本、消息类别、消息类型、消息长度和消息内容几个部分,见图 4。消息头部分对于所有信令协议适配层消息都是通用的。

0 1 2 3

0 1 2 3 4 5 6 7 8 9 0 1 2 3 4 5 6 7 8 9 0 1 2 3 4 5 6 7 8 9 0 1

版本	备用	消息类别	消息类型
消息长度			

图 4 公共消息头

5.1.2 版本字段

版本字段(Vers)中包含了 M2UA 适配层的版本。目前所支持的版本编码为:

0000 0001 1.0 版本协议

5.1.3 备用字段

备用字段的长度为 8 比特,在发送方应当设置为全 0,在接收方应忽略该字段,即收到备用字段不为全 0 的消息时也应正确处理。

5.1.4 消息类别字段

该字段为 8 比特的无符号整数，表 1 中列出了公共消息头中消息类别字段的编码分配。

表 1 消息类别编码表

消息类别名	消息类别编码
管理(MGMT)消息[IUA/M2UA/M3UA/SUA]	00
传送消息[M3UA]	01
No.7 信令网管理(SSNM)消息[M3UA/SUA]	02
ASP 状态维护(ASPSM)消息[IUA/M2UA/M3UA/SUA]	03
ASP 业务维护(ASPTM)消息[IUA/M2UA/M3UA/SUA]	04
Q.921/Q.931 边界原语传递(QPTM)消息[IUA]	05
MTP-2 用户适配(MAUP)消息[M2UA]	06
无连接的消息[SUA]	07
面向连接的消息[SUA]	08
选路关键字管理(RKM)消息[M3UA]	09
接口标识符管理(IIM)消息[M2UA]	0A
IETF 备用	0B～7F
为 IETF 定义的消息类别扩展备用	80～FF

5.1.5 消息类型字段

表 2～表 6 中给出了不同的 M2UA 消息类别下，该字段所使用的有效消息类型编码。

表 2 MTP-2 用户适配(MAUP)消息

消息类型名称	消息类型编码
备用	00
Data	01
Establish Request	02
Establish Confirm	03
Release Request	04
Release Confirm	05
Release Indication	06
State Request	07
State Confirm	08
State Indication	09
Data Retrieval Request	0a
Data Retrieval Confirm	0b
Data Retrieval Indication	0c
Data Retrieval Complete Indication	0d
Congestion Indication	0e
Data Acknowledge	0f
IETF 备用	10～ff
为 IETF 定义 MAUP 扩展	80～ff

表 3 M2UA ASP 状态维护(ASPSM)消息类型

消息类型名称	消息类型编码
备用	00
ASP Up (ASPUP)	01
ASP Down (ASPDN)	02
Heartbeat (BEAT)	03
ASP Up Ack (ASPUP ACK)	04
ASP Down Ack (ASPDN ACK)	05
Heartbeat Ack (BEAT ACK)	06
IETF 备用	7～7F
为 IETF 定义的 ASPSM 扩展备用	80～FF

表 4 M2UA ASP 业务维护(ASPTM)消息类型

消息类型名称	消息类型编码
备用	00
ASP ACTIVE (ASPAC)	01
ASP INACTIVE (ASPIA)	02
ASP ACTIVE Ack (ASPAC ACK)	03
ASP INACTIVE Ack (ASPIA ACK)	04
IETF 备用	5～7F
为 IETF 定义的 ASPTM 扩展备用	80～FF

表 5 M2UA 管理(MGMT)消息类型

消息类型名称	消息类型编码
Error (ERR)	00
Notify (NTFY)	01
IETF 备用	02～7F
为 IETF 定义的 MGMT 扩展备用	80～FF

表 6 M2UA 接口标识符管理(MII)消息类型

消息类型名称	消息类型编码
备用	00
Registration Request (REG REQ)	01
Registration Response (REG RSP)	02
Deregistration Request (DEREG REQ)	03
Deregistration Response (DEREG RSP)	04
IETF 备用	5～7F
为 IETF 定义的 MII 扩展备用	80～FF

5.1.6 消息长度字段

消息长度定义了整个 M2UA 消息的八位位组数。如果消息包含填充字节,那么消息长度应把填充信息包含在内。消息长度字段的取值应不长于 MTP-3 消息长度、公共消息头长度和 M2UA 消息头的长度之和。

5.1.7 可变长参数的格式

M2UA 消息在公共消息头之后可以包含 0 个或几个可变长参数,所有包含在消息中的参数的格式都使用“参数标签—参数长度—参数取值”的形式进行描述,如图 5 所示。

0 1 2 3 4 5 6 7 8 9 (0–15)	1 0 1 2 3 4 5 6 7 8 9 2 0 1 2 3 4 5 6 7 8 9 3 0 1 (16–31)
参数标签	参数长度
参数取值	

图 5 可变长参数的格式

消息中的必备参数必须要放在任选参数前传送。

参数标签:参数标签字段是一个 16 比特的无符号整数,其取值范围从 0～655 34,适配层使用的通用参数的标签取值范围从 00～ff,见表 7;M2UA 专有参数的标签取值范围从 300～3ff,见表 8。

M2UA 使用的通用参数标签(即:所有的用户适配层使用)定义在表 7 中。

表 7 通用参数标签

参数标签名	参数标签编码
备用	0x0000
接口标识符(整数类型)	0x0001
在 M2UA 中不使用	0x0002
接口标识符(文本类型)	0x0003
信息串	0x0004
在 M2UA 中不使用	0x0005
在 M2UA 中不使用	0x0006
诊断信息	0x0007
接口标识符(整数范围)	0x0008
Heartbeat 数据	0x0009
在 M2UA 中不使用	0x000a
在 M2UA 中不使用	0x000b
差错码	0x000c

表 7（续）

参数标签名	参数标签编码
状态类型/信息	0x000d
在 M2UA 中不使用	0x000e
在 M2UA 中不使用	0x000f
在 M2UA 中不使用	0x0010
ASP 标识符	0x0011
在 M2UA 中不使用	0x0012
关联 ID	0x0013
备用	0x0014～0x00ff

表 8　M2UA 的专用参数

参数名	参数标签编码
协议数据 1	0x0300
协议数据 2 (TTC)	0x0301
状态请求	0x0302
状态事件	0x0303
拥塞状态	0x0304
舍弃状态	0x0305
动作	0x0306
顺序号码	0x0307
恢复结果	0x0308
链路关键字	0x0309
本地链路关键字标识符	0x030a
信令数据终端(SDT)标识符	0x030b
信令数据链路(SDL)标识符	0x030c
注册结果	0x030d
注册状态	0x030e
注销结果	0x030f
注销状态	0x0310
IETF 备用	0x0311～0xffff

参数长度字段为 16 比特的无符号整数，该字段指示了参数的字节数。参数长度包括"参数标签"、"参数长度"和"参数值"字段，即当没有参数取值时，该字段的长度取值为 4。"参数长度"字段指示的长度不包括任何填充字节。

"参数值"字段的长度是可变的，它包含参数实际传送的信息。

参数的实际总长度(包括标签、参数长度和值字段)必须是四字节的整数倍。如果参数长度不是四的整数倍,发送者应在结尾用0填充参数,填充的长度不计入参数长度。发送者不能填充多于3个字节,接收方忽略填充字节(即:根据长度字段指示的长度处理参数)。

5.2 M2UA消息头

除了公共消息头外,M2UA消息还有特有消息头,格式见图6和图7。M2UA特有消息头紧跟在公共消息头后,但只用在MAUP消息中。

M2UA特有消息头应包括接口标识符,接口标识符用来标识SG接收和发送信令消息的物理接口。接口标识符参数的格式可以是整数类型的,也可以是基于文本编码的,该参数的取值由网络运营者来分配,这个参数值仅在本地有效,由SG和ASP协商使用。

在国内应用时,要求使用整数类型编码方式的接口标识符,对基于文本格式编码方式的接口标识符的支持是任选的,目前暂不要求使用字符串类型的接口标识符。

0 1 2 3

0 1 2 3 4 5 6 7 8 9 0 1 2 3 4 5 6 7 8 9 0 1 2 3 4 5 6 7 8 9 0 1

标签(0x0001)	参数长度=8
接口ID(整数类型)	

图6 M2UA消息头(基于整数编码的接口标识符)

基于整数格式编码的接口标识符参数的标签值为0x0001。此时,参数的长度字段取值恒等于8。

0 1 2 3

0 1 2 3 4 5 6 7 8 9 0 1 2 3 4 5 6 7 8 9 0 1 2 3 4 5 6 7 8 9 0 1

标签(0x0003)	参数长度
接口ID(文本类型)	

图7 M2UA消息头(基于文本编码的接口标识符)

基于文本格式编码的接口标识符参数的标签值为0x0003。此时,接口标识符的编码应符合ANSI X3.4:1986的规定,基于文本的标识符的字符串最大取值为255个八位位组。参数长度字段的取值等于标识符文本的字符串的长度加4个字节。

5.3 M2UA消息

5.3.1 MTP-2用户适配消息

5.3.1.1 DATA消息

DATA消息包括No.7信令MTP-2用户协议数据单元(PDU)。DATA消息包括协议数据和关联ID两个参数,其中协议数据为必备参数,关联ID为任选参数。

DATA消息的格式如图8所示。

0 1 2 3

0 1 2 3 4 5 6 7 8 9 0 1 2 3 4 5 6 7 8 9 0 1 2 3 4 5 6 7 8 9 0 1

标签(0x0300)	长度
协议数据	
标签(0x0013)	长度=8
关联 ID	

图 8 DATA 消息参数格式

协议数据字段包括 MTP-2 用户消息,消息的封装顺序应符合网络发送的顺序,从信令信息八位位组(SIO)开始顺序排放,且协议数据的长度不应大于 272 个八位位组。关联 ID 参数可以唯一的标识封装在协议数据单元的 MSU 是属于哪个 AS。

5.3.1.2 Data Acknowledge 消息

Data Acknowledge 消息必须包含从 Data 消息中收到的关联 ID,用来表明对端 M2UA 已经成功的处理了收到的 Data 消息。Data 消息中的关联 ID 参数和 Data Acknowledge 消息中的关联 ID 参数提供一种机制,SG 可以利用这个关联 ID,从而使得发送的 MSU 在得到对端 No.7 信令链路的 MTP-2 的确认前,就可以对端 M2UA 发送的消息进行证实,这样可以避免由于偶联故障或拥塞造成的消息丢失。

如果从对端 M2UA 收到的 DATA 消息中,包含有关联 ID 参数,则必须发送 Data Acknowledge 消息。否则可以不发送 Data Acknowledge 消息。在 Data Acknowledge 消息中,关联 ID 中必备参数。Data Acknowledge 消息中关联 ID 的格式如图 9 所示。

0 1 2 3

0 1 2 3 4 5 6 7 8 9 0 1 2 3 4 5 6 7 8 9 0 1 2 3 4 5 6 7 8 9 0 1

标签(0x13)	长度=8
关联 ID	

图 9 关联 ID 参数的格式

如果发送的 Data Acknowledge 消息中没有包括关联 ID 或发送的关联 ID 不正确,则 No.7 信令链路最终将由于缺少对 MSU 的 MTP-2 的证实导致链路故障。

5.3.1.3 Establish (Request,Confirmation)消息

Establish Request 消息用来建立一条 No.7 信令链路或者是指示相关的通路已经建立,MGC 负责控制 No.7 信令链路的状态。当 MGC 要使 No.7 链路进入工作时,则发送 Establish Request 消息。注如果 SG 已经建立的了 No.7 信令链路,则在收到 Establish Request 消息后 SG 不需要采取任何动作,直接发送 Establish Confirm 消息即可。

当 MGC 发送了 M2UA 的 Establish Request 消息,MGC 可以启动一个定时器,在收到对端的 Establish Confirm 消息后,该定时器停止。如果定时器超时后还没有收到 Establish Confirm 消息,MGC 将重新发送 Establish Request 消息,并再次启动该定时器。也就是说,在获得期望的状态前,或者是采取其他动作(例如:通知层管理)前,MGC 可以按照一定的周期连续请求建立数据链路。

No.7 信令链路可以采用紧急和正常定位方式进入业务,目前缺省方式是采用正常方式。State Request 可以用来把定位(在 5.3.1.5 中描述)方式转换为紧急方式。

5.3.1.4 Release (Request, Indication, Confirmation)消息

Release Request 消息用来释放已建立的通路，Release Confirm 和 Release Indication 消息用来指示信道已经被释放。

5.3.1.5 State Request 消息

MGC 可以发送 State Request 消息对信令网关进程(SG)支持的特定 No.7 信令链路进行相应操作，如果操作能够成功执行并完成，则 SG 向 MGC 发送 State Confirm 消息。State Confirm 消息中应当包含从 State Request 消息中收到的状态值。

State Request 消息中必须要包括 STATE 参数。STATE 参数的格式见图 10。

```
0                   1                   2                   3
0 1 2 3 4 5 6 7 8 9 0 1 2 3 4 5 6 7 8 9 0 1 2 3 4 5 6 7 8 9 0 1
+-------------------------------+-------------------------------+
|        标签(0x0302)           |            长度=8             |
+-------------------------------+-------------------------------+
|                             状态                              |
+---------------------------------------------------------------+
```

图 10 State 消息参数的格式

在 State Request 消息的状态字段中可以使用表 9 规定的取值。

表 9 State Request 消息状态参数字段的取值

状态名称	取值	描述
STATUS_LPO_SET	0x00	请求本地处理机故障
STATUS_LPO_CLEAR	0x01	请求恢复本地处理机故障
STATUS_EMER_SET	0x02	请求紧急定位程序
STATUS_EMER_CLEAR	0x03	请求正常定位程序(取消紧急)
STATUS_FLUSH_BUFFERS	0x04	刷新或清楚接收、发送和重传队列
STATUS_CONTINUE	0x05	继续或恢复
STATUS_CLEAR_RTB	0x06	清除重发队列
STATUS_AUDIT	0x07	查询链路状态
STATUS_CONG_CLEAR	0x08	拥塞清除
STATUS_CONG_ACCEPT	0x09	拥塞接受
STATUS_CONG_DISCARD	0x0a	拥塞舍弃

5.3.1.6 State Confirm 消息

SG 发送 State Confirm 消息用来响应从 MGC 收到的 State Request 消息，State Confirm 消息中必须要包括从从 State Request 消息中收到的状态值。

State Confirm 消息中必须要包括 STATE 参数。STATE 参数的格式见图 10，状态字段的取值参见表 9。

5.3.1.7 **State Indication 消息**

SG 可以向 MGC 发送 MTP-2 State Indication 消息来指示当前 No.7 信令链路的状态。State Indication 消息中必须要包含 EVENT 参数。EVENT 参数的格式如图 11 所示。

0 1 2 3 4 5 6 7 8 9 0 1 2 3 4 5	6 7 8 9 0 1 2 3 4 5 6 7 8 9 0 1
标签(0x0303)	长度=8
事件	

图 11 EVENT 参数的格式

在 State Indication 消息的状态字段中可以使用表 10 规定的取值。

表 10 State Indication 消息的事件参数字段的取值

状态名称	取 值	描 述
EVENT_RPO_ENTER	0x01	远端进入处理机故障
EVENT_RPO_EXIT	0x02	远端退出处理机故障
EVENT_LPO_ENTER	0x03	链路进入处理机故障
EVENT_LPO_EXIT	0x04	链路退出处理机故障

5.3.1.8 **Congestion Indication 消息**

SG 可以向 ASP 发送 Congestion Indication 消息指示 No.7 信令链路的拥塞状态和舍弃状态(国内不使用)。当某个方向的 MSU 的缓冲区的占用率超过了拥塞门限或者是降低到拥塞消除门限之下,或者是达到了丢弃门限。

只有收到了拥塞级或舍弃级的实际变化的报告后,SG 才应当发送 congestion indication 消息,以表明与先前发送的消息有所区别。此外 SG 应当使用独立于实施的算法来限制发送拥塞指示消息的频率。

通常来讲,为了降低时延,可以把 Congestion Indication 消息设置为"高优先级"在流中发送发送。

Congestion Indication 消息的格式见图 12,消息中可以包括 Congestion Status 和 Discard Status 参数,其中 Congestion Status 为必备参数,Discard Status 为任选参数(国内不使用)。

0 1 2 3 4 5 6 7 8 9 0 1 2 3 4 5	6 7 8 9 0 1 2 3 4 5 6 7 8 9 0 1
标签(0x0304)	长度=8
拥塞状态 (Congestion Status)	
标签(0x0305)	长度=8
舍弃状态 (Discard Status)	

图 12 Congestion Indication 消息的参数格式

Congestion Indication 消息中的拥塞状态参数可以使用表 11 规定的取值。

表 11　Congestion Indication 消息的拥塞状态参数字段的取值

状态名称	取　　值	描　　述
LEVEL_NONE	0x00	无拥塞(国内只使用该编码,指示拥塞消除)
LEVEL_1	0x01	拥塞级 1
LEVEL_2	0x02	拥塞级 2
LEVEL_3	0x03	拥塞级 3(国内只使用该编码,指示拥塞)

5.3.1.9　Retrieval Request 消息

在 MTP-3 发生倒换时,使用 MTP-2 Retrieval Request 消息来请求 BSN,并从发送和重传队列恢复 PDU 或者是清除重传队列中的 PDU。Retrieval Request 消息的格式见图 13,消息中包含了动作(Action)参数和顺序号码参数,其中动作(Action)参数是必备参数,顺序号码参数为任选参数。

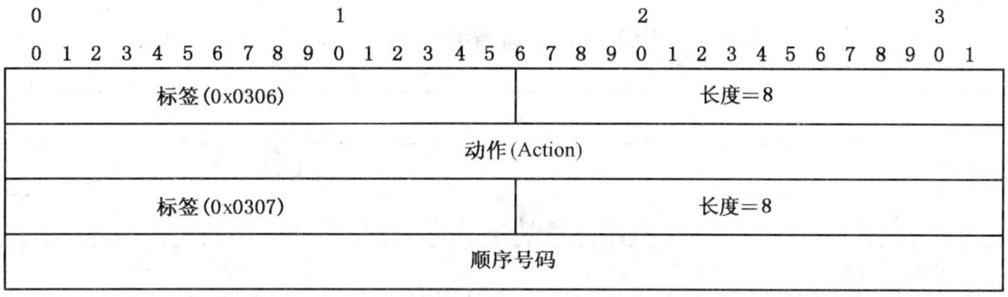

图 13　Retrieval Request 消息的参数格式

Retrieval Request 消息中的动作参数可以使用表 12 规定的取值。

表 12　Retrieval Request 消息中的动作参数字段的取值

状态名称	取　　值	描　　述
ACTION_RTRV_BSN	0x01	恢复后向顺序号码
ACTION_RTRV_MSGS	0x02	从发送和重发队列汇中恢复 PDU

如果动作参数字段设置为“ACTION_RTRV_BSN”,则在 Retrieval Request 消息中不应包含顺序号码字段。如果动作参数字段设置为“ACTION_RTRV_MSGS”,则顺序号码字段应当包含远端的前向顺序号码。

5.3.1.10　Retrieval Confirm 消息

SG 可以发送 MTP-2 Retrieval Confirm 消息来响应 Retrieval Request 消息,Retrieval Confirm 消息的格式见图 14,消息中可以包含动作(Action)参数、结果(Result)参数和顺序号码参数。其中动作(Action)参数和结果(Result)参数是必备参数,顺序号码参数为任选参数。

0 1 2 3 4 5 6 7 8 9 0 1 2 3 4 5	6 7 8 9 0 1 2 3 4 5 6 7 8 9 0 1
标签(0x0306)	长度=8
动作(Action)	
标签(0x0308)	长度=8
结果(Result)	
标签(0x0307)	长度=8
顺序号码	

图 14 **Retrieval Confirm** 消息的参数格式

Retrieval Confirm 消息中的动作(Action)参数取值见表 12。

Retrieval Confirm 消息中的结果(Result)参数可以使用表 13 规定的取值。

表 13 **Retrieval Confirm** 消息中的结果参数字段的取值

状态名称	取值	描述
RESULT_SUCCESS	0x00	动作成功
RESULT_FAILURE	0x01	动作失败

当 SG 发送 Retrieval Confirm 消息响应 Retrieval Request 消息时，它用来响应的动作字段。如果动作字段取值为“ACTION_RTRV_BSN”，且 SG 成功的恢复了 BSN，则 SG 应当把后向顺序号码复制到顺序号码字段中，并在结果字段中指示“动作成功”。如果不能恢复 BSN，则不需要包括顺序号码参数字段，并在结果字段中指示“动作失败”。

对于动作字段为“ACTION_RTRV_MSGS”Retrieval Confirm 消息，其结果字段可以指示“操作成功”或“操作失败”，此时该消息中不需要包括顺序号码参数字段。

5.3.1.11 **Retrieval Indication** 消息

SG 发送的 Retrieval Indication 消息中应包含有从发送或重发队列中恢复出的 PDU。恢复指示消息不包含动作参数和顺序号码参数字段，而只包含从发送或重发队列中恢复出的 MTP-3 协议数据单元。Retrieval Indication 消息的格式见图 15。Retrieval Indication 消息中协议数据单元参数是必备参数。M2UA 在实现时可以考虑使用 SCTP 的捆绑功能来传送 Retrieval Indication 消息。

0 1 2 3 4 5 6 7 8 9 0 1 2 3 4 5	6 7 8 9 0 1 2 3 4 5 6 7 8 9 0 1
标签(0x0300)	长度
协议数据	

图 15 **Retrieval Indication** 消息的参数格式

5.3.1.12 Retrieval Complete Indication 消息

MTP-2 Retrieval Complete Indication 消息与 Retrieval Indication 消息的格式完全相同，只是该消息表示了恢复过程已经结束。该消息中可以包含从发送或重发队列中恢复出的最后一个 PDU。所以对于 Retrieval Complete Indication 消息而言，协议数据单元参数是任选参数。

5.3.2 应用服务器进程维护消息(ASPM)

5.3.2.1 通则

ASPM 消息只使用公共消息头。

5.3.2.2 ASP Up 消息(ASPUP)

ASP Up 消息(ASPUP)用来向远端 M2UA 对等层指示适配层已经准备好，可以接收业务消息或维护消息。ASPUP 消息的格式见图 16，消息中包含两个任选参数分别是 ASP 标识符和信息串。

注：当 SG 不能通过预先配置的地址/端口号信息识别 ASP 时，则必须要使用 ASP 标识符(例如，ASP 位于一个使用动态分配地址/端口号的主机中时)。

ASPUP 消息的参数格式如图 16 所示。

0 1 2 3
0 1 2 3 4 5 6 7 8 9 0 1 2 3 4 5 6 7 8 9 0 1 2 3 4 5 6 7 8 9 0 1

标签(0x0e)	长度
ASP 标识符	
标签(0x04)	长度
信息串	

图 16 ASPUP 消息的参数格式

任选的 ASP 标识符参数可以包含一个唯一的取值，该值是 AS 支持的一组 ASP 中的一个本地有效值。SG 应当保存其使用的 ASP 标识符，如果需要的话，应当使用 NTFY 消息。

任选的信息串(INFO String)参数可以携带任何有含义的 UTF-8 字符串，信息串参数的长度的长度范围可以从 0～255 个八位位组。目前对于该参数的使用主要是用于程序调测。

5.3.2.3 ASP UP Ack 消息

ASP UP Ack (ASPUP ACK)消息用来证实从远端 M2UA 对等层接收到了的 ASP UP 消息。

ASP UP Ack 消息包含信息串(INFO String)任选参数。

ASP UP Ack 消息的参数格式如图 17 所示，其中 ASP UP Ack 消息中的信息串参数与 ASP UP 消息中的信息串参数相同。

0 1 2 3
0 1 2 3 4 5 6 7 8 9 0 1 2 3 4 5 6 7 8 9 0 1 2 3 4 5 6 7 8 9 0 1

标签(0x04)	长度
信息串	

图 17 ASP UP Ack 消息的参数格式

5.3.2.4 ASP Down 消息(ASPDN)

ASP Down (ASPDN)消息用来指示远端 M2UA 对等层尚未准备好接收业务消息或维护消息。ASP Down (ASPDN)消息中可以包含信息串参数(任选)。

ASP Down (ASPDN)消息的参数格式如图 18 所示,其中 ASP Down (ASPDN)消息中的信息串参数与 ASP UP 消息中的信息串参数相同

0 1 2 3
0 1 2 3 4 5 6 7 8 9 0 1 2 3 4 5 6 7 8 9 0 1 2 3 4 5 6 7 8 9 0 1

标签(0x04)	长度
信息串	

图 18 ASP Down (ASPDN)消息的参数格式

5.3.2.5 ASP Down Ack 消息

ASP Down Ack 消息用来证实已经从远端的 M2UA 对等层收到了 ASP Down 消息。ASP Down Ack 消息中可以包含信息串参数(任选)。

ASP Down Ack 消息的参数格式如图 19 所示,其中 ASP Down Ack 消息中的信息串参数与 ASP UP 消息中的信息串参数相同。

0 1 2 3
0 1 2 3 4 5 6 7 8 9 0 1 2 3 4 5 6 7 8 9 0 1 2 3 4 5 6 7 8 9 0 1

标签(0x04)	长度
信息串	

图 19 ASP Down Ack 消息的参数格式

5.3.2.6 Heartbeat 消息(BEAT)

使用 Heartbeat 消息可以确保对端的 M2UA 层始终可以处于可用状态。Heartbeat 消息中包含 Heartbeat Data 任选参数,Heartbeat 消息的参数格式如图 20 所示。

0 1 2 3
0 1 2 3 4 5 6 7 8 9 0 1 2 3 4 5 6 7 8 9 0 1 2 3 4 5 6 7 8 9 0 1

标签(0x0009)	长度
Heartbeat Data	

图 20 Heartbeat 消息(BEAT)的参数格式

Heartbeat Data 字段的内容由发送节点定义,该字段中可以包括心跳消息的顺序号码、时间标签或其他实施所要求的信息。

在收到 Heartbeat 消息后,接收方不处理 Heartbeat Data 字段,因为该字段的内容只对发送方有效,因此接收方需要在把收到的 Heartbeat Data 字段内容复制到 BEAT ACK 消息的 Heartbeat Data 字段中。

5.3.2.7 **Heartbeat Ack 消息(BEAT ACK)**

Heartbeat Ack (BEAT ACK)消息用来响应收到的 BEAT 消息。对等层之间必须要通过发送 BEAT ACK 消息来响应收到的 BEAT 消息。BEAT ACK 应复制从 Heartbeat 消息中收到的所有参数。

BEAT ACK 消息中可以包含 Heartbeat Data 任选参数,Heartbeat ACK 消息的参数格式如图 21 所示。

0 1 2 3

0 1 2 3 4 5 6 7 8 9 0 1 2 3 4 5 6 7 8 9 0 1 2 3 4 5 6 7 8 9 0 1

标签(0x0009)	长度
Heartbeat Data	

图 21 Heartbeat Ack (BEAT ACK)消息的参数格式

如果收到的 Heartbeat 消息中包括了 Heartbeat Data 任选参数字段,则响应的 Heartbeat Ack 消息中必须要包含 Heartbeat Data 任选参数字段,否则 Heartbeat Ack 消息中可以不包含 Heartbeat Data 任选参数字段。

5.3.2.8 **ASP Active (ASPAC)消息**

ASP 发送 ASPAC 消息用来指示 SG 该 ASP 是激活的并且可以投入使用。ASPAC 消息中可以包含以下任选参数:

——业务模式类型;

——接口标识符(可以是整数类型和整数范围的组合);

——信息串。

ASPAC 消息的参数格式如图 22 所示。

0 1 2 3

0 1 2 3 4 5 6 7 8 9 0 1 2 3 4 5 6 7 8 9 0 1 2 3 4 5 6 7 8 9 0 1

标签(0x000b)	长度=8
业务模式类型	
标签(0x0001)=整数	长度
接口标识符	
标签(0x0008)=整数范围	长度
起始接口标识符1	
结束接口标识符1	
:	
起始接口标识符n	
结束接口标识符n	
标签(0x04)	长度
信息串(INFO String)	

图 22 ASPAC 消息的参数格式

ASPAC 消息中的接口标识符参数(标签为 0x01 和 0x08 的参数)可以重复多次。

业务模式类型参数用来识别 AS 中的 ASP 操作的业务模式。类型参数的有效值见表 14。

表 14 业务模式类型参数的有效值

取　值	描　述
1	主备用方式
2	负荷分担方式

对特定的 AS,只能使用一种业务模式类型。主备用方式用来指示 ASP 是工作在主备用模式下,在这种情况下,ASP 承担到应用服务器的所有业务量(即主控操作),超越了其他已经激活的 ASP;在负荷分担模式下,ASP 与当前其他激活的 ASP 共同分担业务。

任选的接口标识符参数可以包含一组整数类型的接口标识符(标签为 0x01 和 0x08 的参数),用来索引应用服务器中的哪些配置的 ASP 来接收业务。如果使用了整数格式的接口标识符,则 ASP 也可以发送接口标识符的范围(标签为 0x08 的参数)。接口标识符中整数类型和整数范围类型可以同时出现在消息中。

如果在该消息中没有包括接口标识符,则表明这个消息是对 ASP 预先规定的 AS 中所有的接口标识符起作用。如果当中只包含了 AS 中的部分接口标识符,则表明这个 ASP 是对于 AS 中所有的接口标识符是激活的。

如果 SG 收到的 ASPAC 消息中,针对某个特定的接口标识符使用了不支持的或不正确的业务模式类型,则 SG 将响应一个 ERR 消息,其差错原因为不支持的业务处理模式。ASPAC 消息中的信息串参数的格式和作用可见 5.3.2.2。

5.3.2.9 ASP Active Ack 消息

ASP Active (ASPAC) Ack 消息用来证实已经从远端 M2UA 收到了 ASP Active 消息。ASPAC Ack 消息中可以包含以下任选参数:

——业务模式类型;

——接口标识符(可以是整数类型和整数范围的组合);

——信息串。

ASPAC Ack 消息的参数格式如图 23 所示。

0 1 2 3

0 1 2 3 4 5 6 7 8 9 0 1 2 3 4 5 6 7 8 9 0 1 2 3 4 5 6 7 8 9 0 1

标签(0x0b)	长度=8
业务模式类型	
标签(0x01)=整数	长度
接口标识符	
标签(0x08)=整数范围	长度
起始接口标识符1	
结束接口标识符1	
:	
起始接口标识符n	
结束接口标识符n	
标签(0x04)	长度
信息串(INFO String)	

图 23 ASPAC Ack 消息的参数格式

ASPAC Ack 消息中的接口标识符参数(标签为 0x01 和 0x08 的参数)也可以出现多次。ASPAC Ack 消息中的业务模式类型参数、接口标识符参数和信息串参数的格式与作用见 5.3.2.8。

5.3.2.10 ASP Inactive 消息(ASPIA)

ASP 发送 ASP Inactive (ASPIA)消息向 SG 指示发送该消息的 ASP 已经不再是激活状态了,收到该消息后,SG 将用 ASPIA Ack 消息进行响应,同时可以舍弃所有的的入局消息或者是先缓存一段时间后再舍弃消息。

ASPIA 消息包含以下任选参数:

——接口标识符(可以是整数类型和整数范围的组合);

——信息串。

ASPIA 消息的参数格式如图 24 所示。

0 1 2 3

0 1 2 3 4 5 6 7 8 9 0 1 2 3 4 5 6 7 8 9 0 1 2 3 4 5 6 7 8 9 0 1

标签(0x01)=整数	长度
接口标识符	
标签(0x08)=整数范围	长度
起始接口标识符1	
结束接口标识符1	
:	
起始接口标识符n	
结束接口标识符n	
标签(0x04)	长度
信息串(INFO String)	

图 24 ASPIA 消息的参数格式

ASPIA 消息中的接口标识符参数(标签为 0x01 和 0x08 的参数)也可以出现多次。

ASPIA 消息中的接口标识符参数和信息串参数的格式与作用见 5.3.2.8。

此时接口标识符参数包含的接口标识符整数则用来索引那些先前接收 AS 业务而目前不能接收业务的 ASP。

5.3.2.11 ASP Inactive Ack 消息

ASP InactiveAck 消息(ASPIA)用来证实已经从远端 M2UA 层收到了 ASP Inactive 消息。

ASP Inactive Ack 消息(ASPIA)包含以下任选参数:

——接口标识符(可以是整数类型和整数范围的组合);

——信息串。

ASPIA Ack 消息的参数格式如图 25 所示。

0 1 2 3（位序号：0 1 2 3 4 5 6 7 8 9 0 1 2 3 4 5 6 7 8 9 0 1 2 3 4 5 6 7 8 9 0 1）

0–15	16–31
标签(0x01)=整数	长度
接口标识符	
标签(0x08)=整数范围	长度
起始接口标识符1	
结束接口标识符1	
:	
起始接口标识符n	
结束接口标识符n	
标签(0x04)	长度
信息串(INFO String)	

图 25　ASPIA Ack 消息的参数格式

ASPIA Ack 消息中的接口标识符参数(标签为 0x01 和 0x08 的参数)也可以出现多次。ASPIA Ack 消息中的接口标识符参数和信息串参数的格式与作用见 5.3.2.8。

5.3.3 层管理(MGMT)消息

5.3.3.1 差错(ERR)消息

如果在收到的消息中出现差错事件,则发送差错消息通知对端 M2UA。当收到消息的类型与当前的状态不匹配,或者是收到的参数值无效等原因时,则可以发送差错消息。ERR 消息中可以包含差错码、接口标识符和诊断信息 3 个参数,其中差错码参数为必备参数,其他两个参数为任选参数。ERR 消息的参数格式如图 26 所示。

当收到错误的 ERR 消息时,不能用 ERR 消息进行响应。

0 1 2 3 4 5 6 7 8 9 0 1 2 3 4 5	6 7 8 9 0 1 2 3 4 5 6 7 8 9 0 1
标签(0x0c)	长度=8
差错码(Error Code)	
标签(0x01或0x08)	长度
接口标识符	
标签(0x07)	长度
诊断信息	

图 26 ERR 消息的参数格式

ERR 消息中的差错码参数用来指示差错消息产生的原因,差错码参数值可以是表 15 中规定的值。

表 15 ERR 消息中的差错码参数的取值

取　　值	描　　述
0x01	无效的版本
0x02	无效的接口标识符
0x03	不支持的消息类
0x04	不支持的消息类型
0x05	无效的业务处理模式
0x06	不期望的消息
0x07	协议差错
0x08	不支持的接口标识符类型
0x09	无效的流标识符
0x0a	M2UA 未使用
0x0b	M2UA 未使用
0x0c	M2UA 未使用
0x0d	拒绝—管理阻断
0x0e	要求 ASP 标识符
0x0f	无效的 ASP 标识符
0x10	接口标识符对应的 ASP 处于激活状态
0x11	无效的参数值
0x12	参数字段错
0x13	不期望的参数
0x14	M2UA 未使用
0x15	M2UA 未使用
0x16	参数丢失

“无效的版本”:当收到的消息中包含有无效的或不支持的版本时,发送的ERR消息中应包含该差错码。在差错消息的公共消息头中应包含支持的版本信息。此外系统发送的ERR消息也可以使用诊断信息字段来提供支持的版本信息。

“无效的接口标识符”:当收到ASP发送消息中(即:ASPAC消息)包含有无效的(未配置的)接口标识符时,SG发送的ERR消息中应包含该差错码。当ERR消息中的差错码为“无效的接口标识符”时,该消息中必须要包含接口标识符参数,来指示收到的无效接口标识符。

“不支持的业务处理模式”:如果ASP发送的ASP Active消息中包含有不支持的业务处理模式时,SG返回的ERR消息中应包括该差错码,例如当一个SG不支持负荷分担方式时,而受到的ASP Active消息中业务模式类型设置为“负荷分担”,则SG应返回该差错码。该消息中可以包含接口标识符参数,来指示产生该差错的接口标识符。

“不期望的消息”:如果ASP在未激活状态下从SG收到的MAUP消息,则ASP发送的ERR消息中应包含该差错码。

“协议差错”:收到任何异常的协议消息都可以用包含该差错原因的ERR消息响应。

“无效的流标识符”:如果从一个不期望的SCTP流上收到了消息,则用包含该差错原因的ERR消息响应(例如:MGMT消息不是从流“0”中收到)。

“不支持的接口标识符类型”:如果ASP发送的接口标识符不能由SG支持,则SG应用包含该差错码的ERR消息响应。ASP在收到带有该差错码的ERR消息后,如果该ASP可以支持其他类型的接口标识符,ASP应使用其他类型的接口标识符重发该消息。

“不支持的消息类”:如果收到消息使用了不期望或不支持的消息类是,就可以用包含该差错码的ERR消息响应。

“拒绝—管理阻断”:在收到ASP Up或ASP Active消息后,但由于管理原因产生了拒绝时,SG应发送带有该差错码的ERR消息(例如:管理锁定等原因)。

“要求ASP标识符”:当收到的ASPUP消息中未包含ASP标识符参数而SG又要求至少应有一个标识符时,SG将发送带有该差错码的ERR消息响应。ASP应当重发一个带有ASP标识符的ASPUP消息。

“无效的ASP标识符”:当收到的ASPUP消息包含有无效的ASP标识符参数(即:不唯一)时,SG用包含该差错码的ERR消息响应。

“接口标识符对应的ASP处于激活状态”:当从ASP收到了注销请求,而在注销请求中规定的接口标识符对应的ASP处于激活状态时,则SG用包含该差错码的ERR消息响应。该消息中可以包含接口标识符参数,来指示产生该差错的接口标识符。

“无效的参数取值”:如果后代的消息包含有无效的参数取值,就可以用包含该差错码的ERR消息响应(例如:在状态请求中包含了未定义的状态)。

“参数字段错”:如果收到的消息中其参数字段的长度不正确,则应用包含该差错码的ERR消息响应。

“不期望的参数”:如果收到的消息中包含了一个不应包含的参数(无效的参数),则应用包含该差错码的ERR消息响应。

“参数丢失”:如果收到的消息中缺少必备参数,则应用包含该差错码的ERR消息响应。

任选的诊断信息中可以包括任何与差错原因相关的信息,来帮助标识差错产生的原因。如果差错码为“无效的版本”,则诊断信息中应当包括支持的版本参数。在其他情况中,诊断信息应当包含不正确的消息的起始40个字节。

5.3.3.2 通知(NTFY)消息

通知消息用来向对端M2UA层自动提供M2UA的指示。

通知消息中可以包含“状态类型”,“状态信息”、“ASP 标识符”、“接口标识符”和“信息串”参数,其中“状态类型”和“状态信息”参数为必备参数。

通知消息的参数格式如图 27 所示。

0 1 2 3（位序：0 1 2 3 4 5 6 7 8 9 0 1 2 3 4 5 6 7 8 9 0 1 2 3 4 5 6 7 8 9 0 1）

标签(0x0d)	长度=8
状态类型	状态信息
标签(0x0e)	长度
ASP标识符	
标签(0x01)	长度
接口标识符	
标签(0x08)=整数范围	长度
起始接口标识符1	
结束接口标识符1	
:	
起始接口标识符n	
结束接口标识符n	
标签(0x04)	长度
信息串(INFO String)	

图 27 NTFY 消息的参数格式

状态类型参数用来识别通知消息的类型,表 16 中给出了状态类型参数的取值编码。

表 16 NTFY 消息的状态类型参数

取 值	描 述
0x01	应用服务器状态变化 AS_State_Change
0x02	其他(Other)

根据状态类型参数,状态信息参数包含了多个用于通知的详细信息,如果状态类型为 AS_State_Change,则状态信息使用表 17 所示的取值。

表 17 状态类型为 AS_State_Change 时的状态信息取值

取 值	描 述
0x01	预留
0x02	应用服务器去活(AS_Inactive)
0x03	应用服务器激活(AS_Active)
0x04	应用服务器挂起(AS_Pending)

根据特定的应用服务器状态的变化，SG 向 ASP 发送这些通知。这些取值反映了应用服务器的新状态。AS 的接口标识符可以根据要求放在消息中传送。

如果状态类型为其他，则状态信息使用表 18 所示的取值。

表 18 状态类型为"Other"时的状态信息取值

取　值	描　述
0x01	AS 中没有充足的 ASP 资源
0x02	替换的 ASP 激活
0x03	ASP 故障

对于 AS 中没有充足的 ASP 资源的情况，主要是针对在负荷分担模式下，由 SG 向 AS 中一个处于 ASP-INACTIVE 状态的 ASP 指示，AS 中的另外一个 ASP 要求来处理 AS 的负荷。对于替换的 ASP 激活的情况，主要是针对在主备用模式下，SG 用来通知先前激活的 ASP，AS 中的其他替换 ASP 进入 Active 状态。替换 ASP 的 ASP 标识符(如果可用)必须要在消息中包括。对于 ASP 故障的情况，主要用来由 SG 指示 AS 中的 ASP 转移到了 ASP-DOWN 的状态。故障的 ASP 的 ASP 标识符(如果可用)必须要包含在消息中。

对于状态类型为"Other"时，每个状态信息的取值和受影响的的 AS 的接口标识符都可以根据需要放在消息中传送。

任选的接口标识符和信息串参数的描述见 5.3.2.8。

5.3.4 接口标识符管理消息(IIM)(可选)

5.3.4.1 通则

接口标识符管理主要用来自动分配信令终端和信令数据链路的，考虑到兼容性，信令网关的 M2UA 必须要支持对这些消息的处理，MGC 的 M2UA 可以根据具体的实施决定是否使用这些消息。

5.3.4.2 Registration Request 消息(REG REQ)

ASP 发送 REG REQ 消息来向远端的 M2UA 对等层指示 ASP 希望在远端 M2UA 上注册一个或多个给定的链路关键字。这个消息通常是由 ASP 向 SG 发送，并希望 SG 返回一个带有相关接口标识符值的 REG PSP 响应。

REG REQ 消息中必须要包括链路关键字这个参数，REG REQ 消息的参数格式如图 28 所示。

```
0                   1                   2                   3
0 1 2 3 4 5 6 7 8 9 0 1 2 3 4 5 6 7 8 9 0 1 2 3 4 5 6 7 8 9 0 1
```

0–15	16–31
标签(0x0309)	长度
链路关键字1	
:	
标签(0x0309)	长度
链路关键字n	

图 28 REG REQ 消息的参数格式

链路关键字的长度应当是固定的，在 REG REQ 消息中这个参数是必备的，发送该消息的一方希望，如果消息的接收方中不存在相同的链路关键字条目，则由接收方创建链路关键字条目，并为这个关键字分配一个唯一的接口标识符。

链路关键字参数可以在一个 REG REQ 消息中重复出现多次，这样就可以使用一个消息同时注册多个链路关键字。链路关键字的参数格式如图 29 所示。

0 1 2 3

0 1 2 3 4 5 6 7 8 9 0 1 2 3 4 5 6 7 8 9 0 1 2 3 4 5 6 7 8 9 0 1

本地链路关键字标识符(Local-LK-Identifier)
信令数据终端标识符
信令数据链路标识符

图 29 链路关键字的参数格式

本地链路关键字标识符是一个 32 比特的整数，这个标识符用来在 ASP 和 SG 之间唯一识别注册请求，这个标识符的取值由 ASP 负责分配，他的作用是把由 ASP 发出的原始注册请求和 REG RSP 消息中的响应关联起来。分配的标识符的取值在收到 REG RSP 消息前必须是唯一的。本地链路关键字标识符的格式如图 30 所示。

0 1 2 3

0 1 2 3 4 5 6 7 8 9 0 1 2 3 4 5 6 7 8 9 0 1 2 3 4 5 6 7 8 9 0 1

标签(0x030a)	长度=8
本地链路关键子标识符取值	

图 30 本地链路关键字标识符的格式

信令数据终端标识符参数是必备的，该参数用来标识 ASP 注册的与 No. 7 信令链路相关的的信令数据链路终端，该参数的格式如图 31 所示。

0 1 2 3

0 1 2 3 4 5 6 7 8 9 0 1 2 3 4 5 6 7 8 9 0 1 2 3 4 5 6 7 8 9 0 1

标签(0x030b)	长度=8
备用	SDT标识符

图 31 信令数据终端标识符参数的格式

SDT 标识符是一个 16 比特的无符号整数，但实际有效的比特数为 12 比特，编码 0 为无效的 SDT 标识符。

信令数据链路标识符参数是一个必备参数，他用来标识 ASP 注册的与 No. 7 信令链路相关的信令数据链路标识符，该参数的格式如图 32 所示。

0 1 2 3

0 1 2 3 4 5 6 7 8 9 0 1 2 3 4 5 6 7 8 9 0 1 2 3 4 5 6 7 8 9 0 1

标签(0x030c)	长度=8
备用	SDL标识符

图 32 信令数据链路标识符参数的格式

SDL 标识符是一个 16 比特的无符号整数，但实际有效的比特数为 12 比特，编码 0 为无效的 SDT 标识符。

5.3.4.3 Registration Response 消息(REG RSP)

REG RSP 消息用来响应从远端 M2UA 层接收到的 REG REQ 消息，消息包含了注册请求成功/失败的指示，如果注册成功还应返回一个唯一的接口标识符，在随后的 M2UA 业务管理协议中使用。

REG RSP 消息必须要包括注册结果这个参数，REG RSP 消息的参数格式如图 33 所示。

0 1 2 3

0 1 2 3 4 5 6 7 8 9 0 1 2 3 4 5 6 7 8 9 0 1 2 3 4 5 6 7 8 9 0 1

标签(0x030d)	长度
注册结果1	
:	
标签(0x030d)	长度
注册结果n	

图 33 REG RSP 消息的参数格式

注册结果应当是等长的参数，REG RSP 消息中可以包含一个或多个注册结果，每个注册结果中针对在 REG REQ 消息中的链路关键字返回其注册状态，每个 REG RSP 消息中包含的返回结果参数的数量应当与 REG REQ 消息中请求注册的链路关键字参数的数量相对应(可以小于或等于)，注册结果参数的结构如图 34 所示。

0 1 2 3

0 1 2 3 4 5 6 7 8 9 0 1 2 3 4 5 6 7 8 9 0 1 2 3 4 5 6 7 8 9 0 1

本地链路关键字标识符 (Local-LK-Identifier)
注册状态
接口标识符

图 34 链路关键字的参数格式

本地链路关键字标识符的格式和说明见 5.3.4.2。

注册状态字段的长度是一个 32 比特的整数，这个字段用来指示这个注册请求是否成功，如果失败还可以指示出失败原因。该字段的编码如表 19 所示。

表 19 状态类型为"Other"时的状态信息取值

取　值	描　述
0x00	注册成功
0x01	差错—未知
0x02	差错—无效的 SDLI
0x03	差错—无效的 SDTI
0x04	差错—无效的链路关键字
0x05	差错—许可拒绝
0x06	差错—重复的(不唯一)链路关键字
0x07	差错—链路关键字未注册
0x08	差错—资源不足

注册状态字段的格式如图 35 所示。

0 1 2 3

0 1 2 3 4 5 6 7 8 9 0 1 2 3 4 5 6 7 8 9 0 1 2 3 4 5 6 7 8 9 0 1

标签(0x030e)	长度=8
注册状态	

图 35 注册状态字段的格式

接口标识符:REG RSP 消息中的接口标识符用来关联链路关键字,其格式和说明见 5.2。如果返回的接口标识符为 0,则表明注册过程不成功。

5.3.4.4 De-Registration Request 消息(DEREG REQ)

ASP 向远端的 M2UA 对等层发送 DEREG REQ 消息来指示希望注销给出的接口标识符。该消息都是由 ASP 向 SG 发送,并希望收到能反映指定接口标识符注销状态的 DEREG RSP 消息。

DEREG REQ 消息必须要包含接口标识符参数,DEREG REQ 消息的参数格式如图 36 所示。

0 1 2 3

0 1 2 3 4 5 6 7 8 9 0 1 2 3 4 5 6 7 8 9 0 1 2 3 4 5 6 7 8 9 0 1

标签(0x0001)	长度
接口标识符	
:	
标签(0x0001)	长度
接口标识符	

图 36 DEREG REQ 消息的参数格式

DEREG REQ 消息中的接口标识符参数用来指示希望在 SG 注销先前在 AS 中处理业务的 ASP,该参数的格式和说明见 5.2。

5.3.4.5 De-Registration Response 消息(DEREG RSP)

DEREG RSP 消息用来响应从远端 M2UA 层收到的 DEREG REQ 消息。该消息中必须要包含注销结果参数。该消息的参数格式如图 37 所示。

0 1 2 3

0 1 2 3 4 5 6 7 8 9 0 1 2 3 4 5 6 7 8 9 0 1 2 3 4 5 6 7 8 9 0 1

标签(0x030f)	长度
注销结果1	
:	
标签(0x030f)	长度
注销结果	

图 37 DEREG RSP 消息的参数格式

注销结果参数应当是等长的，DEREG RSP 消息中可以包含一个或多个注销结果参数，在每个注销结果参数中，都应包括一个与 DEREG REQ 消息中请求的接口标识符对应的注销状态，DEREG RSP 消息中的注销结果的数量应当与 DEREG REQ 消息中的接口标识符的数量相对应（小于或等于）。

注销结果参数的格式如图 38 所示。

0 1 2 3（位）
0 1 2 3 4 5 6 7 8 9 0 1 2 3 4 5 6 7 8 9 0 1 2 3 4 5 6 7 8 9 0 1

接口标识符
注销状态

图 38 注销结果参数的格式

注销结果中的接口标识符用来指示与需要注销的链路关键字相对应的，接口标识符参数的格式和说明见 5.2。

注销状态参数中的状态字段用来指示注销动作是否成功，以及可能的失败原因，目前该字段使用表 20 规定的原因值。

表 20 状态类型为“Other”时的状态信息取值

取 值	描 述
0x00	注销成功
0x01	差错—未知
0x02	差错—无效的接口标识符
0x03	差错—允许拒绝
0x04	差错—未注册

注销状态参数字段的格式如图 39 所示。

0 1 2 3（位）
0 1 2 3 4 5 6 7 8 9 0 1 2 3 4 5 6 7 8 9 0 1 2 3 4 5 6 7 8 9 0 1

标签(0x0310)	长度=8
注销状态	

图 39 注销状态字段的格式

6 M2UA 协议程序

6.1 概述

M2UA 层需要响应从其他不同层收到的原语，以及从对等层收到的消息。本节描述了响应这些事件时的程序。

附录 A 给出了 M2UA 程序的一些基本流程。

6.2 支持 M2UA 用户层的程序

6.2.1 MTP-2/MTP-3 边界上的程序

在收到从本地高层发来的原语后，M2UA 层将向对等的 M2UA 层发送相应的 MAUP 消息(见 5.1.5)，M2UA 层必须正确地填写公共和专用消息头中不同的字段，此外该消息需要被发送到与 No.7 链路对应的 SCTP 流上。

6.2.2 MAUP 消息的程序

在收到对等的 M2UA 层发来的 MAUP 消息后，SG 或 MGC 的 M2UA 层需要调用相应的层原语发送到本地 MTP-2 层(SG)或 MTP-3 (MGC)。

6.3 层管理的程序

6.3.1 本地层管理

在收到本地层管理的原语后，M2UA 层将按照层管理的要求采取，并向层管理返回相应的相应原语。

SG 的层管理发送 M-SCTP_ESTABLISH request 原语用来指示建立一个 SCTP 偶联，M2UA 层需要通过向本地 SCTP 层发送 SCTP-ASSOCIATE 原语，来启动到对端的 M2UA 层的 SCTP 偶联建立。

当 SCTP 偶联成功建立后，SCTP 将向本地层管理发送 SCTP-COMMUNICATION_UP notification 原语。对于发出启动请求的 SG，M2UA 层将在偶联建立完成后将向层管理发送 M-SCTP_ESTABLISH confirm 原语。而对端的 M2UA 层也将在入局的 SCTP 偶联建立完成后，向他的层管理发送 M-SCTP_ESTABLISH indication 原语。

层管理通过发送 M-SCTP_RELEASE request 原语来关闭 SCTP 偶联，M2UA 层通过向对端 SCTP 层发送 SCTP-SHUTDOWN 原语执行 SCTP 偶联的正常关闭程序。当 SCTP 偶联正常的正常关闭后，SCTP 层向本地 M2UA 层返回一个 SCTP-SHUTDOWN_COMPLETE notification 原语。发起关闭偶联请求的 M2UA 层在偶联关闭完成后向层管理发送 M-SCTP_RELEASE confirm 原语；在对端的 M2UA 层，在偶联中止或成功关闭偶联后向层管理发送 M-SCTP_RELEASE indication 原语。

M-SCTP_STATUS request 原语用来支持层管理来查询指定的本地 SCTP 偶联的的状态，M2UA 层只是简单地把 M-SCTP_STATUS 映射成到 SCTP 层的 SCTP-STATUS 原语，在收到 SCTP 的响应后，M2UA 曾再把偶联的状态信息映射到 M-SCTP_STATUS confirm 原语中，而不需要调用对等层的协议。

"流控制传输协议(V1.0)技术规范"中描述了不同的高层原语由 LM 经 M2UA 到 SCTP 和/或由 SCTP 经 M2UA 到 LM 进行映射内容，这些 SCTP 的高层原语原语包括 NITIALIZE，SET PRIMARY，CHANGE HEARTBEAT，REQUEST HEARTBEAT，GET SRTT REPORT，SET FAILURE THRESHOLD，SET PROTOCOL PARAMETERS，DESTROY SCTP INSTANCE，SEND FAILURE，AND NETWORK STATUS CHANGE。此外 SCTP 高层原语(Status 原语)可以看做是层管理与 SCTP 之间的直接交互。

M2UA 根据在 NTFY 或差错消息中收到的通知或差错信息，向层管理发送 M-NOTIFY indication 和 M-ERROR indication 原语指示收到的通知或差错信息，这些指示可以看做是由本地 M2UA 产生的事件。

层管理可以使用 M-ASP_STATUS request 来查询本地或远端 ASP 的状态，M2UA 层用 M-ASP_STATUS confirm 原语进行响应，不需要调用对等层的协议。

层管理可以使用 M-AS_STATUS request 来查询本地或远端 AS 的状态，M2UA 层用 M-AS_STATUS confirm 原语进行响应，不需要调用对等层的协议。

M-ASP_UP request、M-ASP_DOWN request、M-ASP_ACTIVE request 和 M-ASP_INACTIVE request 原语允许 ASP 所在的层管理改变 ASP 的状态，在成功完成后，M2UA 将发送对应的 confirm 原语给层管理，如果调用过程不成功，则应针对调用原语返回一个 Error indication 指示原语。这些请求原语会触发本地 M2UA 向对端 SG 的 M2UA 层发送 ASP Up，ASP Down，ASP Active 和 ASP Inactive 消息。

6.3.2 收到对端 M2UA 的管理消息

由于收到对端 M2UA 发送的 ASP Up，ASP Down，ASP Active 和 ASP Inactive 消息使得状态成功的改变后，本地 M2UA 层应向本地层管理发送相应的 M-ASP_UP、M-ASP_DOWN、M-ASP_ACTIVE、M-ASP_INACTIVE、M-AS_ACTIVE、M-AS_INACTIVE 和 M-AS_DOWN indication 原语。

M2UA 根据在 NTFY 或差错消息中收到的通知或差错信息，向层管理发送 M-NOTIFY indication 和 M-ERROR indication 原语指示收到的通知或差错信息，这些指示可以看做是由本地 M2UA 产生的事件。

为了确保顺序，除了 BEAT 和 BEAT Ack 消息外，其他所有的 MGMT 消息都应该采用顺序递交方式。除了 ASPTM，BEAT 和 BEAT Ack 消息外，其他所有的 MGMT 消息都应在流“0”上发送。所有的 ASPTM 消息则应在承载对应 ASP 业务消息的流上发送 BEAT 和 BEAT Ack 消息可以在偶联中的任何流上按照无序递交的方式来发送。

6.4 AS 和 ASP 的状态维护

6.4.1 概述

SG 的 M2UA 层维护每个远端 ASP 的状态，这些 ASP 在 AS 中配置可以接收业务，并作为到 M2UA 消息分配功能的输入。

6.4.2 ASP 状态

那些在 AS 中配置为工作的远端 ASP 的状态由 SG 维护。给定 AS 中的 ASP 的状态变化可以由以下事件触发：

- ASP 收到了对端 M2UA 层发送的消息；
- 同一 AS 中的其他 ASP 收到了对端 M2UA 层发送的消息(例如指示“主备用模式”的 ASP Active 消息)；
- 收到了 SCTP 层的指示；
- 本地管理进行干预。

图 40 中给出了 ASP 的状态转移图，ASP 包括以下几种可能的状态：

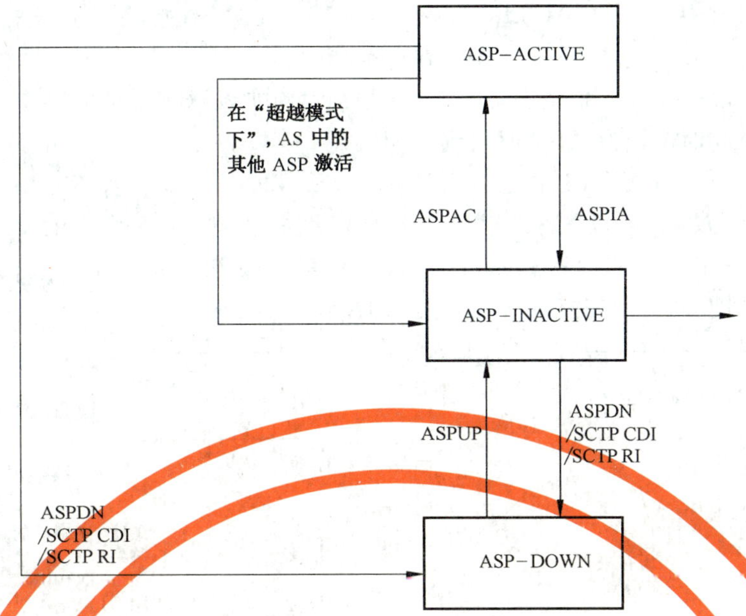

注：本状态转移图中的 ASP 状态变化并未考虑 HeartBeat 程序。

图 40 中给出了 ASP 的状态转移图

ASP-DOWN：ASP 所在的远端 M2UA 层不可用和/或相关的 SCTP 偶联断开。开始时所有的 ASP 都应处于该状态，除了 Heartbeat、ASP Down Ack 和 Err 消息外，不能向处于该状态的 ASP 发送任何消息。

ASP-INACTIVE：ASP 所在的远端 M2UA 层可用(相关的 SCTP 偶联已建立)，但还没有启动应用业务，在该状态下，可以向该 ASP 发送非 MAUP 的 M2UA 消息。

ASP-ACTIVE：ASP 所在的远端 M2UA 层可用，并且已启动应用业务(对一个给定的接口标识符或一组接口标识符)。

SCTP CDI：SCTP CDI 用来指示 SG 的 M2UA 层收到了 SCTP 层通信故障的指示，SG 的 SCTP 层在检出丢失与远端 ASP 的连通性后将发送该指示。可以把 SCTP CDI 看做是从 SCTP 层收到了 SHUTDOWN_COMPLETE notification 或 COMMUNICATION_LOST notification。

SCTP RI：SG 的 SCTP 层向 M2UA 发送再启动指示，SG 的 SCTP 在检测到与对端 ASP 之间的 SCTP 出现再启动时，将发送该指示。

6.4.3 AS 状态

AS 的状态也由在 SG 的 M2UA 层维护的，AS 的状态变化可能是由以下事件触发的：

- ASP 的状态变化；
- 恢复定时器触发。

AS 可能有以下几种状态：

AS-DOWN：AS 不可用，该状态同时也表明在该 AS 中所有相关 ASP 都处于 ASP-DOWN 状态。开始启动时 AS 就处于该状态，只有 AS 处于该状态是，才能从配置中删除 AS。

AS-INACTIVE：AS 可用，但所有的应用还没有激活(即，一个或多个相关 ASP 处于 ASP-ACTIVE 状态，但没有 ASP 是处于 ASP-ACTIVE 状态)，恢复定时器 T(r)没有允许，或已超时。

AS-ACTIVE：AS 可用且应用业务被激活，该状态也表明 AS 中至少有一个 ASP 处于 ASP-ACTIVE 状态。

AS-PENDING：一个 ASP 从 ASP-ACTIVE 状态转移到 ASP-INACTIVE 或 ASP-DOWN 状态，同

时它是AS中的最后一个保持ASP-ACTIVE状态的ASP。此时SG应当启动恢复定时器(Tr),并把所有收到的信令消息将在SG中进行缓存。如果在(Tr)超时前,AS中有ASP返回到ASP-ACTIVE状态,则AS也将返回到AS-ACTIVE状态,所有缓存的消息将被发送到激活的ASP。

如果在定时器Tr超时前没有ASP返回到ASP-ACTIVE状态,则SG停止缓存消息,并丢弃先前缓存的消息,只要有一个ASP在AS中处于ASP-INACTIVE,则AS进入AS-INACTIVE状态,否则AS进入AS-DOWN状态。

图41中给出了AS状态转移的示意图,这个状态转移图假定AS和ASP的的数据是预先配置好的。对于动态注册的情况,则状态转移的情况可能会有所不同。

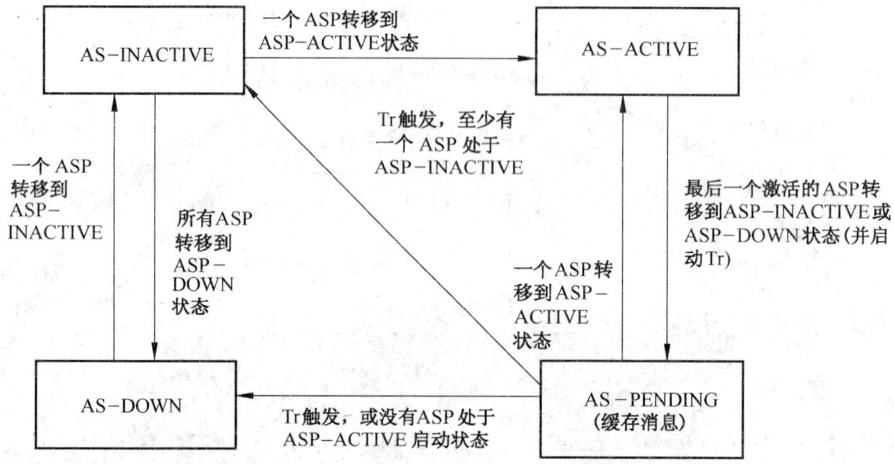

Tr:恢复定时器。

图41　AS的状态转移图

6.4.4　M2UA对原语的管理程序

在SCTP偶联建立前,SG中ASP的状态应假定处于ASP-DOWN状态。

一旦SCTP之间的偶联建立后则假定M2UA的用户层已经准备好,本地M2UA的ASPM功能应当启动相关程序,ASP应当使用ASP Up、ASP Down、ASP Active/ASP Inactive消息向SG来传递状态信息。

如果M2UA层随后又从SCTP层收到了SCTP-COMMUNICATION_DOWN或SCTP-RESTART indication原语,则M2UA层应当调用M-SCTP_STATUS indication原语来通知本地的层管理,此时ASP应当进入ASP-DOWN状态。

在收到SCTP-COMMUNICATION_DOWN indication原语的情况下,SCTP客户端可以尝试重新建立SCTP偶联,这个过程可以由M2UA自动完成,也可以由层管理介入用M-SCTP_ESTABLISH request原语来重新建立SCTP偶联。

在收到SCTP-RESTART indication原语的情况下,如果是ASP收到了该原语,则ASP认为远端的M2UA已经认为本端的M2UA处于ASP-DOWN状态,这样在恢复之后,ASP应当使用6.4.5.2节中ASP-Up程序进行恢复。

6.4.5　两个M2UA层之间的ASPM消息

6.4.5.1　M2UA的版本兼容性功能

如果SG不支持收到的ASP UP消息的版本信息,则SG应当用ERR消息对这个ASP Up消息进行响应，在 ERR 消息中应给出 SG 支持的版本，同时应向层管理产生通知。

这种做法可以保证在协议升级时使网络正常的运行，当一个节点升级到一个新版本时，这个新升级的节点应当能与那些仍旧使用旧版本的节点继续通信，而不会造成不兼容的问题。

6.4.5.2 ASP Up 程序

ASP 在成功建立了到 SG 的 SCTP 偶联后，SG 等待 ASP 发送 ASP-Up 消息，用来指示 ASP 的 M2UA 层可用。ASP－UP 消息总是由 ASP 发起的，这个动作可以由层管理发送 M-ASP_UP request 原语来启动，也可以由 M2UA 层的管理功能自动启动。

当 SG 收到 ASP－UP 消息且 SG 中远端 ASP 的状态没有因为 SG 的管理原因被闭塞，则 SG 标记远端的 ASP 为 INACTIVE 状态，并向层管理发送 M-ASP_Up indication 原语进行通知，如果 SG 通过当前的配置数据已经知道这个 ASP 被配置在哪个 AS 中工作，则 SG 应当把这个 ASP 在所有 AS 中的状态刷新为 ASP-INACTIVE。

此外，SG 还可以把 ASP 放到一个未激活的 ASP 队列中，在 AS 配置时可以用来确定随后的注册请求和 ASP 激活程序。如果 ASP UP 消息中包含了 ASP 标识符，则 SG 应当为该 ASP 保存其 ASP 标识符。同时 SG 必须要发送一个 ASP Up Ack 消息来回应从 ASP 收到的 ASP Up 消息，尽管在 SG 这个 ASP 被标记为 ASP-INACTIVE。

如果由于任何本地的原因(例如:管理闭塞)SG 不能发送 ASP Up Ack 消息作为响应，则 SG 应当发送差错原因为“拒绝－管理闭塞”的 ERR 消息来响应 ASP Up 消息。

ASP 收到了 ASP Up Ack 消息后不需要确认，同时应用 M-ASP_UP confirm 原语通知层管理。

ASP 在发送了 ASP Up 消息后，应当启动定时器 T (ack)，如果在定时器 T (ack)范围内没有收到对 ASP UP 消息的响应，则 ASP 可以重新启动 T (ack)定时器，并再次发送 ASP Up 消息，直到收到对 ASP UP 消息的响应为止。定时器 T (ack)是应该可以预置的，缺省值为 2 s。

除了上述这种方式外，是否重发 ASP Up 消息也可以由层管理控制。如果采用这种方式，则定时器 T (ack)超时后，M2UA 层应当向层管理发送包含不成功指示的 M-ASP_UP confirm 原语。

ASP 在发送其他 M2UA 消息(例如 ASP Active 或 REG REQ)之前，必须要收到 SG 发送的 ASP Up Ack 消息。SG 应当舍弃所有在 ASP Up 消息之前收到的其他 M2UA 消息(除了 ASP Down 消息外)。

如果 SG 收到了 ASP UP 消息，并且在 SG 中这个 ASP 已经处于 ASP-ACTIVE 状态，则 SG 在返回 ASP Up Ack 消息的同时，还应发送一个差错原因为“不期望的消息”的 ERR 消息，同时把相关 AS 中关于这个远端 ASP 的状态改为 ASP-INACTIVE 状态。

尽管在 SG 中这个 ASP 已经处于 ASP-INACTIVE 状态，SG 仍需要返回 ASP Up Ack 消息，但不需要采取其他动作。

6.4.5.3 ASP Down 程序

当 ASP 期望从所属的的应用服务器推出服务，不再接收任何 MAUP 或 ASPTM 消息时，则 ASP 将向 SG 发送 ASP-DOWN 消息。这个动作可以由 ASP 侧的层管理通过发送 M-ASP_DOWN 来启动，也可以由 M2UA 层的管理功能自动启动。

ASP 是否从其他 AS 中也应删除可以由配置管理功能来决定，在这种情况下，ASP 先前可能用注册程序注册在若干个 AS 中，但在尚未注销前，如果发送了 ASP Down 消息，SG 必须从所有该 ASP 已注册的 AS 中把该 ASP 注销掉。同时 SG 标记该 ASP 为 ASP-DOWN 状态，用 M-ASP_Down indication 原语通知层管理，并向 ASP 发送 ASP Down Ack 消息。

在 ASP，收到了 ASP Down Ack 消息后不需要确认，同时应用 M-ASP_DOWN confirm 原语来通知曾管理。如果 ASP 没有发送 ASP Down 消息就收到了 ASP Down Ack 消息，则 ASP 应当认为目前自己在 SG 的状态为 ASP-DOWN 状态，如果在此之前 ASP 是处于 ASP-ACTIVE 或 ASP_INACTIVE 状态，则 ASP 应当重新启动相关程序返回到先前的状态。

ASP 在发送了 ASP Down 消息后，应当启动定时器 T (ack)，如果在定时器 T (ack)范围内没有收到对 ASP Down 消息的响应，则 ASP 可以重新启动 T (ack)定时器，并再次发送 ASP Down 消息，直到收到 ASP Down Ack 消息为止。定时器 T (ack)是应该可以预置的，缺省值为 2 s。

除了上述这种方式外，是否重发 ASP Down 消息也可以由层管理控制。如果采用这种方式，则定时器 T (ack)超时后，M2UA 层应当向层管理发送包含不成功指示的 M-ASP_DOWN confirm 原语。

6.4.5.4 ASP Active 程序

在 ASP 收到 SG 发送的 ASP Up Ack 消息后，ASP 可以向 SG 发送 ASP Active 消息来指示 ASP 已经准备好处理业务，这个动作可以由层管理通过发送 M-ASP_ACTIVE request 原语来启动，也可以由 M2UA 层的管理功能自动发起。当一个 ASP 希望通过公共的 SCTP 偶联为多个 AS 处理业务时，则 ASP 必须在发送的 ASP Active 消息中包含一个或多个接口标识符，来指示这个 ASP Active 消息适用 AS 的范围，如果 ASP Active 消息中没有包括接口标识符，则表明这个 ASP Active 消息用来对所有的接口标识符起作用。也可以通过发送多个 ASP Active 消息分别激活在不同 AS 中的同一个 ASP。如果收到的 ASP Active 消息中没有包含接口标识符参数，则接收方必须要知道这个 ASP 是属于哪个 AS。

对于某个应用服务器(AS)的 ASP 可以成功启动的话，SG 必须用一个或多个 ASP Active Ack 消息进行响应，在响应的 ASP Active Ack 消息中，应当包含相关的接口标识符以及该的激活 ASP 所使用的业务模式类型的值。如果 SG 收到 ASP Active 消息中包含接口标识符，则响应的 ASP Active Ack 消息中也必须要包含接口标识符。SG 根据从 ASP Active 消息中收到的业务模式类型请求或者是本地数据配置的情况(只在 ASP Active 消息中未包括业务模式类型时使用)，把 ASP 在 AS 中配置成正确的业务状态。并用 M-ASP_Active indication 原语通知层管理。SG 应当舍弃任何在收到 ASP Active 消息之前收到了 Data 消息。在发送完 ASP Active Ack 消息后，SG 就可以接收并发送相关接口标识符的业务。为了避免消息的丢失，ASP 在收到 ASP Active Ack 消息前也不应发送任何 MAUP 消息。

也可以通过向一个 ASP 发送多个 ASP Active Ack 消息，来响应在 ASP Active 消息中包含的多个接口标识符，这样就可以使 SG 针对不同的接口标识符对 ASP Active 消息单独地进行证实。如果对应的接口标识符不能被成功激活时，则 SG 必须要发送发送差错原因为“无效的接口标识符”的 ERR 消息。

在收到突发的 ASP Active 消息后(即:该 ASP 未在 SG 上注册，或者是 SG 并未对该 ASP 进行配置)，应舍弃收到的 ASP Active 消息。

如果 ASP 已经在 SG 上处于 ASP-ACTIVE 状态，则 SG 再收到从该 ASP 发来的 ASP Active 消息后，必须要发送 ASP Active Ack 作为响应。

在 ASP 不需要对收到的 ASP Active Ack 消息进行确认，ASP 用 M-ASP_ACTIVE confirm 通知层管理。在有些情况下，尽管 SG 已经响应了 ASP Active Ack 消息，但由于 ASP Active Ack 消息可能与随后发送的 MAUP 消息在不同的流上，从而使 MAUP 消息先于 ASP Active Ack 消息到达 ASP，此时就可能使收到的 MAUP 消息丢失。

ASP 在发送了 ASP Active 消息后，应当启动定时器 T (ack)，如果在定时器 T (ack)范围内没有收到对 ASP Active 消息的响应，则 ASP 可以重新启动 T (ack)定时器，并再次发送 ASP Active 消息，直到收到对 ASP Active Ack 消息为止。定时器 T (ack)是应该可以预置的，缺省值为 2 s。

除了上述这种方式外，是否重发 ASP Down 消息也可以由层管理控制。如果采用这种方式，则定时器 T (ack)超时后，M2UA 层应当向层管理发送包含不成功指示的 M-ASP_ACTIVE confirm 原语。

在 SG 的 M2UA 层有三种应用服务器业务处理模式，即主备用模式和负荷分担模式。在收到的

ASP Active 消息中包含的业务模式类型参数用来指示在特定的应用服务器中的业务处理模式。如果SG确定不能支持ASP Active消息中指示的业务模式类型参数,或该参数与当前AS的设置不兼容时,则SG应响应差错原因为“不支持/无效的业务处理模式”的ERR消息。如果SG中没有配置AS的业务处理模式,则SG应以在第一个收到的ASP Active消息中的业务处理模式参数的取值来设置AS的模式,同时设置AS为AS-ACTIVE状态。

如果AS采用主备用模式,则SG收到ASP Active消息后将把所有到AS的业务转移到发送ASP Active消息的ASP上,SG认为先前在AS中处于激活的ASP应处于ASP-INACTIVE状态,并且SG必须向这些先前激活的ASP发送(“另外的ASP激活”)NTFY消息,并停止到这些ASP的业务。如果ASP不能利用ASP间的通信了解新启动的ASP的状态,则ASP在收到这个NTFY消息后,则应认为本地处于ASP-INACTIVE状态。

如果AS采用负荷分担模式,SG在收到ASP Active消息后,则把到AS的一部分业务分配给发送ASP Active消息的ASP,其他在AS中激活的ASP仍处于激活状态。SG使用负荷分担算法把到AS的业务分配给AS中所有激活的ASP,具体的负荷分担算法本标准不做具体规定,负荷分担算法可以采用循环方式,或者是基于Data消息中的一些信息(例如,路由标记中的SLS)。

在负荷分担模式下,如果从AS中的第一个激活的ASP收到了ASP Active消息,SG可以在确认该新激活的ASP有足够能力处理相关负荷时,再把业务转移到ASP上(换句话说,SG可以等到该AS中有多个ASP激活后再启动到该AS的业务)。

AS中的所有ASP都必须能够处理到该AS的Data消息,以满足在发生故障倒换或业务量调整时来自其他ASP的业务。

6.4.5.5 ASP Inactive 程序

当ASP期望停止接收AS内的业务时,ASP向SG发送一个ASP Inactive消息,这个动作可以由ASP的层管理通过向ASP发送M-ASP_INACTIVE request原语来启动,或者是由M2UA层的管理功能自动来启动。当一个ASP通过一个公共的SCTP偶联为多于一个AS处理业务时,ASP Inactive消息中可以包含一个或多个接口标识符,用来指示这个ASP Inactive消息所对应的AS。如果ASP Inactive消息中未包含接口标识符,则接收方必须根据配置的数据,在其所属的所有AS中,把该ASP的状态置为Inactive状态。

当AS处于主备用模式时,则其他负责处理AS内业务的ASP应发送带有Override模式的ASP Active消息,发送ASP Inactive消息的ASP则被SG认为是处于ASP-INACTIVE状态,当SG确认了已经停止了到发送ASP Inactive消息的ASP业务时,则SG才可以向ASP发送ASP Inactive Ack消息。

当AS处于负荷分担模式时,SG把ASP的状态变为ASP-INACTIVE状态后,则SG应当根据该AS使用的负荷分担算法,把到该AS的所有业务重新分配到在AS中处于ASP-ACTIVE状态的ASP中。如果需要,SG可以向所有未激活的ASP发送一个带有“AS中没有足够的ASP资源被激活”的NTFY消息。当所有到该ASP的业务停止且层管理收到了M-ASP_INACTIVE indication原语后,则SG向ASP发送ASP Inactive Ack消息。

SG可以用多个ASP Inactive Ack消息来响应在ASP Inactive消息中的多个接口标识符,这种方式允许SG分别来证实不同的接口标识符(或标识符的集合)。如果SG在ASP Inactive消息中收到了无效或未配置的接口标识符,则向发送ASP Inactive消息的ASP发送带有“无效的接口标识符”差错原因的ERR消息。

尽管某个ASP已经在SG标记为未激活,但SG必须向发送ASP Inactive消息的ASP发送ASP Inactive Ack消息来响应收到的ASP Inactive消息。

在ASP对收到的ASP Inactive Ack的消息不需要进行确认，并通过发送M-ASP_INACTIVE confirm原语来通知层管理。如果ASP未发送ASP Inactive消息就收到了ASP Inactive Ack消息，则ASP应当认为自己是处于ASP-INACTIVE状态。如果ASP先前是处于ASP-ACTIVE状态，则ASP还应当重新启动相关呈现回复到原状态。

当ASP发送了ASP Inactive消息后，该ASP应当启动定时器T (ack)，如果在定时器T (ack)范围内没有收到对ASP Inactive消息的响应，则ASP可以重新启动T (ack)定时器，并再次发送ASP Active消息，直到收到ASP Inactive Ack消息为止。定时器T (ack)是应该可以预置的，缺省值为2 s。此外，ASP Inactive消息的重发也可以由层管理来控制，在这种方式下，如果定时器T (ack)超时，则通过向层管理发送ASP_Inactive confirm原语表示负证实。

如果在AS中没有其他ASP处于ASP-ACTIVE状态，则AS必须向AS中所有处于ASP-INACTIVE状态的ASP发送一个带有"AS-Pending"的NTFY消息。SG应当把在T (r)秒之内的消息进行缓冲，在定时器超时后，则舍弃这些消息。定时器T (r)应当可以由网络运营者进行配置，如果在定时器T (r)超时前，SG从AS中的ASP收到了ASP Active消息，则这些被缓存的消息应当改发到这个ASP，并停止定时器T (r)。如果定时器T (r)超时，则AS应当进入AS-INACTIVE状态。

6.4.5.6 通知程序

NTFY消息用来反映在AS中出现了除ASP-DOWN状态以外，其他所有AS中的状态变化，这个NTFY消息必须向AS中的所有ASP发送。在这个NTFY消息中必须要包括相关的状态信息和故障ASP的ASP标识符。在ASP收到NTFY消息后使用M-NOTIFY indication原语通知层管理。无论是由于ASP故障还是收到了ASP状态管理消息（ASPSM）/ASP业务管理消息（ASPTM）造成了AS状态变化，SG必须发送NTFY消息。对于收到ASP状态管理消息（ASPSM）/ASP业务管理消息（ASPTM）的情况，NTFY消息的发送应当在相关的确认消息发送完成后才发送（例如：ASP Up Ack、ASP Down Ack、ASP Active Ack或ASP Inactive Ack消息）。

如果当前没有激活的ASP来处理业务，SG必须发送的NTFY消息中应带有"AS-PENDING"指示，在负荷分担模式下，SG发送的NTFY消息中应带有"AS中没有足够的ASP资源被激活"指示，但这并未表明收到这些NTFY消息的ASP变为激活，ASP仍处于所采取的业务动作的控制之下。

如果在NTFY消息中没有包括任何接口标识符参数，则接收方必须根据配置数据来了解这个ASP是属于哪个AS，并且在每个AS中分别采取的适当动作。

6.4.5.7 Heartbeat程序

心跳程序可以是任选的，因为如果底层能够提供相应的心跳机置用来检测传送偶联的丢失，就可以不使用这个程序（即M2UA使用SCTP以外的传送层）。

M2UA层之间可以根据预置的定时器T (beat)，周期地发送Heartbeat消息，在收到Heartbeat消息后，M2UA层必须要响应Heartbeat Ack消息。

如果在2×T (beat)的时间内没有从对端M2UA收到Heartbeat Ack消息，则认为远端的M2UA层不可用。如果M2UA被配置为远端M2UA层的客户端，则该客户端的M2UA停止发送Heartbeat消息，并重新尝试建立与远端M2UA的通信。

Heartbeat消息可以包含不透明的心跳数据参数，接收方在收到这些数据后应当不变化的复制到Heartbeat Ack消息中。发送方检查对端响应的Heartbeat Ack消息中的心跳数据，如果收到的心跳数据与发送的数据不同，则可以认为远端的M2UA层不可用。心跳数据参数的格式和内容取决于发送方，其含义只对发送方有意义。在心跳数据中可以提供心跳顺序算法（检测丢失的心跳消息），和/或时间标记（来评估延迟）。

6.5 链路关键字管理程序(可选)

6.5.1 概述

接口标识符管理程序是国内任选的,这个程序可以用来支持对信令终端或信令数据链路的自动分配。

6.5.2 注册

ASP 可以使用 REG REQ 消息动态地向 SG 进行注册,把 AS 中的某个 ASP 注册为一个单独的接口标识符。REG REQ 消息中的链路关键字参数规定了与链路关键字相关的参数。

SG 首先检查收到的链路关键字参数(SDLI 和 SDTI)的内容,并把这些参数与预置的接口标识符进行比较,如果收到的链路关键字与当前 SG 上的链路关键字条目匹配,且该 ASP 并未包括在相关 AS 的 ASP 列表中,则 SG 可以把该 ASP 添加到相关的 AS 的 ASP 列表中,或者是如果链路关键字不存在且收到的的链路关键字数据有效且唯一,则支持动态配置的 SG 就可以创建一个新的接口标识符和新的 AS,同时把这个 ASP 添加到对应新的 AS 的 ASP 列表中。在任何情况下,SG 都应向 ASP 返回一个 Registration Response 消息,在这个响应消息中应当包括与请求消息中相同的 Local-LK-Identifier 标识符,注册结果为"成功注册"并包括接口标识符。在 SG/SG 有效分配接口标识符的唯一方法取决于实施。但必须保证对于每个 AS 或 SG 服务的链路关键字是唯一的。

如果 SG 确定收到的链路关键字数据是无效的,或者是包含的参数值无效,则 SG 应当根据具体情况,向 ASP 返回一个注册结果为"差错—无效的链路关键字,差错—无效的 SDTI 或差错或差错—无效的 SDLI"的 Registration Response 消息。

如果 SG 确定了链路关键字与现有的链路关键字条目重复,则 SG 可以向 ASP 返回一个注册状态为"差错－重复的链路关键字(不唯一)"的 Registration Response 消息。在 SG 收到的入局信令消息不能与多于一个的链路关键字同时匹配。

如果 SG 不能接受注册请求,SG 将向 ASP 返回一个注册结果为"差错—允许拒绝"的 REG RSP 消息。

如果 SG 确定收到的链路关键字不存在,且 SG 不支持动态配置,则 SG 应当返回一个注册结果为"差错—链路关键字未预置"的 REG RSP 消息。

如果 SG 确定收到的链路关键字不存在,SG 虽然支持动态配置,但没有足够的能力增加新的链路关键字和 AS 时,则 SG 应当返回一个注册结果为"差错—资源不足"的 REG RSP 消息。

ASP 可以在通过一个 REG REQ 消息中包含多个链路关键字参数,一次完成注册多个链路关键字。SG 可以用一个 REG RSP 消息对每个注册请求进行响应,并在注册结果参数中,针对每个链路关键字给出一个注册成功或失败的结果,SG 也可以用多个 REG RSP 消息进行响应,在这些消息中可以每个消息只包含一个或多个注册结果。ASP 使用 Local-LK-Identifier 标识符参数来关联每个请求和响应。

6.5.3 注销

ASP 也可以用 DEREG REQ 消息动态地向 SG 注销 ASP 在某个 AS 中使用的接口标识符,DEREG REQ 消息中的接口标识符参数规定了需要注销的接口标识符。

SG 需要检查收到的接口标识符参数的内容,并验证 ASP 注册的 AS 与包含在参数中的接口标识符之间关联的有效性,如果二者关联有效,则 SG 把这个 ASP 在相关联的 AS 中注销。

注销程序并不表明需要删除在 SG 的链路关键字和 AS 配置数据。AS 中的其他 ASP 可以继续与 AS 相关联,在这种情况下链路关键字数据不能被删除,如果注销后导致 AS 中没有其他的 ASP,则 SG

可以删除链路关键字数据。

SG 可以通过向 ASP 发送 DEREG RSP 消息来证实注销请求。注销的结果包含在注销结果参数中,用来指示注销成功或注销失败的原因。

ASP 可以通过在一个 DEREG REQ 消息中包含多个接口标识符,同时注销多个接口标识符。SG 必须要对每个接口标识符的注销请求在注销结果参数中进行响应,针对每个请求给出注销成功指示或注销失败的原因。

7 定时器取值

M2UA 协议使用如下定时器,定时器的缺省值规定如下:

T (r)	2 s
T (ack)	2 s
T (beat)	30 s

附 录 A
（资料性附录）
M2UA 程序示例

A.1 SG 和 ASP 间业务建立的示例

这些示例指出在 SG 和 ASP 间建立业务的 M2UA 消息流，所有这些示例都假定 SG 和 ASP 之间的偶联已经成功的建立。

A.1.1 AS 中只有一个 ASP（1+0 备份）

图 A.1 的示例给出了建立 SG 和 ASP 之间业务的 M2UA 消息的流程，这里的 AS 中只配置一个 ASP（无备份）。

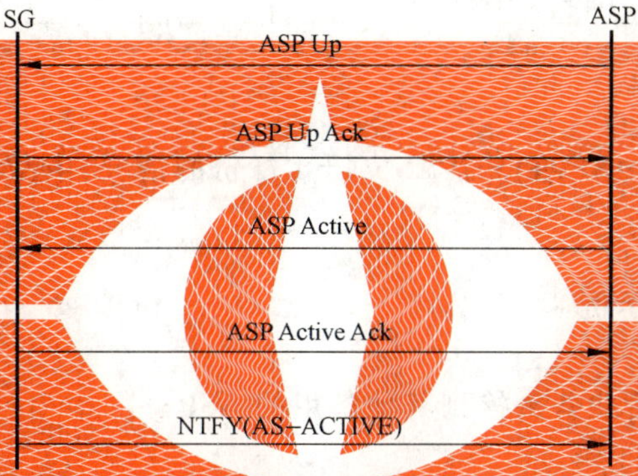

图 A.1 ASP 在一个 AS（1+0 备份）中激活的消息流程

A.1.2 AS 中只有一个 ASP（1+0 备份），使用动态注册

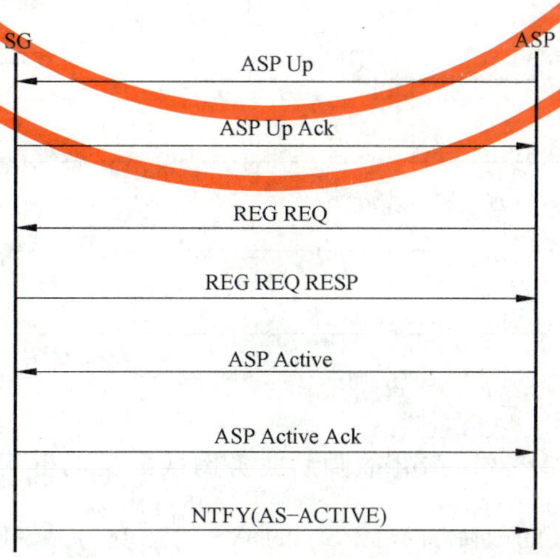

图 A.2 ASP 在一个 AS（1+0 备份）中激活，使用动态注册时的消息流程

A.1.3 单个 ASP 在一个 AS (1+1 备份的情况)中激活,静态配置

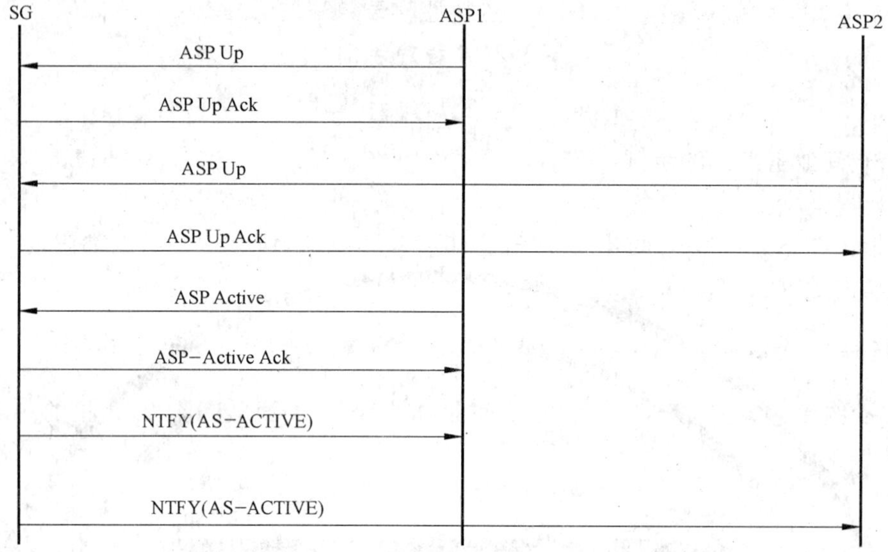

图 A.3 单个 ASP 在一个 AS (1+1 备份的情况)中激活时的消息流程

A.2 ASP 业务故障倒换时的示例

A.2.1 1+1 备份,ASP 故障后业务倒换到其他备用的 ASP

本流程续 A.1.3 的流程。

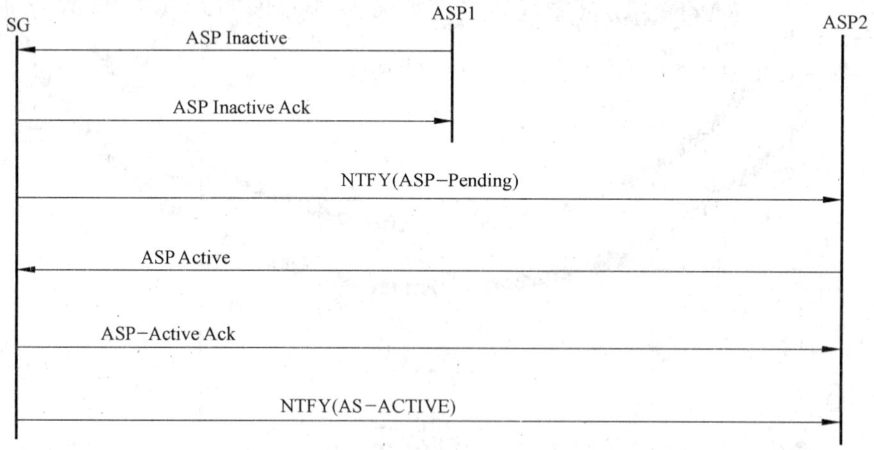

图 A.4 采用 1+1 备份,ASP 故障后业务倒换到其他备用 ASP 时的消息流程

在图 A.4 的流程中,ASP1 的故障将导致 SG 的 AS 状态变为 AS-PENDING 状态,ASP2 发送 ASP Active 消息又使得 AS 的状态返回到 AS-Active 状态。如果 ASP2 不发送 ASP Active 消息,则在定时器 T (r)超时后,AS 的状态进入 AS-DOWN 状态。如果由于与对端 M2UA 层的偶联出现故障,则 SG 和 ASP1 之间的消息流程也不会发起,其消息流程如图 A.5 所示。

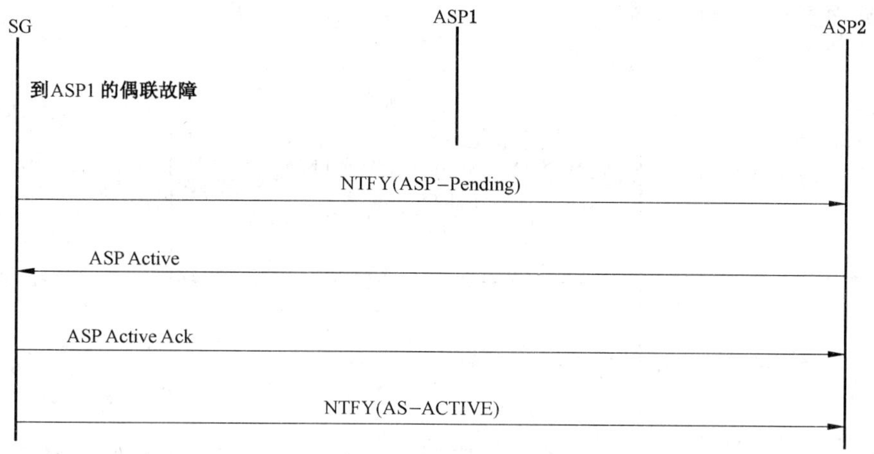

图 A.5 采用 1+1 备份，到 ASP1 偶联故障后业务倒换到其他备用 ASP 时的消息流程

A.2.2 1+1 备份，采用主备用方式备份，ASP2 激活准备接收业务

本流程续 A.1.3 的流程，ASP2 想接管 ASP1 来处理流量。

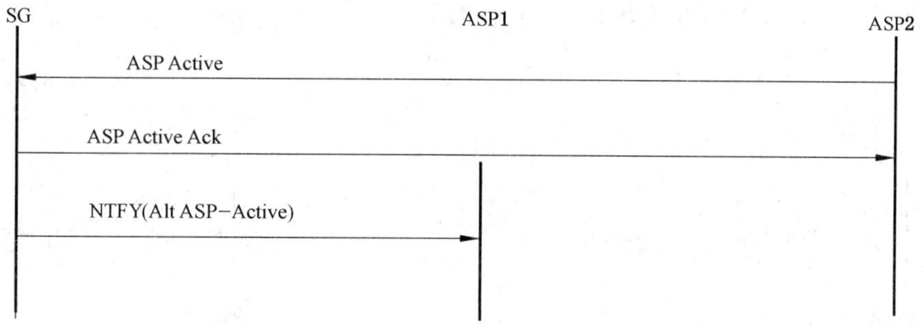

图 A.6 1+1 备份，采用主备用方式备份，ASP2 激活后准备接收业务的消息流程

A.3 SG 与 MGC 之间 MTP-2 和 MTP-3 边界上的程序示例

A.3.1 链路正常定位的程序示例

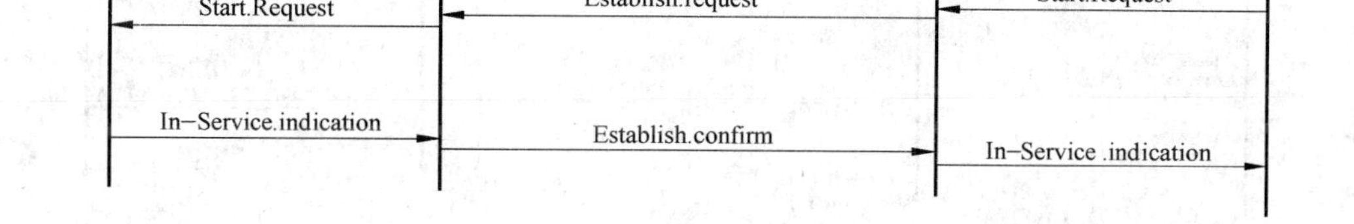

图 A.7 链路正常定位的程序示例

A.3.2 链路紧急定位的程序示例

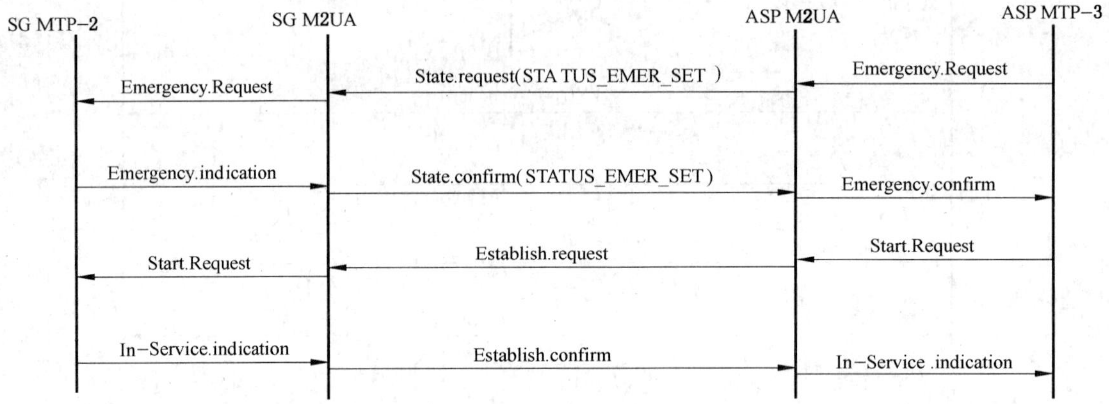

注：如果是 No.7 信令侧使用紧急定位时，则由 SG 直接发送 Emergency. indication。

图 A.8 链路紧急定位的程序示例

A.3.3 ASP 请求 No.7 信令链路退出服务的程序示例

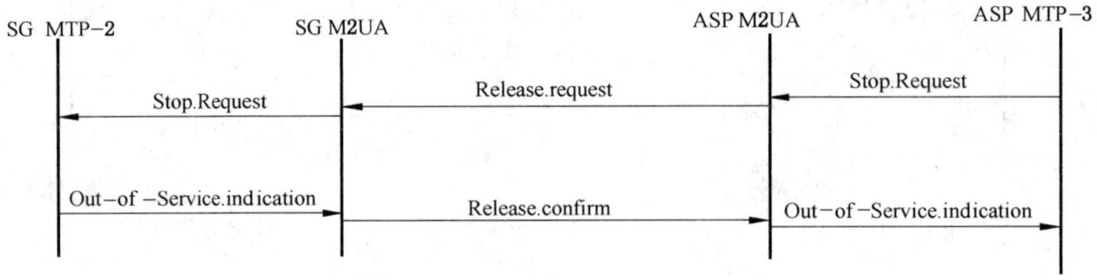

图 A.9 链路退出服务的程序示例

A.3.4 No.7 信令侧故障链路退出服务的程序示例

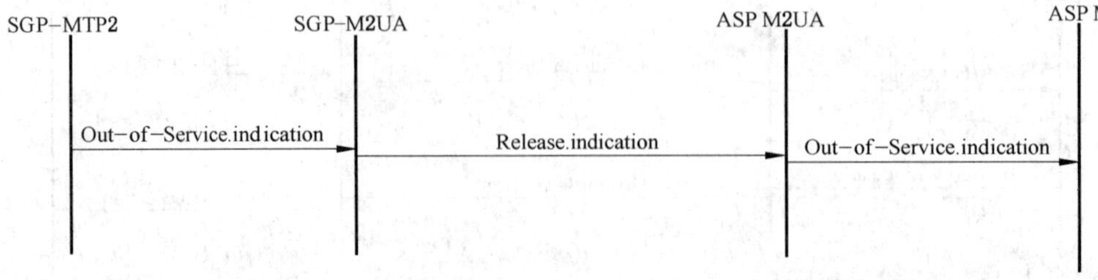

图 A.10 No.7 信令侧故障链路退出服务的程序示例

A. 3. 5 处理机故障的程序示例(ASP 侧设置和清除)

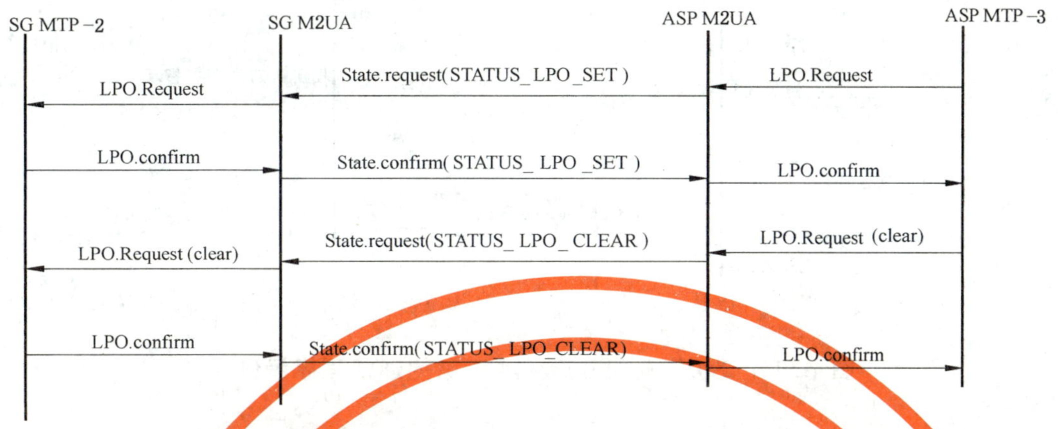

图 A. 11 ASP 侧设置和清除处理机故障的程序示例

A. 3. 6 No. 7 侧处理机故障的通知程序示例

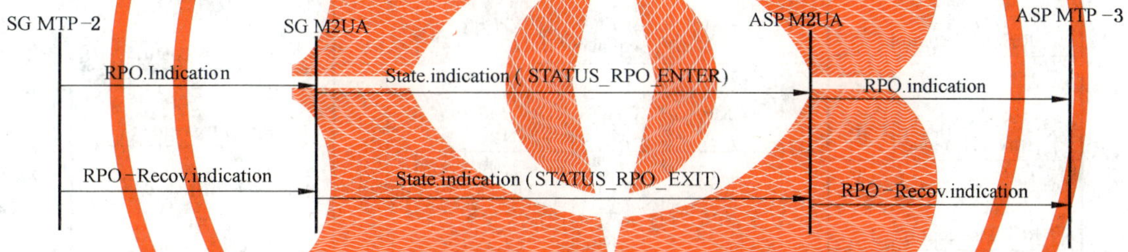

图 A. 12 No. 7 侧处理机故障设置和清除的通知程序示例

A. 3. 7 No. 7 侧拥塞产生和清除的通知程序示例

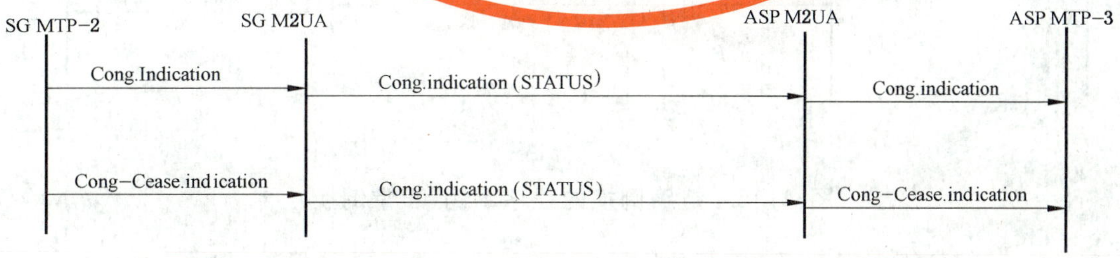

图 A. 13 No. 7 侧拥塞产生和清除的通知程序示例

A.3.8 SG 的 SCTP 拥塞产生和拥塞清除的程序示例

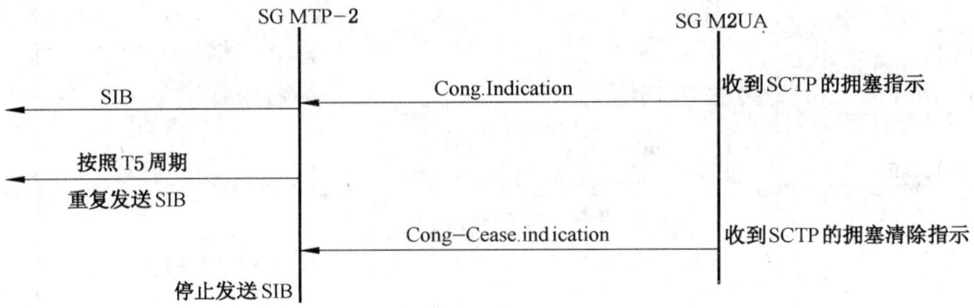

图 A.14 No.7 侧拥塞产生和清除的通知程序示例

A.3.9 链路倒换的程序示例(正常倒换)

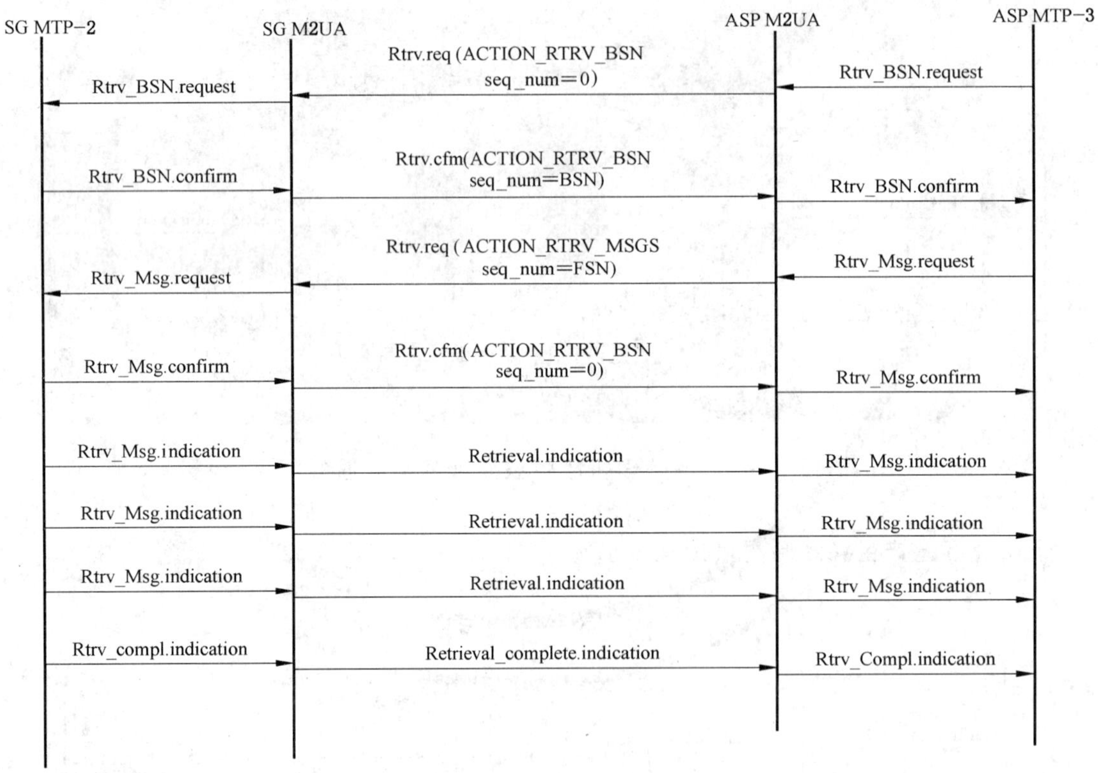

图 A.15 链路倒换的程序示例(正常倒换)

A.3.10 链路倒换的程序示例(BSN恢复不正确)

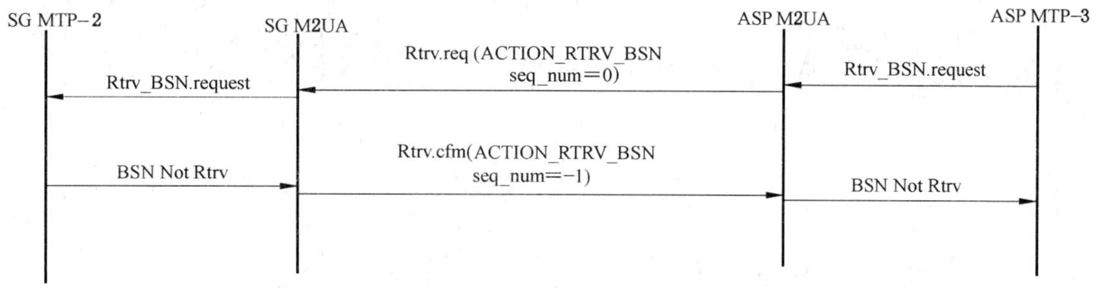

图 A.16 链路倒换的程序示例(BSN恢复不正确)

A.3.11 链路倒换的程序示例(消息恢复不正确)

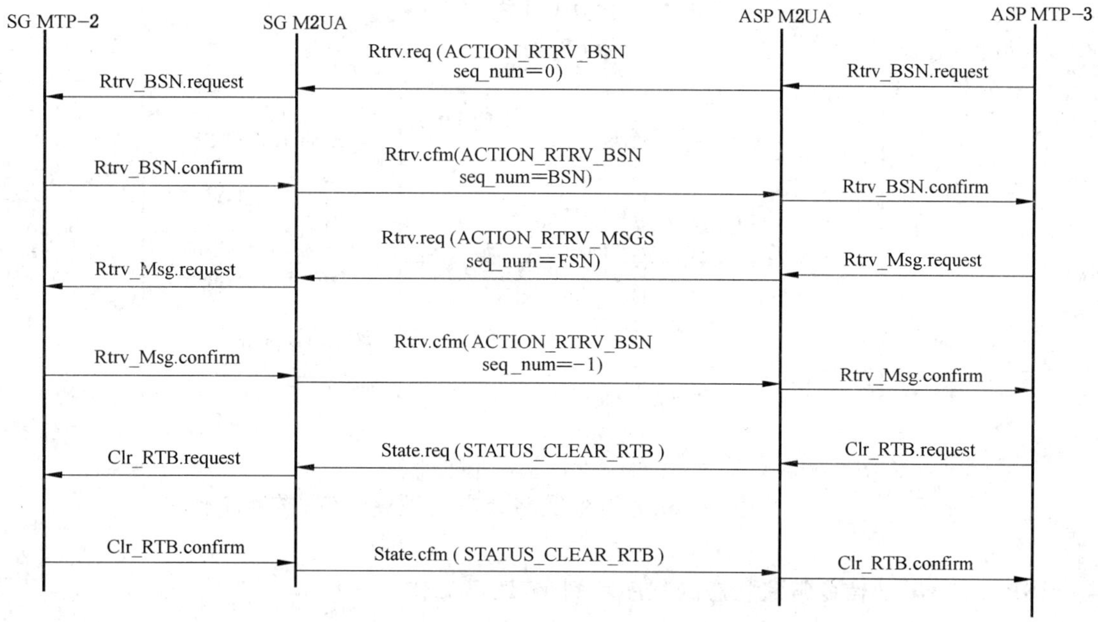

图 A.17 链路倒换的程序示例(消息恢复不正确)

A.3.12 清除缓冲区和恢复的程序示例(处理机故障清除之后的程序)

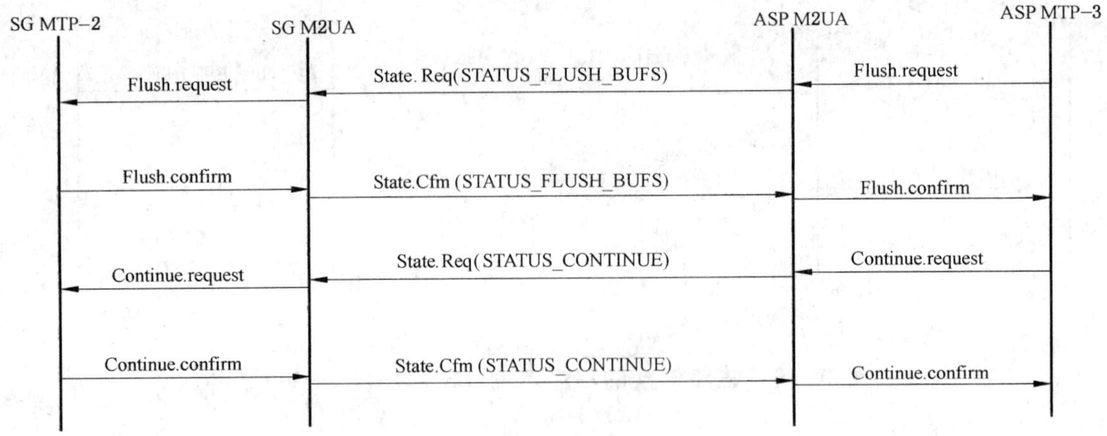

图 A.18 清除缓冲区和恢复的程序示例

A.3.13 ASP 查询 No.7 信令链路状态的程序示例(链路工作)

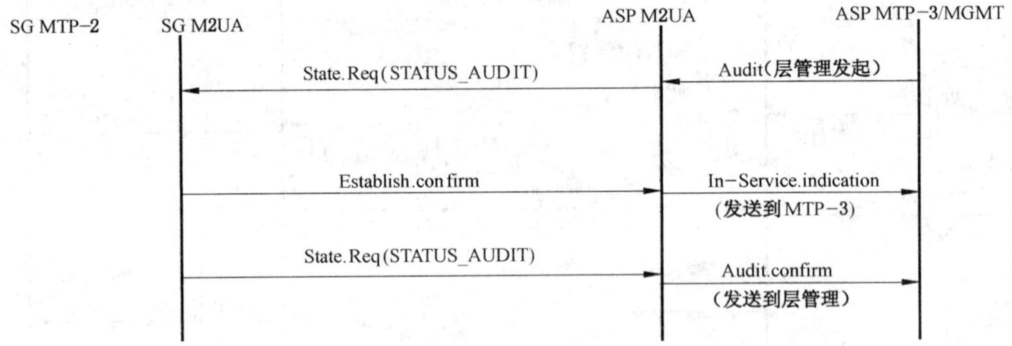

图 A.19 ASP 查询 No.7 信令链路状态的程序示例(链路工作)

A.3.14 ASP 查询 No.7 信令链路状态的程序示例(链路不工作)

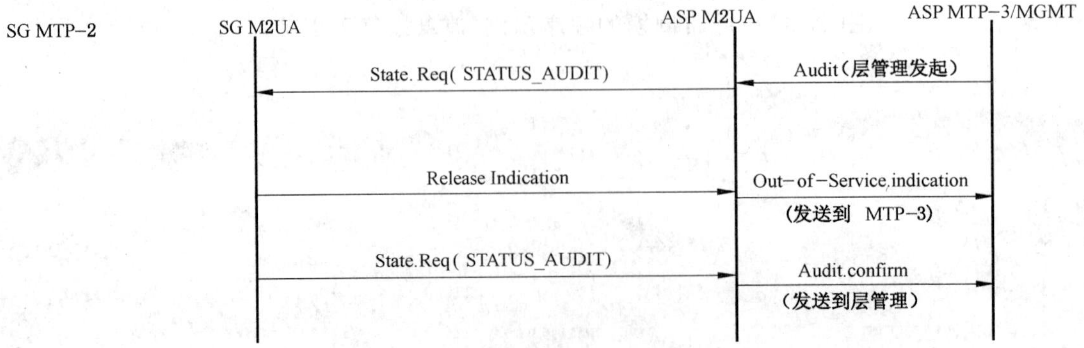

图 A.20 ASP 查询 No.7 信令链路状态的程序示例(链路不工作)

A.3.15 ASP 查询 No.7 信令链路状态的程序示例(链路拥塞)

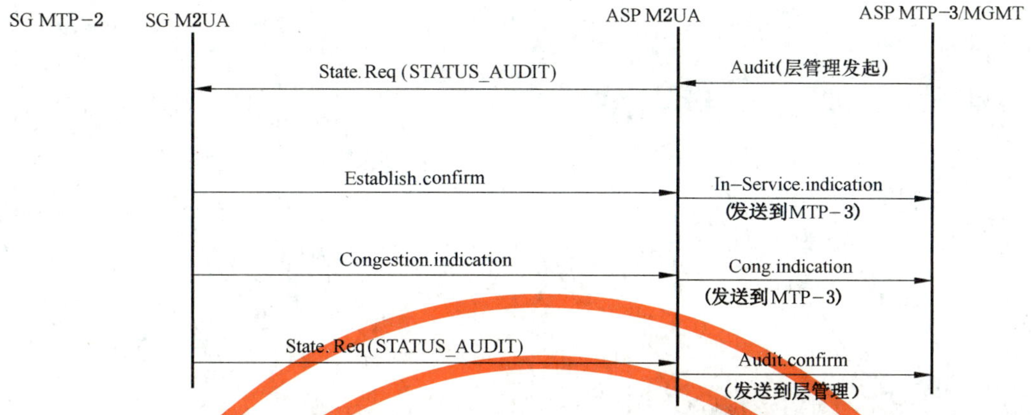

图 A.21 ASP 查询 No.7 信令链路状态的程序示例(链路拥塞)

A.3.16 ASP 查询 No.7 信令链路状态的程序示例(No.7 链路侧处理机故障)

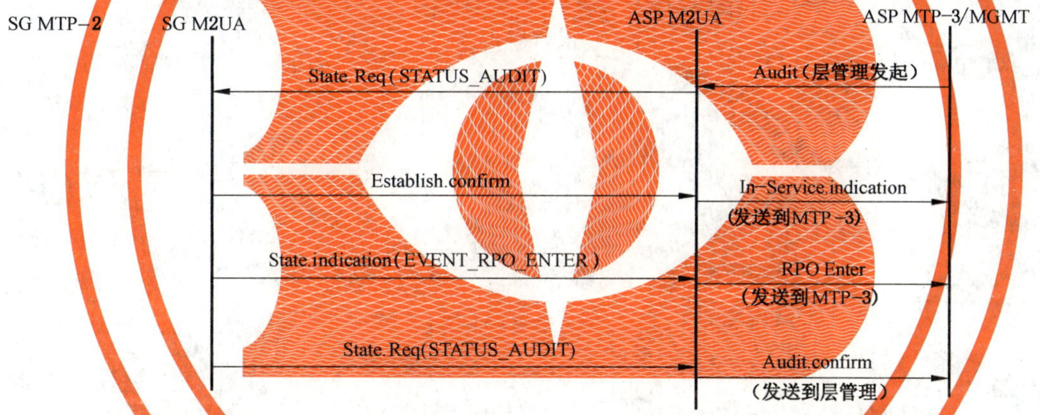

图 A.22 ASP 查询 No.7 信令链路状态的程序示例(远端处理机故障)

ICS 33.180.10
M 33

中华人民共和国国家标准

GB/T 28504.1—2012

掺稀土光纤 第1部分:双包层掺镱光纤特性

Rare earth doped optical fibre—Part 1:Characteristics of double-cladding Ytterbium-doped optical fibre

2012-06-29 发布 2012-10-01 实施

中华人民共和国国家质量监督检验检疫总局
中国国家标准化管理委员会 发布

前言

GB/T 28504《掺稀土光纤》分为以下几个部分：

——第1部分：双包层掺镱光纤特性；

——第2部分：双包层掺铥光纤特性；

——第3部分：双包层铒镱共掺光纤特性；

——第4部分：掺铒光纤特性；

……

本部分是GB/T 28504的第1部分。

本部分按照GB/T 1.1—2009给出的规则起草。

本部分由中华人民共和国工业和信息化部提出。

本部分由中国通信标准化协会归口。

本部分起草单位：武汉邮电科学研究院。

本部分主要起草人：陈伟、雷非、王冬香、李诗愈。

掺稀土光纤
第1部分:双包层掺镱光纤特性

1 范围

GB/T 28504 的本部分规定了典型双包层掺镱光纤的结构分类和型号、几何尺寸、光学性能、机械性能、环境性能等技术要求和测试方法。

本部分适用于双包层掺镱光纤。

2 规范性引用文件

下列文件对于本文件的应用是必不可少的。凡是注日期的引用文件,仅注日期的版本适用于本文件。凡是不注日期的引用文件,其最新版本(包括所有的修改单)适用于本文件。

GB/T 14733.12—2008 电信术语 光纤通信(IEC 60050(731):1991,IDT)

GB/T 15972.20—2008 光纤试验方法规范 第20部分:尺寸参数的测量方法和试验程序 光纤几何参数(IEC 60793-1-20:2001,MOD)

GB/T 15972.22—2008 光纤试验方法规范 第22部分:尺寸参数的测量方法和试验程序 长度(IEC 60793-1-22:2001,MOD)

GB/T 15972.30—2008 光纤试验方法规范 第30部分:机械性能的测量方法和试验程序 光纤筛选试验(IEC 60793-1-30:2001,MOD)

GB/T 15972.43—2008 光纤试验方法规范 第43部分:传输特性和光学特性的测量方法和试验程序 数值孔径(IEC 60793-1-43:2001,MOD)

GB/T 15972.50—2008 光纤试验方法规范 第50部分:环境性能的测量方法和试验程序 恒定湿热(IEC 60793-1-50:2001,MOD)

GB/T 15972.51—2008 光纤试验方法规范 第51部分:环境性能的测量方法和试验程序 干热(IEC 60793-1-51:2001,MOD)

GB/T 15972.52—2008 光纤试验方法规范 第52部分:环境性能的测量方法和试验程序 温度循环(IEC 60793-1-52:2001,MOD)

3 术语和定义

GB/T 14733.12—2008 界定的以及下列术语和定义适用于本文件。

3.1

内包层和外包层 inner-cladding and outer-cladding

内包层是用于约束光信号在光纤芯层中传输而紧邻光纤纤芯的第一个包层,其折射率较芯层低;而处于内包层之外,用于约束光信号在芯层和内包层传输,且紧邻光纤内包层的第二个包层为外包层,其折射率较内包层低。

3.2

双包层 double-cladding

光纤具有两个包层,即光纤纤芯之外依次围绕两个的包层:内包层与外包层。

3.3

双包层掺镱光纤 double-cladding Ytterbium-doped optical fibre

在光纤纤芯中掺入镱(Yb^{3+})稀土离子、具有内包层与外包层的双重包层结构的光导纤维。

3.4

纤芯远场辐射特性 core far-field radiation_characteristics

在纤芯中传输的光信号辐射到真空中的辐射半角的正弦值。

3.5

内包层数值孔径 numerical aperture of inner-cladding

泵浦光因外包层的约束而在内包层中传输的数值孔径。

3.6

包层泵浦吸收系数 cladding pump absorption coefficient

光纤每单位长度对在内包层中传输的特定波长(如 915 nm 或 975 nm)的光功率吸收值。

4 分类和型号

4.1 分类

本部分规定的双包层掺镱光纤按照纤芯和内包层标称直径进行分类,分为如下 4 类典型尺寸:

a) 纤芯标称直径 10 μm,内包层标称直径 125 μm;

b) 纤芯标称直径 10 μm,内包层标称直径 400 μm;

c) 纤芯标称直径 20 μm,内包层标称直径 400 μm;

d) 纤芯标称直径 30 μm,内包层标称直径 400 μm。

4.2 型号

双包层掺镱光纤的型号由如下两个部分组成:

a) 双包层掺镱光纤,以 DYDF 表示;

b) 几何参数,以芯径和内包层直径表示。

例如:纤芯标称直径为 10 μm,内包层标称直径为 400 μm 的双包层掺镱光纤的型号为:DYDF-10/400。

5 要求

5.1 几何尺寸

5.1.1 尺寸技术指标

典型双包层掺镱光纤尺寸要求见表 1。

表 1 典型双包层掺镱光纤尺寸要求

单位为微米

产品型号	DYDF-10/125	DYDF-10/400	DYDF-20/400	DYDF-30/400
纤芯直径	11.0±1.0	11.5±1.0	20.0±2.0	30.0±3.0
内包层直径	125±5	400±15	400±15	400±15
纤芯/内包层同心度偏差	≤2.0	≤4.0	≤4.0	≤4.0
涂覆层直径	245±15	550±20	550±20	550±20
注:对于非同心双包层掺镱光纤类型,纤芯/内包层同心度偏差不受此技术指标限制。				

5.1.2 尺寸参数的测量方法

5.1.2.1 纤芯直径

剥除光纤的有机涂层,采用 GB/T 15972.20—2008 所规定的折射近场法或横向干涉法进行纤芯直径测量,对纤芯直径不小于 20 μm 的光纤也可以采用近场光分布法进行测量。

5.1.2.2 内包层形状与尺寸

采用 GB/T 15972.20—2008 所规定的近场光分布法或折射近场法进行内包层形状测量和尺寸测量,也可采用机械直径法进行内包层尺寸测量,对内包层尺寸应采用拟合外接圆直径进行测量。

5.1.2.3 纤芯/内包层同心度误差

采用 GB/T 15972.20—2008 所规定的折射近场法、近场光分布法或横向干涉法确定纤芯拟合圆的圆心和内包层拟合外接圆的圆心,进行纤芯/内包层同心度误差测量。

5.1.2.4 涂覆层直径

采用 GB/T 15972.20—2008 所规定的近场光分布法或机械直径法进行涂覆层直径测量。

5.1.2.5 光纤长度

采用 GB/T 15972.22—2008 所规定的机械长度测量法进行光纤长度测量。

5.2 光学性能

5.2.1 光学性能指标

典型双包层掺镱光纤的光学特性要求见表 2 所示。

表 2 典型双包层掺镱光纤的光学特性要求

产品型号	单位	DYDF-10/125	DYDF-10/400	DYDF-20/400	DYDF-30/400
工作波长	nm	1 060～1 115	1 060～1 115	1 030～1 115	1 030～1 100
最小包层泵浦吸收系数 @915 nm	dB/m	1.3	0.15	0.45	0.6
最小包层泵浦吸收系数 @975 nm	dB/m	4.0	0.6	1.5	2.5
最大纤芯远场辐射特性		0.090	0.090	0.070	0.070
最小内包层数值孔径		0.20			
注:纤芯远场辐射特性的测量波长为 1 064 nm±5 nm。					

5.2.2 光学参数测试方法

5.2.2.1 纤芯远场辐射特性

以 1 064 nm 波长的稳定光信号为光源注入进光纤芯层,采用 GB/T 15972.43—2008 所规定的远场光分布法或角度扫描法进行纤芯远场辐射特性测试。测试前应至少剥除 30 cm 长的光纤涂覆层和外包层,以进行包层模滤除,将暴露出内包层的光纤以不大于 200 mm 弯曲半径置成 S 型并浸泡到折射率高于内包层的匹配油中，检验包层模的光强，使其强度不大于纤芯最大辐射光强的1%。

5.2.2.2 内包层数值孔径

采用GB/T 15972.43—2008所规定的方法进行内包层数值孔径测试，当光纤涂覆层的折射率高于外包层的折射率时，可以不必进行包层模滤除。一般可采用内包层与外包层折射率计算其理论数值孔径。

5.2.2.3 包层泵浦吸收系数测量

取适当长度(L_1)的光纤，分别以915 nm波长或975 nm波长的稳定光信号为光源，宜采用截断法进行包层泵浦吸收系数测量。在非激发状态泵浦功率条件下，采用功率计测试其输出功率值(W_1)。然后，在距离光纤输入端L_0(0.5 m～1.0 m)处截断该光纤，测试其输出功率值(W_0)。则包层泵浦吸收系数可以按照公式(1)进行计算。

$$\alpha=\frac{10(\lg W_0-\lg W_1)}{L_1-L_0} \qquad \cdots\cdots(1)$$

式中：

α ——包层泵浦吸收系数，单位为dB/m；

W_0——截断后光纤输出功率，单位为mW；

W_1——截断前光纤输出功率，单位为mW；

L_1 ——截断前光纤长度，单位为m；

L_0 ——截断后剩余光纤长度，单位为m。

5.3 机械性能

5.3.1 机械性能要求

典型双包层掺镱光纤机械性能要求见表3。

表3 典型双包层掺镱光纤的机械性能要求

特性项目	单　位	技　术　指　标
筛选张力	N	≥8.47
涂覆层剥离力	N	待研究

5.3.2 机械性能试验方法

光纤机械性能试验方法见表4。

表4 光纤机械性能试验方法

项　目	试　验　方　法
筛选试验	GB/T 15972.30—2008

5.4 环境性能

5.4.1 环境性能要求

工作温度范围：−15 ℃～70 ℃；

贮存温度范围：−20 ℃～75 ℃。

在经过干热试验、湿热试验和温度特性试验后，在 25 ℃环境温度下其对 915 nm 波长的包层泵浦吸收系数的变化应不大于 10%(约 0.46 dB)。

5.4.2 环境性能试验方法

光纤环境性能试验方法可参考表 5，试验光纤长度宜在 5 m～50 m 之间。考虑到测试精度的影响，监测信号的包层泵浦吸收量宜在 2 dB 到 50 dB 之间。

表 5 环境性能的试验方法

项　目	试 验 方 法
湿热性能	GB/T 15972.50—2008
干热性能	GB/T 15972.51—2008
温度特性	GB/T 15972.52—2008

5.5 光纤的交货长度

标准交货长度单根光纤长度不小于 50 m，对特殊应用的光纤，可由供需双方商定。

ICS 33.040.30
M 12

中华人民共和国国家标准

GB/T 28505—2012

国内No.7信令方式技术要求 2 Mbit/s高速信令链路

Technical specification of national No. 7 signalling system
2 Mbit/s high speed link

(ITU-T Q.703:1996,Signalling link,NEQ)

2012-06-29 发布 2012-10-01 实施

中华人民共和国国家质量监督检验检疫总局
中国国家标准化管理委员会 发布

前　言

本标准按照 GB/T 1.1—2009 给出的规则起草。

本标准使用重新起草法参考 ITU-T Q.703:1996《No.7 信令系统　消息传送部分　信令链路》中有关高速信令链路的内容编制，与 ITU-T Q.703 的一致性程度为非等效。

本标准由中华人民共和国工业和信息化部提出。

本标准由中国通信标准化协会归口。

本标准起草单位：工业和信息化部电信研究院、华为技术有限公司。

本标准主要起草人：吕军、续合元、吴宏建、王立言、康志强、杨国道、刘波。

国内 No.7 信令方式技术要求
2 Mbit/s 高速信令链路

1 范围

本标准规定了高速信令链路技术要求，同时还规定了在我国 No.7 信令网上使用高速信令链路的原则。

本标准适用于 No.7 信令网中负荷较高的信令链路。

2 规范性引用文件

下列文件对于本文件的应用是必不可少的。凡是注日期的引用文件，仅注日期的版本适用于本文件。凡是不注日期的引用文件，其最新版本(包括所有的修改单)适用于本文件。

YDN 068 国内 No.7 信令方式技术规范 消息传递部分(MTP)

ITU-T G.703 数字终端设备 分等级数字接口的物理/电器特性(Digital terminal equipments—General:Physical/electrical characteristics of hierarchical digital interfaces)

ITU-T G.704 数字终端设备 1544、6312、2048、8488 和 44,736 kbit/s 等级的同步帧结构(Digital terminal equipments—General:Synchronous frame structures used at 1544, 6312, 2048, 8448 and 44 736 kbit/s hierarchical levels)

ITU-T Q.704 No.7 信令系统交换和信令规范 消息传送部分 信令网功能和消息(Switching and signalling specifications of Signalling System No.7—Message transfer part (MTP) Signalling network functions and messages)

3 术语和定义、缩略语

3.1 术语和定义

下列术语和定义适用于本文件。

3.1.1

标志位搜索方式 flag hunting

与原有 64 kbit/s 链路使用的八位位组计数方式(OCTET COUNTING)不同，2 Mbit/s 高速信令链路协议在丢失标志位后，链路进入标志位搜索方式，在该方式下，只查找码流中的标志位，而不再对查找过程中检测的八位位组进行计数，找到标志位后，则链路退出标志位搜索方式。

3.2 缩略语

下列缩略语适用于本文件。

AERM	Alignment Error Rate Monitor	定位差错率监测
EIM	Error Interval Monitor	差错时间段监测
FISU	Fill-In Signal Unit	填充信号单元
LSSU	Link Statues Signal Unit	链路状态信号单元

MSU	Message Signal Unit	消息信号单元
MTP	Message Transfer Part	消息传递部分
SDL	Specification and Description Language	规范描述语言
SUERM	Signal Unit Error Rate Monitor	信号单元差错率监测

4 信令数据链路级(MTP-1)

第一级定义信令数据链路的物理、电气和功能特性,确定与数据链路连接的方法,它为信令链路提供一个信息载体。2 Mbit/s 高速信令链路目前只使用数字信号,并且只采用 2 048 kbit/s 的标准速率。

与原有的 64 kbit/s 信令链路不同的是,2 Mbit/s 高速信令链路可以不再经过交换机的数字选择级,而直接通过 2 Mbit/s 端口连接至信令终端。

2 Mbit/s 高速信令链路接口的电特性应符合 ITU-T G.703 建议,帧结构应符合 ITU-T G.704 建议。

5 信令链路功能级(MTP-2)

5.1 信令链路功能级功能

5.1.1 功能概述

第二级定义在信号数据链路上,包括信令消息的传递和与传递有关的功能和程序,第二功能级和第一级信号数据链路作为信息载体,为两点间进行信令消息的可靠传递提供信令链路。2 Mbit/s 高速信令链路与原有的 64 kbit/s 信令链路协议上的主要区别就在信令链路功能级(MTP-2)。

2 Mbit/s 高速信令链路的链路功能应包括:

——信号单元定界;

——信号单元定位;

——差错检测;

——差错校正;

——起始定位;

——信令链路差错监视;

——流量控制。

所有这些功能均由链路状态控制协调工作。

5.1.2 信号单元定界和定位

每个信号单元的开头和结尾有一个使用独特码型的 8 比特标志码(01111110),由于采用了“插零”的机制,因此这种标志码的码型不会在信号单元的其他部位出现。

当接收部分在收到了不允许出现的码型(多于 6 个连续 1)或者是信号单元超过了允许的最大长度,则认为失去信号单元定界。

5.1.3 差错检测

差错检测功能由每个信号单元结尾提供的 16 比特校验码(CK)完成。在发送方的信令终端中,将信号单元校验码之前的比特按专门算法进行运算,产生校验码。在接收方信令终端中,用与发送方相对应的算法规则,对收到的校验比特进行运算。如果按算法计算后,收到的校验比特与信号单元校验码之前的比特不一致,则认为出现差错。

5.1.4 差错校正

差错校正有两种方式:基本方法和预防循环重发方法。

基本方法是采用非互控、肯定/否定证实和重发进行差错校正的方法。在收到肯定证实前,已发出的信号单元仍保存在发送信令终端中,如果收到否定证实信号,则停止发送新的信号单元,从否定证实指出的信号单元开始重发已经发出但未肯定证实的信号单元。重发次序与第一次发送的顺序相同。

预防循环重发(PCR)方法采用非互控、肯定证实、循环重发和前向纠错进行差错校正的方法。在收到肯定证实之前,已发送的信号单元仍保存在发送信令终端中,在无新信号单元发送时,循环地重发尚未被证实的全部已发信号单元。对于 2 Mbit/s 高速信令链路原则上不使用 PCR 方法。

5.1.5 起始定位

起始定位程序用于链路首次启动或链路发生故障后进行恢复时的定位。此程序应在有关的两个信令点之间互控交换状态信息,并设有验证周期。任一链路的起始定位不涉及其他链路,信息交换只在被定位的链路上进行。

5.1.6 信令链路的差错监视

信令链路的差错监视包括开通业务后的差错时间段监视和链路在起始定位程序的验证状态中的差错监视。与 64 kbit/s 信令链路不同的是,2 Mbit/s 高速信令链路在开通业务时,采用的是差错时间段监视。这主要是由于 64 kbit/s 链路的 SUERM 是基于对单个差错的信号单元进行统计,当采用高速信令链路后,单位时间内的信号单元个数将大大增加,为了降低处理开销,高速信令链路引入了对时间段进行监测的概念,即对每个时间段进行监测,并根据相应的算法,来评估链路质量。

差错时间段监视的状态流程图见附录 A 的图 A.1。

5.1.7 信令链路状态控制

链路状态控制是为其他信令链路功能提供指导控制的信令链路功能。

5.1.8 流量控制

当信令链路的接收端检测到拥塞条件时,则应启动流量控制程序。链路拥塞的接收端以适当的链路状态信号单元(SIB)通知远端信号终端的发送端这一条件,并停止证实所有的输入消息信号单元。拥塞条件消除后,即当接收到对端的消息信号单元后,再重新开始证实所有的输入消息信号单元。只要拥塞条件存在,则应周期(以 T5 为周期)地通知远端。如果拥塞条件持续过长(超过 T6),则远端的发送端将指示链路故障,并退出服务。

5.2 信号单元的格式

5.2.1 概述

2 Mbit/s 高速信令链路与 64 kbit/s 链路协议的最直接的不同就是信号单元的格式有了明显的不同,详见图 1、图 2 和图 3。

F	CK	SIF	SIO	备用	LI	FIB	备用	FSN	BIB	备用	BSN	F	→
8	16	$8n,n\geqslant2$	8	7	9	1	3	12	1	3	12	8	先发送的比特

图 1 消息信号单元(MSU)的格式

F	CK	SF	备用	LI	FIB	备用	FSN	BIB	备用	BSN	F	→
8	16	8或16	7	9	1	3	12	1	3	12	8	先发送的比特

图 2 链路状态信号单元(LSSU)的格式

F	CK	备用	LI	FIB	备用	FSN	BIB	备用	BSN	F	→
8	16	7	9	1	3	12	1	3	12	8	先发送的比特

图 3 填充信号单元(FISU)的格式

图 1～图 3 中的字符含义如下：

BIB:后向表示语比特　　BSN:后向序号
FIB:前向表示语比特　　FSN:前向序号
LI: 长度指示语　　SIO:业务信息八位位组
SIF:信令信息字段　　SF:状态字段
CK: 校验比特　　F:标志码

2 Mbit/s 高速信令链路协议中,消息信号单元中除了序号和长度指示语字段外,其他字段的含义和功能均与 64 kbit/s 信令链路的协议相同,各字段功能和含义具体说明见后续子节。

5.2.2 标志码

开始标志码指示信号单元的起点,一个信号单元的开始标志码往往是前一信号单元的结尾标志码。结尾标志码指示信号单元的结尾。标志码码型为 01111110。

5.2.3 2 Mbit/s 信令链路中使用的序号

由于信令链路速率的增加,因此在信号单元中的序号(包括前向序号和后向序号)长度变为 12 比特,序号的范围从 0～4 095 循环变化。在 64 kbit/s 的信令链路中,序号长度为 7 比特,范围从 0～127 循环变化。

5.2.4 消息单元的长度指示语

原有 64 kbit/s 链路的协议中,信号单元的长度指示语为 6 比特,可以直接表示的信令信息字段的长度为 62 字节,当 SIF 字段的长度超过 62 时,LI 设置为 63,这种方法对于 64 kbit/s 链路上还可以适应。考虑到 2 Mbit/s 链路引入后,其链路上承载的信令业务量较高,为了加快消息定界处理,提高信号单元的处理速度,2 Mbit/s 高速信令链路协议的消息长度指示语改为 9 个比特,这样就可以直接表示出消息长度，即可直接指示出 MTP 所支持的 272 个字节的“信令信息字段”(SIF)。

5.2.5 业务信息八位位组

业务信息八位位组分成业务表示语和子业务字段。业务表示语用来识别某个用户部分，只出现在消息信号单元中。子业务字段用于识别不同的信令网的业务消息。

5.3 程序

5.3.1 通则

由于 2 Mbit/s 高速信令链路的规程是通过对 ITU-T Q.703 建议修改补充实现的，因此 2 Mbit/s 高速信令链路的信令链路级的程序与现有网上 64 kbit/s 信令链路的程序基本一致，只是在部分程序上进行了修改补充。因此本标准在描述程序时，只对 2 Mbit/s 高速信令链路修改或补充的内容进行说明，其他程序的具体说明应见 YDN 068。

5.3.2 信号单元定界

2 Mbit/s 高速信令链路与 64 kbit/s 信令链路一样，仍旧使用标志码进行信号单元的定界，并使用“插零”和“删零”程序保证标志码不会出现在信号单元的其他部分。

信号单元均包括一个开始标志码。信号单元的开始标志码通常认为是前一信号单元的结尾标志码。但在某些条件下，在两个相邻信号单元之间可产生多个标志码。因而信令链路终端应能接收在连续信号单元之间夹有一个或多个标志码的连续信号单元。

为保证标志码不会出现在信号单元的其他部分，未包括标志码的信号单元发出前，如遇到连续的 5 个“1”，发送信令链路终端在连续的 5 个“1”后插一个零。在接收信令链路终端，标志码检出和去掉后，直接跟在连续的 5 个“1”后的零被删去。

5.3.3 接收程序

2 Mbit/s 高速信令链路使用的接收程序与 64 kbit/s 信令链路的接收程序基本一致，只是对错误消息的处理有所不同。当收到错误的信号单元(过长、过短的 MSU 或包含连续的 7 个 1 以及 CRC 出错的信号单元)时，2 Mbit/s 高速信令链路则标记该时间段为差错时间段，并执行 5.3.9 的信令链路差错监视程序。

接受程序的内容包括：

a) 确定开始标志码。不紧跟另一个标志码的标志码就是开始标志码。收到开始标志码就是信号单元的开始，接着收到一个标志码就是信号单元的终结；

b) 如果收到 7 个或多于 7 个连续“1”，差错时间段监视程序或定位差错率监视程序进入“标志位搜索”工作方式，并搜寻下一个有效标志码；

c) 删去为透明性插入的零后，核对接收信号单元长度是否为 8 比特的倍数，并且至少要有 9 个八位位组，包括开始标志码。如果不符合要求，就舍弃此信号单元，并且标记该时间段为差错或者是定位差错率监视程序计数器加 1。如果在结尾标志码前收到多于 m+10 个八位位组，就进入“标志位搜索”工作方式，且舍弃信号单元，并且标记该时间段为差错或者是定位差错率监视程序计数器加一。其中 m 为某信令链路允许的信令信息字段(以八位位组为单位)的最大长度，m 的值为 272。在使用基本差错控制方法的情况下，如要求的话，发否定证实信号(针对消息信号单元)；

d) 当进入“标志位搜索”工作方式时，只查找码流中的标志位，而不再对查找过程中检测到的八位位组进行计数。找到标志位后，链路退出“标志位搜索”方式；

e) 差错检测:每个信号单元的末尾提供16位校验比特,以完成差错检测功能。

5.3.4 基本差错控制方法

5.3.4.1 概述

基本差错控制方法是一种非互控的方法,这种方法的纠错由重发完成。在正常工作情况下,这种方法能保证消息信号单元按顺序和不重复地在信令链路上正确传递。这样用户部分不需要将收到的信息重新排序和舍弃。

肯定证实(正证实)用来指出消息信号单元的正确传递;否定证实(负证实)用来指示接收的信号单元有差错,请求重发。

为使重发的数目和产生的消息信号单元的时延最小,只有当消息信号单元由于传输差错或干扰造成丢失时,才要求重发。

这种方法要求保存已发但未肯定证实的消息信号单元,以便重发。为使重发能够保持正确的消息信号单元顺序,因此对要求重发的和任何随后发出的消息信号单元都应按原来发出的次序重发一遍。

作为基本差错控制方法的一部分,每个信号单元配有一个前向序号、一个前向表示语比特、一个后向序号和一个后向表示语比特。差错控制程序在两个发送方向独立地工作。一个方向的前向序号和前向表示语比特与另一个方向的后向序号和后向表示语比特一起,与第一个方向的消息信号单元数据流相对应。它们的工作与另一方向的消息信号单元数据流及其有关的前向序号、前向表示语比特、后向序号和后向表示语比特无关。

在重发期间或无前向序号值可分配给新的消息信号单元时(由于瞬间大负载或肯定证实故障),暂时停发新的消息信号单元。

在正常条件下,当无消息信号单元发送或重发时,就继续发填充信号单元。在某些情况下,也可发送链路状态信号单元、填充信号单元或标志码。

由于2 Mbit/s高速信令链路所使用的消息序号长度由7位变成了12位,所以需要对基本差错控制程序中的缓冲容量和参数取值稍作修改:

——在发送方的信令终端中重发缓冲区的大小:应由原有的127个消息变为4 095个消息;

——发送方信令终端的发送缓冲区的大小:发送缓冲区的大小应大于现有64 kbit/s链路的发送缓冲区,以避免等待消息发送的情况,或过早的产生本地拥塞事件(三级),提高链路利用率;

——接收缓冲区的大小:接收缓冲区的大小应大于现有64 kbit/s链路的接收缓冲区,以避免过早的产生第二功能级的本地拥塞状态。

5.3.4.2 证实

5.3.4.2.1 消息序号

为实现证实和信号单元顺序的控制,每个信号单元带有两个序号。前向序号完成信号单元顺序控制,后向序号完成证实功能。消息信号单元的前向序号的值由上一次分配的值加1获得,前向序号值唯一地识别消息信号单元。除消息信号单元外,其他信号单元的前向序号为上一次发出的消息信号单元的前向序号值。

5.3.4.2.2 信号单元顺序控制

关于业务信息八位位组、信令信息字段、前向序号和每个消息信号单元长度的信息将保留在发送信令链路终端,直到收到该信号单元的肯定证实。与此同时,同一前向序号不能用于其他消息信号单元。

当前向序号值至少增加1(模4 096)的肯定证实收到后,此前向序号的值才能赋给一个新的消息信号单元。这意味着重发的消息信号单元不会多于4 095个。

在接收信令链路终端收到正确校验的信号单元后，要采取的动作，取决于所收到的前向序号与上一次已接受的信号单元的前向序号的比较，以及收到的前向表示语比特与最近发出的后向表示语比特的比较。此外，由于消息信号单元和其他信号单元所要采取的合适的动作有所不同，应检查一个收到的信号单元的长度指示语：

a) 如果信号单元是填充信号单元，那么：
   1) 如果前向序号值等于上一次接受的消息信号单元的前向序号值，信号单元就在消息传递部分内处理；
   2) 如果前向序号值与上一次接受的消息信号单元的前向序号值不一样，信号单元就在消息传递部分处理。如果收到的前向表示语比特与最近发出的后向表示语比特处于相同的状态，就发否定证实。
b) 如果信号单元是链路状态信号单元，那么，它就在消息传递部分中处理。
c) 如果信号单元是消息信号单元，则：
   1) 如果前向序号值与上一次接受的信号单元序号值相同，就舍弃此信号单元，不管表示语比特的状态如何；
   2) 如果前向序号值比上一次接受的信号单元前向序号值大1，并且收到的前向表示语比特与最近发出的后向表示语比特状态相同，则接受此信号单元并传到第三级，并发出接受信号单元的肯定证实；
   3) 如果前向序号值比上一次接受的信号单元前向序号值大1，而收到的前向表示语比特与最近发出的后向表示语比特状态不同，则舍弃此信号单元；
   4) 但是，如果前向序号值与上面1)、2)和3)中说明的值不一样，就舍弃此信号单元。如果收到的前向表示语比特与最近发出的后向表示语比特状态相同，则发否定证实。

信号单元的后向序号值和后向表示语比特除了按照以上的要求处理外，还应满足按照5.3.4.3的要求，除非收到不合理的后向序号值或不合理的前向表示语比特。丢弃一个信号单元意味着如果是一个消息信号单元的话，将不传送至第三级。

5.3.4.2.3 肯定证实

接收信令链路终端将最新接受的消息信号单元的前向序号值，赋给反向发出的下一信号单元的后向序号，用以证实接受一个或多个消息信号单元。后续信号单元的后向序号保持这一值，直到再有消息信号单元被证实才改变发出的后向序号。对于一个已接受的消息信号单元的证实，也表示对所有前面已接受但还未证实的消息信号单元的证实。

5.3.4.2.4 否定证实

如果要发出否定证实，则被发信号单元的后向表示语比特值就反转，后续发出的信号单元保持此新的后向表示语比特值，直到发出新的否定证实。后向序号为最近接受的消息信号单元的前向序号值。

5.3.4.3 重发

5.3.4.3.1 对肯定证实的响应

发送信令链路终端检验收到满足多项式差错核对的消息信号单元和填充信号单元的后向序号值。先前已发送的、且前向序号值与收到的后向序号值相同的消息信号单元将不再保留。当具有给定前向序号值的消息信号单元的证实被收到时，此消息信号单元前面的所有其他消息信号单元，尽管还没有收到相应的后向序号，也认为它们已证实了。

在相同的肯定证实连续几次收到的情况下，不作进一步动作。

如收到具有某后向序号值的消息信号单元或填充信号单元，其值与前一个不同，也不同于准备重发的那些信号单元的前向序号之一。那么，就舍弃此信号单元，下面跟随的消息信号单元或填充信号单元也舍弃。

如果在3个连续收到的消息信号单元或填充信号单元中，任意两个后向序号值与前一个不同，也不同于收到它们时重发缓冲区中的任一信号单元前向序号值，则通知第三级链路出了故障。

设有控制定时的定时器T7，假设在重发缓冲区中至少还有一个发出但未收到证实的MSU，如果在T7内仍未收到新的证实，则T7将产生证实时延过长的指示。若证实的接收时延过长，要向第三级发出链路故障指示。

5.3.4.3.2 对否定证实的响应

当收到的后向表示语比特与最近发出的前向表示语比特状态不同时，所有准备重发的消息信号单元就以正确的顺序，从与收到的后向表示语比特相联系的后向序号值大1(模4 096)的前向序号值的信号单元开始重发。

只有当准备重发的最后一个消息信号单元发出后，才能发新的消息信号单元。

重发开始时，前向表示语比特要反转，因而它就与收到的信号单元的后向表示语比特值相等。新的前向表示语比特在随后发出的信号单元中保持不变，直到开始新的重发。因此，在正常情况下，发出的信号单元中包含的前向表示语比特和收到信号单元的后向表示语比特的值相等。如果一个重发的信号单元丢失了，可通过核对前向序号和前向表示语比特检测出，并请求新的重发。

当还没有发出否定证实时，如果收到的消息信号单元或填充信号单元的前向表示语比特值指示重发开始，则舍弃此信号单元。随后的消息信号单元或填充信号单元 也将被舍弃。

如果在3个连续收到的消息信号单元或填充信号单元中，两个前向表示语比特值在收到时并无否定证实发出却指示重发开始，那么通知第三级有链路故障。

5.3.5 预防循环重发纠错

2 Mbit/s高速信令链路不采用预防循环重发纠错方式。

5.3.6 起始定位程序

5.3.6.1 概述

此程序用来完成链路的接通和恢复。程序还为"正常"起始定位提供一"正常"验证周期，为"紧急"起始定位提供一"紧急"验证周期。用"正常"还是"紧急"程序由第三级决定(见建议Q.704)。起始定位程序中只涉及被定位的信令链路，即不需要在其他信令链路上传递定位信息。

5.3.6.2 起始定位状态指示

起始定位程序采用4种不同的定位状态指示：

——状态指示"O"：失去定位；

——状态指示"N"："正常"定位状态；

——状态指示"E"："紧急"定位状态；

——状态指示"OS"：业务中断。

这些指示位于链路状态信号单元的状态字段中，见图2。

起始定位已经开始且没有从链路上收到状态指示"O"、"N"或"E"时，则发送状态指示"O"。

起始定位开始后，当收到状态指示"O"、"N"或"E"，并且终端处于"正常"定位状态时，发状态指示"N"。

起始定位开始后，当收到状态指示“O”、“N”或“E”，终端处于：“紧急”定位状态，应用短的“紧急”验证周期，发送状态指示“E”。

状态指示“E”和“N”指明发送信令链路终端的状态，不会因收到远端信令链路终端不同状态而改变状态指示。因此，如果具有“正常”定位状态的信令链路终端收到状态指示“E”，将继续发状态指示“N”，但启动短的“紧急”验证周期。

状态指示“OS”通知远端信令链路终端，由于非处理机故障的某些原因(例如，链路故障)，信令链路终端不能收、发消息信号单元。在“电源开”完成之后及起始定位开始之前，发送状态指示 OS。

5.3.6.3 起始定位程序

在起始定位期间，定位程序要经历很多状态：

——空闲状态，程序暂停；

——“未定位”状态：信令链路没有定位，终端正在发状态指示“O”。T2 时间段是从进入本状态开始到离开本状态时结束；

——“已定位”状态：信令链路已定位，终端正在发状态指示“N”或“E”，未收到状态指示“N”、“E”或“OS”。T3 时间段是从进入本状态开始到离开本状态结束；

——“验证”状态：信令链路终端正在发状态指示“N”或“E”，没有收到状态指示“O”或“OS”，验证已启动。验证是一种手段，通过它信令链路终端检查信号单元确信链路有能力正确的负载信号单元。“验证”应在链路能进入“已定位/准备好”链路状态前持续 T4 时间。T4 超时表明验证周期成功，但验证周期中止达到四次的情况除外；

——定位和验证程序成功地完成之后，信令终端进入“已定位/准备好状态”，并当进入开通业务状态后，停止“已定位/准备好”定时器 T1。应适当地选择 T1 的持续时间，使远端能完成 4 次附加的验证尝试。

5.3.6.4 验证周期

2 Mbit/s 链路的验证周期定时器 T4 的值(验证周期)见 5.4。

5.3.7 处理机故障

处理机故障是指信令消息不能传送到第 3 功能级和(或)第 4 功能级。这可能是由于中央处理机故障。处理机故障状态不一定影响信令点中的全部信令链路，也不排除第 3 级仍能控制信令链路工作的可能性。

当第 2 级识别了本地处理机故障时，它发送表示处理机故障的链路状态信号单元(SIPO)，并舍弃收到的消息信号单元。假设在远端的第 2 级功能是处于正常工作状态(即发消息信号单元或填充信号单元)，收到表示处理机故障的链路状态信号单元后，它通知第 3 级并开始连发填充信号单元。

当本地处理机故障条件消除后，恢复消息信号单元和填充信号单元的正常传递(假定远端没有出现本地处理机故障条件)。远端第二级功能一收到正确的消息信号单元或填充信号单元就通知第三级并转入正常工作。然而为了避免老消息被刷新而带来的问题，建议两端的第 2 级应等待第 3 级明确的通知，表明已恢复到正常工作。

应当注意到处理机故障的情况是“长期”的，即当在 MTP 第 3 级定时器 T1 已到时，在替换链路上已完成传递新的业务后，问题是那些老的消息仍存储在第 2 级缓冲区。这是由于通常链路两端第 2 级缓冲区包含有某些 MSU。如果在链路的正常工作恢复以后发送这些消息将导致消息的顺序错误。

为此，为了避免发送旧的消息，在两端的第 2 级缓冲区应在本地/远端处理机故障状态终止后立即刷新。除此而外，还应保证第 2 级消息序号的同步，这是为了保证链路可以正常工作。信令链路每端如何负责刷新和同步的由各自实施决定。

5.3.8 第二级流量控制程序

该程序用来处理第二级的拥塞情况。信令链路的接收端检测到拥塞情况后，停止对消息单元的肯定和否定证实，并从链路的接收端向远端发出状态指示“B”(忙)，使远端的发送端能区分是拥塞还是故障情况，拥塞指示放在链路状态信号单元的状态字段中传送。

接收端继续处理收到信号单元中的BSN和BIB，以便尽可能地避免干扰反方向中的消息流，而且还可继续接受消息信号单元。

第二级流量控制程序具体包括：

a) 拥塞的检测

信令链路接收端检测拥塞的方法取决于设备的实现方法，因此不作具体规定。

b) 处理拥塞情况的程序

已检出拥塞情况的信令链路的接收端，按T5的间隔，周期地向链路远端的发送端发送链路状态信号单元，此状态信号单元包含状态指示“B”。

接收端的第二级停止对触发拥塞检测的消息信号单元的证实，并且在拥塞期间还停止对收到的所有消息信号单元的证实。即可按正常情况一样发送填充信号单元或消息信号单元，但后向序号值和后向表示语比特值应等于发现拥塞前最近发出的信号单元的后向序号值和后向表示语比特值。

在信令链路的远端，每收到一个包含指示“B”的链路状态信号单元，如果T7已启动的话，就重新启动证实时延过长定时器T7。此外，第一次收到包含状态指示“B”的链路状态信号单元时，若重发缓冲区有消息单元，就启动一个具有较长监视时间的定时器T6。如果定时器T6超时，则产生链路故障指示。

c) 拥塞消除程序

当信令链路的接收端拥塞情况消除时，停止发送包含状态指示“B”的链路状态信号单元，并恢复正常运转。远端系统采用基本差错控制方法时，收到否定或肯定证实信号后，且其后向序号证实了重发缓冲区中的一个消息信号单元，则远端停止监视定时器T6。

检测拥塞开始和检测拥塞消除的方法取决于系统的实现方法。为防止拥塞和非拥塞状态之间经常来回倒换，实现中应提供足够的滞后时间。

5.3.9 信令链路差错监视

5.3.9.1 概述

信令链路的差错监视分为两种，一个是用于开通业务的信令链路，提供链路停止业务的准则，另一个用于链路处在起始定位验证状态。这两种差错监视分别称为差错时间段监视和定位差错率监视。

2 Mbit/s高速信令链路与64 kbit/s信令链路一样，仍然使用定位差错率监视对链路定位验证进行监视，但却不再使用信号单元差错率监视程序(SUERM)提供对业务链路的监测，取而代之使用差错时间段监视程序(EIM)。这主要是由于SUERM是基于对单个差错的信号单元进行统计，当采用高速信令链路后，单位时间内的信号单元个数将大大增加，为了降低链路的处理开销，才引入了对时间段进行监测(EIM)的概念，这样一方面可以降低链路的处理开销，同时增加了对瞬时误码的抵抗能力。

5.3.9.2 差错时间段监视

差错时间段监视功能是通过对发送方建立的队列模型在规定的时间段内的差错情况进行监视，从而判别信令链路是否处于故障条件。当该时间段内有一个或多个信号单元被接收过程拒绝(即信号单元出错)，或者是标志位(FLAG)丢失，则标记该时间段为差错。

差错时间段监视过程需要使用如下4个参数：

——产生通知第三级的高差错率指示的错误的时间段的个数(T_E);

——增计数器常量(U_E);

——减计数器常量(D_E);

——监测差错时间段的定时器 T8。

差错时间段监视通过一个增减计数器完成监视操作。如果一个时间段内没有信号单元差错,且计数器的值不小于0,则计数器固定降低 D_E。如果在一个时间段内有一个或多个信号单元被接收过程检测到出错,或者是接收不到标志位,且计数器尚未超过门限值 T_E,则计数器固定增加 U_E。当计数器到达或超过门限值 T_E 时,则向第三级指示高差错率,并使链路退出服务,链路一旦投入业务,则监视计数器从 0 开始启动。表 1 中给出了差错时间段监视使用的 4 个参数的取值。附录 A 中也给出了 EIM 工作原理的 SDL 图。

表 1 差错时间段监视参数取值

参数名	定义和取值(建议对以下参数取整使用)
T_E	门限计数器 793.544
U_E	计数器增加量 198.384
D_E	计数器减少量 11.328
T8	监测时间段 100 ms

由于 2 Mbit/s 高速信令链路使用了差错时间段监视,因此当链路失去信号单元定界后,它使用标志位搜索方式来找寻下一个正确的信号单元,而不用再象原有 64 kbit/s 链路那样,统计到 128 ms 后链路发生倒换。根据 EIM 的工作原理,当高速链路连续出现超过 400 ms 丢失信号单元定界情况下,链路会退出工作。

5.3.9.3 定位差错率监视

定位出错率监视程序是在正常和紧急验证周期中工作的线性计数器。定位差错率监视程序的处理过程如下:

——每当进入定位程序的验证状态计数器从零开始计数,每检出一信号单元错误就增值一次;

——当计数器达到门限 Ti 时,就要中止该特定验证周期。收到正确信号单元或验证周期超时后,重新进入验证状态。如果验证 M 次不成功,链路转到停止业务状态。为两种验证周期定义的门限(正常和紧急),即 Tin 和 Tie,分别用于正常验证周期和紧急验证周期;

——当验证周期超时时未检测出过高的出错率且未收到状态指示“O”或“OS”时,验证就成功地完成了。

2 Mbit/s 高速信令链路 3 个参数值是:

Tin=4

Tie=1

M=5

紧急验证周期也可在质量有所降低或接近边缘的误码率的情况下成功地完成,然后,EIM 将快速地指出一个过高的误码率。

5.4 定时器

由于 2 Mbit/s 高速信令链路使用了差错时间段程序,因此它增加定义了一个定时器 T8,用来指示进行监测的时间段长短。同时由于2 Mbit/s高速信令链路的特点，还对用于链路定位的定时器的取值进行了修改，具体的定时器取值定义如下：

T1：定时器“定位准备好”

标称值：150 s　　取值范围：25 s～350 s

T2：定时器“未定位”

标称值：130 s　　取值范围：5 s～150 s

T3：定时器“已定位”

标称值：1 s　　取值范围：1 s～2 s

T4n：定时器“正常验证周期”

标称值：30 s　　取值范围：3 s～70 s

T4e：定时器“紧急验证周期”

标称值：500 ms　　取值范围：400 ms～600 ms

T5：定时器“发送 SIB”

标称值：100 ms　　取值范围：80 ms～120 ms

T6：定时器“远端拥塞”

标称值：5 s　　取值范围：3 s～6 s

T7：定时器“证实超长时延”

基本方法：标称值：0.8 s　　取值范围：0.5 s～2 s

PCR 方法：取值应大于 0.8 s

T8：定时器“监测时间段”

标称值：100 ms

6 信令网功能级和消息(MTP-3)

6.1 概述

2 Mbit/s高速信令链路同现有的64 kbit/s的信令链路一样，仍旧使用ITU-T Q.704建议定义的消息和程序。但由于第二级消息格式发生了一定的变化，因此第三功能级协议中与第二功能级消息格式有关的消息，也应进行相应的格式变化。

6.2 倒换消息和倒换证实消息(COO和COA)

由于倒换过程需要恢复第二级重发缓冲区中的内容，需要在COO或COA消息中携带最后收到的FSN号码(LFSN)，由于第二功能级的消息格式发生变化，FSN长度由7个比特变为12个比特，因此现有的倒换消息(或倒换证实消息)的格式也应相应进行改变。改变后的消息长度增加一个八位位组，其格式如图4所示：

0000		DCBA	0001		
备用	最后收到的MSU的FSN	H1	H0	标记	
4	12	4	4	56	首先发送的比特

其中H1取值为0001:COO　　　　0010:COA

图 4　用于 2 Mbit/s 高速链路的倒换消息

在高速信令链路应用初期，根据高速信令链路的应用位置，特别是在同一设备上既提供 64 kbit/s 信令链路，又提供 2 Mbit/s 高速信令链路的设备(例如:STP 设备或数据库设备等)，应支持两种不同格式的 COO(COA)消息，以保证现有网络在改动最少的情况下，在信令网上可以提供 2 Mbit/s 高速信令链路。

6.3　二三级接口上需要修改的内容

因为高速信令链路上的业务负荷较大，所有针对故障链路开放的缓冲区的容量应比以往 64 kbit/s 链路开放的缓冲区数值大。缓冲区的最小值应不小于下式的计算结果：

每秒发送的消息数×T2(第三级定时器)的上限。

6.4　第三级的定时器

原则上，第三级的定时器不需要进行修改，也可适用于 2 Mbit/s 高速信令链路。

7　我国信令网上应用高速信令链路的原则

在我国信令网上应用高速信令链路的原则如下：

a)　2 Mbit/s 高速链路主要用于业务量较高的 B、C、D 链路和连接数据库的 A 链路，对于网络其他位置目前应尽量不使用高速链路。这样就可以在网络设备改造范围最小的前提下，在信令网上提供 2 Mbit/s 高速信令链路。

　　2 Mbit/s 高速信令链路应用的业务量要求：为了保证网络运行质量，合理利用网络资源，建议两信令点间的业务量需要设置 8 条 64 kbit/s 链路时，可以设置 2 Mbit/s 高速信令链路。

b)　在高速链路实施的过程中，应在同一链路组中使用速率相同的链路，同时也要求在同一性质的链路组(即相互之间采用负荷分担的链路组)中使用速率相同的链路。如果在 A 链路或者是在 B 链路上应用了高速信令链路，则 C 链路上也应使用高速信令链路。

c)　对于高速链路设计的业务负荷量不应过大(原则上建议目前每条高速信令链路的业务量最大不超过 0.4 ERL)，否则会在出现链路故障后，由于信令业务的转移，会导致未使用高速信令链路的信令设备和相关的信令链路出现拥塞。

d)　2 Mbit/s 高速信令链路原则上只在陆地电路上使用，对于卫星电路建议不使用 2 Mbit/s 高速信令链路。

附　录　A
（规范性附录）
基于 Q.703 建议的高速链路的 SDL 图

图 A.1 和图 A.2 给出了高速信令链路采用差错时间段监视功能时的 SDL 图，图 A.3 是对定界、定位差错检测（接收）的 SDL 图，对 ITU-T Q.703 的图 11(1/2)做了修改。

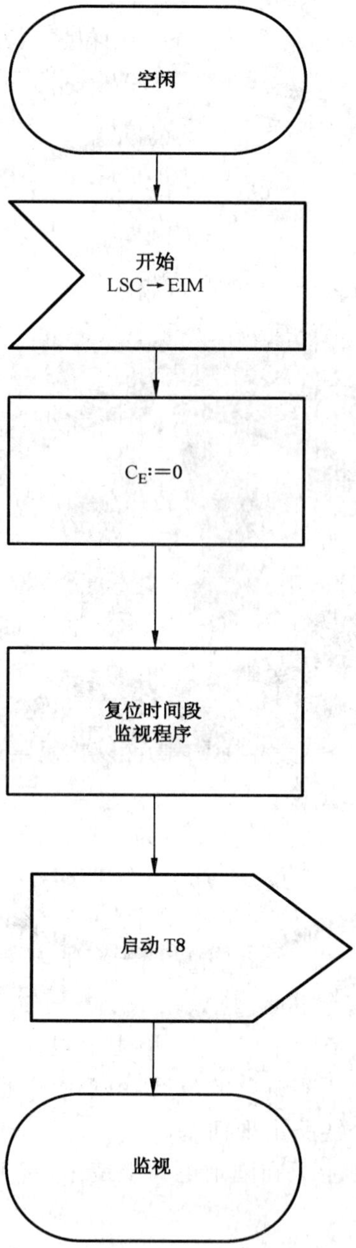

图 A.1　高速信令链路的差错时间段监视

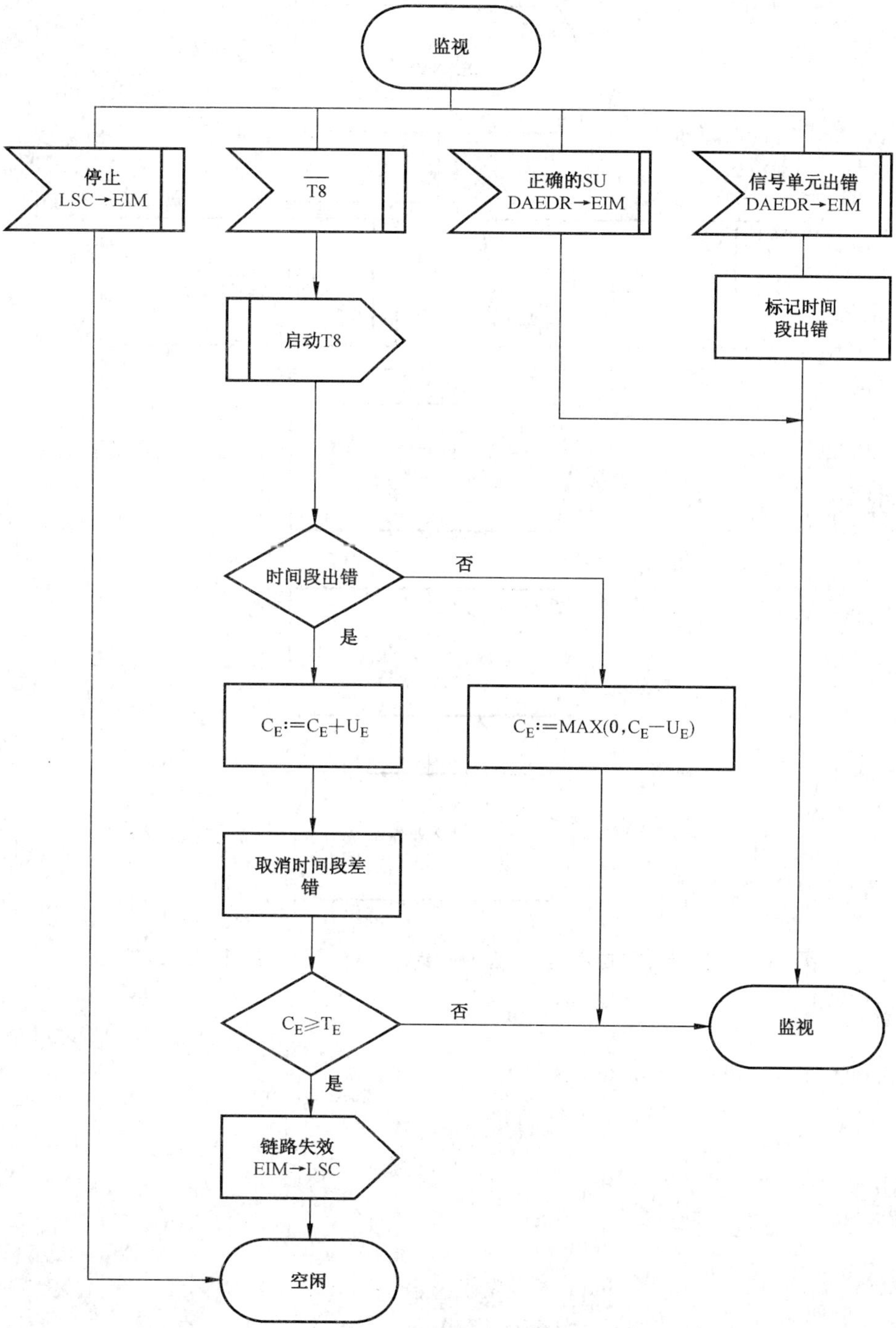

注：链路在空闲状态下(无 MSU 发送的情况)，应当连续发送 FISU 信号单元，而不应连续地发送 FLAG。

图 A.2　高速信令链路的差错时间段监视

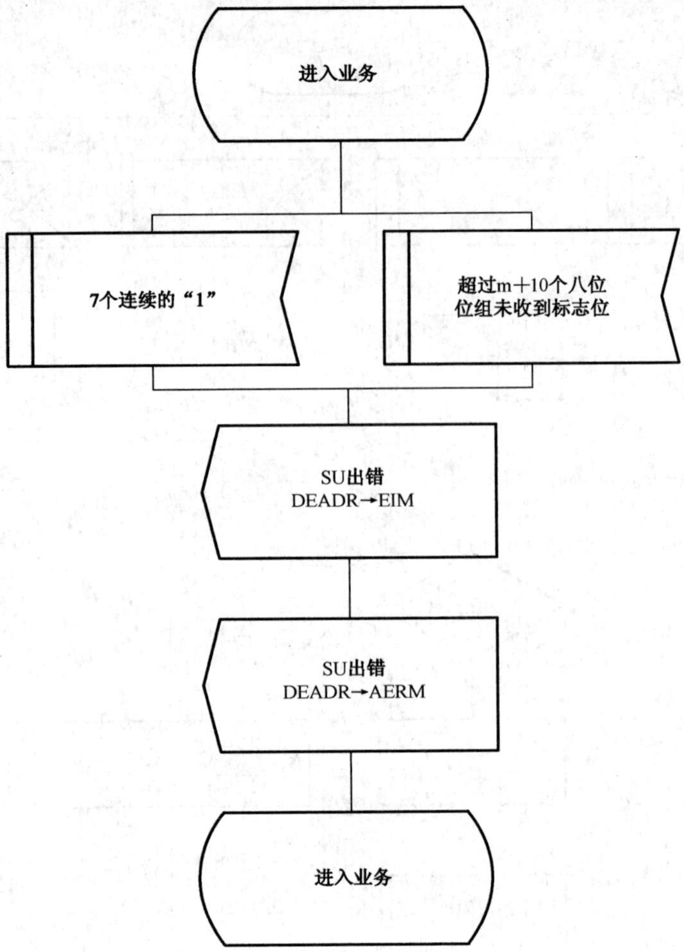

图 A.3　定界、定位和差错检测(接收)(Q.703 图 11 (1/2)的修改)

附 录 B
（资料性附录）
在 $n\times 64$ kbit/s 的通道上使用高速信令链路的协议

B.1 概述

在 No.7 信令网中引入 2 Mbit/s 高速信令链路过程中，为了解决运营者对信令网带宽要求和传输资源紧张之间的矛盾，适应 No.7 信令网的实际应用需求，实现网络带宽的平滑增长，运营者可以选择使用在 $n\times 64$ kbit/s 的通路上提供的高速信令链路的协议（$1<n<32$），传送信令消息。

使用这种方式可以较好的处理运营者对信令网的带宽需求和已有传输资源之间的关系，并能根据运营者的实际资源情况，实现网络运营者对于信令网带宽的平滑增长，最大限度的发挥网络资源。这 n 个时隙组成的链路作为一条信令链路来传送信令消息（占用一个 SLC）。设备供应商应能够提供动态修改时隙配置数和修改相关定时器的人机命令，运营商就可以根据需要和实际条件选用合适速率的信令链路。

这种方法主要应用以下两种情况：

a) 现有网络的某些中继（E1 电路）的部分时隙已经用于传送网管信息或者用于传送话路，网络运营者希望利用剩余时隙，使用高速链路协议来传送信令消息；

b) 网络运营者在引进高速信令链路初期，如果认为直接引入 2 Mbit/s 信令链路后链路上负荷较低，则可以考虑选用 $n\times 64$ kbit/s 的信令链路作为过渡方案。对于那些受传输条件限制严重，又对增加局间信令带宽有迫切要求的局向，则可以考虑使用这种方式的高速链路。

B.2 采用 $n\times 64$ kbit/s 通道的高速链路的消息传递部分

B.2.1 信号数据链路（MTP-1）

采用 $n\times 64$ kbit/s 通道的高速链路的物理接口仍使用 2 048 kbit/s 的数字中继接口，2 048 kbit/s 的数字中继接口电气性能应符合 ITU-T G.703 建议。接口的帧结构应依照建议 ITU-T G.704 的规定。

对于 n 的取值和时隙的对应，可以根据协商或由运营者确定进行选择和设定。

B.2.2 信令链路功能

与 2 Mbit/s 高速信令链路所采用的格式和程序相同。

由于 $n\times 64$ kbit/s 通道方式的高速信令链路的带宽、传输速度，以及协议涉及到的一些参数、定时器可能有所变化，所以设备应当提供修改各种参数、各种定时器的功能。

B.2.3 信令网功能和消息

与 2 Mbit/s 高速信令链路所采用的格式和程序相同。

B.3 采用 $n\times 64$ kbit/s 通道的高速链路的原则

采用 $n\times 64$ kbit/s 通道的高速链路的原则如下：

a) 运营者可以根据网络负荷的实际情况以及对传输资源的需求决定是否使用该方式的高速信令链路；

b) $n\times 64$ kbit/s 通道方式的高速信令链路应具有较强的实用性，建议 n 的取值范围以 8～25 为宜；

c) 当不同制式的设备需要使用 $n\times 64$ kbit/s 通道方式的高速信令链路时，为了避免互操作性上存在问题，应进行相关的兼容性测试。

参考文献

[1] ITU-T Q.703 No.7信令系统 消息传送部分 信令链路

ICS 33.040.30
M 12

中华人民共和国国家标准

GB/T 28506—2012

国内No.7信令方式技术要求 GSM移动电话用户部分(MTUP)

Technical specification for national No.7 signalling system—GSM mobile telephone user part (MTUP)

2012-06-29 发布

2012-10-01 实施

中华人民共和国国家质量监督检验检疫总局
中国国家标准化管理委员会
发布

前　言

本标准按照 GB/T 1.1—2009 给出的规则起草。

本标准由中华人民共和国工业和信息化部提出。

本标准由中国通信标准化协会归口。

本标准起草单位：工业和信息化部电信研究院、华为技术有限公司、上海贝尔股份有限公司。

本标准主要起草人：吕军、续合元、沙萍、李晓明、亢东平、李海花、王妮娜。

国内 No. 7 信令方式技术要求
GSM 移动电话用户部分(MTUP)

1 范围

本标准规定了 900/1 800 MHz TDMA 数字蜂窝移动通信系统 No. 7 公共信道信令系统电话用户部分(TUP)的技术要求,具体包括消息传递部分、移动电话用户部分的消息格式、移动电话用户部分的程序、移动电话用户部分的信令传递程序。

本标准适用于 900/1 800 MHz TDMA 数字蜂窝移动通信系统中支持 No. 7 公共信道信令系统电话用户部分(TUP)的设备。

2 规范性引用文件

下列文件对于本文件的应用是必不可少的。凡是注日期的引用文件,仅注日期的版本适用于本文件。凡是不注日期的引用文件,其最新版本(包括所有的修改单)适用于本文件。

YDN 068 国内 No. 7 信令方式技术规范——消息传递部分(MTP)

ITU-T Q. 543 数字交换性能设计目标(Digital exchange performance design objectives)

ITU-T Q. 704 No. 7 信令系统交换和信令规范 消息传送部分 信令网功能和消息(Switching and signalling specifications of signalling system No. 7—Message transfer part(MTP) signalling network functions and messages)

3 缩略语

MTUP	Mobile Telephone User Part	移动电话用户部分
MTP	Message Transfer Part	消息传递部分
TUP	Telephone User Part	电话用户部分
MSC	Mobile Switch Center	移动交换中心
GMSC	Gateway Mobile Switch Center	关口移动交换中心
TMSC	Tandem Mobile Switch Center	汇接移动交换中心

4 消息传递部分

移动电话用户部分(MTUP)使用的消息传递部分,应符合 YDN 068 的规定。

5 移动电话用户部分的消息格式

5.1 电话信令消息

5.1.1 前向地址消息组

前向地址消息组包括在前向上发送的包含地址信息的信号,这组消息包括以下 4 个消息:

5.1.1.1 初始地址消息(IAM)

该消息是在呼叫建立时前向发送的第一个消息,该消息中包括地址信息和其他用于呼叫处理和呼叫选路的信息。

5.1.1.2 带有附加信息的初始地址消息(IAI)

该消息是在呼叫建立时前向发送的第一个消息,该消息中包括地址信息,以及在呼叫建立程序中需要用来呼叫处理和呼叫选路的信息,例如用于计费和其他补充业务的信息。

5.1.1.3 后续地址消息(SAM)

该消息是在发送完初始地址消息之后(IAM)在前向上发送的消息,该消息中只包括进一步的地址信息。

5.1.1.4 带有一个地址信号的后续地址消息(SAO)

该消息是在发送完初始地址消息(IAM)或后续地址消息(SAM)之后在前向上发送的消息,该消息中只包含一个地址信号。

5.1.2 前向建立消息组

这组消息在发送完地址消息后,在前向上传送用于呼叫建立的进一步信息,这组消息包括以下两个消息:

5.1.2.1 基本前向建立信息消息(GSM)

该消息中包含了主叫用户线或其他呼叫建立所需的信息,这个消息是作为对基本请求消息的响应(GRQ)。

5.1.2.2 导通检验消息(CCR)

这类消息包括导通信号和导通失败消息。

5.1.3 后向建立请求消息组

这个消息组中的消息用来在后向上请求用于呼叫建立的进一步信息。该消息组只包含了基本请求消息一个消息。

基本请求消息中包括了用来请求传送与呼叫有关的相关信息,例如请求主叫用户类别或主叫用户线标识等。

5.1.4 成功的后向呼叫建立信息消息组

这个消息组中的消息用来在后向上传送呼叫成功建立的相关信息。该消息组只包含了地址全消息一个消息。

地址全消息中包含了一个指示所有用于呼叫选路到被叫用户的地址信号已经被收全,并给出了与之相关的一些附加信息。

5.1.5 不成功的后向建立信息消息组

该消息组中的消息用来在后向上传送与呼叫建立不成功相关的信息。该消息组中包含简单的后向不成功建立信息消息。

5.1.6 呼叫监视消息组

该消息组中的消息可以在前向或后向上发送，用来监视相关呼叫。

5.1.7 电路监视消息组

该消息组中的消息可以在前向或后向上发送，用来监视相关电路。

5.1.8 电路群监视消息组

该消息组中的消息用来监视电路群。

5.2 业务信息

业务信息用来区分不同的信令消息集合，它包括以下部分：

5.2.1 业务指示语

该信息用来识别信令消息所属于的不同用户部分。

5.2.2 网络指示语

这个指示语信息用来区分国际网和国内网的消息，如果都是国内网消息，还可以使用该指示语来区分不同国内运营公司之间的电路标记。

5.3 信令信息

5.3.1 电路标记

当消息是一个电话信令消息时，电路标记通常用于消息的选路和识别与电话呼叫相关的电路标识。电路标记包括如下几个部分：

5.3.1.1 目的地信令点编码

该信息用来标识消息需要被选路到的信令点。

5.3.1.2 起源信令点编码

该信息用来标识发出该消息的信令点。

5.3.1.3 电路识别码

该信息用来识别在起源信令点和目的地信令点编码之间连接的这条电路。

5.3.2 消息格式的标识

5.3.2.1 标题码

该信息用来区分不同的消息组以及在同一个消息组中的不同消息，标题码可以分为两部分，第1部分用来识别不同的消息组，第2部分则用来区分不同的消息类型或信号。

5.3.2.2 字段长度指示语

该信息用来指示可变长度字段的长度。

5.3.2.3 字段指示语

该信息用来指示是否包括了任选字段。

5.3.3 前向建立电话呼叫的信号

5.3.3.1 地址信号

前向发送的呼叫建立信号中应包括一个与被叫用户号码有关的信息单元(即:数字 0～9),对于每个呼叫都要发送连续的地址信号。

5.3.3.2 脉冲结束信号(ST)

该地址信号在前向上发送用来指示在主叫用户地址信号后已经没有其他的地址信号,该信号只在主叫用户线中使用。

5.3.3.3 地址性质指示语

该信息在前向上发送用来指示相关的地址或用户线标识是国际号码、国内有效号码还是用户号码。

5.3.3.4 电路性质指示语

该信息在前向上发送,用来指示当前电路或在呼叫连接中之前出现的任意电路的性质,例如:

——一段卫星电路;

——无卫星电路。

交换机在收到这些信息后,会根据相关的地址信息来确定将要选择的出局电路的性质。

5.3.3.5 去话回声抑制器指示语

该信息在前向上发送用来指示在连接中是否包括了去话半回声抑制设备。

5.3.3.6 国际来话呼叫指示语

这个信息在前向上发送用来指示这个来话呼叫是否是一个国际呼叫。

5.3.3.7 主叫用户类别

这个信息在前向上发送用来指示主叫用户的类别,如果这个呼叫是半自动呼叫,则这个信息用来表示来话话务员所使用的业务语言和延迟。

目前使用的主叫用户类别包括:

——话务员;

——普通主叫用户;

——优先主叫用户;

——数据呼叫;

——测试呼叫;

——付费电话。

5.3.3.8 不完整的主叫用户线标识指示语

该指示语在前向上发送用来指示主叫用户线不完整。

5.3.3.9 导通检验指示语

该信息在前向上发送用来指示在当前的电路上是否要执行导通检验或者是在连接的前一段电路上已经进行过导通检验了。

5.3.3.10 主叫用户线标识

该信息在前向上发送用来指示主叫用户的国内有效号码。

5.3.3.11 主叫线标识提供指示语

该信息在前向上发送用来指示主叫线标识提供功能是否被限制。

5.3.3.12 主叫线标识不可用指示语

该信息在前向上发送用来指示主叫用户线不可用。

5.3.3.13 主叫用户类别不可用指示语

该信息在前向上发送用来指示主叫用户类别不可用。

5.3.3.14 原被叫地址不可用指示语

该信息在前向上发送用来指示原被叫地址不可用。

5.3.3.15 导通信号

该信号前向发送用来指示前段 No.7 系统的话音电路以及到随后的交换机的所选电路导通测试成功,包括了对通过交换机带有特定可靠性等级的验证。

5.3.3.16 导通失败信号

该信号在前向上发送用来指示 No.7 信令系统的话音电路导通检验失败。

5.3.3.17 改发呼叫指示语

该信息在前向上发送用来指示这个呼叫是一个前转的呼叫。

5.3.3.18 原被叫地址

该信息在前向上发送用来指示这个改发呼叫先前选路的地址(即呼叫改发发生前的情况)。

5.3.3.19 全数字通路请求指示语

该信息在前向上发送用来指示请求的通路类型为 64 Kbit/s 透明的交换连接。

5.3.3.20 信令通路指示语

该信息在前向上发送用来指示从起源的交换机使用的信令系统是否为 No.7 信令。

5.3.3.21 与闭合用户群功能有关的附加信号(任选功能)

a) 闭合用户群呼叫指示语

该信息在前向上发送用来指示这个呼叫是否与闭合用户群业务有关,如果涉及闭合用户群业务,那么对于主叫用户而言是否允许出接入(出群呼叫)。

b) 互锁码

该信息在前向上发送用来识别主叫用户所属的闭合用户群。

5.3.3.22 恶意呼叫识别指示语

该信息在前向上发送用来指示是否已经提供了恶意呼叫识别业务。

5.3.3.23 保持指示语

该信息在前向上发送用来指示请求连接保持是否可能。

5.3.3.24 转接交换局标识类型指示语

该信息在前向上发送用来指示包含的转接局标识信息的类型。

5.3.3.25 转接局标识

该信息在前向上发送用来指示呼叫是经过哪个转接局建立起来的标识,他可以是一个信令点编码,也可以是主叫用户线标识的一部分(例如局号)。

5.3.3.26 来话中继标识

该信息在前向上发送用来指示呼叫是在哪个来话中继上建立起来的。

5.3.4 后向建立电话呼叫的信号

5.3.4.1 主叫用户线标识请求指示语

该信息在后向上发送,用来向发端交换机请求传送主叫用户线标识。

5.3.4.2 主叫用户类别请求表示语

该信息在后向上发送,用来向发端交换机请求传送主叫用户类别。

5.3.4.3 原被叫地址信息请求指示语

该信息在后向上发送,用来向发端交换机请求传送原被叫地址。

5.3.4.4 地址全信号

该信号在后向上发送,当指示所有需要用于选路到被叫用户的地址已经收全,且没有包括被叫用户线路状态信号(电气信号)时发送该信号。

5.3.4.5 地址全信号,计费

该信号在后向上发送,当指示所有需要用于选路到被叫用户的地址已经收全,没有包括被叫用户线路状态信号(电信号),且呼叫应答后需要计费时发送该信号。

5.3.4.6 地址全信号,免费

该信号在后向上发送,当指示所有需要用于选路到被叫用户的地址已经收全,没有包括被叫用户线路状态信号(电信号),且呼叫应答后不需要计费时发送该信号。

5.3.4.7 地址全信号,付费电话

该信号在后向上发送,当指示所有需要用于选路到被叫用户的地址已经收全,没有包括被叫用户线路状态信号(电信号),呼叫应答后需要计费且被叫号码是一个付费终端时发送该信号。

5.3.4.8 用户空闲指示语

该信息在后向上发送用来指示被叫用户线空闲。

5.3.4.9 来话回声抑制器指示语

该信息在后向上发送用来指示来话半回声抑制器设备是否被插入。

5.3.4.10 呼叫转移指示语

该信息在后向上发送用来指示呼叫已经被前转到另外一个地址。

5.3.4.11 信令通路标识语

该信息在后向上发送用来指示从终端交换局所使用的信令系统是否为 No.7 信令。

5.3.4.12 去话回声抑制请求指示语

该信息在后向上发送用来请求插入去话回声抑制器。

5.3.4.13 保持请求指示语

该信息在后向上发送用来指示是否请求连接保持,此时呼叫的释放是由终端交换局(被叫)控制的。

5.3.4.14 恶意呼叫识别指示语

该信息在后向上发送用来指示是否遇到了恶意呼叫识别功能。

5.3.4.15 交换设备拥塞信号(SEC)

该信号在后向上发送用来指示由于在交换设备上遇到拥塞造成的呼叫建立失败。

5.3.4.16 电路群拥塞信号(CGC)

该信号在后向上发送用来指示由于在出局电路群上遇到拥塞造成的呼叫建立失败。

5.3.4.17 数字通路无法提供(DPN)

该信号在后向上发送用来指示需要选路到一个全数字通路的请求不能实现。

5.3.4.18 地址不全信号(ADI)

该信号在后向上发送用来指示收到的地址信号不足以建立呼叫,这种判别通常是由选路交换机或目的地的被叫交换机来执行的,例如最后一位数字未收到。

5.3.4.19 呼叫失败信号(CFL)

该信号在后向上发送,用来指示由于定时器失效或者是无法用其他特定信号指示原因造成的呼叫失败。

5.3.4.20 被叫用户线状态信号

以下几种信号用来表示被叫用户线的状态:

a) 未分配的号码(空号)(UNN)

该信号在后向上发送用来指示收到的被叫号码尚未使用(例如,空区号、空局号、空用户号码),在移动网内不发送该信号。

b) 用户忙信号(STB/SLB)

该信号在后向上发送用来指示连接到被叫用户的用户线正忙。当遇到拥塞或用户忙时而无法确定其位置时,可以发送用户忙信号。移动交换机只发送 STB 信号指示移动用户忙,SLB 信号只由固定网络发送,对于移动交换局,只可能从关口局上收到。

c) 线路不工作信号(LOS)

该信号在后向上发送用来指示被叫用户线故障或被叫用户线(基站故障)不工作。

d) 发送专用信息音信号(SST)

该信号在后向上发送用来指示专用信息音应当发送给主叫用户,这个音信号用来指示由于某些特定原因被叫号码无法到达,而这些原因不能由特定的信号来覆盖且这种不可用性是一个长期的情况。

5.3.4.21 接入禁止信号(ACB)

该信息在后向上发送用来指示呼叫是由于兼容性检查故障而被拒绝的情况。

5.3.5 呼叫监视信号

5.3.5.1 概述

当呼叫为半自动呼叫,去话国际交换局话务员希望帮助来话国际交换局的话务员时,在前向上发送该信号。这个信号通常是用来把话务员引入到电路中,当呼叫是在来话国际交换局的话务员帮助下完成时(来话或延迟话务员),这个信号更适合把该话务员再叫出来。

5.3.5.2 应答信号,计费

该信号在后向上发送用来指示呼叫被应答,并且应当被计费。

在半自动呼叫的情况下,这个信号有监督功能;在自动呼叫的情况下,这个信号用来:

——启动主叫用户的计费跳表;

——为了国际呼叫结算,启动呼叫时长的测量。

5.3.5.3 应答信号,不计费

该信号在后向上发送用来指示呼叫被应答,并且呼叫不需要被计费,当呼叫至某些特定目的地时使用该信号。

5.3.5.4 后向挂机(清除)信号(CBK)

该信号在后向上发送用来指示被叫用户已经挂机。

5.3.5.5 前向拆线信号

该信号在前向上发送用来中止呼叫或试呼过程,并释放与呼叫相关的电路。这个信号通常是在主叫用户挂机后发送,但也可以作为对一些特定情况的响应时发送该信号,例如收到了复原电路的信号。

5.3.5.6 主叫用户挂机

该信号在前向上发送,当提供呼叫保持时,用来指示主叫用户已经挂机。

5.3.6 电路监视信号

5.3.6.1 释放监护信号

该信号在后向上发送用来响应前向拆线信号,或者是在某些情况下的复原电路信号,这样就可以使

相关电路进入空闲状态。

5.3.6.2 复原电路信号

由于存储器损毁或由于其他未知原因时，例如发送前向拆线信号或后向挂机信号不合适时，发送这个信号来释放电路。如果接收方的电路处于的远端闭塞状态时，则该信号可以清除该状态。

5.3.6.3 闭塞信号(BLO)

该信号的发送只用于电路维护的目的，在电路的另一端，收到该信号将使该电路进入忙状态，所有的出局呼叫都不会选择该电路，当电路为双向电路时，除非是先前在这条电路上发送过闭塞消息，否则收到闭塞信号的交换机应能接受从该电路上的来话呼叫。在某些情况下，闭塞信号也可以作为对复原电路信号的响应。

5.3.6.4 解除闭塞信号(UBL)

该信号可以在任意一端发送，用来停止由于先前的闭寒消息或面向维护的群闭塞消息造成的电路闭塞状态。

5.3.6.5 闭塞证实信号(BLA)

该信号的发送用来响应闭塞信号，指示该电路已经被闭塞了。

5.3.6.6 解除闭塞证实信号

该信号的发送用来响应解除闭塞信号，指示该电路的闭塞状态已经被解除了。

5.3.6.7 导通检验请求信号

发送该信号用来请求对单条电路的导通测试。

5.3.7 电路群监视消息

5.3.7.1 面向维护的群闭塞消息

该信号的发送只用于电路维护的目的，在电路群的另一端，收到该信号将使该电路进入忙状态，所有的出局呼叫都不会选择该电路群。一个交换局在收到面向维护的群闭塞消息后，除非是在这些电路上发送过闭塞消息，否则收到闭塞信号的交换机应能接受从该电路上的来话呼叫。

5.3.7.2 面向维护的群闭塞解除消息

发送该消息交换局用来停止由于先前的面向维护的群闭塞或电路闭塞消息造成的对端交换局的电路群或部分电路的忙状态。

5.3.7.3 面向硬件故障的群闭塞消息(任选)

该消息的发送是由于硬件的原因造成的，从而使对端的交换局的电路群或部分电路进入忙状态。当交换机收到了面向硬件的群闭塞消息后，除非是在这些电路上发送过闭塞消息，应能接受在闭塞电路群上的来话呼叫。

5.3.7.4 面向硬件故障的群闭塞解除消息(任选)

发送该消息交换局用来停止由于先前的面向硬件故障的群闭塞造成的对端交换局的电路群或部分

电路的闭塞状态，但不应消除远端发送的面向维护闭塞消息造成的电路闭塞。

5.3.7.5 电路群复原消息

由于存储器损毁或由于其他未知原因时，例如发送前向拆线信号或后向挂机信号不合适时，发送这个信号来释放一群或电路群中的部分电路。如果接收方的电路处于的远端闭塞状态时，则该信号可以清除该状态。

5.3.7.6 面向维护的群闭塞证实消息

该消息是作为对收到的面向维护的群闭塞消息的响应，他用来指示该电路群或该群电路中的部分电路已经被闭塞。

5.3.7.7 面向维护的群闭塞解除证实消息

该消息是作为对收到的面向维护的群闭塞解除消息的响应，他用来指示该电路群或该群电路中的部分电路的闭塞状态已经被解除。

5.3.7.8 面向硬故障的群闭塞证实消息

该消息是作为对收到的面向硬件故障的群闭塞解除消息的响应，他用来指示该电路群或该群电路中的部分电路已经被闭塞。

5.3.7.9 面向硬故障的群闭塞解除证实消息

该消息是作为对收到的面向硬件故障的群闭塞解除证实消息的响应，他用来指示该电路群或该群电路中的部分电路的闭塞状态已经被解除。

5.3.7.10 电路群复原证实消息

该消息是作为对收到的电路群复原消息的响应，他用来指示：

a) 如果范围字段编码不为全 0，则所有电路为被复原；

b) 如果范围字段编码为全 0，则从开始复原的电路群，与每条电路相关的复原状态都应通过适当的呼叫、电路或电路群监视消息/信号来报告。

5.4 消息信号的编码和格式

5.4.1 MTUP 消息信号的编码表

所有的电话用户部分的消息的标题码都包括标题码 H0 和标题码 H1 两个部分。H0 的编码用来识别电话用户部分的不同消息组；H1 则可以用来识别在该消息组中包含的不同消息。移动电话用户部分消息的标题码的分配见表 1。

表 1 标题码的分配表

Message Group	H0 \ H1	0000	0001	0010	0011	0100	0101	0110	0111	1000	1001	1010	1011	1100	1101	1110	1111
	0000	—	—	—	—	留做国内使用								—	—	—	
		—	—	—	—	—	—	—	—	—	—	—	—	—	—	—	—
FAM	0001	—	IAM	IAI	SAM	SAO	—	—	—	—	—	—	—	—	—	—	—

表 1（续）

Message Group	H1 / H0	0000	0001	0010	0011	0100	0101	0110	0111	1000	1001	1010	1011	1100	1101	1110	1111
FSM	0010	—	GSM	—	COT	CCF	—	—	—	—	—	—	—	—	—	—	—
BSM	0011	—	GRQ	—	—	—	—	—	—	—	—	—	—	—	—	—	—
SBM	0100	—	ACM	CHG	—	—	—	—	—	—	—	—	—	—	—	—	—
UBM	0101	—	SEC	CGC	NNC	ADI	CFL	SSB	UNN	LOS	SST	ACB	DPN	MPR	—	—	EUM
CSM	0110	ANU	ANC	ANN	CBK	CLF	RAN	FOT	CCL	—	—	—	—	—	—	—	—
CCM	0111	—	RLG	BLO	BLA	UBL	UBA	CCR	RSC	—	—	—	—	—	—	—	—
GRM	1000	—	MGB	MBA	MGU	MUA	HGB	HBA	HGU	HUA	GRS	GRA	SGB	SBA	SGU	SUA	—
	1001	—	—	—	—	备用								—	—	—	—
CNM	1010	—	ACC	—	—	备用								—	—	—	—
	1011	—	—	—	—									—	—	—	—
NSB	1100	—	—	MPM	—	留做国内使用								—	—	—	—
NCB	1101	—	OPR	—	—									—	—	—	—
NUB	1110	—	SLB	STB	—									—	—	—	—
NAM	1111	—	MAL	—	—									—	—	—	—

表 1 中的信号及消息的含义如下：

(FOT)　用于国际半自动连接；

(NNC)
(SSB)　只用于国际网；

(ANU)(CHG)　目前国内暂不使用；

ACB　接入拒绝信号；

ACC　自动拥塞控制信息消息（国内暂不使用）；

ACM　地址全消息（注）；

ADI　地址不全信号；

ANC　应答信号，计费；

ANN　应答信号，不计费；

ANU　应答信号，计费未说明；

BLA　闭塞证实信号；

BLO　闭塞信号；

BSM　后向建立消息；

CBK　后向挂机信号；

CCF　导通失败信号；

CCL　主叫挂机信号；

CCM　电路监视消息；

CCR　导通检验请求信号；

CFL　呼叫失败信号；

CGC　电路群拥塞信号；

CHG　　计费消息；
CLF　　前向拆线信号；
CNM　　电路网管理消息组；
COT　　导通信号；
CSM　　呼叫监视消息；
DPN　　数字通路不能提供信号；
EUM　　扩展的后向建立不成功信息消息；
FAM　　前向地址消息；
FOT　　前向转移信号；
FSM　　前向建立消息；
GRA　　电路群复原证实消息；
GRM　　电路群监视消息；
GRQ　　基本请求消息；
GRS　　电路群复原消息；
GSM　　基本前向建立信息消息；
HBA　　面向硬件故障的群闭塞证实消息；
HGB　　面向硬件故障的群闭塞消息；
HGU　　面向硬件故障的群闭塞解除消息；
HUA　　面向硬件故障的群闭塞解除证实消息；
IAI　　带有附加信息的初始地址消息；
IAM　　初始地址消息；
LOS　　线路不工作信号；
MBA　　面向维护的群闭塞证实消息；
MGB　　面向维护的群闭塞消息；
MGU　　面向维护的群闭塞解除消息；
MPR　　误拨中继前缀(国内不使用)；
MPM　　脉冲跳表消息
MUA　　面向维护的群闭塞解除证实消息；
NNC　　国内网拥塞信号(国内不使用)；
NAM　　国内地域消息
NSB　　国内成功的后向建立消息
NCB　　国内呼叫监视消息
NUB　　国内不成功后向信息消息
OPR　　操作维护
RAN　　再应答信号(移动网不使用)；
RLG　　释放监护信号；
RSC　　复原电路信号；
SAM　　后续地址消息；
SAO　　带有一个地址信号的后续地址消息；
SBA　　软件产生的群闭塞证实消息；
SBM　　成功的后向建立信息消息；
SEC　　交换设备拥塞信号；
SGB　　软件产生的群闭塞消息；

SGU　　软件产生的群闭塞解除消息；

SSB　　用户忙信号(电气)；

SST　　发送专用信号音信号；

STB　　用户常话忙信号

SUA　　软件产生的群闭塞解除证实消息；

UBA　　解除闭塞证实信号；

UBL　　解除闭塞信号；

UBM　　不成功的后向建立信息消息；

UNN　　未分配的号码。

注：地址全消息包括以下6个信号：

——ADC　地址全，计费；

——ADN　地址全，不计费；

——ADX　地址全，投币电话；

——AFC　地址全，计费，用户空闲；

——AFN　地址全，不计费，用户空闲；

——AFX　地址全，投币电话，用户空闲。

5.4.2 业务信息八位位组

消息信号单元的业务信息八位位组中包括业务指示语和子业务字段。业务信息八位位组包括的业务指示语用来指示特定的用户部分；子业务字段则用来指示用于选路的消息是国内电话网的消息还是国际电话网的消息。业务信息八位位组的格式如图1所示。

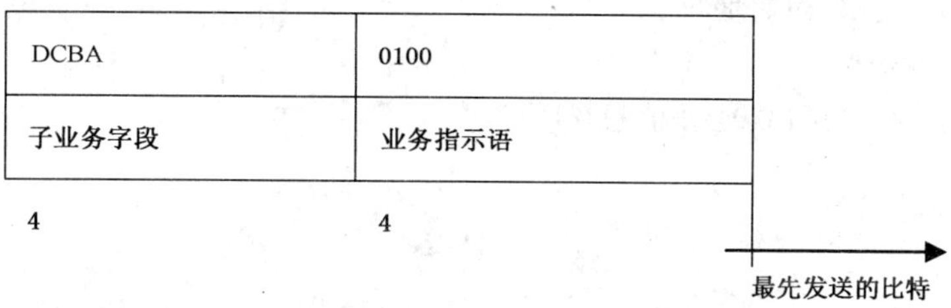

图1　业务信息八位位组的格式

业务信息八位位组的各字段使用如下编码：

a)　对于电话用户部分，业务指示语编码为0100(十进制=4)；

b)　子业务字段：

比特　BA　备用。

比特　DC　网络表示语：

　　00　国际网络；

　　01　国际备用；

　　10　国内网络；

　　11　国内备用。

比特A和B可以用来指示电话消息的发送优先级，目前国内不使用这两个比特，故这两个比特编码为00。

5.4.3 标题码H0

0000　未使用；

0 0 0 1　前向地址消息；

0 0 1 0　前向建立消息；

0 0 1 1　后向建立请求消息；

0 1 0 0　成功的后向建立信息消息；

0 1 0 1　不成功的后向建立信息消息；

0 1 1 0　呼叫监视消息；

0 1 1 1　电路监视消息；

1 0 0 0　电路群监视消息；

1 0 0 1　备用；

1 0 1 0　电路网管理消息(CNM)；

1 0 1 1　备用；

1 1 0 0　国内成功后向建立信息消息(NSB)；

1 1 0 1　国内呼叫监视消息(NCB)；

1 1 1 0　国内不成功后向信息消息(NUB)；

1 1 1 1　国内地域消息(NAM)。

5.4.4　前向地址消息(FAM)

5.4.4.1　概述

前向地址消息中包含如下 4 个消息：

——初始地址消息(IAM)；

——带有附加地址信息的初始地址消息(IAI)；

——后续地址消息(SAM)；

——带有一个地址信号的后续地址消息(SAO)。

5.4.4.2　初始地址消息(IAM)

初始地址消息的格式如图 2 所示。

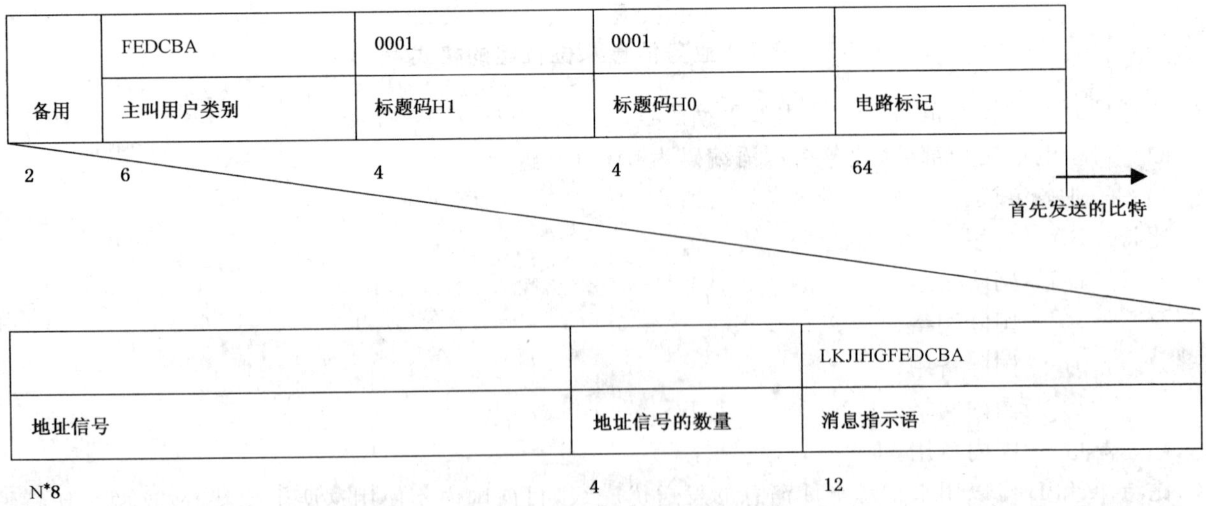

图 2　初始地址消息的格式

初始地址消息中使用如下编码：

a)　电路标记的说明见 5.3.1。

b) 标题码 H0 编码为 0001。

c) 标题码 H1 编码为 0001。

d) 主叫用户类别：

比特 F E D C B A：

0 0 0 0 0 0	未知；	
0 0 0 0 0 1	话务员，法语；	用于半自动国际接续
0 0 0 0 1 0	话务员，英语；	用于半自动国际接续
0 0 0 0 1 1	话务员，德语；	用于半自动国际接续
0 0 0 1 0 0	话务员，俄语；	用于半自动国际接续
0 0 0 1 0 1	话务员，西班牙语；	用于半自动国际接续
0 0 0 1 1 0	双方协商采用的(中文)；	用于半自动国际接续
0 0 0 1 1 1	双方协商采用的语言；	用于半自动国际接续
0 0 1 0 0 0	双方协商采用的语言(日文)；	用于半自动国际接续
0 0 1 0 0 1	国内话务员(具备插入功能)；	
0 0 1 0 1 0	普通主叫用户，用于 MSC 之间，以及 GMSC 至网关局之间；	
0 0 1 0 1 1	优先主叫用户，用于 MSC 之间，以及 GMSC 至网关局之间；	
0 0 1 1 0 0	数据呼叫；	
0 0 1 1 0 1	测试呼叫；	
0 0 1 1 1 0	备用；	
0 0 1 1 1 1	备用；	
0 1 0 0 0 0	普通，免费；	从固定关口局收到这些主叫用户类别
0 1 0 0 0 1	普通，定期；	从固定关口局收到这些主叫用户类别
0 1 0 0 1 0	普通，用户表，立即；	从固定关口局收到这些主叫用户类别
0 1 0 0 1 1	普通，打印机，立即；	从固定关口局收到这些主叫用户类别
0 1 0 1 0 0	优先，免费；	从固定关口局收到这些主叫用户类别
0 1 0 1 0 1	优先，定期；	从固定关口局收到这些主叫用户类别
0 1 0 1 1 0	备用；	
0 1 0 1 1 1	备用；	
0 1 1 0 0 0	普通用户(GSM 网中不使用)；	
0 1 1 0 0 1 到 1 1 1 1 1 1	备用。	

e) 备用。

f) 消息指示语：

比特 B A　　地址性质指示语：

0 0	用户号码；
0 1	备用；
1 0	国内(有效)号码；
1 1	国际号码。

比特 D C　　电路性质指示语：

0 0	连接中无卫星电路；
0 1	连接中有一段卫星电路；
1 0	备用；

1 1　　备用。

比特 F E　　导通检验指示语：

0 0　　不需要进行导通检验；

0 1　　该段电路需要导通检验；

1 0　　在前段电路已进行了导通检验；

1 1　　备用。

比特 G　　去话回声抑制器指示语：

0　　未包括去话半回声抑制器；

1　　包括去话半回声抑制器。

比特 H　　国际来话呼叫指示语：

0　　不是国际来话呼叫；

1　　是国际来话呼叫。

比特 I　　改发呼叫指示语：

0　　不是改发呼叫；

1　　改发呼叫。

比特 J　　需要全数字通路指示语：

0　　普通呼叫；

1　　需要全数字通路。

比特 K　　信令通路指示语：

0　　任何通路；

1　　全程使用 No.7 信令。

比特 L　　备用。

g） 地址信号的数量：用二进制编码表示地址信号的数量。

h） 地址信号：

0 0 0 0　　数字 0；

0 0 0 1　　数字 1；

0 0 1 0　　数字 2；

0 0 1 1　　数字 3；

0 1 0 0　　数字 4；

0 1 0 1　　数字 5；

0 1 1 0　　数字 6；

0 1 1 1　　数字 7；

1 0 0 0　　数字 8；

1 0 0 1　　数字 9；

1 0 1 0　　备用；

1 0 1 1　　编码 11；

1 1 0 0　　编码 12；

1 1 0 1 到 1 1 1 0　　备用；

1 1 1 1　　脉冲终了信号(ST)。

i） 填充码。

如果地址信号的数量是奇数，则需要在最后一个地址信号后插入填充码 0000，从而保证整个可变长度字段长度为 8 比特的整数倍。

5.4.4.3 带有附加信息的初始地址消息(IAI)

带有附加信息的初始地址消息的格式如图 3 所示。

	FEDCBA	DCBA	0110	
备用	主叫用户类别	H1	H0	电路标记
2	6	4	4	64

首先发送的比特

HGFEDCBA			LKJIHGFEDCBA
第一指示语　八位位组	地址信号	地址信号的数量	消息指示语
8	N*8	4	12比特

计费信息	原被叫地址	主叫用户线标识	附加的选路信息	附加的主叫用户信息	闭合用户群信息	网络能力或用户性能信息（国内任选）
N*8	N*8	N*8	N*8	N*8	40	8

图 3　带有附加信息的初始地址消息(IAI)

带有附加信息的初始地址消息中使用如下编码：

a）电路标记的说明见 5.4.2。

b）标题码 H0 编码为 0001。

c）标题码 H1 编码为 0010。

d）主叫用户类别见 5.4.4.2.d)。

e）消息指示语见 5.4.4.2.f)。

f）地址信号的数量见 5.4.4.2.g)。

g）地址信号见 5.4.4.2.h)。

h）第一指示语八位位组：

比特 A　网络能力或用户性能信息指示语：
- 0　未包括网络能力或用户性能信息；
- 1　包括网络能力或用户性能信息。

比特 B　闭合用户群信息指示语：
- 0　未包括闭合用户群信息；
- 1　包括闭合用户群信息。

比特 C　附加主叫用户信息指示语：

0　未包括附加主叫用户信息；

1　包括附加主叫用户信息。

比特 D　附加选路信息指示语：

0　未包括附加选路信息指示语；

1　包括附加选路信息指示语。

比特 E　主叫用户线标识指示语：

0　未包括主叫用户线标识；

1　包括主叫用户线标识。

比特 F　原被叫地址指示语：

0　未包括原被叫地址；

1　包括原被叫地址。

比特 G　计费信息指示语：

0　未包括计费信息；

1　包括计费信息。

比特 H 备用。

i) 网络能力或用户性能信息：任选。

j) 闭合用户群信息(CUG)：目前暂不使用。

k) 附加的主叫用户信息：待定。

l) 附加的选路信息：待定。

m) 主叫用户线标识：

主叫用户线标识字段的格式如图 4 所示。

	DCBA	DCBA
主叫用户线标识	地址信号数量	地址指示语
N*8	4	4

首先发送的比特 →

图 4　主叫用户线标识字段

主叫用户线标识字段的子字段使用如下编码：

——地址指示语：

比特　B　A　地址性质指示语：

0　0　用户号码；

0　1　国内备用；

1　0　国内有效号码；

1　1　国际号码。

比特　C　主叫用户线标识 提供指示语：

0　未限制提供主叫用户线标识；

1　限制提供主叫用户线标识。

比特　D　主叫用户线标识不全指示语：

0　无指示；

1　主叫用户线标识不全。

——地址信号的数量：

比特　D　C　B　A

　　　0　0　0　0　主叫用户线标识不可用指示语；

　　　0　0　0　1
　　　　到　　　　用二进制编码表示地址信号的数量。
　　　1　1　1　1

——主叫用户线地址信号：见 5.4.4.2h)。

n)　原被叫地址：

原被叫地址字段的格式如图 5 所示：

	DCBA	DCBA
原被叫地址	地址信号的数量	地址指示语
N*8	4	4

首先发送的比特 →

图 5　原被叫地址字段

原被叫地址字段的子字段中使用如下编码：

——地址指示语：

比特　B　A　地址性质指示语：

　　　0　0　用户号码；

　　　0　1　国内备用；

　　　1　0　国内有效号码；

　　　1　1　国际号码。

比特　D　C　备用。

——地址信号的数量：

比特　D　C　B　A

　　　0　0　0　0　原被叫地址不可用；

　　　0　0　0　1
　　　　到　　　　用二进制编码表示地址信号的数量。
　　　1　1　1　1

——原被叫地址信号：见 5.4.4.2h)。

5.4.4.4　后续地址消息(SAM)

后续地址消息的格式如图 6 所示。

		0000	0011	0110	
地址信号	地址信号的数量	填充码	H1	H0	电路标记
N*8	4	4	4	4	64

首先发送的比特 →

图 6　后续地址消息

后续地址消息的各字段使用如下编码：

a） 电路标记的说明见5.3.1；

b） 标题码H0编码为0001；

c） 标题码H1编码为0011；

d） 地址信号的数量：用二进制编码表示地址信号的数量；

e） 地址信号：见5.4.4.2h）。

5.4.4.5 带有一个地址信号的后续地址消息(SAO)

带有一个地址信号的后续地址消息的格式如图7所示。

0000		0100	0001	
填充码	地址信号	H1	H0	电路标记
4	4	4	4	64

首先发送的比特 →

图7 带有一个地址信号的后续地址消息

带有一个地址信号的后续地址消息的各字段使用如下编码：

a） 电路标记的说明见5.3.1；

b） 标题码H0编码为0001；

c） 标题码H1编码为0100；

d） 地址信号：见5.4.4.2h）；

e） 填充码编码为0000。

5.4.5 前向建立消息(FSM)

5.4.5.1 概述

前向建立消息包含如下几个消息，用标题码H1来区分：

——一般前向建立信息消息；

——导通检验消息。

消息组中其他未分配的标题码H1备用。

5.4.5.2 基本前向建立信息消息(GSM)

基本前向建立信息消息的格式如图8所示。

					HGFEDCBA	0100	0001	
原被叫地址	来话中继和转接局标识	主叫用户线标识	备用	主叫用户类别	响应类型指示语	H1	H0	电路标记
N*8	N*8	N*8	2	6	8	4	4	64

首先发送的比特 →

图8 一般前向建立信息消息

一般前向建立信息消息的各字段使用如下编码：

a) 电路标记的说明见5.3.1。

b) 标题码H0编码为0001。

c) 标题码H1编码为0100。

d) 响应类型指示语：

比特 A 主叫用户类别指示语：

0 未包括主叫用户类别；

1 包括主叫用户类别。

比特 B 主叫用户线标识指示语：

0 未包括主叫用户线标识；

1 包括主叫用户线标识。

比特 C 来话中继和转接局标识指示语：

0 未包括来话中继和转接局标识；

1 包括来话中继和转接局标识。

比特 D 原被叫地址指示语：

0 未包括原被叫地址；

1 包括原被叫地址。

比特 E 去话回声抑制器指示语：

0 未包括去话半回声抑制器；

1 包括去话半回声抑制器。

比特 F 恶意呼叫标识指示语：

0 未提供恶意呼叫标识；

1 提供恶意呼叫标识。

比特 G 保持指示语：

0 不提供保持；

1 提供保持。

比特 H 备用。

e) 主叫用户类别：见5.4.4.2d)。

f) 主叫用户线标识：见5.4.4.3m)。

g) 来话中继和转接局标识。

来话中继和转接局标识字段如图9所示。

	DCBA			DCBA	DCBA
来话中继标识	字段长度指示语	备用	转接局标识	交换局标识长度指示语	标识类型指示语
N*8	4	4	N*8	4	4

首先发送的比特

图9 来话中继和转接局标识字段

来话中继和转接局标识字段的子字段使用如下编码：

——标识类型指示语：

比特 B A
　　0 0 备用；
　　0 1 信令点编码；
　　1 0 主叫用户线标识的可用部分；
　　1 1 备用。
比特 D C 备用。

——交换局标识长度指示语：

当使用主叫用户线标识的可用部分表示转接局标识时，则用二进制编码表示地址信号的数量。当使用信令点编码表示转接局标识时，该字段编码为0。

——转接局标识：

该编码可以包括以下两种标识之一：

1） 交换局的信令点编码；

2） 主叫用户线标识的可用部分，用在5.4.4.3m)中定义的地址信号来表示转接局标识。

——字段长度指示语：

用二进制编码来表示来话中继标识字段的八位位组数量。当不提供来话中继标识时，则该字段编码为0000。

——来话中继标识：

该字段最大长度为15个八位位组，用来标识来话中继，该字段不使用。

h） 原被叫地址：见5.4.4.3n)。

5.4.5.3 导通检验消息

导通检验消息的格式如图10所示。

DCBA	0010	
H1	H0	电路标记
4比特	4比特	64比特

首先发送的比特 →

图10 导通检验消息

导通检验消息的字段使用如下编码：

a） 电路标记的说明见5.3.1。

b） 标题码H0编码为0010。

c） 标题码H1用来区分如下信号：

0011 导通信号(COT)；

0100 导通失败信号(CCF)。

5.4.6 后向建立请求消息(BSM)

后向建立请求消息包括了基本请求消息(GRQ)。

基本请求消息的格式如图11所示。

HGFEDCBA	0001	0011	
请求类型指示语	H1	H0	电路标记
8比特	4比特	4比特	64比特

首先发送的比特

图 11 基本请求消息的格式

基本请求消息中的字段使用如下编码：

a) 电路标记的说明见 5.3.1。

b) 标题码 H0 编码为 0011。

c) 标题码 H1 编码为 0001。

d) 请求类型指示语：

比特 A 主叫用户类别请求指示语：

0 未请求主叫用户类别；

1 请求主叫用户类别。

比特 B 主叫用户线标识请求指示语：

0 未请求主叫用户线标识；

1 请求主叫用户线标识。

比特 C 请求原被叫地址：

0 未请求原被叫地址；

1 请求原被叫地址。

比特 D 恶意呼叫标识指示语：

0 未遇到恶意呼叫标识；

1 遇到恶意呼叫标识。

比特 E 请求保持指示语：

0 未请求保持；

1 请求保持。

比特 F 回声抑制器请求指示语(也适用于回声消除器)：

0 未请求去话半回声抑制器；

1 请求去话半回声抑制器。

比特 GH 备用。

5.4.7 成功的后向建立信息消息

成功的后向建立信息消息中规定了如下的消息：

——地址全消息：

地址全消息的格式如图 12 所示。

HGFEDCBA	0001	0100	
消息指示语	H1	H0	电路标记
8比特	4比特	4比特	64比特

首先发送的比特

图 12　地址全消息

地址全消息的各字段使用如下编码：

a）电路标记的说明见5.3.1。

b）标题码H0编码为0100。

c）标题码H1编码为0001。

d）消息指示语：

比特　B　A　地址全信号类型指示语：

0　0　地址全信号；

0　1　地址全信号，计费；

1　0　地址全信号，不计费；

1　1　地址全信号，投币电话。

比特　C　用户空闲指示语：

0　无指示；

1　用户空闲。

比特　D　来话回声抑制器指示语（同样适用于回声消除器）：

0　未包括来话半回声抑制器；

1　包括来话半回声抑制器。

比特　E　呼叫前转指示语：

0　呼叫未前转；

1　呼叫前转。

比特　F　信令通路指示语：

0　任意通路；

1　全程使用No.7信令。

比特　G　H　备用。

5.4.8　不成功的后向建立信息消息（UBM）

5.4.8.1　简单的后向不成功建立信息消息

简单的后向不成功建立信息消息的格式如图13所示。

DCBA	0101	
H1	H0	电路标记
4比特	4比特	64比特

首先发送的比特

图 13　简单的后向不成功建立信息消息

简单的后向不成功建立信息消息的各字段使用如下编码。

a) 电路标记的说明见 5.3.1。

b) 标题码 H0 编码为 0101。

c) 标题码 H1 包括如下编码：

0000 备用；

0001 交换设备拥塞信号(SEC)；

0010 电路群拥塞信号(CGC)；

0011 国内网拥塞信号(NNC)；

0100 地址不全信号(ADI)；

0101 呼叫失败信号(CFL)；

0111 未分配的号码信号(UNN)；

1000 线路不工作信号(LOS)；

1001 发送专用信号音信号(SST)；

1010 接入拒绝信号(ACB)；

1011 数字通路不能提供信号(DPN)；

1100 到 1110 备用；

1111 扩展的后向不成功建立信息消息(EUM)。

5.4.8.2 扩展的后向不成功建立信息消息(EUM)

目前不使用。

5.4.9 呼叫监视消息(CSM)

呼叫监视消息的格式如图 14 所示。

DCBA	0110	
H1	H0	电路标记
4比特	4比特	64比特

首先发送的比特 →

图 14 呼叫监视消息

呼叫监视消息的字段使用如下编码：

a) 电路标记的说明见 5.3.1。

b) 标题码 H0 编码为 0110。

c) 标题码 H1 包括如下编码：

0001 应答信号，计费(ANC)；

0010 应答信号，不计费(ANN)；

0011 后向挂机信号(CBK)；

0100 前向拆线信号(CLF)；

0111 主叫挂机信号(CCL)；

1000 到 1111 备用。

5.4.10 电路监视消息(CCM)

电路监视消息的格式如图 15 所示。

DCBA	0111	
H1	H0	电路标记
4比特	4比特	64比特

→ 首先发送的比特

图 15 电路监视消息的格式

电路监视消息的各字段使用如下编码：

a) 电路标记的说明见 5.3.1。

b) 标题码 H0 编码为 0111。

c) 标题码 H1 包括如下编码：

0000 备用；

0001 释放监视信号(RLG)；

0010 闭塞信号(BLO)；

0011 闭塞证实信号(BLA)；

0100 解除闭塞信号(UBL)；

0101 解除闭塞证实信号(UBA)；

0110 导通检验请求信号(CCR)；

0111 复原电路信号(RSC)；

1000 到 1111 备用。

5.4.11 电路群监视消息(GRM)

电路群监视消息的格式如图 16 所示。

		DCBA	1000	
状态	范围	H1	H0	电路标记
N*8	8	4	4	64

0≤N≤32

→ 首先发送的比特

图 16 电路群监视消息的格式

电路群监视消息的各字段使用如下编码：

a) 电路标记的说明见 5.3.1。

电路标记中的 CIC：用来指示需要进行处理的电路群或电路群的部分电路中的第一条电路。

b) 标题码 H0 编码为 1000。

c) 标题码 H1 分配如下：

0000 备用；

0001 面向维护的群闭塞消息(MGB)；

0010 面向维护的群闭塞证实消息(MGA)；

0011 面向维护的群闭塞解除消息(MGU)；

0100 面向维护的群闭塞解除证实消息(MUA)；

0101 面向硬件故障的群闭塞消息(HGB)；

0110 面向硬件故障的群闭塞证实消息(HBA)；

0111 面向硬件故障的群闭塞解除消息(HGU)；

1000 面向硬件故障的群闭塞解除证实消息(HUA)；

1001 电路群复原消息(GRS)；

1010 电路群复原证实消息(GRA)；

1111 备用。

d) 范围：目前国内电路群监视消息只使用非全 0 编码。

该消息与整群电路或电路群中的部分电路有关，除电路群复原消息外，所有其他电路群监视消息都包括状态。在范围字段中规定的数值加 1 表示需要被连续处理的电路和数量，需要处理的第一条电路由电路标记中的 CIC 给出，范围字段的取值为 1～255。

e) 状态字段：

除了电路群复原消息外，其他所有的电路群监视消息都应包括状态字段，状态表示语比特的数量等于范围字段的值加 1。

状态字段最大可以包括 256 个比特，第一个状态指示语比特用来反映电路标记中 CIC 字段指示的电路状态，第二个状态指示语比特用来表示 CIC+1 的电路状态。

最后一条电路的 CIC 是通过范围字段给出的值与电路标记内的 CIC 计算后得到的。状态字段的长度应当是八位位组的整数倍，因此最后一个八位位组内不用于表示电路状态的比特应填充为 0。

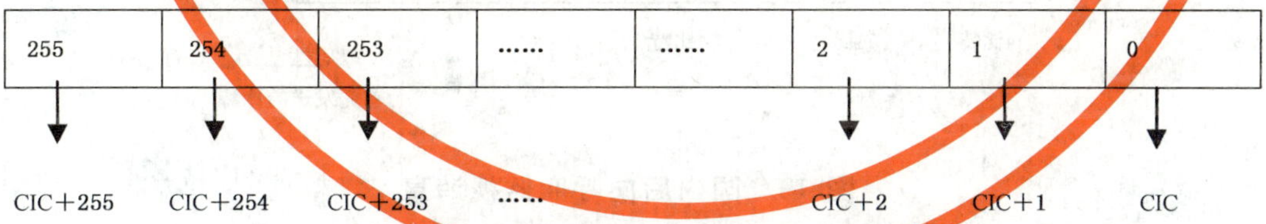

图 17 电路状态字段的格式

状态指示语比特编码如下：

——在所有的闭塞消息中(MGB,HGB)：

1 闭塞；

0 未闭塞。

——在所有的闭塞证实消息中(MGB,HBA)：

1 闭塞证实；

0 未闭塞证实。

——在所有的解除闭塞消息中(MGU,HGU)：

1 闭塞；

0 未闭塞。

——在所有的群解除闭塞消息中(MUA,HUA):

1　闭塞证实;

0　未闭塞证实。

——在群复原证实消息中(GRA):

1　由维护引起的闭塞;

0　未闭塞。

5.4.11.1　国内成功的后向建立消息(NSB)

国内成功的后向建立消息(NSB)包括脉冲跳表消息(MPM)。脉冲跳表消息的格式如图18所示。

	0010	1100	
计费信息	H1	H0	电路标记
16比特	4比特	4比特	64比特

首先发送的比特 →

图 18　脉冲跳表消息的格式

脉冲跳表消息的各字段使用如下编码:

a)　电路标记的说明见5.3.1。

b)　标题码H0编码为1100。

c)　标题码H1编码为0010。

d)　计费信息:用二进制表示的每个计费时间单元内的脉冲数。

国内后向呼叫监视消息的格式如图19所示。

DCBA	1101	
H1	H0	电路标记
4比特	4比特	64比特

首先发送的比特 →

图 19　国内后向呼叫监视消息

国内后向呼叫监视消息的各字段使用如下编码:

a)　电路标记的说明见5.3.1。

b)　标题码H0编码为1101。

c)　标题码H1分配如下:

0 0 0 0　备用;

0 0 0 1　话务员信号;

0 0 1 0 到 1 1 1 1　备用。

5.4.11.2　国内后向不成功建立消息(NUB)

国内后向不成功建立消息的格式如图20所示。

DCBA	1110	
H1	H0	电路标记
4比特	4比特	64比特

首先发送的比特→

图 20　国内后向不成功建立消息的格式

国内后向不成功建立消息的各字段使用如下编码。

a)　电路标记的说明见 5.3.1。

b)　标题码 H0 编码为 1110。

c)　标题码 H1 分配如下：

0 0 0 0　备用；

0 0 0 1　用户市话忙信号(SLB)；

0 0 1 0　用户长话忙信号(STB)；

0 0 1 1 到 1 1 1 1　备用。

国内地区使用的消息的格式如图 21 所示。

DCBA	1111	
H1	H0	电路标记
4比特	4比特	64比特

首先发送的比特→

图 21　国内地区使用的消息

国内地区使用的消息的各字段使用如下编码：

a)　电路标记的说明见 5.3.1。

b)　标题码 H0 编码为 1111。

c)　标题码 H1 分配如下：

0 0 0 0　备用；

0 0 0 1　恶意呼叫追踪消息(MAL)；

0 0 1 0 到 1 1 1 1　备用。

6　移动电话用户部分的程序

6.1　建立正常呼叫

6.1.1　初始地址消息/带有附加信息的初始地址消息

初始地址消息/带有附加信息的初始地址消息是为建立呼叫而发出的第一个消息，它包括下一个交换局为建立呼叫和选路所需要的必备信息，初始地址消息/带有附加信息的初始地址消息可以包括全部的被叫地址数字(成组发码方式)，也可以只包括部分的被叫地址数字(重叠发码方式)。为了减少在信令网中传送的信号消息的数量，在 GSM 移动网内，当被叫用户号码长度小于或等于 15 个数字时，建议连接中的交换局采用成组发码方式。

原则上，在 GSM 移动网内的呼叫应使用带有附加信息的初始地址消息(IAI)来建立呼叫连接，当关口移动交换局收到初始地址消息(IAM)后，则关口移动交换局向前一交换局发送 GRQ 消息请求主叫用户线标识，并在移动网内通过发送带有附加信息的初始地址消息(IAI)建立到移动网交换局的连接。

6.1.2 后续地址消息

采用重叠发码的工作方式，带有附加信息的初始地址消息发送后，如果被叫地址的长度大于 15 个数字，则剩余的地址信号由后续地址发送，后续地址消息中可以包括一个数字，也可以包括多个数字。交换设备选择的发送方式应可以通过人机命令进行修改。

建议模式：IAI＋SAM＋SAO＋…＋SAO。

6.1.3 脉冲结束信号(ST)

在移动电话网中，在被叫用户地址信号中不需要包括脉冲结束信号(ST)，但在 IAI 或 GSM 消息的主叫用户线地址之后应当包括脉冲结束信号(ST)。

6.1.4 电话电路的导通检验

所有的移动交换局都应支持导通检验功能，是否可以在某个交换局上进行导通检验，取决于具体的设备配置情况。

当数字传输系统具有某些固有的故障指示性能，能在传输系统出现故障情况下给交换系统提供指示时，对于这些电路不需要进行导通检验。当交换局间的数字传输系统中，由于传输帧结构中用于传送某些告警指示的比特，由于通过中间传输设备不透明而不能被传送时，则针对每次呼叫都需要对这类电路进行导通检验。

导通检验还可以用于对传输通路进行的例行测试或开局测试。

6.1.5 局内检验

数字交换局的局内检验可见 ITU-T Q.543 建议的规定。

6.1.6 地址全信号

如果话路需要进行导通检验，在未收到导通信号和结束局内检验前不应发送地址全信号。

如果后面的网络不能提供电气的被叫用户状态信号，最后一个 No.7 信号方式交换局通过下列方式确定地址信号结束或一个可能的 GRQ 和 GSM 信息传送过程结束时，将产生和发送不带有用户忙闲状态和计费内容的地址全信号：

a) 收到国内编号计划中号长最大的位数。
b) 如果后面的网络采用重叠发码工作方式并且号长分析不可能实现时，收到每位最新数字将转发。如果在发送地址全信号前收到应答信号，应立即发送地址全信号，收到的应答信号应保存至地址全信号发送出去为止。

在收到地址全信号后，第一个 No.7 信号方式交换局接通所连接的话路。

在地址全信号后，只允许在后向上发送有关呼叫建立的信号：

a) 在正常情况下，发送应答信号中的一种或释放监护信号；

b) 呼叫故障信号；

c) 或拥塞信号。

任何一种关于被叫用户状态的信息将用特定的音信号或录音通知传送给主叫用户或话务员。

如果后面的网络可以提供电气的被叫用户状态信号时，最后一个 No.7 信号方式交换局收到被叫用户空闲信号时，或者当终端 No.7 信号方式交换局确定被叫用户空闲时，在可能的 GRQ 和 GSM 传送过程结束后应当发送表示用户空闲的地址全信号，因此该信号后面不允许在发送不成功的后向呼叫建立信息消息。

为了保证跨网呼叫的成功率，避免发端局在发送 IAM 消息后，由于长时间未收到后向 ACM 消息，从而造成呼叫失败，因此在移动 TUP 中，关口局交换机建议使用 early-ACM 机置，即：当相关 early-ACM 计时器超时后，关口局向发送 IAM 的交换局发送 ACM 消息：ACM 中的消息指示语设置如下：

BA	地址全信号类型指示语：	地址全信号，计费；
C	用户空闲指示语：	无指示；
D	来话回声抑制器指示语：	未包括来话半回声抑制器；
E	呼叫前转指示语：	呼叫未前转；
F	信令通路指示语：	任意通路。

6.1.7 地址不全信号

在收到地址信号的任一位数字数字后延迟 15 s～20 s，所收到的地址信号数量仍不足以建立呼叫（地址不全）时，则发送地址不全信号。

任一 No.7 信号方式的交换局收到地址不全信号后，将向前一 No.7 信号方式交换局转发，并进行拆线操作。第一个 No.7 信号方式交换局在收到地址不全信号后，如果有关信号方式允许（如 MFC），则向前一电路发送适当的电气信号，否则将向主叫用户送忙音。

6.1.8 拥塞信号

只要一检测出拥塞状态，无需等待导通检验完成就可以发送此类信号。

任一 No.7 信号方式交换局收到拥塞信号后，将向前一 No.7 信号方式交换局转发。在与其他信号方式配合时，若系统允许，则应发送响应信号，并进行拆线操作。否则向主叫用户送拥塞音。

拥塞信号的分类如下：

——国内网拥塞信号（NNC）：国内交换局不使用该信号，但在与国际网配合时，应在国际接口局将收到的信号转换为一种拥塞信号向国内网转发，或者是将从国内网收到的拥塞信号转换为国内网拥塞信号。

——交换设备拥塞信号（SEC）：如果由于交换局设备拥塞或故障不能接通呼叫时，应有该交换局发送交换设备拥塞信号（SEC）。

——电路群拥塞信号（CGC）：在交换局的去话电路拥塞的情况下发送该信号。

6.1.9 被叫用户状态信号

被叫用户状态信号包括：

——用户市话忙信号（SLB）：来话 No.7 信号交换局在检出普通被叫用户线市话示忙时，在后向上发送该信号；

——用户长话忙信号（STB）：来话 No.7 信号交换局在检出普通被叫用户线长话示忙，或者优先、数据和传真用户忙时，在后向上发送该信号；

——线路不工作信号（LOS）：来话 No.7 信号交换局在检出被叫用户线中断或不能工作时，在后向上发送该信号；

——空号(UNN):来话 No.7 信号交换局在收到的号码是未分配的号码时,在后向上发送该信号;

——发送专用信号音信号:来话 No.7 信号交换局在后向上发送该信号,用来指示应该给主叫用户发挥专用信号音(目前是忙音),这种信息音是在不能用其他专用故障信号表示,不能建立到达被叫用户的呼叫时使用。

以上信号无需等待话路导通检验完成即可发送。

在本地和长途接续过程中,任何交换局收到以上信号,都应进行前向拆线。

6.1.10 应答信号

该信号表示被叫用户摘机应答,这是由来话 No.7 信号方式交换局向去话 No.7 信号方式交换局后向发送的信号。

应答信号包括应答、计费(ANC)和应答、免费(ANN)两种信号,来话交换局根据收到的被叫用户号码信息,在收到被叫用户第一次摘机信号后发送该信号。转接局在收到应答、计费(ANC)和应答、免费(ANN)信号后应立即进行转发。执行计费的交换局在收到应答、计费(ANC)和应答、免费(ANN)信号后,应开始执行计费成程序。计费交换局在收到应答、免费(ANN)信号后,应在生成的计费话单中提供免费标志。

6.1.11 被叫挂机信号

表示被叫用户已经挂机,由来话 No.7 信号方式交换局向去话 No.7 信号方式交换局发的后向信号。

采用主叫控制复原方式时,挂机信号不得切断 No.7 信号方式交换局的话路,应启动一监视定时器,定时器超时后,如果主叫用户仍不挂机,则由去话 No.7 信号方式交换局发送拆线信号。

6.1.12 再应答挂机信号(不在 GSM 移动网中使用)

由于被叫用户拍叉簧而产生的被叫用户摘机、挂机信号,将按下列信号顺序传送(采用主叫控制复原方式时):

——挂机;

——再应答;

——挂机;

——再应答。

挂机信号不应使交换局立即拆线,而应启动等待主叫用户挂机的时延电路。收到再应答信号的交换局应取消由收到被叫挂机信号启动的定时器。

6.1.13 前向转移信号(FOT)

在国内网中不使用该信号。

6.1.14 拆线和释放监护顺序

拆线信号是最优先执行的信号,所以交换局在呼叫的任何一个时刻,甚至在电路出于空闲状态时,都应释放电路并发出释放监护信号,以对前向拆线信号作出响应,如果对闭塞电路发出拆线信号,不应使电路解除闭塞,而已经闭塞的电路将不推迟发送释放监护信号。

6.1.15 电路和电路群复原信号

6.1.15.1 概述

在程控交换局,电路状态应保存在系统的存储器中,当某个交换局的存储器出现故障时,交换局间受影响的电路应在该交换局内复原为空闲状态，以便被重新占用。由于存储器故障的交换局不知道电路出于空闲，去话占用、来话占用或闭塞状态等，所以应对受影响的电路发送电路复原或电路群复原信号，在某些情况下，当信令控制部分发生故障时，也要送出电路复原信号。

6.1.15.2 电路复原信号

如果复原仅涉及少数电路，则对每一条受影响的电路发送一个电路复原信号，未受影响的交换局收到的电路复原信号后，将：

a) 如果在接续中它是处于呼叫建立中或通话中的来话交换局，则收到的电路复原信号应被看作是拆线信号，在该电路变为空闲以后，回送释放监护信号；
b) 如果接续中它是去话交换局，在任何情况下收到的电路复原信号都应被看作是呼叫故障信号或挂机信号，并立即回送前向拆线信号；
c) 如果该电路已经处于空闲状态，则收到的电路复原信号应被看作是拆线信号，并立即回送释放监护信号；
d) 如果以前已经发送过闭塞信号或不能按照上述的方法释放电路，则应回送闭塞信号，如果来话或去话呼叫正在接续中，则应释放接续，并通过发送拆线或释放监护信号使电路变为空闲(或远端闭塞)状态。闭塞信号应当由受影响的交换局予以证实，如果未收到证实，则重复6.5.4.4 规定的程序；
e) 如果先前已收到了该电路的闭塞信号，则应针对该电路释放任何已经建立的呼叫，同时清除该电路的远端闭塞状态，使电路恢复到空闲状态。如果去话呼叫已经进行，则应响应一拆线信号，或在所有其他情况下发送释放监护信号；
f) 如果在发送初始地址消息后，在收到关于该呼叫的其他后向信号之前，收到了电路复原信号，则应释放该电路，并且在另一条电路上进行重复试呼；
g) 如果在发送电路复原信号后收到电路复原信号，应响应释放监护信号，该电路应复原到空闲状态，并可以用于新的呼叫；
h) 在相互连接的电路上发送适当的复原信号(例如拆线或适当的后向信号)。

受影响的交换局将按照收到的电路复原信号的证实重新组织它的存储器，并且通常回送一个信号，可以是释放监护信号响应拆线信号，闭塞证实信号响应闭塞信号，除此以外，互联的电路可以采用适当的信号进行拆线。如果在电路复原信号后 1 min 仍收不到证实，则应向维护人员告警，并人为地完成复原程序，这种方法应当每隔 1 min 重复一次，直到维护人员处理为止。

6.1.15.3 电路群复原消息

如果由于出现存储器故障使相当多电路或全部电路受到影响，则应发送电路群复原消息，使这些电路可以用于新的业务。

由于未检出因差错产生的错误的电路群复原消息可能严重地影响服务质量，因此电路群复原消息应发送两次。

未受影响的交换局收到两次对同一电路群或它的一部分的电路群复原消息时，它应：

a) 根据范围字段把相关的电路恢复到空闲状态；
b) 响应电路群复原证实消息，其中对可用于业务的电路或因硬件故障或软件产生的告警而造成的闭塞电路，状态表示语比特编码为 0，对于由维护原因闭塞的电路，则相应的电路的状态表示语比特则应设置为 1；
c) 如果在先前已经针对这些电路发送过面向硬件的群闭塞消息，则应发送响应的群闭塞消息。

在 5 s 内连续收到两个电路群复原消息，在验证了范围字段征求后，未受影响的交换局应当：

a) 如果原来已收到对于一条电路的闭塞信号或多条电路的闭塞消息时，相关的闭塞状态应当被清除，这些电路应恢复到空闲状态，并可以被随后的呼叫使用；

b) 如果已经发送一电路群复原消息或电路复原信号后，收到了电路群复原消息，则发送和接受消息/信号中所涉及的电路可恢复使用；

c) 这些已连接的电路应通过发送适当的信号而释放。

而受影响的交换局将按照可能收到的电路群复原消息和电路群复原证实消息重新组织它的存储器，通常它将对可能收到的群闭塞消息作出响应。

如果在电路群复原消息以后的 4 s～15 s 内收不到证实，则应重发电路群复原消息，如果在第一次发送电路群复原消息后 1 min 内仍收不到证实消息，应向维护人员告警，以便人为地完成复原程序。电路群复原消息应每隔 1 min 发送一次，直到维护人员处理为止。

6.1.16 计次脉冲消息

计次脉冲消息是发端长途局向发端市话局发送的后向信号，当发端长话局收到应当计费信号后，应立即发送此信号，被叫挂机不应停止发送此信号，只有收到前向拆线信号后才停止发送该信号。

6.1.17 话务员信号

GSM 移动网中不使用该信号。

6.1.18 自动拥塞控制

国内不使用。

6.1.19 TUP 信号拥塞控制

当收到拥塞原语（CIP）后（可见 ITU-T Q.704），TUP 应至少分四级来减少受影响方向的业务负荷。

当 TUP 收到第一个 CIP 后，第一步首先减少受影响方向的业务负荷，同时启动两个定时器 TUe1 和 TUe2。在 TUe1 运行时，在同一个方向收到的其余 CIP 都不予以理睬，以便不至于太快地减少业务量。定时器 TUe1 超时后，如果 TUe2 仍在运行，同时又收到了 CIP，则该 CIP 将使得业务负荷进一步减少，并再次启动定时器 TUe1 和 TUe2。

如果在定时器 TUe2 内未收到 CIP，则业务量将按步增加，除非业务已经恢复，否则应重新再启动定时器 TUe2。

TUe1 和 TUe2 定时器的取值规定如下：

TUe1＝300 ms～600 ms；

TUe2＝5 s～10 s。

6.2 同抢

6.2.1 同抢占用

由于 No.7 信号方式的电路具有双向工作能力，因此有可能两个 No.7 信号交换局同时试图占用同一条电路。

6.2.2 无防卫时间

由于 No.7 信令方式的链路传播时延受传播距离、重发机制和转接次数的影响，因此在某些情况下，可能出现同抢的无防卫时间相对过长。所以交换局应对双向占用进行检测并采用 6.2.5 规定的措施。

6.2.3 双向电路的同抢检测

根据以下事实进行双向电路的同抢检测:即在已经发出初始地址消息(IAM/IAI)后且未收到其他后向信号前的电路上又收到一个初始地址消息(IAM/IAI)。

6.2.4 防卫措施

方法一:每个终端交换局对双向电路群采用逆序的电路选择方法,即:信令点编码大的交换局采用从大到小的顺序选择电路,信令点编码小的交换局采用从小到大的顺序选择电路。

方法二:双向电路群的每个终端交换局都可以优先接入由它主控的电路群,并选择这一群中电路中最先释放的电路(先进先出算法)。当双向电路群的终端交换局需要接入无优先权的非主控电路时,在选择非主控电路群中的电路时,则应选择最后释放的电路(后进先出)。

主控电路的确定:信令点编码大的交换局主控所有的偶数电路,信令点编码小的交换局主控所有的奇数电路。即:在信令点编码大的交换局奇数电路是非主控电路,在信令点编码小的交换局偶数电路是非主控电路。

6.2.5 检出同抢后采取的措施

每个交换局均主控双向电路群中的一半电路,在检测出同抢后,对主控电路交换局发起的呼叫将完成接续,对于收到的 IAM/IAI 消息不进行处理,直接舍弃;对非主控电路交换局则将放弃占用该条电路,并自动地在同一路由或迂回路由上至少重复试呼一次(建议重复试呼只进行 1 次)。

6.3 重复试呼

No.7 信号方式应具备自动重复试呼功能,自动重复试呼只应发生在在下列情况中:

——导通检验失败;

——检出同抢;

——在发送初始地址消息后,在收到任何后向信号之前收到了闭塞信号;

——在发送初始地址消息后,在收到任何后向信号之前收到了电路复原信号;

——在发送初始地址消息后,在收到建立呼叫的后向信号之前,收到了不合理的信令信号。

对于检出同抢后的重复试呼过程应由非主控端发起。

6.4 电路和电路群的闭塞和解除闭塞程序

6.4.1 概述

提供电路闭塞(解除闭塞)消息和电路群闭塞(解除闭塞)消息,为了是由于故障或进行测试而使交换设备或维护人员能使电路或(电路群)的对端不在该电路进行呼叫(或恢复呼叫)。

因为采用 No.7 信号方式的电路具有双向工作能力,所以闭塞消息(或群闭塞消息)可由任一交换局开始发送。收到闭塞消息(或电路群闭塞消息)的交换局应立即禁止在该局的相关去话呼叫在该电路上发出。直到收到解除闭塞消息(或电路群闭塞解除消息)为止。但可以不禁止从该电路上的来话呼叫。闭塞消息和解除闭塞消息以及群闭塞消息和群解除闭塞消息都要求证实信号,即分别用闭塞证实信号,解除闭塞证实信号和合适的群闭塞证实消息和解除群闭塞证实消息。这些证实信号应当是在交换局已经采取了适当的动作后才发送,即电路状态变为闭塞或闭塞解除。

前向拆线消息不应使闭塞消息失效,使得可能故障的电路恢复业务。远端闭塞的电路只有在远端交换局发送了解除闭塞(群闭塞)消息并收到合适的解除闭塞(群闭塞)证实消息,或者是远端交换局发送电路复原信号,并收到了相关的后向响应信号后,该电路才可以恢复双向业务。

6.4.2 收到闭塞信号后的其他动作

当在下列情况下收到闭塞信号时：

已经发出初始地址消息之后，并在收到与该呼叫有关的后向信号之前，应在另一条电路上进行重复试呼，收到闭塞信号的交换局在送出闭塞证实信号之后，应按正常方式开始对原来的试呼进行拆线。

如果一条电路的闭塞信号在下列情况下收到：

——在去话局至少收到一个和该呼叫有关的后向信号后；或

——在来话局至少送出一个和该呼叫有关的后向信号后；

则交换局将不使以后的呼叫占用此电路，且不拆除当前的呼叫。

如果闭塞信号是在话路已被一呼叫占用，并且至少已经送出一个与该呼叫有关的后向信号之后发出，则收到闭塞信号的交换局将采取措施防治该电路被该局随后发生的去话呼叫所占用。

即使电路正被呼叫占用也不要推迟闭塞(解除闭塞)证实信号的发送。

如果已经发送闭塞信号而后又从相反方向收到初始地址消息，将采取以下措施：

——对于测试呼叫，如果可能时，应接收其呼叫，如果该测试呼叫不可能被接受，应回送一个闭塞信号；

——对于非测试呼叫，应回送一闭塞信号。

用闭塞信号闭塞电路时，如果某一电路的被闭塞的时间超过 5 min 时，应在电路的两端发出告警。

6.4.3 群闭塞和解除闭塞消息

提供下列各种群闭塞(解除闭塞)消息和合适的证实消息：

——面向维护的群闭塞(解除闭塞)消息；

——面向硬件故障的群闭塞(解除闭塞)消息。

待闭塞(解除闭塞)的电路范围与范围字段的编码有关：状态字段内表示的电路应被闭塞(或解除闭塞)。

该原则适用于各种证实消息：

因为未检出差错而产生的错误的群闭塞(解除闭塞)消息可能会严重的硬性服务质量。每个群闭塞(解除闭塞消息)都应发送两次。因此，接受交换局仅在 5 s 内收到两个相同的闭塞(解除闭塞)消息后采取适当的动作。

对于维护原因闭塞的电路群，其适用条件和应采取的行动应与 6.5.1 相同。

对硬件故障告警原因产生的闭塞电路，应采取下列行动：

——向维护人员告警；

——已连接的全部电路应通过适当的信号释放；

——无需交换任何清除信号，受影响的电路被制成空闲/硬件闭塞状态。

6.5 接续和相关设备的释放

6.5.1 正常释放条件

在正常情况下，呼叫释放是因为从前方交换局收到拆线信号。

此外呼叫(或电路)的正常释放出现在以下情况：

——导通检验失败；

——收到地址不全信号；

——收到一种拥塞信号；

——收到一种被叫用户线状态信号；

——在发送初始地址消息后，收到一有关该呼叫的后向信号前，收到闭塞信号或相关的面向维护的群闭塞消息；

——在发送初始地址消息后，收到一有关该呼叫的后向信号前，收到不合理的信号消息。

如果未能满足以上的正常释放条件，其他释放条件如下：

——非正常条件下的释放；

——收到呼叫故障信号；

——发送挂机信号后未收到拆线信号；

——未收到应答信号；

——收到电路复原信号或电路群复原消息。

地址和路由信息不再保存在接续的每个交换局的存储器中，见以下各节的说明。

6.5.1.1 去话 No.7 信号方式交换局

存储于去话 No.7 信号方式交换局的地址和路由信息可以在收到下列后向信号之一时予以删除：

a) 一种地址全信号；

b) 地址不全信号；

c) 一种拥塞信号；

d) 一种被叫用户线路状态信号；

e) 呼叫故障信号，或者，当接续早已拆除且不一定要进行自动重复试呼。

6.5.1.2 来话 No.7 信号方式交换局

存储于来话 No.7 信号方式交换局的地址和路由信息可在从后面的交换局收到 6.5.1.1 所列的后向信号(或其等效信号)之一时，或者在下列信号已经产生并向去话 No.7 信号方式交换局送出时予以删除：

a) 一种地址全信号；

b) 地址不全信号；

c) 一种拥塞信号；

d) 呼叫故障信号；

e) 电路复原信号或电路群复原消息，或者收到一个拆线信号。

6.5.1.3 转接/汇接的 No.7 信号方式的交换局

转接/汇接的 No.7 信号方式交换局的地址和路由信息，可在收到 6.5.1.1a)～e)的各种后向信号之一，或收到拆线信号，或者当该局产生拥塞信号之一时予以删除。

6.5.2 非正常的释放条件——拆线和释放监护顺序

6.5.2.1 不能响应拆线信号而释放电路

如果某交换局未能使某一电路恢复到空闲状态以响应拆线信号，那么应当把电路从业务使用的电路中撤出并送出闭塞信号。当收到闭塞证实信号时，即送出释放监护信号作为对原来的拆线信号的证实。

6.5.2.2 不能响应后向信号的要求而释放电路

如果某交换局不能响应地址不全、拥塞、被叫用户线状态、呼叫失败等信号而释放电路时，则应送出闭塞信号将该电路从业务使用中撤出。当收到闭塞证实信号时，应送出拆线信号作为对原来的后向信号的响应。

6.5.2.3 收不到响应拆线信号的释放监护信号

如果在 4 s～15 s 内收不到响应拆线信号的释放监护信号，则重发拆线信号。

如果送出拆线信号之后，在送出第一个拆线信号后 1 min 之内收不到释放监护信号，应向维护人员告警，停止重发拆线信号，并使电路撤离业务使用并发送复原信号。

6.5.3 呼叫故障信号

呼叫故障信号是作为逾限状态（见 6.5.4）的结果送出的，每当试呼失败而下列其他的规定信号不适用时，可送出呼叫故障信号：

——地址不全信号；

——拥塞信号；或

——被叫用户线状态信号。

任何 No.7 信号方式交换局，在收到呼叫故障信号时，应发送拆线信号或者适当的信号音或录音通知。

6.5.4 非正常释放条件——其他顺序

6.5.4.1 概述

如果不能满足按 6.5.1 包括的正常释放条件，释放将在下列条件下发生。

6.5.4.2 去话 No.7 信号方式交换局

去话 No.7 信号方式交换局将：

a） 在发送最后的地址消息后 20 s～30 s 内，若不能满足 6.5.1 所列的地址和路由信息的正常释放条件，应释放所有设备并拆除接续。

b） 在连接建立后，如果在下列时限内收不到应答信号，应释放所有设备和连接：

 1） 市话接续：T_a 秒；

 2） 国内长途接续：T_b 秒；

 3） 国际长途接续：T_c 秒。

c） 在收到挂机信号后，如果在下列时限内收不到拆线信号，则应释放全部设备和连接：

 1） 市话接续：T_d 秒（主叫控制复原）；

 2） 国内长途接续：T_e 秒。

6.5.4.3 来话 No.7 信号方式交换局

来话 No.7 信号方式交换局将：

a） 在下面情况下释放全部设备和拆除接续，并在下述条件下回送呼叫故障信号：

 ——在收到初始地址消息后 10 s～15 s 内收不到导通或导通故障信号（如果使用导通检验）；

 ——在收到最后的地址消息后 20 s～30 s 内，除非发送地址不全信号的时限另有规定，没有收到按 6.5.1 所列的后向信号（或等效）；

 ——在已经产生一地址全信号后又收到一地址不全信号。

b） 在发送地址不全、拥塞、呼叫故障信号或不能完成呼叫的被叫用户线状态信号后 4 s～15 s，收不到来话电路的拆线信号，应发送呼叫故障信号。

如果发送该呼叫故障信号后 1 min 内收不到拆线信号，则应停止重复发送呼叫故障信号。并向维护人员告警，以及在相关电路上发送电路复原信号。

c) 在发送挂机信号后，如果在下列时限内仍收不到拆线信号，则应释放全部设备和该连接。

1) 市话接续：T_d 秒（主叫控制复原）；

2) 国内长途接续：T_e 秒。

T_a～T_e 的取值在所有使用 MTUP 的交换局上应当尽量统一。

T_a：60 s；

T_b：90 s；

T_c：120 s；

T_d：60 s；

T_e：90 s。

6.5.4.4 转接/汇接 No.7 信号方式交换局

转接/汇接 No.7 信号方式交换局将：

a) 在下列情况下应释放全部设备和连接，并在下述条件下回送呼叫故障信号：

——在收到初始地址消息后 10 s～15 s 内收不到导通或导通故障信号；

——在发送最后的地址消息后 20 s～30 s 内，若不能满足 6.5.1.3 所列出的地址和路由信息的正常释放条件。

b) 在发送地址不全、拥塞、呼叫故障或表示不能完成呼叫的被叫用户状态信号以后 4 s～15 s 之内，收不到来话电路的拆线信号，应发送呼叫故障信号。

如果发送该呼叫故障信号后 1 min 内仍收不到拆线信号，则应停止重复发送呼叫故障信号，并向维护人员告警，并在相关电路上送出电路复原信号。

6.5.4.5 闭塞、解除闭塞顺序中的故障

如果一交换局发出闭塞（解除闭塞）信号或群闭塞（群解除闭塞）信号后 4 s～15 s 后，仍未能收到响应这些信号的证实信号，则应重发上述信号。

如果发出第一次闭塞（解除闭塞）信号或群闭塞（群解除闭塞）信号后 1 min 内仍收不到证实，则应向维护人员告警，重发闭塞（解除闭塞）信号或群闭塞（群解除闭塞）信号仍按 1 min 的间隔进行。

6.5.5 收到不合理的信号消息

由于 No.7 信号方式的 MTP 具有高度的可靠性，可以避免出现错序或重复的情况，但是在信号链路功能级未能检查差错和交换局发生故障仍可能使消息中的信号信息产生不合理或含混不清。

为了解决这一问题，当收到的信号是不合理时，应采取下列措施：

a) 如果收到有关一空闲电路的拆线信号，则发送释放监护信号。

b) 如果一电路未发送拆线信号，但收到释放监护信号，则采取下列行动：

——如果电路是空闲的，舍弃此释放监护信号；

——如果电路被呼叫占用，此释放监护信号作为一个不合理的消息处理（见 g）。

c) 如果已闭塞电路收到闭塞信号，则应发送闭塞证实信号。

d) 如果已解除闭塞的电路收到解除闭塞信号，则发送解除闭塞证实信号。

e) 如果未发送闭塞信号而收到闭塞证实信号，则：

——如果电路已送出一闭塞信号，并已闭塞，此闭塞证实信号舍弃；

——如电路已送出闭塞信号但未闭塞，则发送解除闭塞信号。

f) 如果未发送解除闭塞信号而收到解除闭塞证实信号，则：

——如果电路已送出一闭塞信号，并已闭塞，则发送闭塞信号；

——如果电路已送出一闭塞信号但未闭塞，则发送解除闭塞信号。

g) 如果收到其他不合理的消息时，应采取下列动作：

——如果电路是空闲的，则发送一电路复原信号；

——如果电路是被呼叫占用的，在收到一个呼叫建立所需的后向信号之后，则舍弃该不合理的信号；

——如果电路被呼叫占用，在收到一个呼叫建立所需的后向信号之前，则应发送一电路复原信号，如果电路被来话呼叫占用，则应释放呼叫，如果电路被一去话呼叫占用，则应自动在其他电路上重复试呼。

6.6 四线话音电路的导通检验

6.6.1 概述

国内电话网如果需要时，只使用四线话音电路的导通检验，被检验的话音电路中可以是话音插空电路。当电路中包括有回声消除器时将干扰导通检验，因而检验时应临时断开回声消除器，如果需要，检验完成后再重新连接回声消除器。

在使用 No.7 信号方式的接续中，交换局将导通检验所需的发送接收器接到去话电路的两个方向上。接收的交换局则将检验话路环回。当在话路上发送单频检验音，又在环路上收到此音，且收到的单频音的传输质量和时限都在可接受的范围内，就确认导通检验成功。

6.6.2 导通检验的传输要求

6.6.2.1 发送设备

单频检验音的频率为 2 000 Hz±20 Hz，发送电平为－12 dBm±1 dBm。

6.6.2.2 检验回路

考虑到回路接入点两支路间的相对电平差后，检验回路的衰耗应为 0 dB。

6.6.2.3 接收设备

a) 工作要求：

——单频检验音频率 2 000 Hz±30 Hz；

——单频检验音电平接收范围，绝对功率电平为：$(-18+n)\text{dBm} \leqslant N \leqslant (-6+n)\text{dBm}$，其中 n 为在接收器输入端的相对功率电平；

——识别时间 30 ms～60 ms。

b) 不工作要求：

——信号频率在频带 2 000 Hz±200 Hz 之外；

——信号电平：$N \leqslant (-22+n)\text{dBm}$；

极限值为低于接收器输入端检验音标称绝对功率电平 10dB，如果电平低于这一点，就认为传输有了问题而不可接受。

——信号持续时间小于 30 ms。

c) 释放要求：

如果接收器用于测试单频检验音的消失，

——识别音后，小于 15 ms 的中断可以忽略，这将防止过早地接通话路；

——检验音消失的指示延迟不应超过 40 ms，以及

——接收器的释放电平应低于$(-27+n)\text{dBm}$。

7 移动电话用户部分的信令传递程序

7.1 GSM 移动网内的 TUP 信令流程

7.1.1 用于电路管理和维护的程序

7.1.1.1 单条电路的闭塞程序

a) 正常流程

单条电路闭塞程序的正常流程如图 22 所示。

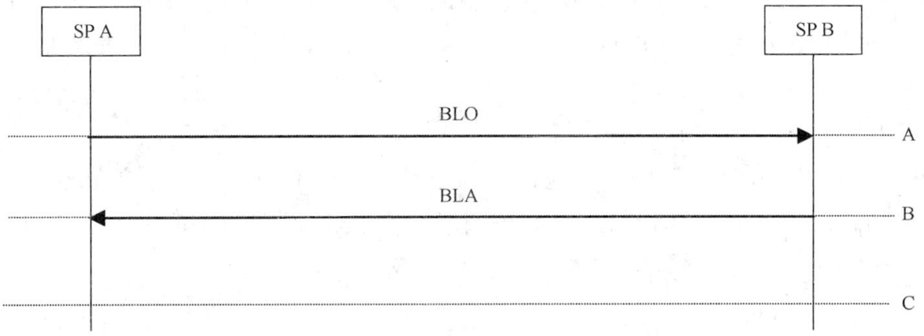

图 22 单条电路的闭塞程序(正常流程)

A. 从 SP A 向 SP B 发送 BLO 消息。BLO 的发送应由操作人员从操作台发送命令请求才能发送该消息。

B. SP B 用 BLA 消息进行响应。

C. 被操作的电路在 SP A 为本地闭塞,在 SP B 为远端闭塞。以上程序也可以由 SP B 启动执行。如果在 SP A 执行完电路群闭塞后,再由 SP B 启动电路群闭塞,则电路在 SP A 和 SP B 侧均进入本地和远端闭塞。对于本地闭塞电路,应当禁止从远端来的入局呼叫,但不影响本地的出局呼叫。对于两端闭塞的电路,则禁止在该电路上进行出入局的呼叫。

b) 异常情况的处理

A. 如果从 A 发送的 BLO 消息指示的电路在 SP B 不存在,则在 SP B 舍弃这个消息,并向维护台告警。在没有收到 BLA 的情况下,A 局可能会按照下面的 B. 重复发送 BLO 消息。

B. 如果 SP A 没有收到 SP B 关于 BLO 的证实消息,则 SP A 会在第一个 T13 定时器的周期内,按照 T12 定时器定义的周期重复发送 BLO 消息,当第一个 T13 定时器超时后,SP A 应按照 T13 定义的周期发送 BLO。此外 SP A 还应产生相应的维护告警,要求人为停止电路闭塞程序。

C. 电路的状态应当还保持空闲状态。

7.1.1.2 单条电路的解除闭塞程序

a) 正常流程

单条电路解除闭塞程序的正常流程如图 23 所示。

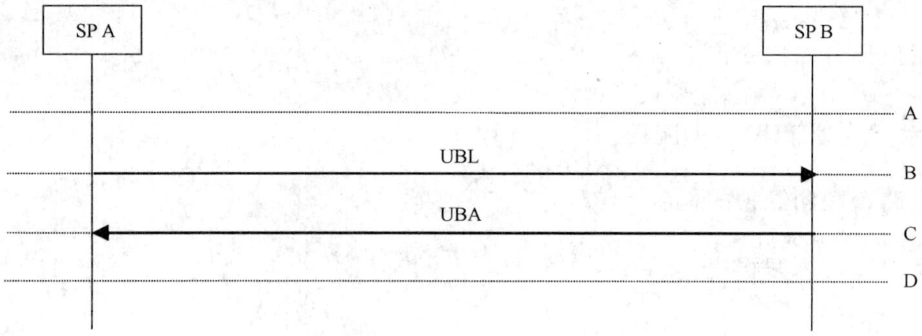

图 23　单条电路的解除闭塞程序(正常流程)

A. 电路在 SP A 处于本地闭塞状态(执行完 7.1.1.1 单条电路的闭塞程序后的状态)。

B. 从 SP A 向 SP B 发送 UBL 消息。UBL 的发送应由操作人员从操作台发送命令请求才能发送该消息。

C. SP B 用 UBA 消息进行响应。

D. 原来在 SP A 处于本地闭塞的电路应当变为空闲,在 SP B 侧也处于空闲状态。

对于如果是两端闭塞的电路,则发送 UBL 消息的一端变为远端闭塞,接收 UBL 消息的一端变为本地闭塞。

b)　异常情况

A. 如果从 A 发送的 UBL 消息指示的电路在 SP B 不存在,则在 SP B 舍弃这个消息,不进行任何响应。A 局可能会按照下面的 B. 重复发送 UBL 消息。

B. 如果 SP A 没有收到 SP B 关于 UBL 的证实消息,则 SP A 会在第一个 T15 定时器的周期内,按照 T14 定时器定义的周期重复发送 UBL 消息,当第一个 T15 定时器超时后,SP A 应按照 T15 定义的周期发送 UBL。此外 SP A 还应产生相应的维护告警,要求人为停止电路解除闭塞程序。

C. 电路的状态应当还保持原状态。

7.1.1.3　单条电路的复原程序

a)　正常流程

单条电路复原程序的正常流程如图 24 所示。

图 24　单条电路的复原程序(正常流程)

A. 电路可以处于空闲状态,本地闭塞状态,远端闭塞状态或两端闭塞状态中的任何一种状态。

B. 从 SP A 向 SP B 发送 RSC 消息。RSC 消息的发送通常是由操作人员从操作台发送命令请求复原单条电路时才能发送该消息,但有时在 PCM 电路恢复时,系统也能自动发送。

C. SP B 用 RLG 消息进行响应。

D. 对于原来就是空闲的电路，状态仍旧保持空闲；在 SP A 处于本地闭塞的电路应当变为空闲；在 SP A 处于远端闭塞的电路，应当保持电路状态不变，对于两端的闭塞电路，发送 RSC 的一端电路状态应变为远端闭塞，接收 RSC 的一端电路状态仍旧是本地闭塞。对于后两种的情况，SP B 系统需要重新发送 BLO 消息或 CGB 消息来保持电路在 B 端闭塞的状态。

b) 异常情况

A. 如果从 A 发送的 RSC 消息指示的电路在 SP B 不存在，则在 SP B 舍弃这个消息，不进行任何响应。SP A 局可能会按照下面的 B. 重复发送 RSC 消息。

B. 如果 SP A 没有收到 SP B 关于 RSC 的证实消息，则 SP A 会在第一个 T17 定时器的周期内，按照 T16 定时器定义的周期重复发送 RSC 消息，当第一个 T17 定时器超时后，SP A 应按照 T17 定义的周期发送 RSC。此外 SP A 还应产生相应的维护告警，要求人为停止电路复原程序。

C. 电路的状态应当还保持原有状态。

7.1.1.4 电路的导通检验

a) 正常流程

电路导通检验程序正常流程如图 25 所示。

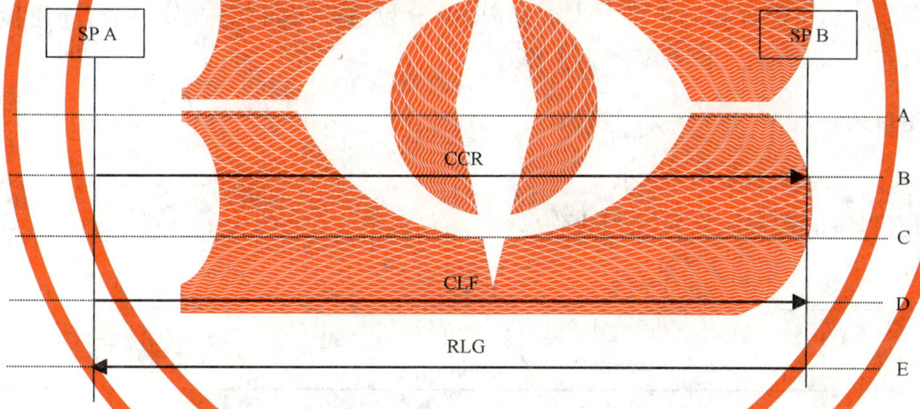

图 25 导通检验程序(成功的流程)

A. 被检验的电路应当处于空闲状态(或闭塞状态)，如果被测试的电路处于通话状态，则对该电路不能进行导通检验。此外 SP A 点还应提供导通检验设备。

B. 从 SP A 向 SP B 发送 CCR 消息。CCR 消息的发送通常是由操作人员从操作台发送命令导通检验请求才能发送该消息，通常这类的测试是在开局时或者是新的 PCM 传输投入业务时进行。

C. SP B 点收到 CCR 消息后，把该话路进行环回连接，同时由 SP A 局在该话路上发送特定频率的信号，并在 SP A 点的电路的入局方向对收到的音信号进行检查。

D. 当 SP A 检测收到的音信号的频率和电平与发送的音信号完全相同，则由 SP A 点发送 CLF 消息。

E. 收到 CLF 的交换局拆开该电路的环回连接，并发送 RLG 消息给 SP A。

b) 异常情况(不成功的流程)

电路导通检验程序不成功流程如图 26 所示。

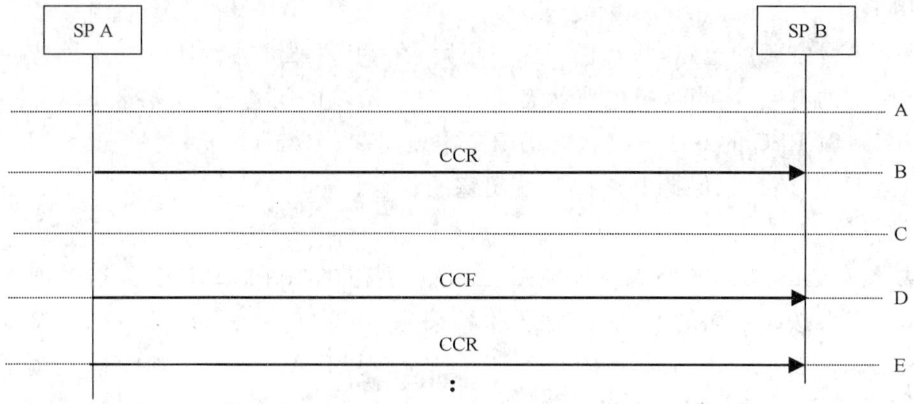

图 26 导通检验程序(不成功的流程)

A. 被测试电路应当保持空闲。

B. 如果从 A 发送的 CCR 消息指示的电路在 SP B 不存在,则在 SP B 舍弃这个消息,不进行任何响应。SP A 局可能会按照下面的 E. 重复发送 CCR 消息进行重复测试。

C. 如果 SP A 局在该电路的去话方向上发送特定的检验音。

D. 如果 SP A 局在 2 s 内没能从入局方向上收到特定的检验音信号,则 SP A 局向 SP B 局发送 CCF 信号,并在该信号中指示导通检验失败,同时启动定时器 T10。

E. SP A 局在 T10 定时器超时后应当重复向 SP B 发送 CCR 消息,要求进行导通检验,当两次导通检验失败后,SP A 应当向维护系统产生告警。

7.1.1.5 电路群闭塞程序

a) 正常流程

电路群闭塞程序的正常流程如图 27 所示。

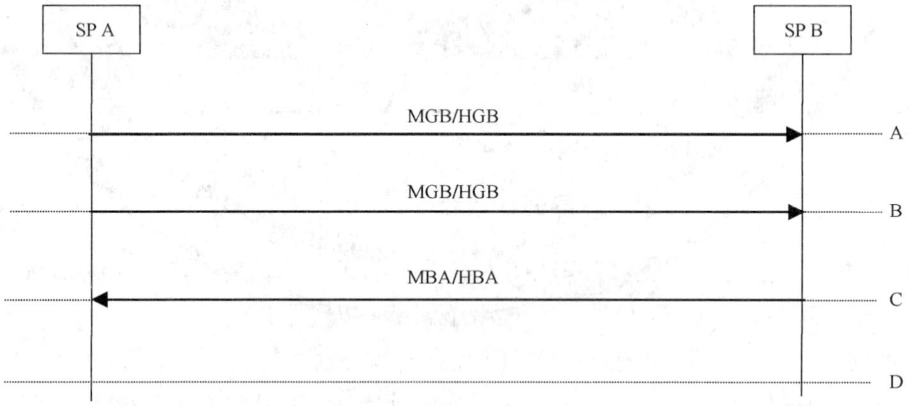

图 27 电路群闭塞程序(面向维护的群闭塞/面向硬件的群闭塞)

A. 从 SP A 向 SP B 发送 MGB/HGB 消息。MGB 的发送是由操作人员从操作台发送命令请求,HGB 的发送是由于设备硬件故障,由 SP A 系统自动发送。

B. 应当在 5 s 之内发送两个相同的 MGB/HGB 消息。

C. SP B 点对于连续收到的两个 MGB/HGB 消息用 MBA/HBA 消息进行响应。

D. 被操作的电路群在 SP A 为本地闭塞,在 SP B 为远端闭塞。以上程序也可以由 SP B 启动执行。如果在 SP A 执行完电路群闭塞后,再由 SP B 启动电路群闭塞,则电路在 SP A 和 SP B 侧均进入本地和远端闭塞。对于本地闭塞电路,应当禁止从远端来的入局呼叫,但不应影响本地的出局呼叫。

b） 异常情况

A. 如果从A发送的MGB/HGB消息指示的电路编号在SP B不存在，则在SP B舍弃这个消息，SP B不需要进行任何响应，但应产生相关告警。A局可能会按照下面的B.重复发送MGB/HGB消息。

B. 如果SP A没有收到SP B关于MGB/HGB的证实消息，则SP A会在第一个1 min内，按照4 s～15 s的周期重复执行发送程序。如果在第一个1 min内仍未收到证实消息，则此程序按照1 min一次的周期重复执行，并向维护人员告警，由人为干预来停止该程序。

C. 被操作的电路群还应当保持原状态。

D. 关于MGB和HGB范围字段和状态字段的说明：国内使用时范围字段不允许为0，操作电路从电路识别码指示的电路开始，其数量等于范围字段加1。

状态字段是根据电路操作的数量决定，但应按照八位位组方式补齐，即：操作电路数不是八位位组的整数倍，也应保证是整数个八位位组。

状态字段的编码含义：状态子字段包括从1～256状态比特，编号从0～255。状态比特0位于第一个状态子字段八位位组的第一个比特的位置。其他的状态比特按照编号顺序后随。在给定的状态子字段中有关的状态比特的号码等于范围加1。每一状态比特与电路识别码的相应关系是状态比特 n 相应于电路识别码 $m+n$，式中 m 是消息中所包含的电路识别码。

状态比特编码如下：

——对电路群闭塞消息（MGB、HGB），状态比特：

1 闭塞；

0 未闭塞。

——对电路群闭塞证实消息（MBA、HBA），状态比特：

1 闭塞证实；

0 未闭塞证实。

7.1.1.6 电路群解除闭塞程序

a） 正常流程

电路群解除闭塞程序的正常流程如图28所示。

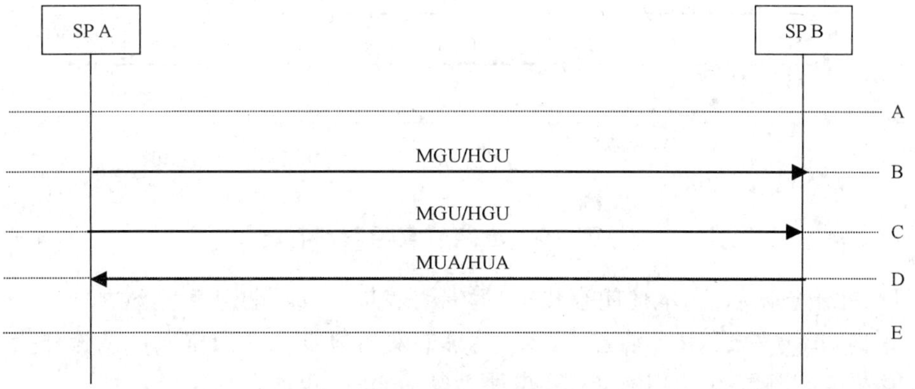

图28 电路群解除闭塞程序

A. 电路群在SP A侧处于本地闭塞状态（在执行完电路群闭塞程序后的状态）。

B. 从SP A向SP B发送MGU/HGU消息。MGU的发送是由操作人员从操作台发送命令请求，HGU的发送是由于设备硬件故障恢复，由SP A系统自动发送。

C. SP A需要在5 s之内发送第二个MGU/HGU消息。

D. SP B用MUA/HUA消息对5 s内连续收到的两个MGU/HGU消息进行响应。

E. 原来在SP A处于本地闭塞的电路应当变为空闲，在SP B侧也处于空闲状态。对于如果是两端闭塞的电路，则发送MGU/HGU消息的一端变为远端闭塞，接收MGU/HGU消息的一端变为本地闭塞。

b) 异常流程

A. 如果从A发送的MGU/HGU消息指示的电路编号在SP B不存在，则在SP B舍弃这个消息，SP B不需要进行任何响应，但应产生相关告警。A局可能会按照下面的B.重复发送MGU/HGU消息。

B. 如果SP A没有收到SP B关于两个连续MGU/HGU的证实消息，则SP A会在第一个1 min内，按照4 s～15 s的周期重复发送MGU/HGU消息，当第一个1 min结束后，如果仍未收到关于连续MGU/HGU的证实消息，则该程序按照1 min的周期重复执行。此外SP A还应产生相应的维护告警，要求人为停止电路群闭塞程序。

C. 被操作的电路群还应当保持原状态。

D. 范围字段的说明见7.1.1.5。状态比特的编码含义如下：

——在电路群解除闭塞消息中：

0 无指示；

1 解除闭塞。

——在电路群解除闭塞证实消息中：

0 无指示；

1 解除闭塞证实。

7.1.1.7 电路群复原程序

a) 正常流程

电路群复原程序的正常流程如图29所示。

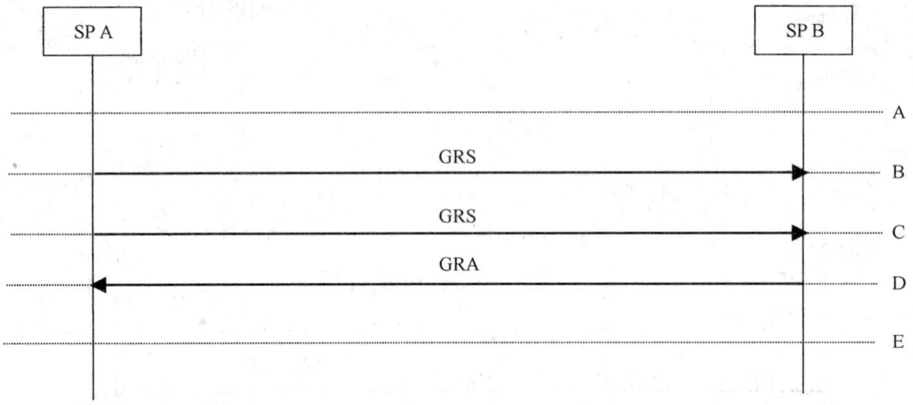

图29 电路群复原程序

A. 电路可以处于空闲状态，本地闭塞状态，远端闭塞状态或两端闭塞状态中的任何一种状态。

B. 从SP A向SP B发送GRS消息。GRS消息的发送通常是由操作人员从操作台发送命令请求复原电路群才能发送该消息，但有时在PCM电路恢复时，系统也能自动发送。

C. SP A需要在5 s之内发送第二个GRS消息。

D. SP B对在5 s内连续收到的两个GRS用GRA消息进行响应。

E. 对于原来就是空闲的电路，状态仍旧保持空闲；在SP A处于本地闭塞的电路应当变为空闲；在SP A处于远端闭塞的电路，应当保持电路状态不变；对于两端的闭塞电路，发送GRS的一端电路状态应变为远端闭塞，接收GRS的一端电路状态仍旧是本地闭塞。对于后两种情况SP B既可以在GRA消息中给出电路由B端闭塞的情况，也可以不在GRA中指示，而由随后的BLO或MGB消息给出由B端闭塞的情况。

b) 异常情况

A. 如果从 A 发送的 GRS 消息指示的电路在 SP B 不存在，则在 SP B 舍弃这个消息，不进行任何响应。SP A 局可能会按照下面的 B. 重复发送 GRS 消息。

B. 如果 SP A 没有收到 SP B 关于 GRS 的证实消息，则 SP A 会在第一个 1 min 内，按照 4 s～15 s 的周期重复执行该程序，当第一个 1 min 结束后，SP A 应按照 1 min 周期发送 GRS。此外 SP A 还应产生相应的维护告警，要求人为停止电路群电路复原程序。

C. 此时电路的状态应当还保持原有状态。

D. GRS 消息中只包含范围字段，GRA 消息中既包含范围字段，也包含状态字段。状态字段的用于反映发送 GRA 侧的本地闭塞状态，含义如下：

0 由于维护原因而未闭塞；

1 由于维护原因而闭塞。

7.1.2 普通呼叫(成组方式、重叠方式、无应答、回声抑制器)

7.1.2.1 成组方式发送被叫用户号码

a) 正常流程

采用成组发码方式的基本电话呼叫流程如图 30 所示。

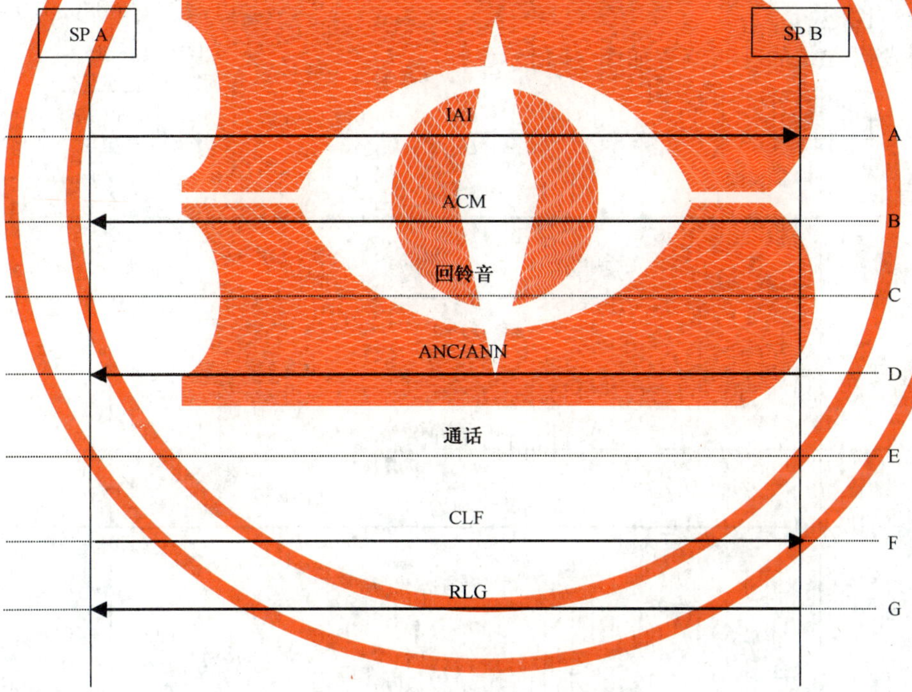

图 30 基本电话呼叫流程

A. SP A 向 SP B 发送 IAI 消息(以市话呼叫为例)并启动定时器 T2，IAI 消息中应当包含：主叫用户类别、消息表示语、被叫用户号码、主叫用户线标识等用于呼叫建立的信息。其中，用于移动网内的主叫用户类别为：普通用户(0A)、优先用户(0B)、数据呼叫(0C)和测试呼叫(0D)；地址性质表示语：国内有效号码(10)；电路性质表示语：无卫星电路(00)；导通检验表示语：根据实际电路的情况设置(可以为00、01 或 10)；去话回声抑制器表示语：包括去话回声抑制器(1)；改发呼叫：如果在 SP A 发生前转，则该比特为 1，否则为 0；全数字通路表示语：如果主叫用户类别为 0C，则该比特为 1，否则该比特为 0；信号通路表示语：如果 SP 局之前无 No.1 信令，则该比特为 1，否则该比特为 0；IAI 消息中的被叫号码为通过 MAP 查询得到的移动漫游号码(MSRN)，其格式为 13XM0M1M2M3XXXX；IAI 消息中的主叫号码为主叫用户的MSISDN。

B. SP B在确定了已收全被叫用户号码后，且得到被叫用户的状态为空闲，则向SP A发送ACM消息，被叫用户振铃，并向主叫用户发送回铃音。在收到SP B发送的ACM消息后，SP A启动定时器Tb(45秒)，等待应答消息。

C. SP B通过后向传输通道向主叫用户发送回铃音。

D. 被叫用户应答，SP B向SP A发送ANC或ANN消息。

E. 主被叫用户之间通话。

F. 主叫用户挂机，请求释放呼叫，由SP A发送CLF消息到SP B。

G. SP B收到CLF消息后，用RLG消息进行响应，电路在SP A和SP B均进入空闲状态。

b） 异常情况

A. 如果对于IAI消息指示的电路上收到了RSC、BLO消息，则SP A将释放该呼叫并进行重复试呼。

B. 如果被叫用户忙，SP B可以直接发送STB消息，由SP A局发送录音通知；也可以在发送ACM后[此时消息表示语比特中的用闲表示语为0(无指示)]，再由SP B在话路上直接发送录音通知，由SP A释放该呼叫。

C. 如果被叫未应答的时间超过了45 s，SP A可以发送CLF消息释放该呼叫。

7.1.2.2 重叠发送被叫地址的呼叫流程

a） 正常流程

采用重叠发码方式的呼叫流程如图31所示。

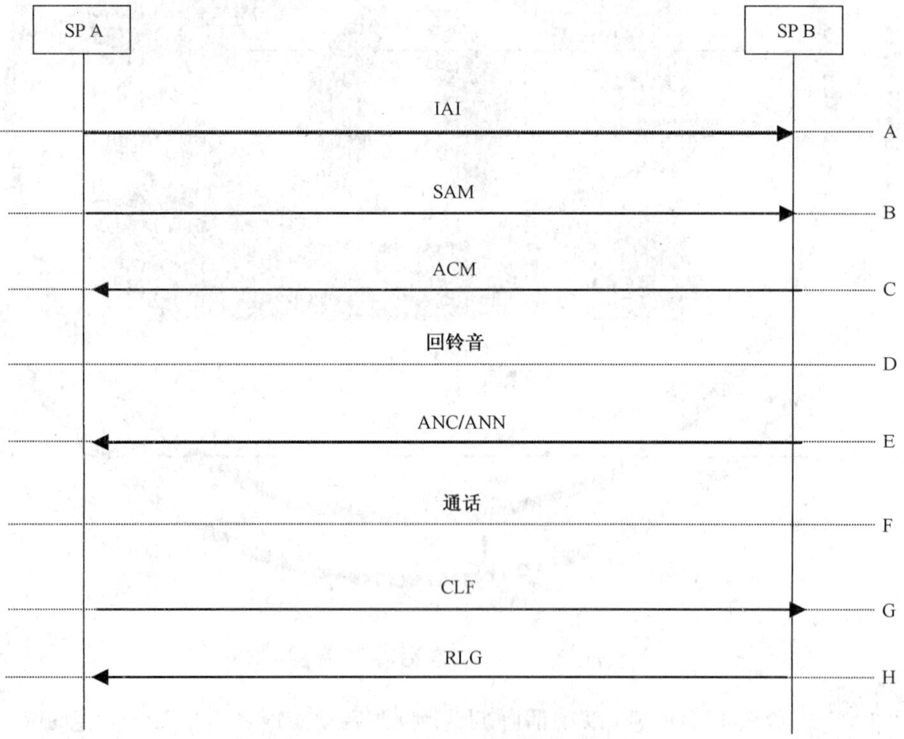

图31 采用重叠发码方式的呼叫流程示意

A. SP A向SP B发送IAI消息，IAI消息中信息字段的设置可见7.1.2.1，当被叫号码长度大于15位时，采用重叠发码方式(重叠发码方式一般出现在拨打IP电话或国际电话的情况，也适用于被叫号码大于成组发码的设置)。

B. SP A继续向SP B发送包含有后续被叫地址内容的SAM消息。

C. 如果在等待后续地址的定时器超时前，SP B收全了用于指示被叫用户的全部号码，且被叫用户空闲,则 SP B 向 SP A 发送 ACM 消息,并向被叫用户振铃。

D. SP B 在后向传输通路上向主叫用户发送回铃音。

E. 被叫用户应答,SP B 向 SP A 发送 ANC/ANN 消息。

F. 主被叫用户之间通话。

G. 主叫用户挂机,请求释放呼叫,由 SP A 发送 CLF 消息到 SP B。

H. SP B 收到 CLF 消息后,用 RLG 消息进行响应,电路在 SP A 和 SP B 均进入空闲状态。

b) 异常情况

A. 如果对于 IAI 消息指示的电路上收到了 RSC、BLO 消息,则 SP A 将释放该呼叫并在另外一条电路上进行重复试呼。

B. 如果被叫用户忙,则 SP B 可以直接发送 STB 消息,并由 SP A 局发送录音通知或音信号。SP B 也可以先发送 ACM,然后再由 SP B 在话路上直接发送录音通知。收到 STB 消息后,SP A 发送 CLF 释放该呼叫。

C. 如果被叫未应答的时间超过 45 s,SP A 可以发送 CLF 消息释放该呼叫。

7.1.2.3 包含导通检验的呼叫流程

a) 呼叫流程

包含导通检验的呼叫流程如图 32 所示。

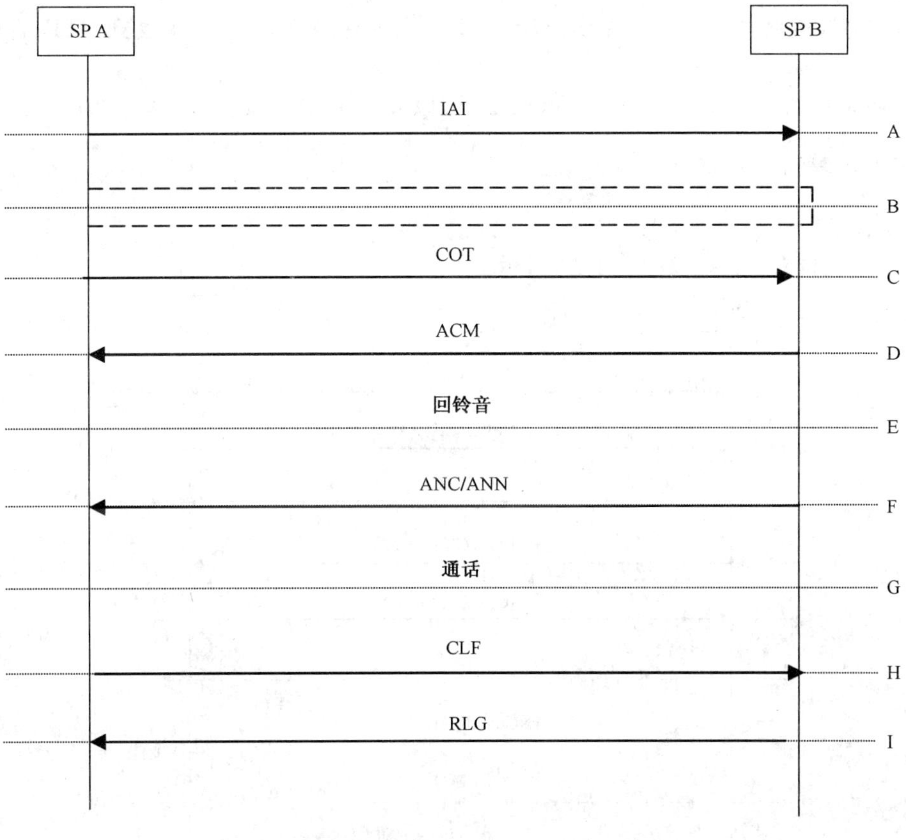

图 32 包含导通检验的呼叫流程示意

A. SP A 向 SP B 发送 IAI 消息,IAI 消息中信息字段的设置可见 7.1.2.1,但关于导通检验表示语应设置为 01(本段电路需要导通检验)。

B. SP B 收到包含请求导通检验的 IAI 消息后,首先把 IAI 消息中的电路进行环回,SP A 局在该话路上发送特定频率的信号,并在 SP A 点的电路的入局方向对收到的音信号进行检查。

C. 当SP A检测收到的音信号的频率和电平与发送的音信号完全相同,则由SP A点发送COT消息。

D. SP B在收到COT消息后并确定了已收全被叫用户号码后,且得到被叫用户的状态为空闲,则向SP A发送ACM消息,向用户振铃,同时向主叫用户发送回铃音。在收到SP B发送的ACM消息后,SP A启动定时器Tb,等待应答消息。

E. SP B通过后向传输通道向主叫用户发送回铃音。

F. 被叫用户应答,SP B向SP A发送ANC/ANN消息。

G. 主被叫用户之间通话。

H. 主叫用户挂机,请求释放呼叫,由SP A发送CLF消息到SP B。

I. SP B收到CLF消息后,用RLG消息进行响应,电路在SP A和SP B均进入空闲状态。

b) 异常情况

A. 如果对于IAI消息指示的电路上收到了RSC、BLO消息,则SP A将释放该呼叫并在另外一条电路上进行重复试呼。

B. 如果SP A在2 s内没能从入局方向上收到特定的检验音信号,则SP A局向SP B局发送CCF信号,并在该消息中指示"导通检验失败",同时启动定时器T10,对该电路重复进行导通检验。此外SP A将在另外一条电路进行重复试呼。

C. 如果SP B在收到IAI消息后,启动一等待导通的定时器,如果定时器超时,则SP B发送CFL消息。

D. 如果被叫用户忙,SP B可以直接发送STB消息,并由SP A局发送录音通知或音信号。SP B也可以先发送ACM,然后再由SP B在话路上直接发送录音通知,SP A在收到STB消息后发送CLF释放该呼叫。

E. 如果被叫未应答的时间超过了45 s,SP A可以发送CLF消息释放该呼叫。

7.1.2.4 系统的重复试呼功能

a) 呼叫流程

系统重复试呼功能的呼叫流程如图33所示。

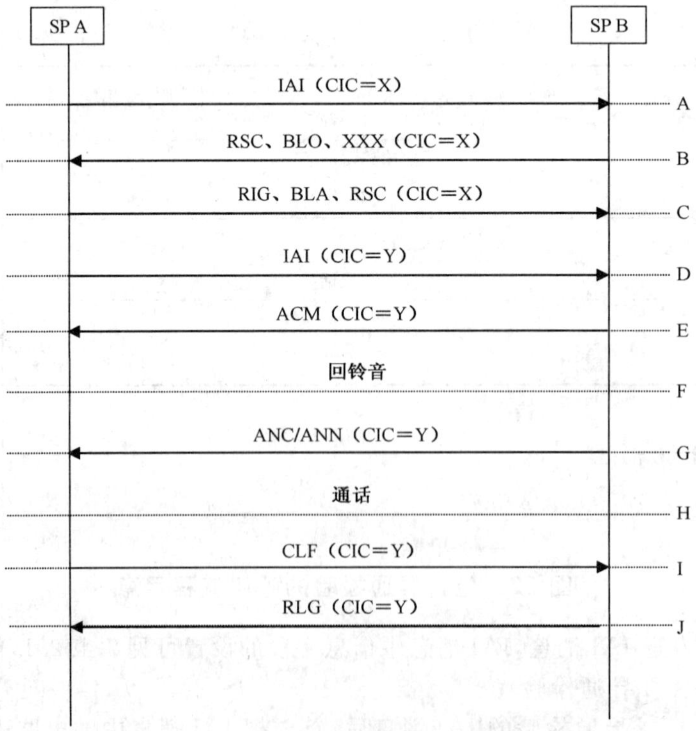

图33 系统重复试呼功能的呼叫流程示意

A. SP A 向 SP B 发送 IAI 消息，IAI 消息中的信息字段设置可见 7.1.2.1。

B. 在同时 SP B 在相同的电路(CIC＝X)上发送 RSC、BLO 或者是其他不正确的消息(XXX 可以是 COT 等无效消息)。

C. SP A 在收到 SP B 发送的上述这些消息后，一方面要根据 7.1 描述的管理程序释放、复原或闭塞该链路，另一方面还应当在另外的电路上进行重复试呼。

D. SP A 在另外的一条电路上向 SP B 重新发送 IAI 消息，除了电路 CIC 的取值不同外，其他信息字段的内容与第一次发送的 IAI 的内容完全相同。

E. SP B 在确定了已收全被叫用户号码后，且得到被叫用户的状态为空闲，则向 SP A 发送 ACM 消息，并向用户振铃，并向主叫用户发送回铃音。在收到 SP B 发送的 ACM 消息后，SP A 启动定时器 Tb，等待应答消息。

F. SP B 通过后向传输通道向主叫用户发送回铃音。

G. 被叫用户应答，SP B 向 SP A 发送 ANC/ANN 消息。

H. 主被叫用户之间通话。

I. 主叫用户挂机，请求释放呼叫连接，由 SP A 发送 CLF 消息到 SP B。

J. SP B 收到 CLF 消息后，用 RLG 消息进行响应，电路在 SP A 和 SP B 均进入空闲状态。

b) 异常情况

A. 如果被叫用户忙，SP B 可以直接发送 STB 消息，并由 SP A 局发送录音通知或音信号。SP B 也可以先发送 ACM，然后再由 SP B 在话路上直接发送录音通知。收到 STB 消息后，则 SP A 发送 CLF 释放该呼叫。

B. 如果被叫未应答的时间超过了 45 s，SP A 可以发送 CLF 消息释放该呼叫。

7.1.2.5 同抢的重复试呼过程

a) 呼叫流程

系统检出同抢后重复试呼的流程如图 34 所示。

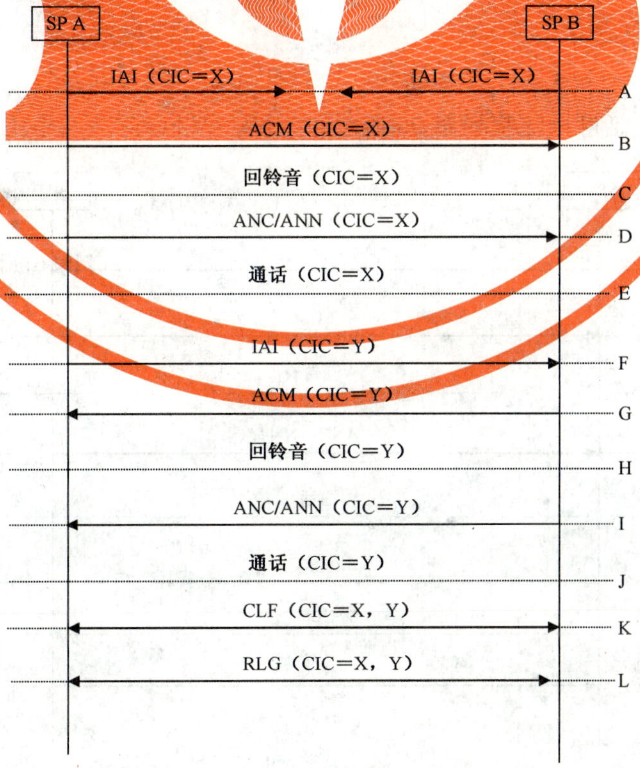

图 34 系统检出同抢后重复试呼的流程

A. SP A 向 SP B 发送 IAI 消息(用户 A 和用户 B 之间的呼叫),IAI 消息中信息字段的设置可见 7.1.2.1。如果此时在信令链路上收到了从 SP B 至 SP A 关于 CIC=X 的呼叫 IAI 消息后(用户 C 和用户 D 之间的呼叫),则针对 CIC=X 在 SP A 和 SP B 之间产生同抢(假定 SP B 主控 CIC X 和 Y)。

B. 在 SP A 检出同抢后,由于 CIC=X 这条电路对于 SP A 是非主控的电路,则 SP A 将首先在这条电路上应答来自 SP B 的 IAI 消息(用户 C 和 D)。SP A 在确定已收全被叫用户号码后,则向 SP B 发送关于 CIC=X 的 ACM 消息,在收到 SP A 发送的 ACM 消息后,SP B 启动定时器 Tb,等待应答消息。

C. SP 在 CIC=X 的电路上向 SP A 送回铃音。

D. SP A 的用户应答,并向 SP B 发送 ANC/ANN 消息。

E. C 和 D 两用户通话。

F. 除了应答来自 SP B 的 IAI 消息(C 和 D 用户之间)外,SP A 需要在另外一条电路上对 SP A 发起的呼叫(A 和 B 之间的呼叫)进行重复试呼,该过程与 7.1.2.4 类似。为了便于描述,则把重复试呼的过程放在第一个呼叫应答之后开始,实际上对 CIC=X 电路上来自 SP B 的 IAI 消息的应答与在 CIC=Y 电路上的重复试呼过程是同时进行的。

G. ~J. 与 B. 到 E. 的过程类似,只需要颠倒主被叫的方向即可,这里则不进行重复说明。

K. SP A 和 SP B 均可以对这两个呼叫进行释放,并针对不同电路上的呼叫发送 CLF 消息。

L. 在收到关于不同电路的 CLF 消息后,则系统应当发送 RLG 消息作为响应,并使电路转为空闲。

b) 异常情况

A. 如果被叫用户忙,则系统可以直接 STB 消息,并由主叫交换局发送录音通知或音信号。被叫的系统也可以先发送 ACM,然后再在话路上直接发送录音通知。

B. 当 SP A 为端局时,且没有空闲的电路可以进行重复试呼时,则向主叫用户发送电路拥塞音,当 SP A 为汇接局或长途局时,则 SP A 向前一交换局发送 CGC 消息(无通路/电路可用)。

C. 当 SP A 的重复试呼过程由于可能再次出现同抢或其他 RSC、BLO 消息后,则此时 SP A 不进行第二次的重复试呼,即重复试呼只进行一次。

7.1.2.6 被叫挂机的信令程序

a) 正常流程

被叫先挂机的基本电话呼叫流程如图 35 所示。

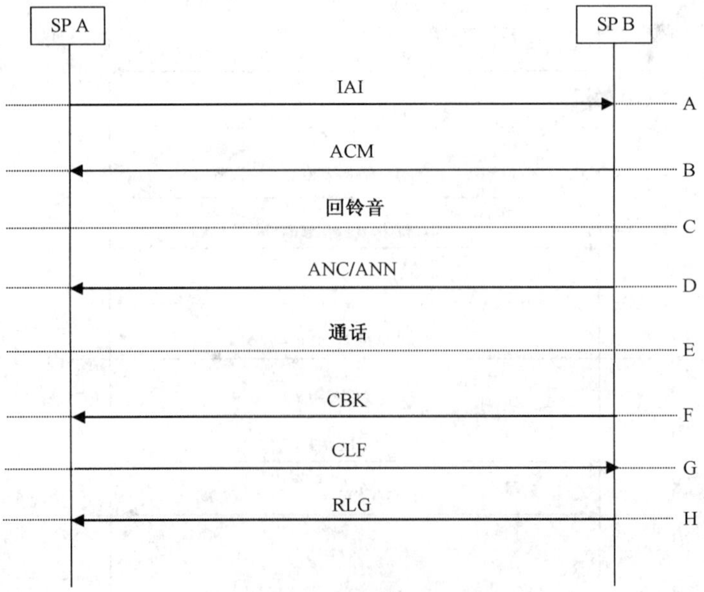

图 35 基本电话呼叫流程(被叫先挂机)

A. SP A 向 SP B 发送 IAI 消息，IAI 消息中信息字段的设置见 7.1.2.1。

B. ～E. 见 7.1.2.1。

F. 被叫用户挂机，由 SP B 发送 CBK 消息到 SP A。

G. 收到 SP B 发送的 CBK 消息后，SP A 不需要等待，直接发送 CLF 消息到 SP B 释放该呼叫（在移动网中采用互不控制方式）。

H. SP B 收到 CLF 消息后，用 RLG 消息进行响应，电路在 SP A 和 SP B 均进入空闲状态。

b) 异常情况

见 7.1.2.1。

7.1.2.7 不成功的呼叫流程

移动网内呼叫不成功的情况及流程示例如图 36 所示。

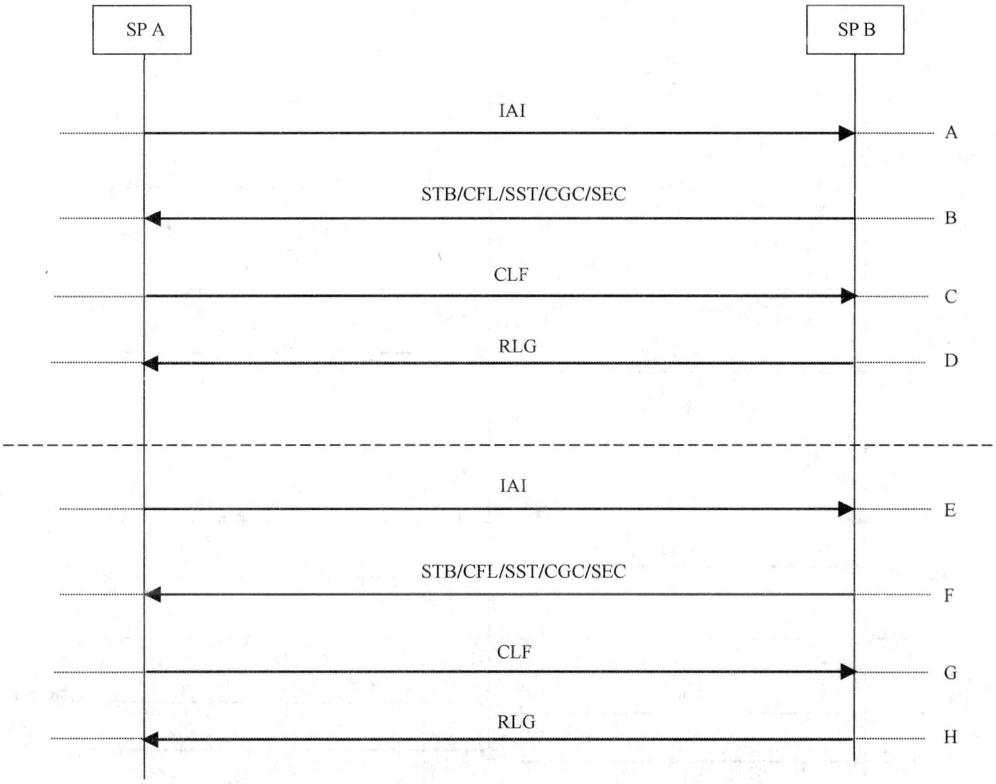

图 36 移动网内呼叫不成功的情况

A. SP A 向 SP B 发送 IAI 消息，IAI 消息中信息字段的设置见 7.1.2.1。

B. 由于被叫用户忙或网络资源不足以及被叫用户请求的业务等原因，SP B 可以直接发送 STB/CFL/SST/CGC/SEC 信号。

C. 收到这些由 SP B 发送的不成功的信号后，SP A 立即响应 CLF 消息，并向主叫用户发送音信号或录音通知。

D. 收到 SP B 发送的 CLF 消息后，由 SP A 不需要等待，直接发送 CLF 消息到 SP B 释放该呼叫（在移动网中采用互不控制方式）。

E.（情况 2：由远端发送录音通知）SP A 向 SP B 发送 IAI 消息，IAI 消息中信息字段的设置见 7.1.2.1。

F. SP B 向 SP A 直接发送消息，并在话路上发送录音通知。

G. 主叫用户挂机后，由 SP A 发送 CLF 消息释放连接（也可以由 SP B 的定时器控制，发送 CBK 消息，触发 SP A 的 CLF 消息）。

H. SP B 收到 CLF 消息后，用 RLG 消息进行响应，电路在 SP A 和 SP B 均进入空闲状态。

7.1.3 移动网内采用汇接方式的呼叫流程示意

a) 成功的汇接呼叫

移动网内成功的汇接呼叫流程如图 37 所示。

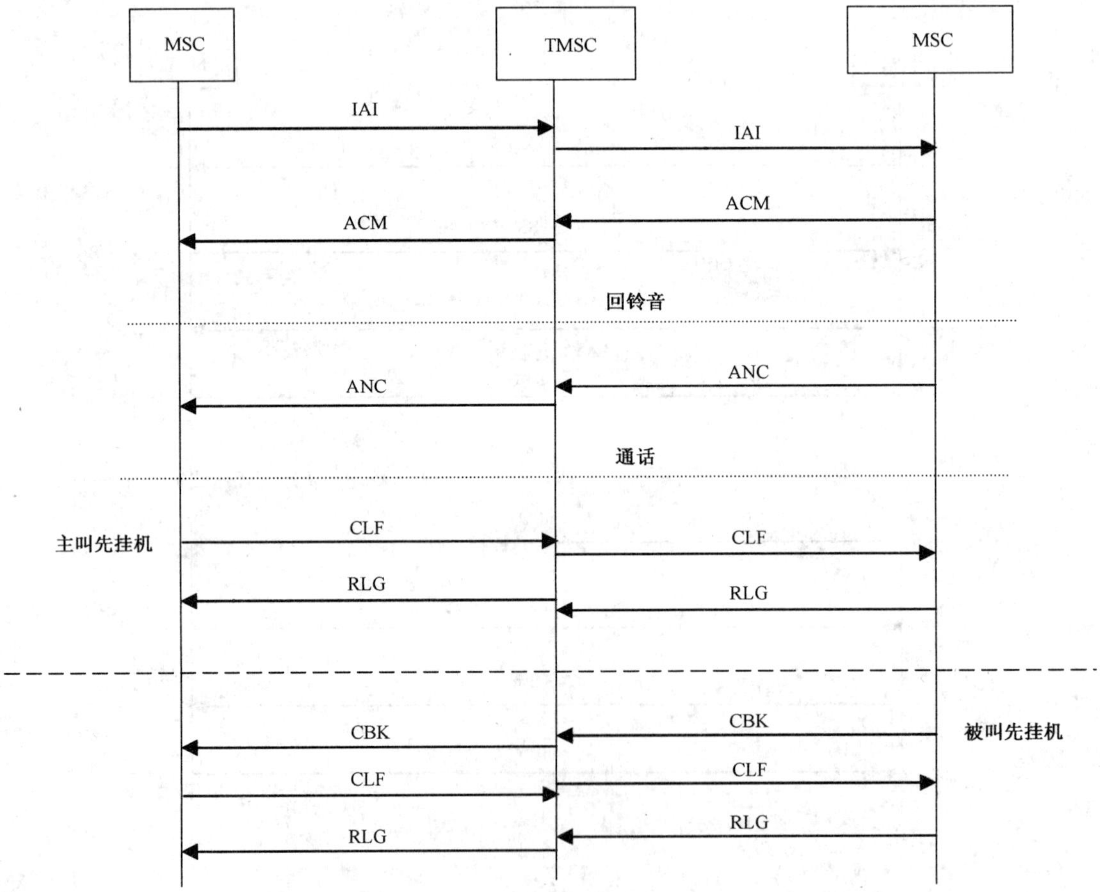

图 37 成功的汇接呼叫

b) 不成功的汇接呼叫

移动网内不成功的汇接呼叫流程如图 38 所示。

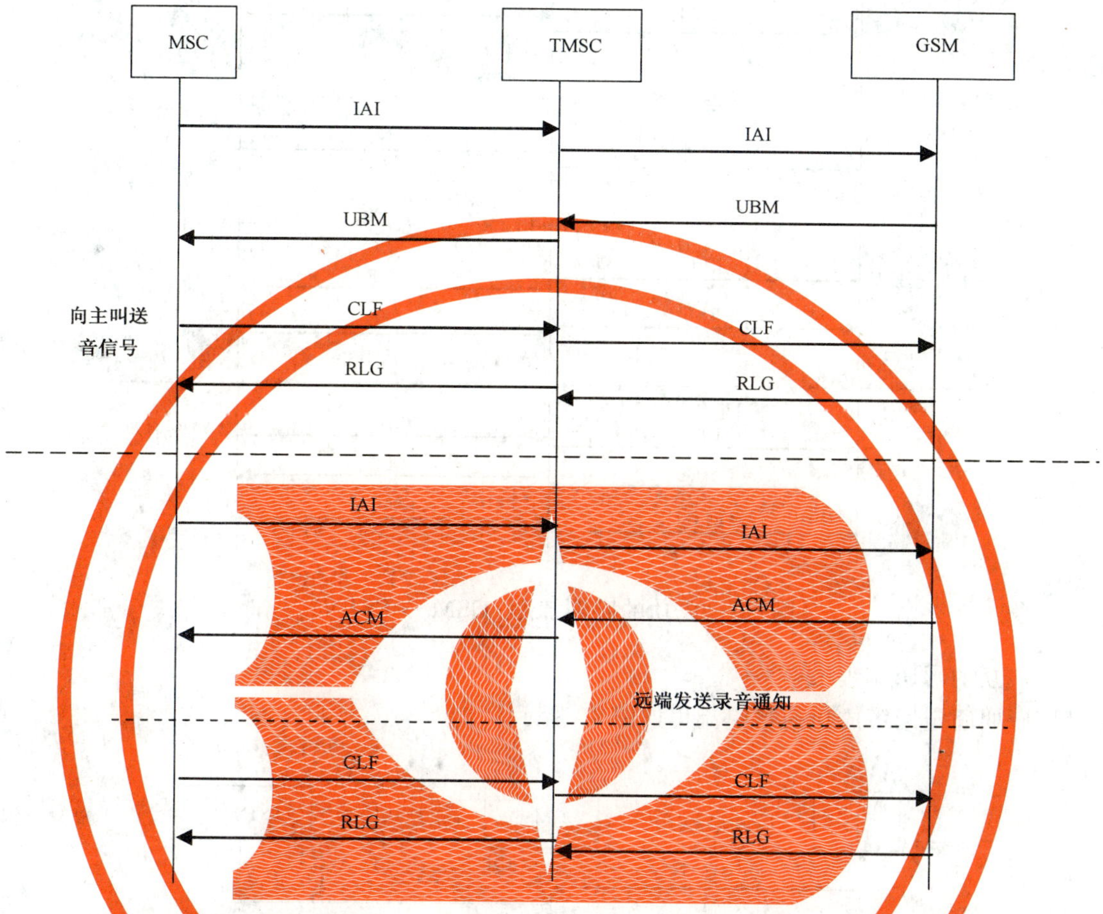

注：UBM 信号可以包括 STB /CGC/SEC /SST/CFL。

图 38　不成功的汇接呼叫

7.2　GSM 移动网通过关口局与其他网络互联的 TUP 信令流程

7.2.1　移动网与 PSTN 网的互通

7.2.1.1　移动网呼叫固定网的信令流程示意

a）　成功的呼叫流程

移动网呼叫固定网成功的呼叫流程如图 39 所示。

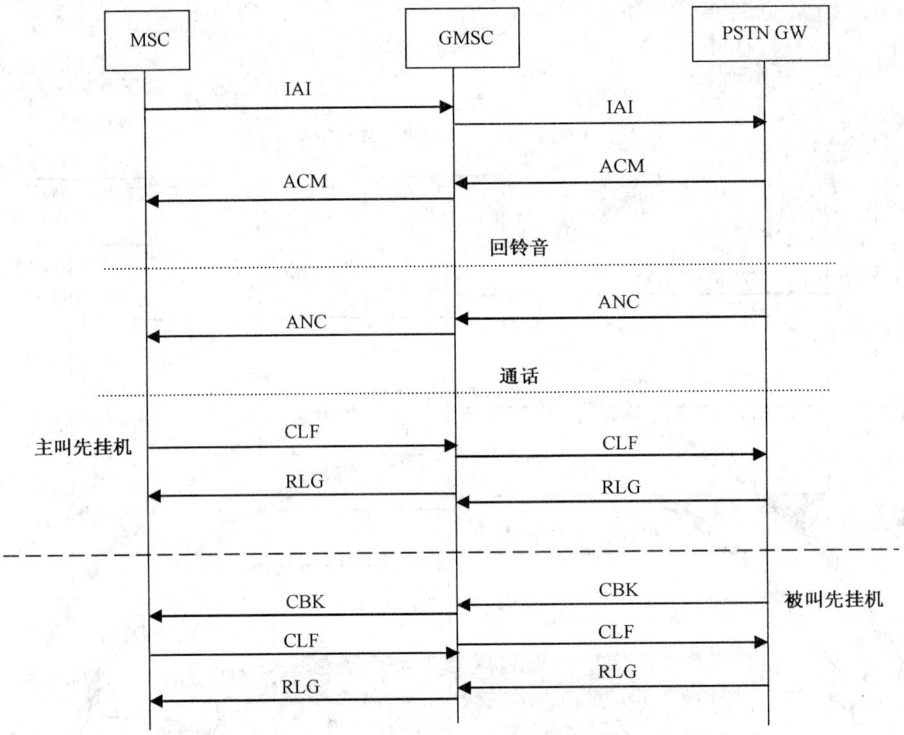

图 39　成功的呼叫流程(GSM→PSTN)

b）　不成功的呼叫流程

移动网呼叫固定网不成功的呼叫流程如图 40 所示。

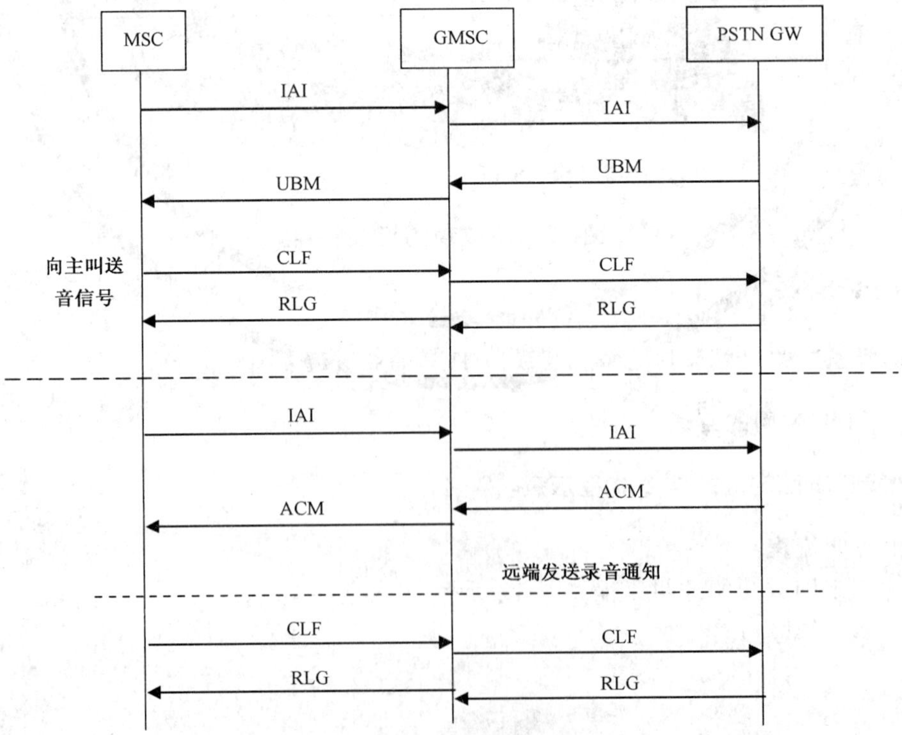

注：UBM 信号可以包括 STB/SLB/UNN/CGC/SEC/DPN/ACB/SST/CFL。

图 40　不成功的呼叫流程(GSM→PSTN)

7.2.1.2 固定网呼叫移动网的信令流程

a) 成功的呼叫流程

固定网呼叫移动网成功的呼叫流程如图 41(包含主叫号码)和图 42 所示(未包含主叫号码)。

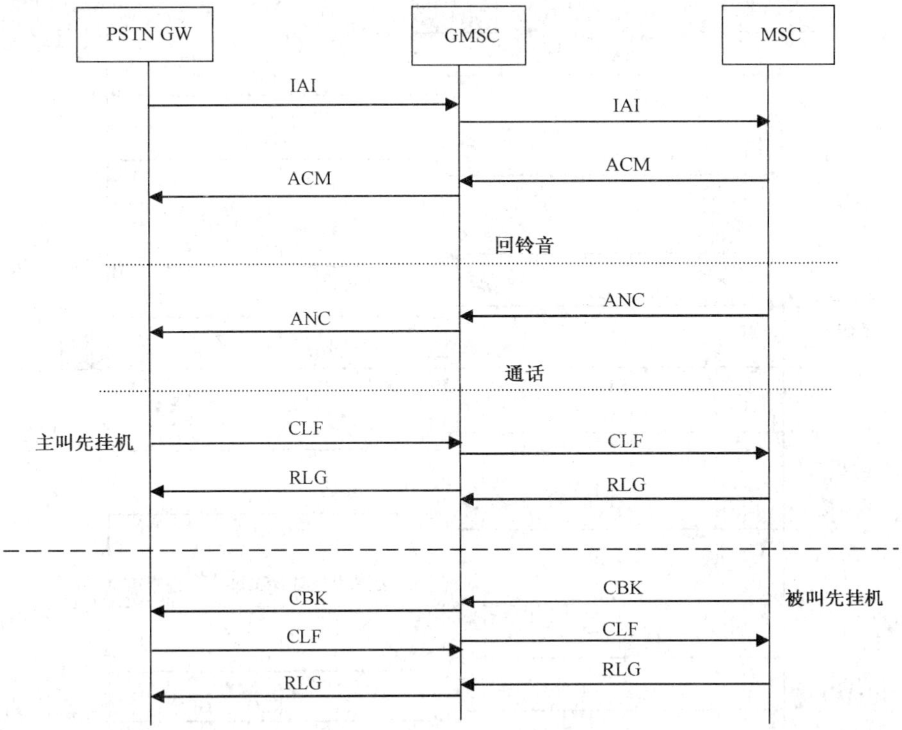

图 41 成功的呼叫流程(PSTN→GSM)——包括主叫号码

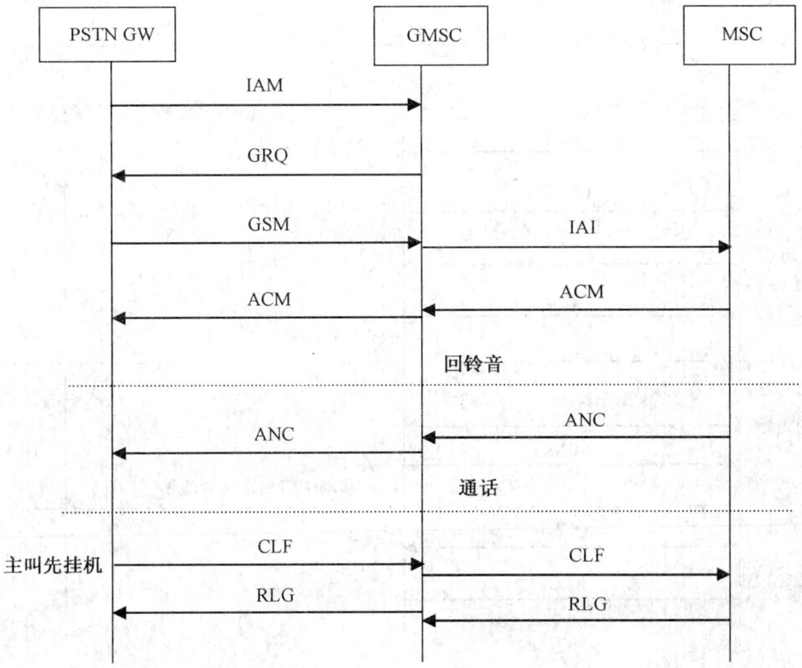

图 42 成功的呼叫流程(PSTN→GSM)——未包括主叫号码

b) 不成功的呼叫

固定网呼叫移动网不成功的呼叫流程如图 43 所示和图 44 所示。图 43 中呼叫进展到移动网内，图 44 中移动进展到移动网关口局。

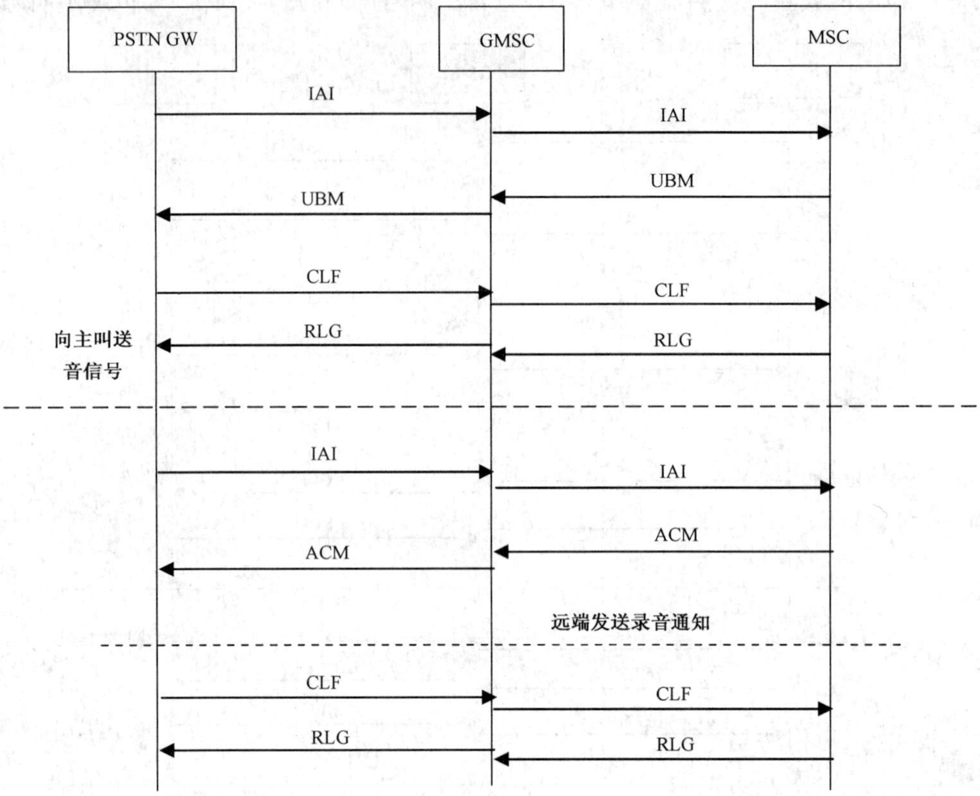

图 43 不成功的呼叫流程(PSTN→GSM)——呼叫进展到移动网内

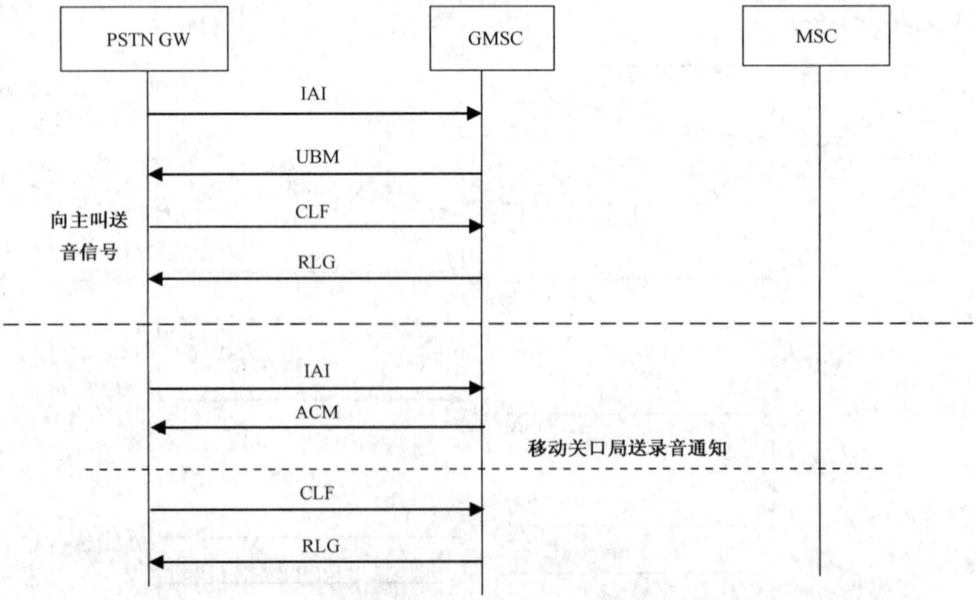

图 44 不成功的呼叫流程(PSTN→GSM)——呼叫进展到移动网关口局

7.2.2 GSM 网与 IP 网的互通

7.2.2.1 卡用户计费的情况

a) 成功的呼叫流程

IP 电话卡式计费用户成功的呼叫流程如图 45 所示。

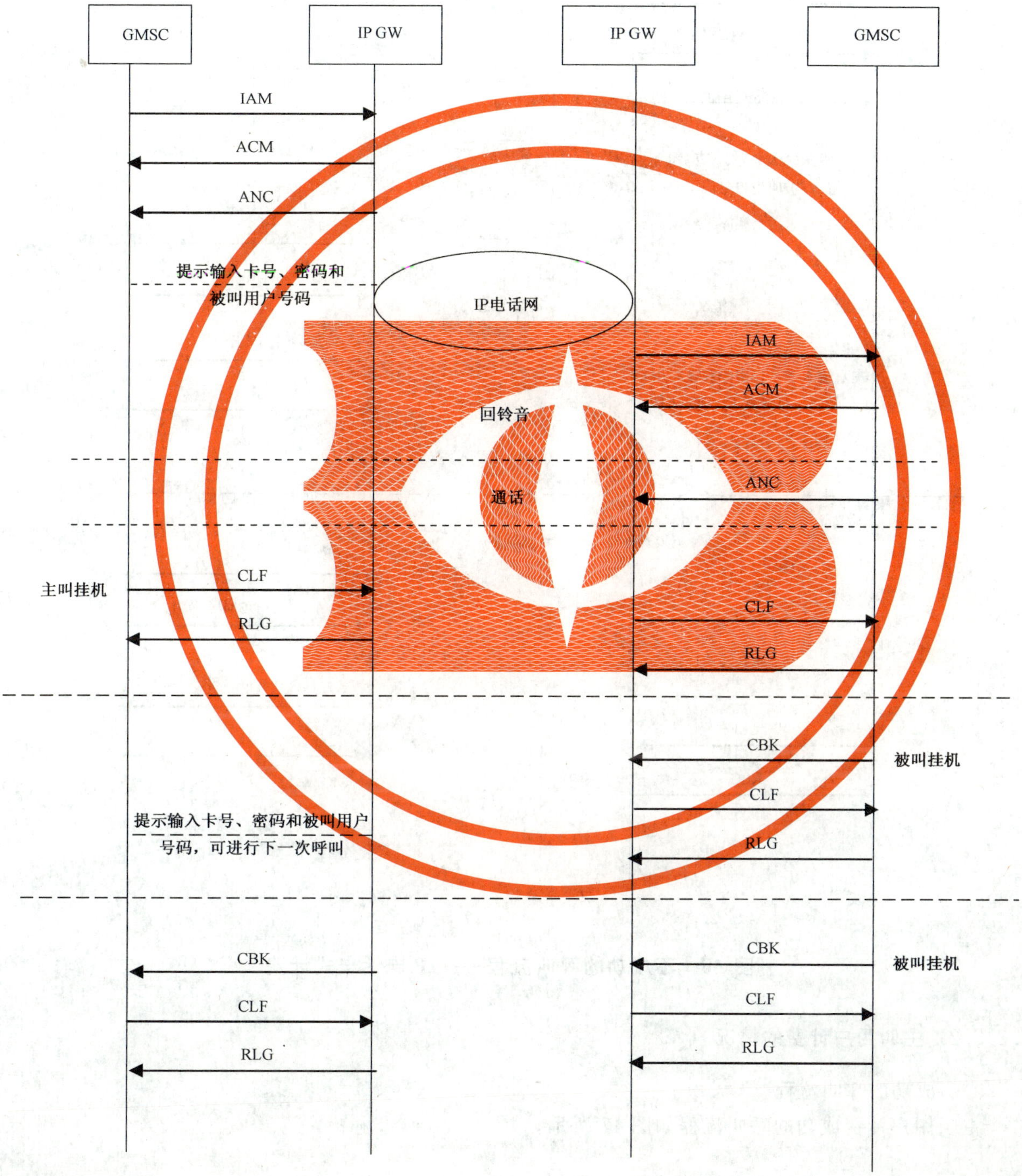

图 45 成功的呼叫流程——IP 电话卡式计费

b) 不成功的呼叫流程

IP 电话卡式计费用户不成功的呼叫流程如图 46 所示。

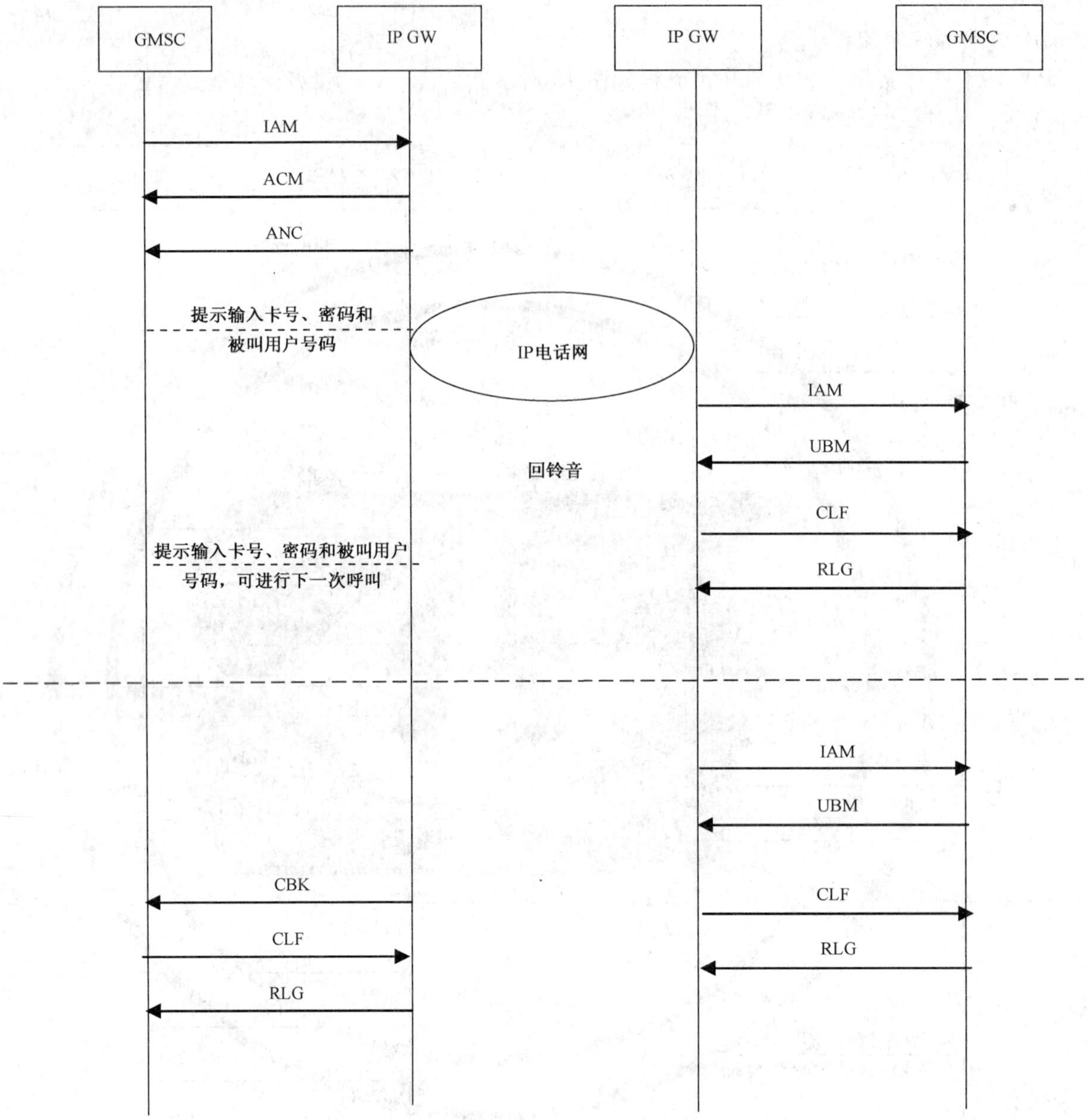

图 46 不成功的呼叫流程——IP 电话卡式计费

7.2.2.2 主叫用户计费的情况

a) 成功的呼叫流程

主叫用户计费成功的呼叫流程如图 47 所示。

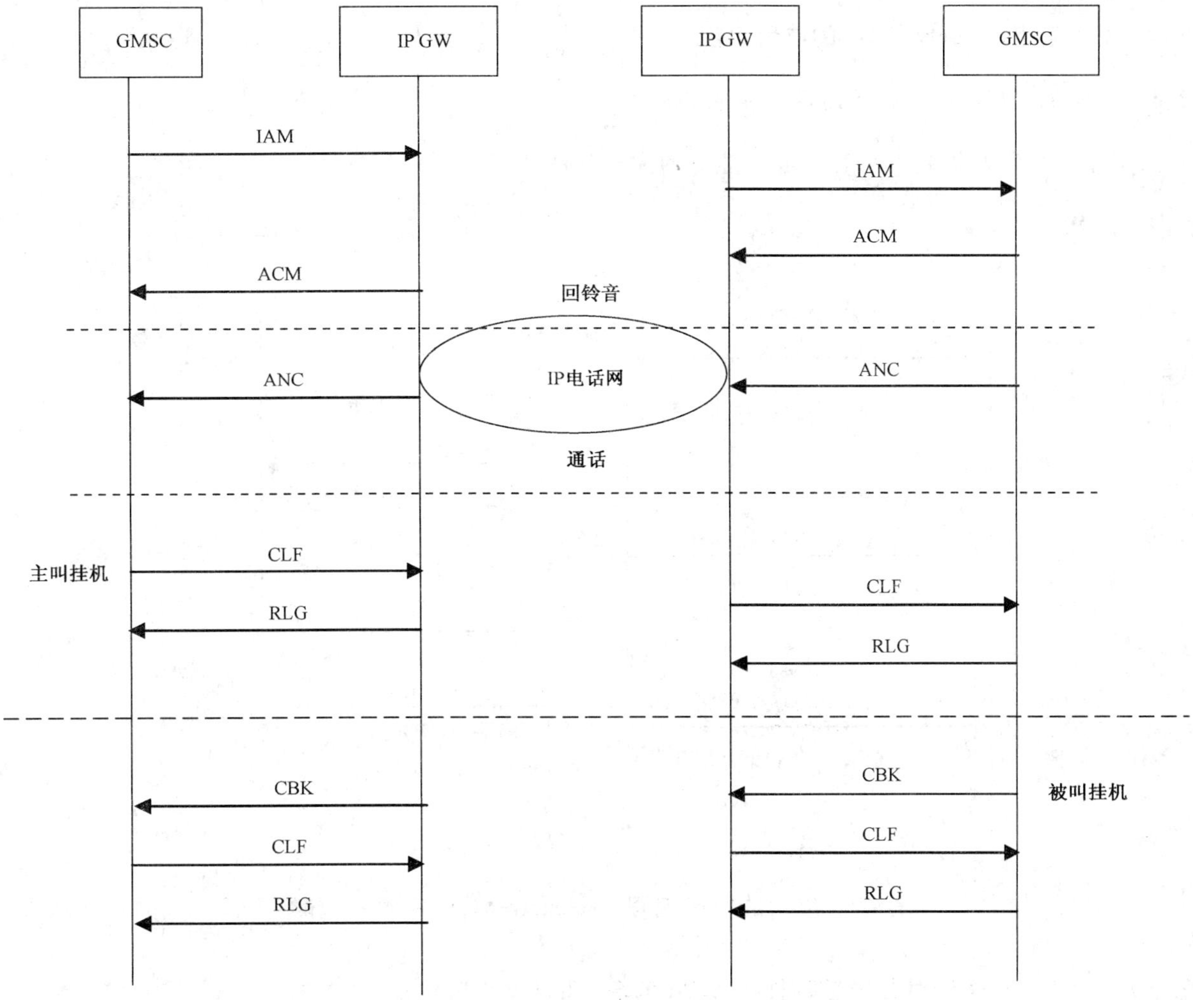

图 47　成功的呼叫流程——主叫号码计费

b）　不成功的呼叫流程

主叫用户计费不成功的呼叫流程如图 48 所示。

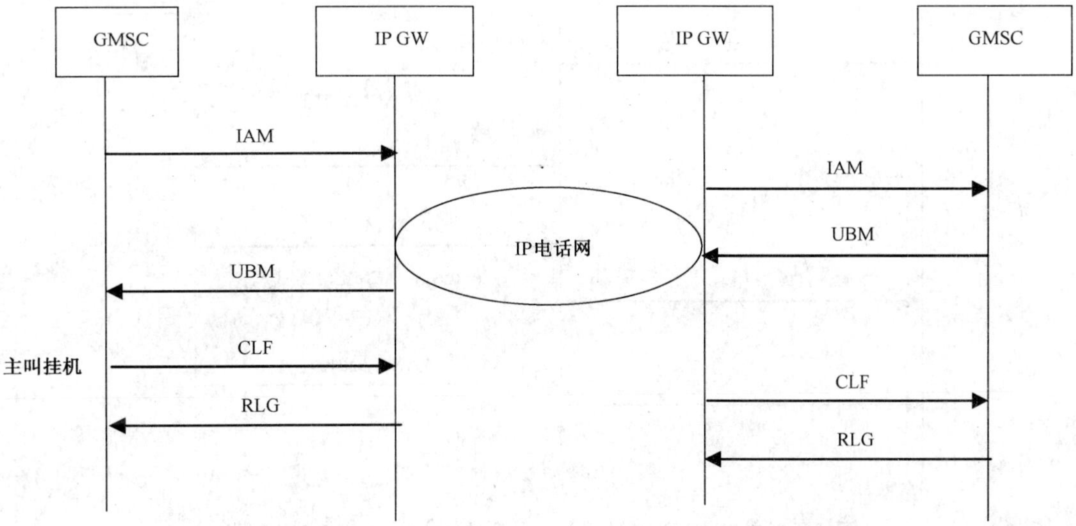

图 48　不成功的呼叫流程——主叫号码计费

7.2.3 网间互通时 early-ACM 的应用示例

7.2.3.1 early-ACM 计时器超时后呼叫成功建立

early-ACM 定时器超时后呼叫成功建立的流程如图 49 所示。

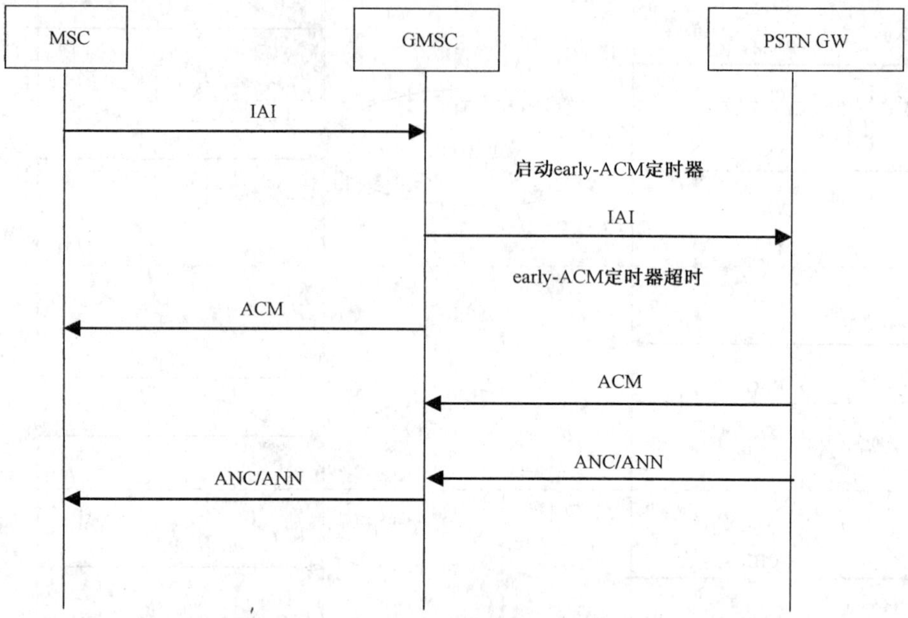

图 49 成功的呼叫流程——early-ACM 定时器超时

7.2.3.2 early-ACM 计时器未超时收到 ACM 消息,呼叫成功建立

early-ACM 计时器未超时收到 ACM 消息,呼叫成功建立的流程如图 50 所示。

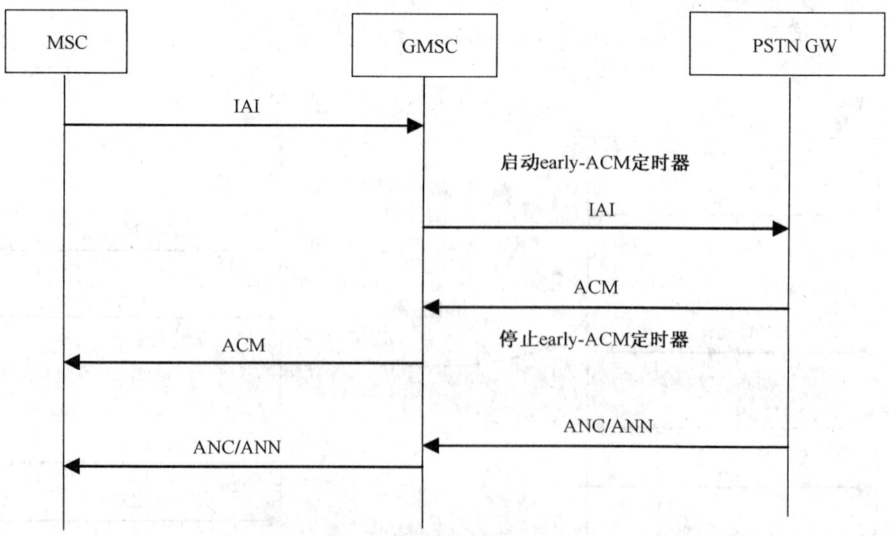

图 50 成功的呼叫流程——停止 early-ACM 定时器

7.2.3.3 early-ACM 计时器超时后收到不成功的后向建立信息消息，呼叫释放

early-ACM 计时器超时后收到不成功的后向建立信息消息，呼叫释放流程如图 51 所示。

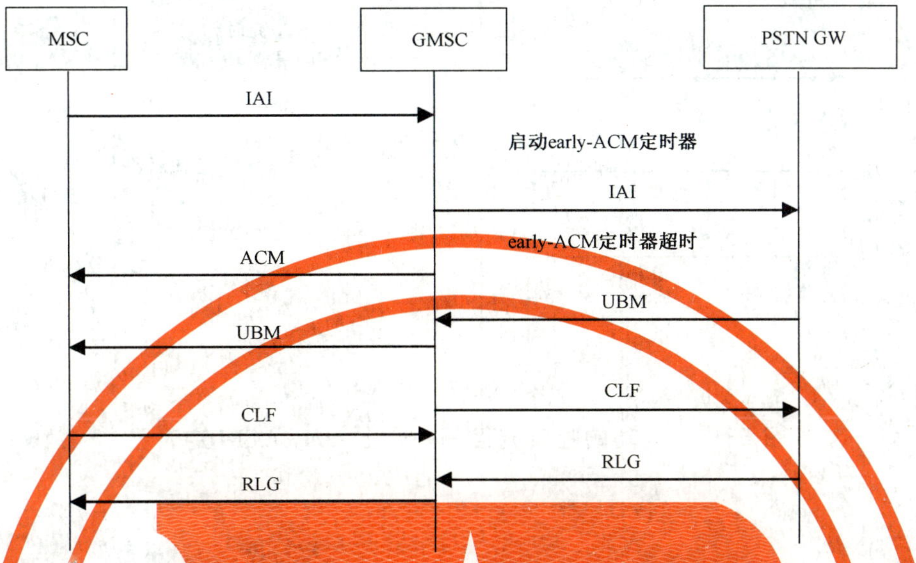

图 51 不成功的呼叫流程——early-ACM 定时器超时

7.2.3.4 early-ACM 计时器未超时即收到不成功的后向建立信息消息，呼叫释放

early-ACM 计时器未超时即收到不成功的后向呼叫信息消息，呼叫释放的流程如图 52 所示。

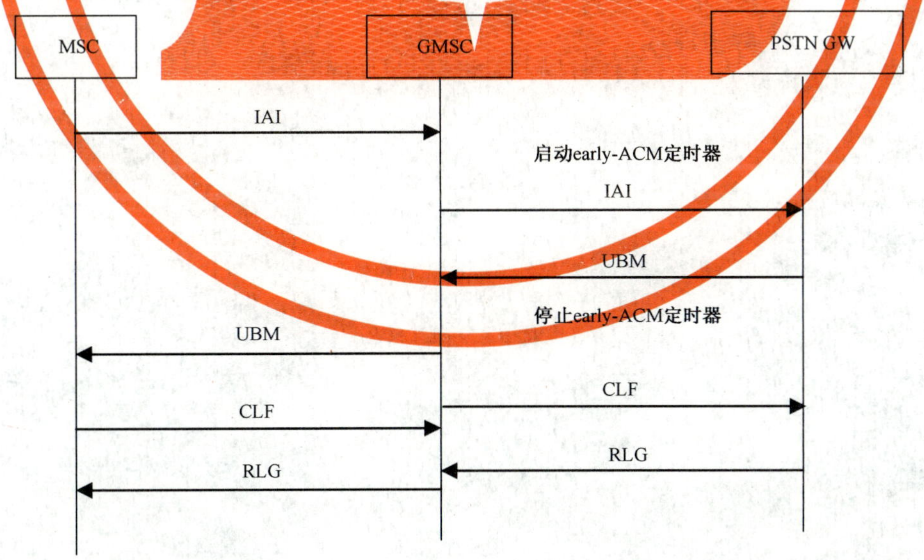

图 52 不成功的呼叫流程——停止 early-ACM 定时器

7.2.3.5 early-ACM 计时器未超时即前向发送成功的后向建立信息消息

early-ACMe 计时器未超时即前向发送成功的后向建立信息消息的流程如图 53 所示。

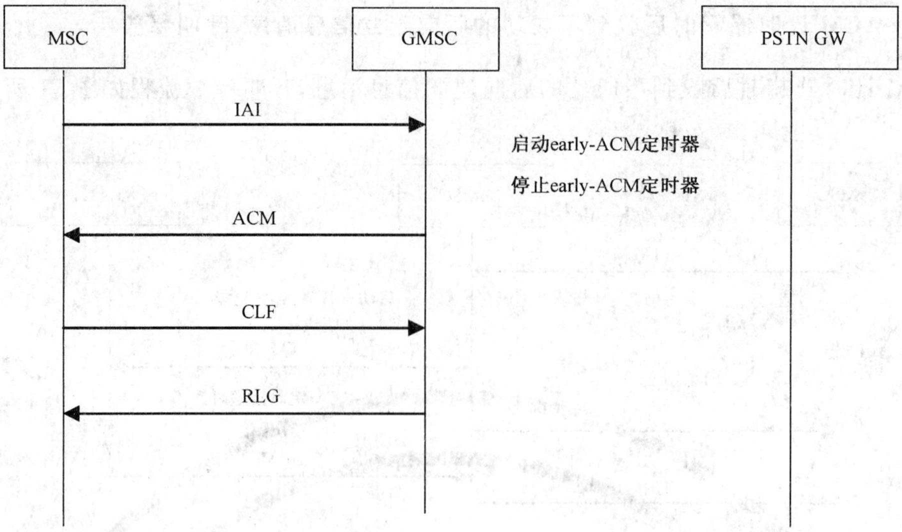

图 53 不成功的呼叫流程——停止 early-ACM 定时器

参考文献

[1] ITU-T Q.721 No.7 信令系统电话用户部分(TUP)系统功能说明

[2] ITU-T Q.722 电话消息和信号的一般功能

[3] ITU-T Q.723 电话用户部分的格式和编码

[4] ITU-TQ.724 电话用户部分的信号程序

[5] ITU-TQ.725 电话应用中的信号性能

[6] GF001-9001 中国国内电话网 No.7 信号方式技术规范

[7] YDN 016—1996 900 MHz TDMA 数字蜂窝移动通信网 MSC 与 PSTN 接口要求

ICS 33.020
M 04

中华人民共和国国家标准

GB/T 28507—2012

互联网文本语音展现通用描述规范

Description guidelines for voice exhibition of web documents

2012-06-29 发布

2012-10-01 实施

中华人民共和国国家质量监督检验检疫总局
中国国家标准化管理委员会 发布

前　　言

本标准按照 GB/T 1.1—2009 给出的规则起草。

本标准由中华人民共和国工业和信息化部提出。

本标准由中国通信标准化协会归口。

本标准起草单位:北京闻言科技有限公司。

本标准主要起草人:张楠、汤海京、朱红军。

引　言

随着网络带宽的增加和移动通信技术的发展，互联网文本面临了浏览器阅读之外的新型传播方式。语音展现正是新型网络信息传播方式的一种。互联网文本描述的个性化和多样性，以及各种多媒体文件和超链接在文本中的插入，是妨碍互联网文本通过语音正确展现的主要障碍之一。因此，针对语音展现这一传播方式的需求，需要对原有的互联网文本描述规范进行相应的补充规定，以确保具有语音展现需求的网络页面能够被语音展现软件快速准确的识别。

本标准将在 HTML 及 XML 现有国家标准的基础上，建议通过置入语音展现类特殊标志的方式解决网页的正确识别和语音展现问题。

互联网文本语音展现通用描述规范

1 范围

本标准规定了具有语音展现需求的互联网文本的描述，规定了便于外部语音展现软件识别的基本文本标记。本标准主要规定中文网页的语音展现，不考虑其他语种中可能存在的特殊字符的识别和展现。

本标准适用于移动互联网及固定互联网环境下具有语音展现需求的互联网网页设计。同时普通网页设计也可参考或兼容本标准。

2 规范性引用文件

下列文件对于本文件的应用是必不可少的。凡是注日期的引用文件，仅注日期的版本适用于本文件。凡是不注日期的引用文件，其最新版本(包括所有的修改单)使用于本文件。

GB/T 18792—2002 信息技术 文件描述和处理语言 超文本置标语言(HTML)

GB/Z 21025—2007 XML 使用指南

3 符号和缩略语

3.1 符号

下列符号适用于本文件。

〈iTingWangWebItemContent〉	语音展现规范采用标签
〈iTingWangWebItemVersion〉	语音展现规范版本标签
〈iTingWangTag:title〉	网页标题标签
〈iTingWangTag:pubDate〉	网页内容发布日期标签
〈iTingWangTag:author〉	网页作者标签
〈iTingWangTag:content〉	网页正文内容标签
〈iTingWangTag:prevPage〉	网页上一页超链接标签
〈iTingWangTag:nextPage〉	网页下一页超链接标签

3.2 缩略语

下列缩略语适用于本文件。

HTML hyper text makeup language	超文本置标语言
RSS really simple syndication	内容聚合
TTL time of live	生存时间
W3C world wide web consortium	万维网联盟
XML extensible makeup language	可扩展置标语言

4 语音展现通用描述

4.1 语音展现标签

本标准将通过建议网页置入语音展现标签的方式来确保语音展现过程中的文本顺利识别。主要标签的名称已在本标准 3.1 中列出，以下将详细介绍各标签的定义、功能和用途。

4.1.1 语音展现规范采用标签

此标签用于标明随后的文本描述知悉并采用了本标准规定的语音展现描述规范。通常置于网页描述文本的开端位置，其基本形式为：

〈! -- iTingWangWebItemContent--〉

由于栏目索引页是重要标题信息的汇聚。因此此类页面无论是否置入语音展现规范采用标签，均会被识别和处理。

4.1.2 语音展现规范版本标签

此标签用于标明随后的文本描述采用的语音展现描述规范版本。以备当发生版本更新、规则修改后，遵循本标准的语音展现软件能够方便的识别和处理遵循不同版本标准的网络页面。此标签通常置于网页描述文本的开端位置，并与语音展现规范采用标签同时出现，其基本形式为：

〈! -- iTingWangWebItemversion＝X. X--〉

格式中的"X. X"为版本号，本标准的正式发布版本的版本号为 1.0。

无语音展现规范采用标签的栏目索引页也可忽略此标签。

4.1.3 网页标题标签

此标签用于标明网页描述主体部分的重要信息——网页标题。其基本形式为：

〈! -- iTingWangTag：title--〉标题文本〈! --/iTingWangTag：title--〉

由于本标准兼容 GB/Z 21025 的可扩展置标，在处理遵循 XML 4.0 及以上版本的进行描述的内容页和索引页时，允许省略"iTingWangTag"，直接采用通用标志〈title〉。

4.1.4 网页内容发布日期标签

此标签用于标明网页描述主体部分的重要信息——网页内容发布日期。其基本形式为：

〈! -- iTingWangTag：pubDate--〉日期文本〈! --/iTingWangTag：pubDate--〉

由于本标准兼容 GB/Z 21025 的可扩展置标，在处理遵循 XML 4.0 及以上版本的进行描述的内容页和索引页时，允许省略"iTingWangTag"，直接采用通用标志〈pubDate〉。

4.1.5 网页作者标签

此标签用于标明网页描述主体部分的重要信息——网页作者。其基本形式为：

〈! -- iTingWangTag：author--〉作者文本〈! --/iTingWangTag：author--〉

由于本标准兼容 GB/Z 21025 的可扩展置标，在处理遵循 XML 4.0 及以上版本的进行描述的内容页和索引页时，允许省略"iTingWangTag"，直接采用通用标志〈author〉。

4.1.6 网页正文内容标签

此标签用于标明网页正文内容。其基本形式为：

〈! -- iTingWangTag：content--〉正文内容〈! --/iTingWangTag：content--〉

由于本标准兼容 GB/Z 21025 的可扩展置标，在处理遵循 XML 4.0 及以上版本的进行描述的内容页和索引页时，允许省略"iTingWangTag"，直接采用通用标志〈content〉。

4.1.7 网页上一页超级链接标签

此标签在网页内容单页面显示不完整时，用于标记引发向上翻页动作的超文本链接。对此链接的标注和识别对语音展现过程中软件自动获取不同页面间文字内容的承继关系尤为重要。其基本形式为：

〈! --iTingWangTag:prevPage--〉上一页的超链接〈! --/iTingWangTag:prevPage--〉

由于本标准兼容 GB/Z 21025 的可扩展置标，在处理遵循 XML 4.0 及以上版本的进行描述的内容页和索引页时，允许省略“iTingWangTag”，直接采用通用标志〈prevPage〉。

4.1.8 网页下一页超级链接标签

此标签与 4.1.7 应用场合相同，在网页内容单页面显示不完整时，用于标记引发向下翻页动作的超文本链接。其基本形式为：

〈! --iTingWangTag:nextPage--〉下一页的超链接〈! --/iTingWangTag:nextPage--〉

由于本标准兼容 GB/Z 21025 的可扩展置标，在处理遵循 XML 4.0 及以上版本的进行描述的内容页和索引页时，允许省略“iTingWangTag”，直接采用通用标志〈nextPage〉。

4.2 HTML 页面的语音展现描述规范

本标准所指的 HTML 页面即在设计和维护时遵循 GB/T 18792 中基本规定的页面。

本标准建议有语音展现需求的 HTML 页面通过按照 4.1 中的定义和格式置入相应标志来实现内容识别和语音展现。

HTML 页面的具体置标示例参见附录 A。

4.3 XML 页面的语音展现描述规范

本标准所指的 XML 页面即在设计和维护时遵循 GB/Z 21025 中基本规定的页面。

本标准建议有语音展现需求的 XML 页面通过按照 4.1 中的定义和格式置入相应标志来实现内容识别和语音展现。同时本标准兼容 XML 4.0 及以上版本的可扩展置标。

XML 页面的具体置标示例参见附录 B。

4.4 栏目索引页语音展现描述规范

本标准所指的栏目索引页即普通 RSS 页，符合 RSS2.0 规范即可。由于 RSS 栏目索引页是一种有特殊用途的 XML 页面，因此其设计和维护时也应遵循 GB/Z 21025 中基本规定。

本标准建议有语音展现需求的 XML 页面通过按照 4.1 中的定义和格式置入相应标志来实现内容识别和语音展现。同时本标准兼容 XML 4.0 及以上版本的可扩展置标。

由于 RSS 栏目索引页是具有时效性的内容汇聚页面，其条目生存时间是语音展现过程中分析条目所不可或缺的信息，因此需要对〈ttl〉置标内容的识别。〈ttl〉并非本标准所规定，但本标准兼容 GB/Z 21025 中对其的规定。

栏目索引页面的具体置标示例参见附录 C。

附 录 A
（资料性附录）
HTML 页面置标示例

```
〈html〉
〈head〉
〈! -- iTingWangWebItemContent--〉                    //语音展现规范采用标签
〈! -- iTingWangWebItemVersion=1.0--〉                //语音展现规范版本标签
〈/head〉
〈body〉
〈h〉
〈! -- iTingWangTag:title--〉例子的标题〈! --/iTingWangTag:title--〉
〈/h〉
〈p〉
〈font size=2〉
〈! -- iTingWangTag:content--〉正文内容，移动听网欢迎您……〈! --/iTingWangTag:content--〉
〈/font〉
〈/p〉
〈/body〉
〈/html〉
```

其中语音展现标签汇总如下：

```
〈html〉
〈head〉
〈! -- iTingWangWebItemContent--〉
〈! -- iTingWangiTingWangWebItemversion=1.0--〉
〈/head〉
〈body〉
〈! -- iTingWangTag:title--〉标题文本〈! --/iTingWangTag:title--〉
〈! -- iTingWangTag:pubDate--〉日期文本〈! --/iTingWangTag:pubDate--〉
〈! -- iTingWangTag:author--〉作者文本〈! --/iTingWangTag:author--〉
〈! -- iTingWangTag:content--〉正文内容〈! --/iTingWangTag:content--〉
〈! -- iTingWangTag:prevPage--〉上一页的超链接〈! --/iTingWangTag:prevPage--〉
〈! -- iTingWangTag:nextPage--〉下一页的超链接〈! --/iTingWangTag:nextPage--〉
〈/body〉
〈/html〉
```

附　录　B
（资料性附录）
XML 页面置标示例

```
〈? xml version="1.0" encoding="utf-8"?〉            //该格式服务器不做处理直接
                                                    返回〈wic〉节点中的内容
〈! --iTingWangWebItemContent--〉                    //语音展现规范采用标签

〈wic〉
    〈version〉1.0〈/version〉                        //版本号
    〈title〉〈/title〉                               //标题
    〈link〉〈/link〉                                 //链接
    〈pubDate〉〈/pubDate〉                           //发布日期
    〈author〉〈/author〉                             //作者
    〈summary 〉〈/summary〉                          //概要
    〈content〉〈/content〉                           //正文
    〈comments〉                                      //评论
        〈comment〉
            〈title〉〈/title〉                       //标题
            〈pubDate〉〈/pubDate〉                   //发布日期
            〈author〉〈/author〉                     //作者
            〈content〉〈/content〉                   //正文
        〈/comment〉
        〈prevPage〉〈/prevPage〉                     //上一页链接
        〈nextPage〉〈/nextPage〉                     //下一页链接
    〈/comments〉
    〈description〉〈/description〉                   //描述
    〈prevPage〉〈/prevPage〉                         //上一页链接
    〈nextPage〉〈/nextPage〉                         //下一页链接
〈wic〉
```

附　录　C
（资料性附录）
栏目索引页置标示例

```
〈? xml version="1.0" encoding="utf-8"?〉
〈rss version="2.0"〉
〈channel〉
    〈title〉〈! [CDATA[新浪体育-焦点新闻]]〉〈/title〉                              //标题
    〈description〉〈! [CDATA[体育焦点新闻]]〉〈/description〉                      //描述
    〈link〉http://sports.sina.com.cn〈/link〉                                      //链接
    〈language〉zh-cn〈/language〉                                                  //未处理
    〈generator〉WWW.SINA.COM.CN〈/generator〉                                      //未处理
    〈ttl〉5〈/ttl〉                                                                //生存时间
    〈copyright〉〈! [CDATA[Copyright 1996-2007 SINA Inc. All Rights Reserved]]〉〈/copy-
right〉//未处理
    〈pubDate〉Tue, 17 Apr 2007 02:25:03 GMT〈/pubDate〉                            //发布日期
    〈category〉〈! [CDATA[]]〉〈/category〉                                        //未处理
    〈item〉
        〈title〉〈! [CDATA[小白白:飞在北卡上空的战斗机 Air Jordan XV]]〉〈/title〉
                                                                                  //标题
        〈link〉http://blog.sina.com.cn/u/3ec046b401000895〈/link〉                //链接
        〈author〉SINA.com〈/author〉                                              //作者
        〈guid〉http://blog.sina.com.cn/u/3ec046b401000895〈/guid〉                //未处理
        〈category〉〈! [CDATA[体育新闻]]〉〈/category〉                            //未处理
        〈pubDate〉Tue, 17 Apr 2007 02:17:05 GMT〈/pubDate〉                        //发布日期
        〈comments〉〈/comments〉                                                  //未处理
        〈description〉〈! [CDATA[]]〉〈/description〉                              //描述
    〈/item〉
    〈item〉
        〈title〉〈! [CDATA[练习赛艾伯顿五杆 147 难胜丁俊晖 神童特训不止技术]]〉〈/title〉
        〈link〉http://sports.sina.com.cn/o/2007-04-17/10112874016.shtml〈/link〉
        〈author〉SINA.com〈/author〉
        〈guid〉http://sports.sina.com.cn/o/2007-04-17/10112874016.shtml〈/guid〉
        〈category〉〈! [CDATA[体育新闻]]〉〈/category〉
        〈pubDate〉Tue, 17 Apr 2007 02:11:21 GMT〈/pubDate〉
        〈comments〉〈/comments〉
        〈description〉〈! [CDATA[    远离了国内的喧嚣，丁俊晖备战世锦赛的生活紧张有序
地进行着。好友任浩江担任斯诺克陪练，扮演对手；中方经纪人张萌带他专练篮球，强化体能，英方经纪
人盖瑞则带大家现场看足球，放松心情。....]]〉〈/description〉
```

　　〈/item〉

〈prevPage〉http://xxxxxxx/xxx〈/prevPage〉　　//上一页链接

〈nextPage〉http://xxxxx/xxxx/xxx〈/nextPage〉　　//下一页链接

〈/channel〉

〈/rss〉

ICS 33.040.01
M 19

中华人民共和国国家标准

GB/T 28508—2012

基于公用电信网的宽带客户网络总体技术要求

General technical requirements for broadband customer network based on telecommunication network

2012-06-29 发布　　2012-10-01 实施

中华人民共和国国家质量监督检验检疫总局
中国国家标准化管理委员会　发布

前　言

本标准按照 GB/T 1.1—2009 给出的规则起草。

本标准由中华人民共和国工业和信息化部提出。

本标准由中国通信标准化协会归口。

本标准起草单位：工业和信息化部电信研究院、上海贝尔股份有限公司。

本标准起草人：刘谦、陆洋、程强、陈洁、葛坚、李云洁、敖立、党梅梅、鲁林丽。

基于公用电信网的宽带客户网络总体技术要求

1 范围

本标准规定了基于公用电信网的宽带客户网络与公用电信网的连接、宽带客户网络支持的电信类业务、宽带客户网络的参考模型、宽带客户网络的功能、宽带客户网络的媒体格式、宽带客户网络的数字版权管理、宽带客户网络的编号及地址、宽带客户网络的性能、宽带客户网络设备的电气安全、宽带客户网络设备的电磁兼容、宽带客户网络设备的环保要求等。

本标准适用于电信网络提供的业务和应用通过网关在宽带客户网络内部实现的情况。

2 规范性引用文件

下列文件对于本文件的应用是必不可少的。凡是注日期的引用文件，仅注日期的版本适用于本文件。凡是不注日期的引用文件，其最新版本(包括所有的修改单)适用于本文件。

GB 4943 信息技术设备的安全

GB/T 20090.2 信息技术 先进音视频编码 第2部分：视频

YD/T 993—2006 电信终端设备防雷技术要求及试验方法

YD/T 1965 基于公用电信网的宽带客户网络设备及其辅助设备的电磁兼容性要求和测量方法

SJ/T 11310 信息设备资源共享协同服务 第1部分：基础协议

SJ/T 11363 电子信息产品中有毒有害物质的限量要求

ISO/IEC 11172-3 信息技术 码率为1.5 Mbit/s的用于数字存储媒体的活动图像及其伴音的编码 第3部分：音频(Information technology—Coding of moving pictures and associated audio for digital storage media at up to about 1,5 Mbit/s—Part 3:Audio)

ISO/IEC 13818-2 信息技术 通用活动图像及其伴音信息的编码 第2部分：视频(Information technology—Generic coding of moving pictures and associated audio information—Part 2:Video)

ISO/IEC 13818-3 信息技术 通用活动图像及其伴音信息的编码 第3部分：音频(Information technology—Generic coding of moving pictures and associated audio information—Part 3:Audio)

ISO/IEC 14496-2 信息技术 视听对象编码 第2部分：可视对象(Information technology—Coding of audio-visual objects—Part 2:Visual)

ISO/IEC 14496-3 信息技术 视听对象编码 第3部分：音频(Information technology—Coding of audio-visual objects—Part 3:Audio)

ITU-T E.164 国际公共电信编号计划(The international public telecommunication numbering plan)

ITU-T H.261 用于p×64 kbps上视听业务的视频编解码器(Video codec for audiovisual services at p×64 kbit/s)

ITU-T H.263 低比特率通信中的视频编码(Video coding for low bit rate communication)

ITU-T H.264 用于一般视听业务的高级视频编码(Advanced video coding for generic audiovisual services)

ITU-T G.711　话音频率的脉冲编码调制(Pulse code modulation (PCM) of voice frequencies)

ITU-T G.722　速率为64 kbit/s以下的7 kHz音频编码(7 kHz audio-coding within 64 kbit/s)

ITU-T G.723.1　以5.3 kbit/s和6.3 kbit/s为速率的多媒体通信的双速语音编码器(Dual rate speech coder for multimedia communications transmitting at 5.3 and 6.3 kbit/s)

ITU-T G.726　40、32、24、16 kbit/s自适应差分脉冲编码调制(ADPCM)(40,32,24,16 kbit/s adaptive differential pulse code modulation (ADPCM))

ITU-T G.728　16 kbit/s低时延的代码激励线性预测语音编码器(Coding of speech at 16 kbit/s using low-delay code excited linear prediction)

ITU-T G.729　运用共轭结构代数码线性预测激励8 kbit/s语音编码(Coding of speech at 8 kbit/s using conjugate-structure algebraic-code-excited linear prediction (CS-ACELP))

IEEE 802.1D　媒体访问控制网桥(IEEE Standard for Local and metropolitan area networks Media Access Control (MAC) Bridges)

ATSC A/52B　音频压缩(Dolby AC-3和E-AC-3)(Digital Audio Compression (AC-3) (E-AC-3) Standard)

Broadband FORUM TR-069 Amendment 2 CPE WAN管理协议(CPE WAN Management Protocol)

Broadband FORUM TR-098 Amendment 2 支持TR-069的Internet网关数据模型(Internet Gateway Device Data Model for TR-069)

SMPTE 421M　VC-1压缩视频比特流格式和解码过程(VC-1 Compressed Video Bitstream Format and Decoding Process)

UPnP UDA 1.0　UPnP™设备架构(UPnP™ Device Architecture 1.0)

3　缩略语

下列缩略语适用于本文件。

ADSL	不对称数字用户线	Asymmetric Digital Subscriber Line
ARP	地址解析协议	Address Resolution Protocol
ATSC	先进电视系统委员会	Advanced Television Systems Committee
BOSS	业务运营支撑系统	Business & Operation Support System
CAR	承诺接入速率	Committed Access Rate
CHAP	挑战握手认证协议	Challenge Handshake Authentication Protocol
DHCP	动态主机配置协议	Dynamic Host Configure Protocol
DMZ	隔离区	De-Militarized Zone
DoS	拒绝服务	Denial of Service
DRM	数字版权管理	Digital Rights Management
DSCP	差分服务代码点	Differentiated Services Code Point
EMC	电磁兼容	Electromagnetic Compatibility
EUTE	用户终端功能实体	End User Terminal Entity
FPE	功能处理实体	Functional Processing Entity
FTP	文件传输协议	File Transfer Protocol

GTS	通用流量整形	Generic Traffic Shaping
HTTP	超文本传输协议	Hyper Text Transfer Protocol
HTTPS	采用 SSL 的超文本传送协议	Hypertext Transfer Protocol with SSL
IAD	综合接入设备	Integrated Access Device
ICMP	因特网控制报文协议	Internet Control Message Protocol
IGMP	因特网组管理协议	Internet Group Management Protocol
IP	互联网协议	Internet Protocol
IPTV	网络电视	Internet Protocol Television
ITU	国际电信联盟	International Telecommunications Union
MAC	媒质访问控制	Medium Access Control
MGCP	媒体网关控制协议	Media Gateway Control Protocol
MPEG	活动图像专家组	Motion Picture Experts Group
NAE	网络接入功能实体	Network Access Entity
NAT	网络地址转换	Network Address Translation
NCE	网络核心功能实体	Network Core Entity
PAP	密码认证协议	Password Authentication Protocol
PC	个人电脑	Personal Computer
PPP	点对点协议	Point-to-Point Protocol
PPPoE	以太网承载点对点协议	Point-to-Point Protocol over Ethernet
PQ	优先级队列	Priority Queue
PSNR	峰值信噪比	Peak Signal to Noise Ratio
PSTN	公众交换电话网	Public Switched Telephone Network
PVC	永久虚连接	Permanent Virtual Connection
QoS	服务质量	Quality of Service
RMS	远程管理系统	Remote Management System
RPC	远程过程调用	Remote Procedure Call
SIP	会话初始化协议	Session Initiation Protocol
SMPTE	电影和电视工程师协会	The Society of Motion Picture and Television Engineers
SNMP	简单网络管理协议	Simple Network Management Protocol
SSH	安全壳	Security Shell
SSL	安全套接层	Secure Socket Layer
STB	机顶盒	Set-Top Box
SYN	同步	Synchronize
TCP	传输控制协议	Transmission Control Protocol
TLS	传送层安全性	Transport Layer Security
ToS	服务类型	Type of Service
UDP	用户数据报协议	User Datagram Protocol
UI	用户界面	User Interface

UPnP	通用即插即用	Universal Plug and Play
USB	通用串行总线	Universal Serial Bus
URL	统一资源定位符	Uniform Resource Locator
VLAN	虚拟局域网	Virtual Local Area Network
VoD	视频点播	Video on Demand
VoIP	在 IP 上传送语音	Voice over IP
WAN	广域网	Wide Area Network
WLAN	无线局域网	Wireless Local Area Network
WMM	Wi-Fi 多媒体	Wi-Fi MultiMedia
WRED	加权随机先期检测	Weighted Random Early Detection
WRR	加权循环调度	Weighted Round Robin

4　宽带客户网络与电信网络的连接

基于公用电信网的宽带客户网络是在客户网络内部以有线或无线方式将多个设备连接起来、并通过网关将电信网络提供的宽带业务和应用延伸到客户网络范围内的网络。

宽带客户网络与电信网络的连接如图 1 所示，宽带客户网络由网关经由接入网与电信业务平台(如语音业务平台、视频业务平台、数据业务平台)、设备管理平台和业务管理平台相连。

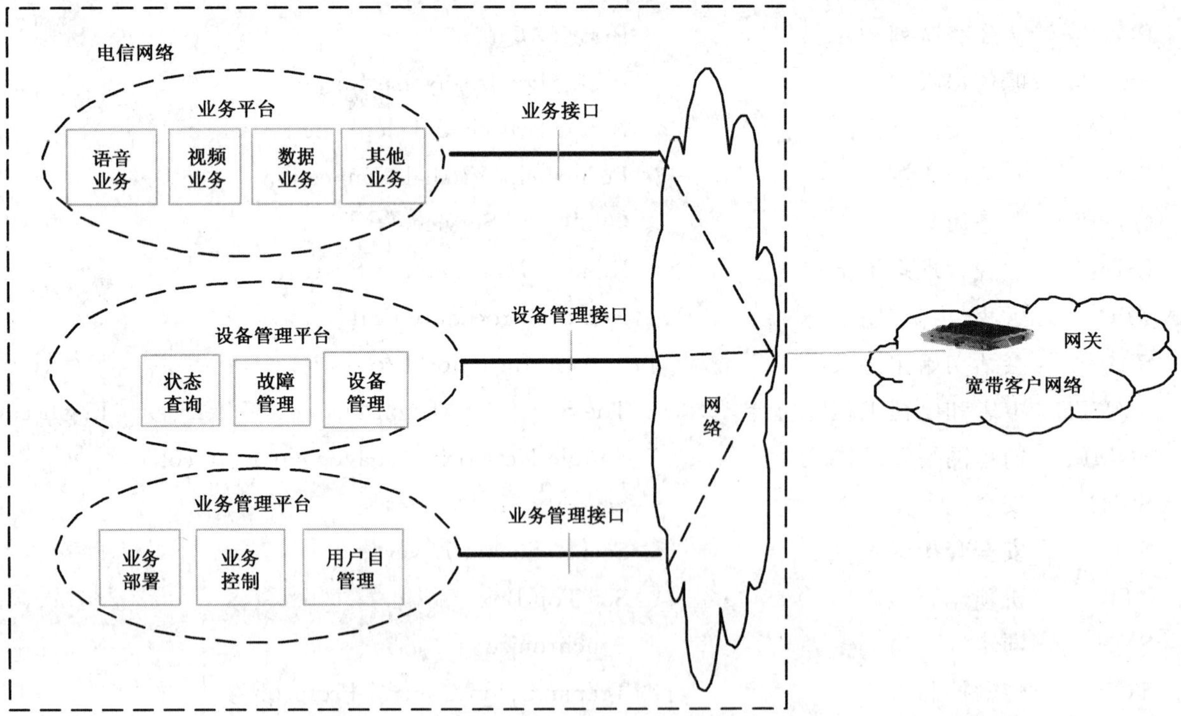

图 1　宽带客户网络与电信网络的连接

宽带客户网络和电信网络之间的信息交互有以下几种模式：

a) 宽带客户网络的设备和宽带客户网络远程管理系统进行交互，获得必须的配置和管理；
b) 宽带客户网络用户使用宽带客户网络内部设备通过网关连接到电信网络获得电信网络提供的服务；
c) 宽带客户网络用户通过电信网络所提供的资源或通道连接到其他宽带客户网络，来进行信息交互和资源共享等；
d) 远程用户通过电信网络接入到宽带客户网络内部与宽带客户网络内部设备进行资源共享和信息交互。

5 宽带客户网络支持的电信类业务

宽带客户网络所支持的信息形式包括：

a) 音频；
b) 视频；
c) 文本；
d) 数据。

宽带客户网络支持的电信类业务包括但不限于以下业务：

a) 语音业务：
    1) PSTN 电话；
    2) IP 电话；
    3) 移动电话；
    4) 固定移动融合话音业务；
    5) 语音增值业务。
b) 视频业务：
    1) IPTV；
    2) VoD；
    3) 远程教学；
    4) 可视电话；
    5) 视讯会议；
    6) 视频监控。
c) 数据业务：
    1) 互联网访问；
    2) 电子商务；
    3) 短消息；
    4) 家电控制；
    5) 远程接入业务。

目前宽带客户网络支持的业务一般受限于运营商的业务网情况，今后随着运营商业务网络的发展，宽带客户网络应具备相应的升级能力以支持新的业务。

6 宽带客户网络参考模型

宽带客户网络的参考模型如图 2 所示。宽带客户网络内部的逻辑功能实体有 4 个，包括：

a) 网络接入功能实体(Network Access Entity—NAE);

b) 网络核心功能实体(Network Core Entity—NCE);

c) 功能处理实体(Functional Processing Entity—FPE);

d) 用户终端功能实体(End User Terminal Entity—EUTE)。

NAE 负责终结接入技术。

NCE 负责完成宽带客户网络的核心功能,包括宽带客户网络内部设备的联网、远程管理、QoS、安全等。

FPE 负责 IP/非 IP 的转换,以及信令、媒体格式的转换。

EUTE 由用户直接使用,提供 UI 界面。

宽带客户网络的物理设备可以分为三类:

a) 网关;

b) 适配设备;

c) 用户终端设备。

网关实现的逻辑功能实体组合可以是 NAE+NCE 或 NAE+NCE+FPE。网关可包括家庭用宽带客户网关和企业用宽带客户网关。

适配设备可以实现 FPE。适配设备可包括 IPTV 业务适配设备、IP 电话业务适配设备等。

用户终端设备实现的逻辑功能实体组合可以是 EUTE 或 FPE+EUTE。用户终端设备可包括计算机、电视机、无线 IP 电话终端、有线 IP 电话终端等。

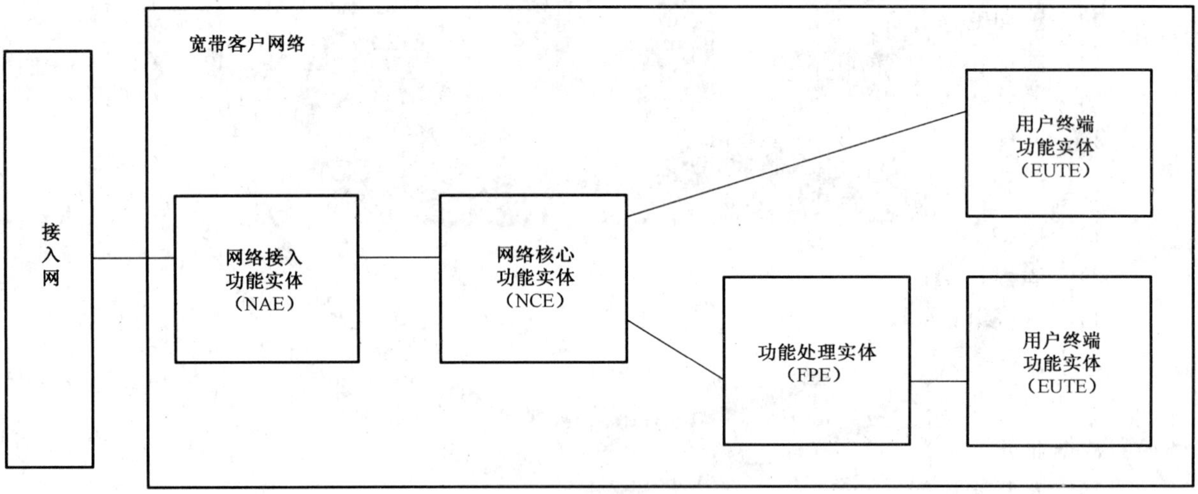

图 2 宽带客户网络参考模型

7 宽带客户网络功能要求

7.1 概述

基于电信网络的宽带客户网络应具有如下功能以支持各种电信业务、应用延伸到宽带客户网络内部:

a） 与电信网络的连接能力；
b） 宽带客户网络内部设备之间的联网能力；
c） 设备管理能力；
d） QoS 能力；
e） 安全能力；
f） 设备自动发现能力；
g） 业务处理能力；
h） 业务提供能力；
i） 设备供电能力；
j） 可扩展能力。

7.2 宽带客户网络与电信网络的连接能力

宽带客户网络可以采用各种接入方式与电信网络连接。

7.3 宽带客户网络内部设备之间的联网能力

宽带客户网络内部设备之间的联网技术应适应业务的发展，具有一定的可扩展性。宽带客户网络内部设备之间的联网技术的选择要考虑业务对带宽、QoS、以及传输距离的需求。无线联网技术还需要注意空中接口的安全性。

7.4 宽带客户网络设备管理能力

7.4.1 概述

宽带客户网络设备的管理包括：本地管理和远程管理。

7.4.2 本地管理

宽带客户网络设备应具有本地管理界面以支持本地登录以及管理与控制，该管理界面应仅限于本地使用，不能从宽带客户网络外部访问该界面。

7.4.3 远程管理

7.4.3.1 远程管理架构

宽带客户网络的远程管理由远程管理服务器(RMS)完成对网关、适配设备和特定情况下的用户终端设备的远程管理。宽带客户网络远程管理的基本配置应包括远程管理服务器、被管理设备及它们之间的 IP 通路。

网关的远程管理协议应支持 TR-069 Amendment 2，远程管理参数可参考 TR-098 Amendment 2。

适配设备和特定的用户终端设备的远程管理协议可以支持 TR-069 Amendment 2，也可以不支持 TR-069，因此其远程管理架构可以有 3 种，如图 3 所示：

a） 适配设备和特定的用户终端设备可以支持 TR-069 Amendment 2，网关工作在桥接模式；
b） 适配设备和特定的用户终端设备可以支持 TR-069 Amendment 2，网关工作在路由模式；
c） 适配设备和特定的用户终端设备不支持 TR-069，由网关代理进行管理。

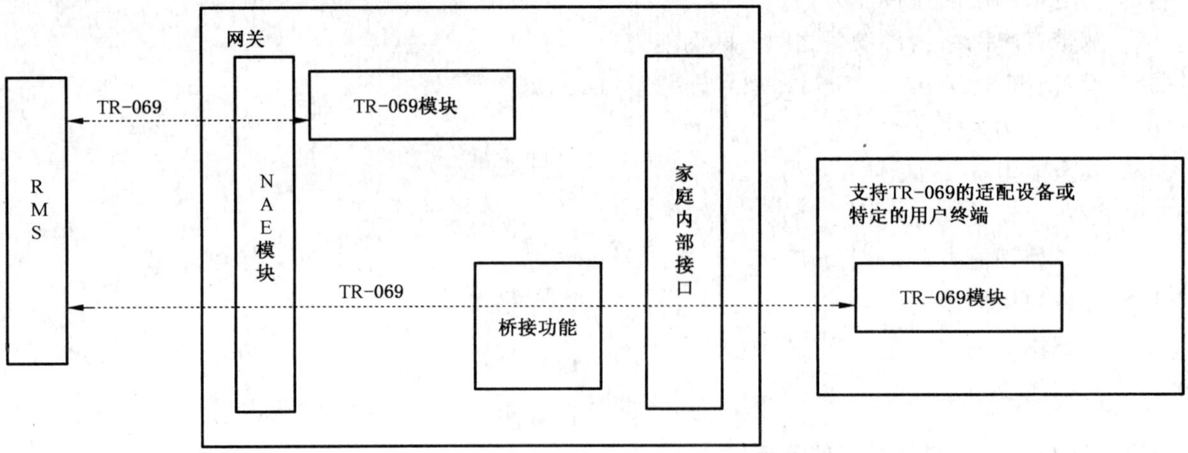

a）适配设备或特定的用户终端设备支持 TR-069 并且网关工作在桥接模式

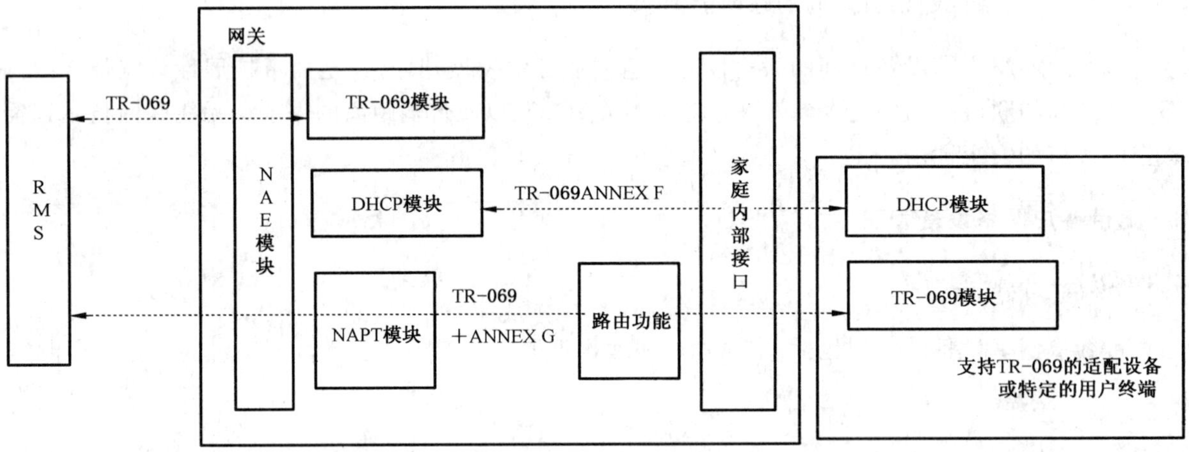

b）适配设备或特定的用户终端设备支持 TR-069 并且网关工作在路由模式

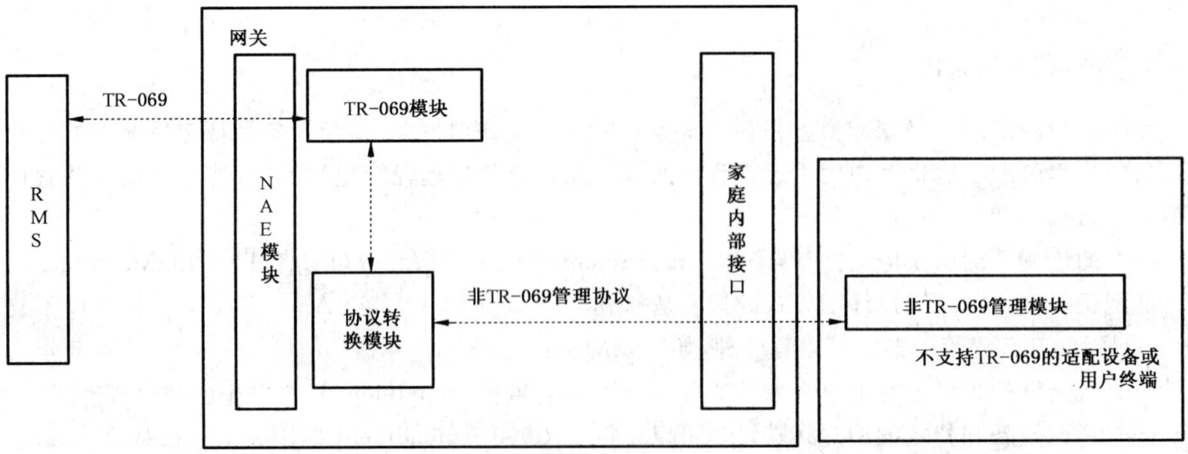

c）适配设备或特定的用户终端设备不支持 TR-069

图 3　宽带客户网络远程管理架构

7.4.3.2 远程管理协议的增补要求

被管理设备除了应支持 TR-069 Amendment 2 之外，还应支持以下特殊规定：

a) 表 1 列出的本标准所扩展的 Inform 事件。

表 1 扩展 Inform 事件

事件代码	累计行为	说明	RMS 的成功响应	重传/丢弃策略
"X CCSA OFFLINE"(可选)	单一	表明会话是由于被管理设备将关机或休眠而建立的	Inform Response	被管理设备不需重发
X CCSA ADMIN PASSWORD CHANGE	单一	修改维护管理账号的密码	Inform Response	被管理设备不应丢弃该事件
X CCSA ALARM	累计	告警主动上报	Inform Response	被管理设备不应丢弃该事件

b) 表 2 列出了本标准所要求的 RPC 方法，与 TR-069 Amendment 2 的不同之处见附录 A。

表 2 本标准对 RPC 方法的要求

方法名称	本标准规定	
	被管理设备要求	RMS 要求
被管理设备方法	应答	调用
Get RPC Methods	M	O
SetParameterValues	M	M
GetParameterValues	M	M
GetParameterNames	M	M
SetParameterAttributes	M	M
GetParameterAttributes	M	M
AddObject	M	M
DeleteObject	M	M
Reboot	M	M
Download	M	M
Upload	M	M
FactoryReset	M	M
GetQueuedTransfers	O	O
GetAllQueuedTransfers	O	O
ScheduleInform	O	O
SetVouchers	O	O

表 2（续）

方法名称	本标准规定	
	被管理设备要求	RMS 要求
GetOptions	O	O
RMS 方法	调用	应答
GetRPCMethods	O	M
Inform	M	M
TransferComplete	M	M
AutonomousTransferComplete	O	M
RequestDownload	O	O
Kicked	O	O
注：“M”表示必选支持，“O”表示可选支持。		

c） 当采用 Factory reset 方法时，被管理设备应具有保留关键参数（包括 RMS URL、被管理设备和 RMS 间认证的用户名/密码信息、承载 TR-069 的通道等）的能力，以便在进行出厂重置后能够与 RMS 进行正常连接。

7.4.3.3 远程管理内容

7.4.3.3.1 参数配置

被管理设备应支持远程管理服务系统对其进行参数配置的管理，包括：

a） 参数属性查询；

b） 参数属性配置；

c） 参数查询；

d） 参数配置；

e） 参数配置文件上传；

f） 参数配置文件下载等。

7.4.3.3.2 软件/固件管理

被管理设备应支持远程管理服务系统对其进行软件/固件版本的管理，包括：

a） 软件/固件版本的查询；

b） 软件/固件版本的升级。如果升级失败，应能恢复到原来的版本。经过升级后设备的配置参数应保持不变；

c） 上报软件/固件版本升级结果（是否成功）等。

7.4.3.3.3 性能和状态监视

被管理设备应支持远程管理服务系统对其相关性能和状态的监视，这些性能和状态包括：

a） 设备是否在线；

b） 设备关机或休眠（可选）；

c） 在宽带客户网络本地对一些设备参数的修改；

d） 本地运营商维护账号的密码修改；

e) 设备各接口的状态和性能参数；

f) 设备 IP 地址相关数据；

g) 指定设备的指定级别以上的告警上报等。

7.4.3.3.4 故障诊断

在发生故障时，被管理设备应能够支持远程管理服务系统发起的相关故障诊断的测试，并将相关测试信息上报给远程管理服务系统。故障诊断方式包括：

a) 连通性诊断测试(如 DSL 链路诊断、ping 测试等)；

b) 远程重启；

c) 远程恢复出厂配置等。

7.4.3.3.5 日志功能

被管理设备应提供记录日志，包括系统日志、访问日志、告警日志等。并提供查询、清空日志记录功能。日志文件建议为文本文件格式。

被管理设备应支持 NTP 协议，并为日志记录带上时间戳。

日志应可通过远程管理或本地管理功能获取和操作。

被管理设备掉电后日志不应丢失。

7.5 宽带客户网络的 QoS 能力

7.5.1 宽带客户网络 QoS 技术框架

基于公用电信网的宽带客户网络的 QoS 技术框架在网络中的位置如图 4 所示。

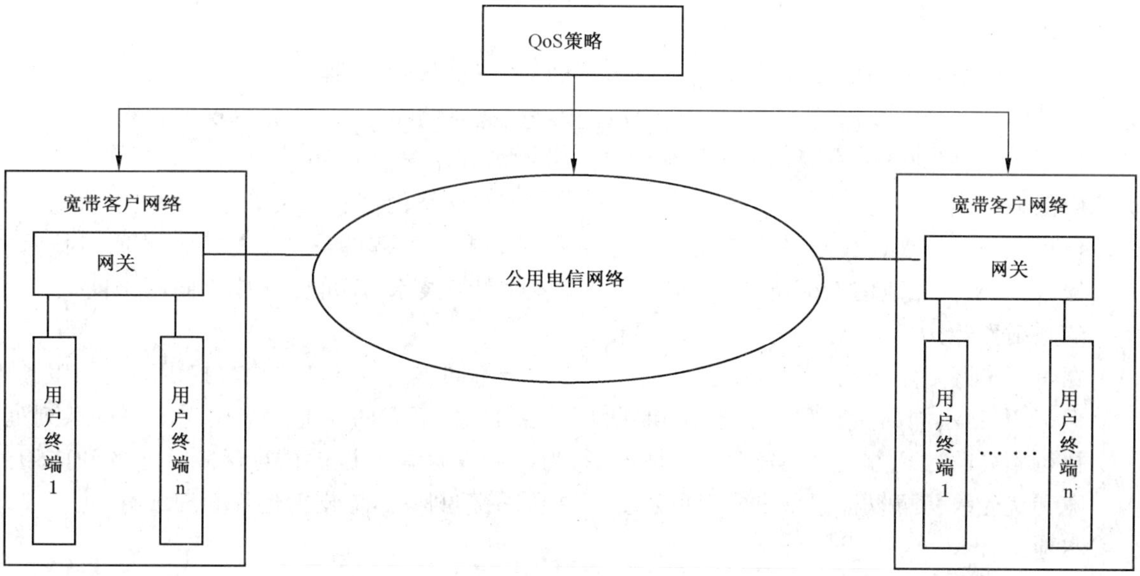

图 4 宽带客户网络 QoS 与端到端 QoS 的关系

基于公用电信网的宽带客户网络的 QoS 技术框架参考模型如图 5 所示。

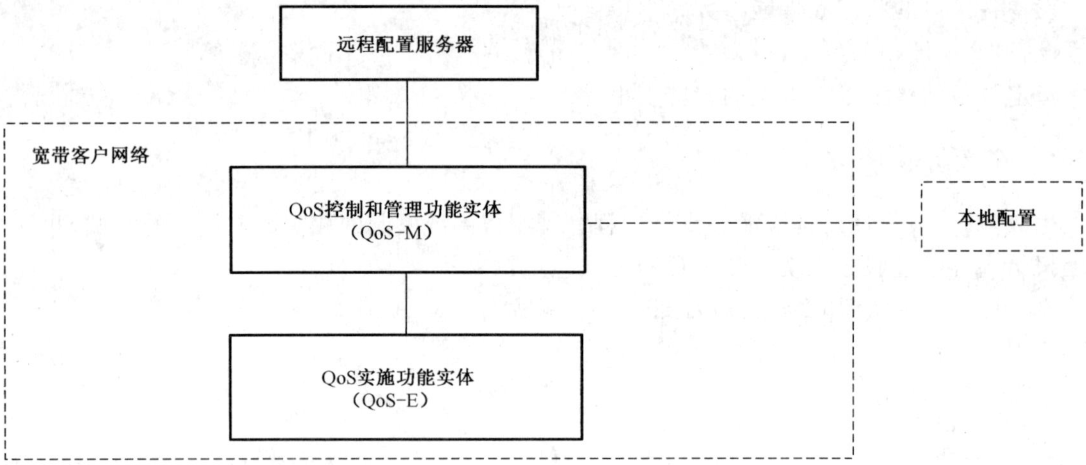

图 5　宽带客户网络 QoS 技术框架参考模型

QoS 控制和管理功能实体(QoS-M)在宽带客户网络中,负责宽带客户网络中 QoS 的控制和管理,包括 QoS 策略管理、QoS 认证、QoS 统计和分析、QoS 资源管理等。

QoS 实施功能实体(QoS-E)在宽带客户网络中,在 QoS-M 的控制下,根据 QoS 策略实施具体的 QoS 技术,包括流分类技术、流量整形技术、排队和调度技术(包括拥塞控制技术)和流标记技术,以及 QoS 统计。

远程配置服务器对宽带客户网络中的 QoS 策略进行远程配置。

QoS-M 的 QoS 策略应支持通过远程配置服务器进行远程配置,也可以通过本地配置。

在宽带客户网络中,实现 QoS-M 和 QoS-E 的设备主要是网关,还可以包括适配设备和特定情况下的用户终端设备(如:运营商定制的某些用户终端设备、具有适配功能的某些用户终端设备等)。

7.5.2　宽带客户网络的 QoS 能力概述

在宽带客户网络中应用的 QoS 保证技术应支持的功能包括以下几种:

a)　宽带客户网络中使用的 QoS 保证技术应能够与电信网络中使用的 QoS 保证技术互联,协调工作,应能根据业务需求提供满足业务网络要求的端到端传输能力;

b)　应能兼容不同的宽带客户网络接入技术和宽带客户网络内部联网技术;应具有良好的扩展性,包括业务可扩展性和网络可扩展性。这要求宽带客户网络设备在支持不同的网络技术的时候,需要支持相应的 QoS 技术。如同时支持多种网络技术,还可以支持不同网络间 QoS 技术的映射和转换;

c)　宽带客户网络中的业务和应用应可被分类。对于不同类的业务和应用可提供不同的服务质量保证,包括不同的业务和应用走不同的上行连接通道,不同的业务和应用走不同的队列处理,执行不同的处理方式。在资源紧张情况下,为高优先级业务提供执行保障。业务和应用的带宽和优先级是可以根据用户或管理系统的要求进行调整的,应支持远程管理配置,也可以支持本地配置;

d)　在支持 WLAN 功能时应支持 WMM;

e)　建议具有 QoS 监测和统计能力,实现分类数据的统计。

7.5.3　宽带客户网络的 QoS 策略管理

网关的 QoS 策略管理要求如下:

a） 应支持流分类规则的远程配置，也可以支持本地配置。应支持在一条流分类规则中同时使用多种流分类技术的组合，应支持流分类技术的优先级；
b） 应支持流量整形技术规则的远程配置，也可以支持本地配置；
c） 应支持流标记规则的远程配置，也可以支持本地配置。应支持在一条流标记规则中同时使用多种流标记技术的组合；
d） 建议支持 QoS 统计规则的远程配置，也可以支持本地配置；
e） 应支持排队与调度技术规则的远程配置，也可以支持本地配置。

适配设备和特定情况下的用户终端设备可选支持以上 QoS 策略管理要求。

7.5.4 流分类技术要求

流分类技术是指采用一定的规则识别符合某类特征的报文，它是有区别地进行服务的前提和基础。网关的流分类技术要求如下：

a） 应支持按源 IP（包括网段和范围）、目的 IP（包括网段和范围）、源端口、目的端口、物理接口（包括 SSID）进行流分类；
b） 应支持按源 MAC 地址、目地 MAC 地址、IEEE 802.1D 优先级进行流分类；
c） 应支持按 DSCP 进行流分类；
d） 应支持按协议类型（TCP/UDP/ICMP）进行流分类；
e） 可选支持通过识别业务报文，对动态业务进行流分类。例如通过识别 SIP 报文，提取呼叫语音流的 IP 地址/UDP 端口号信息，并施加已经配置的流分类策略；
f） 可选支持按 ToS 进行流分类。

适配设备和特定情况下的用户终端设备可选支持以上流分类要求。

7.5.5 流量整形技术要求

流量整形技术是指通过流量监管，根据不同的评估结果，实施预先设定好的监管动作。流量监管包括一个流的监管和多个流聚合的监管，即几个分类后的流捆绑然后限制为一个给定的流量。可通过 CAR、GTS 来实现。实施 CAR 和 GTS 时可采用队列、令牌桶的技术来控制流量。

网关的流量整形技术要求如下：

a） 应支持每个从宽带客户网络到公用电信网的流的 CAR；
b） 可选支持每个从公用电信网到宽带客户网络的流的 CAR；
c） 可选支持每个发送和接收流的 GTS。

适配设备和特定情况下的用户终端设备可选支持以上流量整形技术要求。

7.5.6 排队与调度技术

排队与调度技术的中心内容就是如何制定一个资源的调度策略，来进行不同优先级的调度。对于队列的调度，一般采用某种排队调度算法，使用一个队列将不同流进行不同优先级的发送。每种队列算法都是用以解决特定的网络流量问题，并对带宽资源的分配、延迟、抖动等有着十分重要的影响。

网关的排队与调度技术要求如下：

a） 应支持 PQ、WRR 的队列调度方式；
b） 应支持至少 4 条不同优先级的队列；
c） 应支持根据流分类结果，将数据流调度到不同的队列中；
d） 可选支持 WRED。

适配设备和特定情况下的用户终端设备可选支持以上队列与调度技术要求。

7.5.7 流标记技术要求

流标记技术是指识别出符合某类特征的报文后，为这些报文做不同的标记，以便网络的其他设备能够根据这些标记进行流分类。

网关的流标记技术要求如下：

a) 应支持使用 DSCP、IEEE 802.1D 优先级标记；

b) 可选支持使用 ToS、VLAN ID、PVC 标记。

适配设备和特定情况下的用户终端设备可选支持以上流标记技术要求。

7.5.8 QoS 统计要求

网关和具有流分类、流量整形、排队与调度、流标记技术的适配设备、用户终端设备建议支持以下 QoS 统计功能：

a) 实施流分类技术时，建议支持分类统计采用各 QoS 流分类规则的报文总数和速率，建议支持统计条件为多种流分类技术的报文数和速率；

b) 实施 CAR 技术时，建议支持统计采用 CAR 技术时的当前流量值、被限制的报文总数和被限制的流量值；

c) 实施排队与调度技术时，建议支持统计各队列已处理的报文总数和速率，当前队列中待处理的报文数、当前处理速率和权重；

d) 实施流标记技术时，建议支持分类统计采用各 QoS 流标记规则的报文总数和速率，建议支持统计条件为多种流标记技术的报文数和速率。

7.5.9 QoS 性能要求

网关应满足以下性能指标：

a) 实施流分类技术时，流分类的误差率不大于设备标称的报文处理误差率；

b) 实施流分类技术时，设备的线性转发能力不低于设备实施流分类技术之前的线性转发能力的 95%；

c) 实施 CAR 技术时，流量控制误差小于±5%；

d) 实施 WRR 队列调度技术时，权重控制误差小于±5%；

e) 实施流标记技术时，网关的线性转发能力不低于设备实施流标记技术之前的线性转发能力的 95%。

7.6 宽带客户网络的安全能力

7.6.1 内部联网安全

7.6.1.1 有线联网技术

对于家庭内部和外部网络共享媒质的有线联网技术(例如电力线、同轴电缆等)，应在宽带客户网络与公用电信网络线路的边界处进行滤波，防止家庭内部通信信号泄露到公用电信网络中。

7.6.1.2 无线联网技术

对于 WLAN、蓝牙等使用无线媒质的联网技术，应支持通信双方链路层的认证和数据加密功能。对于支持 WLAN 的网关，还应支持对其 WLAN 无线信号的发送功率和工作信道的设定，以及 SSID 隐藏的功能。

7.6.2 IP 访问安全

7.6.2.1 防火墙功能

7.6.2.1.1 概述

作为宽带客户网络与公众网络的 IP 边界设备，网关应支持 IP 防火墙，对内部 IP 网络进行隔离和保护。

7.6.2.1.2 安全等级设定

支持防火墙高中低等级设置，每个安全等级的内容可以修改。

可选支持在本地 WEB 界面配置防火墙的等级，分为高，中、低三级。

7.6.2.1.3 报文过滤

支持根据源 MAC 地址、目的 MAC 地址进行报文过滤。

支持根据源 IP 地址及范围段、目的 IP 地址及范围段进行报文过滤。

支持根据 IP 源端口及范围段、目的端口及范围段进行报文过滤。

支持根据以太网包的传输层协议类型进行报文过滤，要求有 IPoE/PPPoE/ARP 的选项。

支持根据 IP 包的传输层协议类型进行报文过滤，要求有 TCP/UDP/ICMP/TCP＋UDP/ANY 的选项。

支持对匹配规则的报文进行处理模式的选择，对匹配规则的报文的处理模式，有允许和禁止 2 种，默认为禁止模式。

7.6.2.1.4 防攻击功能

设备应支持防 DoS 攻击功能，对收到的数据包进行解析，并判断是否是 DoS 攻击，对于 DoS 攻击的报文进行防 DoS 攻击处理。

停止攻击后，设备能恢复正常工作，攻击过程中，设备不能死机。

7.6.2.1.5 防端口扫描功能

网关应支持防端口扫描功能，防止攻击者通过端口扫描试探设备上打开的端口和服务。

7.6.2.1.6 支持端口映射功能

应支持端口映射的设置，包括设置：

——目的 IP 地址采用私网地址；

——可以组合源/目的 IP 地址、协议类型(TCP、UDP)、端口或者端口范围，映射到指定的 LAN 设备的某个端口；

——支持默认应用列表，支持通用的应用协议的配置，如 FTP，HTTP 等；

——默认应用列表端口映射规则可查看、可修改；

端口映射可选支持 Port Trigger 功能，当 NAT 网关设备收到内部网络的数据包满足触发条件时，这个触发条件一般是协议端口符合预设的端口范围，就会根据预设的开放端口进行端口映射，以提供外部网络访问这些端口的能力。

7.6.2.1.7 DMZ 功能

支持 DMZ 主机。

7.6.2.2 访问控制功能

7.6.2.2.1 服务访问控制

在路由模式下网关应支持ACL规则的配置，可以配置授权的地址范围（默认为任何IP地址），可以配置访问的接口（WAN/LAN），可以配置接入方式HTTP/FTP/TELNET/SNMP/SSH，默认情况下不允许通过WAN侧访问设备。缺省情况下不允许通过WAN侧访问网关设备进行设备数据配置（TR-069协议除外）。

7.6.2.2.2 黑白名单

网关的访问控制规则可以以黑名单或者白名单方式生效。

7.6.2.3 网络防护功能

7.6.2.3.1 MAC地址限制功能

网关应能配置限制从每个用户LAN端口学习到的源MAC地址的数量。

7.6.2.3.2 组播源禁止功能

网关建议具备防止用户做源的组播，禁止向网络侧发送由用户端口发出的IGMP Query和组播数据报文。

7.6.2.3.3 协议报文抑制速率功能

网关建议具备对发往网络侧的特定协议的广播/组播包（例如DHCP，ARP，IGMP等）的速率进行抑制，并能对其他二层广播报文进行速率限制。

7.6.3 用户认证和业务安全

7.6.3.1 用户认证

应支持PAP方式的用户接入认证。在通过PPPoE方式接入时，可以通过PAP方法进行用户认证。

应支持CHAP方式的用户接入认证。在通过PPPoE方式接入时，可以通过CHAP方法进行用户认证。

应支持基于PPPoE用户账号的用户接入认证的代理。网关收到用户终端的包含用户名和密码的PPPoE上网请求后，网关终结PPPoE请求，然后使用截获的用户名和密码向网络侧发起上网请求。由网关给用户终端分配内部网络地址允许用户终端进行网络接入。如果网关收到新的用户终端使用该用户名密码拨号，那么网关直接为用户终端分配内部网络地址，不再向网络侧发起新的连接，直接使用已有的连接上网。当存在多条不同账号的网络侧PPPoE连接时，对应的用户侧账号的连接应仅绑定在相应账号的网络侧连接上。

7.6.3.2 IPTV业务认证

为了保证IPTV业务的安全，在访问IPTV业务时需要对IPTV用户进行认证。

应支持基于HTTP的基本认证。

应支持基于HTTP的摘要认证。

密码在网络上传输时应进行加密处理。

应支持业务帐号和用户标识信息的绑定认证。

7.6.3.3 VoIP 业务认证

基于 SIP 协议的 VoIP 客户端在注册时应支持摘要认证。

基于 MGCP 协议的 VoIP 客户端在注册时应支持用户认证。

7.6.3.4 信息过滤

宽带客户网络需要对网络上的不良信息(如淫秽、色情、暴力等对青少年健康成长不利的信息)、垃圾信息(如垃圾邮件、垃圾短信、垃圾多媒体信息)进行有效过滤。

信息过滤功能可选择安装在网关上,也可以选择安装在其他网元上。

宽带客户网络设备初始化并获取 IP 地址后,应根据远程管理服务器的要求下载访问网络的安全配置,并根据这些配置来允许和禁止访问相关网络。

网关应具有网址过滤(以黑白名单形式提供)的功能。文本过滤或/和图像过滤等可以在第三方设备实现,可选在网关中提供。

宽带客户网络还可具备应用程序管理、时间管理、移动介质管理等辅助过滤功能,以及权限管理、日志管理、过滤等级设定、远程告知、远程控制、软件升级和帮助等功能。

7.6.4 设备管理安全

7.6.4.1 设备认证

远程管理服务系统对宽带客户网络进行远程管理之前,宽带客户网络设备应该对远程管理服务系统执行设备认证,认证的方式包括:

——基于 HTTP 的基本认证;

——基于 HTTP 的摘要认证;

——基于 SSL/TLS 的证书认证(可选)。

7.6.4.2 安全日志

网关应具有独立的防火墙日志,该防火墙日志记录违背防火墙规则的网络行为,每条记录应该打上时间戳。防火墙日志应该至少能够包含 100 条记录。

防火墙日志应不能被人工修改、删除,除非被复位至出厂/默认配置。

7.6.4.3 安全管理

网关设备应该具有两种权限进行不同的本地维护管理功能:普通用户管理权限和管理员本地管理权限。

普通用户管理权限可以对宽带客户网络设备的一些非重要参数进行配置和查询。

管理员本地维护管理权限可以对宽带客户网络设备的重要参数进行配置和查询。

7.6.5 安全性能要求

对于启用安全功能的宽带客户网络设备(例如,网关),其转发性能与未启用安全功能相比不应有显著下降。

7.7 宽带客户网络的设备自动发现能力

宽带客户网络的内部设备若具备自动发现和自动配置功能时,应当遵从 SJ/T 11310 或 UPnP UDA 1.0 等标准的规定。

7.8 宽带客户网络的业务处理能力

宽带客户网络不仅仅是业务的承载网络，同时还要具有业务处理能力。例如 VoIP 的业务处理能力，IPTV 的业务处理能力等。

7.9 宽带客户网络的业务提供能力

宽带客户网络应提供远程用户的外部访问，并提供如视频监控、信息家电远程控制、家庭网站等业务的能力。

7.10 设备供电能力

如果宽带客户网络支持特殊业务需要不中断供电，宽带客户网络相关设备应具有后备电源，或具有远程供电功能以满足特殊业务的需求。

7.11 宽带客户网络的可扩展能力

宽带客户网络上将不断地引入新业务，因此宽带客户网络应具有可扩展能力以支持新的业务。

8 宽带客户网络的媒体格式

8.1 概述

宽带客户网络若支持某种电信业务，则应符合该业务系统对于媒体的相应要求，包括编解码器的支持、媒体格式、码流速率和媒体质量(如峰值信噪比 PSNR)等。

8.2 非会话型业务编码要求

对于娱乐业务，如视音频点播、IPTV 等，一般选用压缩比较高，输出质量较好的编码标准。这类编码标准的复杂度和时延也较大。

视频方面，满足需求的编码标准有 GB/T 20090.2、ISO/IEC 13818-2 的 MPEG-2、ISO/IEC 14496-2 的 MPEG-4、ITU-T H.264 和 SMPTE 421M 的 VC1 等，宽带客户网络的适配设备应该根据业务的需要选择这些编码标准的合适档次(profile)和级别(level)。

音频方面，满足需求的编码标准有 ISO/IEC 11172-3 中的 MPEG-1 Audio、ISO/IEC 13818-3 的 MPEG-2 Audio 和 ISO/IEC 14496-3 的 MPEG-4 Audio，以及 ATSC A/52B 的 Dolby AC-3 等，宽带客户网络的适配设备应该根据业务的需要选择这些编码标准的合适档次(profile)和级别(level)。

8.3 会话型业务编码要求

而对于实时的会话型业务，如可视电话和视频会议等，则需要选用低复杂度低时延的编码器，如 ITU-T H.261、ITU-T H.263 的 Profile 0/1/2、ISO/IEC 14496-2 的 MPEG-4 Simple Profile 和 ITU-T H.264 的 Baseline Profile 等。实时会话业务中常用的音频编码主要完成语音的编码功能。常用的语音编码标准有 ITU-T G.711、ITU-T G.722、ITU-T G.723.1、ITU-T G.726、ITU-T G.728、ITU-T G.729 以及 ISO/IEC 14496-3 MPEG-4 Audio 的 Speech Profile/MAUP Profile。

9 宽带客户网络的数字版权管理

数字版权管理(DRM，Digital Rights Management)是保护多媒体内容免受未经授权的播放、复制、修改的机制。

为支持各内容提供商(CP,Content Provider)的DRM功能,宽带客户网络中的相关设备(例如:机顶盒)应该含有相应的DRM处理模块。

建议在宽带客户网络内部考虑对媒体内容共享进行管理的机制。

10 宽带客户网络的编号及地址

10.1 编号

宽带客户网络中用户可能以各种身份接入到电信业务网络中,有些电信业务网络可能还需要用户具有应用层的编号和标识,这些终端或用户所具有的应用层编号和标识服从于电信业务网络中关于编号和标识的相关规定。目前的编号方式有以下两种,不排除将来采用新的编号方式:

——E.164编号;

——文本标识。

10.2 地址

10.2.1 概述

宽带客户网络中不仅那些传统的互联网接入设备、通信设备需要分配地址,各种家电设备要加入到网络中并进行通信也需要相应的编址。

10.2.2 IP域的设备编址

10.2.2.1 概述

IP域的宽带客户网络设备编址有两种选择:IPv4编址和IPv6编址。宽带客户网络设备应支持IPv4地址。建议宽带客户网络设备支持IPv6地址。

10.2.2.2 IPv4编址

采用IPv4对宽带客户网络中的设备编址,宽带客户网络设备可以使用私网地址或公网地址。当采用私网地址时,为隔离开宽带客户网络和公用电信网络,需要在宽带客户网络的边界处设置NAT和(或)防火墙,NAT和防火墙设备则需要分配一个或一组公网地址或者上一级的私网地址(划分多级私网时),宽带客户网络内部的设备经过NAT的地址翻译与公用电信设备进行通信。

10.2.2.3 IPv6编址

采用IPv6编址方案。每个宽带客户网络终端设备都拥有一个IPv6地址,同一宽带客户网络内部的终端应分配连续的IPv6地址。

10.2.3 非IP域的设备编址

宽带客户网络中非IP域的设备比如各种简单电气设备、监控设备等的编址方式有待进一步研究。

11 宽带客户网络的性能

宽带客户网络的引入不应给用户带来业务服务质量的下降。

12 宽带客户网络设备电气安全要求

宽带客户网络的设备放置在用户室中，应满足 GB 4943 的相关要求。过电压和过电流的要求应满足 YD/T 993 的相关要求。

13 宽带客户网络设备 EMC 要求

宽带客户网络设备应满足 YD/T 1965 的相关要求。

14 宽带客户网络设备环保要求

宽带客户网络设备应满足 SJ/T 11363 中的相关要求。

如宽带客户网络设备在家庭中应用，其日常的能耗对环境负荷将十分重要，应尽量采用低能耗设计方案。宽带客户网络设备的能耗要求将在相应系列标准中规定。

附 录 A
（资料性附录）
本标准对 RPC 方法的要求与 TR-069 Amendment 2 的区别

表 A.1 列出了本标准对 RPC 方法的要求及与 TR-069 Amendment 2 的区别。

表 A.1 本标准对 RPC 方法的要求及与 TR-069 规定的区别

方法名称	本标准规定		TR-069 规定	
	被管理设备要求	RMS 要求	被管理设备要求	RMS 要求
被管理设备方法	应答	调用	应答	调用
GetRPCMethods	M	O	M	O
SetParameterValues	M	M	M	M
GetParameterValues	M	M	M	M
GetParameterNames	M	M	M	M
SetParameterAttributes	M	M	M	O
GetParameterAttributes	M	M	M	O
AddObject	M	M	M	O
DeleteObject	M	M	M	O
Reboot	M	M	M	O
Download	M	M	M	M
Upload	M	M	O	O
FactoryReset	M	M	O	O
GetQueuedTransfers	O	O	O	O
GetAllQueuedTransfers	O	O	O	O
ScheduleInform	O	O	O	O
SetVouchers	O	O	O	O
GetOptions	O	O	O	O
RMS 方法	调用	应答	调用	应答
GetRPCMethods	O	M	O	M
Inform	M	M	M	M
TransferComplete	M	M	M	M
AutonomousTransferComplete	O	M	O	M
RequestDownload	O	O	O	O
Kicked	O	O	O	O
注：“M”表示必选支持，“O”表示可选支持。				

参 考 文 献

[1] HGI Home Gateway Technical Requirements:Residential Profile Version 1.0,29/04/2008.
[2] YD/T 1448—2006 基于公用电信网的宽带客户网络总体技术要求.
[3] YD/T 1814—2008 基于公用电信网的宽带客户网络的远程管理 第1部分:总体.
[4] YD/T 1964—2009 基于公用电信网的宽带客户网络服务质量(QoS)技术要求.
[5] YD/T 2095—2010 基于公用电信网的宽带客户网络安全技术要求.

ICS 33.040.50
M 42

中华人民共和国国家标准

GB/T 28509—2012

绝缘外径在 1 mm 以下的极细同轴电缆及组件

Ultrafine coaxial cables with insulation diameter below 1 mm and cable assemblies

2012-06-29 发布　　2012-10-01 实施

中华人民共和国国家质量监督检验检疫总局
中国国家标准化管理委员会　发布

前　言

本标准按照GB/T 1.1—2009给出的规则起草。

本标准由中华人民共和国工业和信息化部提出。

本标准由中国通信标准化协会归口。

本标准起草单位：中国普天信息产业股份有限公司、华为技术有限公司、北京通和实益电信科学技术研究所有限公司。

本标准主要起草人：代康、肖飚、张天明、龙永会、甘露、邓庆龙、李泽。

绝缘外径在 1 mm 以下的极细同轴电缆及组件

1 范围

本标准规定了绝缘外径在 1 mm 以下的极细同轴电缆(以下简称电缆)及组件(以下简称组件)的要求、试验方法、检验规则、标志和包装等要求。

本标准适用于通讯设备或类似电子装置内部模块间或设备之间工作频率范围为 DC～6 000 MHz 的短距离连接电缆及由此类电缆与连接器组成的组件。

2 规范性引用文件

下列文件对于本文件的应用是必不可少的。凡是注日期的引用文件,仅注日期的版本适用于本文件。凡是不注日期的引用文件,其最新版本(包括所有的修改单)适用于本文件。

GB/T 2951.13—2008 电缆和光缆绝缘和护套材料通用试验方法 第 13 部分:通用试验方法 密度测定方法 吸水试验 收缩试验(IEC 60811-1-3:2001,IDT)

GB/T 6995.2—2008 电线电缆识别标志方法 第 2 部分:标准颜色

GB/T 8815—2008 电线电缆用软聚氯乙烯塑料

GB/T 11327.1—1999 聚氯乙烯绝缘聚氯乙烯护套低频通信电缆电线 第 1 部分:一般试验和测量方法(IEC 60189-1:1986,NEQ)

GB/T 17737.1—2000 射频电缆 第 1 部分:总规范 总则、定义、要求和试验方法(IEC 61196-1:1995,IDT)

GB/T 17738.1—1999 射频同轴电缆组件 第 1 部分:总规范 一般要求和试验方法(IEC 60966-1:1988,IDT)

GJB 360A—1996 电子及电气元件试验方法

GJB 1215A—2005 射频电缆组件通用规范

SJ/T 11363 电子信息产品中有毒有害物质的限量要求

SJ/T 11365 电子信息产品中有毒有害物质的检测方法

3 术语和定义

GB/T 17737.1—2000 和 GB/T 17738.1—1999 中界定的术语和定义适用于本文件。

4 产品分类

4.1 电缆

4.1.1 电缆型号

电缆型号由型式代号、规格代号两部分组成。型式代号见表 1,规格代号见表 2。

4.1.2 电缆标记

电缆标记由电缆型号和标准号组成。

示例 1：内导体由直径为0.025 mm的镀银铜合金线绞合而成，实心可熔性全氟烷氧基共聚物绝缘外径为0.20 mm、镀银铜合金线缠绕外导体结构、可熔性全氟烷氧基共聚物护套、标称特性阻抗45 Ω的单芯电缆标记为：

UCF1F1-45-0.20-11 GB/T 28509—2012

示例 2：内导体由直径为0.025 mm的镀银铜合金线绞合而成，实心可熔性全氟烷氧基共聚物绝缘外径为0.20 mm、镀银铜合金线缠绕外导体结构、可熔性全氟烷氧基共聚物单芯电缆护套、聚对苯二甲酸乙二醇酯薄膜粘结外护套、标称特性阻抗45 Ω的5芯带状电缆标记为：

UCF1F1PET-45-0.20-11×5F GB/T 28509—2002

表 1 电缆型式代号及含义

分类		绝缘		护套		标称特性阻抗	
代号	含义	代号	含义	代号	含义	代号	含义
UC	绝缘外径在1 mm以下的同轴电缆	F1	实心可熔性全氟烷氧基共聚物	F1	可熔性全氟烷氧基共聚物	-42	42 Ω
		F2	实心聚全氟乙丙烯	F2	聚全氟乙丙烯	-45	45 Ω
		F3	泡沫可熔性全氟烷氧基共聚物	F7	乙烯-四氟乙烯共聚物	-50	50 Ω
		F4	泡沫聚全氟乙丙烯	A	镀铜聚对苯二甲酸乙二醇酯薄膜	-75	75 Ω
		F5	泡沫皮可熔性全氟烷氧基共聚物	PET	聚对苯二甲酸乙二醇酯薄膜		
		F6	泡沫皮聚全氟乙丙烯	V	柔软型聚氯乙烯		
		F0	氟塑料薄膜绕包烧结	F0	氟塑料薄膜绕包烧结		

注1：可熔性全氟烷氧基共聚物简称为PFA、聚全氟乙丙烯简称为FEP、聚对苯二甲酸乙二醇酯简称为PET、乙烯-四氟乙烯共聚物简称为ETFE。

注2：带状电缆护套通常采用聚对苯二甲酸乙二醇酯薄膜粘贴形式。

注3：聚对苯二甲酸乙二醇酯用于护套时允许采用自粘型薄膜绕包形式。

注4：多芯圆形电缆护套材料的表述形式为“单芯电缆护套材料代号”+“外护套材料代号”，单芯电缆没有护套时则直接给出外护套材料代号。

注5：标称特性阻抗除了上述值外，根据具体应用的不同可有其他值。

表 2 电缆规格代号及含义

绝缘标称直径		内导体材料及结构		外导体材料及结构		电缆芯数及补充说明	
代号	含义	代号	含义	代号	含义	代号	含义
-×.××	绝缘直径标称值，单位为毫米	-1	镀银铜或镀银铜合金绞线	1	镀银铜或镀银铜合金线单层缠绕	省略	单芯
		-2	镀银铜或镀银铜合金单线	2	镀银铜或镀银铜合金线双层缠绕		
		-3	镀锡铜或镀锡铜合金绞线	3	镀银铜或镀银铜合金线单层编织	×N	N为芯数，圆形电缆

表 2（续）

绝缘标称直径		内导体材料及结构		外导体材料及结构		电缆芯数及补充说明	
代号	含义	代号	含义	代号	含义	代号	含义
-×.××	绝缘直径标称值，单位为毫米	-4	镀锡铜或镀锡铜合金单线	4	镀银铜或镀银铜合金线双层编织	×NP	N为芯数，P表示带总屏蔽的多芯圆形电缆
		-5	镀银铜包钢绞线	5	镀锡铜或镀锡铜合金线单层缠绕		
		-6	镀银铜包钢单线	6	镀锡铜或镀锡铜合金线双层缠绕		
				7	镀锡铜或镀锡铜合金线单层编织	×NF	N为芯数，F表示带状电缆
				8	镀锡铜或镀锡铜合金线双层编织		
注：当外导体为镀层或金属箔绕(纵包)＋金属丝编织或缠绕时，在上述外导体代号前加字母“P”。							

4.1.3 常用电缆型号及主要标称结构尺寸

常用电缆型号及主要标称结构尺寸见表3。

表 3 常用电缆型号及主要标称结构尺寸

单位为毫米

电缆型号	内导体结构	绝缘直径	屏蔽结构	电缆标称尺寸
UCF1F1-50-0.12-11	7/ϕ0.016	0.12	ϕ0.02 金属丝缠绕	ϕ0.21
UCF1F1-45-0.18-11	7/ϕ0.025	0.18	ϕ0.025 金属丝缠绕	ϕ0.30
UCF1F1-50-0.20-15	7/ϕ0.025	0.20	ϕ0.025 金属丝缠绕	ϕ0.34
UCF1F1-50-0.25-15	7/ϕ0.030	0.25	ϕ0.03 金属丝缠绕	ϕ0.38
UCF1F1-50-0.32-11	7/ϕ0.040	0.32	ϕ0.04 金属丝缠绕	ϕ0.50
UCF1F2-50-0.40-13	7/ϕ0.050	0.40	ϕ0.05 金属丝编织	ϕ0.81
UCF2F2-50-0.69-13	7/ϕ0.080	0.69	ϕ0.05 金属丝编织	ϕ1.13
UCF2F2-50-0.89-13	7/ϕ0.102	0.89	ϕ0.05 金属丝编织	ϕ1.37
UCF2F1-50-0.80-63	ϕ0.26	0.80	ϕ0.05 金属丝编织	ϕ1.25
UCF2F1-75-0.84-63	ϕ0.16	0.84	ϕ0.05 金属丝编织	ϕ1.48
UCF2F1-75-0.66-63	ϕ0.12	0.66	ϕ0.05 金属丝编织	ϕ1.32
UCF1F1F1-42-0.17-15×40	7/ϕ0.025	0.17	ϕ0.03 金属丝缠绕	ϕ0.29/ϕ2.50
UCF1F1F1-42-0.17-15×60	7/ϕ0.025	0.17	ϕ0.03 金属丝缠绕	ϕ0.29/ϕ2.90
UCF1F1F1-42-0.17-15×100	7/ϕ0.025	0.17	ϕ0.03 金属丝缠绕	ϕ0.29/ϕ3.80
UCF1F1F1-50-0.20-15×40	7/ϕ0.025	0.20	ϕ0.03 金属丝缠绕	ϕ0.34/ϕ2.90
UCF1F1F1-50-0.20-15×60	7/ϕ0.025	0.20	ϕ0.03 金属丝缠绕	ϕ0.34/ϕ3.40
UCF1F1F1-50-0.20-15×100	7/ϕ0.025	0.20	ϕ0.03 金属丝缠绕	ϕ0.34/ϕ4.30

表 3（续） 单位为毫米

电缆型号	内导体结构	绝缘直径	屏蔽结构	电缆标称尺寸
UCF1F1F1-50-0.24-15×40	7/ϕ0.030	0.24	ϕ0.03 金属丝缠绕	ϕ0.35/ϕ2.90
UCF1F1F1-50-0.24-15×60	7/ϕ0.030	0.24	ϕ0.03 金属丝缠绕	ϕ0.35/ϕ3.50
UCF1F1F1-50-0.24-15×100	7/ϕ0.030	0.24	ϕ0.03 金属丝缠绕	ϕ0.35/ϕ4.50
UCF1F1V-50-0.12-11×196P	7/ϕ0.016	0.12	ϕ0.02 金属丝缠绕	ϕ0.205/ϕ4.40
UCF1F1PET-50-0.25-11×20F UCF1F1PET-50-0.25-11×30F UCF1F1PET-50-0.25-11×40F UCF1F1PET-50-0.25-11×50F UCF1F1PET-50-0.25-11×60F	7/ϕ0.030	0.24	ϕ0.03 金属丝缠绕	单芯电缆护套外径：0.31 相邻单芯电缆中心距(*P*)：0.50 电缆总宽度(*W*)：(芯数＋1)×*P* 电缆厚度(*T*)：0.5
注 1：内导体结构中"/"前的数字表示绞合导体中单丝根数，"/"后的数字表示单丝直径。 注 2：电缆标称尺寸中"/"前的数字表示单芯电缆直径，"/"后的数字表示电缆直径。				

4.2 组件

4.2.1 组件命名规则

4.2.1.1 单芯电缆组件命名规则

单芯电缆组件命名规则见图 1，其中常用电缆代号见附录 D。

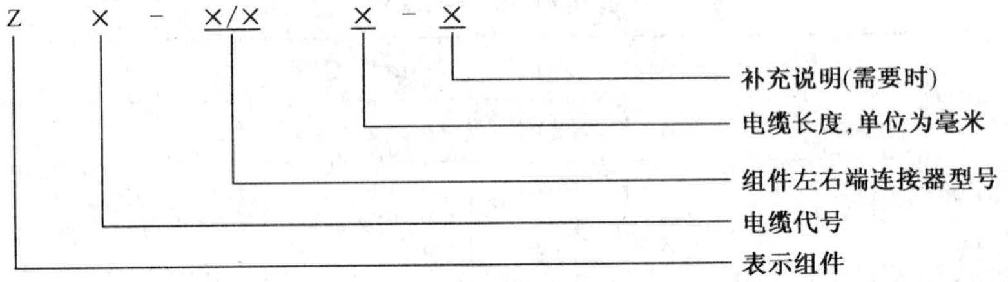

图 1 单芯电缆组件型号及其中各代号含义

组件只有一端有连接器时，组件命名应符合下述要求：

a) 组件左右端连接器型号中只需要给出连接器型号。

b) 组件另一端需要剥离出导体和绝缘层时应使用"补充说明"代号加以说明，说明方法为" C "＋内导体露出绝缘层的长度(单位为毫米)/绝缘层露出外导体层的长度(单位为毫米)/外导体层露出护套层的长度(单位为毫米)。

示例：C3/2/3

c) 组件另一端与其他元件连接时应使用"补充说明"代号加以说明，说明方法为"A—"＋元件的型号规格或代号。

4.2.1.2 多芯电缆组件命名规则

多芯电缆组件命名规则见图 2，其中常用电缆代号见附录 D。

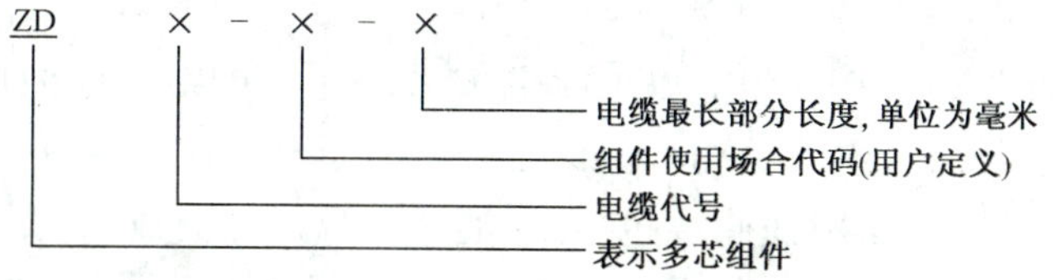

图 2　多芯电缆组件型号及其中各代号含义

4.2.2　组件标记与示例

产品标记由组件代号和标准号组成。

示例：Z1001-SMA/SMA-100　GB/T 28509—2012

5　要求

5.1　电缆

5.1.1　内导体

5.1.1.1　内导体结构

内导体分为实心内导体和绞合内导体两类。

5.1.1.2　实心内导体

5.1.1.2.1　由一根圆形截面的镀银铜线或镀银铜合金线、镀锡铜线或镀锡铜合金线、镀银铜包钢线等五种材料之一制成。

5.1.1.2.2　导体外观应圆整光亮、无机械损伤，镀层均匀连续并具有良好的附着性。

5.1.1.2.3　成品电缆中内导体不允许有接头。

5.1.1.3　绞合内导体

5.1.1.3.1　由七根相同材质和直径的圆形截面金属丝绞合而成，金属丝的材质为镀银铜线或镀银铜合金线、镀锡铜线或镀锡铜合金线、镀银铜包钢线等五种材料之一制成。

5.1.1.3.2　绞合实用节径比应小于 15。

5.1.1.3.3　绞线外观应圆整光亮、无机械损伤，金属丝镀层均匀连续并具有良好的附着性。

5.1.1.3.4　成品电缆中内导体不允许有接头和缺股。

5.1.2　绝缘

5.1.2.1　绝缘材料

绝缘应选用符合附录 A 规定的可熔性全氟烷氧基共聚物(PFA)或聚全氟乙丙烯(FEP)，采用氟塑料薄膜绕包时其性能应使成品电缆性能满足本标准规定。

5.1.2.2　绝缘结构

绝缘结构可分为四类：

a)　实心绝缘；

b) 泡沫绝缘；

c) 泡沫皮绝缘：绝缘外径在0.5 mm以上时也可采用泡沫皮结构即内层为泡沫，外层为实心皮；或内层为实心皮，外层为泡沫结构。泡沫层和实心层宜为同一种材料；

d) 绕包烧结型绝缘采用氟塑料薄膜绕包，然后通过高温烧结而成。

5.1.2.3 绝缘外观和尺寸

绝缘应连续地挤包或绕包在内导体上，表面圆整、厚度均匀，其厚度应能使成品电缆性能满足本标准规定。

5.1.2.4 绝缘颜色

绝缘颜色宜为绝缘材料的本色。用户有特殊要求时允许采用其他颜色。

5.1.2.5 绝缘粘结性

绝缘应粘结在内导体上，以防止潮气侵入；但绝缘不应粘结过紧，当制作接头需除掉绝缘层时，绝缘层应能完全地从内导体上剥离下来且不导致内导体断裂。

5.1.2.6 绝缘收缩

从成品电缆上取下的绝缘芯线，应无明显的常温收缩现象，且热收缩率不超过3%。

5.1.3 外导体

5.1.3.1 外导体结构型式

外导体结构分为缠绕和编织两类。有特殊要求时允许在缠绕或编织前在绝缘表面镀一金属薄层或包一层金属/塑料复合箔。

5.1.3.2 缠绕外导体

5.1.3.2.1 外导体采用圆形截面的镀银铜(合金)丝或镀锡铜(合金)丝螺旋缠绕而成，缠绕丝标称直径应符合表3要求。表3规定之外的其他规格电缆其缠绕丝标称直径宜不大于内导体直径的1/3。

5.1.3.2.2 缠绕外导体分单层缠绕和双层缠绕两类，双层缠绕时两层的缠绕方向宜相反。

5.1.3.2.3 单层缠绕的覆盖率应大于90%；双层缠绕时内外层的覆盖率均应大于80%。

5.1.3.2.4 缠绕层应圆整、无背股和缠绕丝断裂现象。

5.1.3.3 编织外导体

5.1.3.3.1 外导体采用圆形截面的镀银铜(合金)丝或镀锡铜(合金)丝编织而成，编织丝标称直径应符合表3要求。表3规定之外的其他规格电缆的编织丝标称直径宜不大于内导体直径的1/3。

5.1.3.3.2 编织外导体分单层编织和双层编织两类。

5.1.3.3.3 单层编织时编织密度应大于90%；双层编织时各层编织密度均应大于80%。

5.1.3.3.4 编织层不允许出现断层，编织层中单线断线后的连接应为编入，整体编织层不允许接续。

5.1.4 单芯电缆护套

5.1.4.1 护套分类

单芯电缆的护套分为挤包型护套和绕包型护套两类。

5.1.4.2 挤包型护套

5.1.4.2.1 护套材料应选用符合附录B规定的可熔性全氟烷氧基共聚物(PFA)或聚全氟乙丙烯(FEP)塑料,用户有特殊要求时允许选用其他氟聚合物材料;采用薄膜材料时其性能应使成品电缆性能满足本标准规定。

5.1.4.2.2 护套应连续地挤包在外导体上,护套层应紧包屏蔽层但不粘着,易于剥离。

5.1.4.2.3 护套应经受挤塑生产线上的火花试验,所用电压为直流150 V～450 V或交流100 V～300 V。交付用户的电缆上不允许有火花击穿点。

5.1.4.2.4 护套表面光滑完整,无针孔、裂纹、气泡等缺陷。

5.1.4.2.5 护套颜色推荐为黑色或灰色,用户有特殊要求时允许从白、红、黄、紫、蓝、橙、绿、棕等八种颜色中任选一种颜色。颜色符合GB/T 6995.2—2008规定。

5.1.4.2.6 电缆直径应为电缆标称直径±0.02 mm,特殊情况下允许电缆制造商与用户协商确定。

5.1.4.3 绕包型护套

5.1.4.3.1 绕包材料为氟塑料薄膜、聚对苯二甲酸乙二醇酯薄膜或镀层厚度为0.004 mm～0.006 mm的镀铜聚对苯二甲酸乙二醇酯薄膜。有特殊要求时允许选用其他材料。

5.1.4.3.2 采用重叠绕包方式。

5.1.4.3.3 采用镀铜聚对苯二甲酸乙二醇酯薄膜时,金属面应向电缆内侧(即与外导体材料接触)。

5.1.4.3.4 绕包层应通过高温烧结或其他方法使绕包搭接处能粘结在一起并具有一定的防潮能力。

5.1.4.3.5 薄膜应连续地绕包在外导体上,绕包层应紧包屏蔽层但不粘着,易于剥离。

5.1.4.3.6 除带金属层薄膜绕包外,绕包层应进行火花试验,所用电压为直流150 V～450 V或交流100 V～300 V。交付用户的电缆上不允许有火花击穿点。

5.1.4.3.7 护套表面应光滑完整,无针孔、裂纹、包块等缺陷。

5.1.4.3.8 护套颜色推荐为蓝色或透明色,用户有特殊要求时允许从白、红、黄、紫、橙、绿、棕等7种颜色中任选一种颜色。颜色符合GB/T 6995.2—2008的规定。

5.1.4.3.9 电缆直径和公差由电缆制造商与用户协商确定。

5.1.5 多芯电缆

5.1.5.1 多芯电缆结构分类

多芯电缆分为带状电缆和多芯圆形电缆两类。

5.1.5.2 带状电缆

5.1.5.2.1 将多根单芯同轴电缆并列地排列成一行并用PET薄膜或镀铜PET薄膜粘成带状,其结构如图3所示。

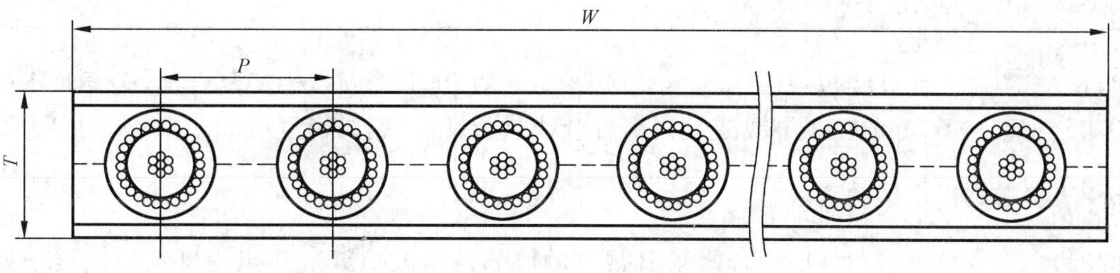

图3 带状电缆结构示意图

5.1.5.2.2　薄膜外表面应有明显的永久性线序识别标识。也允许通过单芯护套颜色来识别线序，从左至右单芯电缆护套颜色依次为黑、灰、蓝；当芯数超过 3 芯时，则按上述顺序重复使用。单芯护套颜色应符合 GB/T 6995.2—2008 的规定。

5.1.5.2.3　带状电缆厚度：标称厚度(T)±0.05 mm。

5.1.5.2.4　带状电缆中单芯电缆中心距：中心距标称值(P)±0.05 mm。

5.1.5.2.5　单芯电缆应互相平行。薄膜应牢固地粘贴在单芯电缆上，表面光滑平整，无孔洞等缺陷。

5.1.5.3　多芯圆形电缆

5.1.5.3.1　缆芯

5.1.5.3.1.1　16 芯及以下电缆缆芯宜直接由多根单芯同轴电缆同心式绞合而成。

5.1.5.3.1.2　16 芯以上的电缆缆芯宜先将若干根电缆绞合成单位，然后将若干单位绞合成缆芯。用户无特殊要求时，每个单位内单芯同轴电缆数量应尽可能相等且不宜超过 16 根。

5.1.5.3.1.3　缆芯单位或 16 芯及以下电缆缆芯中，单芯电缆护套色谱及序号见表 4。

5.1.5.3.1.4　缆芯单位外应螺旋绕扎非吸湿性扎纱，绕扎节距不大于 20 mm。扎纱色谱及单位序号见表 4。

5.1.5.3.1.5　16 芯以上的多芯圆形电缆缆芯应先将若干根电缆依序号从小至大，从内至外顺(逆)时针方向排列绞合成单位，然后将若干单位按单位序号大小从小至大，从内至外顺(逆)时针方向排列绞合成缆芯。

5.1.5.3.1.6　单芯电缆护套颜色允许只用前 10 种，采用此方案时，电缆芯数超过 10 芯时宜采用单位式结构，且构成缆芯的任一单位内单芯电缆数量不宜超过 10 芯。

表 4　单芯电缆护套色谱/单位扎纱色谱及序号

单芯电缆/单位序号	护套/扎纱颜色	单芯电缆/单位序号	护套/扎纱颜色
1	蓝	9	黄
2	橙	10	紫
3	绿	11	浅蓝
4	棕	12	浅绿
5	灰	13	浅红
6	白	14	浅黄
7	红	15	浅紫
8	黑	16	浅灰
注：同一电缆中各种颜色间应有明显的差异。			

5.1.5.3.1.7　缆芯外允许绕包一层厚度小于 0.03 mm 的 PET 薄膜或铝塑复合箔，必要时还可在薄膜外用(ϕ0.05～ϕ0.10)mm 的镀锡铜线或镀锡铜合金线进行编织，编织密度应大于 90%。

5.1.5.3.2　多芯圆形电缆护套

5.1.5.3.2.1　在缆芯外挤包一层符合附录 B 规定的可熔性全氟烷氧基共聚物(PFA)或聚全氟乙丙烯(FEP)或符合 GB/T 8815—2008 规定的 HR-70 型 PVC 护套，有特殊要求时允许选用其他材料。

5.1.5.3.2.2　外护套应光滑圆整，无针孔、裂纹、气泡等缺陷，外护套应紧包缆芯但能较容易地去除护套层。

5.1.5.3.2.3 护套颜色宜为灰色，有特殊要求时允许选用其他颜色，颜色应符合 GB/T 6995.2—2008 的规定。

5.1.5.3.2.4 外护套应经受挤塑生产线上的火花试验，所用电压为直流 150 V～450 V 或交流 100 V～300 V。交付用户的电缆上不允许有火花击穿点。

5.1.6 电缆机械物理性能与环境性能

5.1.6.1 电缆拉断力

单芯电缆或多芯电缆中的每根单芯电缆在拉伸过程中，内导体断裂时的拉力应满足使用要求，其拉断力由电缆制造商与用户协商确定。

5.1.6.2 弯折和扭转寿命

单芯电缆或多芯电缆中的每根单芯电缆其弯折和扭转寿命均宜达到以下规定：

a) 普通场合使用的电缆：1 000 次以上；

b) 频繁弯折场合使用的电缆：100 000 次以上；

c) 弯折和扭转时电缆上所承受的拉力应不小于电缆拉断力的 10%。

5.1.6.3 环保性能

电缆的环保性能应满足 SJ/T 11363 规定。

5.1.7 电气性能

5.1.7.1 内导体直流电阻

20 ℃时铜及铜合金内导体直流电阻 R(Ω/m)应满足公式(1)或公式(2)要求，铜包钢线最大电阻值为公式(1)或公式(2)计算值的 2.2 倍。

$$\text{实心内导体：} R \leqslant 0.027\,4/d_1^2 \quad \cdots\cdots (1)$$

$$\text{绞合内导体：} R \leqslant 0.003\,92/d_7^2 \quad \cdots\cdots (2)$$

式中：

d_1——单根导体直径，单位为毫米(mm)。

d_7——绞合导体中单丝直径，单位为毫米(mm)。

5.1.7.2 绝缘介电强度

内导体直径在 0.13 mm 以下的电缆，在内外导体间施加交流 200 V 或直流 300 V 电压，施加电压 3 s 内不发生击穿。内导体直径在 0.13 mm 及以上的电缆，在内外导体间施加交流 300 V 或直流 450 V 电压，施加电压 3 s 内不发生击穿。

5.1.7.3 绝缘电阻

内外导体间绝缘电阻应大于 1 000 MΩ·m，测试电压为直流 100 V，施加电压 60 s 后读数。

5.1.7.4 特性阻抗

在 10 MHz 频率下，标称特性阻抗在 75 Ω 以下时，其波动范围为±2 Ω。标称特性阻抗在 75 Ω 及以上时，其波动范围为±3 Ω。

5.1.7.5 工作电容

工作电容的工程设计用参考值见附录 C。

5.1.7.6 衰减常数

电缆衰减常数应满足表5要求。

5.1.7.7 电气连通性

电缆的内外导体在电气上应分别连通。

表5 电缆衰减常数

电缆型号	频率/MHz	衰减常数/(dB/m),20 ℃ Max
UCF1F1-50-0.12-11	0.01	7.10
UCF1F1-45-0.18-11	10	1.50
UCF1F1-50-0.20-15	1.0	0.39
	3.5	0.52
	5.0	0.55
	7.5	0.59
	10	0.63
	15	0.69
	20	0.72
UCF1F1-50-0.25-15	10	0.60
UCF1F1-50-0.32-11	100	1.40
UCF1F2-50-0.40-13	100	0.88
	900	2.78
	2 000	4.70
	3 000	5.80
UCF2F2-50-0.69-13	900	2.09
	1 500	2.73
	1 900	3.11
	2 400	3.51
	3 000	3.94
	4 000	4.53
	5 000	5.12
	5 800	5.62
	6 000	5.93
UCF2F2-50-0.89-13	1 000	1.5
	2 000	2.2
	2 400	2.6
	3 000	2.8
	4 000	3.4
	5 000	3.8
	6 000	4.3
UCF2F1-50-0.80-63	100	0.57
	900	1.61
	2 000	2.46
	3 000	3.10

表 5（续）

电缆型号	频率/MHz	衰减常数/(dB/m)，20 ℃ Max
UCF2F1-75-0.84-63	100 900	0.52 1.62
UCF2F1-75-0.66-63	100 900	0.55 1.91
UCF1F1F1-42-0.17-15×40	1 000	7.1
UCF1F1F1-42-0.17-15×60	1 000	7.1
UCF1F1F1-42-0.17-15×100	1 000	7.1
UCF1F1F1-50-0.20-15×40	1 000	6.0
UCF1F1F1-50-0.20-15×60	1 000	6.0
UCF1F1F1-50-0.20-15×100	1 000	6.0
UCF1F1F1-50-0.24-15×40	1 000	5.5
UCF1F1F1-50-0.24-15×60	1 000	5.5
UCF1F1F1-50-0.24-15×100	1 000	5.5
UCF1F1V-50-0.12-11×196P	0.010	8.6
UCF1F5-50-0.25-11×20F UCF1F5-50-0.25-11×30F UCF1F5-50-0.25-11×40F UCF1F5-50-0.25-11×50F UCF1F5-50-0.25-11×60F	10 100 1 000	0.5 1.7 5.7

5.1.8 **电缆标志**

5.1.8.1 在每段电缆的首端或末端粘贴不干胶标签，标签上应具有表明制造厂身份的唯一性标志。

5.1.8.2 电缆直径大于 3 mm 的多芯电缆或宽度大于 3 mm 的带状多芯电缆，宜在电缆表面上直接喷印可表明制造厂身份的唯一性标志。电缆标识沿电缆长度方向的间隔距离宜在 0.2 m 以内。

5.1.8.3 电缆的制造厂名和厂址、型号规格、制造日期、长度（以 m 为单位）等内容应记录在产品合格证上。

5.1.9 **交货长度**

5.1.9.1 电缆标准段长有 50 m、100 m、200 m 三种，电缆最小交货长度为 20 m。

5.1.9.2 实际长度与标称长度的最大偏差±0.5%。

5.1.9.3 允许电缆制造商与用户按双方协议规定的长度及偏差交货。

5.2 **组件**

5.2.1 **组成部件及材料**

5.2.1.1 **组件用电缆**

构成组件的电缆应符合 5.1 规定。

5.2.1.2　**连接器**

构成组件的连接器在满足本标准要求和用户补充要求的前提下,其结构尺寸应尽可能小。

5.2.1.3　**其他材料**

构成组件的其他材料如热缩管、粘胶带等材料的性能和使用方式应满足用户要求,并能使组件符合本标准要求。

5.2.2　**性能要求**

5.2.2.1　**介质耐电压**

电缆内外导体对应的接触件之间、导体接触件与金属外壳(若有时)之间、多芯电缆相邻接触件之间施加电压后 3 s 内不发生击穿或闪络放电现象。

5.2.2.2　**绝缘电阻**

连接器的插头与插座连接之后,电缆内、外导体对应的接触件之间的绝缘电阻应大于 500 MΩ,经过稳态湿热、温度冲击试验后绝缘电阻应大于 100 MΩ。

5.2.2.3　**电压驻波比(VSWR)**

在 500 MHz～3 000 MHz 时,VSWR≤1.3;在 3 001 MHz～6 000 MHz 时, VSWR≤1.5。

组件用于传输高频信号且组件长度大于 0.4 m 时,应测试电压驻波比;其他用途时为选测项目。

5.2.2.4　**眼图(可选)**

组件眼图的眼开度应大于如图 4 所示的模板。模板规定了串行信号"1"电平的容限,"0"电平的容限,上升时间、下降时间的容限,其参数为:$X_1/X_4=0.25/0.75$、$X_2/X_3=0.40/0.60$、$Y_1/Y_2=0.20/0.80$。

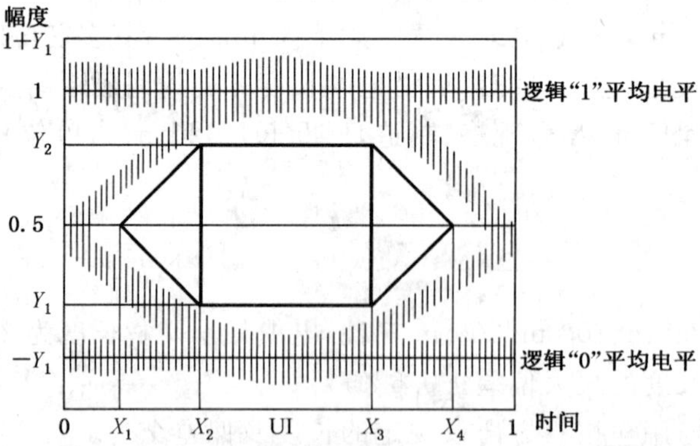

图 4　组件眼图模板

5.2.2.5　**插入损耗**

将长度 1 m 电缆与连接器连接后,其插入损耗应符合表 6 要求。

表 6 插入损耗

组件用电缆型号	测试频率/MHz	插入损耗/dB,20 ℃ Max
UCF1F1-50-0.12-11	0.010	7.30
UCF1F1-45-0.18-11	10	1.70
UCF1F1-50-0.20-15	20	0.76
UCF1F1-50-0.25-15	10	0.64
UCF1F1-50-0.32-11	100	1.50
UCF1F2-50-0.40-13	3 000	6.00
UCF2F2-50-0.69-13	6 000	6.23
UCF2F2-50-0.89-13	6 000	4.50
UCF2F1-50-0.80-63	3 000	3.20
UCF2F1-75-0.84-63	900	1.72
UCF2F1-75-0.66-63	900	2.01
UCF1F1F1-42-0.17-15×40	1 000	7.20
UCF1F1F1-42-0.17-15×60	1 000	7.20
UCF1F1F1-42-0.17-15×100	1 000	7.20
UCF1F1F1-50-0.20-15×40	1 000	6.30
UCF1F1F1-50-0.20-15×60	1 000	6.30
UCF1F1F1-50-0.20-15×100	1 000	6.30
UCF1F1F1-50-0.24-15×40	1 000	5.80
UCF1F1F1-50-0.24-17×60	1 000	5.80
UCF1F1F1-50-0.24-15×100	1 000	5.80
UCF1F1V-50-0.12-11×196P	0.010	9.00
UCF1F5-50-0.25-11×20F UCF1F5-50-0.25-11×30F UCF1F5-50-0.25-11×40F UCF1F5-50-0.25-11×50F UCF1F5-50-0.25-11×60F	1 000	6.00

5.2.2.6 **电连续性**

组件的内、外导体电气上均应连续。

5.2.2.7 **稳态湿热**

经过稳态湿热后绝缘电阻应符合 5.2.2.2 要求。组件的部件间无松动、脱落、破损及其他不正常现象。

5.2.2.8 **盐雾**

经过盐雾试验后,在 15 倍放大镜下观察,组件表面应无明显的腐蚀和斑点现象,连接器的界面或插合面不应露出基体金属。

5.2.2.9 温度冲击

经过温度冲击后绝缘电阻应符合 5.2.2.2 要求。组件的部件间无松动、脱落、破损及其他不正常现象。

5.2.2.10 振动

组件在振动试验过程中应无超过 1 μs 的电气中断。试验完毕后组件应无外观或机械损伤。

5.2.2.11 弯曲

弯曲试验完毕后电缆与连接器的连接处应无分离迹象。

5.2.2.12 弯曲疲劳

组件经过弯曲疲劳试验后，电缆与连接器的连接处应无分离或电缆断裂现象。

5.2.2.13 电缆保持力

电缆保持力应不低于 1.5 N。

5.2.2.14 环保性能

组件的环保性能应满足 SJ/T 11363 的规定。

6 试验方法

6.1 一般说明

除非另有规定，所有试验应在下述条件下进行：

a) 温度：15 ℃～35 ℃；

b) 相对湿度：45%～75%。

如果测试结果有争议或所测参数依赖于温度、湿度和气压，并且这种依赖关系是未知时，应在下述条件下进行测试：

a) 温度：20 ℃±1 ℃；

b) 相对湿度：48%～52%；

c) 气压：86 kPa～106 kPa。

6.2 电缆试验方法

6.2.1 结构试验方法

6.2.1.1 绞合内导体结构及实用节径比

6.2.1.1.1 内导体排列结构采用目力观察，绞线质量应在放大倍数不低于 50 倍的显微镜下观察。

6.2.1.1.2 采用放大倍数不低于 100 倍的测量显微镜测量连续 5 个节距，取其平均值。实用节径比 k 按公式(3)计算。

$$k=\frac{H}{D} \qquad \cdots\cdots(3)$$

式中：

H ——节距测量值，单位为毫米(mm)；

D ——绞合导体直径，单位为毫米(mm)。

6.2.1.2 **绝缘颜色**

正常目力检查。

6.2.1.3 **缠绕外导体覆盖率**

采用激光测径仪测量缠绕外导体外径和缠绕丝直径，测量精度优于 0.005 mm；采用游标卡尺测量连续 10 个节距，取其平均值，测量精度优于 0.02 mm。缠绕外导体覆盖率按公式(4)计算。

$$K_{C}=\frac{Nd\sqrt{1+\pi^{2}D_{m}^{2}/H^{2}}}{\pi D_{m}}\times 100\% \quad \cdots\cdots(4)$$

式中：

K_C ——缠绕外导体覆盖率；

N ——缠绕丝总根数；

d ——缠绕丝直径，单位为毫米(mm)；

H ——缠绕节距，单位为毫米(mm)；

D_m ——缠绕层平均直径，即缠绕外导体直径减去缠绕丝直径，单位为毫米(mm)。

6.2.1.4 **编织密度**

按 GB/T 17737.1—2000 中 3.2.3 的规定进行测量，其中测量编织节距时可采用测量显微镜。

6.2.1.5 **外导体缠绕或编织质量**

在放大倍数不低于 15 倍的放大镜下观察。

6.2.1.6 **护套表面质量**

在放大倍数不低于 15 倍的放大镜下观察。

6.2.1.7 **护套颜色**

正常目力检查。

6.2.1.8 **带状电缆厚度和宽度**

采用游标卡尺沿垂直于电缆长度方向的位置测量，测量精度优于 0.02 mm。

6.2.1.9 **带状电缆中单芯电缆中心距**

采用放大倍数不低于 25 倍的测量显微镜测量所有相邻单芯电缆中心距，测量精度优于 0.01 mm。

6.2.1.10 **PET 薄膜厚度**

采用指针式测厚仪测量，测量时接触压力不大于 0.02 N/mm^2。

6.2.1.11 **多芯圆形电缆扎纱节距**

采用钢直尺测量连续 5 个节距，取平均值。钢直尺分度值为 0.5 mm。

6.2.1.12 **电缆外径**

外径小于 0.5 mm 的单芯电缆采用激光测径仪测量，测量精度优于 0.01 mm；外径大于或等于

0.5 mm 的单芯电缆采用千分尺测量，测量精度优于 0.02 mm；多芯圆形电缆外径采用游标卡尺测量，测量精度优于 0.02 mm。

6.2.2 机械性能试验方法

6.2.2.1 绝缘粘接性

按 GB/T 11327.1—1999 中 5.4 的规定进行试验。绝缘层保留 15 mm，剥离速度为(25±5)mm/min。

6.2.2.2 电缆拉断力

试验应在精度不劣于 1%的合适拉力试验机上进行。每个试样长约 80 mm，在试样中部用两条标记线标出原始标距 30 mm。试验时，试样的两端应配以适当的夹具，并将指示灯或蜂鸣器接在试样两端的内导体上以指示内导体的通断情况。当内导体出现断裂时，此时的最大负荷即为拉断力。如果断裂发生在离夹具 10 mm 以内时，应重新进行试验。有效试样应不少于 3 个。拉伸速度为(25±5)mm/min。

6.2.2.3 弯折寿命试验

将长约 500 mm 的试样如图 5a)所示垂直悬挂，在试样下端挂一砝码，其质量不小于电缆拉断力的 10%，然后按①→②→③→④的步骤对试样进行弯折，每个步骤弯折角度为 90°，弯折半径为 12.7 mm，以上 3 个步骤完成后作为一次循环。每分钟循环次数不少于 15 次。试验时应将指示灯或蜂鸣器接在试样两端的内导体上以指示内导体的通断情况。

当内导体出现断裂时终止试验，并记录此前已完成的循环次数。

6.2.2.4 扭转寿命试验

将长约 600 mm 的试样夹到工作原理如图 5b)所示的扭转机上，夹具间隔 300 mm，在试样一端挂一砝码，其质量不小于电缆拉断力的 10%。然后按①→②→③→④的步骤对试样进行扭转，每个步骤扭转角度为 180°，完成以上 3 个步骤为一个循环，每分钟循环次数不少于 30 次。试验时应将指示灯或蜂鸣器接在试样两端的内导体上以指示内导体的通断情况。

当内导体出现断裂时终止试验，并记录此前已完成的循环次数。

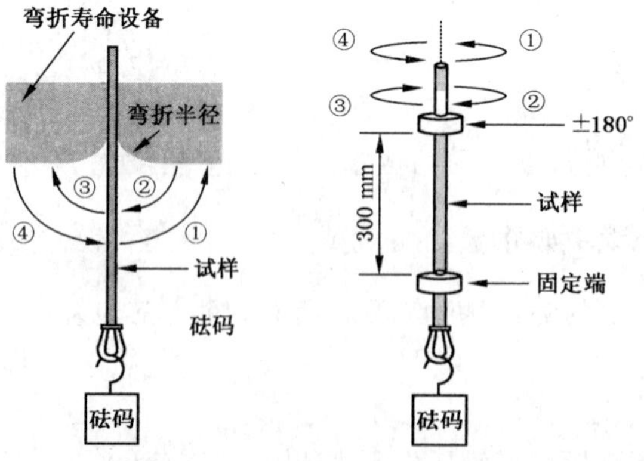

a) 弯折寿命试验　　b) 扭转寿命试验

图 5 弯折寿命和扭转寿命试验

6.2.2.5 绝缘热收缩

按 GB/T 2951.13—2008 中第 10 章的规定进行试验。试样长度 L 取 40 mm。将制取的试样放在循环通风烘箱中在 255 ℃±2 ℃下保持 1 h，然后在室温下放置 2 h 后再进行测量。切割绝缘试样时引起的收缩量应计入总收缩量中。

6.2.3 电气特性和传输特性

6.2.3.1 内导体直流电阻

按 GB/T 17737.1—2000 中 11.1 的规定进行测量，然后将测试结果换算到 20 ℃的值。有争议时，将电缆置于 20 ℃±1 ℃环境中 1 h 后进行测量。

6.2.3.2 绝缘电阻

按 GB/T 17737.1—2000 中 11.2 的规定进行测量。

6.2.3.3 绝缘介电强度

按 GB/T 17737.1—2000 中 11.5 的规定进行试验。

6.2.3.4 工作电容

按 GB/T 17737.1—2000 中 11.3 的规定进行测量。

6.2.3.5 特性阻抗

按 GB/T 17737.1—2000 中 11.8 的规定进行测量。

6.2.3.6 衰减常数

按 GB/T 17737.1—2000 中 11.3 的规定进行测量。采用点频测试。

6.2.3.7 电气连通性

用指示灯或万用表测试。

6.2.3.8 环保性能

按 SJ/T 11365 规定的方法进行测试。

6.3 组件试验方法

6.3.1 介质耐电压

按 GJB 360A—1996 方法 301 的规定进行试验，应采用下列细则：

a） 试验电压：电缆内导体直径在 0.13 mm 及以下时，试验电压为 200 V，电缆内导体直径在 0.13 mm 以上时，试验电压为 300 V；

b） 电压性质：交流，50 Hz。

6.3.2 绝缘电阻

按 GJB 360A—1996 方法 302 的规定进行试验，并采用下列细则：

a） 测试电压：直流 100 V；

b） 测量时刻：充电 60 s 后。

6.3.3 电压驻波比

按 GJB 1215A—2005 中 4.5.8 规定的方法进行测试。

6.3.4 眼图

按下述步骤进行试验：

a) 按图6将伪随机码发生器输出的伪随机码输入到组件的一端，组件另一端与500 MHz模拟双踪示波器的垂直输入端连接，用位定时信号(由伪随机码发生器提供)作外同步，在示波器水平输入用数据频率进行触发扫描。伪随机序列取3比特长，8种组合。

b) 示波器选择为外触发方式，调用相应的模板获得稳定而清晰的波形，并由人工调整或由仪器自动对准，使波形与模框之间的位置最佳。

c) 观察眼图开合情况。

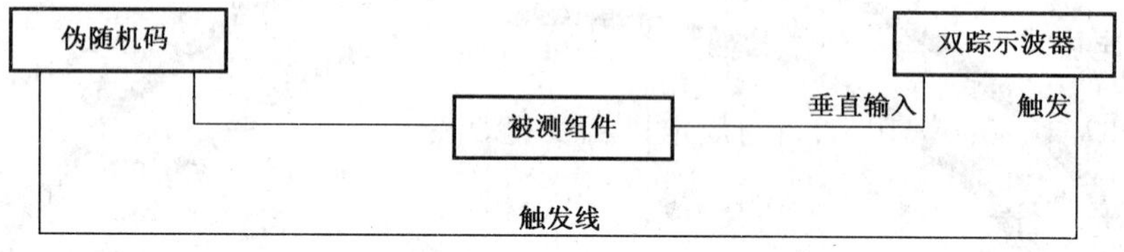

图6 组件眼图测试系统图

6.3.5 插入损耗

按GJB 1215A—2005中4.5.9规定的方法进行测试。

6.3.6 电连续性

将直流电压通过一个适当的指示器(如灯泡、蜂鸣器等)施加到被试组件内、外导体的两端。内、外导体可以分别施加电压，也可以串联起来施加电压，要求流过内、外导体的电流均小于50 mA。

6.3.7 稳态湿热

按下述步骤进行试验：

a) 预处理：将组件试样放入50 ℃±2 ℃的烘箱内烘24 h；

b) 预处理结束后立即按5.2.2.2测试绝缘电阻；

c) 将试样放入湿热箱内进行96 h湿热处理。箱内相对湿度90%～95%、温度40 ℃±2 ℃。在湿热处理过程中在内外导体间施加100 V±10 V直流电压，组件外壳是金属时电源负极应与壳体相连；

d) 湿热处理结束后立即按6.3.1测试介质耐电压，按6.3.2测试绝缘电阻。

6.3.8 盐雾

按GJB 360A—1996方法101的规定对组件进行试验，应采用下列细则：

温度：35 ℃±2 ℃；

盐水浓度(质量比)：5%±1%；

试验时间：48 h。

暴露后，应按GJB 360A—1996方法101的规定将组件进行冲洗晃动，并轻轻刷擦，允许组件在40 ℃的条件下干燥24 h。

盐雾试验后，在15倍放大镜下观察组件表面。

6.3.9 温度冲击

按 GJB 360A—1996 规定的方法 107 对组件进行试验，并采用下列细则：

a) 按 5.2.2.2 测试组件的绝缘电阻；

b) 将试验样品放入高低温循环箱内进行温度冲击试验。温度冲击循环 5 次，每次循环中各阶段的温度和时间如表 7 所示。

表 7 每次循环中各阶段的温度和时间

阶段名称	循环温度/℃	循环时间/min
第一阶段	−40	20
第二阶段	25	5
第三阶段	90	20
第四阶段	25	5

c) 5 次循环结束后，按 6.3.2 测试组件的绝缘电阻。

6.3.10 振动

按 GJB 360A—1996 方法 201 对组件进行试验，并采用下列细则：

a) 内导体和外导体分别串联接至在 50 mA 电流下能够检测出 1 μs 间隔的检测器上。检测时内外导体至少有 50 mA 电流流过导体；

b) 位移幅值：0.75 mm；

c) 频率范围：10 Hz ～100 Hz；

d) 线性扫频：速度为 10 Hz～100 Hz～10 Hz 来回一次为 1 min；

e) 3 个相互垂直的方向，每个方向 10 min。

6.3.11 弯曲

按 GB/T 17738.1—1999 中 10.2 规定的方法对组件进行试验。

6.3.12 弯曲疲劳

按 GB/T 17738.1—1999 中 10.3 规定的方法对组件进行试验。

6.3.13 电缆保持力

将组件的一端连接器按图 7 所示固定于拉力机的固定夹具端，将电缆（多芯电缆组件则是依次将每一根电缆）固定于可动夹具端进行拉伸，拉伸速度为(25±5)mm/min。

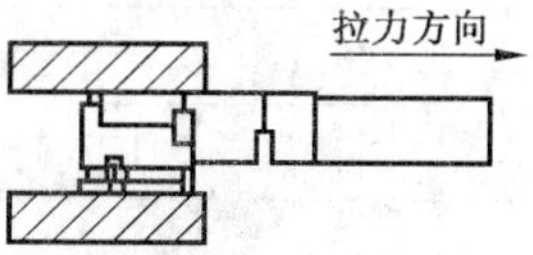

图 7 电缆保持力试验图

6.3.14 环保性能

组件的环保性能应按 SJ/T 11365 规定的方法进行测试。

7 检验规则

7.1 检验分类

检验分出厂检验和型式检验。

7.2 电缆检验要求

7.2.1 检验的项目、频次及检验方法

见表8。

表8 检验项目、检验类别和检验频次

序号	检验项目	本标准条文号	检验类别及检验频次	
			出厂检验	型式检验
1	结构、尺寸、外观			
1.1	绞合内导体结构和实用绞合节径比	5.1.1.3.1、5.1.1.3.2	—	全部项目
1.2	外导体缠绕或编织质量	5.1.3.2.4、5.1.3.3.4	每盘检验	
1.3	缠绕外导体覆盖率	5.1.3.2.3	—	
1.4	编织外导体编织密度	5.1.3.3.3	—	
1.5	护套表面质量	5.1.4.2.4、5.1.4.3.7 5.1.5.2.5、5.1.5.3.2.2	每盘检验	
1.6	护套颜色	5.1.4.2.5、5.1.4.3.8 5.1.5.2.2、5.1.5.3.2.3	每盘检验	
1.7	单芯电缆直径	5.1.4.2.6	每盘检验	
1.8	带状电缆结构尺寸	5.1.5.2.3、5.1.5.2.4	每盘检验	
1.9	单位扎纱绕扎节距	5.1.5.3.1.4	—	
1.10	PET薄膜厚度	5.1.5.3.1.7	—	
2	机械物理性能与环保性能			
2.1	绝缘粘结性	5.1.2.5	—	全部项目
2.2	绝缘热收缩	5.1.2.6	—	
2.3	电缆拉断力	5.1.6.1	根据用户要求	
2.4	弯折和扭转寿命	5.1.6.2	根据用户要求	
2.5	环保性能	5.1.6.3	—	
3	电气性能			
3.1	内导体直流电阻	5.1.7.1	—	全部项目
3.2	绝缘介电强度	5.1.7.2	每盘检验	
3.3	绝缘电阻	5.1.7.3	—	
3.4	特性阻抗	5.1.7.4	每20 km至少测一盘	
3.5	衰减常数	5.1.7.6	每20 km至少测一盘	
3.6	电气连通性	5.1.7.7	每盘检验	

7.2.2 **出厂检验**

7.2.2.1 检验部门按本标准要求进行检验，经检验合格并附合格证明后方可出厂。
7.2.2.2 检验的项目，不合格时则该制造长度的电缆判定为不合格。
7.2.2.3 检验的项目，不合格时应对该项目进行加倍抽测，加倍测试仍有不合格时应对该项目进行全部检测以剔除不合格的电缆。
7.2.2.4 应出具一份与之相应的出厂检验报告，报告中应包含必测的出厂检验项目。

7.2.3 **型式检验**

型式检验中环保性能每年至少进行一次，其他项目则按每连续生产 500 km 或每年进行一次，每次至少 3 个试样。

出现下列情况之一时，也应进行型式检验：

a) 正式生产后，原材料、生产工艺、主要生产设备其中之一变化时；

b) 停产半年及以上，恢复生产时；

c) 出厂检验中检测结果有较大差异时。

型式检验项目出现不合格时，抽取双倍数量的试样就不合格项目进行第二次试验，若仍有不合格时，则判该型式检验不合格。

如果型式检验不合格，制造商应根据不合格原因进行改正处理，在采取可接受的改进措施以前，应停止产品鉴定或验收。在采取改进措施后应重新进行型式检验。

7.3 **组件检验要求**

7.3.1 **出厂检验**

出厂检验分全检和抽检两类。

7.3.1.1 **出厂全检**

全检项目有：介质耐压、电连续性、外观质量和标志。全检项目应对每个组件进行检验。不合格者应直接报废或返工后重新检验。

7.3.1.2 **出厂抽检**

7.3.1.2.1 在每一个抽检批的组件中随机抽取样品对绝缘电阻、电缆保持力等项目进行检验。
7.3.1.2.2 电缆保持力试验样品应从每天所有设备生产的第一个组件中按最低 20% 的比例随机抽取，若有一个或多个样品不合格，则应对所有设备生产的第一个组件进行检测。在没有消除造成不合格的因素之前，不合格样品对应的生产设备不得投入生产。
7.3.1.2.3 进行绝缘电阻抽检时，应将同一天内连续生产的同一规格的组件组成一个检查批。抽样方案如表 9 所示。
7.3.1.2.4 出厂抽检出现不合格时，应就不合格项目进行加倍抽检，若抽检仍不合格则应对该批产品就不合格项目进行全检以剔除不合格产品。

表 9 抽样方案

批量大小	样本大小
1～280	20
281～1 200	47
1 201～3 200	53

表 9（续）

批量大小	样本大小
3 201～10 000	68
10 001～35 000	77
35 001～150 000	96
150 001～500 000	119
500 001 以上	143
注：批量大小小于样本大小时则全检。	

7.3.2 型式检验

7.3.2.1 检验项目除了出厂检验的项目外，还应包含稳态湿热、盐雾、温度冲击、振动、弯曲、弯曲疲劳、电缆保持力、环保性能等 8 个项目。

7.3.2.2 检验时每个试验项目至少抽测 3 个样品。

7.3.2.3 稳态湿热、盐雾、温度冲击、振动、弯曲、弯曲疲劳、电缆保持力等 7 个项目所用的样品试验后不得流入使用。

7.3.2.4 正常生产时每年至少进行一次型式检验。有下列情况时也应进行型式检验：

a） 新产品或老产品采用新设备生产的试制定型鉴定；

b） 组件所用材料、生产工艺发生较大改变，可能影响性能时；

c） 出厂检验与上次型式检验有较大差异时；

d） 停产半年以上恢复生产时。

8 包装、包装标志、产品合格证、运输和贮存

8.1 包装、包装标志、产品合格证

8.1.1 电缆

8.1.1.1 电缆应整齐地卷绕在硬质塑料电缆盘上。单芯电缆或带状电缆包装盘侧板直径应不大于 200 mm；多芯圆形电缆包装盘侧板直径应不大于 500 mm；装满电缆时从电缆盘下边沿离地 1 m 的高度自由下落到水泥地面时盘具无明显的变形和损伤。

8.1.1.2 电缆包装盘筒体直径应不小于电缆直径的 30 倍。电缆宜采用塑料薄膜或其他材料进行包覆。

8.1.1.3 每盘电缆应附产品合格证，合格证上应标明制造厂家名称、电缆型号、电缆长度、质量、出厂编号、制造日期、环保标志等内容。

8.1.2 组件

8.1.2.1 外观

组件界面应无毛刺、损伤和污染物，无影响组件性能的切口、凹痕、裂痕和磨损点或毛口。

8.1.2.2 包装

将一根或若干根组件装入透明塑料袋内，然后再将若干袋组件装入纸箱内。必要时在每个塑料袋内放入干燥剂以确保组件不受潮。

8.1.2.3 包装标志

组件应附有牢固清晰的标签，内容为组件型号。当组件长度小于 100 mm 时也可在组件的包装上粘贴标签。

在组件的包装内应附产品合格证，合格证上应标明制造厂家名称、组件型号规格、制造日期、环保标志等内容。

8.2 运输

运输时应有防止产品遭受冲击、机械损伤和日晒雨淋的措施。

8.3 贮存

存放在干燥凉爽、远离火源的室内库房。

9 安装及使用要求

电缆及组件的安装温度为 0 ℃～+50 ℃。

电缆及组件的使用温度为 0 ℃～+90 ℃。

电缆及组件安装时的最小弯曲半径不得小于 8 倍电缆直径。

电缆及组件允许通过最大值为 0.3 A 的瞬时电流。

额定工作电压：电缆内导体直径在 0.13 mm 及以上时交流 110 V(有效值)，电缆内导体直径在 0.13 mm以下时交流 30 V(有效值)。

附 录 A
（规范性附录）
电缆绝缘材料技术要求

A.1 用于电缆的绝缘材料为可熔性全氟烷氧基共聚物（PFA）或聚全氟乙丙烯（FEP），其主要技术指标应符合表 A.1 要求。

表 A.1 电缆用绝缘材料主要技术指标

序号	项目	单位	技术指标	
			FEP	PFA
1	介电常数 100 kHz 1 MHz 600 MHz 1 GHz 2 GHz 5 GHz 10 GHz	—	 ≤2.02 ≤2.01 ≤2.01 ≤2.01 ≤2.01 ≤2.01 ≤2.01	 ≤2.02 ≤2.01 ≤2.01 ≤2.01 ≤2.01 ≤2.01 ≤2.01
2	介质损耗角正切值 100 kHz 1 MHz 600 MHz 1 GHz 2 GHz 5 GHz 10 GHz	—	 $\leq 7.0\times10^{-5}$ $\leq 7.0\times10^{-5}$ $\leq 4.0\times10^{-4}$ $\leq 4.0\times10^{-4}$ $\leq 3.5\times10^{-4}$ $\leq 3.5\times10^{-4}$ $\leq 3.0\times10^{-4}$	 $\leq 7.0\times10^{-5}$ $\leq 7.0\times10^{-5}$ $\leq 4.0\times10^{-4}$ $\leq 4.0\times10^{-4}$ $\leq 3.5\times10^{-4}$ $\leq 3.5\times10^{-4}$ $\leq 3.0\times10^{-4}$
3	熔融指数（5 kg，372 ℃）	g/10 min	20～40	25～70
4	体积电阻率	Ω·cm	$\geq 10^{18}$	$\geq 10^{18}$
5	抗张强度（23 ℃） 热老化后抗张强度变化率	MPa %	≥20 −15～15	≥25 −15～15
6	断裂伸长率（23 ℃） 热老化后断裂伸长率变化率	%	≥300 −15～15	≥300 −15～15
7	密度	g/cm^3	2.13～2.18	2.13～2.18
8	击穿场强（试样厚度 0.25 mm）	kV/mm	≥80	≥80
注：老化条件 PFA：260 ℃±2 ℃，7×24 h；FEP：200 ℃±2 ℃，7×24 h。				

附 录 B
（规范性附录）
电缆护套材料技术要求

B.1 用于电缆的护套材料为可熔性全氟烷氧基共聚物(PFA)或聚全氟乙丙烯(FEP),其主要技术指标应符合表 B.1 要求。

表 B.1 同轴电缆用护套材料主要技术指标

序号	项目	单位	技术指标	
			FEP	PFA
1	击穿场强（试样厚度 0.25 mm）	kV/mm	≥80	≥80
2	熔融指数(5 kg,372 ℃)	g/10 min	20～40	25～70
3	体积电阻率	Ω·cm	$\geq 10^{18}$	$\geq 10^{18}$
4	抗张强度(23 ℃) 热老化后抗张强度变化率	MPa %	≥20 −15～15	≥25 −15～15
5	断裂伸长率(23 ℃) 热老化后断裂伸长率变化率	% %	≥300 −15～15	≥300 −15～15
6	密度	g/cm^3	2.13～2.18	2.13～2.18
7	极限氧指数	%	≥95	≥95
注：老化条件 PFA:260 ℃±2 ℃,7×24 h;FEP:200 ℃±2 ℃,7×24 h。				

附 录 C
（资料性附录）
工作电容工程参考值

C.1 常用电缆工作电容工程参考值见表C.1。

表C.1 常用电缆工作电容

电缆型号	工作电容/(pF/m)
UCF1F1-50-0.12-11	110±6
UCF1F1-45-0.18-11	115±6
UCF1F1-50-0.20-15	102±6
UCF1F1-50-0.25-15	102±6
UCF1F1-50-0.32-11	105±6
UCF1F2-50-0.40-13	95±5
UCF2F2-50-0.69-13	95±5
UCF2F2-50-0.89-13	95±5
UCF2F1-50-0.80-63	95±5
UCF2F1-75-0.84-63	65±4
UCF2F1-75-0.66-63	65±4
UCF1F1F1-42-0.17-15×40	120±6
UCF1F1F1-42-0.17-15×60	120±6
UCF1F1F1-42-0.17-15×100	120±6
UCF1F1F1-50-0.20-15×40	105±6
UCF1F1F1-50-0.20-15×60	105±6
UCF1F1F1-50-0.20-15×100	105±6
UCF1F1F1-50-0.24-15×40	105±6
UCF1F1F1-50-0.24-15×60	105±6
UCF1F1F1-50-0.24-15×100	105±6
UCF1F1V-50-0.12-11×196P	115±6
UCF1F5-50-0.25-11×20F UCF1F5-50-0.25-11×30F UCF1F5-50-0.25-11×40F UCF1F5-50-0.25-11×50F UCF1F5-50-0.25-11×60F	105±6

附 录 D
（规范性附录）
组件常用电缆型号规格及代号

D.1 组件常用电缆型号规格及代号见表 D.1。

表 D.1 组件常用电缆型号规格及代号

电缆型号规格	电缆代码
UCF1F1-50-0.12-11	1001
UCF1F1-42-0.18-11	1002
UCF1F1-50-0.20-15	1003
UCF1F1-50-0.25-15	1004
UCF1F1-50-0.32-11	1005
UCF1F2-50-0.40-13	1006
UCF2F2-50-0.69-13	1007
UCF2F2-50-0.89-13	1008
UCF2F1-50-0.80-63	1009
UCF2F1-75-0.84-63	1010
UCF2F1-75-0.66-63	1011
UCF1F1F1-42-0.17-15×40	2001
UCF1F1F1-42-0.17-15×60	2002
UCF1F1F1-42-0.17-15×100	2003
UCF1F1F1-50-0.20-15×40	2004
UCF1F1F1-50-0.20-15×60	2005
UCF1F1F1-50-0.20-15×100	2006
UCF1F1F1-50-0.24-15×40	2007
UCF1F1F1-50-0.24-15×60	2008
UCF1F1F1-50-0.24-15×100	2009
UCF1F1V-50-0.12-11×196P	2010
UCF1F1PET-50-0.25-11×20F	3001
UCF1F1PET -50-0.25-11×30F	3002
UCF1F1PET -50-0.25-11×40F	3003
UCF1F1PET -50-0.25-11×50F	3004
UCF1F1PET -50-0.25-11×60F	3005

ICS 33.040.30
M 12

中华人民共和国国家标准

GB/T 28510—2012

流控制传送协议(SCTP)

Technical specification of stream control transmission protocol

(IETF RFC 2960:2000, Stream control transmission protocol, NEQ)

2012-06-29 发布 2012-10-01 实施

中华人民共和国国家质量监督检验检疫总局
中国国家标准化管理委员会 发布

前　言

本标准按照 GB/T 1.1—2009 给出的规则起草。

本标准使用重新起草法参考 IETF RFC 2960：2000《流传送控制协议（SCTP）》编制。

本标准与 IETF RFC 2960 的一致性程度为非等效，主要差异如下：

——按照汉语习惯对一些编排格式进行了修改；

——将 SCTP 的状态转移图和 SCTP 程序调整为资料性附录；

——未采纳 IETF RFC 2960 中第 11 章"安全考虑"、第 13 章"IANA 考虑"的内容。

本标准由中华人民共和国工业和信息化部提出。

本标准由中国通信标准化协会归口。

本标准起草单位：工业和信息化部电信研究院、中兴通讯股份有限公司、华为技术有限公司、上海贝尔股份有限公司。

本标准主要起草人：吕军、续合元、张宜、高峰、肖钰、林铭、吕严、李海花、王妮娜。

流控制传送协议(SCTP)

1 范围

本标准规定了信令流控制传送协议(SCTP)的功能、原语、SCTP分组的格式以及参数定义、SCTP端点的维护的参数及相关建议值及SCTP的程序。

本标准主要适用于完成NO.7信令与IP网互通的信令网关设备,以及IP网用于呼叫控制的软交换交换机等设备。

2 规范性引用文件

下列文件对于本文件的应用是必不可少的。凡是注日期的引用文件,仅注日期的版本适用于本文件。凡是不注日期的引用文件,其最新版本(包括所有的修改单)适用于本文件。

IETF RFC 1191 通路中最大传送单元(MTU)的发现(Path MTU discovery)

IETF RFC 1123 对互联网主机的要求 应用和支持(Requirements for Internet Hosts—Application and support)

IETF RFC 1750 出于安全目的的随机建议(Randomness recommendations for security)

IETF RFC 1981 用于IPV6的通路MTU的发现(Path MTU Discovery for IP version 6)

IETF RFC 2104 HMAC:消息鉴权的关键字散列法(HMAC: Keyed-Hashing for message authentication)

IETF RFC 2460 网际互联协议版本6的规范(Internet protocol, version 6 (IPv6) Specification)

IETF RFC 2481 在IP层中增加明确地拥塞通知(ECN)的建议(A proposal to add explicit congestion notification (ECN) to IP)

IETF RFC 2581 TCP拥塞控制(TCP congestion control)

3 术语和定义、缩略语

3.1 术语和定义

下列术语和定义适用于本文件。

3.1.1

SCTP偶联 SCTP association

在两个SCTP端点间的一个对应关系,它包括了两个SCTP端点,以及包括验证标签和传送顺序号码等信息在内的协议状态信息,一个偶联可以由使用该偶联的SCTP端点用传送地址来唯一识别,在任何时候两个SCTP端点间都不会有多于一个的偶联。

3.1.2

SCTP端点 SCTP endpoint

SCTP分组中逻辑的接收方或发送方,在一个多归属的主机上,一个SCTP端点可以由对端主机表示为SCTP分组可以发送到的一组合格的目的地传送地址,或者是可以收到SCTP分组的一组合格的起源传送地址。一个SCTP端点使用的所有传送地址应使用相同的端口号,但可以使用多个IP地址。SCTP端点使用的传送地址应是唯一的。

3.1.3

流　stream

从两个 SCTP 端点建立的一个单向逻辑通道，对于顺序递交业务，在这个通道中所有的用户消息都应按照顺序进行递交。

3.1.4

传送地址　transport address

用网络层地址，传送层协议和传送层端口号定义的，当 SCTP 在 IP 上运行时，传送地址就是由 IP 地址和 SCTP 端口号的组合来定义的，这里 SCTP 就充当传送协议。

3.2 缩略语

下列缩略语适用于本文件。

CWR	Congestion Window Reduced	降低拥塞窗口
ECNE	Explicit Congestion Notification Echo	明确拥塞通知响应
ID	Identifier	标识
MAC	Message Authentication Code	消息鉴权码
MTU	Maximum Transmission Unit	最大的传送单元
M2UA	MTP-2 User Adaptation	MTP-2 用户适配
M2PA	MTP-2 Peer-to-peer user Adaptation	MTP-2 对等用户适配
M3UA	MTP-3 User Adaptation	MTP-3 用户适配
NAT	Network address translation	网络地址翻译
PMTU	Path MTU	通路最大的传送单元
RTO	Retransmission Time-out	重发超时
RTT	Round-trip Time	双向传播时间
RTTVAR	Round-trip Time Variation	双向传播时间变化
SCTP	Stream Control Transmission Protocol	流控制传送协议
SIP	Session Initiation Protocol	会话初始协议
SRTT	Smoothed RTT	平滑的双向传播时间
SUA	SCCP User Adaptation	SCCP 用户适配
TCB	Transmission Control Block	传送控制块
TCP	Transmission Control Protocol	传送控制协议
TLV	Type Length Value	类型-长度-取值
TSN	Transmission Sequence Numbers	传送顺序号
ULP	Upper Layer Protocol	高层协议

4 SCTP 的功能描述

4.1 概述

信令传送中应用的 SCTP 协议主要用来在无连接的网络上传送 PSTN 信令消息，该协议可以用来在 IP 网上提供可靠的数据传送协议。SCTP 具有如下功能：

——在确认方式下，无差错、无重复地传送用户数据；

——根据通路的 MTU 的限制，进行用户数据的分段；

——在多个流上保证用户消息的顺序递交；

——将多个用户的消息复用到一个 SCTP 的数据块中；

——利用 SCTP 偶联的机制（在偶联的一端或两端提供多归属的机制）来提供网络级的保证；

——SCTP 的设计中还包含了避免拥塞的功能和避免遭受泛播和匿名的攻击。

4.2 SCTP 的结构

SCTP 位于 SCTP 用户应用和无连接网络业务层之间，这种无连接的网络可以是 IP 网络或者其他的网络。本标准规定的 SCTP 协议主要是运行在 IP 网络上的。SCTP 协议通过在两个 SCTP 端点间的建立的偶联，来为两个 SCTP 用户之间提供可靠的消息传送业务。

SCTP 实际上是一个面向连接的协议，但 SCTP 偶联的概念要比 TCP 的连接具有更广的概念，SCTP 协议提供了在两个 SCTP 端点间的一组传送地址之间建立偶联的方法，通过这些建立好的偶联，SCTP 端点可以发送 SCTP 分组。一个 SCTP 偶联可以包含用多个可能的起源/目的地地址的组合，这些组合包含在每个端点的传送地址列表中。

图 1 给出了 SCTP 偶联在 IP 网络协议中的示意。

图 1 SCTP 偶联的示意

4.3 SCTP 的功能

4.3.1 概述

SCTP 传送业务可以分解成如图 2 所示成如下几个功能块，各功能块的用途如下所述。

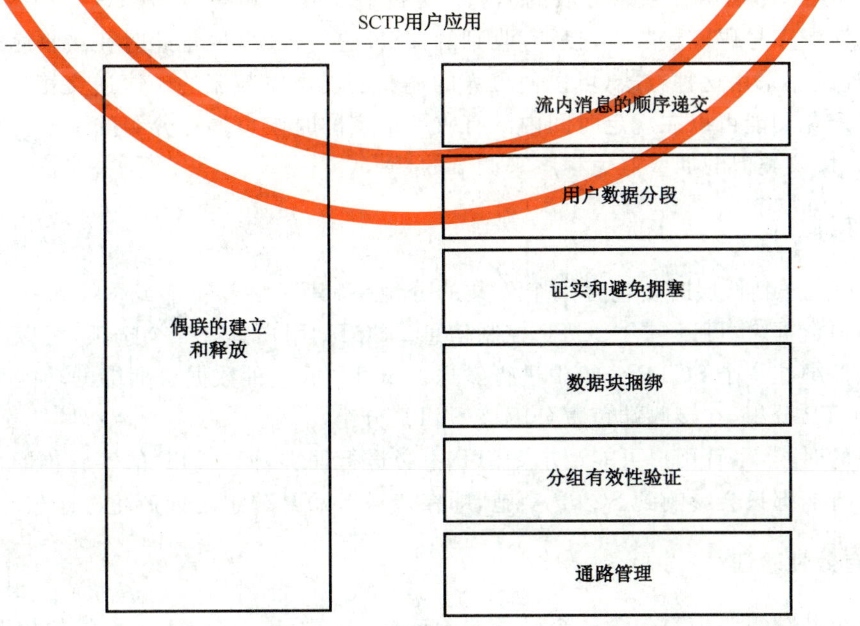

图 2 SCTP 传送业务的功能图

4.3.2 偶联的建立和释放

偶联的建立是由SCTP用户发起请求来启动的，出于安全性考虑，为了避免遭受恶意的攻击，在偶联的启动过程中采用了COOKIE机制。

SCTP提供了对激活偶联的正常的关闭程序，它应根据SCTP用户的请求来执行，当然SCTP也提供一种非正常的关闭程序(即中止程序)，中止程序的执行既可以根据用户的请求来启动，也可以由SCTP协议检出差错来中止。

SCTP不支持半打开状态(类似TCP)，即一端可以在另一端结束后继续发送数据。无论是哪个端点执行了关闭程序后，偶联的两端都应停止接受从用户发来的新数据，并且只传送队列中的数据。

4.3.3 流内消息的顺序递交

SCTP中的流用来指示需要按顺序递交到高层协议的用户消息的序列，在同一个流中的消息需要按照其顺序进行递交。

SCTP用户可以在偶联建立时规定在一个偶联中所支持的流的数量，这个数量是可以进行协商的，用户消息通过流号来进行关联。在SCTP内部，每个通过SCTP的SCTP用户消息都分配一个流顺序号码。在接收端，SCTP保证在给定的流中，消息可以按照顺序递交给SCTP用户。但当某个流由于等待下一个连续的用户消息造成闭塞时，其他流上的顺序递交不应受影响。

SCTP也提供非顺序递交的业务，接收到用户消息可以使用这种方式立即递交到SCTP用户，而不需要保证其发送时的顺序。

4.3.4 用户数据分段

在需要的时候，SCTP在发送用户消息时可以对消息进行分段，以确保发送到低层的SCTP分组长度符合通路MTU的要求。在接收方，需要把各分段重组成完整的消息后，再把消息递交给SCTP用户。

4.3.5 证实和避免拥塞

SCTP为每个用户数据分段或未分段的消息都分配一个传送顺序号码(TSN)，TSN的分配是独立于流一级分配的流顺序号码。接收方对所有收到的TSN进行证实，尽管此时在接收序列中可能存在接收到的TSN不连续。采用这种方式，可以使可靠的递交功能可以与流的顺序递交相分离。

证实和拥塞避免功能可以在规定时间内没有收到证实的时候负责对分组的重发。分组的重发功能可以通过与TCP协议类似的拥塞避免程序来调节的。

4.3.6 数据块捆绑

SCTP分组在发送到低层时要包含一个公共的分组头，其后跟着一个或多个数据块。每个数据块中既可以包含用户数据，也可以包含SCTP控制信息。SCTP用户具有一个选项，可以请求是否把多于一个的用户消息捆绑在一个SCTP分组中进行发送。SCTP的这种数据块捆绑的功能可以在发送端生成一个完整的SCTP分组，在接收端负责分解该SCTP分组。

当拥塞出现的时候，尽管用户可能请求SCTP不必进行捆绑，但SCTP的实施仍旧可以执行捆绑功能。用户禁止进行捆绑只会影响到SCTP实施，即在传送SCTP分组之前产生一个较小的时延。

4.3.7 分组的有效性验证

每个SCTP公共分组头中都包含一个必备的验证标签字段和一个32比特长的校验字段。验证标签的值由偶联的端点在偶联启动时选择，如果收到的分组中未包含期望的验证标签值，则舍弃该分组。

校验码则由 SCTP 分组的发送方设置，以提供附加的保护，用来避免由网络造成的数据差错。接收方对包含无效校验码的 SCTP 分组予以丢弃。

4.3.8 通路管理

发送方的 SCTP 用户能够使用一组传送地址作为 SCTP 分组的目的地。SCTP 通路管理功能可以根据 SCTP 用户的指令和当前合格的目的地集合的可达性状态，为每个发送的 SCTP 分组选择一个目的地传送地址。当用分组业务量不能完全表明可达性时，通路管理功能可以通过心跳消息来监视到某个目的地地址的可达性，并当任何远端传送地址的可达性发生变化时向 SCTP 用户提供指示。通路管理功能也用来在偶联建立时，向远端报告合格的本地传送地址集合，并且把从远端返回的传送地址报告给本地的 SCTP 用户。

在偶联建立后，需要为每个 SCTP 端点都定义一个首选通路，用来在正常情况下发送 SCTP 分组，用来在正常情况下发送 SCTP 分组。

在接收端，通路管理功能在处理 SCTP 分组前，用来验证入局的 SCTP 分组属于的偶联是否存在。

5 SCTP 原语定义

5.1 概述

SCTP 通过接收高层协议(SCTP 用户)发送的原语请求，为 SCTP 的用户提供服务，并且应当可以根据不同事件由 SCTP 向 SCTP 用户发送通知。

本节章描述的原语和通知可以作为实施 SCTP 协议的一个参考，以下描述的高层协议接口原语功能只是一个说明性的内容，并不要求完全按照以下的说明来实现 SCTP 协议。不同的 SCTP 实施可以具有不同的 ULP 接口，但是 SCTP 应提供一个最小集的业务，用来保证所有的 SCTP 实施都可以支持相同的协议。

5.2 高层协议(ULP)向 SCTP 发送的请求原语

5.2.1 概述

本节对 ULP 和 SCTP 之间的功能的进行归纳，使用的描述方法采用了高级程序语言所用的过程和函数调用方法。

以下描述的 ULP 原语规定了在 SCTP 应支持的用于互相通信的基本功能。单独的实施应按照各自格式进行对原语详细定义，它可以是在一个调用中使用这些基本功能的子集或者是用这些基本功能的组合来实现。

以下的原语描述使用了如下格式：原语名(必备属性，[任选属性])。

返回结果：必备属性，[任选属性]。

5.2.2 INITIALIZE 原语

原语格式：INITIALIZE ([本端端口]，[本地合格的地址列表])。

返回结果：本地 SCTP 实例名。

这个原语允许 SCTP 启动其内部的数据结构，并为建立操作环境分配所需的资源，一旦 SCTP 启动后，则高层协议在与其他 SCTP 端点直接通信时就不需要再调用该原语。

SCTP 将向高层协议返回一个本地 SCTP 实例名。

必备属性：无。

任选属性：以下属性类型可以通过原语进行传递：

——本地端口:SCTP 端口号,如果高层协议(ULP)希望规定;

——本地合格的地址列表:本地 SCTP 端点应当绑定的地址列表。如果未包含地址列表,缺省的,所有分配给主机的所有 IP 地址应当是作为本地端点。

如果实施支持这个任选属性,则实施应当保证本端点发送的任何 SCTP 分组中应当包含一个在本地合格的地址列表中规定的 IP 地址。

5.2.3 ASSOCIATE 原语

原语格式: ASSOCIATE(本地 SCTP 实例名,目的地传送地址,出局的流数量)。

返回结果: 偶联 ID [,目的地传送地址列表] [,出局的流数量]。

该原语用来由高层启动一个到特定端点的偶联。对端点按照在该端点定义的传送地址进行规定,如果本地 SCTP 实例未启动,则认为该原语是一个差错。

用来进行本地处理 SCTP 偶联的偶联 ID,作为返回结果用来返回偶联是否成功建立。如果偶联建立不成功,则返回一个差错。如果偶联成功建立,则返回结果中还应包含到对端的完整的传送地址列表以及本端点的出局的流数量,同时还应从返回的目的地地址中选择一个传送地址作为本地端点向对端发送 SCTP 分组的首选通路。返回的"目的地传送地址列表"可以由高层协议用来改变首选通路,或者是向一个特定传送地址强制发送一个分组。

如果 ASSOCIATE 原语用作模块化的功能调用,则偶联成功建立后,ASSOCIATE 原语还可以返回除偶联 ID 之外的其他偶联参数;如果 ASSOCIATE 原语是作为一个非模块化的功能调用,则应当只返回偶联 ID,其他偶联参数应当用 COMMUNICATION UP 进行通知。

必备属性:

——本地 SCTP 实例名:从 INITIALIZE 操作中获得;

——目的地传送地址:规定了建立的偶联的对端点的一个传送地址;

——出局的流数量:高层协议希望向对端点开放的出局的流的数量。

任选属性:无。

5.2.4 SHUTDOWN 原语

原语格式: SHUTDOWN(偶联 ID)。

返回结果: 结果编码。

该原语用来正常地关闭一个偶联,任何已在本地发送队列中的用户数据都将被递交到对端。该偶联将在收到所有发送的 SCTP 分组的证实后停止。返回结果用来指示是否成功的关闭了该偶联,如果成功则返回一个成功关闭偶联编码;如果试图关闭偶联失败,则返回一个差错编码。

必备属性:

偶联 ID:本地处理的 SCTP 偶联。

任选属性:无。

5.2.5 ABORT 原语

原语格式:ABORT(偶联 ID [,原因编码])。

返回结果:结果编码。

该原语用来非正常地关闭(中止)一个偶联,本地发送队列中的用户数据将被丢弃,并发送一个 ABORT 数据块到对端。返回结果用来指示是否成功的中止了该偶联,如果偶联中止成功,则返回一个成功编码,如果试图中止偶联失败,则返回一个差错编码。

必备属性:

偶联 ID:本地处理的 SCTP 偶联。

任选属性：

原因编码：传递给对端的中止原因。

5.2.6 SEND 原语

原语格式：SEND（偶联 ID，缓冲区地址，字节计数［，上下文］［，流 ID］［，存活时间］
［，目的地传送地址］［，无序标志］［，无绑定标志］［，净荷协议 ID］）。

返回结果：结果编码。

SCTP 用户使用该原语通知 SCTP 发送数据，返回结果用来指示是否成功的发送了数据。这是通过 SCTP 发送用户数据的主要方法。

必备属性：

——偶联 ID：本地处理的 SCTP 偶联；

——缓冲区地址：需要发送的用户消息存储的位置；

——字节计数：用户数据的字节数。

任选属性：

——上下文：一个任选的 32 比特整数，如果这个用户消息传送失败，则在向高层协议通知发送失败时携带；

——流 ID：用来指示数据需要在哪个流上发送，如果未规定，则缺省认为流 ID 为 0；

——存活时间：规定用户数据的存活时间，用户数据不应在存活时间之后由 SCTP 发送。这个参数可以避免传送一个过期的用户消息，如果用户数据不能在存活时间内启动传送（即通过 SCTP 的 SEND 原语发送到目的地），则 SCTP 应当通知高层用户。如果 SCTP 已经尝试在存活时间超时前传送数据块，则用户数据就可以认为是被发送了。

为了更好的支持数据块的存活时间选项，发送方可以暂停给一个出局的 DATA 数据块分配 TSN 号码。为了简化实施，一旦 TSN 号码由发送方分配，则认为这个 DATA 数据块已经被发送，并且不受这个 DATA 数据块的存活时间选项的限制了。

——目的地传送地址：规定了分组要传送到已建立的偶联的对端点的一个传送地址，只要可能，SCTP 将使用这个目的地传送地址来发送分组，而不使用当前的首选通路；

——无序的标志：如果这个标志存在，则指示用户允许把数据按照无序的方式递交给对端（即携带这个这个消息的所有 DATA 数据块的 U 标志位设置为 1）；

——无绑定标志：指示 SCTP 不要把这个用户数据同其他出局的 DATA 数据块捆绑在一个 SCTP 分组中。当网络拥塞时，SCTP 可以不考虑这个标志位是否存在而直接进行捆绑；

——净荷协议 ID：一个 32 比特的无符号整数，它用来指示被传送到对端的净荷协议数据的类型，这个值由 SCTP 作为透明的数据进行传递。

5.2.7 SET PRIMARY 原语

原语格式：SETPRIMARY（偶联 ID，目的地传送地址，［起源传送地址］）。

返回结果：结果编码。

高层协议用该原语指示本地 SCTP 把给定的目的地传送地址作为发送分组的首选通路。该操作的返回结果用来指示这个操作是否成功执行。

如果规定的目的地传送地址没包含在先前在 ASSOCIATE 原语或 COMMUNICATION UP 通知返回的“目的地传送地址列表”中，则返回一个差错。

必备属性：

——偶联 ID：本地处理的 SCTP 偶联；

——目的地传送地址：规定了分组要传送到已建立的偶联的对端点的一个传送地址，这个地址将作为今后发送分组的首选地址，这个地址将修改本地 SCTP 地址维护的当前首选地址信息。

任选属性：

——起源传送地址：一些实施可以允许任选的把放在所有的出局 IP 数据报中的地址设置为缺省起源地址。

5.2.8 RECEIVE 原语

原语格式：RECEIVE(偶联 ID,缓冲区地址,缓冲区容量 [,流 ID])。

返回结果：字节计数 [,传送地址] [,流 ID] [,流顺序号码] [,部分标志位]
[,递交号码] [,净荷协议 ID]。

该原语用来把在 SCTP 队列中的可用的用户消息读到由高层协议规定的缓冲区中。所读消息的字节数将作为结果返回，如果有可能根据特定的实施，也可以返回其他信息，如发送方的地址、收到的消息的流 ID,以及是否有消息可以进行恢复等，对于顺序的消息，他们的流顺序号码也可以被返回。

根据实施，如果在调用这个原语时，队列中没有消息可用，则可以返回一个这种情况的指示，或者是先禁止执行该调用进程，直到队列中有新消息可用为止。

必备属性：

——偶联 ID:本地处理的 SCTP 偶联；

——缓冲区地址:高层协议指示的接收的用户消息存储的内存位置；

——缓冲区容量:将要收到的数据的最大长度，以字节为单位。

任选属性：

——流 ID:用来指示接收到的数据所在的流；

——流顺序号码::由对端 SCTP 发送方分配的流顺序号码；

——部分标志位:如果返回的这个标志位设置为 1,则这个 RECEIVE 原语中只包含了整个消息的一部分，如果这个标志位被设置，则流 ID 和流顺序号码应也包含在这个 RECEIVE 原语中，如果这个标志位设置为 0,则表示对这个流顺序号码而言已经没有更多需要递交的内容；

——净荷协议 ID:一个 32 比特的无符号整数，它用来指示收到的对端的净荷协议数据的类型，这个值由 SCTP 作为透明的数据进行传递。

5.2.9 STATUS 原语

原语格式：STATUS(偶联 ID)。

返回结果：状态数据。

该原语用来要求 SCTP 返回一个包含以下信息的数据块：

——偶联连接状态；

——目的地传送地址表；

——目的传送地址的可达性状态；

——当前的接收方窗口大小；

——当前的拥塞窗口大小；

——未确认的 DATA 数据块的数量；

——收到的 DATA 数据块的数量；

——首选通路；

——首选通路上最近收到的 SRTT;

——首选通路的 RTO。

其他目的地地址的 SRTT 和 RTO 等。

必备属性：

偶联 ID:本地处理的 SCTP 偶联。

任选属性:无。

5.2.10 CHANGE HEARTBEAT 原语

原语格式:CHANGEHEARTBEAT(偶联 ID,目的地传送地址,新状态 [,周期])。

返回结果:结果编码。

高层协议用该原语指示本地端点允许或禁止向指定的目的地传送地址发送心跳消息。返回原因用来指示该操作的执行情况。如果可能,当目的传送地址未空闲时,心跳程序也不执行。

必备属性:

——偶联 ID:本地处理的 SCTP 偶联;

——目的地传送地址:规定了到偶联的对端点的一个传送地址;

——新状态:用来指示对该目的地传送地址的心跳状态(允许或禁止)。

任选属性:

周期:如果该参数存在,且允许对端目的地传送地址进行心跳测试,则用来指示心跳测试的频率,该参数的缺省值为设置值加上到目的地地址的 RTO,这个参数对所有目的地起作用。

5.2.11 REQUEST HEARTBEAT 原语

原语格式:REQUESTHEARTBEAT(偶联 ID,目的地传送地址)。

返回结果:结果编码。

高层协议用该原语指示本地端点对给定偶联的特定目的地传送地址执行心跳程序,返回结果用来指示传送给目的地地址的 HEARTBEAT 数据块是否成功。

必备属性:

——偶联 ID:本地处理的 SCTP 偶联;

——目的地传送地址:HEARTBEAT 消息需要发送去的偶联传送地址。

5.2.12 GET SRTT REPORT 原语

原语格式:GETSRTTREPORT(偶联 ID,目的地传送地址)。

返回结果:SRTT 的取值。

高层协议用该原语指示本地 SCTP 报告对给定偶联上规定的目的地传送地址的当前 SRTT 测量值,返回结果应当是一个包含最近 SRTT 的毫秒值(整数)。

必备属性:

——偶联 ID:本地处理的 SCTP 偶联;

——目的地传送地址:需要报告的 SRTT 测量的偶联传送地址。

5.2.13 SET FAILURE THRESHOLD 原语

原语格式:SETFAILURETHRESHOLD(偶联 ID,目的地传送地址,故障门限)。

返回结果:结果编码。

该原语允许本地 SCTP 定制到给定目的地地址的可达性故障检出的门限"Path. Max. Retrans",返回结果用来指示该操作是否成功。

必备属性:

——偶联 ID:本地处理的 SCTP 偶联;

——目的地传送地址:设置故障检出门限的偶联传送地址;

——故障门限:对该目的地地址的 Path. Max. Retrans 参数的新取值。

5.2.14 **SET PROTOCOL PARAMETERS 原语**

原语格式：SETPROTOCOLPARAMETERS(偶联 ID [，目的地传送地址，] 协议参数列表)。

返回结果：结果编码。

该原语允许本地 SCTP 定制协议参数，返回结果用来指示该操作是否成功。

必备属性：

——偶联 ID：本地处理的 SCTP 偶联；

——协议参数列表：SCTP 用户希望定制的协议参数的名称和取值(如：Association. Max. Retrans 等)。

任选属性：

目的地传送地址：针对每个目的地传送地址可以对相关的协议参数进行设置。

5.2.15 **RECEIVE UNSENT MESSAGE 原语**

原语格式：RECEIVE_UNSENT(数据恢复 ID，缓冲区地址，缓冲区容量[，流 ID][，流顺序号码][，部分标志位][，净荷协议 ID]。

必备属性：

——数据恢复 ID：在故障(failure)通知中传递给高层的标识；

——缓冲区地址：高层协议指示的接收的消息存储的内存位置；

——缓冲区容量：将要收到的数据的最大长度，以字节为单位。

任选属性：

——流 ID：这个返回值它被设置用来指示数据需要发送到哪个流；

——流顺序号码：这个值返回用来指示与该消息相关的流顺序号码；

——部分标志位：如果返回的这个标志位设置为 1，则这个 Receive 原语中只包含了整个消息的一部分，如果这个标志位被设置，则流 ID 和流顺序号码应也包含在这个 Receive 原语中，如果这个标志位设置为 0，则表示对这个流顺序号码而言已经没有更多需要递交的内容；

——净荷协议 ID：一个 32 比特的无符号整数，它用来指示收到的对端的净荷协议数据的类型，这个值由 SCTP 作为透明的数据进行传递。

5.2.16 **RECEIVE UNACKNOWLEDGED MESSAGE 原语**

原语格式：RECEIVE_UNACKED(数据恢复 ID，缓冲区地址，缓冲区容量[，流 ID][，流顺序号码][，部分标志位][，净荷协议 ID])。

必备属性：

——数据恢复 ID：在故障(failure)通知中传递给高层的标识；

——缓冲区地址：高层协议指示的接收的消息存储的内存位置；

——缓冲区容量：将要收到的数据的最大长度，以字节为单位。

任选属性：

——流 ID：这个返回值它被设置用来指示数据需要发送到哪个流；

——流顺序号码：这个值返回用来指示与该消息相关的流顺序号码；

——部分标志位：如果返回的这个标志位设置为 1，则这个 Receive 原语中只包含了整个消息的一部分，如果这个标志位被设置，则流 ID 和流顺序号码应也包含在这个 Receive 原语中，如果这个标志位设置为 0，则表示对这个流顺序号码而言已经没有更多需要递交的内容；

——净荷协议 ID：一个 32 比特的无符号整数，它用来指示收到的对端的净荷协议数据的类型，这个值由 SCTP 作为透明的数据进行传递。

5.2.17 DESTROY 原语

原语格式：DESTROY(本地 SCTP 实例名)。

必备属性：

本地 SCTP 实例名：这个值是在 initialize 原语中传递给应用的，它用来指示哪个 SCTP 实例要进行破坏。

5.3 SCTP 向高层协议发送的通知原语

5.3.1 概述

假定 SCTP 提供了一种由 ULP 异步处理信号的方法，当 SCTP 发一个信号给 ULP 处理时，也需要把特定的信息传递给 ULP。

5.3.2 DATA ARRIVE 通知

当一个用户消息被成功的接收，并且准备向高层递交时，SCTP 将用该原语通知高层协议。

原语格式：DATA ARRIVE([，偶联 ID] [，流 ID])。

返回结果：无。

在该通知原语中可以包含以下任选属性：

——偶联 ID：本地处理的 SCTP 偶联；

——流 ID：用来指示数据是从哪个流上收到的。

5.3.3 SEND FAILURE 通知原语

当一个消息不能被递交时，SCTP 将发送该原语通知高层协议。

原语格式：SEND FAILURE([，偶联 ID] [，数据恢复 ID] [，原因编码] [，上下文])。

返回结果：无。

在该通知原语中可以包含以下任选属性：

——偶联 ID：本地处理的 SCTP 偶联；

——数据恢复 ID：用来恢复未发送和未证实数据的标识；

——原因编码：用来指示故障的原因，例如：长度过长，消息存活时间过期等；

——上下文—与该消息相关的任选信息(见 5.2.2)。

5.3.4 NETWORK STATUS CHANGE 通知原语

当目的地传送地址被标记为未激活时(例如，当 SCTP 检测出故障)，或标记为激活时(当 SCTP 检出故障恢复)，SCTP 将用该原语通知高层协议。

原语格式：NETWORK STATUS CHANGE(偶联 ID，目的地传送地址，新状态)。

返回结果：无。

在该通知原语中应包含以下必备属性：

——偶联 ID：本地处理的 SCTP 偶联；

——目的地传送地址：它用来指示由于状态变化而受影响的对端点的目的地传送地址；

——新状态：用来指示新的状态。

5.3.5 COMMUNICATION UP 通知原语

SCTP 用该原语通知高层协议本地 SCTP 已经准备好发送或接收用户数据，或者是一个丢失通信的端点又已经恢复。

具体实施时，如果ASSOCIATE是作为一个模块化功能调用，则偶联参数都作为ASSOCIATE原语的返回结果，在这种情况下，COMMUNICATION UP通知原语作为偶联的发起方是任选的。

原语格式：COMMUNICATION UP（偶联ID，状态，目的地传送地址列表，出局的流数量，入局流数量）。

返回结果：无。

在该通知原语中应包含以下必备属性：

——偶联ID：本地处理的SCTP偶联；

——状态：用来指示发生了哪种类型的事件；

——目的地传送地址列表：对端点的一个完整的传送地址集合；

——出局的流数量：偶联高层允许使用的最大的流数量；

——入局流数量：对端点对该偶联所请求的流数量（这个值可以与出局的流数量的取值不同）。

5.3.6 COMMUNICATION LOST 通知原语

当SCTP完全丢失了到一个端点的通信时（用心跳消息），或者是检出端点已经执行了中止操作，则SCTP将使用该原语通知高层协议。

原语格式：COMMUNICATION LOST（偶联ID，状态［，数据恢复ID］［，最后证实的TSN］［，最后发送的TSN］）。

返回结果：无。

在该通知原语中应包括以下必备属性：

——偶联ID：本地处理的SCTP偶联；

——状态：用来指示发生了哪种类型的事件。状态可以指示故障或者是响应SHUTDOWN或ABORT请求的正常的中止事件。

在该通知原语中可以包括以下任选属性：

——数据恢复ID：用来恢复未发送或未证实数据的表示；

——最后证实的TSN：由对端点最后证实的TSN；

——最后发送的TSN：发送到对端的最后一个TSN。

5.3.7 COMMUNICATION ERROR 通知原语

当SCTP从对端收到了一个ERROR数据块，并且确定需要向高层协议通知时，才使用该通知原语。

原语格式：COMMUNICATION ERROR（偶联ID，错误信息）。

返回结果：无。

在该通知原语中应包括以下必备属性：

——偶联ID：本地处理的SCTP偶联；

——错误信息：用来指示错误类型并且可以任选地包含一些从ERROR数据块中收到的附加信息。

5.3.8 RESTART 通知原语

当SCTP检出其对端已经重新启动时，则可以用该原语通知高层协议。

原语格式：RESTART（偶联ID）。

返回结果：无。

在该通知原语中应包括以下必备属性：

偶联ID：本地处理的SCTP偶联。

5.3.9 SHUTDOWN COMPLETE 通知原语

当 SCTP 已经完成了关闭程序后，则用该原语通知高层协议。

原语格式：SHUTDOWN COMPLETE(偶联 ID)。

返回结果：无。

在该通知原语中应包括以下必备属性：

偶联 ID：本地处理的 SCTP 偶联。

6 SCTP 分组的格式以及参数定义

6.1 SCTP 分组格式

6.1.1 概述

SCTP 分组由公共的分组头和若干数据块组成，每个数据块中既可以包含控制信息，也可以包含用户数据。除了 INIT，INIT ACK，和 SHUTDOWN COMPLETE 数据块外，其他类型的多个数据块可以捆绑在一个 SCTP 分组中，当然应满足偶联对 MTU 的要求。当然这些数据块也可以不与其他数据块捆绑在一个分组中。如果一个用户消息不能放在一个 SCTP 分组中，则这个消息可以被分成若干个数据块。

SCTP 分组的格式如图 3 所示。

0 1 2 3
0 1 2 3 4 5 6 7 8 9 0 1 2 3 4 5 6 7 8 9 0 1 2 3 4 5 6 7 8 9 0 1

公共的分组头
数据块 #1
:
数据块 #n

图 3 SCTP 分组的格式

6.1.2 SCTP 公共分组头字段的格式

SCTP 公共分组头字段的格式如图 4 所示。

0 1 2 3
0 1 2 3 4 5 6 7 8 9 0 1 2 3 4 5 6 7 8 9 0 1 2 3 4 5 6 7 8 9 0 1

起源端口号	目的地端口号
分组有效性验证标签	
校验码	

图 4 SCTP 公共分组头的格式

SCTP 公共分组头的各字段含义如下所述：

起源端口号(16 比特的无符号整数)：该端口号用来识别 SCTP 发送方的端口号码，接收方使用起源端口号和起源 IP 地址，以及目的地端口号和可能的目的地 IP 地址来识别属于某个偶联的分组。

目的端口号(16 比特的无符号整数):该 SCTP 端口号用来确定分组的去向。接收方主机将利用该端口号把 SCTP 分组解复用到正确的接收端点或应用。

验证标签(32 比特的无符号整数):接收到分组的接收方使用验证标签来判别发送方的这个 SCTP 分组的有效性。在发送方该验证标签应设置为在偶联启动阶段中从对端点收到的启动标签中的值,以下情况除外:

——包含 INIT 数据块的分组中验证标签应为 0,携带 INIT 块的 SCTP 的分组中不能包含其他数据块;

——在包含 SHUTDOWN-COMPLETE 数据块且设置了 T 比特的分组中,验证标签应从包含 SHUTDOWN-ACK 数据块的分组中复制;

——在包含 ABORT 数据块的分组中,验证标签应从触发这个 ABORT 发送的分组中复制。

校验码(32 比特的无符号整数):该字段用来传送 SCTP 分组的校验码。

6.1.3 数据块字段的格式

SCTP 分组中数据块字段的格式如图 5 所示,每个数据块中都包括数据块类型字段、数据块特定的标志位字段、数据块长度字段和取值字段。

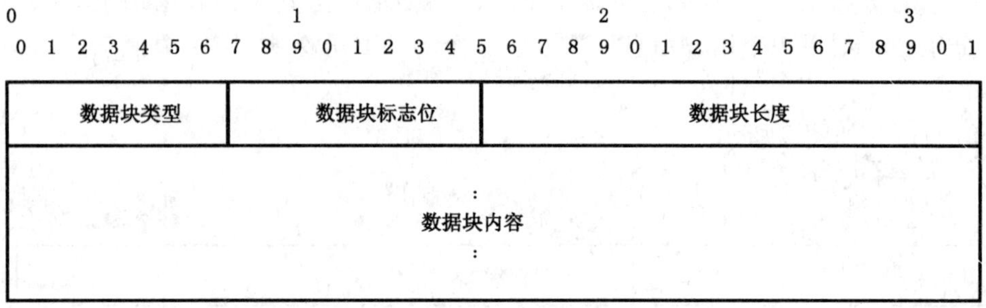

图 5 SCTP 分组中数据块字段的格式

SCTP 分组的数据块字段中各字段含义如下所述:

数据块类型(8 比特无符号整数):该字段用来在数据块中内容字段的信息类型,该参数的取值范围为 0—254,255 留作今后的扩展。

数据块类型字段的编码分配如下:

类型编码	含义
0	净荷数据(DATA);
1	启动(INIT);
2	启动证实 (INIT ACK);
3	选择证实 (SACK);
4	Heartbeat 请求 (HEARTBEAT);
5	Heartbeat 证实(HEARTBEAT ACK);
6	中止 (ABORT);
7	关闭 (SHUTDOWN);
8	关闭证实 (SHUTDOWN ACK);
9	操作差错 (ERROR);
10	状态 Cookie (COOKIE ECHO);
11	Cookie 证实 (COOKIE ACK);
12	为明确拥塞通知响应(ECNE)预留;(注:明确拥塞通知的描述参见附录 C)
13	为降低拥塞窗口(CWR)预留;

14　　　　　　关闭完成（SHUTDOWN COMPLETE）;

15 to 62　　　　IETF 预留;

63　　　　　　IETF 定义的数据块扩展;（注:具体参见 IETF RFC 2434）

64 to 126　　　IETF 预留;

127　　　　　　IETF 定义的数据块扩展;（注:具体参见 IETF RFC 2434）

128 to 190　　　IETF 预留;

191　　　　　　IETF 定义的数据块扩展;（注:具体参见 IETF RFC 2434）

192 to 254　　　IETF 预留;

255　　　　　　IETF 定义的数据块扩展。（注:具体参见 IETF RFC 2434）

采用这种方式编码，可以使用数据块类型字段中高两位的比特用来指示当端点收到不识别该数据块类型时所要采取的特定动作。

00:停止处理该分组并舍弃该分组，不处理分组中任何随后的数据块;

01:停止处理该分组并舍弃该分组，不处理分组中任何随后的数据块，并在 ERROR 的“不识别的数据块类型”字段中报告不识别的数据块。

10:跳过该数据块并继续处理;

11:跳过该数据块并继续处理，在 ERROR 数据块中报告差错原因为不识别的参数类型。

注: ECNE 和 CWR 数据块类型预留给“明确拥塞通知”备用。

数据块标志位:8 比特。这些比特的使用根据数据块类型的取值，除非特殊规定，否则这个字段设置为 0，并在接收方忽略。

数据块长度(16 比特的无符号整数):该值用来表示包含数据块类型字段、数据块标志位字段、数据块长度字段和取值字段在内的字节数。因此如果数据块取值部分的长度为 0，则该长度字段应设置为 4。数据块长度字段不计算该数据块中任何填充字节。

数据块内容:可变长度。数据块内容字段包含在该数据块中传送的真正的信息，该字段的使用和格式取决于数据块类型。

数据块的总长度(包括类型、长度和取值字段)应是 4 字节的整数倍，如果该长度不是 4 字节的整数倍，则发送方应当向数据块中填充全 0 的字节，这些填充的字节不计入数据块长度字段。发送方填充的字节数应不超过 3 个字节，在接收方忽略所有的填充字节。所有参数中的填充字段则作为数据块长度进行计算。

6.1.4　任选/可变长参数的格式

SCTP 控制数据块的内容取值包含了特定数据块类型所要求的字段，即随后是一个或多个参数。这些包含在一个数据块中的任选/可变长参数都是按照参数类型、参数长度和参数取值的方式定义的，其格式如图 6 所示。

0　　　　　　　　　1　　　　　　　　　2　　　　　　　　　3
0 1 2 3 4 5 6 7 8 9 0 1 2 3 4 5 6 7 8 9 0 1 2 3 4 5 6 7 8 9 0 1

参数类型	参数长度
参数值	

图 6　任选/可变长参数格式

数据块的参数类型(16 比特无符号整数):参数类型字段用来识别参数的类型，取值范围可以从 0 到 65534。65535 预留给 IETF 进行扩展。

数据块的参数长度(16 比特无符号整数):参数长度字段包含参数类型、参数长度和参数取值字段在内所有字段的字节数。因此一个参数的取值字段为0,则该长度字段应设置为4。参数长度字段不计算填充字节。

数据块的参数值:可变长度,参数取值字段包含在该参数中传送的实际信息。

参数的总长度(包括类型、长度和取值字段)应是4字节的整数倍,如果该长度不是4字节的整数倍,则发送方应当向数据块中填充全0的字节,这些填充的字节不计入参数长度字段。发送方填充的字节数应不超过3个字节,接收方忽略所有的填充字节。

采用这种方式编码,可以使用参数类型字段中高两位的比特指示当端点收到不识别参数类型时所要采取的特定动作。

00:表示停止处理该分组并舍弃该分组,不处理分组中任何随后的数据块;

01:表示停止处理该分组并舍弃该分组,不处理分组中任何随后的数据块,并在ERROR或INIT ACK的"不识别的参数类型"字段中报告不识别的参数类型;

10:跳过该参数并继续处理;

11:跳过该参数并继续处理,在ERROR或INIT ACK的"不识别的参数类型"字段中报告不识别的参数类型。

6.2 SCTP数据块的格式

6.2.1 概述

本节定义了SCTP协议使用的所有数据块的格式。

6.2.2 净荷数据(DATA)数据块的格式

DATA数据块的格式如图7所示。

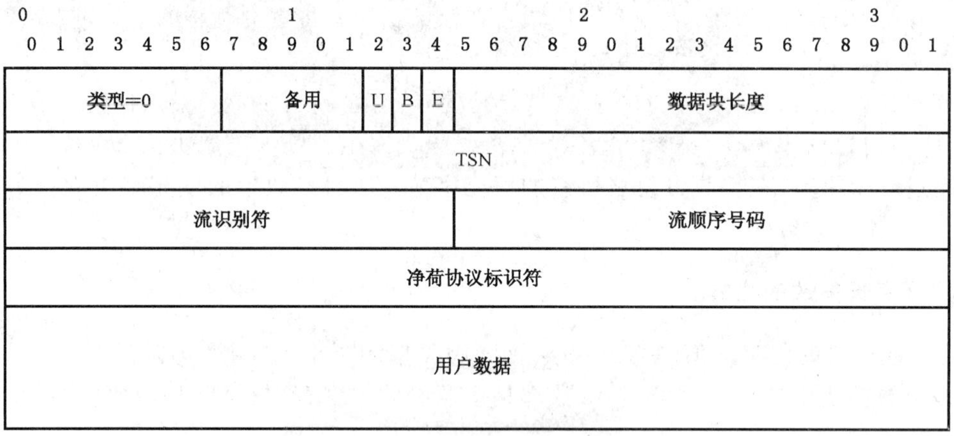

图7 DATA数据块格式

DATA数据块中各字段含义如下所述:

备用比特(5比特):应当设置为全0,在接收方忽略。

U比特(1比特):称为非顺序比特。如果该比特设置为1,则指示这是一个非顺序的DATA数据块。则不需要给该数据块分配流顺序号码。所有接收方应忽略流顺序号码。在重新组装完成后(如果需要),非顺序的数据块不需要尝试任何重新排序的过程,可以由接收方直接递交到高层;如果一个非顺序的用户消息被分段,则消息的每个分段中的U比特应被设置为1。

B比特(1比特):称为分段开始比特,如果该比特被设置,则指示这是用户消息的第一个分段。

E比特(1比特):称为分段结束比特。如果该比特被设置,则指示这是用户消息的最后一个分段。一个未分段的用户消息应当把所有的B和E比特设置为1。如果B,E比特都设置为0,则表明这是一个分段的用户消息的一个中间分段。当用户消息被分段到多个数据块中，接收方需要使用 TSN 对消息进行重组，这意味着给分段的用户消息的每个分段都应使用连续的 TSN。BE 比特的取值含义如表 1 所述。

表 1　B/E 比特的取值含义

B　E	表　示　的　含　义
1　0	用户消息的第一个分段
0　0	用户消息的中间分段
0　1	用户消息的最后一个分段
1　1	未分段的消息

长度(16 比特的无符号整数)：该字段用来指示 DATA 数据块从类型字段开始到用户数据字段结束之间的字节数，但不包含任何填充字节，如果 DATA 数据块的用户数据字段为 0 则长度字段设为 16。

TSN(32 比特无符号整数)：该值表示该数据块的 TSN，TSN 的有效值从 0 到 232^{-1}。TSN 的值达到 4294967295 后将回转到 0。

流标识符(16 比特无符号整数)：该字段用来识别用户数据属于的流。

流顺序号码(16 比特无符号整数)：该值用来表示所在流中的用户数据的顺序号码。该字段的有效值为 0 到 65535。当一个用户消息被 SCTP 分段后，则应在消息的每个分段中都带相同的流顺序号码。

净荷协议标识符(32 比特无符号整数)：该值表示一个应用(或上层协议)特定的协议标识符。这个值由高层协议传递到 SCTP 并发送到对等层。这个标识符不由 SCTP 使用，但却可以由特定的网络实体或对等的应用来识别在 DATA 数据块中携带的信息类型。甚至在每个分段的 DATA 数据块中也应包含该字段。(以确保对网络中间的代理可用)。0 表示高层未对该协议净荷规定应用标识符。其中“M2UA”协议净荷使用编码 2；“M3UA”协议净荷使用编码 3；“SUA”协议净荷使用编码 4；“M2PA”协议净荷使用编码 5；“H.248”协议净荷使用编码 7；“Diameter”协议净荷暂使用编码 0；“SIP”协议净荷暂使用编码 0。

用户数据：可变长度，它用来携带用户数据净荷。该字段应被填充为 4 字节的整数倍，发送方填充的字节数应不超过 3 个字节，接收方忽略所有的填充字节。

6.2.3　启动(INIT)数据块的格式

6.2.3.1　概述

该数据块用来启动两个 SCTP 端点间的一个偶联，INIT 数据块的格式如图 8 所示。

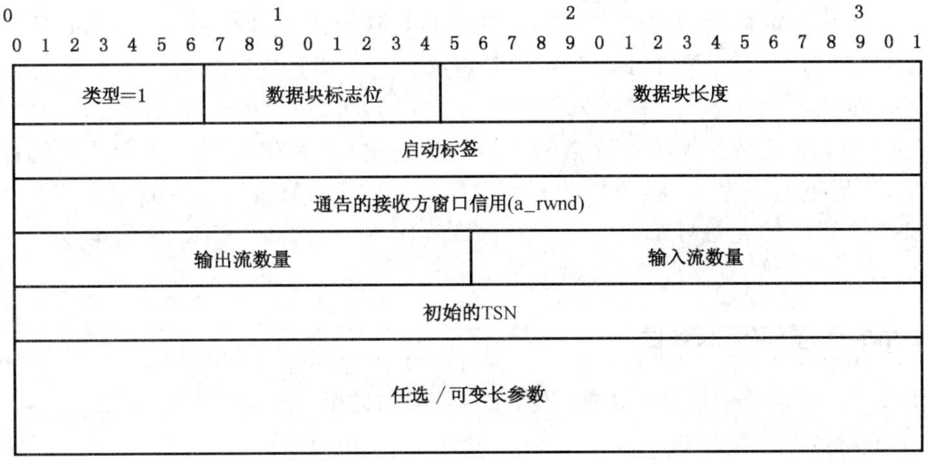

图 8　INIT 数据块格式

INIT 数据块应包含以下参数，除非特别支持，否则每个参数只能在 INIT 数据块中出现一次。

必备参数：

——启动标签；

——通告的接收方窗口信用；

——输入流数量；

——输出流数量；

——初始 TSN。

可变长度参数：	类型值	状态
——IPv4 地址	5	任选；
——IPv6 地址	6	任选；
——Cookie Preservative	9	任选；
——ECN 能力预留	32768 (0x8000)	任选；
——主机名地址	11	任选；
——支持的地址类型	12	任选。

关于 INIT 数据块中的可变长度参数说明如下：

a) INIT 数据块中可以包含多个 IPV4 或 IPV6 的地址或地址组合。
   ECN 能力预留字段用于今后的明确拥塞通知。

b) INIT 数据块中不能包含多于一个的主机名，此外，发送方在 INIT 中不能有主机名地址类型和其他类型地址组合的情况，如果 INIT 数据块中包含有主机名，则接收到 INIT 的一方将忽略其他地址。

c) 如果“支持的地址类型”参数存在，则规定了发送方端点能支持的所有地址类型，如果没有这个参数，则表明发送方端点可以支持任意的地址类型。

INIT 数据块标志字段：该字段备用，所有的比特应设为全 0。INIT 中的参数可以按任何顺序进行处理。

启动标签(32 比特无符号整数)：INIT 的接收方(响应端)记录启动标签参数的值。这个值应被放置到 INIT 的接收方发送的与该偶联相关的每个 SCTP 分组中的验证标签字段中。启动标签允许除 0 以外的任何值。如果在收到的 INIT 数据块中的启动标签为 0，则接收方应作为错误处理，并且发送 ABORT 数据块中止该偶联。

通告的接收方窗口信用值(a_rwnd，32 比特的无符号整数)：这个值表示指定的缓冲区的容量，用字节数表示，为 INIT 发送方为偶联预留的窗口大小。在偶联存活期间，这个缓冲区的容量不应减少(即不应把该偶联的专用缓冲区取走)，但端点可以在发送的 SACK 数据块中修改 a_rwnd 的值。

输出流数量(OS，16 比特的无符号整数)：用来定义发送 INIT 数据块的一方希望在该偶联中创建的输出流的数量。该值不允许为 0。接收方收到该参数为 0 的 INIT 数据块后应中止该偶联。

输入流数量(NIS，16 比特的无符号整数)：定义了发送这个 INIT 块的一方允许对端在该偶联中所创建的流的数量，该值不允许为 0。接收方收到该参数为 0 的 INIT 数据块后应中止该偶联。

初始的 TSN(32 比特的无符号整数)：定义发送方将使用的初始的 TSN，该值可以设置为启动标签字段的值。

6.2.3.2 INIT 中的任选/可变长参数

本节定义的 INIT 数据块的可变长参数应当在定长参数之后。

——IPv4 地址参数

IPv4 地址参数格式如图 9 所示。

0		1		2		3
0 1 2 3 4 5 6 7 8 9 0 1 2 3 4 5				6 7 8 9 0 1 2 3 4 5 6 7 8 9 0 1		
类型=5				数据块长度=8		
IPv4地址						

图 9　IPv4 地址参数格式

IPv4 地址(32 比特无符号整数)：包含发送方端点的 IPv4 地址，采用二进制编码。

——IPv6 地址参数

IPv6 地址参数格式如图 10 所示。

0		1		2		3
0 1 2 3 4 5 6 7 8 9 0 1 2 3 4 5				6 7 8 9 0 1 2 3 4 5 6 7 8 9 0 1		
类型=6				数据块长度=20		
IPv6地址						

图 10　IPv6 地址参数格式

IPv6 地址(128 比特的无符号整数)：包含发送方端点的 IPv6 地址，采用二进制编码。发送方不必把 IPv4 地址映射到 IPv6 地址中，可以直接在 IPv4 地址参数中使用 IPv4 地址。

与 SCTP 公共分组头中的起源端口号一起，IPv4 或 IPv6 地址参数中的地址可以用来向 INIT 的接收方指示，由 INIT 发送方所支持的传送地址。在该偶联存活期间，这个 IP 地址可以出现在 IP 包中起源地址字段中，由 INIT 的发送者来发送，并且可以由 INIT 的接收者作为 IP 包的目的地地址。当 INIT 的发送方是一个多归属的情况时，多于一个 IP 地址参数可以包含在一个 INIT 数据块中。此外一个多归属的端点可以接入到不同类型的网络，这样多于一个的地址类型能够在一个 INIT 数据块中出现，即 IPv4 和 IPv6 的地址允许出现在同一个 INIT 数据块中。

如果 INIT 中包含了 IP 地址参数，则包含在 INIT 数据块的 IP 数据报中的起源地址和其他附加地址均可以被接收 INIT 的端点作为目的地。如果 INIT 中未包含任何 IP 地址参数，在收到 INIT 的端点应使用收到的 IP 数据报中的起源地址作为该偶联的目的地地址。

——防止 Cookie 过期参数

INIT 的发送方应使用这个参数来建议 INIT 的接收方提供较长存活跨度的状态 COOKIE。

防止 Cookie 过期参数的格式如图 11 所示。

0		1		2		3
0 1 2 3 4 5 6 7 8 9 0 1 2 3 4 5				6 7 8 9 0 1 2 3 4 5 6 7 8 9 0 1		
类型=9				数据块长度=8		
建议的COOKIE存活跨度增量(毫秒)						

图 11　防止 Cookie 过期参数的格式

建议的 COOKIE 存活跨度增量(32 比特的无符号整数)：该参数用来向接收方指示发送方希望接收方为其缺省的 COOKIE 的存活跨度增加的毫秒数。

由于失效的 cookie 操作差错原因，前一次尝试与对等端建立偶联失败后，又重新尝试偶联建立时，这个任选参数应能由发送方添加到 INIT 数据块中。接收方出于安全的考虑可以选择忽略建议的 COOKIE 存活跨度增量。

——主机名地址(11)

INIT 发送方使用这个参数把其主机名(在其 IP 地址的位置中)传递到对等层。这个对等层负责解析这个主机名,用这个参数可以使偶联工作通过 NAT 设备进行工作。

主机名地址参数格式如图 12 所示。

0 1 2 3 (bit positions 0 1 2 3 4 5 6 7 8 9 0 1 2 3 4 5 6 7 8 9 0 1 2 3 4 5 6 7 8 9 0 1)

类型=11	数据块长度
主机名	

图 12 主机名地址参数格式

主机名:可变长度,该字段包含了按照 IETF RFC 1123 规定的"主机名句法"定义的主机名,主机名地址的解析不在本标准中规定,该参数中至少有一个非空的中止符包含在主机名字符串中,并且应包含长度。

——支持的地址类型:INIT 的发送方使用该参数列出其所支持的全部地址类型。

支持的地址类型参数格式如图 13 所示。

0 1 2 3 (bit positions 0 1 2 3 4 5 6 7 8 9 0 1 2 3 4 5 6 7 8 9 0 1 2 3 4 5 6 7 8 9 0 1)

类型=12	长度
地址类型#1	地址类型#2
……	…

图 13 支持的地址类型参数格式

地址类型(16 比特无符号整数):该参数使用对应的地址类型的类型值(例如:IPv4 = 5,IPv6 = 6,主机名 = 11)。

6.2.4 启动证实(INIT ACK)数据块的格式

INIT ACK 数据块用来确认 SCTP 偶联的启动。

INIT ACK 的参数部分与 INIT 数据块的参数部分相同,它额外还使用两个的可变长度的参数,即状态 COOKIE(STATE COOKIE)和未识别的参数。

INIT ACK 数据块的格式如图 14 所示。

0 1 2 3 (bit positions 0 1 2 3 4 5 6 7 8 9 0 1 2 3 4 5 6 7 8 9 0 1 2 3 4 5 6 7 8 9 0 1)

类型=2	数据块标志	数据块长度
启动标签		
通告的接收方窗口信用(a_rwnd)		
输出流数量		输入流数量
初始的TSN		
任选/可变长参数		

图 14 INIT ACK 数据块格式

INIT ACK 数据块应包含以下参数：

必备参数：

启动标签；

通告的接收方窗口信用；

输入流数量；

输出流数量；

初始 TSN。

可变长参数：	类型值	状态
STATECOOKIE	7	必备；
IPv4 地址	5	任选；
IPv6 地址	6	任选；
未识别的参数	9	任选；
ECN 能力预留	32768 (0x8000)	任选；
主机名地址	11	任选。

启动标签(32 比特的无符号整数)：INIT ACK 的接收方记录启动标签参数的值，并把该值放到 INIT ACK 接收方需要在相应的偶联上发送的每个 SCTP 分组中的验证标签中。启动标签不允许为 0。

如果收到的 INIT ACK 数据块中的启动标签为 0，则接收方当作错误来处理并通过发送 ABORT 来关闭偶联。

通告的接收方窗口信用值(a_rwnd，32 比特的无符号整数)：这个值表示指定的缓冲区的容量，用字节数表示，INIT ACK 发送方为偶联预留的窗口，在偶联存活期间，这个缓冲区的容量不应减少(即不应把该偶联的专用缓冲区取走)。

输出流数量(OS，16 比特的无符号整数)：定义发送 INIT ACK 数据块的一方希望在该偶联中创建的输出流的数量。该值不允许为 0。接收方收到该参数为 0 的 INIT ACK 数据块后应中止该偶联并舍弃 TCB。

输入流数量(NIS，16 比特的无符号整数)：定义发送 INIT ACK 数据块的一方允许对端点在该偶联中所创建的流的最大数量，该值不允许为 0。接收方收到该参数为 0 的 INIT ACK 数据块后应中止该偶联比并舍弃该 TCB。

初始的 TSN(32 比特的无符号整数)：定义发送方将使用的初始的 TSN，该值可以设置为启动标签字段的值。

与 SCTP 公共分组头中的起源端口号一起，每个在 INIT ACK 中 IP 地址用来指示给 INIT ACK 的接收方，在偶联启动的存活期间 INIT ACK 发送方支持的的有效传送地址。如果 INIT ACK 包含了一个 IP 地址参数，则包含在 INIT ACK 数据块的 IP 数据报的起源地址和在 INIT ACK 中提供附加的地址都可以被 INIT ACK 的接收方作为目的地。如果 INIT ACK 未包含任何 IP 地址参数，则 INIT ACK 的接收方应使用收到包含 INIT ACK 数据块的 IP 数据报的起源地址作为该偶联的唯一的目的地地址。

State Cookie 和未识别的参数也使用类型—长度—内容的格式来编码，INIT ACK 中其他参数的定义可见 INIT 中相关参数的定义。

State Cookie 参数：该参数类型为 7，为可变长度参数，该参数长度取决于 COOKIE 的长度，该参数值的取值应包含由 INIT ACK 发送方创建该偶联所需的所有状态和参数信息，连同消息授权码。

不识别的参数：该参数类型为 8，可变长度参数。该参数内容是 INIT 数据块中包含的一个不识别的参数，该参数用来返回给 INIT 数据块的产生者一个指示，这个参数值字段包含了从 INIT 数据块中复制过来的不识别参数的完整的参数类型、长度和参数值。

6.2.5 选择证实(SACK)数据块的格式

这个数据块通过使用 DATA 数据块中的 TSN 用来向对等的端点确认接收到的 DATA 数据块,并通知对等的端点在收到的 DATA 数据块中的间隔。所谓间隔就是指收到的 DATA 数据块的 TSN 不连续的情况。

SACK 数据块格式如图 15 所示。

SACK 应包含累积的 TSN 证实和通告的接收方窗口信用(a_rwnd)参数。

累积的 TSN 证实参数的值是指收到的 TSN 顺序断开前的最后一个 TSN 号码,下一个 TSN 则是在发送 SACK 的端点尚未收到 TSN 值。所以这个参数确认已经收到了小于或等于该值的所有 TSN。

SACK 中可以包含 0 个或多个间隔证实块,每个间隔证实块确认了在一个不连续 TSN 后所收到的 TSN 序列,所有通过间隔证实块确认的 TSN 值都应比累积 TSN 证实的值大。

```
 0                   1                   2                   3
 0 1 2 3 4 5 6 7 8 9 0 1 2 3 4 5 6 7 8 9 0 1 2 3 4 5 6 7 8 9 0 1
```

0–7	8–15	16–31
类型=3	数据块标志位	数据块长度
累积证实TSN标签		
通告的接收方窗口信用(a_rwnd)		
间隔证实块数量=N		重复的TSN数量=X
间隔证实块#1开始		间隔证实块#1结束
:		:
间隔证实块#n开始		间隔证实块#n结束
重复的TSN 1		
:		
重复的TSN X		

图 15 SACK 数据块格式

数据块标志:设为全 0 并由接收方忽略。

SACK 数据块中应包含如下参数:

累积 TSN 证实(32 比特无符号整数):该参数包含了在收到 TSN 序列的间隔前的最后一个 TSN 值。

通告的接收方窗口信用(a_rwnd,32 比特的无符号整数):该字段指示修改了 SACK 的发送方的接收缓冲容量的字节数。

间隔证实块的数目(16 比特的无符号整数):用来指示 SACK 数据块中包含的间隔证实块的数目。

重复的 TSN 的数目(16 比特的无符号整数):该字段包含了该端点收到的重复的 TSN 的数目。每个重复的 TSN 都列在间隔证实块列表后。

间隔证实块:这个字段中包含了间隔证实块,根据间隔证实块数量字段的给出的值,间隔证实块重复若干次。所有 TSN 大于或等于累积 TSN 证实+间隔证实块开始的 DATA 数据块,或者是小于或等于每个间隔证实块的累积 TSN 证实+间隔证实块结束的 DATA 数据块都被看作是被正确的接收了。

间隔证实块开始(16 比特无符号整数):该字段用来指示这个间隔整数块的起始 TSN 偏移,为了计算实际的 TSN 号码应用累积 TSN 证实加上偏移号码。计算出的 TSN 标识用来识别第一个在这个间隔证实块中被收到的 TSN。

间隔证实块结束(16 比特无符号整数):用来指示这个间隔证实块的结束 TSN 偏移,为了计算实际的 TSN 需要把累积 TSN 证实加上这个偏移号码。这个计算出的 TSN 用来识别在这个间隔证实块中最后收到的 DATA 数据块。

重复的 TSN(32 比特无符号整数):用来指示一个在上一个 SACK 后发送后收到的 TSN 重复的个数。每次一个接收者收到一个重复的 TSN(在发送 SACK 前),则把这个 TSN 加到重复的 TSN 列表中。每发送一次 SACK 后则把统计重复 TSN 的计数器重新清 0。

6.2.6 HeartBeat 请求(HEARTBEAT)数据块的格式

SCTP 端点通过向对端点发送这个数据块用来检测定义在该偶联上到特定目的地传送地址的可达性。

HEARTBEAT 数据块格式如图 16 所示。

参数字段包含 HEARTBEAT 信息,它是一个可变长度的非透明数据结构,其信息通常只需要发送方明白即可。

0 1 2 3
0 1 2 3 4 5 6 7 8 9 0 1 2 3 4 5 6 7 8 9 0 1 2 3 4 5 6 7 8 9 0 1

0–7	8–15	16–31
类型=4	数据块标志位	HEARTBEAT长度
HEARTBEAT信息(可变长度)		

图 16 HEARTBEAT 数据块格式

数据块标志(8 比特):在发送方设置为全 0,并在接收方忽略。

HEARTBEAT 长度(16 比特):设置为数据块长度的字节数,包括数据块头和 HEARTBEAT 信息字段。

HEARTBEAT 数据块包含如下参数:

HEARTBEAT 信息:可变长度,其格式如图 17 所示。当该 HEARTBEAT 数据块发送到目的地传送地址时,发送方特定的 HEARTBEAT 信息字段通常包括关于发送方当前的时间信息。

0 1 2 3
0 1 2 3 4 5 6 7 8 9 0 1 2 3 4 5 6 7 8 9 0 1 2 3 4 5 6 7 8 9 0 1

0–15	16–31
HB信息类型=1	心跳信息长度
发送方特定的HEARTBEAT信息	

图 17 HEARTBEAT 信息参数格式

6.2.7 HeartBeat 证实(HEARTBEAT ACK)数据块的格式

SCTP 端点在收到对端点发来的 HEARTBEAT 数据块后,则发送该数据块作为响应。HeartBeat 证实总是向包含 HEARTBEAT 数据块的 IP 数据报中的起源 IP 地址发送,来作为对该 HEARTBEAT 数据块的响应。HeartBeat 证实数据块的结构如图 18 所示。

0 1 2 3
0 1 2 3 4 5 6 7 8 9 0 1 2 3 4 5 6 7 8 9 0 1 2 3 4 5 6 7 8 9 0 1

0–7	8–15	16–31
类型=5	数据块标志位	心跳确认长度
HEARTBEAT信息(可变长度)		

图 18 HEARTBEAT 数据块格式

数据块标志位(8 比特):在发送方设置为全 0,并在接收方忽略。

HEARTBEAT 长度(16 比特):设置为数据块长度的字节数,包括数据块头和 HEARTBEAT 信息字段。

HeartBeat 证实数据块应包含如下参数:

HEARTBEAT 信息:可变长度,该字段的内容应当把 HEARTBEAT 请求数据块中的 HEARTBEAT 信息参数作为回送的响应,该参数字段包含一个可变长度的非透明的数据结构。

6.2.8 中止(ABORT)数据块的格式

SCTP 端点发送 ABORT 数据块来中止到对等端的偶联,ABORT 数据块中可以包含原因参数用来通知接收 ABORT 数据块的一方中止该偶联的原因。DATA 数据块不能同 ABORT 数据块捆绑在一个 SCTP 分组中。控制数据块(除 INIT、INIT ACK 和 SHUTDOWN COMPLETE)均可以同 ABORT 进行捆绑在一个 SCTP 分组中,但这些控制块都应放在 SCTP 分组中的 ABORT 数据块之前,否则这些控制数据块将被接收方忽略。

如果一个端点收到了格式错误或与不存在的偶联相关的 ABORT 消息,则应当舍弃该消息。此外,在任何情况下,端点收到一个 ABORT 消息后,都不能通过发送 ABORT 消息作为响应。ABORT 数据块的格式如图 19 所示。

0 1 2 3 4 5 6 7	8 9 0 1 2 3 4	5	6 7 8 9 0 1 2 3 4 5 6 7 8 9 0 1
类型=5	备用	T	长度
0个或多个差错原因			

图 19 ABORT 数据块格式

数据块标志位(8 比特):其中高 7 比特备用,在发送方设置为全 0,并在接收方忽略。

T 比特(1 比特):当发送方有一个 TCB 被破坏时则该 T 比特设置为 0,如果发送方没有 TCB 则把该比特设置为 1。

长度(16 比特无符号整数):设置为该数据块的长度,包括数据块头和所有包含的差错原因字段。

ABORT 数据块还可以包含 0 个或多个差错原因参数这些参数的格式可见 6.2.11。

6.2.9 关闭偶联(SHUTDOWN)数据块的格式

偶联的端点可以使用这个数据块启动对该偶联的正常关闭程序,SHUTDOWN 数据块的格式如图 20 所示。

0 1 2 3 4 5 6 7	8 9 0 1 2 3 4 5	6 7 8 9 0 1 2 3 4 5 6 7 8 9 0 1
类型=7	数据块标志	长度=8
累积的TSN证实		

图 20 SHUTDOWN 数据块格式

数据块标志(8 比特):在发送方设置为全 0,并在接收方忽略。

长度(16 比特无符号整数):用来指示 SHUTDOWN 数据块的长度,该字段设置为 8。

SHUTDOWN 数据块应包含如下参数:

累积的 TSN 证实(32 比特的无符号整数):该参数包含了在任何间隔前收到的最后一个数据块的 TSN。由于 SHUTDOWN 消息不包含间隔证实块,因此不能用来对收到的失序 TSN 进行证实。

6.2.10 关闭证实(SHUTDOWN ACK)数据块的格式

在完成了关闭程序后应使用该数据块来确认收到的 SHUTDOWN 数据块。SHUTDOWN ACK 数据块的格式如图 21 所示。

0 1 2 3

0 1 2 3 4 5 6 7 8 9 0 1 2 3 4 5 6 7 8 9 0 1 2 3 4 5 6 7 8 9 0 1

类型=7	数据块标志	长度=4

图 21 SHUTDOWN ACK 数据块格式

数据块标志位(8 比特):在发送方设置为全 0,并在接收方忽略。SHUTDOWN ACK 中不再包含其他参数。

6.2.11 操作差错(ERROR)数据块的格式

6.2.11.1 概述

SCTP 端点发送该数据块向其对端点通知一些特定的差错情况。该数据块中可以包含一个或多个差错原因。一般操作差错不一定被看作是致命的,致命差错情况的报告一般使用 ABORT 数据块。ERROR 数据块格式如图 22 所示。

0 1 2 3

0 1 2 3 4 5 6 7 8 9 0 1 2 3 4 5 6 7 8 9 0 1 2 3 4 5 6 7 8 9 0 1

类型=9	数据块标志位	可变长度
一个或多个差错原因		

图 22 ERROR 数据块格式

ERROR 数据块包含如下参数:

数据块标志位(8 比特):在发送方设置为全 0,并在接收方忽略。

可变长度(16 比特无符号整数):设置为该数据块的字节数,包括数据块头和所有包含的差错原因字段的长度。

差错原因参数的格式如图 23 所示。

0 1 2 3

0 1 2 3 4 5 6 7 8 9 0 1 2 3 4 5 6 7 8 9 0 1 2 3 4 5 6 7 8 9 0 1

原因编码	原因长度
原因特定的信息	

图 23 差错原因参数格式

原因编码(16 比特无符号整数):定义了被报告的差错情况的类型。

原因编码:含义

1: 无效的流标识符;

2: 丢失必备参数;

3: 过期的 Cookie 差错;

4: 资源耗尽;

5: 无法解析的地址;

6: 不识别的数据块类型;

7： 无效的必备参数；

8： 不识别的参数；

9： 无用户数据；

10： 关闭阶段收到 COOKIE；

11： 使用新的地址重新启动偶联。

原因长度(16 比特无符号整数)：设置为该参数的字节数，包括原因编码、原因长度和原因特定的信息字段。

原因特定的信息：可变长度，该字段用来携带差错的详细情况。

6.2.11.2 无效的流标识符原因参数的格式

差错原因无效的流识别符用来指示端点收到了一个关于不存在的流的 DATA 数据块。其格式如图 24 所示。

位 0–15	位 16–31
原因编码=1	原因长度=8
流标识符	备用

图 24 无效的流识别符原因参数的格式

流识别符：(16 比特无符号整数)：包含了接收的差错的 DATA 数据块的流标识符。

备用字段(16 比特)：由发送方设为全 0，在接收方忽略。

6.2.11.3 丢失必备参数原因参数的格式

丢失必备参数差错原因用来指示一个或多个必备的参数在收到的 INIT 或 INIT ACK 数据块中丢失。该原因参数的格式如图 25 所示。

位 0–15	位 16–31
原因编码=2	原因长度=8+N×2
丢失的参数个数=N	
丢失的参数类型#1	丢失的参数类型#2
丢失的参数类型#N-1	丢失的参数类型#N

图 25 丢失必备参数原因参数的格式

该原因参数包含如下参数：

丢失的参数个数(32 比特无符号整数)：该字段用来指示丢失的参数个数。

丢失的参数类型(16 比特无符号整数)：每个字段都应包含丢失的必备参数号。

6.2.11.4 过期的 COOKIE 差错原因参数的格式

过期的 COOKIE 差错原因参数用来指示收到的有效的 State Cookie 已经过期了。该原因参数的格式如图 26 所示。

原因编码=3	原因长度=8
过期测量(ms)	

图 26　过期的 COOKIE 差错原因参数格式

该原因参数中包含如下参数：

过期测量(32 比特无符号整数)：该字段包含了当前时间和 State Cookie 过期时的时间差值(用毫秒表示)。该差错原因的发送方可以通过在该字段中包含一个非 0 的值来报告 State Cookie 过期了多长时间。如果发送方不希望提供这个信息，则该字段设置为 0。

6.2.11.5　资源耗尽原因参数的格式

资源耗尽差错原因用来指示发送方的资源已经耗尽，通常情况下该查错原因与 ABORT 数据块一起发送，该原因参数的格式如图 27 所示。

原因编码=4	原因长度=4

图 27　资源耗尽原因参数的格式

6.2.11.6　不可解析的地址原因参数的格式

不可解析的地址用来指示发送方不能解析特定的地址参数(即发送方不支持该类地址类型)，通常情况下该查错原因与 ABORT 数据块一起发送。该原因参数的格式如图 28 所示。

原因编码=5	原因长度
不可解析的地址	

图 28　不可解析的地址差错原因参数格式

不可解析的地址：可变长度，不可解析的地址字段中包括不能解析的完整的地址参数或主机名参数(类型、长度和地址值)。

6.2.11.7　不识别的数据块类型原因参数的格式

如果接收方不理解数据块且数据块类型比特中的高位比特设为 1，则把不识别的数据块类型错误返回给数据块的产生者，该原因参数的格式如图 29 所示。

原因编码=6	原因长度
不识别的数据块	

图 29　不识别的数据块差错原因参数格式

不识别的数据块(可变长度)：该字段包含 SCTP 分组中不识别数据块的数据块类型、数据块标志和数据块长度。

6.2.11.8 无效的必备参数原因参数的格式

当一个必备参数被设置成无效值时，则向 INIT 或 INITACK 的生成者返回无效的必备参数差错。该原因参数的格式如图 30 所示。

原因编码=7	原因长度=4

图 30 无效的必备参数原因参数的格式

6.2.11.9 不识别的参数原因参数的格式

如果接收方不能识别 INIT ACK 数据块中一个或多个任选参数时，则向 INIT ACK 数据块的产生者返回不识别的参数的差错原因。该原因参数的格式如图 31 所示。

原因编码=8	原因长度
不识别的参数	

图 31 不识别的参数差错原因参数格式

不识别的参数：可变长度，该参数字段包含了从 INIT ACK 数据块中复制的完整的不识别的参数。当 COOKIE ECHO 数据块的发送者希望报告不识别的参数时，这个参数通常是包含在 ERROR 数据块中与 COOKIE ECHO 数据块捆绑在一起发送作为对 INIT ACK 的响应。

6.2.11.10 无用户数据原因参数的格式

如果收到的 DATA 数据块中未包含用户数据，则把这个差错原因返回给 DATA 数据块的产生者。该原因参数的格式如图 32 所示。

原因编码=9	原因长度=8
TSN的值	

图 32 无用户数据差错原因参数格式

TSN 的值(32 比特无符号整数)：该字段包含接收到的这个没有用户数据的这个 DATA 数据块的 TSN。这个原因值通常是在 ABORT 数据块中返回的。

6.2.11.11 关闭期间收到 Cookie 原因参数的格式

当端点处于 SHUTDOWN-ACK-SENT 状态时，又收到 COOKIE ECHO 时则发送该差错原因。返回这个差错原因的 ERROR 数据块通常与重发的 SHUTDOWN ACK 数据块捆绑在一起发送。该原因参数的格式如图 33 所示。

0–15	16–31
原因编码=10	原因长度=4

图 33　关闭期间收到 COOKIE 原因参数的格式

6.2.11.12　使用新地址重新启动偶联

当在现存的偶联上收到了 COOKIE ECHO 数据块，而 COOKIE ECHO 数据块又向该偶联中增加了先前没有的地址，此时则使用该错误原因，并把新增加的地址作为差错信息在该参数中传送，这个差错原因通常都在 ABORT 中发送，用来拒绝 COOKIE ECHO 数据块。该原因参数的格式如图 34 所示。

0–15	16–31
原因编码=11	原因长度
新添加的地址(采用T-L-V的格式)	

图 34　使用新地址重新启动偶联原因参数的格式

6.2.12　状态 COOKIE(COOKIE ECHO)数据块的格式

该数据块只在启动偶联时使用，它由偶联的发起者发送到对端点，用来完成启动过程。这个数据块应在该偶联上发送的 DATA 数据块前发送，但可以同其他的 DATA 数据块捆绑到同一个 SCTP 分组中。COOKIE ECHO 数据块的格式如图 35 所示。

0–7	8–15	16–31
类型=10	数据块标志位	长度
COOKIE		

图 35　COOKIE EHCO 数据块的格式

COOKIE EHCO 数据块应包含如下参数：

数据块标志位(8 比特)：在发送方设置为全 0，在接收方忽略。

长度(16 比特的无符号整数)：设置为该数据块长度的字节数，包括 4 字节的数据块头和 COOKIE 的长度。

COOKIE(可变长度)：该字段应包含从前一个 INIT ACK 数据块的状态 COOKIE 参数中收到的准确的 COOKIE，使用 COOKIE 时应尽可能的小从而保证互操作性。

6.2.13　COOKIE 证实(COOKIE ACK)数据块的格式

这个数据块只在启动偶联时使用，它用来证实收到 COOKIE EHCO 数据块。这个数据块应在该偶联上发送任何 DATA 或 SACK 数据块前发送，但这个数据块可以与一个或多个 DATA 或 SACK 数据块捆绑在一个 SCTP 分组中发送。COOKIE ACK 数据块中没有其他参数。COOKIE ACK 数据块的格式如图 36 所示。

0 1 2 3 4 5 6 7	8 9 0 1 2 3 4 5	6 7 8 9 0 1 2 3 4 5 6 7 8 9 0 1
类型=11	数据块标志位	长度=4

图 36 COOKIEACK 数据块格式

COOKIE ACK 数据块中只包含数据块标志(8 比特):在发送方设置为全 0,并在接收方忽略。

6.2.14 关闭完成(SHUTDOWN COMPLETE)数据块的格式

该数据块在完成关闭程序后用来确认收到 SHUTDOWN ACK 数据块。SHUTDOWN COMPLETE 数据块中不包含其他参数。SHUTDOWN COMPLETE 数据块如图 37 所示。

0 1 2 3 4 5 6 7	8 9 0 1 2 3 4	5	6 7 8 9 0 1 2 3 4 5 6 7 8 9 0 1
类型=14	备用	T	长度=4

图 37 SHUTDOWN COMPLETE 数据块格式

数据块标志:8 比特,其中高 7 比特备用,备用比特在发送方设为全 0,在接收方忽略。

T 比特(1 比特):当发送方有一个 TCB 被破坏时则该 T 比特设置为 0,如果发送方没有 TCB 则把该比特设置为 1。

7 SCTP 端点的维护的参数和相关建议值

7.1 概述

本节中对用于 SCTP 协议实施的参数集进行了说明,但不是作为强制要求。这里提到的 SCTP 参数只是一个有限集合,开发者可以根据具体实施优化或增加的各自的附加参数。

7.2 对应每个 SCTP 实例所需的参数

偶联:当前偶联的列表,用来对应每个偶联的数据用户,这可以采用 HASH 表的方式来实现或者使用其他依赖于实施的结构,数据用户可以被作为表示信息来处理,如文件描述符、命名管道指针或者是依赖与 SCTP 实施的表的指针。

密钥:端点使用密钥来计算 MAC,这应当是有足够长度的保证加密质量的随机数,IETF RFC1750 对密钥的选择有一些建设性的说明。

地址列表:这是一组该实例绑定的 IP 地址的列表,这个信息在 INIT 或 INIT ACK 数据块中被传递到对端点。

SCTP 端口:端点绑定的本地 SCTP 端口号。

7.3 对应每个偶联 SCTP 端点所需的参数

对端验证标签:该标签在每个分组中发送,其值应当等于从 INIT 或 INIT ACK 数据块中收到的值。

本地验证标签:该标签期望在每个入局的分组中,在 INIT 或 INIT ACK 数据块中发送。

状态:用来指示偶联所处状态的状态变量,即:COOKIE-WAIT,COOKIE-ECHOED,ESTABLISHED,SHUTDOWN-PENDING, SHUTDOWN-SENT, SHUTDOWN-RECEIVED, SHUTDOWN-ACK-SENT 等。

对端传送地址列表:对端点绑定的一组 SCTP 传送地址列表。这个信息是从 INIT 或 INIT ACK 数据块中得到的,并用来把一个入局的分组同给定的偶联关联起来,通常来讲,这个信息都是用 HASH 表或关键字进行快速查询,并接入 TCB。

首选通路:即对端点当前的首选目的地传送地址,它也可以用来规定所在端点的起源传送地址。

全局差错计数:整个偶联的所有差错计数。

全局差错门限:这个门限用来控制偶联,当全局差错计数达到了这个门限,将导致偶联的关闭或中止。

对端的 Rwnd:对端的 Rwnd 的当前计算值。

下一个 TSN:下一个 TSN 号码被分配给一个新的 DATA 数据块,它可以在 INIT 或 INIT ACK 数据块中发送到对端,并且这个号码每分配给 DATA 数据块(通常的情况是在发送前或者是分段时)后加 1。

最后收到的 TSN:这是最后一个按顺序收到的 TSN,这个值最初是使用对端的初始 TSN 来设定的,并在收到的 INIT 或 INIT ACK 数据块中携带,并把该值减 1 得到。

映射数组:这是一个以比特或字节定义的数组,它用来指示哪个收到的 TSN 是失序的(相对于最后收到的 TSN),如果不存在不连续,即没有收到失序的分组,这个数组将被设置为全 0,这个结构可以用一个循环缓冲或比特数组来实现。

Ack 状态:这个标志位用来指示下一个收到的的分组是否是应当响应 SACK,其初始值为 0,每收到一个分组,这个值加 1,如果这个值到达 2 或者是更高,则发送一个 SACK,并把这个值重新设置为 0。只用于没有 DATA 数据块失序的情况,当出现了 DATA 数据块失序的情况,则不需要延时发送 SACK。

入局流:一个用来跟踪入局流的数组结构,通常包含下一个希望收到的流顺序号码和可能的流号码。

出局流:一个用来跟踪出局流的数组结构,通常包含下一个希望在某个流上发送的流顺序号码。

重装队列:一个用于对分段数据的重装队列。

本地传送地址列表:该偶联绑定的本地 IP 地址。

偶联的 PMTU:对所有对端点传送地址发现的最小的 PMTU。

7.4 对应每个传送地址所需的参数

对应于从 INIT 或 INITACK 中收到的对端地址列表中的每个目的地传送地址,端点都需要维护以下这些参数。

差错计数:对该目的地的当前差错计数。

差错门限:对该目的地的当前差错门限,即:当差错计数到达该值时,则标记到该目的地的偶联停止。

Cwnd:当前的拥塞窗口。

Ssthresh:当前 ssthresh 的值。

RTO:当前的重发超时取值。

SRTT:当前的平滑双向时延值。

RTTVAR:当前的 RTT 变化。

部分字节证实:在拥塞避免模式下 cwnd 增加的跟踪方法。

状态:目的地的当前状态,即 DOWN、UP、ALLOW-HB、NO-HEARTBEAT 等状态。

PMTU:当前已知的通路 MTU。

每个目的地的定时器:针对每个目的地使用的定时器。

RTO—期间:这个标志位用来跟踪发送到该地址的 DATA 数据块是当前用来计算 RTT 的,如果这个标志位为0,则下一个发送到该目的地的DATA数据块将用来计算RTT并设置这个标志位,每次RTT计算完成后(DATA数据块被SACK证实后),则清除该标志位。

最后使用的时间:这个时间用来指示最后向该目的地发送分组的时间,它也用来确定是否需要发送HEARTBEAT。

7.5 需要的通用参数

出局队列:出局DATA数据块的队列。

入局队列:入局DATA数据块的队列。

7.6 SCTP参数的建议值

RTO的初始值:3 s;
RTO的最小值:1 s;
RTO的最大值:60 s;
RTO Alpha:1/8;
RTO. Beta:1/4;
有效的COOKIE寿命:60 s;
偶联的最大重传次数:10次;
通路的最大重传次数:5次;
INIT的最大重传次数:8次;
HB测试周期: 30 s。

8 SCTP的程序

8.1 概述

SCTP的程序括一些各节描述的内容:偶联的建立、数据的传递、拥塞控制、故障管理偶联关闭等5个部分的内容。此外在SCTP的程序中规定了一些安全性的内容。

SCTP状态转移图见附录A,正常偶联建立、偶联重新启动、数据块延迟证实、定时器使用原则和使用SACK来报告接收数据间隔的具体程序示例见附录B。

8.2 偶联的建立程序

8.2.1 一般说明

为了简化程序描述,对于以下偶联的建立程序,使用SCTP端点A和SCTP端点Z来进行描述,其中假定SCTP端点A试图与SCTP端点Z建立偶联。

从SCTP端点A向SCTP端点Z能传送第一个用户数据块之前,两个端点应完成启动程序,以建立它们之间的SCTP偶联。

端点的SCTP用户应使用ASSOCIATE原语来请求来启动到另一个SCTP端点的偶联。

从SCTP用户的观点来看,可以在没有发起的ASSOCIATE原语的情况下,SCTP偶联可以隐含地打开,通过启动端点发送第一个用户数据到目的地端点的方式来实现。启动SCTP将使用INIT/INIT ACK中所有必备和任选参数的缺省值。一旦偶联建立起来,在两端就打开了用于数据传送的单向流。

8.2.2 偶联的正常建立

8.2.2.1 概述

启动程序包括以下步骤(假定 SCTP 端点 A 试图与 SCTP 端点 Z 建立偶联,且 Z 接受了新的偶联):

a) "A" 首先向"Z"发送一个 INIT 数据块。在 INIT 数据块中,"A" 应在启动标签字段里提供它的验证标签(Tag_A)。Tag_A 应当是 1 到 4294967295 的中的一个随机数(见 8.2.4 关于标签值选择的描述)。A 在发送了 INIT 后,启动 T1-init 定时器并进入 COOKIE-WAIT 状态。

b) "Z"在收到 INIT 数据块后应立即用 INIT ACK 数据块响应。INIT ACK 数据块中的目的地 IP 地址应设置成 INIT ACK 数据块响应的那个 INIT 数据块的起源 IP 地址。在这个响应数据块中,除了填写其他参数外,"Z"应将验证标签字段置成 Tag_A,将它自己的启动标签字段置成 Tag_Z。而且"Z"应产生一个状态 COOKIE,在 INIT ACK 一起发送。

   在发出带有状态 COOKIE 参数的 INIT ACK 后,Z 不分配任何资源,也不为新偶联保持任何状态。

c) 根据从"Z"收到的 INIT ACK,"A" 需要停止 T1-init 定时器并离开 COOKIE-WAIT 状态。然后"A" 会把从 INIT ACK 数据块收到的状态 Cookie 在 COOKIE ECHO 数据块中发送,A 启动 T1-cookie 定时器并进入 COOKIE-ECHOED 状态。

   COOKIE ECHO 数据块能够被与任何出局未决的 DATA 数据块捆绑在一个分组中,但 COOKIE ECHO 应是分组里的第一个数据块。除非收到返回 COOKIE ACK,否则发送者不能给对端发送其他分组。

d) 根据收到的 COOKIE ECHO 数据块,端点"Z"创建 TCB 后,转移至 ESTABLISH 状态,然后用一个 COOKIE ACK 数据块响应。一个 COOKIE ACK 数据块可以与任何未决的 DATA 数据块(和/或 SACK 数据块)捆绑在一起,但是 COOKIE ACK 数据块应是分组中的第一个数据块。在接收到的有效 COOKIE ECHO 数据块,"Z"可以向 SCTP 用户发送 COMMUNICATION UP 通知。

e) 根据收到的 COOKIE ACK,端点"A" 会从 COOKIE-ECHOED 状态转移至 ESTABLISHED 状态,并停止 T1-cookie 定时器。"A"也可以用 COMMUNICATION UP 通知 ULP 偶联建立成功。

INIT 或 INIT ACK 数据块不能与其他任何数据块捆绑在一起。它们应是在携带它们的 SCTP 分组中出现的唯一的数据块。端点应向给它发送 INIT 数据块的 IP 地址发送 INIT ACK。

如果端点收到 INIT,INIT ACK 或 COOKIE ECHO 数据块,但由于在收到的 INIT 和 INIT ACK 中缺少必备参数或者有无效的参数值,或缺少本地资源,端点应用 ABORT 数据块响应。端点应在 ABORT 数据块中包括错误原因参数来说明中止的原因,例如丢失必备参数的类型等。在发出的包含 ABORT 数据块的 SCTP 分组里,验证标签字段应被置为对端的启动标签值。

在收到偶联的第一个 DATA 数据块后,端点应用 SACK 立即响应 DATA 数据块。

当产生了 TCB,每个端点应将它内部累积 TSN ACK 的值设置为它发送的初始 TSN-1。

8.2.2.2 流参数的处理

在 INIT 和 INIT ACK 数据块中,数据块的发送者将指出在偶联中希望允许的出局的流(OS)的数量,以及它允许的从其他端点接收的最大的入局的流数量。

在从对端收到流的配置信息后,每个端点将执行下列检查:如果对端的 NIS 比本端点的 OS 小,意味着对端不能支持本端想要配置的出局流的数量,则本端点要么使用 NIS 作为出局流数量,要么中止偶联并向 ULP 报告对端资源短缺。

在偶联启动后，每个端点发出的流识别符的有效范围应为 0 到本地 OS 和远端 NIS 中的最小值 −1。

8.2.2.3 地址参数的处理

在偶联启动的过程中，端点将使用下列规则来发现和收集对端的目的地传送地址：

a) 如果在收到的 INIT 或 INIT ACK 数据块中没有出现地址参数，端点将把到达的数据块中的起源 IP 地址提取并记录下来，与 SCTP 源端口号码一起作为对端唯一的目的地传送地址。

b) 如果在收到的 INIT 或 INIT ACK 中包含有主机名，端点将主机名解析成一组 IP 地址，并把解析得到的 IP 地址与 SCTP 源端口组合作为对端的传送地址。此时端点应忽略其他出现在收到的 INIT 或 INIT ACK 中 IP 地址参数。

   在 INIT 的接收者解析主机名时，对 SCTP 有潜在的安全影响。如果 INIT 接收者根据收到的数据块中的主机名进行地址解析，而接收者用来解析主机名的机制又有较长时延（如 DNS 查询），这样接收者在建立 State Cookie 和释放本地资源之前由于等待主机名解析结果时打开本地资源而受到资源攻击。因此，如果主机名翻译可能造成长时延，则 INIT 的接收者应推迟主机名解析，直到收到对端的 COOKIE ECHO 数据块之后在进行地址解析。在这种情况下，INIT 的接收者应该用收到的主机名建立状态 COOKIE（代替目的地传送地址），并发送 INIT ACK 给发送 INIT 的源 IP 地址。

   INIT ACK 的接收者将立即尝试根据收到的数据块解析主机名。在主机名被成功地解析前，INIT 或 INIT ACK 的接收者不能向对端发送用户数据（单独或捆绑）。

   如果主机名解析不成功，端点应立即用“无法解析的地址”错误发送 ABORT 给对端。ABORT 将发送给源 IP 地址，即发出的最后一个分组的地址。

c) 如果在收到的 INIT 或者 INIT ACK 数据块中只有 IPV4/IPV6 地址，则接收方应当提取并记录接收到的数据块中的所有传送地址以及发送 INIT 或 INIT ACK 数据块的起源 IP 地址。传送地址是通过 SCTP 的起源端口（包含在公共分组头中）和在 INIT 和 INIT ACK 数据块中的 IP 地址参数和 IP 数据报中的起源 IP 地址的组合得到的。接收方向对端发送分组时应当只使用这些传送地址作为目的地的传送地址。

在一些情况下（例如，当实施不控制用于发送的起源 IP 地址时），一个端点可能需要在它发送到对端的 INIT 或 INIT ACK 中包含所有可能的 IP 地址。

当所有的传送地址按照上述规则从 INIT 或 INIT ACK 数据块中得到后，端点将选择一个传送地址作为初始的首选路由。

INIT ACK 应向包含 INIT 数据块的 IP 数据报的起源地址发送。INIT 的发送方可以在 INIT 数据块中包含“支持的地址类型”参数，指示可接受的地址类型。如果这个参数存在，则 INIT 数据块的接收方应使用 INIT 数据块的“支持的地址类型”参数中指示的地址类型来响应 INIT 数据块，如果接收方不希望或者是不能使用对端指示的地址类型时，则用“不可解析的地址”差错原因来中止该偶联。

在某些情况下，INIT ACK 的接收方由于不支持地址类型而无法解析出地址参数，则可以中止启动程序，并通过重新发送包含“支持的地址类型”参数的 INIT 数据块给对端指示希望使用的地址类型，尝试重新建立一个偶联。

8.2.2.4 生成状态 COOKIE

当发送的 INIT ACK 响应 INIT 数据块时，INIT ACK 的发送方将创建一个状态 COOKIE，并且在 INIT ACK 中的状态 COOKIE 参数中发送。在状态 COOKIE 中，发送方应当包含消息鉴权码，状态 COOKIE 创建的时间标记，状态 COOKIE 的寿命，以及所有建立该偶联所需的信息。

生成状态 COOKIE 时应使用以下步骤：

a） 使用收到的 INIT 以及发出的 INIT ACK 数据块中的信息创建一个偶联 TCB；

b） 在 TCB 中，把创建时间设置为当前的时间，并且设置 COOKIE 寿命为协议参数“有效 COOKIE 寿命”的值；

c） 从 TCB 中识别并收集重新创建 TCB 所需信息的最小子集，并且用这个子集的信息和密钥生成一个 MAC；并且

d） 通过组合信息子集和得到的 MAC 来生成一个状态 COOKIE。

在发送了包含状态 COOKIE 参数的 INIT ACK 后，发送方应当删除 TCB 和与新偶联有关的任何本地资源，这样可以避免资源被恶意占用。

用来生成 MAC 的散列算法对于 INIT 的接收方是专用的。MAC 的使用是为了避免业务受到攻击，因此密钥应当是随机的，同时也应当经常的更换。同时状态 COOKIE 中的时间标记也可以用来确定用来验证 MAC 的密钥。为了保证互操作性，SCTP 实现应当保证 COOKIE 应尽可能的小。

8.2.2.5 状态 Cookie 的处理

当一个端点收到带有状态 COOKIE 参数的 INIT ACK 数据块后，则应立即用收到的状态 COOKIE 向对等端响应一个 COOKIE ECHO 数据块，发送方也可以在 COOKIE ECHO 数据块之后增加任何未决的 DATA 数据块。

在发送了 COOKIE ECHO 数据块后，端点应当启动 T1-COOKIE 定时器，如果定时器超时了，则端点应当重新传送 COOKIE ECHO 数据块并重新启动 T1-COOKIE 定时器。这个过程将一直重复，直到端点接收到一个 COOKIE ACK 数据块，或者是到达了 Max. Init. Retransmits 的门限，此时应标记对端点为不可达(并使该偶联进入关闭(CLOSED)状态)。

8.2.2.6 状态 Cookie 的鉴权

当一个端点收到了其他端发来点 COOKIE ECHO 数据块后，且偶联尚未建立，该端点应采取以下动作：

a） 使用状态 COOKIE 中携带的 TCB 数据和密钥来计算 MAC。状态 COOKIE 中的时间标记可以用来确定使用的密钥，IETF RFC2104 中介绍了如何生成和计算 MAC。

b） 状态 COOKIE 的鉴权是把计算出的 MAC 同在状态 COOKIE 中携带的 MAC 进行比较，如果比较失败，则把这个包含 COOKIE ECHO 和数据块(可能包含)的 SCTP 分组直接丢弃，而不产生任何指示。

c） 对状态 COOKIE 中的创建时间标记和当前的本地时间比较，如果封装的时间已经超过了在状态 COOKIE 中携带的寿命值，则这个包含 COOKIE ECHO 和数据块(可能包含)的 SCTP 分组应当被丢弃，同时这端点应向对端点传送一个差错原因为“过期的 COOKIE(Stale Cookie)”的 ERROR 数据块。

d） 如果状态 COOKIE 有效，则使用 COOKIE ECHO 携带的 TCB 数据信息，向发送 COOKIE ECHO 数据块的发送方创建偶联，并进入到建立(ESTABLISHED)状态。

e） 向对端点发送 COOKIE ACK 数据块，用来确认收到了 COOKIE ECHO 数据块。COOKIE ACK 可以同其他未决的 DATA 数据块或者是 SACK 数据块捆绑在一起，但 COOKIE ACK 数据块应是 SCTP 分组中的第一个数据块。

f） 任何与 COOKIE ECHO 捆绑的数据块都可以用 SACK 立即确认(随后的 DATA 数据块的确认应当遵循 6.2.5 的规定)。如果 SACK 与 COOKIE ACK 捆绑在一个 SCTP 分组中，COOKIE ACK 应是是第一个数据块。

如果从一个端点收到 COOKIE ECHO 后，在接收的端点发现已经有一个偶联存在，则应遵循

8.2.3 节规定的程序。

8.2.3 对重复的或不期望的 INIT、INIT ACK、COOKIE ECHO 和 COOKIE ACK 的处理

8.2.3.1 概述

在偶联的存活期间(可以处于任何可能的状态),端点有可能从其对端点收到以下用于建立偶联的数据块(INIT、INIT ACK、COOKIE ECHO 和 COOKIE ACK),接收方应当把这些用于建立的数据块当作重复数据块来处理,并按照本节规定的内容进行处理。

注:端点收到数据块只能是发自或来源于与这个端点有偶联的 SCTP 传送地址,因此端点把这类数据块当作当前偶联的一部分。

以下的情况可能导致重复或不期望的数据块:

a) 对等端的宕机而没有被检测出,或自身重新启动,并发出了一个新的 INIT 数据块试图用来恢复偶联;

b) 两端同时尝试启动偶联;

c) 一个用于建立当前偶联或建立已不存在的偶联的过期分组中的数据块;

d) 由攻击者生成的错误分组;

e) 对端从未收到 COOKIE ACK 并且在重复发送 COOKIE ECHO。

为了能识别并正确处理这些情况,应当采用下节中规定的原则。

8.2.3.2 在 COOKIE-WAIT 或 COOKIE-ECHOED 状态下收到 INIT

这种情况通常用来指示启动冲突,即每个端点同时希望尝试同对端点建立偶联。

在 COOKIE-WAIT 或 COOKIE-ECHOED 状态下收到 INIT,一个端点应使用 INIT ACK 来响应,在这个 INIT ACK 数据块中,应当包含该节点先前发送的 INIT 数据块中相同参数(包括未变化的验证标签),和由该节点生成的参数以及从 INIT 数据块中收到参数一起发送过去,端点也应在 INIT ACK 中当产生一个状态 COOKIE,端点使用其先前发送的 INIT 中的参数来计算状态 COOKIE。

在此之后,端点不需要改变其状态,T1-init 定时器应当继续运行,并且不破坏相关的 TCB。TCB 存在时处理状态 COOKIE 的正常程序可以解决对于一个偶联的两个重复的 INIT。

对于一个处于 COOKIE ECHO 状态的端点应使用它自己和对端的标签信息来移植 Tie-Tags(见 8.2.3.3 中对 Tie-Tag 的描述)。

8.2.3.3 在除 CLOSED、COOKIE-ECHOED 和 COOKIE-WAIT 之外的状态下收到不期待 INIT

除非另外指出,在收到对某个偶联的一个不期望的 INIT 时,端点应当产生一个带有状态 COOKIE 的 INIT ACK,发出 INIT ACK 的端点应把其当前的验证标签和对端的验证标签复制到状态 COOKIE 中的备用部分,这两个位置我们称为 Peers-Tie-Tag 和 Local-Tie-Tag。INIT ACK 应包含一个新的验证标签(随机产生的,见 8.2.4),该端点的其他参数应当从现存偶联的参数中复制到 INIT ACK 和 COOKIE 中(例如:输出流的数量)。

在发送完 INIT ACK 之后,端点将不采取任何动作,即当前的偶联包含当前的状态以及相对应的 TCB 都不应发生变化。

只有当一个 TCB 存在而偶联不处于 COOKIE-WAIT 状态时才移植 Tie-Tags,对于一个正常偶联的 INIT(即端点处于 COOKIE-WAIT 状态),Tie-Tags 应被设置为 0(用来指示不存在前一个 TCB)。INIT ACK 和状态 COOKIE 的移植规定见 8.2.3.2。

8.2.3.4 不期望的 INIT ACK

如果一个节点不是在 COOKIE-WAIT 状态下收到 INIT ACK,则端点应当舍弃该 INIT ACK 数

据块。一个不期望的 INIT ACK 通常用来指示对一个过期的或者重复的 INIT 的处理。

8.2.3.5 TCB 存在时对 COOKIE ECHO 的处理

当节点在任何状态下收到了对于一个已存在偶联的 COOKIE ECHO 数据块(即未处于关闭状态)时应适用以下原则:

a) 按照 8.2.2.6 步骤 a)的描述来计算 MAC。

b) 按照 8.2.2.6 步骤 b)的描述对状态 COOKIE 进行鉴权(这是 8.2.3.1 的 c)或 d))。

c) 用当前时间来比较状态 COOKIE 中的时间标记,如果比较结果比状态 COOKIE 中携带的寿命值要大,且状态 COOKIE 中的验证标签又与当前偶联的验证标签不符,则包含 COOKIE ECHO 和任何 DATA 数据块的分组应当被丢弃。

端点也应发送带有差错原因为"过期的 COOKIE 的"ERROR 数据块给对端点(这是 8.2.3.1 的 c)或 d))。

如果验证标签和状态 COOKIE 与当前偶联的验证标签相匹配,尽管超过了寿命值则仍认为该状态 COOKIE 有效(8.2.3.1 的情况 e))。

d) 如果状态 COOKIE 被证实是有效的,则把 TCB 解包到临时的 TCB。

e) 可见表 2 来确定当前要采取的动作。

表 2 TCB 存在时对 COOKIE ECHO 的处理

Local Tag	Peers Tag	Local-Tie-Tag	Peers-Tie-Tag	Action/ Description
X	X	M	M	1)
M	X	A	A	2)
M	O	A	A	2)
X	M	O	O	3)
M	M	A	A	4)

其中:

X 表示标签与现存的 TCB 不匹配;

M 表示标签与现存的 TCB 相匹配;

O 表示在 COOKIE 中没有 Tie-Tag(未知);

A 表示所有情况即 X、M 和 O 的情况。

注:表中未给出的情况,应当直接丢弃 COOKIE,而不用给出通知。

采取动作:

a) 在这种情况下,对端可能已经重启动了,当一个端点识别出对端可能重启动时,除进行以下动作外,现存的进程被当作在一个 COOKIE ECHO 后收到 ABORT 的情况来处理。

——任何 SCTP 数据块都可以被保留(这是一个实施决定的选项);

——向高层发送一个 RESTART 指示,而不是发送 COMMUNICATION LOST 指示。

所有与对端点相关的的拥塞控制参数(例如:cwnd 和 ssthresh)应被复位为初始值(见 8.3.3.2)。

如果 COOKIE 指示有一个新的地址被添加到重启动的偶联中,则整个 COOKIE 都应被舍弃。此时应发送一个包含差错原因为"使用新地址重新启动偶联"的 ABORT 数据块。同时差错原因中应当给出新添加到重新启动的偶联中的地址列表,这些地址应该是那些在原来偶联中没有的地址。这样就可以保证重启动偶联程序来恢复偶联。

之后这个端点将进入 ESTABLISHED 状态。

如果端点是在 SHUTDOWN-ACK-SENT 状态并且识别出对端重新启动(动作 A),则它不需要重新建立一个新的偶联,而是向对端重新发送一个 SHUTDOWN ACK,同时在向对端发送一个差错原因为"关闭期间收到 COOKIE"的 ERROR 数据块。

b) 在这种情况下,两端都可以同时尝试重新建立偶联,但对端点在响应了本端点的 INIT 后又启动了 INIT,因此,对端点可以在不知道发送的前一标签时选择一个新的验证标签。端点应当进入或停止在 Established 状态,但应用收到的 COOKIE 更新其对端的验证标签,停止任何运行的 init 和 COOKIE 定时器,并发送 COOKIE ACK。

c) 在这种情况下,本端的 COOKIE 迟到,在它到达本端点前,发送的 INIT 和收到的 INIT ACK 和最后发出的应带有与对端相同 TAG 的 COOKIE 中使用了自己的一个新的 TAG,此时这个 COOKIE 应当被丢弃,并且不产生任何通知,端点不需要改变状态,并且应让定时器继续运行。

d) 当本地和远端的标签能够匹配时,端点也应当进入 Established 状态,它应停止任何运行的 INIT 或 COOKIE 定时器,并且发送一个 COOKIE ACK。

注:"对端的验证标签"是指收到的 INIT 或 INIT ACK 数据块中启动标签字段中的标签。

8.2.3.6 对重复的 COOKIE ACK 的处理

除非是处于 COOKIE ECHOED 状态,否则在其他状态下节点收到 COOKIE ACK 数据块后都直接丢弃,并不产生指示。

8.2.3.7 对过期的 COOKIE 差错处理

收到差错原因为"过期的 COOKIE"的差错数据块,可以用来指示以下几种可能的事件:

a) 在发送方发出状态 COOKIE 未处理前,偶联已经不能成功建立;

b) 一个过期的状态 COOKIE 在建立完成后被处理;

c) 接收到一个过期的状态 COOKIE,而接收方已经对该偶联不感兴趣,并且丢失了 ABORT 数据块。

在处理带有"过期的 COOKIE"差错原因的差错数据块时,端点应当首先检查该偶联是否处于建立状态,即偶联是否处于 COOKIE-ECHOED 状态。如果偶联不是处于该状态,则节点将直接丢弃该差错数据块,并不产生任何指示。

如果偶联是处于 COOKIE-ECHOED 状态,则端点可以选择以下三种方式进行处理:

a) 向远端点发送一个新的 INIT 数据块,使远端点生成一个新的状态 COOKIE,尝试重新建立过程;

b) 丢弃 TCB,并且向高层报告不能建立偶联;

c) 向远端点发送一个新的 INIT 数据块,并且通过增加 Cookie Preservative 参数请求对状态 COOKIE 的存活时间进行延长,在计算延长时间时,实施应当根据先前交换的 COOKIE ECHO / ERROR 得到的 RTT 信息测量,且增加结果不能大于测量的 RTT+1s,这是因为过长的状态 Cookie 的存活时间会导致节点遭到重播攻击。

8.2.4 其他偶联启动的问题

启动标签的取值范围可以从 $1\sim2^{32}-1$,启动标签值的随机选择对于帮助防止中间人(man in the middle)和顺序号码攻击十分必要。IETF RFC 1750 中描述的这种方法可以用于启动标签的随机选择,仔细地选择启动标签可以防止把从先前的偶联发来的过期的重复分组错误地当成当前偶联的分组进行处理。

对于一个给定偶联,两个端点间使用的验证标签值在偶联的存活期间不需要改变。只要端点清除了当前偶联，再重新建立到对端的偶联时，则应重新使用一个验证标签值。

8.3 数据的传递程序

8.3.1 一般说明

数据的传送只有在 ESTABLISHED，SHUTDOWN-PENDING，SHUTDOWN-RECEIVED 这 3 个状态下才会出现，唯一的例外就是在 COOKIE-WAIT 状态下，DATA 数据块允许同一个出局的 COOKIE ECHO 数据块捆绑在一起发送。

根据以下原则，DATA 数据块只能在 ESTABLISHED，SHUTDOWN-PENDING，SHUTDOWN-SENT 状态下被接收，在 CLOSED 状态下突然收到的 DATA 数据块则应按照 8.5 的内容进行处理。其他状态下收到的 DATA 数据块都应当被丢弃。

在 ESTABLISHED，SHUTDOWN-PENDING，SHUTDOWN-RECEIVED 状态下应处理 SACK 数据块，一个入局方向上的 SACK 数据块可以在 COOKIE-ECHOED 状态下处理，在 CLOSED 状态下突然收到的 SACK 数据块则应按照 8.5 的内容进行处理。其他状态下收到的 SACK 数据块都应当被丢弃。

SCTP 的接收方应能够接收长度最小为 1500 字节的 SCTP 分组，这意味着 SCTP 不必在 INIT 或 INIT ACK 数据块的初始 a_rwnd 中指示小于 1500 字节的情况。

为了保证传送的有效性，SCTP 定义了对较小的用户消息进行捆绑的机制，对于较大的用户消息进行分段。图 38 描绘了用户消息通过 SCTP 的流程。

本节中，数据的发送方是指发送 DATA 数据块的端点，而数据的接收方则是指接收 DATA 数据块的端点，数据的接收方将会发送 SACK 数据块。

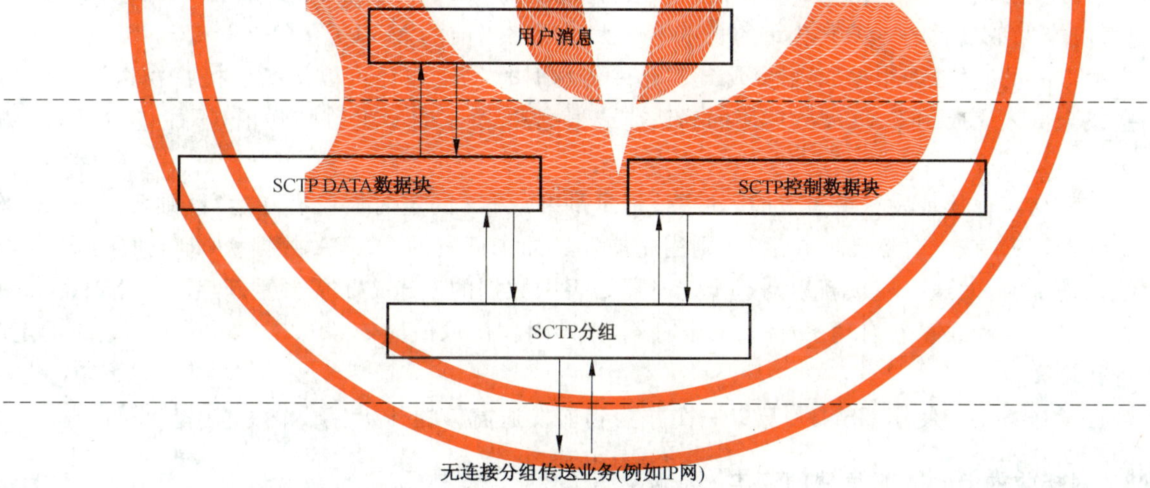

图 38 用户数据传送的示意图

a) 当把用户消息转换成 DATA 数据块时，端点应当对长度大于当前偶联通路允许的最大 MTU 的用户消息进行分段，并把他们放在多个 DATA 数据块中，数据的接收方在把在多个数据块中的数据重装成用户消息并递交给用户(详细内容见 8.3.10)。
b) 多个 DATA 数据块和控制数据块可以由发送方进行捆绑，在一个 SCTP 分组中传送。这个 SCTP 分组的最大长度不应大于当前通路的 MTU，接收方在把捆绑的数据块从 SCTP 中恢复成原始的数据块。在 SCTP 分组中控制数据块应当在 DATA 数据块之前。

这种分段和捆绑的机制将在 8.3.10 和 8.3.11 中予以说明，这种机制对于发送方来说是任选的，但它应能由接收方执行，即一个端点应能够正确处理捆绑的或分段的数据。

8.3.2 DATA 数据块的传送

本标准的规定是假定对每一个目的地传送地址而言只有一个重发定时器，但在具体的实施中可以对每个 DATA 数据块都使用一个重发定时器。

对于数据的发送者而言，在发送或重发 DATA 数据块时应遵循以下基本原则：

a) 在任何时候，当对端的 rwnd 指示对端缓冲器没有空间时，数据的发送方都不能再发送任何新数据(即 rwnd 等于 0，见 8.3.3.2)。如果 cwnd 允许，不管 rwnd 的值等于多少(包括为 0)，数据的发送方总是可以有一个 DATA 数据块正在传送给接收方(见原则 2)。这个原则可以允许发送方探询 rwnd 的变化，以避免由于数据接收方给发送方的 SACK 在传送过程中丢失而得不到 rwnd 变化的情况。

b) 在任何时候，如果到某个传送地址上等待证实的数据(字节数)大于或等于 cwnd，则发送方不能再向此地址发送新的数据。如果等待证实的数据的字节数小于 cwnd，则在新一次的发送中，发送方使等待证实的数据比 CWND 多 PMTU-1 字节。

c) 当允许发送方传送数据时，在发送新的 DATA 数据块前，发送方应先发送那些未证实的 DATA 数据块，这个过程也可以看作是重发(由当前的 cwnd 来限制)。

d) 然后发送方可以根据原则 1 和原则 2 允许的数量来发送新的 DATA 数据块。

多个数据块在一起传送可以捆绑在一个单独的分组中，此外被重发的 DATA 数据块也可以同新的数据块捆绑在一起传送，其捆绑后的长度不应大于通路允许的 MTU。高层协议可以要求不进行捆绑，但只是降低了时延，而将不能充分利用捆绑的高效率。它也不会在发生拥塞和重发时停止捆绑。

在一个端点发送 DATA 数据块前，如果还有收到的 DATA 数据块未被证实(例如：由于延迟证实)，发送方应当创建一个 SACK 数据块并把它同要发送的 DATA 数据块捆绑在一个 SCTP 分组中发送，当然应当保证最后的 SCTP 分组的长度不应大于通路当前的 MTU。

当窗口满的时候(即根据原则 A 或 B 不允许传送时)，发送方仍可以从高层接收发送请求，但在收到一些或全部未完成的 DATA 数据块的确认前或根据原则 A 或 B 允许传送前，不能传送任何 DATA 数据块。

当需要向其他地址发送或重发时，如果该地址的 T3- rtx 的定时器没有在运行，则发送方应重新启动该定时器；如果该定时器已经在运行，则当先前发送的未证实的 DATA 数据块(即最低的 TSN)被重新发往该地址时，发送方应重新启动这个定时器。否则数据的发送方不需要重新启动该定时器。

如果已经启动或重新启动了 T3-rtx 定时器，则定时器的取值应依照 6.3.2 和 6.3.3 定义的定时器原则进行调整。

数据发送方不应使用 TSN 大于 $2^{31}-1$ 作为当前发送窗口的开始 TSN。

8.3.3 对接收的 DATA 数据块的证实

8.3.3.1 概述

SCTP 端点应证实接收到的每个有效的 DATA 数据块。

SACK 默认应在收到 DATA 消息的通路上回送，但是在多归属的情况下，当发现默认通路不可用时，SACK 应能从当前可用的备用通路发送。

此处采用了 IETF RFC 2581 4.2 定义的延时证实算法，要明确的是至少应对收到两个分组进行证实(不是每两个 DATA 数据块)，并且应当在收到未证实的 DATA 数据块 200 ms 之内产生这个证实。在某些情况下，SCTP 的证实方法可以比本文件规定的算法更保守一些会更好。但 SCTP 在发送证实时绝不能比本文件算法规定的频次更高。

SCTP 接收方不必针对每个入局方向的分组产生多于一个的 SACK，除非是要更新提供的窗口，作为接收应用需要接收新数据。

注：证实产生允许的最大的时延可以由 SCTP 的管理者来配置，可以是静态的，也可以是动态的，这主要是为了满足承载协议的特定定时要求。

一个实施不允许把最大时延配置成大于 500 ms，换句话说，一个实施可以选择比 500 ms 低的值，但不能大于 500 ms。

除了对高层请求的关闭情况，可以由端点在发送 SHUTDOWN 数据块时发送证实，其他情况下，证实应在 SACK 数据块中发送。一个 SACK 数据块可以证实接收到的多个 DATA 数据块，见 6.2.5 对 SACK 数据块格式的定义。特别是 SCTP 端点应设置累积的 TSN ACK 字段以指示收到的最后连序的(有效数据块的)TSN。任何收到的 DATA 数据块的 TSN 大于累积的 TSN 证实值的情况都应在 Gap Ack 块字段中报告。

SHUTDOWN 数据块不包含 Gap Ack 块字段，所以端点应使用 SACK 数据块来证实收到失序的 DATA 数据块。

当一个分组中有两个重复的 DATA 数据块，并且又没有其他新的 DATA 数据块，则端点应立即返回一个 SACK 而无需等待，如果分组中包含了重复的 DATA 数据块与新的数据块，则端点可以立即返回一个 SACK。通常来讲，收到重复的 DATA 数据块只发生在当最初的 SACK 数据块丢失，且对端 RTO 超时的情况。重复的 TSN 号码应当在 SACK 中作为重复进行报告。

当端点收到一个 SACK，它可以使用重复的 TSN 信息以确认是否有 SACK 丢失，关于这个数据块的其他应用有待进一步研究。

数据的接收方负责维护其接收缓冲器，数据接收方应当及时通知数据的发送方关于接收数据的能力变化，至于如何由实施管理接收缓冲器则取决于多方面的因素(例如操作系统、内存管理系统和内存的数量等)。

但是 6.2.2 定义的数据发送方的策略是假定接收方按照如下方式操作的：

a) 在偶联的启动阶段，端点告诉对端它已经为这个偶联的 INIT 或 INIT ACK 分配的接收缓冲器的容量，端点将根据该值设置 a_rwnd。

b) 对于已经收到并在缓冲区中保存的 DATA 数据块，应当根据收到已缓存的字节数降低 a_rwnd。这样就可以有效的关闭数据发送方的 rwnd 并限制可以传送的数据量。

c) 当 DATA 数据块递交给高层后，并且已经从接收缓冲中释放，则可以根据递交给高层的字节数来增加 a_rwnd，这样可以有效的放开数据发送方的 rwnd，并且允许发送更多的数据。数据接收方只有在释放了接收缓冲中这些字节后才可以增加 a_rwnd。例如如果接收方在重装队列中正保存着一个 DATA 数据块的分段，则不应增加 a_rwnd。

d) 在发送 SACK 时，数据的接收方应当把当前的 a_rwnd 值填到 a_rwnd 字段中。数据接收方应当认为数据发送方不会重发那些已经被累积的 TSN Ack 证实的 DATA 数据块(即发送方已经从重发队列中清除)。

在一些特定的情况，数据的接收方会需要清除已经收到的 DATA 数据块，而这些数据块还未被接收缓冲器释放(被递交到高层)，这些 DATA 数据块可以在 Gap Ack 块中进行证实。例如：在重装来自对端的用户消息时，数据接收方可以在接收缓冲中保持这些数据，而此时接收方可能又用光了接收缓冲区，此时就可以把这些用 Gap Ack 块证实的 DATA 数据块清除掉。如果数据接收方清除了这些数据块，则在随后的 SACK 中就不必包含这些 Gap Ack 块，除非是又收到了这些重发的数据块。此外端点应当在计算 a_rwnd 时考虑这些清除的数据。

一个端点不应认为 SACK 无效，并丢弃数据。只有在极特殊的情况下一个端点才可以使用这个程序(缓冲器空间耗尽)。数据接收方应当考虑丢掉那些已经在 Gap Ack 块中证实的数据可能导致数据发送方的不理想的重发策略，从而降低性能。

如果一个端点接收到的 DATA 数据块中没有任何用户数据(即长度字段设置为 16)，则应返回一个差错原因为“无用户数据”的 ABORT 数据块。同时也应求端点不应发送没有用户数据部分的 DATA 数据块。

8.3.3.2 对收到的 SACK 的处理

端点收到的每个 SACK 中都应包含 a_rwnd 的值，这个值表示数据接收方在发送 SACK 的时候缓冲区空间的数量，即从总的接收缓冲区容量中剩余的部分(总量在 INIT/INIT ACK 中规定)。使用 a_rwnd、累积的 TSN Ack 和 Gap Ack 块，数据发送方可以得到对端接收缓冲空间的使用情况。

数据发送方的一个问题就是在处理 SACK 时，应考虑接收的 SACK 可能失序的情况。这样数据接收方发送的 SACK 可能先于一个更早发送的 SACK 被数据发送方收到。如果收到的 SACK 失序，则数据发送方可能会得到对端接收缓冲容量的错误情况。

因为没有一个可以使用的明确的标识来检测失序的 SACK，这样数据的发送方应使用启发方式来确定 SACK 是否是最新的。

一个端点可以使用以下原则来计算 rwnd，rwnd 的计算需要使用接收的 SACK 中的 a_rwnd 的值、累积的 TSN Ack 和 Gap Ack 块。

a) 在偶联的建立阶段，端点把 rwnd 设置为在 INIT 或 INIT ACK 中规定的通告的接收方窗口信用(a_rwnd)。
b) 无论何时向对端发送(或重发)了一个 DATA 数据块，端点则根据数据的大小减少对端的 rwnd 值。
c) 无论何时，一个 DATA 数据块被标记为重发(由于 T3-rtx 定时器超时或者是快速重发)，则把这些数据块的大小在加到 rwnd 值中。

   如果实施是对每个 DATA 数据块都使用了定时器，则只有那些定时器超时的 DATA 数据块被标记为重发。
d) 无论何时收到了 SACK，则端点执行以下程序：
   ——如果收到的累积 TSN Ack 比的已有的 TSN Ack 值小，则丢弃该 SACK，这是因为累积的 TSN ACK 单调递增的，所以如果 TSN Ack 值小于已有的累积 TSN Ack，则表示 SACK 失序。
   ——把 rwnd 的值设置为最新收到的 a_rwnd 减去正在处理累积 TSN Ack 和 Gap Ack 块之间未证实的字节数。
   ——如果 SACK 丢失了一个先前已经用 Gap Ack 块证实的 TSN(例如，数据接收方拒绝了数据)，则标记相应的 DATA 数据块可以进行重发。把这个数据块标记为丢失并进行快速重发的(如 8.4.3.5 所述)，如果针对这个 DATA 数据块最初发送到的目的地地址，没有重发定时器在运行，则针对该目的地地址启动 T3-rtx 定时器。

8.3.4 重发定时器的管理

8.3.4.1 概述

SCTP 端点使用重发定时器 T3-rtx 用来保证数据递交时缺少来自对端的反馈的情况。定时器的时长取值可以见对 RTO 的规定(重发超时)。

当一个端点的对端是一个多归属的，则端点应当针对对端点不同的目的地传送地址分别计算其 RTO。

SCTP 中对 RTO 的计算和管理与 TCP 管理其重发定时器的方法相同，为了计算当前的 RTO，一个端点应针对一个目的地传送地址保存两个状态变量：即 SRTT(平滑状态下的双向时间)和 RTTVAR(双向时间变化)。

8.3.4.2 RTO 的计算

SRTT,RTTVAR,和 RTO 的计算规则如下:

a) 当已经针对一个给定的目的地传送地址进行的 RTT 测量包被发送后,则设置 RTO 为协议参数 RTO.Initial。

b) 当第一个 RTT 测量 R 被得到后,则设定 SRTT 为 R,
RTTVAR=R/2,RTO=SRTT+4×RTTVAR。

c) 如果得到了一个新的 RTT 测量 R',则设置:
RTTVAR=(1-RTO.Beta)×RTTVAR+RTO.Beta×|SRTT-R'|;
SRTT=(1-RTO.Alpha)×SRTT+RTO.Alpha×R'。
用来更新 RTTVAR 的 SRTT 值应当是在第二个算式更新 SRTT 之前的值。在计算后得到修正的 RTO=SRTT+4*RTTVAR。

d) 如果数据正在传送中,则允许使用下面的规则 5,新的 RTT 测量应针对每个双向传播进行。此外,针对给定目的地传送地址双向时延的新的 RTT 测量不应大于一次。这里有两个原因:第一在实际中过于频繁的测量并不会带来明显的好处,第二如果测量过于频繁,则规则 3 中的 RTO.Alpha 和 RTO.Beta 需要进行调整,这样 SRTT 和 RTTVAR 也要用相同的速率进行调整(根据进行的双向时延测试次数反映的取值),而规则 3 中用到的 RTO.Alpha 和 RTO.Beta 只是一次双向时延测试的结果。

e) Karn's 算法:RTT 测量不必使用重发的分组来进行(这样得到的响应无法反映出是对第一个实例的响应还是随后实例的响应)。

f) 在计算 RTO 时,如果它小于 RTO.Min 秒,则把双向时延设置为 RTO.Min 秒,使用这个规则的原因是为了避免由于 RTO 过低而带来不必要的超时。

g) 最大值则可以设置为 RTO 提供的 RTO.max 秒。目前对用于计算 RTT 测量和其他状态变量的时钟的离散度 G 尚无要求,除了:G1)在计算 RTTVAR 时,如果 RTTVAR=0,则设置 RTTVAR=G。经验总结出认为小于 100 ms 的时钟离散度要比粗糙的时钟离散度要好。

8.3.4.3 重发定时器规则

使用以下规则来管理重发定时器:

a) 无论何时,只要向一个地址发送了 DATA 数据块(包括重发),如果这个地址的 T3-rtx 定时器未运行,则启动这个定时器,这个定时器将在到这个地址的 RTO 之后超时,这里使用 RTO 是为了在针对某个目的地地址的前一个 T3-rtx 定时器超后得到 RTO 的双倍值。如规则 8.3.4.4 的 2 所述。

b) 当发送到某个地址的所有未完成的数据都被证实后,则停止对该地址的 T3-rtx 定时器。

c) 针对某个地址,当收到的 SACK 证实了那些最早的 DATA 数据块的 TSN,则用该地址当前的 RTO 重新启动 T3-rtx 定时器。

d) 当收到的 SACK 中丢失了先前已用 Gap Ack 块证实过的 TSN,如果 T3-rtx 定时器未运行,则针对这个 DTTA 数据块最初发送去的目的地地址启动 T3-rtx 定时器。

8.3.4.4 对定时器 T3-rtx 超时的处理

当到一个目的地地址的重发定时器 T3-rtx 超时后,则应采取如下动作:

a) 对于定时器超时的目的地地址,按照 8.4.3.4 规定的内容调整 ssthresh 并把 cwnd 设置为 MTU。

b) 对于定时器超时的目的地地址,设置 RTO=RTO×2(定时器后退)。在上面的规则 8.3.4.2g)中讨论过的最大值(RTO. max)可以用来提供这种加倍操作的上边界。

c) 对于定时器超时的目的地地址,确定有多少最早(即最低的 TSN)未完成的 DATA 数据块可以放在一个单独的分组中,在重发时不会受到该目的地传送地址的 MTU 限制(这可能与定时器超时的目的地地址不同,见 8.3.5)。称这个值为 K,在一个分组中捆绑并重传这 K 个 DATA 数据块到该目的地端点。

d) 如果根据 8.3.4.3a)中的规则指示可以这样做的话,则针对启动重发的目的地地址启动重发定时器 T3-rtx。对于启动的 T3-rtx 使用的 RTO 应当是到重发发送的目的地地址,当接收方是多归属的,则这个地址可以与定时器超时的目的地地址不同(见 8.3.5)。

重发之后,一旦得到一个新的 RTT 测量值,这个 RTT 测量值根据 8.3.4.2e)中的原则,只可以用发送的新数据与证实之间的时间,或者是用 HEARTBEAT 消息的测量值进行计算(见 8.5.3)结果。再根据 8.3.4.2c)的步骤进行计算,当然也包括对 RTO 的计算,这个计算结果会使 RTO 返回到加倍之前的值。

任何发送到 T3-rtx 定时器超时的目的地地址 DATA 数据块不能满足 MTU 的限制时(8.3.4.3 的规则 c),则这个 DATA 数据块应标记为重传,并且在 cwnd 允许的情况下立即发送(通常是收到 SACK 后)。

管理重发定时器的最后一个原则与故障结束方式有关。

当一个节点从当前的目的地传送地址切换到另外一个地址,则当前的重发定时器继续运行。如果按照 8.3.4.3a)的规则,允许端点发送一个包含 DATA 数据块的分组到一个新的传送地址,则针对该传送地址也启动定时器,并使用数据要发送到的目的地地址的 RTO。

8.3.5 多归属的 SCTP 端点

8.3.5.1 概述

如果可以使用多个目的地传送地址作为到一个端点的目的地地址,则这个 SCTP 端点可以被看作是多归属的。

更进一步,端点的高层协议(ULP)应当可以在多个目的地地址中选择一个地址作为到这个多归属 SCTP 点的首选通路(可见第 5 章和 8.2.2.3)。缺省的情况是,一个端点总是在首选通路上发送数据,除非是 SCTP 用户明确规定了使用的目的地传送地址(也可能是起源传送地址)。

端点应能根据收到的 DATA 或控制数据块中的起源传送地址,并把相同地址的作为发送响应数据块的目的地传送地址(如:SACK、HEARTBEAT ACK 等)。这个规则在端点把 DATA 数据块和响应数据块捆绑传送时应遵守,即此时的目的地传送地址应当是响应数据块应对应的目的地地址。

但是当要用一个 SACK 证实来自不同起源地址的 DATA 数据块时,则 SACK 数据块可以使用这些需要被证实的 DATA 或控制数据块发来起源地址中的一个地址作为目的地传送地址。

当接收方收到了重复的 DATA 数据块,则尽可能不使用重复的 DATA 数据块中的起源地址作为目的地地址,最好选择另外的目的地传送地址向这个多归属的端点发送 SACK 数据块。这样做的原因时在收到从多归属端点发来的重复数据块后,可以指示 SACK 的返回通路已经断开了。(根据 DATA 数据块中的起源地址)。

此外,当对端点是一个多归属的端点时,则本端在重发时,应当尝试把 DATA 发到另外的激活的目的地传送地址,该地址应与 DATA 数据块最后一次发送的目的地地址不同。

重发不会影响对未证实的数据的总数统计,但是如果 DATA 数据块重发到不同的目的地地址,则对新目的地地址和旧目的地地址(上次数据块发送到的地址)的未证实数据的统计应当同时调整。

8.3.5.2 对未激活的目的地地址的 FAILOVER

一个多归属的 SCTP 端点的可能由于出现一些差错或者由于 SCTP 用户的调整,使该端点的一些传送地址处于未激活状态(见 8.5.2)。

当有出局数据要发送时,而首选通路又变成未激活时(例如:故障原因),或者是由 SCTP 用户明确的请求向一个未激活的目的地传送地址发送数据时,则在向高层协议报告差错前,如果有其他地址存在,SCTP 端点应当尝试向该目的地的其他激活的目的地传送地址发送数据。

重发数据时,如果该端点是一个多归属的 SCTP 端点,其重发选择策略应当考虑每个起源和目的地地址对。重发的端点应当选择一个与最初的起源和目的地地址对最不同的起源和目的地地址发送该分组。

注:对于选择重发的不同的起源和目的地地址对取决于具体的实施,在本标准中不规定。

8.3.6 流标识符和流顺序号

每个 DATA 数据块应携带一个有效的流标识符,如果端点收到的 DATA 数据块中包含有无效的流标识符,则应按照正常程序对收到的 DATA 数据块进行确认,并立即发送一个错误原因为“无效的流标识符”的 ERROR 数据块,同时丢弃这个 DATA 数据块。端点可以把 ERROR 数据块同 SACK 捆绑在同一个分组中,但 ERROR 应当在 SACK 数据块之后出现。

在偶联建立时,所有流中的流顺序号码都应当从 0 开始。当流顺序号码到达 65535 后,则接下来的流顺序号码为 0。

8.3.7 有序的和无序的递交

在一个流中,一个端点应把 U 标志位设置为 0 的 DATA 数据块按照他们的流顺序号码递交给高层,如果到达的 DATA 数据块的顺序号码失序,则端点应保存这些数据块,直到他们被重新排序后在递交给高层协议。

但是,一个 SCTP 端点可以通过把 DATA 数据块的 U 标志位设置为 1 来指示对于一个特定传送的 DATA 数据块可以采用无序递交的方式。

当一个端点收到的 DATA 数据块的 U 标志位设置为 1,则该端点就不使用排序机制,并立即把这些数据递交给高层(如果由数据发送方对用户数据进行了分段,则应在重装后再递交)。

这样就提供了一种用来在给定流中传送“带外”数据的方法。同样的,也把在一个流上发送的所有 DATA 数据块的 U 标志位设置为 1,使这个流作为“无序”的流。

具体实施时,当发送无顺序的 DATA 数据块时,实施可以选择把 DATA 数据块放在发送的分组中,如果可能的话并把它放在出局发送队列的队首先发送。

U 标志位设置为 1 的 DATA 数据块的流顺序号码字段是没有意义的,发送方可以填任意值,但接收方应忽略这个字段。

在传送数据时,端点在发送 U 标志位设置为 1 的 DATA 数据块时不需要增加流顺序号码。

8.3.8 报告收到的 DATA 数据块的 TSN 间隔

在收到新的 DATA 数据块,端点应当首先检查收到的 TSN 的连续性。如果端点检查出了在收到的 DATA 数据块顺序中出现间隔,则应立即发送带有 Gap Ack 块的 SACK 数据。在对收到的 SCTP 分组判别后认定不能填充 TSN 间隔的时候,则数据接收方应继续发送 SACK 数据块。

根据收到的 SACK 中包含的 Gap Ack 块,端点可以计算出丢失的 DATA 数据块并决定是否重发这些 DATA 数据块(见 8.4.3.5)。

在一个 SACK 中可以报告多个 TSN 的间隔。当对端点是一个多归属的 SCTP 端点时,SCTP 端点应当总是向相同的目的地地址发送 SACK,用来证实从该地址收到的最后的 DATA 数据块。

在收到 SACK 后,端点应从发送队列中清除所有由 SACK 中累积的 TSN Ack 的证实的 DATA 数据块。端点应把那些 TSN 未包含 SACK 的在 Gap Ack 块中的 DATA 数据块当作丢失的数据块来处理。为了决定重发，对每个报告为丢失的未证实的DATA数据块的号码都应由数据的发送方来记录，详细内容见8.4.3。

可以在SACK数据块中报告的Gap Ack块的最大数量是受通路的MTU限制的。如果由于MTU的限制，一个SACK不能完全包含所有需要报告的Gap Ack块，则端点只发送一个SACK，报告的Gap Ack块的顺序应当是从最低的TSN到最高的TSN进行排列，不能包含的最高的TSN号码可以暂不证实。

8.3.9 CRC-32校验码的计算

在发送SCTP分组的时候，一个端点应能够保证传送的数据的完整性，这就需要对这个分组进行校验码计算。CRC-32校验码的计算如下所述：

在构造分组的时候(包含SCTP的头和一个或多个控制或DATA数据块)，发送方应当：

a) 正确设置SCTP公共分组头中的验证标签并把校验码字段初始化为全0；
b) 对整个分组计算CRC-32校验码，包括SCTP公共头和所有的数据块；
c) 把得到的结果值填到SCTP公共分组头的校验码字段，其他比特保持不变。

当收到一个SCTP分组后，接收方应先检查校验码，然后执行以下动作：

a) 先保存收到的CRC-32校验码；
b) 然后把收到的SCTP分组的校验码字段填充为全0，然后对整个分组进行CRC-32校验码的计算；
c) 验证计算出的CRC-32校验码与收到的CRC-32校验码是否相同，如果不同，则接收方应把这个分组当成一个无效的SCTP分组来处理。通常对无效的SCTP分组的处理就是直接把该分组丢弃，并不产生任何指示。

8.3.10 分段和重装

端点可以不支持对发送DATA数据块进行分段，但应支持对收到的已分段的DATA数据块的重装功能。如果一个端点支持分段，则当需要发送的用户消息使生成的SCTP分组长度大于MTU时，则应对用户消息进行分段。如果在实施中不支持对出局的用户消息的分段，则端点应向高层返回一个错误指示，同时也不必再尝试发送该消息。

具体实施时，对于这种错误情况，发送原语应当需要向高层返回一个差错指示。

如果对端点是一个多归属的端点，则发送端点选择发送的消息长度应当小于偶联通路MTU长度。偶联通路的MTU是指到所有目的地地址的中最小的通路MTU。

一旦一个消息被分段后，就不能再进行分段了，如果PMTU被再次降低，则应使用IP分段机制，对于PMTU的检出可以见8.4.4。

SCTP的实施在确定分段时应考虑SCTP的分组头，DATA数据块的头；如果SACK数据块同DATA数据块捆绑在一起的话，实施还应考虑SACK数据块所要求的空间。

分段过程采用如下步骤：

a) 数据的发送方应把用户消息分割成几个DATA数据块，使的每个数据块加上SCTP的开销后能够小于或等于偶联通路的MTU。
b) 发送方应重新按顺序为这几个DATA数据块分别分配TSN。发送方还要为这些DATA数据块分配相同的流顺序号码(SSN)。如果用户指示用户消息可以按照无序的方式递交，则这个用户消息的每个DATA数据块的U标志位都应设置为1。
c) 发送方也应把这一组中的第一个DATA数据块的B/E比特设置为10，把这一组中的最后一个DATA数据块的B/E比特设置为01，其他DATA数据块的B/E比特设置为00。

一个端点应能通过检查每个收到的DATA数据块的B/E比特，来识别分段的DATA数据块，并且把分段的 DATA 数据块排队后重装。一旦用户消息被重装好，则 SCTP 应当把这个重装的用户消息放在特定的流中重新排序并最终递交到高层。

如果数据的接收方缓冲已经耗尽，而此时还在等待一个需要重装的用户消息的其他分段，就可以使用部分递交 API 把这个不完整的入局消息递交上去，释放部分接收缓冲，使之可以继续接收消息的其他部分。

8.3.11 捆绑机制

端点可以通过捆绑机制把多个数据块放在一个出局的 SCTP 分组中来传送。最终生成的 IP 分组的长度，包括 SCTP 分组和 IP 分组头应小于或等于当前通路的 MTU。

如果它的对端点是一个多归属的端点，则发送端点应当选择当前首选通路中最小 MTU 作为分组的最大长度。

当把控制数据块和 DATA 数据块进行捆绑的时候，端点应把控制数据块放在 SCTP 分组的最前面。发送方在 SCTP 分组重传送 DATA 数据块时，其 TSN 应是按照升序排列。

由于控制数据块应放在分组的最前面，而 DATA 数据块应在 SHUTDOWN 或 SHUTDOWN ACK 之前传送，因此 DATA 数据块不能与 SHUTDOWN 或 SHUTDOWN ACK 捆绑在一起传送。

部分的数据块不能放在一个 SCTP 分组中传送，换句话说 SCTP 中的数据块都应当是完整的。

一个端点应按照数据块在分组中的顺序来对这些数据块进行处理处理。接收方使用数据块长度字段来确定数据块的开始和结束，并且认为所有的数据块的长度都应是 4 个八位位组的整数倍。如果接收方检测到了部分的数据块(不完整的)，则应丢弃该数据块。

一个端点不能把 INIT、INIT ACK 或 SHUTCOMPLETE 同其他数据块捆绑起来。

8.4 拥塞控制程序

8.4.1 一般说明

拥塞控制是 SCTP 的一个基本功能。对于一些应用，可以为 SCTP 业务量分配足够的资源，以确保能准确地递交那些对时间要求较高的数据。这样在正常情况下，传送就不大可能会经历严重的拥塞状态。但 SCTP 应能在不正常的情况下工作，这些不正常的情况可以是部分网络故障或者是异常的业务量情况。为了能使数据尽可能的递交到高层，在这种情况下，SCTP 应采用拥塞控制机制使得其从拥塞状态下迅速恢复。

在网络没有发生拥塞的时候这些预防性的拥塞控制算法应当不会对网络的协议性能产生任何影响。

具体实施时，在满足规定的性能要求的前提下，一个 SCTP 实施总允许采用多种拥塞控制算法，而不单是下面描述的算法。

SCTP 使用的拥塞控制算法是基于 IETF RFC2581 的。本节描述了 IETF RFC2581 定义的算法是如何在 SCTP 中使用的。SCTP 的拥塞控制总是针对整个偶联进行的，而不能针对偶联中的某个流来进行。

8.4.2 SCTP 与 TCP 拥塞控制的区别

在 SCTP 的 SACK 中包含的 Gap Ack 块与 TCP 的 SACK 有着相同的含义。TCP 认为 SACK 中的信息只是一个建议性的信息，SCTP 也认为 SACK 中的 Gap Ack 块包含的信息是建议性的信息。在 SCTP 中任何由 SACK 证实的 DATA 数据块，包括那些在接收方失序的 DATA 数据块，只有在通过累积的 TSN ACK 确认后才认为是把这些 TSN 的 DATA 数据块递交给高层(即用 SACK 中的累积的 TSN ACK 证实的 DATA 数据块)，因此用 cwnd 的值来控制未证实的数据，(在无 SACK 的 TCP 中)要比用最高确认的顺序号码和在拥塞窗口中可以发送的最后一个 DATA 数据块之间上边界要好。SCTP 使用了与无 SACK TCP 不同的快速重发和快速恢复。

SCTP 与 TCP 的最大区别就是一个多归属功能，SCTP 被设计在两个端点间建立一个可靠的通信偶联，每个端点可以使用多个传送地址。两个端点间不同的地址可以产生不同的通路，这样比较理想的拥塞算法就是需要针对不同的通路使用不同的拥塞控制参数集。对于 SCTP 来说，在拥塞控制中对于多归属接收方的处理就是一个新情况，并且需要在今后进行改进。目前的算法使用以下假设：

——除非高层有明确的指示，否则发送方总是使用相同的目的地，但是 SCTP 可以在一个地址被标记为未激活时选择另外一个目的地地址(见 8.3)。同样的在重发的过程中也可以使用与最初发送不同的传送地址；

——发送方针对每个可以发送去的目的地地址使用分别的拥塞控制参数集(不是针对每个起源和目的地地址对，而只是对每个目的地地址)。如果到一个地址很长时间不使用，则这些个参数应当予以丢弃(失效)。

对每个目的地地址，一个端点根据第一次的传送地址进行慢启动。

注：在一个单独的 TCP 进程中，TCP 保证把数据按照顺序递交给高层。这意味着当 TCP 发现了在接收的顺序号码中有间隔，则它一直要等待这个间隔被填好后才把顺序号码高于丢失的顺序号码的数据递交给高层，另一方面，尽管在 TSN 中还有间隔只要对于特定的流其流顺序号码是连续的(即丢失的 DAT 数据块属于不同的流)，或者是指示采用无序方式，SCTP 则可以把这些数据递交到高层协议。尽管这不会影响 cwnd，但却会影响 rwnd 的计算。

8.4.3 SCTP 的慢启动和避免拥塞

8.4.3.1 概述

端点应使用慢启动和避免拥塞算法以控制进入到网络中的数据数量。SCTP 的拥塞控制是关于偶联进行的，而不是针对一个流进行的。在某些情况下，对于 SCTP 发送方使用更保守的算法要比其他允许的算法更有益。但 SCTP 发送方不必选择比以下算法更严格的算法。

与 TCP 相似，SCTP 端点使用以下 3 个控制变量来规定其传送速率：

——接收方广播的窗口大小(rwnd，单位：八位位组数)：由接收方根据入局分组的缓冲容量来设置(这个变量是对整个偶联而言的)。

——拥塞控制窗口(cwnd，单位：八位位组数)：这个变量是根据发送方观察的网络情况来调整(到每个目的地地址都应维持这样一个变量)。

——慢启动门限(ssthresh，单位：八位位组数)：发送方用这个变量是处于慢启动阶段还是避免拥塞阶段(到每个目的地地址都应维持这样一个变量)。

SCTP 还需要一个附加的控制变量 partial_bytes_acked 这个变量用来在避免拥塞阶段帮助调整 cwnd。与 TCP 不同，SCTP 发送方应针对每个端点的目的地地址都维护这组变量(此时这个对端点是一个多归属的点)。

8.4.3.2 慢启动(Slow-Start)

当在一个状态不明的网络或者是空闲了相当长时间的网络上开始传送数据时，则要求 SCTP 去向网络探询一下以确定其可用的容量。出于这个目的，在开始传送数据时或者是对重发定时器检出的丢失消息的重发时，就使用慢启动算法。

——在数据传送前或者是空闲了足够长的时间后，初始的 cwnd 应当设置为小于或等于 2×MTU。

——在重发定时器超时后，初始的 cwnd 应当不大于 1×MTU。

——ssthresh 的初始制可以任意的大(例如，实施的时候可以使用接收方广播窗口的大小)。

——只要 cwnd 大于 0，就允许则端点到某个传送地址有 cwnd 字节长的未完成数据。

——当 cwnd 小于或等于 ssthresh，SCTP 端点就要用慢启动算法来增加 cwnd(假定当前的拥塞窗口已经完全被使用了)。如果一个入局的 SACK 提高了累积 TSN Ack 的值，则 cwnd 最多就只能按照 1)和 2)中最小值来增加。

1) 先前未证实 DATA 数据块已被证实的总数；

2) 到目的地通路的 MTU。

这主要是用来保护在[SAVAGE99]中规定的 ACK-Splitting 的攻击。

当对端点是一个多归属的端点，如果一个端点收到的 SACK 增加了累积 TSN Ack 的值，则该端点应当增加与发送证实数据的目的地地址对应的 cwnd。但如果接收的 SACK 不能提高累积 TSN Ack 的值，则端点不必针对任何目的地地址调整 cwnd。

由于端点的 cwnd 并没有与累积 TSN Ack 相关联，如果收到了两个重复的 SACK，尽管他们可以不改变累积 TSN Ack，但端点仍可以使用他们来记录新数据发送的时间。这样由 SACK 证实的数据则降低了传送中的数据数量，并使之小于 cwnd。这样 cwnd 的值没有变化，又允许发送新的数据，另一方面，cwnd 的增加应跟累积 TSN Ack 的增加相联系。否则在可能拥塞的时间里，重复的 SACK 不仅能记录新数据的时间，而且也能反过来记录比网络留下的更多的新数据。

当端点不向一个给定的传送地址传送数据数据时，则该传送地址的 cwnd 应当在每个 RTO 时间内按照 max(cwnd/2,2 * MTU) 进行调整。

8.4.3.3 避免拥塞

当 cwnd 大于 ssthresh，如果发送方有与该传送地址对应的 cwnd 或更多未完成的数据，则 cwnd 应当在每个 RTT 中增加 1 * MTU。

在实际实施中可以用以下方式获得这个目标：

——partial_bytes_acked 初始为 0。

——当 cwnd 大于 ssthresh，则收到 SACK 提高了累积 TSN Ack 的值，则把 partial_bytes_acked 增加上所有用这个 SACK 的累积 TSN Ack 和 Gap Ack 块证实的所有新数据块的八位位组总数。

——当 partial_bytes_acked 等于或大于 cwnd，且在 SACK 到达之前，发送方有 cwnd 或更多未证实的数据(即表明在 SACK 到达之前，在途中传送的字节数大于或等于 cwnd)，则用 MTU 来增加 cwnd，并把 partial_bytes_acked 设置为 partial_bytes_acke 的当前值减 cwnd。

——与在慢启动中相同，当发送方不向一个给定的传送地址发送数据的时候，则该传送地址的 cwnd 应当在每个 RTO 时间内按照 max(cwnd/2,2 * MTU) 进行调整。

——当所有发送方传送的数据都被接收者证实后，则 partial_bytes_acked 又被重新初始化为 0。

8.4.3.4 拥塞控制

当根据收到的 SACK 检测到有分组丢失，端点应采取以下动作：

ssthresh=max(cwnd/2,2 * MTU)；

cwnd=ssthresh。

基本上，分组的丢失将导致 cwnd 降低一半。

当到某个地址的 T3-rtx 超时，SCTP 将用如下动作进行慢启动。

ssthresh=max(cwnd/2,2 * MTU)；

cwnd=1 * MTU。

并应确保在端点收到了数据成功递交给该地址的确认前，不会有多于一个的 SCTP 分组在向该地址传送。

8.4.3.5 根据 GAP 报告的快速重发

在没有数据丢失的时候,端点采用延迟确认方式,但当端点发现到达的 TSN 顺序中出现间隔时,在这个间隔被补上之前,它每收到一个携带数据的分组就后向发送一个 SACK。

当一个端点收到的 SACK 中指示一些 TSN 丢失,在开始采取快速重发动作前,它应当等待至少 3 次或更多次的对相同 TSN 的指示(通过后续的 SACK)。

当从连续第四个 SACK 中收到了相同的指示,则这个 TSN 就当作丢失来报告,发送方应采取以下动作:

a) 标记丢失的 DATA 数据块为重发。
b) 按照 8.4.3.4 的公式,针对最后一次发送的丢失的 DATA 数据块的目的地地址调整 ssthresh 和 cwnd。
c) 确定有多少个最早的(即最低的 TSN)标记为重发 DATA 数据块可以放在一个分组中,而不会收到到该分组需要发送到的目的地地址的通路 MTU 的限制。这个值称为 K,在一个分组中重传这 K 个 DATA 数据块。
d) 当且仅当最后的 SACK 确认的最低的未完成的 TSN 的 DATA 数据块发送给该地址后,或者是端点向该地址重发了第一个未证实的 DATA 数据块,则重新启动 T3-rtx 定时器。

在进行上述调整之前,如果接收到的 SACK 也确认了新的 DATA 数据块并且提高了累积 TSN ACK 的值,则应按照 8.4.3.2 和 8.4.3.3 定义的原则先调整 cwnd。

上述描述的一个最直接的实施就是针对每个由 SACK 报告的 TSN 间隔设一个计数器,这个计数器针对每个报告的 TSN 间隔来加 1,在达到 4 之后,则开始重发过程,并把该计数器清 0。

因为 SCTP 中的 cwnd 间接地限制了未完成的 TSN 的数量,TCP 的快速恢复的影响是通过不调整拥塞控制窗口的大小来自动获得的。

8.4.4 发现通路 MTU

IETF RFC 1191 规定了"发现通路 MTU",端点如何对给定的 Internet 通路的最大传送单元保持评估,来避免在该通路上发送的分组超过 MTU 的,并可以定期尝试检测通路 MTU 的变化。IETF RFC 1191 全面的讨论了 MTU 的发现机制和策略用来确定当前端到端 MTU 值的设置以及该值变化的检出。IETF RFC1981 对 IPV6 规定了相同的机制,使用 IPV6 的 SCTP 发送方应使用发现通路 MTU,除非是所有的分组长度都小于 IPV6 的最小 MTU。

端点应当采用这些技术,并且针对每个目的地地址进行这些操作。

SCTP 使用的发现通路 MTU 的方法与 IETF RFC1191 描述的方法有 4 个不同点:

a) SCTP 偶联可以包含多个地址,一个端点应针对远端的不同目的地地址分别进行 MTU 的评估。
b) 在文件中其他地方谈到的 MTU 是指与上下文中涉及的目的地地址相关的 MTU。
c) 与 TCP 不一样,SCTP 没有"最大分段长度"的概念,因此对每个目的地地址的 MTU 在初始化时不应当大于分组包选路到该目的地地址的本地接口的链路的 MTU。
d) 由于 SCTP 传送数据是根据 TSN 来传送的,而不是根据字节数(TCP 的情况),所以 IETF RFC 1191 中 6.5 讨论的方法可以采用,当要向远端地址重发一个 IP 数据报,且 IP 数据报的长度又大于到该地址的通路 MTU 时,则 IP 数据报在重发时不用设置 DF 比特,并允许其进行分段,而发送一个新的 IP 数据报,则应设置 DF 比特。

发送方应当遵循偶联的 PMTU,偶联的 PMTU 是指到对端的所有目的地地址中所发现的最小的 PMTU。当对把消息分割成多个部分时,这个偶联的 PMTU 应当用来计算每个分段的长度,这样就允许重发时可以把分组发送到另外的地址而不会遇到 IP 分段。

除了这些区别外,IETF RFC 1191 和 IETF RFC 1981 中讨论的 TCP 使用的发现 MTU 方法均适用于 SCTP 针对每个目的地地址进行计算。

对 IPV6 的目的地地址,不存在 DF 比特,则 IP 数据报的分段应采用 IETF RFC2460 描述的方法进行分段。

8.5 故障管理程序

8.5.1 端点故障的检出

一个端点应当有一个计数器,用来对连续重发到对端点的分组总数进行统计(如果对端点是一个多归属的节点,则应包括到所有目的地传送地址的重发)。如果这个计数器的值超过协议参数 Association. Max. Retrans 指示的限制,则本端点认为对端点不可达,并且应当停止向该端点发送任何数据(偶联应当进入到 CLOSE 状态)。此外本地端点还应向高层报告对端点的故障,并且可以报告在出局队列中未证实的用户数据(任选的)。当对端点变为不可达时,则偶联自动的关闭。

当发送到对端点的 DATA 数据块被证实后(收到 SACK),或者是收到来自对端点的 HEARTBEAT-ACK 消息,则该计数器应当被重新复位。

8.5.2 通路故障的检出

当对端点是一个多归属的端点,则端点应当针对到对端点每个目的地传送地址使用一个差错计数器。

每当到某个地址的 T3-rtx 定时器超时后,或者是发送到一个空闲地址的 HEARTBEAT 消息在 RTO 时间内没有收到证实,则到该目的地地址的差错计数器应当加 1,当差错计数器的值超过了协议参数 Path. Max. Retrans 规定的限制后,则端点应当标记该目的地传送地址为"未激活"并且应当向高层进行通知。

当未证实的 TSN 被证实或者是当发送到该地址的 HEARTBEAT 被用 HEARTBEAT ACK 证实后,则端点应当清除该目的地传送地址(数据块或 HEARTBEAT 发送去的地址)的差错计数器。

当对端点是一个多归属的点,且最后一个发送的数据块被重发到另外的地址,则会出现含混,即最后一个数据块发送的地址不知道是否被证实的情况。但这种含混不会对 SCTP 的行为造成有意义的影响。如果这种含混是不期望的,如果最后发送的数据块是一个重发的数据块,则发送方可以选择不清除差错计数器。

在配置 SCTP 端点时,用户应当避免让"Association. Max. Retrans"的取值大于到所有远端点目的地"Path. Max. Retrans"的总和。否则当所有的目的地址变为不激活时,而端点仍认为对端点可达,当这种情况出现时,SCTP 选择何种功能是由实施决定的。

当首选通路标记为未激活时(例如:由于大量的重发),发送方可以自动向另外的存在且激活的目的地地址发送分组。如果当首选通路标记为未激活时,存在多于一个激活的目的地地址时,SCTP 只选择一个传送地址用来作为新的目的地传送地址。

8.5.3 通路的心跳

通常情况下,SCTP 端点通过定期的向目的地传送地址发送心跳消息来监视对端的空闲目的地传送地址的可达性。HeartBeat 的发送可以在偶联进入建立(ESTABLISHED)状态后就开始,并且在发送了 SHUTDOWN 或 SHUTDOWN-ACK 之后停止。在偶联进入 COOKIE-SENT 状态之后到偶联进入关闭状态前,收到 HeartBeat 的一方应 HeartBeat ACK 进行响应。

当目的地传送地址没有新的数据块能用来更新通路 RTT(通常包含在第一个传送的 DATA, INIT, COOKIE ECHO, HEARTBEAT 数据块中),并且在当前心跳周期中没有 HEARTBEAT 数据块被发送到该地址，则认为这个目的地地址是空闲的。这适用于激活的或未激活的目的地传送地址。

高层协议可以有选择地启动以下功能：

a) 禁止在一个给定偶联上针对某个特定的目的地传送地址进行心跳测试。

b) 改变心跳测试的周期。

c) 重新允许在一个给定偶联上针对某个特定的目的地传送地址进行心跳测试。

d) 按需地请求在一个给定偶联上针对某个特定的目的地传送地址进行心跳测试。

当向一个地址发送了 HEARTBEAT 数据块后，在 RTO 时间内没有收到证实，则端点应当增加到该目的地地址的差错计数器。

当这个计数器的到达了 Path. Max. Retrans 协议参数的门限时，则端点应当标记相关的目的地传送地址为未激活(如果先前未标记的话)，并向高层协议报告到该目的地地址的可达性的变化(该报告取决于实施)。之后，端点应当继续对该目的地地址进行心跳测试，但应当停止增加到该目的地地址的差错计数器。

发送方的心跳数据块中的 Heartbeat 信息字段应当包含分组发送的当前时间，以及分组需要发送到的目的地地址。

具体实施时，心跳机制的另外一种实施可以是每发送向一个目的地地址发送 HEARTBEAT 数据块后，就增加差错计数器的值，当 HEARTBEAT ACK 数据块收到后，发送方应当清除到该目的地地址的差错计数器，这种方法可以清除先前出现的差错(和其他的差错计数器)。

HEARTBEAT 的接收方应当立即用 HEARTBEAT ACK 数据块进行响应，并且在 HEARTBEAT ACK 数据块的 Heartbeat 信息字段中复制在 HEARTBEAT 数据块中收到的信息。

在收到 HEARTBEAT ACK 数据块后，HEARTBEAT 数据块的发送方应当清除该数据块指示的目的地传送地址的差错计数器，并标记改目的地地址为激活(如果先前未标记的话)。由于收到了 HEARTBEAT ACK 数据块，端点向高层发送未激活的目的地传送地址变为激活的报告是任选的。接收到 HEARTBEAT ACK 的一方应同时能清除偶联所有的差错计数器(见 8.5.1)。

接收到 HEARTBEAT ACK 的一方应当能使用 HEARTBEAT ACK 数据块中携带的时间值对该目的地传送地址进行 RTT 测量。

对一个空闲的目的地地址可以进行心跳测试，建议 HEARTBEAT 数据块的发送周期为到该目的地地址的 RTO 加上 HB. interval 的参数值，并带有±50%的抖动，如果前一个 HEARTBEAT 的应答没有收到，则应当按照指数级来降低 RTO。

目前为 SCTP 的用户提供了一个原语，可以用来改变到某个给定目的地地址的 HB. interval 的值和是否开启到该目的地地址的心跳测试。心跳测试的周期可以由 SCTP 用户设定的值加上到该目的地地址的 RTO 的值来决定。当心跳测试周期超时后则只发送一个 HEARTBEAT(如果多个目的地地址的空闲)。如何选择空闲的目的地地址进行心跳测试发送 HEARTBEAT 取决于实施(如果多于一个目的地空闲)。

如果改变了心跳测试的时长，则只需要考虑一端的影响。当这个值被增加后，即心跳测试周期变长，则检测到丢失的 ABORT 数据块也应相应延长。如果出于任何原因，对端点希望中止一个偶联，且 ABORT 数据块丢失，则本端点本端点只能通过发送 DATA 或 HEARTBEAT 数据块来发现丢失了 ABORT 数据块(导致对端发送其他的 ABORT 数据块)。在改变心跳测试定时器时应考虑这个问题。如果心跳测试被禁止，则只有通过在该偶联上发送 DATA 数据块来发现丢失了从对端发来的 ABORT 数据块。

8.5.4 对 OOTB(Out of the blue)分组的处理

当一个 SCTP 分组的格式是正确的，即可以通过接收方 CRC-32 校验码的检查(见 8.3.9)，但接收方不能识别出该分组属于哪个偶联时，则认为这个分组是一个 OOTB 分组。

接收到OOTB分组的一方应当采取如下动作：

a) 如果OOTB分组是一个来自或去往非单播地址的分组，则直接丢弃该分组而不产生任何报告。
b) 如果OOTB分组包含了一个ABORT数据块，则接收方应直接舍弃该OOTB分组不产生任何报告，也不采取任何动作；否则
c) 如果分组中包含了一个验证标签为0的INIT数据块，则按照8.2描述的内容进行处理。
d) 如果分组中包含的第一个数据块是一个COOKIE ECHO数据块，则按照8.2描述的内容进行处理；否则
e) 如果分组中包含了一个SHUTDOWN ACK数据块，则接收方应当向OOTB分组的发送方相应一个SHUTDOWN COMPLETE数据块。在发送SHUTDOWN COMPLETE数据块时，接收OOTB的这一方应把发送的分组的验证标签字段设置为从SHUTDOWN ACK中收到的验证标签值，并设置数据块标志的T比特用来指示未发现TCB；否则
f) 如果分组中包含了一个SHUTDOWN COMPLETE数据块，则接收方应当直接舍弃该分组不产生任何报告，也不采取任何动作；否则
g) 如果分组中包含了一个差错原因为“过期的cookie”的ERROR或COOKIE ACK，则接收方应当直接舍弃该SCTP分组不产生任何报告；否则
h) 接收方应当用ABORT来向发送者响应收到的OOTB分组，发送ABORT数据块时，接收OOTB的这一方应把发送的分组的验证标签字段设置为从OOTB分组中收到的验证标签值，并设置数据块标志的T比特用来指示未发现TCB，在发送ABORT数据块后，接收OOTB分组的一方应当丢弃OOTB分组，也不采取任何动作。

8.5.5 验证标签

8.5.5.1 概述

本节定义了在发送和接收未包含INIT，SHUTDOWNCOMPLETE，COOKIE ECHO（见8.2）或ABORT数据块的SCTP分组时适用验证标签的规则。用来发送和接收包含这些数据块类型的规则在8.6.2中单独讨论。

当发送一个SCTP分组时，端点应把出局分组的验证标签字段的值设置为从对端收到的INIT或INIT ACK数据块中的启动标签参数的值。

当收到一个SCTP分组时，端点应保证收到的SCTP分组的验证标签字段的值应同其标签向匹配。如果收到的验证标签的值与接收方自己的标签的值不同，则接收方应当则接收方应当直接舍弃该分组不产生任何报告，除非是8.6.2列出的情况，否则也不进行进一步的处理。

8.5.5.2 验证标签规则中的异常情况

a) 携带INIT的分组的标签规则：
——发送方应设置分组的验证标签为0；
——当端点收到一个验证标签为0的SCTP分组，则端点应当验证该分组中是否只包含一个INIT数据块，否则接收方应当直接舍弃该分组不产生任何报告。
b) 携带ABORT的分组的标签规则：
——如果知道目的地端点的标签值，发送端点应当总是把要发送的分组的验证标签字段设置为目的地端点的标签值。
——如果ABORT是为了响应OOTB分组，则端点应执行8.5.4规定的流程。
——如果验证标签与本端的标签或者是远端的标签相匹配，则接收方应接受该分组，否则接收

方应当直接舍弃该分组不产生任何报告。

c) 携带 SHUTDOWN COMPLETE 的分组的标签规则：

——在发送 SHUTDOWN COMPLETE 时，如果收到 SHUTDOWN ACK 的一方存在 TCB 则应当使用目的地端点的标签，只有当 TCB 不存在时，发送方将使用从 SHUTDOWN ACK 中收到的验证标签。

——当分组的验证标签字段与本端的标签匹配或者是该标签设置为对端的标签且 T 比特也设置为数据块标志，则收到 SHUTDOWN COMPLETE 的一方应当接受该分组。否则接收方应当直接舍弃该分组不产生任何报告，也不采取任何动作。如果端点不是处于 SHUTDOWN-ACK-SENT 状态，则端点应忽略收到的 SHUTDOWN COMPLETE 数据块。

d) 携带 COOKIE ECHO 的分组的标签规则：

——在发送 COOKIE ECHO 时，端点应使用在 INIT ACK 中收到的启动标签值。

——收到 COOKIE ECHO 一方的应当执行 8.2 规定的程序。

e) 携带 SHUTDOWN ACK 的分组的标签规则：

如果接收方是处于 COOKIE-ECHOED 或 COOKIE-WAIT 状态，则应当执行 8.5.4 规定的程序，换句话说是把这个分组当作 OOTB 分组来对待。

8.6 偶联关闭程序

8.6.1 一般说明

端点退出服务时，应当停止它的偶联。偶联的停止可以使用中止程序和关闭程序。偶联的中止可以在有未证实的数据时就中止，偶联的两端点都舍弃数据，并且不递交到对端。偶联的关闭可以认为是一个正常的关闭程序，这样队列中所有的数据可以递交到对端。但是在关闭的情况下，SCTP 不支持半开放状态(类似 TCP)，半关闭状态即可以由一方继续发送数据，而另一方已经处于关闭状态。任何一个端点执行了关闭程序，则偶联的两端都将停止接受从其用户发来的新数据，并且在发送或接收到 SHUTDOWN 数据块时，把队列中的数据递交给对端。

8.6.2 偶联的中止

当一个端点决定中止一个现存的偶联，则它应向对端点发送 ABORT 数据块，发送方应把发送的分组中填上对端的验证标签，并且不在 ABORT 数据块中捆绑任何 DATA 数据。

端点不必响应包含 ABORT 数据块的任何分组(见 8.5.4)。

收到 ABORT 的端点应当根据 8.5.5.2 规定的验证标签规则进行检查。

在检查完验证标签后，接收端点应当从记录中清除该偶联，并且向高层来报告偶联的停止。

8.6.3 偶联的关闭

使用 SHUTDOWN 原语(见 5.2)，偶联端点的高层可以正常的关闭，这允许来自偶联关闭启动者的未被完成的所有数据块在偶联结束前可以被递交。

在收到来自高层的 SHUTDOWN 原语，则端点进入 SHUTDOWN-PENDING 状态，并且保持该状态直到所有证实成的数据被对端证实。此时端点不从高层接收新数据，如果需要可以填充丢失的数据，则可以重发数据到远端。

一旦所有未完成的数据被证实后，端点应当发送 SHUTDOWN 数据块给对端，该数据块中的累积 TSN ACK 字段中应包含从对端收到的最后一个连续的 TSN。然后端点应当启动 T2-shutdown 定时器并进入 SHUTDOWN-SENT 状态，如果定时器超时，则端点应重新发送 SHUTDOWN 数据块，该数据块中应包含更新过的从对端点收到的最后一个顺序的 TSN。

应遵循 8.3.4 的规定来确定适当的 T2-shutdown 定时器取值，为了指示 TSN 中的不连续间隙，端点可以把 SACK 数据块和 SHUTDOWN 数据块捆绑在一个 SCTP 分组中传送。

端点应当根据 Association. Max. Retrans 协议参数来限制 SHUTDOWN 数据块的重发次数，如果超过了这个门限，端点应当破坏这个 TCB 并且应向高层报告对端点不可达(该偶联进入 CLOSED 状态)。从对端收到的任何分组(即对端发送所有队列中的 DATA 数据块)应当清除端点的重发计数器并且重新启动 T2-shutdown 定时器，给对端足够的机会发送所有未发送的排队的数据块。

在收到 SHUTDOWN 数据块后，对端点应当：

——进入 SHUTDOWN-RECEIVED 状态；

——停止接收从 SCTP 用户来的新数据；

——通过检查数据块的累积 TSN ACK 字段，验证所有未完成的 DATA 数据块已经被 SHUTDOWN 的发送方接收。

一旦端点进入了 SHUTDOWN-RECEIVED 状态，则端点不能通过发送 SHUTDOWN 响应高层协议(ULP)的请求，并且应当丢弃后续的 SHUTDOWN 数据块。

如果还有未完成的 DATA 数据块，SHUTDOWN 的接收方应当继续按照 8.3 定义的程序继续正常的数据传送过程，直到所有未证实的 DATA 数据块被证实后，但 SHUTDOWN 的接收方不能接受从 SCTP 用户发来的新数据。

当处于 SHUTDOWN-SENT 状态，SHUTDOWN 的发送方应立即用 SACK 和 SHUTDOWN 响应每个收到的包含一个或多个 DATA 数据块的分组，并重新启动 T2-shutdown 定时器。如果已经没有未证实的 DATA 数据块，SHUTDOWN 的接收方应当发送 SHUTDOWN ACK 并启动本端 T2-shutdown 定时器，并且进入 SHUTDOWN-ACK-SENT 状态，如果定时器超时了，端点应重新发送 SHUTDOWN ACK。

SHUTDOWN ACK 的发送方应当根据 Association. Max. Retrans 协议参数限制重发 SHUTDOWN ACK 数据块数量，如果超过了这个门限，端点应当破坏这个 TCB 并且应向高层报告对端点不可达(该偶联进入 CLOSED 状态)。

在收到 SHUTDOWN ACK 后，SHUTDOWN 的发送方应当停止 T2-shutdown 定时器，并向对端点发送 SHUTDOWN COMPLETE 数据块，并清除偶联的所有记录。

在收到 SHUTDOWN COMPLETE 数据块后，端点应当验证是否处于 SHUTDOWN-ACK-SENT 状态，如果不是处于该状态则舍弃该数据块，如果端点处于 SHUTDOWN-ACK-SENT 状态，则端点应当停止 T2-shutdown 定时器并清除偶联的所有记录(随后偶联进入 CLOSED 状态)。

一个端点应当保证所有未完成的 DATA 数据块在启动关闭程序前都应被证实。

如果端点处于 SHUTDOWN-PENDING，SHUTDOWN-SENT，SHUTDOWN-RECEIVED，或 SHUTDOWN-ACK-SENT 的状态，则端点应当拒绝任何从高层来的发送新数据请求。

如果端点处于 SHUTDOWN-ACK-SENT 状态，而又收到了带有起源和目的地传送地址的属于该偶联的(可以是在 IP 地址中或者是在 INIT 数据块中)INIT 数据块(例如：如果 SHUTDOWN COMPLETE 丢失)，则端点应当丢弃 INIT 数据块并且重发 SHUTDOWN ACK 数据块。

收到的 INIT 数据块中带有相同起源和目的地 IP 地址作为分配给端点的传送地址，但使用了不同的端口号，用来表示重新启动了另一个偶联。

INIT 或 COOKIE 的发送方应当用在一个 SCTP 分组中用单独的 SHUTDOWN COMPLETE 来响应 SHUTDOWN-ACK，这个 SCTP 分组的公共头的验证标签字段应当设置为与收到的 SHUTDOWN ACK 分组的标签相同，这主要是考虑了 8.5.4 提到的 OOTB 分组的情况。INIT 的发送方可以让 T1-init 定时器继续运行，并继续保持 COOKIE-WAIT 或 COOKIE-ECHOED 状态。正常的 T1-init 定时器超时将使 INIT 或 COOKIE 数据块重发，并重新启动一个新的偶联。

如果在 COOKIE WAIT 或 COOKIE ECHOED 状态下收到了 SHUTDOWN，则应当舍弃该 SHUTDOWN 数据块并且不产生任何报告。

如果一个端点是处于 SHUTDOWN-SENT 状态，并且从对端点收到了 SHUTDOWN 数据块，端点应当立即用 SHUTDOWN ACK 进行响应，并且进入 SHUTDOWN-ACK-SENT 状态，并重新启动 T2-shutdown 定时器。

如果一个端点是处于 SHUTDOWN-ACK-SENT 状态，并且收到了一个 SHUTDOWN ACK，则该端点应当停止 T2-shutdown 定时器，并向对端点发送 SHUTDOWN COMPLETE 数据块，并且清除偶联的所有记录。

附 录 A
（资料性附录）
SCTP 的状态转移图

在 SCTP 偶联的存活期内，SCTP 端点的偶联程序从一个状态转移到另一状态以响应不同的事件。能潜在影响偶联状态的事件包括：

——SCTP 用户原语呼叫，如[ASSOCIATE]，[SHUTDOWN]，[ABORT]；

——收到 INIT，COOKIE ECHO，ABORT，SHUTDOWN 等控制数据块；或者

——一些超时事件。

图 A.1 给出了从 CLOSED 到 ESTABLISHED 的状态转移图，图 A.2 给出了从 ESTABLISHED 到 CLOSED 的状态转移图，这两个状态图解释了状态的变化，引起变化的事件和产生的结果。注意一些错误条件没有在状态图中示出。所有特殊情况的充分描述可在下文找到。

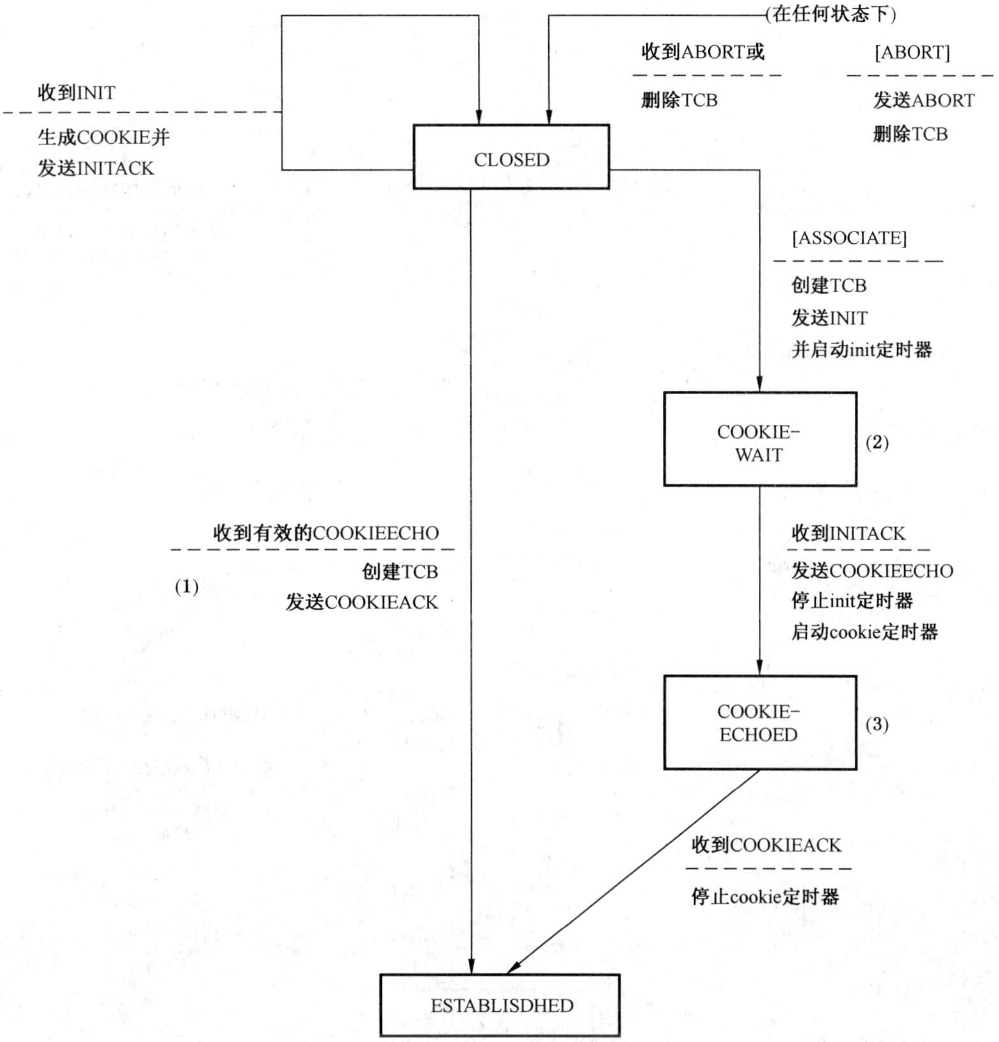

注：数据块的名字用大写字母给出，而参数名的第一个字母是大写。

图 A.1 SCTP 状态转移图(1)

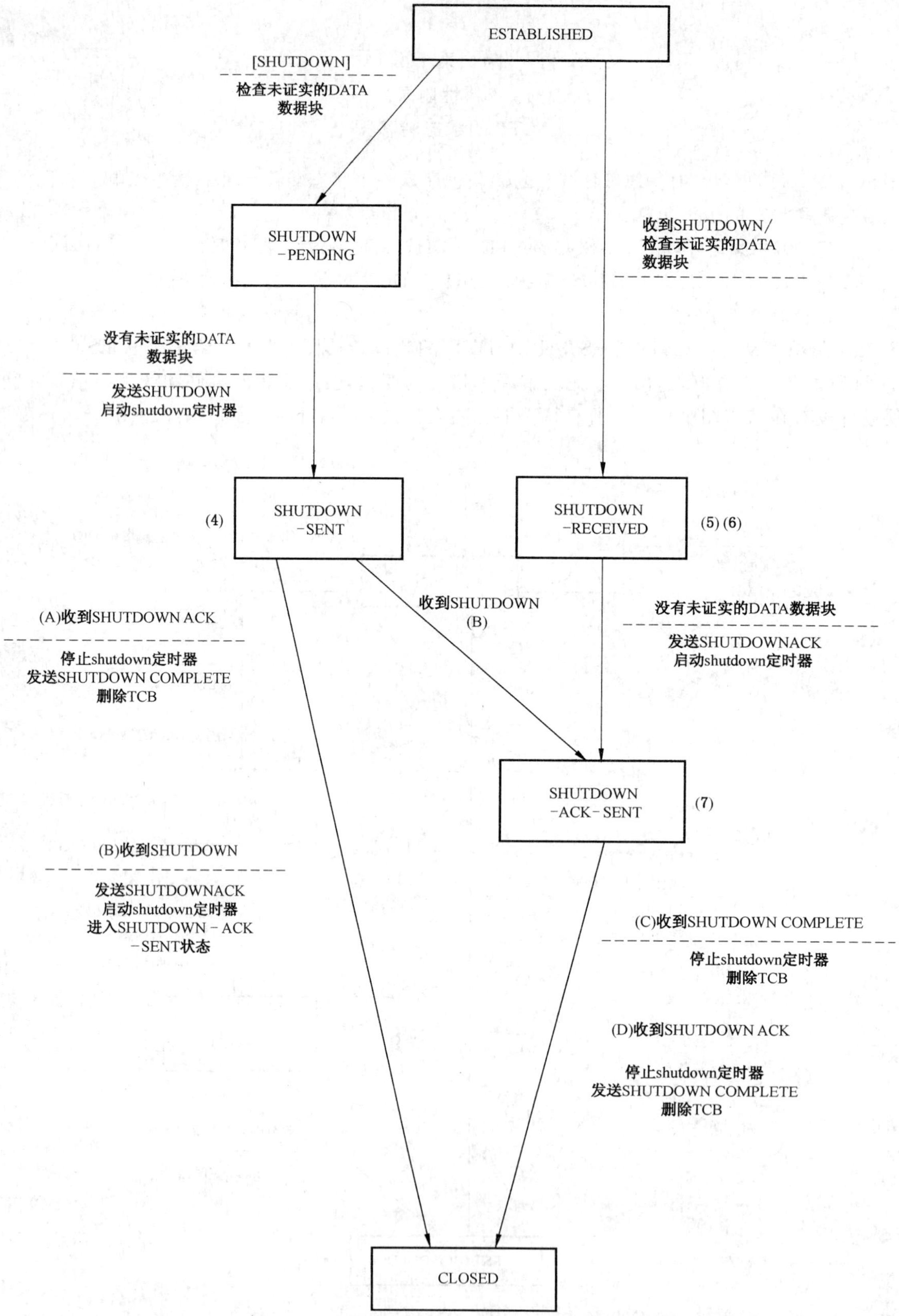

注：数据块的名字用大写字母给出，而参数名的第一个字母是大写。如果发生了不止一个事件/消息，它们导致的状态转移用标签(A)、(B)等形式的标签标出。

图 A.2　SCTP 状态转移图(2)

图 A.1 和图 A.2 中相关状态的说明如下：

(1) 如果在收到的 COOKIE ECHO 里的 State Cookie 是无效的(即没有通过一致性检查)，接收者应丢弃这个分组，并不产生任何指示。或者，如果收到的 State Cookie 超时(见 8.2.2.6)，接收者应返回 ERROR 数据块。在这两种情况下，接收者都停留在 CLOSED 状态。

(2) 如果 T1-init 定时器超时，端点应重传 INIT 并重起 T1-init 定时器，而不改变状态。这个过程应被重复'Max. Init. Retransmits'次。在这之后，端点应中止启动程序并向 SCTP 用户报错。

(3) 如果 T1-cookie 定时器超时，端点应重传 COOKIE ECHO 并重起 T1-cookie 定时器而不改变状态。这个过程应被重复'Max. Init. Retransmits'次。在这之后，端点应中止启动程序并向 SCTP 用户报错。

(4) 在 SHUTDOWN-SENT 状态，端点应无时延地确认任何收到的数据块。

(5) 在 SHUTDOWN-RECEIVED 状态，端点不能接受任何本地 SCTP 用户新的发送请求。

(6) 在 SHUTDOWN-RECEIVED 状态，端点应传送或重传数据，直到队列中的所有数据发送完后离开这个状态。

(7) 在 SHUTDOWN-ACK-SENT 状态，端点不能接受任何本地 SCTP 用户新的发送请求。

CLOSED 状态用于指出偶联没有被创建(即不存在)。

附　录　B
（资料性附录）
SCTP 程序示例

为了更直观的说明 SCTP 的应用程序，本附录采用消息流程图的方式分别给出了了正常的偶联建立、偶联重新启动、数据块延迟证实、定时器使用原则和使用 SACK 来报告接收数据间隔的程序示例，这里的程序示例只用于说明目的，具体的实施不必与示例中完全相同。

B.1　偶联正常建立和数据发送的示例

偶联正常建立和数据发送的示例如图 B.1 所示，在该示例中 A 点用来启动偶联建立，并向 Z 发送一个用户消息，随后后 Z 向 A 发送两个用户消息（假定这些消息没有捆绑和分段）。

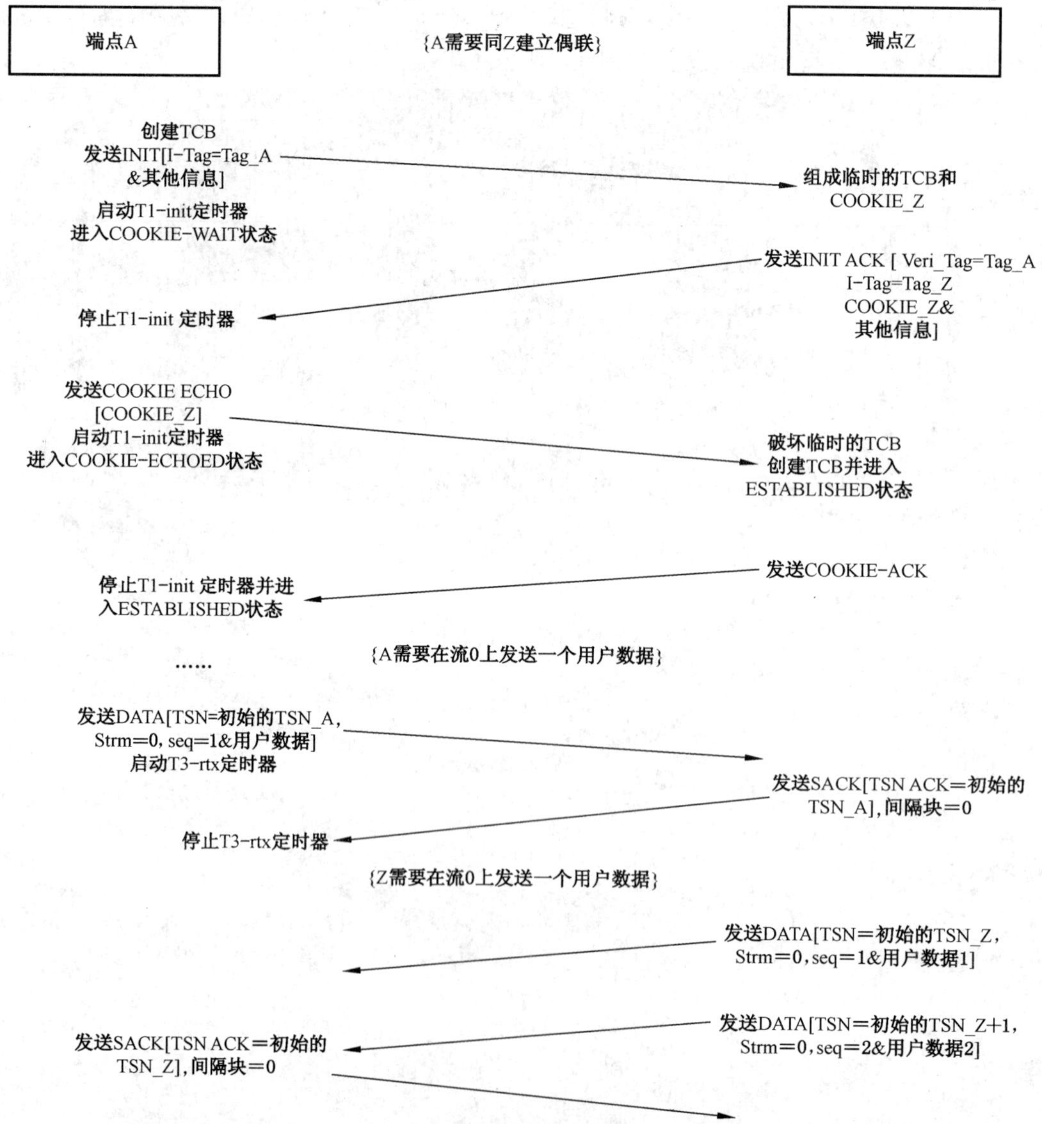

图 B.1　偶联正常建立和数据发送的示例

如果A点在发送完INIT或COOKIE ECHO数据块后T1-INIT定时器,则需要重新发送带有相同启动标签(即TAG_A)或状态COOKIE的INIT或COOKIE ECHO数据块,这个过程也将应重复Max. Init. Retransmits次,直到A认为Z不可达同时向高层发送故障报告(此时偶联进入关闭状态)。在重发INIT时,端点应根据8.3.4定义的原则来确定适当的定时器值。

B.2 偶联重新启动的示例

偶联重新启动的示例如图B.2所示,在该示例中,在发生重启动事件后A点启动偶联,端点Z直到收到交换的消息后才知道重启动发生(即心跳消息尚未检测出A点的故障),图B.2假定没有捆绑和分段。

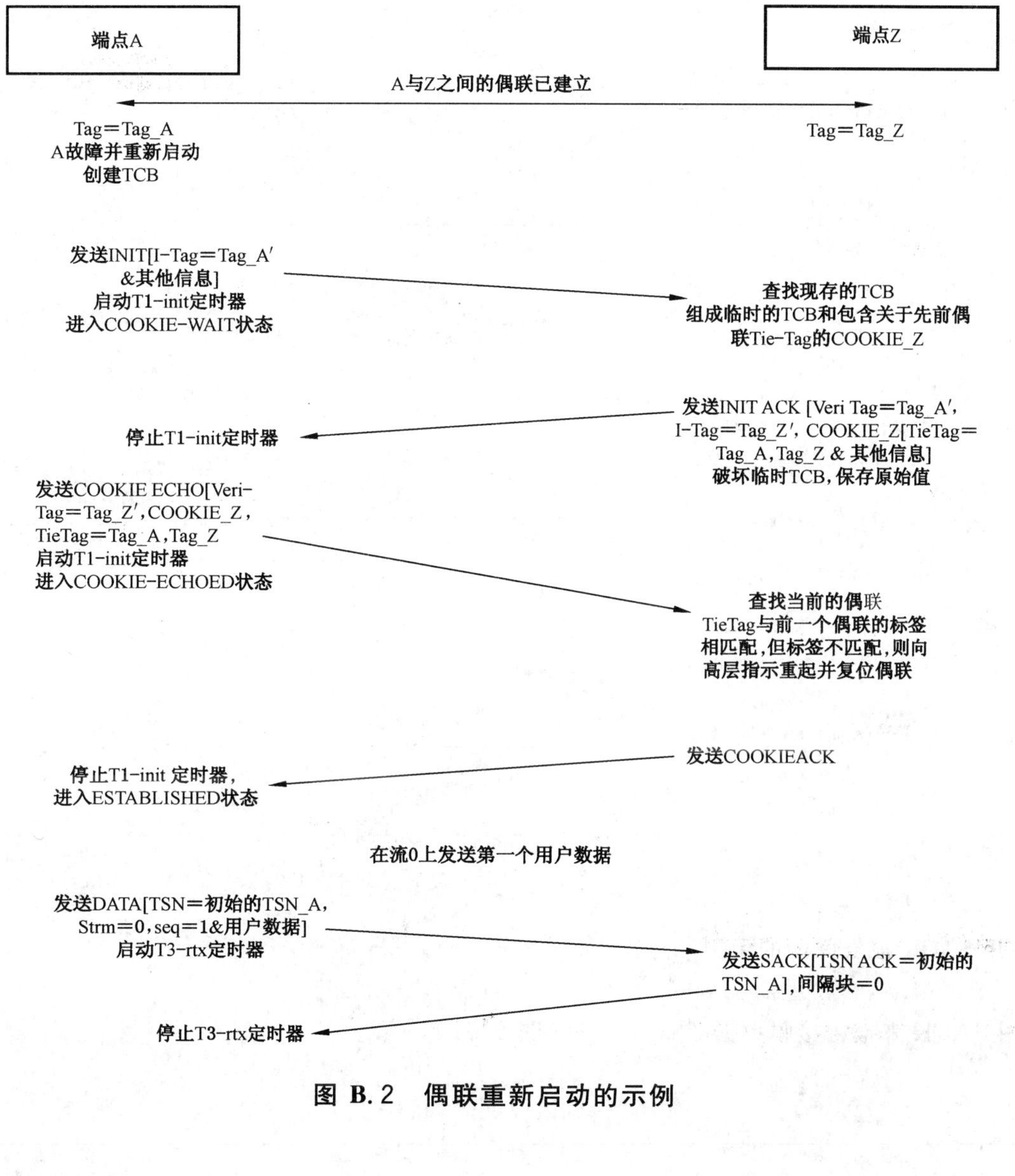

图B.2 偶联重新启动的示例

B.3 延时证实的示例

延时证实的示例如图B.3所示。

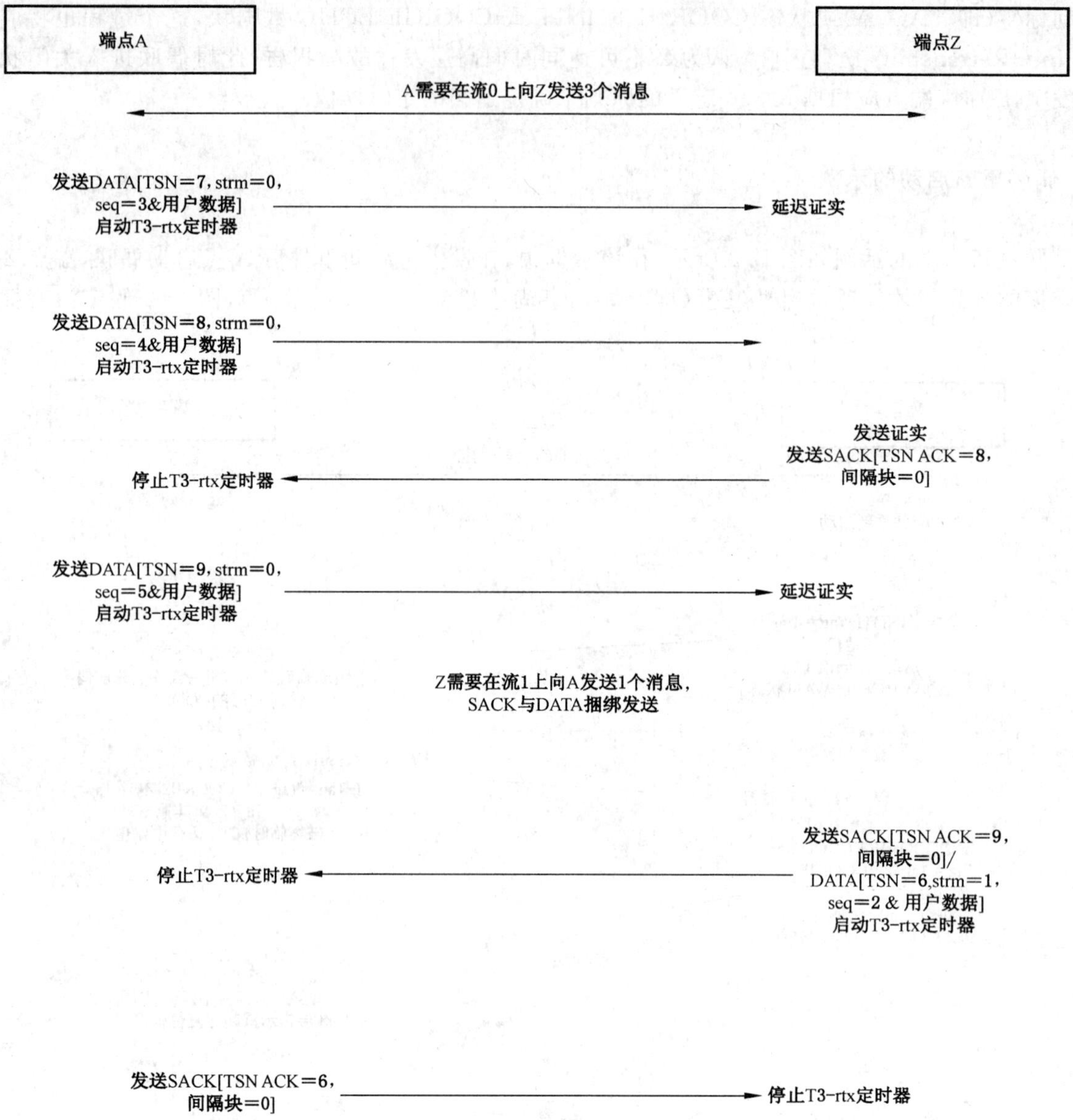

图 B.3 延时证实的示例

B.4 使用 SACK 报告间隔的示例

使用 SACK 来报告接收数据间隔的示例如图 B.4。

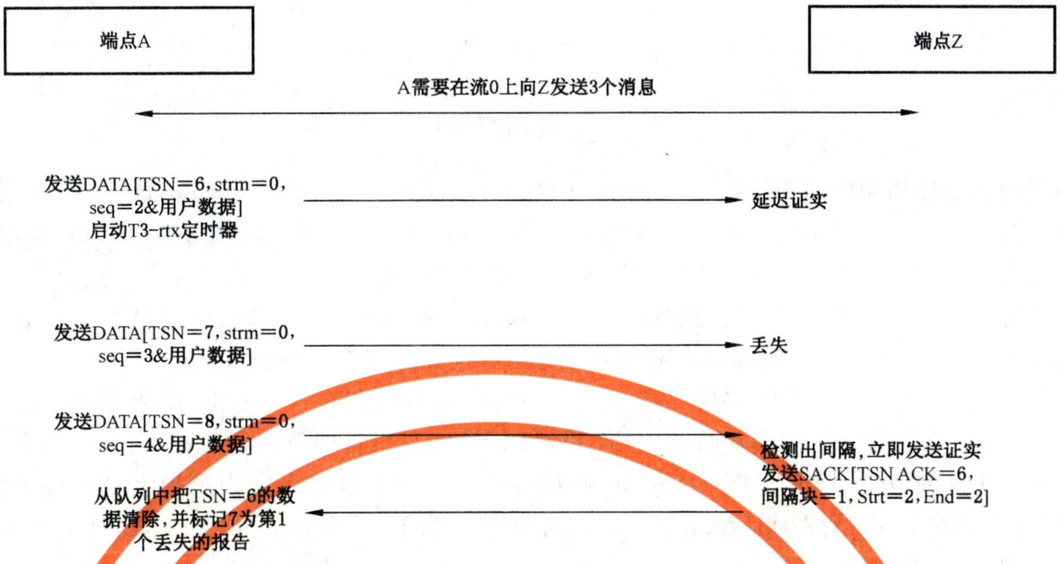

图 B.4 使用 SACK 来报告接收数据间隔的示例

B.5 定时器应用的示例

定时器应用的示例如图 B.5,该实例说明了使用定时器的不同原则,(假定这个示例中接收方使用的是延时证实方面)。

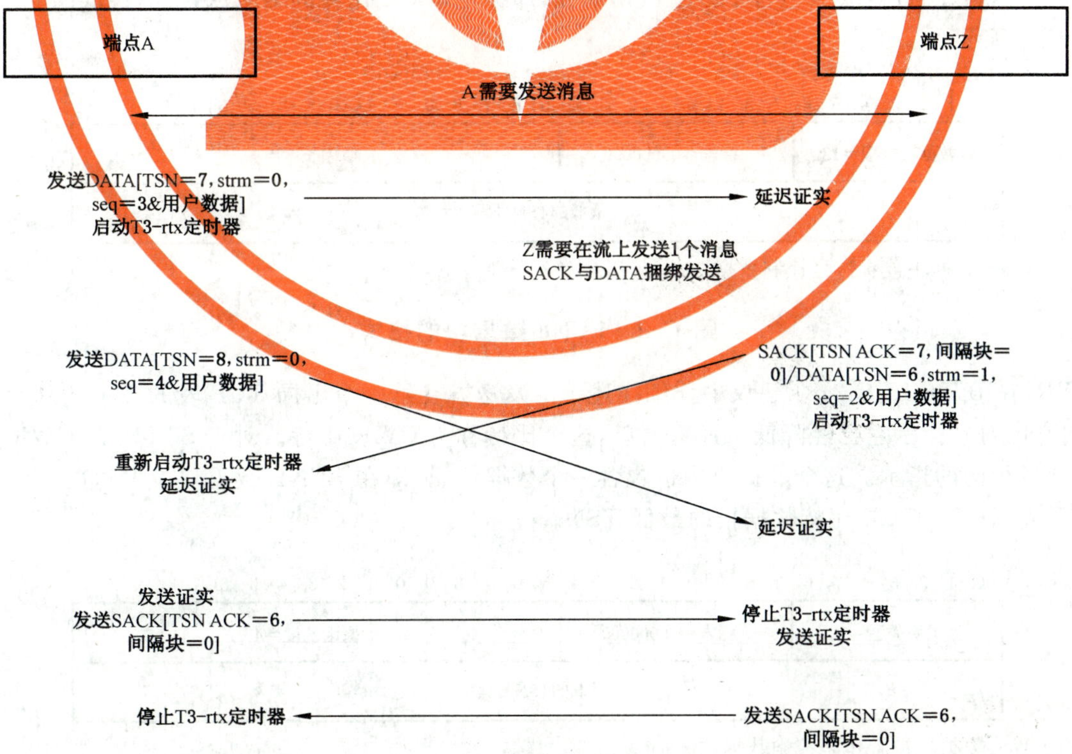

图 B.5 定时器应用示例

附　录　C
（资料性附录）
明确的拥塞通知

明确的拥塞通知功能在 IETF RFC 2481 建议中进行了定义，在 IETF RFC 2481 建议中详细描述了除用数据报丢失确定拥塞之外的一种获知拥塞状态的算法。对于本标准定义的 SCTP 协议，这个功能特征是任选的，同时 IETF RFC 2481 建议规定的内容也适用于 SCTP 协议。如果在实施 SCTP 的过程中需要使用明确的拥塞通知功能，则应参照本附录的说明，注意在 SCTP 上实施的明确的拥塞通知功能与 IETF RFC 2481 规定的明确的拥塞通知功能的区别。

协商：IETF RFC 2481 详细描述了在 TCP 连接的 SYN 和 SYN ACK 阶段对 ECN 的协商，发送 SYN 的一方在 TCP 的标志中设置两个比特，发送 SYN ACK 的一方则只设置一个比特，这是为了保证两方都可以正确的地使用 ECN 能力。对于 SCTP 而言，则不必这样做。为了指示一个端点能够支持 ECN，端点应当在 INIT 货 INIT ACK 数据块中增加一个为 ECN 预留的 TLV 参数，这个 TLV 中不包括任何参数值，其格式如图 C.1 所示。

```
0                   1                   2                   3
0 1 2 3 4 5 6 7 8 9 0 1 2 3 4 5 6 7 8 9 0 1 2 3 4 5 6 7 8 9 0 1
```

原因编码=32768	原因长度=4

图 C.1　ECN 能力参数的格式

ECN 响应(ECN-Echo)：在 IETF RFC 2481 建议中详细描述了由接收方在 TCP 证实中使用的一个特定比特，回送给发送方用来通知在网络中经历了拥塞。对 SCTP 而言，在 ECNE 数据块中也包含了相同的指示，这个数据块只包含了一个数据单元，即标记了 CE 比特的 IP 数据报的最低的 TSN，其格式如图 C.2 所示。

```
0                   1                   2                   3
0 1 2 3 4 5 6 7 8 9 0 1 2 3 4 5 6 7 8 9 0 1 2 3 4 5 6 7 8 9 0 1
```

数据块类型=12	标志=00000000	原因长度=4
最低的TSN号码		

注：ECNE 数据块被看作是控制数据块。

图 C.2　ECNE 数据块的格式

CWR：在 IETF RFC 2481 建议中详细描述了由发送方在下一个出局 TCP 段的头中使用一个特定比特，向它的对端指示它已经降低了拥塞窗口，这个比特称为 CWR 比特。对于 SCTP，在 CWR 数据块中也包含了相同的指示。这个数据块中也包含一个数据单元，即在 ECNE 数据块中发送的 TSN 号码。这个单元表示标记了 CE 比特数据报的最低 TSN。

```
0                   1                   2                   3
0 1 2 3 4 5 6 7 8 9 0 1 2 3 4 5 6 7 8 9 0 1 2 3 4 5 6 7 8 9 0 1
```

数据块类型=12	标志=00000000	原因长度=4
最低的TSN号码		

注：CWR 数据块被看作是控制数据块。

图 C.3　CWR 数据块的格式

参 考 文 献

[1] IETF RFC 793 传送控制协议(TCP)
[2] IETF RFC 1700 分配的号码 RFC 1982 串号的算法
[3] IETF RFC 2373 IPV6 的地址结构
[4] IETF RFC 2401 INTERNET 协议的安全结构
[5] IETF RFC 2434 RFCs 中撰写 IANA 考虑部分的指南